中国国家标准汇编

414

GB 23296～23327

（2009 年制定）

中国标准出版社　编

中国标准出版社

北　京

图书在版编目（CIP）数据

中国国家标准汇编：2009年制定．414：GB 23296～23327/中国标准出版社编．—北京：中国标准出版社，2010

ISBN 978-7-5066-6049-5

Ⅰ．①中… Ⅱ．①中… Ⅲ．①国家标准-汇编-中国-2009 Ⅳ．①T-652.1

中国版本图书馆CIP数据核字（2010）第170672号

中国标准出版社出版发行
北京复兴门外三里河北街16号
邮政编码:100045

网址 www.spc.net.cn
电话:68523946 68517548
中国标准出版社秦皇岛印刷厂印刷
各地新华书店经销
*
开本 880×1230 1/16 印张 39.25 字数 1 132 千字
2010年9月第一版 2010年9月第一次印刷
*
定价 220.00 元

ISBN 978-7-5066-6049-5

出 版 说 明

1.《中国国家标准汇编》是一部大型综合性国家标准全集。自1983年起,按国家标准顺序号以精装本、平装本两种装帧形式陆续分册汇编出版。它在一定程度上反映了我国建国以来标准化事业发展的基本情况和主要成就,是各级标准化管理机构,工矿企事业单位,农林牧副渔系统,科研、设计、教学等部门必不可少的工具书。

2.《中国国家标准汇编》收入我国每年正式发布的全部国家标准,分为"制定"卷和"修订"卷两种编辑版本。

"制定"卷收入上一年度我国发布的、新制定的国家标准,顺延前年度标准编号分成若干分册,封面和书脊上注明"20××年制定"字样及分册号,分册号一直连续。各分册中的标准是按照标准编号顺序连续排列的,如有标准顺序号缺号的,除特殊情况注明外,暂为空号。

"修订"卷收入上一年度我国发布的、修订的国家标准,视篇幅分设若干分册,但与"制定"卷分册号无关联,仅在封面和书脊上注明"20××年修订-1,-2,-3,……"字样。"修订"卷各分册中的标准,仍按标准编号顺序排列(但不连续);如有遗漏的,均在当年最后一分册中补齐。需提请读者注意的是,个别非顺延前年度标准编号的新制定的国家标准没有收入在"制定"卷中,而是收入在"修订"卷中。

读者配套购买《中国国家标准汇编》"制定"卷和"修订"卷则可收齐上一年度我国制定和修订的全部国家标准。

3. 由于读者需求的变化,自1996年起,《中国国家标准汇编》仅出版精装本。

4. 2009年我国制修订国家标准共3 158项。本分册为"2009年制定"卷第414分册,收入国家标准GB 23296～23327的最新版本。

中国标准出版社

2010年8月

目　录

ICS 67.250
C 53

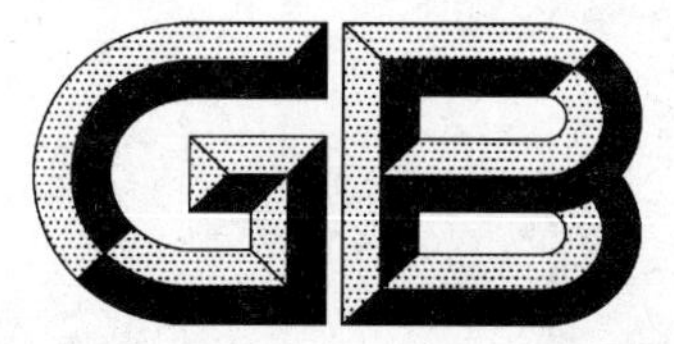

中华人民共和国国家标准

GB/T 23296.1—2009

食品接触材料 塑料中受限物质 塑料中物质向食品及食品模拟物特定迁移试验和含量测定方法以及食品模拟物暴露条件选择的指南

Materials and articles in contact with foodstuffs—Plastics substances subject to limitation—Guide to test methods for the specific migration of substances from plastics to foods and food simulants and the determination of substances in plastics and the selection of conditions of exposure to food simulants

2009-03-31 发布 2009-09-01 实施

中华人民共和国国家质量监督检验检疫总局
中国国家标准化管理委员会 发布

前　言

本标准修改采用欧洲标准 EN 13130-1:2004《食品接触材料及制品　塑料中受限物质　第1部分：塑料中物质向食品及食品模拟物特定迁移试验和含量测定方法以及食品模拟物暴露条件选择的指南》(英文版)。

本标准遵循 GB/T 1.1—2000《标准化工作导则　第1部分：标准的结构和编写规则》和 GB/T 20001.4—2001《标准编写规则　第4部分：化学分析方法》的编写规则。为便于使用，本标准做出以下编辑性修改：

——用“本标准”代替“本部分标准”。

——用“物质特定迁移量测试方法标准”代替“本标准的其他部分”。

——“Qm”和“QM”(组分限量)均统一为“QM”，以避免混淆。

——删除欧洲标准的参考文献。

——删除欧洲标准的前言。

本标准的附录A、附录B、附录C为规范性附录，附录D为资料性附录。

本标准由国家认证认可监督管理委员会提出。

本标准由全国进出口食品安全检测标准化技术委员会(SAC/TC 445)归口。

本标准主要起草单位：中华人民共和国上海出入境检验检疫局、中华人民共和国湖北出入境检验检疫局、中华人民共和国广东出入境检验检疫局、中国检验检疫科学研究院。

本标准主要起草人：周宇艳、崔海容、钟怀宁、陈志锋、郭坚、杨勇、马明、朱晓艳、陈少鸿。

食品接触材料　塑料中受限物质 塑料中物质向食品及食品模拟物特定迁移试验和含量测定方法以及食品模拟物暴露条件选择的指南

1　范围

本标准规定了与食品接触的塑料材料及制品中受限物质向食品和食品模拟物特定迁移的试验方法，给出了迁移试验条件选择的指南。

本标准适用于与食品接触的塑料材料及制品。

2　规范性引用文件

下列文件中的条款通过本标准的引用而成为本标准的条款。凡是注日期的引用文件，其随后所有的修改单(不包括勘误的内容)或修订版均不适用于本标准，然而，鼓励根据本标准达成协议的各方研究是否可使用这些文件的最新版本。凡是不注日期的引用文件，其最新版本适用于本标准。

GB/T 6379.1　测量方法与结果的准确度(正确度与精密度)　第1部分：总则与定义(GB/T 6379.1—2004，ISO 5725-1:1994，IDT)

GB/T 6379.2　测量方法与结果的准确度(正确度与精密度)　第2部分：确定标准测量方法重复性与再现性的基本方法(GB/T 6379.2—2004，ISO 5725-2:1994，IDT)

GB/T 6379.4　测量方法与结果的准确度(正确度与精密度)　第4部分：确定标准测量方法正确度的基本方法(GB/T 6379.4—2006，ISO 5725-4:1994，IDT)

GB/T 6379.5　测量方法与结果的准确度(正确度和精密度)　第5部分：确定标准测量方法精密度的可替代方法(GB/T 6379.5—2006，ISO 5725-5:1998，IDT)

GB/T 6682　分析实验室用水规格和试验方法(GB/T 6682—2008，ISO 3696:1987，MOD)

GB/T 12804　实验室玻璃仪器　量筒(GB/T 12804—1991，ISO 4788:1980，NEQ)

GB/T 12808　实验室玻璃仪器　单标线吸量管(GB/T 12808—1991，eqv ISO 648:1977)

EN ISO 8442-2:1998　与食品接触的材料及制品　刀叉餐具及餐桌凹型餐具　不锈钢及镀银餐具要求

EN 10088-1　不锈钢　不锈钢列表

EN 14233　与食品接触的材料及制品　塑料　微波炉及常规烘箱加热以选择合适温度过程中塑料材料及制品与食品接触界面温度的测定

3　术语和定义

下列术语和定义适用于本标准。

3.1

塑料　plastics

低分子质量分子通过聚合、缩聚、加聚(或任何类似步骤)，或通过化学改性天然分子所获得的有机大分子。其他物质可被添加到这些化合物中。

3.2

最终材料/制品　final material/article

处于待用或待售状态的材料或制品。

3.3

样品　sample

处于待测状态的材料或制品。

3.4

试样　test specimen

被实施测定的样品。

3.5

试件　test piece

试样的一部分。

3.6

烘箱　conventional oven

在这种烘箱中，箱中空气被加热，且热量由塑料传递给食品。

3.7

食品模拟物　food simulant

用于模拟食品的介质(见第4章至第7章)。

3.8

特定迁移量　specific migration

由试验方法测得的迁移到模拟物中物质的量。

3.9

残留量　residual content

受限物质在最终材料或制品中存在的量。

3.10

特定迁移限量　specific migration limit，SML

从最终材料或制品中迁移到食品或食品模拟物中的特定物质的最大允许量。

3.11

总特定迁移限量　total specific migration limit，SML(T)

从最终材料或其制品中迁移到食品或食品模拟物的特定物质的最大允许量，以部分或特定物质的总量表示。

3.12

组分限量　compositional limit，QM

材料或制品中“残留”单体、添加剂或受限物质的最大允许量。

3.13

总组分限量　total compositional limit，QM(T)

材料或制品中“残留”单体、添加剂或受限物质的最大允许量，以部分或特定物质的总量表示。

3.14

单位表面积组分限量　compositional limit per surface area，QMA

材料或制品中残留单体、添加剂或受限物质的最大允许量，以单位表面积含量“$mg/6\ dm^2$”表示。

3.15

缩减换算系数　reduction factor

缩减换算系数的数值范围为2～5，应用于特定类型脂类食品的迁移测定结果的换算。缩减换算系数的采用通常是由于考虑到食品模拟物相对于脂类食品具有更强的提取能力。

3.16

迁移试验　migrant test

常规试验条件下，使用食品模拟物测定受限物质特定迁移量的试验。

3.17

替代脂类试验　substitute fat test

当使用脂类模拟物进行迁移试验不可行时，在常规试验条件下使用试验介质来替代完成的相应迁移试验。

3.18

试验介质　test media

用于“替代试验”的物质，如异辛烷、95%的乙醇水溶液及改性聚苯醚（modified polyphenylene oxide，MPPO）。

3.19

备选脂类试验　alternative fat test

采用合适的，通常是挥发性介质的试验，可用于替代脂类食品模拟物进行的迁移试验。

3.20

“挥发性”试验介质　‘volatile’ test media

备选脂类试验中使用的挥发性物质。

3.21

提取试验　extraction tests

在严厉的试验条件下，使用具有强提取能力的介质进行的试验。

3.22

溶解试验　dissolution test

将样品溶解以从塑料试样中释放出相关物质的试验。

3.23

袋子　pouch

由待测塑料膜或塑料片制成的已知尺寸的容器，当灌注食品模拟物或测试介质后，预期与食品接触塑料膜或塑料片的一侧应暴露于食品模拟物或者试验介质中。

3.24

反转袋　reverse pouch

一种将塑料表面与食品接触面制成外表面的袋子。试验期间，将其所有边缘密封以防止袋内侧与食品模拟物或试验介质接触。这种反转袋可完全浸入食品模拟物或试验介质中。

3.25

测试池　cell

可将待测塑料薄膜安装在其中的设备，当安装好且注入食品模拟物或试验介质时，膜与食品接触一侧将暴露于食品模拟物或试验介质中。

3.26

重复性值“*r*”　repeatability value ‘*r*’

一个数值，在重复性条件下，两个测试结果的绝对差小于或等于此数的概率为95%。

3.27

再现性值“*R*”　reproducibility value ‘*R*’

一个数值，在再现性条件下，两个测试结果的绝对差小于或等于此数的概率为95%。

3.28

重复性条件　repeatability conditions

在同一实验室，由同一操作员使用相同的设备，按相同的测试方法，在短的时间内对同一被测对象相互独立进行的测试条件。

3.29

再现性条件　reproducibility conditions

在不同的实验室，由不同的操作员使用不同设备，按相同的测试方法，对同一被测对象相互独立进行的测试条件。

4　通则

4.1　概要

当测定塑料中受限物质向食品、食品模拟物或试验介质特定迁移的量时，测定过程分为两个阶段：第一阶段，在实际使用条件或模拟使用条件下，将塑料材料或制品暴露于食品、食品模拟物或试验介质中；第二阶段，测定食品、食品模拟物或试验介质中的迁移量。本标准提供了测定过程中应遵循的建议及导则，例如，制备用于暴露的塑料样品时食品模拟物或试验介质暴露条件的选择，以及完成迁移物质分析后的迁移水平计算。

此外，本标准还提供了制备用于单个受限物质或一组受限物质残留量测定的塑料试样的指南。

待分析塑料材料和制品以及食品的取样程序见第11章。

4.2　操作及试验注意事项

许多待测目标物是能从塑料中自发迁移出的挥发性物质。当测试一种含挥发性物质的塑料材料或制品时，应考虑到取样后及测定过程中，因挥发引起的物质损失。通过低温保存或真空密封保存，可将从取样后到测定前挥发性物质的损失降至最低(见第11章)。

在塑料材料及制品的实际使用过程中，挥发性物质可能不仅会迁移至食品中，还会损失至周围环境的空气中。

基于挥发性的物质分类见附录A。

对样品进行切割或任何机械处理以制备用于食品、食品模拟物或试验介质试验的试样或试件，都可能对样品切口的成分和(或)形态产生不可逆的影响。因此，对于将试件完全浸入食品或食品模拟物中的迁移试验，获得的迁移数据可能不能真实反映实际使用条件下的迁移值。对这一现象敏感的塑料有：丙烯腈/丁二烯/苯乙烯三聚物(ABS)、聚苯乙烯及其他苯乙烯共聚物。对于这几类塑料，在测试中应尽量不使其切口接触到食品、食品模拟物或试验介质，还应注意避免塑料表面的机械性损伤。

4.3　食品模拟物中受限物质的分析——迁移试验

塑料材料及制品在使用中可能接触到的食品种类广泛，因此不需要使用所有可能接触到的食品进行迁移试验。此外食品中往往存在干扰物质，不便于测定。基于上述原因，允许使用常规的食品模拟物进行迁移试验。

4.4　食品中受限物质的分析

某些情况下，特别当无法获得尚未与食品接触的塑料材料或制品时，应在实际的食品中进行迁移量测试。此外，当测试在常规条件下于食品模拟物中进行，且考虑缩减换算系数也无法获得有效结果时，也宜在实际食品中进行测试。

某些分析方法，例如挥发性物质的顶空气相色谱分析，可在多种类型的食品中进行。由于这些方法的操作特性并非针对某类食品而建立，因此在对实际食品进行分析时，应注意确保测定结果的有效性。

4.5　试验介质中受限物质的分析——替代脂类试验

当与分析方法有关的技术原因导致在脂类食品模拟物中测定某一特定受限物质不可行时，则可采用使用试验介质(异辛烷、95%乙醇或改性聚苯醚)的替代脂类试验。由于适用于该介质的测定方法的操作特性可能还未建立，因此需对测定结果的有效性进行验证。

4.6　“挥发性”试验介质中受限物质的分析——备选脂类试验

采用“挥发性”试验介质的备选脂类试验可用以说明结果是否符合特定迁移限量。因为进入“挥发性”试验介质的迁移量应等于或高于进入脂类食品模拟物的迁移量，所以应仔细选择备选脂类试验条件及“挥发性”试验介质。由于该方法的操作特性并非针对挥发性试验介质而建立，因此需验证试验结果的有效性。

4.7 塑料材料或制品中受限物质的分析

对于塑料中受限于组分限量[以每千克塑料中含有该物质的最大毫克数(mg/kg)表示——QM；或以每6平方分米塑料表面积中含有该物质的最大毫克数(mg/6 dm^2)表示——QMA]的物质，应在塑料材料及制品接触食品前对其进行分析。

4.8 多组分分析

有些塑料材料及制品中含有多种受限于特定迁移限量和(或)组分限量的物质。当测定一种以上受限物质的迁移量时，可取经塑料单次暴露的试验模拟物、试验介质或食品样本以供分析。应将试验模拟物、试验介质或食品样本分成几份，使用适当的分析方法独立测定每种受限物质。若这些受限物质中的一种是挥发性物质，则食品模拟物、试验介质的暴露过程及抽样程序都应适用于挥发性物质。当分析塑料材料或制品中的多种受限物质时，也应将样品适当分成几份以供独立分析单个受限物质。

4.9 多层材料及制品

许多食品接触塑料制品与食品接触的表面在化学成分上与其他层不同。对于某种存在组分限量(QM,mg/kg)的物质，该限量仅适用于含该物质的层。若多层材料中特定层的厚度及密度是已知的或可测量的，则该层中受限物质的浓度可通过对多层材料中该物质的分析测定结果进行计算获得。

对存在特定迁移限量(SML)的物质，测试时应确保食品模拟物仅与食品接触面接触以模拟实际使用时与食品接触的条件。在暴露过程中，某一源自非食品接触层的物质能渗透至食品接触层并迁移到模拟物中，对食品模拟物中物质的分析将确定是否发生此种渗透或迁移。

5 试验类型

5.1 迁移试验

使用“食品模拟物”及“常规迁移试验条件”对塑料中受限物质的特定迁移量进行“迁移试验”，见6.2,6.3和表1。

5.2 替代试验

当与分析方法有关的技术原因导致使用脂类食品模拟物进行迁移试验不可行时，宜在常规替代试验条件下使用试验介质进行“替代试验”。替代试验包含三种替代试验介质：95%乙醇水溶液、异辛烷以及改性聚苯醚，所采用的试验条件对应于模拟物D的试验条件(见表5)，且每次试验均使用一个新的试样。上述替代试验结果的计算需使用缩减换算系数(数字2～5)(见第7章)。应选取上述三种介质试验中结果的最高值来确定试验结果是否符合迁移限量。

当与分析方法有关的技术原因(如干扰、检测限、与脂类模拟物发生反应等)导致选取四种“D”类脂类食品模拟物(精炼橄榄油、甘油三酯合成油脂、向日葵油、玉米油，见6.3)中的任何一种进行迁移试验不可行时，已证明宜采用替代试验。

5.3 备选脂类试验

5.3.1 通则

备选脂类试验可采用挥发性介质进行，或作为提取试验进行。

5.3.2 采用挥发性介质进行的备选试验

备选试验采用的是挥发性试验介质，如异辛烷、95%乙醇溶液或其他挥发性溶剂、混合溶剂。可用备选试验来说明结果是否符合特定迁移限量(SML)，当：

a) “备选试验”结果等于或大于相应的脂类食品模拟物(模拟物D)迁移试验结果；

b) 在应用了合适的缩减换算系数后，“备选试验”结果未超过特定迁移限量。

上述条件中若有一项不满足或两项均不满足，则应进行迁移试验(5.1)。

5.3.3 提取试验

提取试验是使用具有强提取能力的“其他试验介质”在严厉的实验条件下进行的试验。若数据证明提取试验结果等于或高于脂类食品模拟物(模拟物 D)试验结果,则可将提取试验用于测试是否符合特定迁移限量(SML)要求。

5.4 残留量测定

5.4.1 “QM”试验

“QM”试验测定塑料材料或制品中待测物质的总量,试验中通常使用合适的溶剂溶解塑料试样。在聚合物沉降后,使用合适的分析方法定量测定溶剂中物质的量。另一备选程序是使用一种可渗透塑料基体、且对待测物质是强溶剂的溶液来对待测塑料样品进行完全的提取,然后使用合适的分析方法定量测定溶剂中物质的量。测定结果以每千克塑料中含有该物质的毫克数(mg/kg)表示。

5.4.2 “QMA”试验

“QMA”试验与“QM”试验类似,同样是测定塑料材料或制品中待测物质的总量。“QMA”试验结果以每 6 平方分米食品接触塑料表面中含有的物质毫克数(mg/6 dm^2)来表示。“QMA”试验与“QM”试验步骤相似,对已知面积的均一材质塑料进行溶解或在严厉的试验条件下提取,并使用合适的分析方法测定溶剂中物质的量。

5.4.2.1 厚样品的“QMA”试验

一般认为进入实际食品的迁移物主要来自塑料最表层 0.25 mm 厚度,来自内层厚度大于等于 0.25 mm部分的迁移量相对较小,可忽略不计。因此,当进行提取试验时,仅考虑将塑料最表层 0.25 mm厚度所释放的物质的量用于计算“QMA”值。

对于厚度(d)大于 0.25 mm 的样品,若塑料是均一的,则该样品全部可用于提取试验,但得到物质总量应除以 d/0.25。例如,若样品厚度为 1 mm,则释放出的物质总量应除以 4。

5.4.2.2 多层材料及制品的“QMA”试验

对于多层塑料材料及制品(层压型),可对已知面积的样品进行提取以测定“QMA”值。当测定多层样品中某受限物质“QMA”值时,只有与食品接触最表层 0.25 mm 厚度才可用于分析和(或)计算。

5.4.2.3 可塑化材料及制品的“QMA”试验

对于可塑化材料、泡沫塑料(例如泡沫或多孔聚苯乙烯)和其他通过机械加工生产出的具有开放式结构的塑料,最大测试厚度 0.25 mm 的规则并不适用,因为在这种材料中来自厚度大于 0.25 mm 部分的迁移可能发生。

6 食品模拟物、试验介质及试剂

6.1 试剂

除非另有说明,分析中仅使用确认为分析纯的试剂及 GB/T 6682 中规定的一级水。

所有化学品对健康都存在或多或少的危害。对所有化学品的安全处理给予指导使其完全符合国家有关法律规定,不在本标准的范围之内。因此,本标准未给出特别警告,本标准使用者应确保其满足所有的安全要求。

6.2 水基食品模拟物

水基食品模拟物应包括以下规格:

——水(GB/T 6682 中规定的一级水),模拟物 A。

——3%(质量浓度)的乙酸水溶液,模拟物 B。

根据本标准的要求,溶液的制备是将 30 g 乙酸用水稀释至 1 L。

——10%(体积分数)的乙醇水溶液,模拟物 C。

根据本标准的要求,溶液的制备是将 100 mL 无水乙醇用水稀释至 1 L。

对于乙醇含量超过 10%(体积分数)的液体或饮料,试验中应使用相当强度的乙醇水溶液。

6.3 脂类食品模拟物

脂类食品模拟物为精馏橄榄油(基准模拟物 D)。

“基准模拟物 D”可用具有标准规格(特性)的合成的甘油三酯混合物、向日葵油或玉米油代替。此即“其他脂类食品模拟物”,又称“模拟物 D”。

橄榄油、合成的甘油三酯混合物、向日葵油和玉米油的特性指标见附录 B。模拟物 D 应符合附录 B 所列规格,且使用前应预先对其进行检测以确保其在特定迁移试验中对测定受限物质特定迁移量的分析方法不造成严重干扰。

注 1:经验显示“轻质的”、“温和的”的橄榄油通常符合上述规格且易获得。这种“轻质”橄榄油中未皂化的部分要比标准橄榄油中少。

注 2:当这些脂类食品模拟物用以模拟某些类别的食品时,可使用缩减换算系数,见 7.2 和表 2。

6.4 试验介质

6.4.1 替代试验用试验介质

替代试验中使用的介质包括异辛烷、95%乙醇水溶液及改性聚苯醚(MPPO)。MPPO 的特性见附录 B。

本标准中,95%乙醇溶液是指将 950 mL 100%乙醇用水稀释至 1 L 配制而成的溶液。

6.4.2 备选试验用试验介质

通常备选试验介质均为挥发性介质,例如异辛烷、95%乙醇水溶液、其他挥发性溶剂或混合溶剂。虽然不常使用固体介质,但其在某些特殊情况是适用的,因此不能排除使用固体介质的可能。

注:除非另有说明,食品模拟物、替代和备选试验介质以及提取或溶解用溶剂均应为分析纯。模拟物、试验介质或溶剂不应含有可能干扰特定迁移测定或残留量测定的组分。

7 食品模拟物的选择

7.1 模拟接触所有类型食品

当一塑料材料或制品在使用中预期接触所有类型食品时,迁移试验中应使用 3%(质量浓度)的乙酸水溶液(模拟物 B)、10%(体积分数)的乙醇水溶液(模拟物 C)及脂类食品模拟物(模拟物 D,无需使用缩减换算系数)。当使用任何其他脂类食品模拟物(见 6.3)结果超过迁移限量时,若技术上可行,应使用橄榄油来对不符合迁移限量的判断进行确证。若此种确证方法在技术上不可行且迁移试验结果超过限量,则应视为其结果不符合迁移限量要求。

7.2 模拟接触特定类型食品

在下列情况下对预期与特定类型食品接触的塑料材料及制品作出规定:

a) 材料或制品已经与已知食品接触。

b) 材料或制品附特别标识,注明其可用于或不可用于接触某食品类型,例如“仅用于水基食品”。

c) 材料或制品附特别标识,注明其可用于或不可用于接触某类食品或某组食品。标识应说明:

  1) 在市场销售阶段而非零售阶段,使用“编号”或“食品描述”;

  2) 在零售阶段,使用标识(应仅指某些食品或几组食品),最好附范例以便于理解。

表 1 说明了在 b)情况下,迁移试验中使用的模拟物。

表 1 用于特定情况下食品接触材料试验的可选择食品模拟物

接触食品	模拟物
仅为水基食品	模拟物 A
仅为酸性食品	模拟物 B
仅为酒精类食品	模拟物 C
仅为脂类食品	模拟物 D

表 1（续）

接 触 食 品	模 拟 物
所有水基及酸性食品	模拟物 B
所有酒精类及水基食品	模拟物 C
所有酒精类及酸性食品	模拟物 B、C
所有脂类及水基食品	模拟物 D、A
所有脂类及酸性食品	模拟物 D、B
所有脂类、酒精类及水基食品	模拟物 D、C
所有脂类、酒精类及酸性食品	模拟物 D、C、B

在 a)与 c)情况下，使用表 2 中提及的食品模拟物进行试验。

表 2 某种或某类食品迁移试验使用的模拟物列表

编 号	食 品 描 述	选用的模拟物			
		A	B	C	D
01	饮料类				
01.01	非酒精饮料或酒精度低于体积分数 5%的酒精饮料：水，苹果酒，普通浓度或浓缩的果汁或蔬菜汁，葡萄汁，水果饮料，柠檬水，矿泉水，果酱，苦啤酒，冲剂，咖啡，茶，液体巧克力，啤酒及其他饮料。	X(a)	X(a)		
01.02	酒精度不低于体积分数 5%的含酒精饮料：葡萄酒，烈酒或利口酒。		X[a]	X[b]	
01.03	其他：未变性酒精。		X[a]	X[b]	
02	谷物类，谷物产品，馅饼，饼干，蛋糕及其他烘焙产品				
02.01	淀粉质食品				
02.02	谷物，未经加工过的片状成品（如爆米花、玉米片等）				
02.03	谷类面粉及食品				
02.04	通心面，意大利面条及类似产品				
02.05	馅饼，饼干，蛋糕及其他烘焙食品，烘干产品：				
	A 表面涂有脂类物质				X/5
	B 其他				
02.06	馅饼，蛋糕，其他烘焙食品，新鲜制品：				
	A 表面涂有脂类物质				X/5
	B 其他	X			
03	巧克力，糖类及糖果产品				
03.01	巧克力，覆有巧克力的产品，替代品，及覆有巧克力替代品的产品				X/5
03.02	糖果产品				
	A 固体形式				
	Ⅰ 表面为脂类物质				X/5
	Ⅱ 其他				
03.02	B 糊状物质				
	Ⅰ 表面有脂类物质				X/3
	Ⅱ 含水物质	X			
03.03	糖及糖类产品				
	A 固体				
	B 蜂蜜及类似产品	X			
	C 糖蜜及果酱	X			

表 2（续）

编号	食品描述	选用的模拟物			
		A	B	C	D
04	水果，蔬菜及其加工品				
04.01	整果，新鲜的或冷冻的				
04.02	加工水果：				
	A 干的或脱水的水果，整果或粉末状				
	B 块状，浓汤状或糊状水果	X(a)	X(a)		
	C 水果蜜饯				
	Ⅰ以水为介质	X(a)	X(a)		
	Ⅱ以油为介质	X(a)	X(a)		X
	Ⅲ以酒精为介质（大于或等于体积分数 5%）		X[a]	X	
04.03	坚果（花生，栗子，杏仁，榛实，胡桃，松子，硬壳果仁及其他）				
	A 带壳的，干的				
	B 带壳的，烘干的				X/5[c]
	C 糊状或乳脂状	X			X/3[c]
04.04	整蔬菜，新鲜或冷冻的				
04.05	加工过的蔬菜：				
	A 干的或脱水蔬菜或粉末状蔬菜				
	B 切片蔬菜，浓汤状蔬菜	X(a)	X(a)		
	C 腌制的蔬菜				
	Ⅰ水溶液介质	X(a)	X(a)		
	Ⅱ油状介质	X(a)	X(a)		X
	Ⅲ以酒精为介质（大于或等于体积分数 5%）		X[a]	X	
05	脂肪及油类				
05.01	动植物油脂（天然的或经过加工的，包括可可脂、猪油或精炼黄油）				X
	从油中的水乳状液中提取的人造黄油，黄油及其他脂类				X/2
06	动物产品及蛋类				
06.01	鱼类				
	A 新鲜的，冷冻的，腌制的，烟熏的	X			X/3[c]
	B 糊状的	X			X/3[c]
06.02	甲壳动物及没有天然外壳保护的软体动物（包括牡蛎，蚌类，蜗牛等）	X			
06.03	所有动物肉（包括家禽及野味）				
	A 新鲜的，冷冻的，腌制的，烟熏的	X			X/4
	B 糊状及乳脂状的	X			X/4
06.04	经过加工的肉类产品（火腿、腊肠及烤肉）	X			X/4
06.05	腌制的或部分腌制的肉类及鱼类				
	A 以水为介质	X(a)	X(a)		
	B 以油为介质	X(a)	X(a)		X
06.06	无壳蛋类				
	A 磨成粉末或烘干的				
	B 其他	X			
06.07	蛋黄				
	A 液态	X			
	B 磨成粉末或冰冻的				
06.08	干蛋白				

表 2（续）

编 号	食 品 描 述	选用的模拟物 A	B	C	D
07	乳制品				
07.01	牛奶				
	A 全乳	*X*			
	B 部分干的	*X*			
	C 完全脱脂或部分脱脂的	*X*			
	D 干的				
07.02	发酵牛奶如酸奶、酪乳及与水果结合产品		*X*		
07.03	乳酪及酸乳酪	*X*(a)	*X*(a)		
07.04	干酪				
	A 完整，保留外皮				
	B 加工干酪	*X*(a)	*X*(a)		
	C 其他	*X*(a)	*X*(a)		*X*/3[c]
07.05	凝乳块				
	A 液态或胶质的	*X*(a)	*X*(a)		
	B 粉末状的或干的				
08	其他产品				
08.01	醋		*X*		
08.02	油炸或烘烤食品				*X*/5
	A 炸薯条，煎饼之类				*X*/4
	B 动物类食品				*X*/4
08.03	用以制备汤、羹的调制食品，液态、固态或粉状（提取物、浓缩物）；均质调制品	*X*			
	A 磨成粉末或干的				*X*/5
	Ⅰ表面有脂类物质				
	Ⅱ其他				
	B 液体或糊状				*X*/3
	Ⅰ表面有脂类物质	*X*(a)	*X*(a)		
	Ⅱ其他	*X*(a)	*X*(a)		
08.04	酵母或膨化剂				
	A 糊状	*X*(a)	*X*(a)		
	B 干的				
08.05	盐				
08.06	沙司：				
	A 表面无脂类物质	*X*(a)	*X*(a)		
	B 蛋黄酱及由蛋黄酱、色拉酱及其他油性物质与水混合而产生的沙司	*X*(a)	*X*(a)		*X*/3
	C 含有水油两层的沙司	*X*(a)	*X*(a)		*X*
08.07	芥末（编号 08.17 下的芥末粉除外）	*X*(a)	*X*(a)		*X*/3[c]
08.08	三明治，烤面包片及类似的食品				
	A 表面含有脂类物质				*X*/5
	B 其他				
08.09	冰激凌	*X*			
08.10	干性食品				
	A 表面有油性物质				
	B 其他				*X*/5

表 2（续）

编 号	食 品 描 述	选用的模拟物			
		A	B	C	D
08.11	冷冻或深度冷冻的食品				
08.12	酒精强度大于等于体积浓度 5%的浓缩提取物		X[a]	X	
08.13	可可				
	A 可可粉				$X/5$[c]
	B 可可浆				$X/3$[c]
08.14	咖啡，包括烘烤及未烘烤的，去除或未去除咖啡因的或可溶的，咖啡替代物，粒状或粉末状				
08.15	液态咖啡提取物	X			
08.16	芳香型草药及其他草药				
	甘菊、锦葵、薄荷、茶叶、莱姆花（菩提花）				
08.17	天然香料及调料				
	肉桂，丁香，粉末芥末，胡椒粉，香草，藏红花				

[a] 该试验仅在 pH 值小于或等于 4.5 时进行。

[b] 该试验可在酒精体积浓度超过 10%的液体或饮料的情况下用相当浓度的酒精水溶液进行。

[c] 若通过一个适当的试验可以证明塑料无“酯类接触”，则使用模拟物 D 的试验可以被豁免。

表 2 中的每种或每组食品，只使用以迁移量“X”标识的模拟物，对每种进行迁移试验的模拟物都应使用新的塑料材料或制品的样品。若无“X”标识，该标题或副标题下的食品类别不要求使用任何模拟物进行迁移试验，涉及干性及冷冻食品见 7.3。

当“X”后有一道斜杠和一个数字，则该迁移试验结果应除以此数字。对于确定类型的脂类食品，此数字称为“缩减换算系数”，该系数的引入是考虑到食品模拟物较之于此类食品具有更强的提取能力。

若在“X”后的括号中标有字母“a”，则应仅使用给定的两种模拟物中的一种：

——若 pH 值大于 4.5，应使用模拟物 A。

——若 pH 值等于或小于 4.5，应使用模拟物 B。

若一种食品既列在副标题下又列在大标题下，则仅使用副标题下指定的模拟物。

若某种食品或某类食品未列入表 2 中，则应从用于测试特殊情况下食品接触材料的食品模拟物列表中选择，使之与待测的某种或某类食品情况最为接近。

7.3 模拟接触干性及冷冻食品

接触谷类、鸡蛋等干性食品或冷冻食品的塑料不必使用第 6 章中列出的模拟物 A、B、C 及 D 进行迁移试验，因为这些液体食品模拟物不适合模拟干性及冷冻食品。然而，塑料中的挥发物能迁移入干性及冷冻食品，尤其当此种食品与塑料长时间接触时。因此，应测定此类食品接触材料的挥发物释放量，且这一测试能在相应的食品或替代食品模拟物中进行测定，例如，在表 3 和表 4 规定的测试条件下能使用作为挥发性物质吸收剂的改性聚苯醚（MPPO）。另外一种用于吸收非极性有机物的模拟物是炭粉。第三种用于测定干性及冷冻食品接触塑料的模拟物是用水部分饱和的硅胶，适用于检测极性挥发物的释放量。这三种模拟物用于测试干性及冷冻食品接触塑料还未完全被认证和标准化。

7.4 脂类接触试验

应根据塑料在实际或可预见使用下接触的食品类型指定食品模拟物。脂类食品模拟物（模拟物 D）可用于测定脂类食品接触塑料。对于某一食品类型，若能通过适当的试验证明塑料及食品间不存在“脂类接触”，则模拟物 D 的测试可豁免。

8 迁移试验、替代试验、备选试验条件及残留量测定条件

8.1 迁移试验条件

8.1.1 通则

测定时间及温度根据实际使用中接触条件进行选择。迁移试验中接触温度及接触时间的允许公差见表 C.1 及表 C.2。

8.1.2 引言

根据表 3 选择迁移试验时间，根据表 4 选择温度条件，该条件对应于塑料材料或制品可预见最严厉接触条件及任何标签信息注明的最高使用温度。因此，若塑料材料或制品预期与食品的接触覆盖了表中的两种或两种以上温度和时间段，则应使用等量的食品模拟物，将试样依次在所有这些可预见最严厉条件下进行迁移试验。

表 3 采用食品模拟物进行迁移试验的一般时间条件

可预见最严厉接触时间	应选择的试验时间
t≤5 min	见 8.1.7 条件
5 min≤t≤0.5 h	0.5 h
0.5 h≤t≤1 h	1 h
1 h≤t≤2 h	2 h
2 h≤t≤4 h	4 h
4 h≤t≤24 h	24 h
t>24 h	240 h

表 4 采用食品模拟物进行迁移试验的一般温度条件

可预见最严厉接触温度	应选择的试验温度
T≤5 ℃	5 ℃
5 ℃<T≤20 ℃	20 ℃
20 ℃<T≤40 ℃	40 ℃
40 ℃<T≤70 ℃	70 ℃
70 ℃<T≤100 ℃	100 ℃或回流温度
100 ℃<T≤121 ℃	121 ℃[a]
121 ℃<T≤130 ℃	130 ℃[a]
130 ℃<T≤150 ℃	150 ℃[a]
T>150 ℃	175 ℃[a]

[a] 此温度应仅适用于模拟物 D。对于模拟物 A、B 或 C，本试验的条件可以替代为：在 100 ℃或回流温度下，试验时间为根据 8.1.2 中一般要求所选择时间的四倍。

8.1.3 通常被认为“更加严厉”的接触条件

8.1.3.1 通则

在应用通用标准时，迁移量的测定应限于具有科学依据的最严厉的试验条件下。以下是选择测定条件的具体示例。

8.1.3.2 在任何时间及任何温度下与食品接触

许多制品能在多种温度下使用且使用时间各不相同，或使用条件可能不明。在实际使用中，若塑料材料或制品能在任何接触时间条件下应用，且没有标签或标识指示实际使用时的接触温度和时间，则依据食品类型，应在 100 ℃或回流温度下使用模拟物 A 和(或)B 和(或)C 试验 4 h，或在 175 ℃下使用模拟物 D 试验 2 h。

8.1.3.3 在室温或低于室温条件下与食品无时间限制的接触

有些材料及制品标明只能在室温或低于室温条件下使用，或有些材料本身的性质清楚地表明其只能在室温或低于室温下使用，此时试验应该在40 ℃下进行240 h。一般认为这一时间和温度条件是“更严厉”的试验条件。

8.1.4 温度在70 ℃～100 ℃之间且时间少于15 min的接触

若实际中塑料材料或制品在70 ℃～100 ℃间使用且使用时间少于15 min，例如热灌装，且有适当的标签或标识予以说明，则试验应在70 ℃下进行2 h。但是，若该材料或制品预期在室温下继续储藏食品，则试验条件应由70 ℃下进行2 h替换为40 ℃下进行240 h，一般认为后者是更为严厉的试验条件。

8.1.5 在微波炉中的接触

对于将在微波炉中使用的材料和制品，迁移试验能根据所选择的合适时间及温度条件在普通烘箱或微波炉中进行。

在微波加热及普通烘箱中加热时食品和包装材料间接触面温度的测定，按EN 14233进行。

原则上在加热过程中使用荧光温度计记录温度，温度探针置于食品与塑料材料或制品的接触面上。取所记录的最高温度作为常规的迁移试验的合适测试温度。

8.1.6 引起物理特性或其他特性改变的接触条件

若发现在选定接触条件下进行测试会引起试样物理或其他特性的变化，而在可预见最严厉使用条件下使用待测塑料材料或制品时不会发生这些变化，则迁移试验应在不发生物理特性或其他特性改变的可预见最严厉使用条件下进行。

一般而言，除了通过充分降低温度以满足要求外，还可减少接触时间。新的测定条件不一定要符合表3、表4中的温度或时间条件，允许选择中间条件，但应重新评估新设定的暴露条件是否仍然可以代表实际使用条件。

8.1.7 未被常规迁移试验条件涵盖的接触

在某些情况下，当常规的迁移试验条件不能完全涵盖实际使用条件时，例如接触温度超过175 ℃或接触时间少于5 min的接触条件，则能使用其他更适合此种情况的接触条件，只要能证明选定的条件代表了可预见的最严厉接触条件。

8.1.8 低温下的试验

当在5 ℃下使用脂类模拟物进行测定时，模拟物可能部分或完全固化。由于许多脂类食品在此温度下部分或完全是固态，该模拟物的状态可以模拟食品在低温下(例如冷冻储存温度)与塑料材料或制品接触的状态。然而，模拟物的固化或部分固化会导致测试结果可变、不可靠。针对这一情况，可能的解决方法如下：

——可使用葵花籽油，其中不含有5 ℃测试温度下会固化的成分，即“脱蜡”油。

——加热脂类模拟物至其恰好变为液态，模拟物与试件接触后，立刻将其冷却到预定的温度。

——对于膜状或是片状样品，可将一固态脂类模拟物切片，例如，可将一片合成甘油三酸酯混合物夹在两片试件中间。

全浸入试验、在测试池中进行的试验或灌注法试验在低温下均可行。若使用某个测试池难以目测模拟物是否固化，则应使用脱蜡模拟物。

使用橄榄油和向日葵油在10 ℃进行试验通常不存在这一问题。然而，这是一个“更为严厉”的试验条件，若10 ℃下的迁移值并未超过特定迁移限量，则在5 ℃下的迁移值也不会超过迁移限量。

8.1.9 高温下试验

全迁移试验的经验显示，当模拟接触时间短且接触温度高于100 ℃的暴露时，很难在测试实验室间获得一致的、具可比性的和可靠的数据。造成不一致的主要原因是使橄榄油及其他脂类模拟物达到测定温度所需时间的差异。现正在研究可能解决这一问题的其他方法，例如将样品管置于电加热器或电加热控制的迁移测定池中。

8.1.10 盖子、垫圈、塞子或类似的密封件

在许多情况下，盖子和密封件也预期会接触到食品，因此可在与容器其余部分类似的条件下对其进行测试。但在某些高温应用中，盖子可能只暴露于水蒸气，且经冷凝的水蒸气将回流至食品中。在这一情况下，宜使用模拟物A采用回流的方式对此盖子和密封件进行测试。

8.1.11 管道、活栓、阀门、过滤器

由于接触的是流动的食品，因此很难确定管子、活栓、阀门及过滤器等制品与食品的接触时间。然而为了进行迁移试验，可将此类接触方式认定为重复的短暂接触。因此对此类制品的测试可采取重复地全浸入或重复地灌液方式来进行。管子可用惰性的塞子塞紧。对于管子这类容器暴露时间的选择，应考虑到食品的保留时间，该保留时间受食品流速及管子长度和直径这些因素的影响。同样，停止食品流动的时间也会影响最终的接触时间。

8.2 替代脂类试验条件

已认可替代试验对应的常规测试条件。常规迁移试验条件见表5。

表5 替代试验常规条件

采用模拟物D试验条件	采用异辛烷试验条件	采用95%乙醇水溶液试验条件	采用MPPO[a]试验条件
5 ℃,240 h	5 ℃,12 h	5 ℃,240 h	—
20 ℃,240 h	20 ℃,24 h	20 ℃,240 h	—
40 ℃,240 h	20 ℃,48 h	40 ℃,240 h	—
70 ℃,2 h	40 ℃,0.5 h	60 ℃,2 h	—
100 ℃,0.5 h	60 ℃,0.5 h	60 ℃,2.5 h	100 ℃,0.5 h
100 ℃,1 h	60 ℃,1 h	60 ℃,3.0 h[b]	100 ℃,1 h
100 ℃,2 h	60 ℃,1.5 h	60 ℃,3.5 h[b]	100 ℃,2 h
121 ℃,0.5 h	60 ℃,1.5 h	60 ℃,3.5 h[b]	121 ℃,0.5 h
121 ℃,1 h	60 ℃,2 h	60 ℃,4.0 h[b]	121 ℃,1 h
121 ℃,2 h	60 ℃,2.5 h	60 ℃,4.5 h[b]	121 ℃,2 h
130 ℃,0.5 h	60 ℃,2 h	60 ℃,4.0 h[b]	130 ℃,0.5 h
130 ℃,1 h	60 ℃,2.5 h	60 ℃,4.5 h[b]	130 ℃,1 h
150 ℃,2 h	60 ℃,3 h	60 ℃,5.0 h[b]	150 ℃,2 h
175 ℃,2 h	60 ℃,4 h	60 ℃,6.0 h[b]	175 ℃,2 h

[a] MPPO：改性聚苯醚。

[b] 挥发性试验介质在低于60 ℃的条件下使用。替代试验的一个先决条件为，材料或制品能够承受在该条件下使用模拟物D。若物理性质发生改变，例如熔化或变形，则该材料被认为不适合在该条件下使用。若物理性质未发生改变，则使用新的样品进行替代试验。

在实验室中难以控制12 h的测试时间，因此可延长测试时间，如延长至16 h。若在更为严厉的测试条件下结果未超过迁移限量，则延长测试时间是可接受的。

也可使用温度和时间的其他组合，应参考上述例子及待测塑料种类现存的经验。

8.3 备选脂类试验条件

8.3.1 使用挥发性介质的备选脂类试验

选择使用挥发性试验介质(例如异辛烷、95%乙醇水溶液、其他挥发性溶剂或混合溶剂)进行备选脂类试验，则：

a) “备选试验”结果应大于或等于使用脂类模拟物D的迁移试验结果。

b) 使用合适的缩减换算系数进行换算后,“备选试验”结果未超过特定迁移限量。

若不能满足上述一项条件,或两项条件均不能满足,则应采用脂类食品模拟物进行迁移试验。

8.3.2 提取试验

选择试验条件以使提取试验结果等于或高于使用模拟物 D 获得的结果。

在为评价 QM 或 QMA 限量符合性所进行的残留量测试中,对塑料进行处理时应使所有的待测物质能从试件中被抽提出来。

9 仪器设备

9.1 试件支架

在通过全浸入方式进行的迁移测试中,使用十字形试样支架(参见图 D.1)。但也能使用其他支架,只要其能支撑试件并保持试件间相互分离,同时能保证试件与模拟物完全接触。图 D.2 为一种已成功使用的支架,尤其适用于特别厚或特别薄的样品,样品可被缠绕在支架上。当载有试样时,这种支架可暴露于 100 mL 烧杯中的模拟物。然后在烧杯上盖上表面皿。

9.2 试管、玻璃棒和玻璃珠

在采用全浸入的方式进行迁移试验的几种方法中,试样的表面积与食品模拟物体积之比为一固定值。为保证试样的所有部分均与食品模拟物接触,可使用合适直径的玻璃管(在个别方法中规定了玻璃管的尺寸)。然而,也可通过加入玻璃棒或足量的玻璃珠来微调管中模拟物的水平,以确保试样表面完全浸入模拟物(在个别方法中规定了玻璃棒和玻璃珠的尺寸)。

9.3 测试池

本部分试验步骤说明了图 D.3 中 A 类型 2 号测试池的有效性。然而,在误差范围内,附录 D 中的备选测试池获得的试验结果是相类似的。备选测试池的设计应具备良好的性能,尤其应无渗漏,适用于四种食品模拟物,且使试样未直接接触食品模拟物的面积达到最小。同时,池的设计及材质都应无任何污染食品模拟物的物质迁移,尤其应无影响待测物分析的物质。其他可用测试池包括 A 类(图 D.4)、B 类(图 D.5)、C 类(图 D.6)、D 类(图 D.7)、E 类(图 D.8)、F 类(图 D.9)。各类测试池在测试挥发性物质迁移中的适用性取决于测试池的设计、食品模拟物和目标物质的物理性质。可通过灌注等体积的迁移试验模拟物来确定池的适用性。将待测样与模拟物固定在一起使其达到会发生迁移的程度。在相应试验条件下储存并进行物质测定后,回收率可说明该种测试池应用于挥发性物质测定的适用性。不带气密装置且具有较大顶空体积的测试池并不适用于挥发性物质的测定。

9.4 恒温炉或恒温箱

经验表明,精确的温度控制可获得重复性良好的试验结果。因此,应仔细选择恒温炉或恒温箱以确保通过样品管、测试池或样品袋中的压缩空气进行温控以达到表 C.2 的规定。需特别指出的是,家庭储存用冰箱及烘焙食品用烘箱通常不具备足够的温控能力,因此不适用于迁移试验。

10 样品及样品几何形态

10.1 样品

进行符合性测试所选取的样品应是处于待使用状态的最终产品。某些情况下这种样品的获取是不可行的,则可从材料、制品中抽取试件进行测试,或取能够代表材料或制品的部件进行测试。也可对最终产品的组分及初始物进行测试,例如,准备用于压层的膜或未经印刷的膜,进行这种测试可为评价成品生产用材料的适用性提供指南,例如,那些在成型同时就被食品填充的制品。在这种情况下,这类测试可在一专门为测试目的而制作的制品上进行。再例如,对非均一结构样品的测试,这些样品一方面太大而无法通过灌液进行测试,另一方面不具有平的表面能供切割后置于测试池中进行测试。在这种情况下,这类试验可在一专门为测试目的而制作的制品上进行,且此制品应尽可能代表实际使用中的制品。

若样品是从生产批中随机抽取获得的，则相关情况应在报告中予以描述，试样应能代表正常生产材料。同样地，若样品并非随机抽取，而是根据其他一些参数来选择，例如厚度的差异，则这种情况也应予以报告。

样品可能是非均一性的，如不同的晶度、不同分子排列取向，或不规则的形状、不同的厚度，例如从瓶子、盘子、器具表面及餐具等切割下的部件；或样品太小而需多件样品组合成为一份试样。选取尽可能相似且代表待测制品的样品进行测试，取样详情应体现在最终报告中。

样品应清洁且避免表面污染，可使用不起绒的布擦拭或使用软质刷子除去样品表面尘污。若制品附有标识说明其在使用前应被清洁，则应在测试前按此标识进行相关处理。

10.2　表面积-体积比

若制品接触食品时的表面积-体积比为已知，则应在迁移试验中采用这一比例。例如，某个瓶子或容器预期盛放一定体积的食品，即使未能完全装满。在这个例子中，该制品应使用规定体积的模拟物进行测试。若实际使用中容器与食品接触的表面积-体积比为未知，则应使用常规暴露条件，例如，与 100 g食品或 100 mL 食品模拟物接触的塑料表面积为 0.6 dm^2。特定迁移限量是基于 6 dm^2 塑料表面积与 1 kg 食品接触这样一个假设而设定的，根据迁移试验规则，所有食品模拟物的密度一般可假定为 1 kg/L，因此 1 kg 食品模拟物的体积为 1 L。

在某些迁移试验中，适用于待测物质的分析方法难以达到足够的检测限，通过调整表面积-体积比可在用以分析的模拟物中获得更为理想的物质浓度。然而，只有在标准的和调整过的表面积-体积比试验中获得一致的迁移测定值(单位是“mg/cm^2”)，才能认为是有效的结果。若存在溶解度的限制，则不能获得有效结果。经验表明，对于许多物质，在使用脂类模拟物进行的迁移试验中，表面积-体积比能被缩减至 1 dm^2/20 mL 这一最大比率，而使用水基模拟物时，其能被缩减至 1 dm^2/50 mL 这一最大比率。

在采用不同的表面积-体积比进行迁移试验前，应在测定温度及室温下同时测定物质在用于迁移试验的模拟物中的溶解度。有些物质在测定温度下为可溶而在室温下却不能完全溶解，这将导致不可靠的分析结果。

使用试验介质进行的替代性试验中，若检测限同样难以达到，也可采用调整的表面积-体积比。

10.3　单面和双面试验(全浸入方式)

特定迁移试验中，只有在实际使用中与食品接触的样品部分才应与食品或食品模拟物接触进行试验。然而，允许进行更为严厉的试验来说明其是否符合特定迁移限量。在全浸入试验中，制品与食品接触的面及外表面均会接触到食品模拟物。由于只有与食品接触的一面的面积用于计算单位面积迁移量，不允许计入来自于外表面的任何物质迁移，因此上述试验比在袋中、测试池中或通过灌液进行的迁移试验更严厉。

但只对于对称、均匀的样品，同时计算双面才是合理的，在这种情况下，在全浸入试验中计算双面所获得的特定迁移值与单面测定获得的迁移值是一致的(允许存在分析误差)。

一般而言，若厚度超过 0.5 mm，则测定迁移值时需考虑两侧面的面积。带有切口的试样的迁移试验结果可能会高于没有切口的试样。在实际使用中，与食品接触塑料一般不具有切口。通常情况下，以单位“mg/cm^2”计算迁移结果时，仅当厚度超过 2 mm 时，切口边缘面积才能被考虑在内。采用塑料的切割部分作为试样并将其完全浸入食品模拟物中，是一种更为严厉的试验。若由于切割造成迁移值上升且超过迁移限量，则应在避免接触切口的情况下重复进行迁移试验，例如采取灌液试验或单面试验。在全浸入试验中，表面积-体积比一般为 6 dm^2 食品接触面积比 1 000 mL 食品模拟物。采用全浸入方式进行的测试程序见第 15 章。

10.4　使用 A 类型 2 号测试池进行的单面试验

对于将单面试验作为首选方法的测试，可在 A 类型 2 号测试池或同类型测试池中进行，这对于多层材料及制品尤为重要。对于能获得平面形状的样品，例如薄膜、箔或薄片，在测试池中进行测试具有样品几何形状可重复的优势。此种测试池参见附录 D。其他测试池参见 9.3 和附录 D。A 类型 2 号测试池中表面积-体积比一般为 6 dm^2 食品接触面积比 1 000 mL 食品模拟物。

当使用测试池时,应特别注意降低挥发物的损失,可使用添加已知浓度分析物的模拟物来检验。

A 类型 2 号测试池中的暴露程序见第 17 章。

10.5 使用袋装方式进行的单面试验

对于可制成牢固小袋且小袋具有足够强度的密封性来保持在特定模拟物迁移试验中样品完整性的平面材料和制品,则应优先考虑采用袋装方式进行测试,因为此试验仅需使用密封设备,且能更有效地利用恒温炉空间。

袋装试验的表面积-体积比一般为 2 dm^2 食品接触面积比 100 mL 食品模拟物。若分析物测定结果以"mg/mL"表示,则通过乘以 300 这个系数将结果换算为表面积-体积比 6 dm^2/1 kg(或 1 L)食品或食品模拟物,结果以"mg/kg(或 mg/L)"表示。

注:对测试温度高于 40 ℃的试验,允许先在室温下往袋子中灌入食品模拟物,并在微波炉中将袋子预热至测试温度。宜将一光导纤维探针插入袋内模拟物中,或在加热后通过温度计检测温度。将经过灌注的袋子置于微波炉内加热至模拟物达到测试温度,然后将袋子转移至一个已预热至测试温度的恒温炉或恒温箱中。该部分操作应在最短时间内完成以避免过度的热量损失。袋子在恒温炉中放置一段预先选定的测试时间。

以袋装方式进行的测试步骤见第 18 章。

10.6 使用反转袋进行的单面试验

可使用反转袋作为一种备选方法。在这种情况下,需将与食品接触的面制作为袋子的外表面,然后采用全浸入的方式将该面暴露于食品模拟物中。

较之上述注入食品模拟物的袋子,使用反转袋具有许多优点。当一个"正常"袋子灌满食品模拟物时,封口处应能承受模拟物重量并在测定中保持完整,若密封口破损,则食品模拟物将从袋子中泄漏出来。而反转袋的密封口则不需承受来自模拟物的压力,且发生破损及泄漏的可能性更低。此外使用反转袋能减小密封口面积以更准确测量暴露于食品模拟物的面积。但是,模拟物可能会渗漏到反转袋中,从而导致暴露于食品模拟物的面积增大。一种检验透明或半透明膜制成的袋是否漏液的方法是将一片与袋尺寸相似的滤纸封入每个反转袋中,若袋发生漏液,则将观察到滤纸吸收了食品模拟物。任何发生漏液的袋均应丢弃,且重新进行测试。

反转袋的又一优点为:若需要,可调节表面积-体积比至与塑料材料或制品接触食品时的表面积-体积比一致。当用以接触食品的表面积-体积比不明确时,则应使用常规暴露条件,例如 6 dm^2 表面积接触 1 000 mL 食品。

10.7 采用灌注方式进行的单面试验

对于容器状的制品,例如瓶和盆,往其中灌注食品模拟物是最方便的测试方法。这种灌注的测试方法不宜用于测试大容器,可制作代表待测容器的小件的试样。任何为促进测试而特别采用的制作应在报告中予以描述。

通过制品灌注方式进行的试验步骤见第 19 章。

10.8 预期重复使用的制品

若某制品预期重复接触食品,则对于该类制品的同一样品应进行三次测试,且每次使用新的食品模拟物。应以第三次测试迁移值为依据判断检测值是否符合迁移限量。然而,若试验结果表明第二次、第三次的迁移值未增加且若第一次测定值并未超过迁移限量,则无需进行进一步测试。若第三次测定结果平均值并未超过第二次测定结果平均值,则可认为迁移值未增加。除非前期试验证明待测塑料在第二次、第三次暴露中迁移值不会增加,否则所有类型的可重复使用的制品均需进行重复使用试验。

10.9 盖子、密封件及其他密封装置

盖子、密封垫圈及其他密封装置应尽可能在模拟实际使用的条件下进行测试。对于密封件的测试应在它们实际使用的状态及形式下进行。

将模拟物置于已知具有低迁移量的广口瓶/容器中,并用待测密封件将容器封口。然后将广口瓶/

容器倒置，在接近其实际使用的条件下进行测试。若使用的是高温的水基食品模拟物，则应将广口瓶/容器直立放置。若广口瓶/容器将在室温下储存，则应继续在室温下将广口瓶/容器倒置。

对于替代试验，试验介质可能通过扩散穿过密封件，这将导致试验介质的损失及迁移量的降低，而当试验介质从广口瓶/容器外部区域萃取出物质时，也可能使迁移量增加。在这种情况下，应测定实际接触面积以及整个密封件的迁移量，测定所采用的表面积-体积比应与实际使用中的比例一致。对于以“mg/kg”表示迁移值的容器，当评估特定迁移值是否符合限量时，将来自密封件的迁移量加入到容器的迁移量中。由于密封件与食品接触面积难以确定且通常相对较小，以“mg/dm^2”表示密封件迁移量无意义。因此迁移量应以每个密封件迁移的毫克数表示，且迁移量与广口瓶、容器或瓶容量相关。例如，一个与 350 mL 广口瓶配套的盖子，若 X 为迁移量（以每个盖子迁移的毫克数表示），且若 $X\times 1\,000/350<\mathrm{SML}$，则此盖子的迁移值符合迁移限量，其适合接触食品。

10.10 大容器

对于大容器的检测，可通过将容器切割获取试样，并采用全浸入法或测试池测定法进行测试。另一备选方法是往容器中灌注食品模拟物，经充分混合后，取部分模拟物用于分析测试。第三种备选方法是制作可代表大容器的小型测试池样本，并通过灌液的方法进行测试。

10.11 管子、活栓、阀门及过滤器

诸如管子、活栓及阀门等制品可接触流动性食品，对其进行迁移试验时可认为其与食品的接触是重复性的短暂接触。这类制品可采用重复性全浸入或重复性灌液方式进行测定。测试时可用惰性塞子塞住管子。

10.12 纤维及布料

聚合纤维及布料可用于制备麻布袋、过滤器以及饮料灌装用传送带和袋等制品。对于这些制品，无需计算纤维的总表面积。例如，一个 10 cm×10 cm 的正方形试样的单侧接触面积为 1 dm^2，但用于迁移值计算的接触面积并不包含该正方形试样中所有纤维的总面积。

10.13 形状不规则制品

许多待测制品具有不规则的形状或尺寸（如厚度）。例如水槽和工作台面、餐具及烹调器具、成型瓶及容器。当从这些制品中取出部分采用全浸入方式或测试池方式进行测试时，应注意确保所选试样能代表待测制品与食品接触的整个部分。同时也应注意确保试件间彼此尺寸相近以获得有效的重复性好的结果。

11 取样

11.1 测试制品的取样

当待测物质需符合特定迁移限量（SML）要求或符合组分限量（QM 或 QMA）要求时，对尚未接触食品的塑料材料和制品取样时应保证用于测试的部分能代表整个食品接触面。

对于含有待测挥发性物质的塑料材料或制品，应注意确保塑料样品所处的状态代表了其与食品接触的状态。若有必要，应在试验前将样品在低温下或密封状态下贮存，以将塑料样品中挥发性物质的损失降至最低。

在单体物质特定量迁移试验中，通过切割塑料获取试样可能会引入误差，因为在切割过程中产生的热量会导致某些塑料中单体重组。例如由源自丙烯腈聚合物/共聚物和丁二烯聚合物/共聚物的单体丙烯腈和丁二烯生产的塑料。对这些类型塑料进行迁移试验时，应尽可能避免模拟物接触到切口。如确需进行这样的试验，建议切割工作应在低温条件下进行。

切割样品也能引起塑料形态的变化，这种变化反之能影响受限物质的迁移量和试验结果的正确性。同样对某些塑料样品，会导致样品表面和内部间的形态有所不同。

采用全浸入方法对带有切口的试样进行迁移试验，通常可认为是“更为严厉”的试验。

在针对 QM 或 QMA 限量符合性的测试中，切割塑料样品形成的单体会导致迁移测试结果比无切

割的测试结果更不可靠。若塑料样品尺寸相对较小，则应将整个样品置于溶剂溶解/提取或采用其他步骤分离单体，然后取出部分溶剂进行分析测试。若应切割或研磨塑料来制备试样，则应将切割或研磨操作过程中产生的热量降至最低，若可能，操作应在低温条件下进行。

在非重要情况下，塑料制品与食品的整个接触面应被切成小件，混匀后随机抽取部分件用作分析。

11.2 食品的取样

若塑料材料或制品已经接触到食品，此时使用食品模拟物对其进行测试并不可行，因此只能通过对食品进行测试来进行符合性评估。对食品取样时应注意避免挥发性物质的损失且确保用于分析的部分能代表整个食品。应尽可能在冷却条件下将制品的全部成分均一化，并取均一化的制品部分进行后续分析。

12 精密度

精密度数据能对采用标准方法测试获得的测试结果显著性进行评估，且能对不同实验室中不同实验人员所得结果进行比对的结果显著性进行评估。

每个测试方法中要求的基本精密度数据包括：

r——重复性值。

R——再现性值。

r 及 R 值的计算，可参考 GB/T 6379.1、GB/T 6379.2、GB/T 6379.4、GB/T 6379.5。

13 结果数据的表示

13.1 概要——特定迁移试验结果

13.1.1 引言

对容积小于 500 mL 和大于 10 L 的制品，特定迁移试验结果以“mg/dm²”表示。这种情况下以“mg/kg”表示的特定迁移限量要除以常规换算系数 6 以使结果最终以“mg/dm²”表示。不同情况下的描述见 13.1.3、13.1.4 及 13.1.5。

13.1.2 表面积-体积比未知

当实际使用中的表面积-体积比未知时，测试结果以“mg/dm²”表示。

13.1.3 表面积-体积比已知且在此条件下进行的试验

当实际使用中的表面积-体积比已知，且测试在此条件下进行，且塑料制品为容器类制品或可灌液制品，容积小于 500 mL 或大于 10 L，测试结果以“mg/dm²”表示。

当实际使用中的表面积-体积比已知，且测试在此条件下进行，且塑料制品不为容器类制品或可灌液制品，容积小于 500 mL 或大于 10 L，测试结果以“mg/kg”表示。

13.1.4 表面积-体积比已知但未在此条件下进行的试验

当实际使用中的表面积-体积比已知，但测试并未在此条件下进行，且塑料制品为容器类制品、类似制品或可灌液制品，容积小于 500 mL 或大于 10 L，测试结果应根据实际使用条件重新计算，并以“mg/dm²”表示。

当实际使用中的表面积-体积比已知，但测试并未在此条件下进行，且塑料制品不为容器类制品、类似制品或可灌液制品，容积小于 500 mL 或大于 10 L，则测试结果应根据实际使用条件重新计算，最终以“mg/kg”表示。

以“mg/dm²”表示的结果应与重新计算后以“mg/dm²”表示的限量[将物质限量(mg/kg)除以常规换算系数 6 获得]进行比较。

13.1.5 重新计算的换算

将“mg/kg”换算为“mg/dm²”，按式(1)计算：

$$M = \frac{c_1 \times V_1}{A_1 \times 1\ 000} \quad \cdots\cdots\cdots\cdots(1)$$

式中：

M——迁移量，单位为毫克每平方分米(mg/dm^2)；

c_1——对样品进行迁移试验时释放至食品模拟物的受限物质浓度，单位为毫克每千克(mg/kg)；

V_1——迁移试验中使用的食品模拟物体积，单位为毫升(mL)；

A_1——迁移测定中样品与食品或食品模拟物接触的表面积，单位为平方分米(dm^2)。

此处假设迁移量(以"mg/dm^2"表示)是独立于表面积-体积比的。

13.2 脂类模拟物试验中的缩减换算系数

表 2 中当"X"后是一个斜杠及一个数字时，迁移试验结果应除以此标识的数字。在某些类别的脂类食品中常使用此"换算系数"是因为考虑到脂类食品模拟物相对于这类食品具有更强的提取能力。

当使用脂类食品模拟物进行测试且待测制品预期与各种脂类食品接触时，应采用所有可能的系数计算迁移值并予以报告。

当缩减换算系数被允许用于某类食品时，计算迁移值的程序将根据此类物质的法定限量而有所不同。某些限量以单个物质的数值表示，某些限量以一组物质的总数值表示。其他一些限量以物质在使用注明检测限的分析方法检测下在分析公差范围内不得被检出表示。

在第一种情况下，即限量以某物质的数值表示时，相应程序如下：

若塑料材料或制品预期与各种脂类食品接触时，迁移量计算应不采用换算系数(并在报告中表述"不采用换算系数")；采用换算系数 2；采用系数 3；采用系数 4；采用系数 5。然而，若塑料材料或制品接触的食品已知，则迁移量的计算及报告中应仅采用适用于该已知食品的系数。

在所有其他情况下采用缩减换算系数计算迁移量的过程都会在其他相关特定物质测定方法标准中给出。

13.3 计算单位面积塑料材料或制品中含有的受限物质量(QA)是否符合 QMA 限量

当过程中使用某一特定面积的区域时，按式(2)计算 QA：

$$\mathrm{QA} = \frac{c_2 \times V_2}{A_2} \quad \cdots\cdots\cdots\cdots(2)$$

式中：

QA——单位面积塑料材料或制品中含有的受限物质量，单位为毫克每平方分米(mg/dm^2)；

c_2——释放至样品萃取剂的物质浓度，单位为毫克每毫升(mg/mL)；

V_2——样品萃取剂的最终体积，单位为毫升(mL)；

A_2——待测样品的面积，单位为平方分米(dm^2)。

若制品厚度超过 0.25 mm，则 QA 值应根据最大厚度 0.25 mm 原则，按式(3)进行修正：

$$\mathrm{QA} = \frac{c_2 \times V_2}{A_2} \times \frac{0.25}{d} \quad \cdots\cdots\cdots\cdots(3)$$

式中：

d——待测样品的厚度，单位为毫米(mm)。

当需将一聚合物的具体质量放入过程中时，则 QA 按式(4)计算：

$$\mathrm{QA} = c_2 \times V_2 \times 100 \times \rho \times \frac{d}{10 \times m} \quad \cdots\cdots\cdots\cdots(4)$$

式中：

QA——单位面积塑料材料或制品中含有的受限物质量，单位为毫克每平方分米(mg/dm^2)；

c_2——释放至样品萃取剂的物质浓度，单位为毫克每毫升(mg/mL)；

V_2——样品萃取剂的最终体积，单位为毫升(mL)；

ρ——聚合物密度，单位为克每立方厘米(g/cm^3)；

d——待测样品的厚度，最大为 0.25 mm，单位为毫米(mm)；

m——待测样品的质量，单位为克(g)。

13.4 结果的有效性

已知纯度的物质样品，或已知浓度的物质溶液，若具有足够的稳定性，则可用于校正的目的及用于确立标准检测方法。

已确定了大部分用于测定食品模拟物中特定物质或某类物质方法的性能特性。每个进行物质迁移量测试的实验室都需证明所采用的程序是完整的，例如，使用已知物质浓度的溶液获得的结果来证明。

注：当测试在实际食品中进行时，上述性能特性可能对食品分析不适用。进行测试的实验室应确保其能对食品进行有效测试且不会产生负面影响，如干扰物会与食品反应导致方法无效。

13.5 结果确证

一旦从塑料材料或制品中迁移至食品或食品模拟物中的物质量或塑料材料或制品本身所含有的该物质量超过了限量，此时应采取特定的确证程序进行确证。如适用，这些程序应包括定量分析。报告测试结果时，应使用通过标准方法测试得到的物质水平。

13.6 组限量

对于某些物质组，因其分子结构中含有相似的化学基团或官能团，其毒理性质相似且具有加和性，这些物质组已有给定的总迁移限量 SML(T)，或总组分限量 QM(T)。对于每组物质的总迁移值或单类物质成分含量总和不能超过这组物质的 SML(T)或 QM(T)。例如，二醇类物质—乙二醇，二乙二醇，以及乙二醇硬脂酸酯。当只有一种二醇类物质出现在塑料样品中时，SML(T)值应用于每一个单独物质的迁移值；当三种二醇类物质全都出现在塑料样品中时，SML(T)值应用于三种二醇类物质迁移值的总和。另一个例子是异氰酸盐(或酯)类物质，其 QM(T)以最终产物中 NCO 浓度表示，对成对单体物己内酰胺和己内酰胺钠盐具有 SML(T)。

对于己内酰胺及其钠盐以及二醇类物质，可用同样的分析方法检测组中所有物质，且每种物质能在远低于组总量的水平下被可靠检测。

当加和所有水分的量时，一般可忽略低于 10%组限量及低于检测限的部分。相关标准中给出了关于如何计算及报告这几类物质测定结果的细节。

14 实验报告

实验报告应该包括以下内容：

a) 样品完整辨识所需的全部信息，例如化学类型、商标、等级、批号、厚度等。

b) 塑料形状，例如膜状、瓶状、罐状等。

c) 样品预期接触的食品种类及用途，可能的食品分类编号见表 2。

d) 预期使用的条件，例如温度/时间。

e) 测试条件：

  1) 使用本标准的哪(些)部分；

  2) 使用的食品或食品模拟物；

  3) 持续时间及温度，联系表 3、表 4 中规定的“可预见最严厉接触条件”；

  4) 试件的面积和几何形状；

  5) 如适用，使用的食品或食品模拟物体积。

f) 对标准方法的偏离及偏离的原因。

g) 本标准部分的特定要求。

h) 对测定结果的相关评价。

i) 任何确证程序的详情。

j) 独立进行的 3 次或 4 次平行实验结果，以及这些结果的平均值(对于 SMLs，以“mg/kg 食品或食品模拟物”表示，或以“mg/dm^2 表面积”表示；对于 QMs，以“mg/kg 最终产品”表示；对于 QMAs，以“mg/ dm^2 表面积”表示）。

15 恒温炉、恒温箱或冰箱中的全浸入暴露

15.1 引言

本方法适用于薄膜状或薄片状的塑料，但也适用于可切割成合适尺寸试件的制品或容器。本方法描述了将预期接触食品的塑料全浸入食品模拟物或试验介质中进行后续物质分析的暴露方式。该方法适用于：温度低于（但不包括）100 ℃时暴露于水基食品模拟物的情况；回流温度时暴露于水基食品模拟物的情况；温度低于 175 ℃时暴露于脂类模拟物的情况；及温度低于（且包括）60 ℃时暴露于替代试验介质异辛烷及体积分数为 95％的乙醇水溶液的情况。

15.2 原理

测试条件的选择取决于实际使用条件，见第 8 章。

试件于设定温度下浸入食品模拟物或试验介质中暴露一段规定的时间后，使用合适方法分析食品模拟物或试验介质。在受限物质特定迁移量测试方法标准中说明了受限物质的具体测试方法。

15.3 试剂

15.3.1 GB/T 6682 中规定的一级水（模拟物 A）

15.3.2 3％（质量浓度）的乙酸水溶液（模拟物 B）

15.3.3 10％（体积分数）的乙醇水溶液（模拟物 C）

15.3.4 酒精模拟物：模拟酒精浓度超过 10％（体积分数）的液体或饮料。

注：对于预期与酒精度超过 10％（体积分数）的液体或饮料接触的材料及制品，试验可采用相当浓度的乙醇水溶液。

15.3.5 橄榄油：第 8 章中规定的模拟物 D。

15.3.6 低温测试用脱蜡向日葵油。

15.3.7 替代试验用试验介质。

15.4 仪器设备

15.4.1 切割板：尺寸适当、清洁、表面平整的玻璃、金属或塑料板，用以制备试样。250 mm×250 mm 为合适的尺寸。

15.4.2 不锈钢制钝头镊子。

15.4.3 切割工具：切割刀、剪刀、锋利的刀或其他合适的工具。

15.4.4 制备试件和试样用金属模板

a） 100 mm±0.2 mm×60 mm±0.2 mm（长方形）；

b） 20 mm±1 mm×100 mm±1 mm（长方形）。

15.4.5 尺：刻度为毫米，精度为 0.1 mm。

15.4.6 样品支架：参见图 D.1，由不锈钢制成，交叉臂通过焊接或银焊连接其上。不锈钢 X4 CrNi 18 10 可根据 EN 10088-1 制作，或其组分也可为铬 17％、镍 9％、碳 0.04％。这些制品应是低热容的。初次使用前，支架应先用脱脂溶剂再用稀硝酸彻底清洁。对于酸性食品模拟物，推荐使用玻璃质支架，因为酸可能腐蚀不锈钢支架，尤其当接合处由金属银焊接时。

注：图 D.1 的支架适用于固定薄膜及薄片。然而，若其他类型的支架也可用于固定试件且保证试件分开，同时能确保试件与模拟物或试验介质完全接触，则也可使用其他支架。对于刚性样品，可使用带单交叉臂的支架。

15.4.7 25 mm×100 mm 不锈钢纱网，或长约 100 mm、直径为 2 mm～3 mm 玻璃棒，使用酸性食品模拟物时插入两片试件之间。初次使用前，纱网应先用脱脂溶剂再用稀硝酸彻底清洁。

15.4.8 带磨砂口和塞子的玻璃试管，用于保留食品模拟物、试验介质或试样。试管内径应约为 35 mm，长度在 120 mm～200 mm 之间（不包括磨砂口），且配有带气体旋塞的 B34/35 塞子。除去塞子部分，玻璃管应有 125 mL 容量，但应具最小的顶空。当测试非挥发性物质时，可使用不带气体旋塞的塞子。

15.4.9 玻璃珠,直径 2 mm～3 mm;或玻璃棒,直径 2 mm～3 mm,长约 100 mm。

15.4.10 恒温炉、恒温箱或冰箱:在表 C.2 规定的允许误差范围内能保持设定温度。

15.4.11 量筒:100 mL 容积,符合 GB/T 12804 最低要求。

15.5 试样的制备

样品不应用水或溶剂清洗。但若在使用说明中规定在使用前应洗涤或清洁,参见 10.1。

15.5.1 试样数量

薄膜状,薄片状,罐状样品、容器或类似制品需三件试样。对于迁移限量以"mg/dm^2"为单位表示的某些形状不规则制品,需五件试样且每件试样尺寸相似。

这些试样使用方法如下:

a) 三件试样用于迁移试验;

b) 若样品形状不规则,两件试样用于表面积测试。

15.5.2 薄膜及薄片材料

首先将样品置于切割板(15.4.1)上,使用 100 mm×60 mm 模板[15.4.4a)]将每件试样切割为面积 0.6 dm^2。使用尺(15.4.5)检查试样尺寸是否在允许误差范围内(±1 mm)。

使用合适模板[15.4.4b)],将每件试样切割为三块 20 mm×100 mm 的试件。在试件上穿孔,并将一片试件固定于支架一横臂上,将另两片试件置于另一横臂上。对所有剩余试样重复此步骤。

15.5.3 容器及其他制品

从罐、容器及其他制品壁上切割部分作为试样,每件试样面积约为 0.6 dm^2。对于面积小于 0.6 dm^2的单个制品,可用多个制品组成一份试样。使用尺测量每件试样尺寸(精确至 1 mm)。只需测量样品预期与食品接触部分的表面积,即忽略不计切口及任何不与食品接触的表面。只有当切口厚度超过 2 mm 时(见 10.3)才将切口考虑在内。测量每件测样的面积并记录(精确至 0.01 dm^2)。如必要,将试样切割成更小的片使其能装入玻璃管(15.4.8)。如合适,将试样或试件置于样品支架上,但若试样或试件足够刚性,测试时无需支撑物。

15.5.4 不规则形状制品

选取制品的代表性部分,对于小件制品应选取多个,以制成五件尺寸相似的试样,每件表面积约为 0.6 dm^2。使用 Schlegel 方法(EN ISO 8442-2:1998 的附录 B)或任何其他合适方法,测量这些试样中两件的表面积(精确至 0.05 dm^2)。只需测量样品预期与食品接触部分的表面积,即忽略不计切口及任何不与食品接触的表面。记录每件试样的表面积。

15.5.5 小结

需确保试件间完全分离,且测试过程中试件表面能完全暴露于食品或食品模拟物或试验介质。对于薄膜,使用酸性模拟物时,需要在两片试件之间插入不锈钢纱网或玻璃珠。对于无需置于支架上的较厚样品,将其完全浸入食品模拟物或试验介质后,在试样间插入玻璃棒。如使用样品支架,则在支架上贴上带试样信息的标签。

15.6 操作步骤

取四支玻璃管(15.4.8),用 100 mL 量筒量取 100 mL±1 mL 用于替代试验的水基食品模拟物或试验介质于每支试管中,并塞上塞子。对于橄榄油及模拟物 D,称取 100 g±1 g 于试管中,并塞上塞子。将四支试管置于恒温炉、恒温箱或冰箱中,设置测试温度,待达到测试温度后取出。

将试样分别置于三支装有食品模拟物或试验介质的试管中,并塞上塞子,必要时应确保气体活栓关闭。标记试管以便识别。应确保试样完全暴露于模拟物或试验介质中;若未能完全暴露,则可加入预热的玻璃珠或玻璃棒(15.4.9),以提升模拟物或试验介质液面,以达到完全浸入的效果。

将所有试管再次置于恒温炉、恒温箱或冰箱中,设置测试温度并观察温度,在选定的测试时段保持此状态(应考虑到表 C.1 中规定的允许误差)。将试管从恒温炉或冰箱中取出,若为橄榄油则待其冷却至 10 ℃,若为合成甘油三酸酯混合物则待其冷却至 25 ℃。

注1:本方法考虑到应用于挥发性物质时的预防措施,对非挥发性物质,本方法可作适当修改。

注2:本部分操作应在最短时间内进行,以避免不可预估的模拟物或试验介质的热量损失。

注3:应尽快进行冷却,所需时间将取决于暴露温度。对于那些在模拟物或试验介质中溶解度较低的物质,当模拟物或试验介质冷却时,这些物质可能会发生沉淀而导致错误的低迁移值。保留食品模拟物或试验介质,适当取其中一部分用作分析。

16 回流温度下的全浸入暴露

16.1 引言

本方法描述了将预期接触食品的塑料全浸入食品模拟物或试验介质中进行后续非挥发性物质分析的暴露方式。本方法适用于在回流温度下暴露于水基模拟物的情况,不适用于测试挥发性物质特定迁移量而进行的样品暴露。

16.2 原理

测试条件的选择取决于实际使用条件,见第8章。

试件于设定温度下浸入水基食品模拟物中暴露一段规定的时间后取出,使用合适方法分析食品模拟物。在受限物质特定迁移量测试方法标准中说明了受限物质的具体测试方法。

16.3 试剂

试剂同15.3。

16.4 仪器设备

除使用15.4中仪器外,另需:

a) 法兰口烧瓶:250 mL;

b) 与法兰口烧瓶配套的冷凝器;

c) 加热套管:使模拟物在暴露时保持回流。

16.5 试样的制备

试样制备同15.5,但应将试样切成20 mm×20 mm大小的试件,且无需使用支架。

16.6 操作步骤

取四个法兰口烧瓶[16.4a)],用量筒量取100 mL水基食品模拟物于每个烧瓶中。将试样分别置于三个装有100 mL食品模拟物的烧瓶中。标记烧瓶以便识别。可使用玻璃棒以确保试样完全暴露于食品模拟物。

将四个烧瓶[16.4a)]置于加热套中,并连上冷凝器[16.4b)]。开启冷凝器的循环水系统。打开加热套[16.4c)]并尽快加热至回流。达回流后,调整加热以保持温和回流。观察烧瓶中食品模拟物,在回流开始后保持一段选定的测试时间(需考虑表C.1中规定的误差)。关闭加热套、冷凝水并移走加热套。尽快将样品从烧瓶中取出。保留食品模拟物,取适当份量用于分析。

17 置于恒温炉、恒温箱或冰箱的测试池中的单面暴露

17.1 引言

本方法描述了测定食品接触塑料膜或塑料片单面特定迁移量的暴露。本方法适用于最高测定温度低于但不包括100 ℃时水基食品模拟物中的暴露,此时需采用回流;适用于低于但包括60 ℃时替代性试验介质中的暴露;适用于低于175 ℃时脂类模拟物中的暴露。

17.2 原理

测定条件的选择取决于实际使用条件,见第8章。

将制备好的试样置于测试池中,当使用A类型2号测试池时,暴露于食品模拟物或试验介质中的每件试样面积为2.5 dm^2。使用适当的方法分析食品模拟物或试验介质。在受限物质特定迁移量测试方法标准中说明了受限物质的具体测试方法。此处所描述的A类型2号测试池的程序尤其适用于挥

发性物质。对于非挥发性物质，可以使用A型2号测试池，也可使用9.3中提到的任何一类测试池。

注：水基食品模拟物和替代性试验介质体积与试样面积比为100 mL：0.6 dm^2，对于橄榄油和模拟物D则为100 g：0.6 dm^2。

17.3 **试剂**

试剂同15.3。

17.4 **仪器设备**

17.4.1 切割板：尺寸适当、清洁、表面平整的玻璃、金属或塑料板，用以制备试样。250 mm×250 mm为合适的尺寸。

17.4.2 不锈钢制钝头镊子。

17.4.3 切割工具：切割刀、剪刀、锋利的刀或合适工具。

17.4.4 图D.3中的A类型2号测试池。从密封圈上密封条的中点起计算，O形密封圈直径应为178.4 mm±0.1 mm，以使试样完全暴露于食品模拟物或试验介质的面积为2.5 dm^2。等效测试池的详情见9.3。

17.4.5 炉子、恒温箱或冰箱：可在表C.2规定的误差范围内保持设定温度。

17.4.6 量筒：500 mL，符合GB/T 12804中最低要求。

17.4.7 磨口具塞锥形瓶：500 mL，用于预热模拟物或试验介质。

17.4.8 温度测定仪。

17.5 **试样的制备**

样品不应用水或溶剂清洗。但若在使用说明中规定在使用前应洗涤或清洁，参见10.1。

17.5.1 **试样数量**

需三件试样，样品为薄膜状、片状、或从容器或类似制品上切割下的扁平部分。

17.5.2 **切割试样**

将样品置于切割板(17.4.1)上，使其接触食品模拟物或试验介质的一面朝上。从测试池(17.4.4)中取出一个密封圈置于样品表面。使用切割工具(17.4.3)沿密封圈外环切下试样。若使用其他类型测试池，则切割试样的步骤可能有所不同。

17.6 **操作步骤**

本方法全面考虑到挥发性物质的预防措施，对于非挥发性物质可对方法作出适当修改。

取三个测试池(17.4.4)，标记以便识别，拆开测试池并置于预先设定温度的恒温箱或冰箱(17.4.5)中。将热电偶探针连接到密封圈上直至测试池达到测定温度。

取三个500 mL锥形瓶(17.4.7)，用量筒量取450 mL±5 mL水基模拟物或替代性试验介质于每个锥形瓶中。对于橄榄油及模拟物D，应称取450 g±5 g。将烧瓶置于已设定温度的恒温炉或冰箱中，直至烧瓶中模拟物或试验介质达到测试温度。将测试池从恒温炉、恒温箱或冰箱中取出。将试样置于每个测试池底部。重新装配测试池以确保每个固定螺丝拧紧。将装有模拟物或试验介质的锥形瓶从恒温炉、恒温箱或冰箱中取出，并将模拟物或试验介质从锥形瓶中转移至测试池中。将测试池放回预先设定温度的恒温炉或冰箱中。

注：将测试池从恒温炉、恒温箱或冰箱中取出，将试样装载入测试池，将模拟物或试验介质转移到测试池中，这一过程总的时间应尽可能短，以最大程度降低测试池、模拟物或试验介质的热量损失。

用附在热电偶上的温度测定仪监测每个测试池温度，直至三个测试池均达到设定的测试温度(应考虑到表C.2中规定的允许误差)，保持一段选定的测试时间(应考虑到表C.1中规定的允许误差)。

注：当暴露时间为24 h或更久时，应监测恒温炉、恒温箱或冰箱中空气浴的温度，而不是模拟物或试验介质的温度。但是，由于样品与模拟物或试验介质的热容，流动空气的温度波动可能会大于样品温度波动(由于恒温器的运转)。若发现空气温度波动超出表C.2中规定的温度范围，建议监控样品温度，因为样品温度的波动可能处于表C.2中规定的误差值范围内。

保持一段测试时间，将测试池从恒温炉、恒温箱或冰箱中取出。若模拟物为橄榄油及向日葵油则冷却至 10 ℃,若模拟物为甘油三酸酯则冷却至 25 ℃。

注:应尽快冷却。所用时间取决于暴露温度。对于在模拟物中或试验介质中溶解度较低的物质,冷却时可能会发生物质沉淀现象,从而导致错误的低迁移值。

将注射器穿过瓶塞隔膜,从每个测试池中取出模拟物或试验介质样品,按待测物质测定方法进行分析。

18 恒温炉、恒温箱或冰箱中袋子的单面暴露

18.1 引言

本方法描述了预期与食品接触的塑料在小袋中与食品模拟物或试验介质单面接触并对模拟物进行后续分析的暴露。

本方法适用于温度低于但不包括 100 ℃需回流或使用密封系统的水基食品模拟物中的暴露;适用于温度低于但包括 60 ℃替代试验介质中的暴露;适用于所有温度低于 175 ℃脂类食品模拟物中的暴露。

18.2 原理

试验条件的选择取决于实际使用条件,见第 8 章。袋状试样可灌入食品模拟物或试验介质,在设定温度下暴露一段规定的时间。使用合适的方法对食品模拟物或试验介质进行分析。本标准的以下部分将给出一些受限物质测定的方法。

18.3 试剂

试剂同 15.3。

18.4 仪器设备

18.4.1 切割板:尺寸适当、清洁、表面平整的玻璃、金属或塑料板,用以制备试样。250 mm×250 mm 为合适的尺寸。

18.4.2 不锈钢制钝头镊子。

18.4.3 切割工具:切割刀、剪刀、锋利的刀或其他合适工具。

18.4.4 尺:刻度为 mm,精确至 0.1 mm。

18.4.5 金属模板:(120 mm±1 mm)×(120 mm±1 mm)。

18.4.6 分析天平:最小称样量为 0.1 mg。

18.4.7 袋固定器:图 D.7 中给出了例子,大小合适,材质为铝或其他合适材料,或同等的固定器,带夹子以固定袋子的四角。

18.4.8 移液管:50 mL 及 100 mL,符合 GB/T 12808 最低要求。

18.4.9 磨口具塞玻璃管:用于保留食品模拟物、试验介质及试样。内径约为 35 mm,长度在 120 mm~200 mm 范围(不包括磨口)的玻璃管最为合适。

18.4.10 恒温炉、恒温箱或冰箱:能在表 C.2 规定的误差范围内保持设定温度。

18.4.11 加热或压力密封装置:用于制备袋子。

18.4.12 量筒:100 mL,符合 GB/T 12804 标准最低要求。

18.5 试样的制备

样品不应用水或溶剂清洗。但若在使用说明中规定在使用前应洗涤或清洁,参见 10.1。建议最小程度地处理样品,如必要应带上棉手套。

18.5.1 试样数量

需要三件试样。

18.5.2 样品的切割及制备

将样品放置在切割板上(18.4.1),使接触食品模拟物或试验介质的一面朝上。使用 120 mm×120 mm模板(18.4.5)切割试样。

将两片试件放置在一起，使其与食品模拟物接触的一面接触在一起。使用加热或压力密封器，制成与四个边缘相平行的密封条以形成袋子，距离边缘 10 mm。测定密封条内侧边缘之间的距离，精确到 1 mm，并计算暴露于食品模拟物或试验介质的试样的总面积，精确至 0.01 dm^2。总面积约为 2 dm^2。使用切割工具(18.4.3)切除密封区域的多余部分(为减小不直接暴露于食品模拟物或试验介质的薄膜面积，且同时保留足够的部分以确保能在不泄漏的情况下经受试验条件)。为每个袋子作好标记以便识别。切除袋子的一角，留下足够大的孔以便插入 100 mL 移液管。

18.6 操作步骤

取四个玻璃管(18.4.9)，使用量筒量取 100 mL±1 mL 水基模拟物，或替代试验的试验介质于每个玻璃管内，塞上塞子。当模拟物为橄榄油及模拟物 D 时，称取 100 g±1 g，置于每个管子内塞上塞子。将四个管子和袋固定器置于恒温炉、恒温箱或冰箱中，直至达到试验温度。

将袋固定器从恒温炉、恒温箱或冰箱中取出，并将试样袋置于定位条之间。

将三个装有食品模拟物或试验介质的试验管从恒温炉、恒温箱或冰箱中取出，用吸液管向三个试样袋中移入足够的食品模拟物或试验介质以充满袋子，约为 100 mL 或 100 g，但对于硬质/半硬质材料，取样可少些。用夹子固定开口角。若袋子注满后仍有模拟物或试验介质剩余，则保留试管及其中的剩余部分。测量并记录剩余水基食品模拟物及替代试验介质的体积。若为橄榄油及模拟物 D，则记录其质量。测量并记录袋子与食品模拟物或试验介质的接触面积。此部分操作应在最短时间内完成，以避免不必要的热量损失。

将放有试样袋的袋固定器重新放入恒温炉、恒温箱或冰箱中，设置测定温度，在选定测试时段保持此状态，需考虑表 C.1 中规定的误差。

将袋固定器及含有空白食品模拟物的试验管从恒温炉、恒温箱或冰箱中取出。若有多于一个袋子发生明显泄露，则试验为无效，需用新袋子重新操作。若至少有两个袋子未发生明显泄露，则将橄榄油冷却到 10 ℃，甘油三酸酯冷却到 25 ℃。

注：应尽快冷却，所用时间取决于暴露温度。对于在模拟物或试验介质中溶解度低的物质，当模拟物或试验介质冷却时这些物质可能会沉淀，从而导致错误且低于正常值的迁移值。保留食品模拟物或试验介质，以供分析。

19 恒温炉、恒温箱或冰箱中的制品灌注单面暴露

19.1 引言

本方法适用于以容器及可灌注制品形式存在的塑料。

19.2 原理

试样需灌入食品模拟物或试验介质，留下最小顶空，并使用合适的粘合剂，在适当的位置用一铝制盖将其密封。若无法加封盖子，则需将装满食品模拟物或试验介质的整个制品置于一个气体密封容器中。本方法适用于温度低于但不包括 100 ℃水基食品模拟物中的暴露(此时需采用回流或密封系统)；适用于温度低于但包括 60 ℃替代实验的试验介质中的暴露；适用于温度低于 175 ℃的所有温度下脂类食品模拟物中的暴露。

19.3 试剂

试剂同 15.3。

19.4 仪器设备

19.4.1 烧杯：2 L。

19.4.2 恒温炉、恒温箱或冰箱：在表 C.2 中规定的误差范围内可保持设定温度。

19.4.3 玻璃广口瓶：螺纹口，具盖。

19.5 试样的制备

样品不应用水或溶剂清洗。但若在使用说明中规定在使用前应洗涤或清洁，参见 10.1。

19.5.1 **试样数量**

需要三件试样。测量并记录装满一件试件需要的水基食品模拟物或替代试验介质的体积。对于橄榄油及模拟物 D，测量并记录需灌入试件中的食品模拟物质量。对于小容量制品，可使用多个制品组成一件试件，合并的模拟物量才足以供后续分析。

19.5.2 **容量小于 500 mL 或大于 10 L 的制品**

应测量这些制品与食品模拟物或试验介质接触的表面积，因为迁移值需以"mg/dm² 表面积"表示。

19.6 **操作步骤**

在烧杯中放入足以灌满三件试样并提供一个空白样食品模拟物或试验介质，将烧杯放入恒温炉、恒温箱或冰箱中，设定测试温度，待其达到测试温度。若合适，在制品上加封一铝箔盖。

将装有食品模拟物或试验介质的烧杯从恒温炉、恒温箱或冰箱中取出。使用注射器穿过铝箔密封盖，在距离顶部 0.5 cm 内将模拟物或试验介质注射灌入试样中。若容器有具体的标称值，见 9.2。用粘合剂密封注射口。本部分操作应在尽量短的时间内完成，以防止模拟物或试验介质发生不必要的热量损失。若密封盖子不合适，则在开口制品中进行试验，但应将制品置于合适的气密容器中(广口玻璃罐，其盖子带有隔垫以便从中取样)。将气体密封容器中的试样及食品模拟物或试验介质放入恒温炉、恒温箱或冰箱中，设定测试温度，放置一段选定的试验时间(需考虑表 C.1 中规定的允许误差)。将其从炉子中取出，橄榄油冷却到 10 ℃，甘油三酸酯则冷却到 25 ℃。

注 1：本步骤考虑到挥发性物质的预防性措施，对非挥发性物质可适当修改本步骤。在组成试样的每个制品上标记识别码。

注 2：用于密封铝箔盖的粘合剂应经过检测以确保没有干扰。

注 3：应尽快冷却，所用时间取决于试样及模拟物或试验介质体积。对于在模拟物或试验介质中溶解度低的物质，当模拟物或试验介质冷却时可能会沉淀，从而导致错误的且低于正常值的迁移值。保留食品模拟物或试验介质，以供分析。对挥发性物质，若使用广口玻璃瓶，则可用注射器穿过铝盖或隔垫进行取样。

附 录 A
（规范性附录）
基于挥发性的物质分类准则

A.1 挥发性物质

许多因素会造成潜在的影响而导致挥发性物质的损失。有些因素是物质的内在性质，如物质的蒸汽压力及沸点。有些是物质/塑料共同作用的结果，如物质通过塑料的扩散速率或物质在塑料和液体或气体之间的分配系数。还有一些是暴露条件函数，如暴露时间、暴露温度及表面积-体积比。实际使用中，额外因素会影响到挥发性物质损失，如阀门、塞或密封条性能；当在消耗食品前将容器打开，挥发性物质也会发生损失。

在密封条件下测定是为了保证测定中挥发性物质的损失总是低于实际使用条件下挥发性物质的损失。根据本附录的准则对非挥发性物质进行归类，此类物质无需在密封条件下进行测定。物质特定迁移量测定标准提及的每种物质的测定方法都对该物质一般情况下是挥发性还是非挥发性作出说明。

A.2 非挥发性物质

一个食品模拟物或试验介质中物质的溶液，其浓度为特定迁移限量值（SML）的十倍，若试验过程中其在规定的温度下暴露规定的时间较之于在密封条件下同一样品的物质损失量不超过10%，该物质通常被归类为非挥发性物质。

附 录 B
（规范性附录）
脂类模拟物及试验介质特性

B.1 精制橄榄油特性

精制橄榄油特性见表 B.1。

表 B.1 精制橄榄油特性（参考模拟物 D）

碘值（韦氏法）	80～88
折射率（25 ℃）	14 665～14 679
酸度（以%油酸表示）	≤0.5%
过氧化值（以每千克油中氧气毫克数表示）	≤80
不可皂化物质	≤1%

B.2 合成甘油三酸酯混合物的组成

合成甘油三酸酯混合物的组成（模拟物 D）见表 B.2、表 B.3、表 B.4。

表 B.2 油酸分布

脂肪酸碳原子数	6	8	10	12	14	16	18	其他
油酸分布（气液色谱法，以面积百分比表示）/%	≤1	6～9	8～11	45～52	12～15	8～10	8～12	≤1

表 B.3 纯度

甘油酯单体含量（酶的）	≤0.2%
甘油酯双体含量（酶的）	≤2.0%
非皂化物质	≤0.2%
碘值（韦氏法）	≤0.1%
酸值	≤0.1%
水含量（卡尔·费休法）	≤0.1%
熔点	28 ℃±2 ℃

表 B.4 典型吸收光谱（厚度 d=1 cm，参比：水，35 ℃）

波长/nm	290	310	330	350	370	390	430	470	510
透光度/%	≤2	≤15	≤37	≤64	≤80	≤95	≤97	≤95	≤98
注：在 310 nm 波长下，透光度至少 10%（1 cm 比色皿，参比：水，35 ℃）。									

B.3 向日葵油特性

向日葵油（模拟物 D）特性见表 B.5。

表 B.5　向日葵油特性(模拟物 D)

碘值(韦氏法)	120～145
折射率(25 ℃)	1 474～1 476
皂化数	188～193
相对密度(20 ℃)	0.918～0.925
不可皂化物质	≤0.5%
酸度(以%油酸表示)	≤0.5%

B.4　玉米油特性

玉米油(模拟物 D)特性见表 B.6。

表 B.6　玉米油特性(模拟物 D)

碘值(韦氏法)	110～135
折射率(20 ℃)	1 471～1 473
酸度(以%油酸表示)	≤0.5%
过氧化值(以每千克油中氧气毫克数表示)	≤10
不可皂化物质	≤0.5%

B.5　改性聚苯醚

改性聚苯醚(MPPO)特性见表 B.7。

表 B.7　改性聚苯醚(MPPO)特性

相对分子质量	500 000～1 000 000
尺寸	60 目～80 目
T_{max}	350 ℃
指定质量	0.23 g/mL

附　录　C
（规范性附录）
应用于本标准的接触时间及接触温度的允许误差

表 C.1　接触时间和允许误差

接触时间和允许误差
30 min+1 min
60 min+1 min
90 min+3 min
120 min+5 min
180 min+7 min
210 min+8 min
240 min+9 min
270 min+10 min
300 min+12 min
360 min+15 min
24 h+0.5 h
48 h+0.5 h
240 h+5 h

表 C.2　接触温度和允许误差

接触温度和允许误差
5 ℃±1 ℃
20 ℃±1 ℃
30 ℃±1 ℃
40 ℃±1 ℃
50 ℃±2 ℃
60 ℃±2 ℃
70 ℃±2 ℃
80 ℃±3 ℃
90 ℃±3 ℃
100 ℃±3 ℃
121 ℃±3 ℃
130 ℃±5 ℃
140 ℃±5 ℃
150 ℃±5 ℃
160 ℃±5 ℃
170 ℃±5 ℃
175 ℃±5 ℃

附　录　D
（资料性附录）
支撑物及测试池

单位为毫米

图 D.1　支撑架示例

单位为毫米

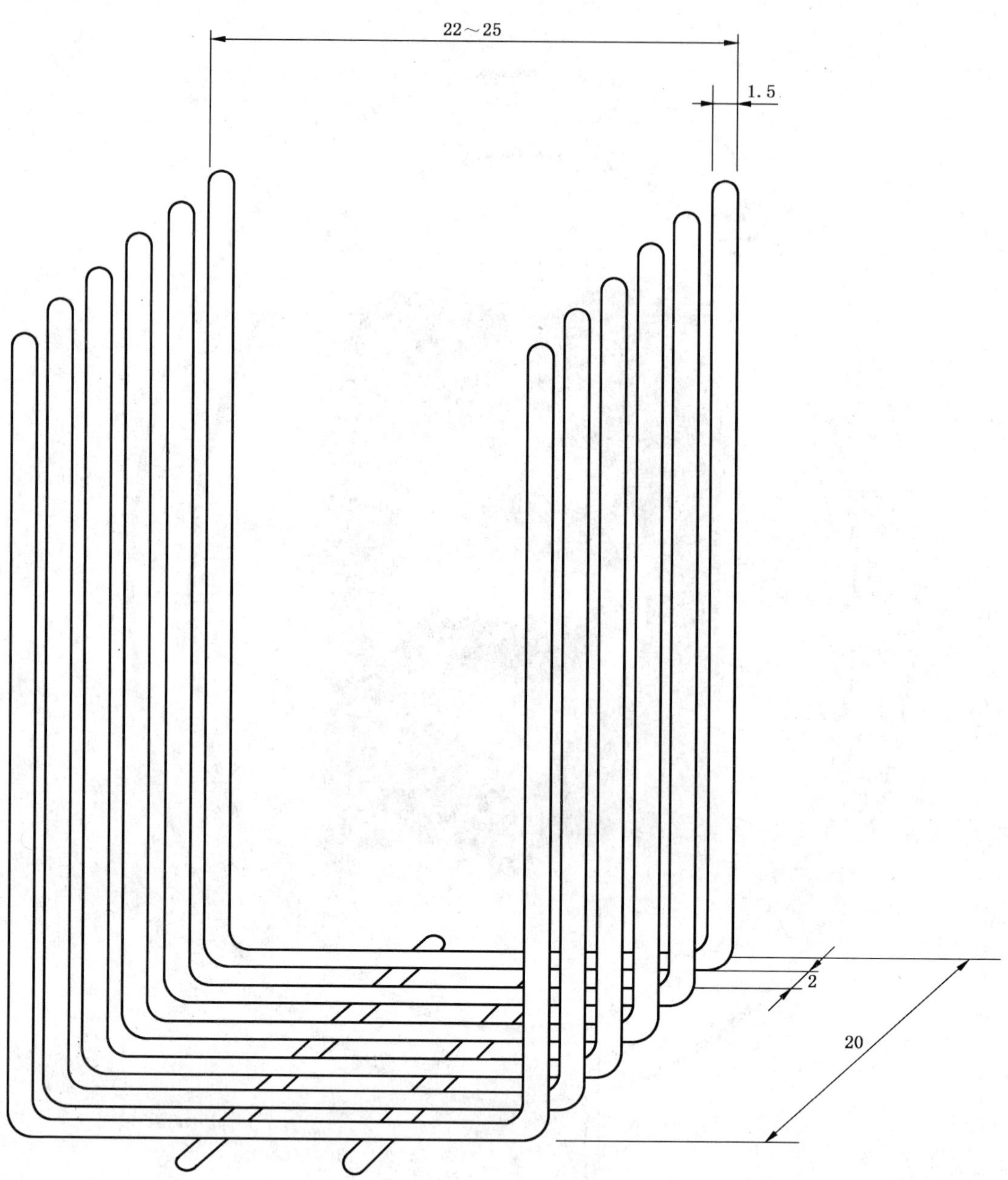

图 D.2　大型支撑架示例

单位为毫米

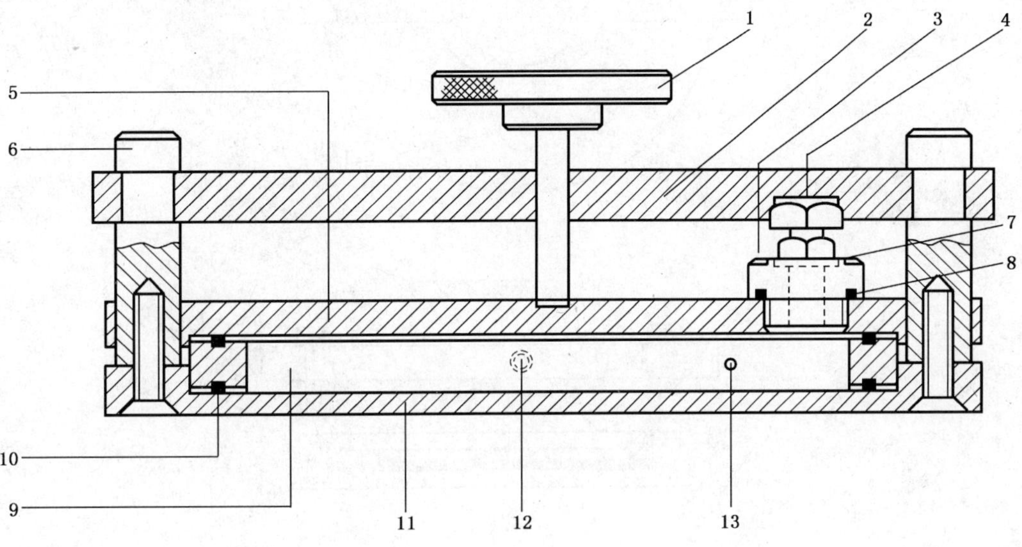

1——夹紧螺钉；
2——夹杆；
3——填充塞；
4——隔垫；
5——顶板；
6——两端夹紧固定柱；
7——密封垫圈；
8——O形圈；
9——池密封圈；
10——池两端固定圈；
11——底板；
12——排放孔；
13——热电偶附件。

图 D.3　A型2号样品池

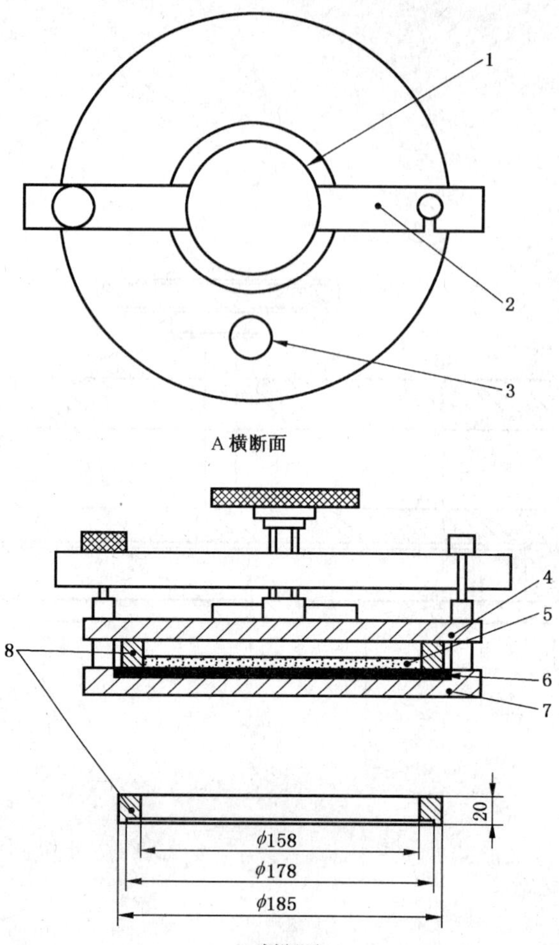

1——夹紧螺钉；
2——夹杆；
3——填充塞；
4——盖；
5——食品模拟物；
6——橡胶垫；
7——底板；
8——密封圈。

图 D.4　A 型样品池

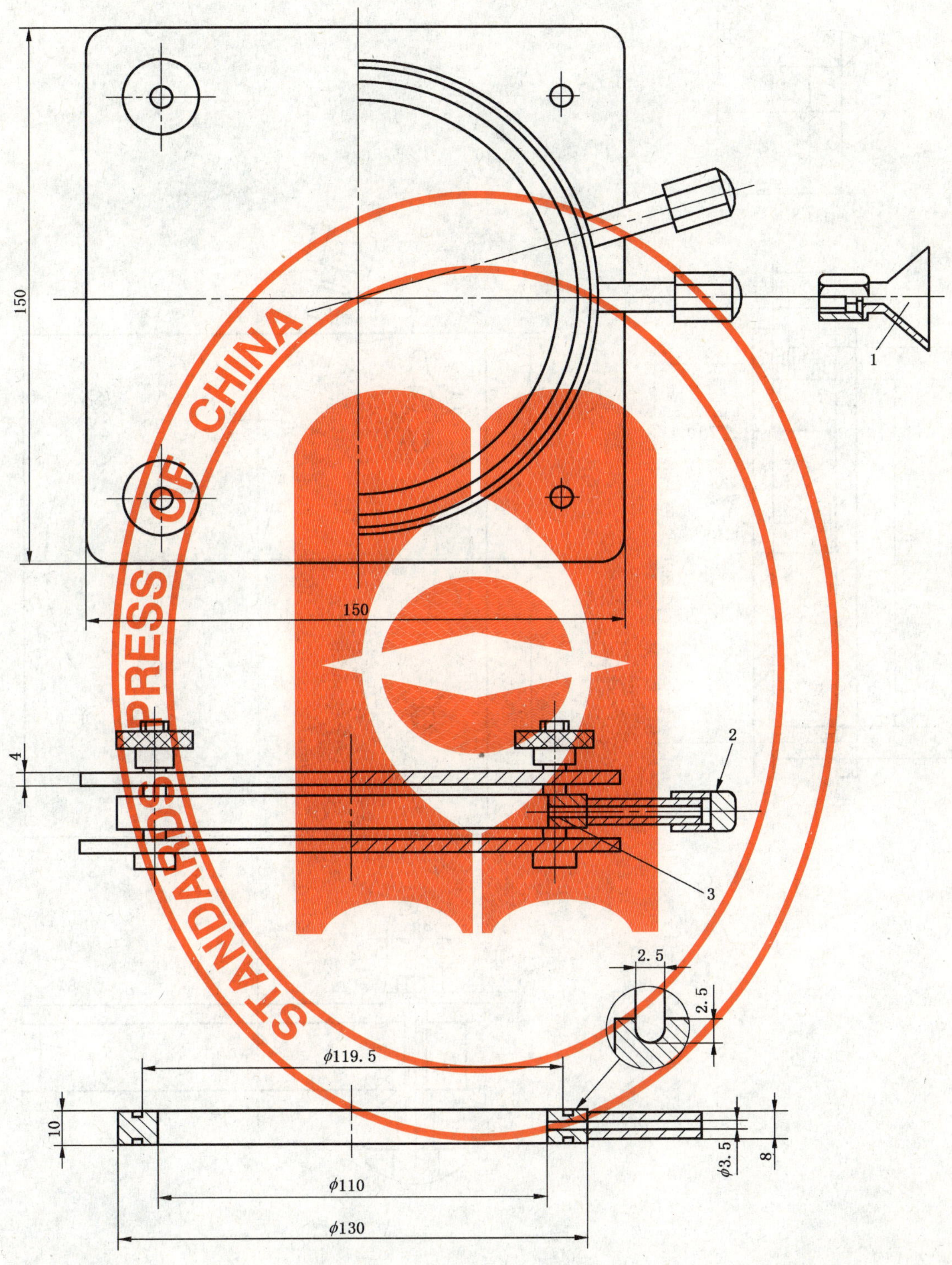

1——填充漏斗；
2——PTFE 盘；
3——PTFE“O”形圈。

图 D.5　B 型样品池

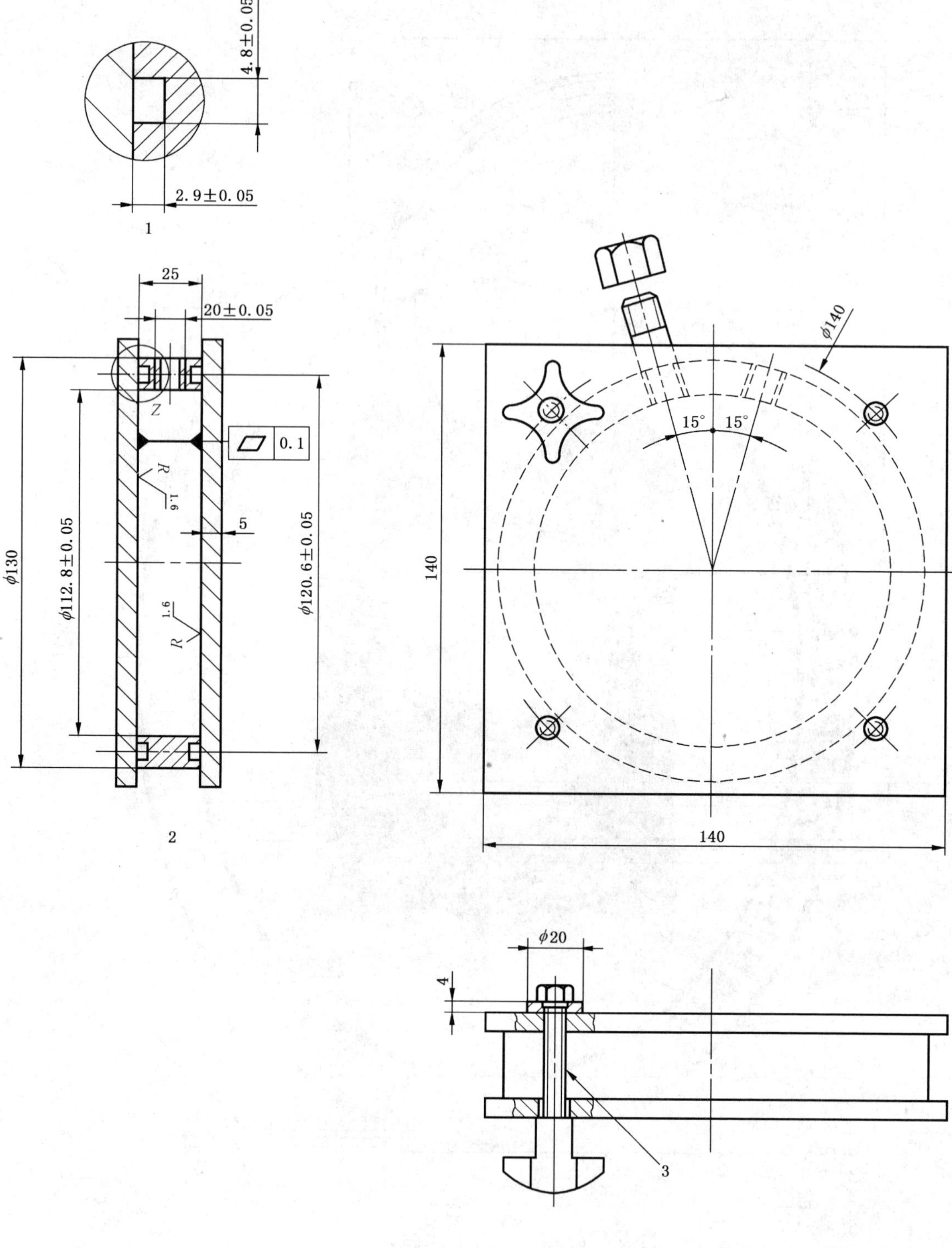

1——Z 详图；

2——“O”形圈；

3——螺丝 HM8—50。

图 D.6　C 型样品池

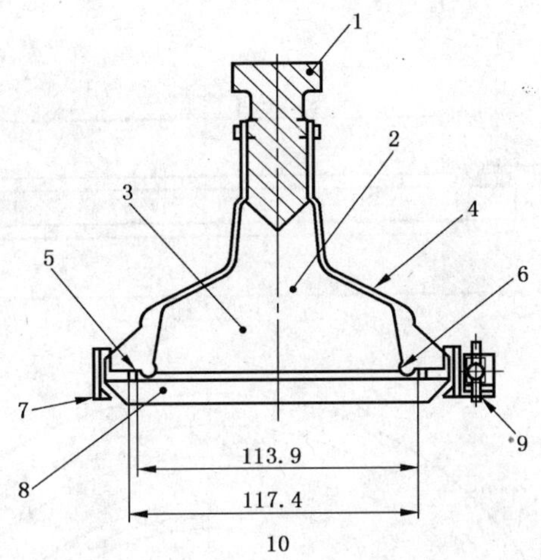

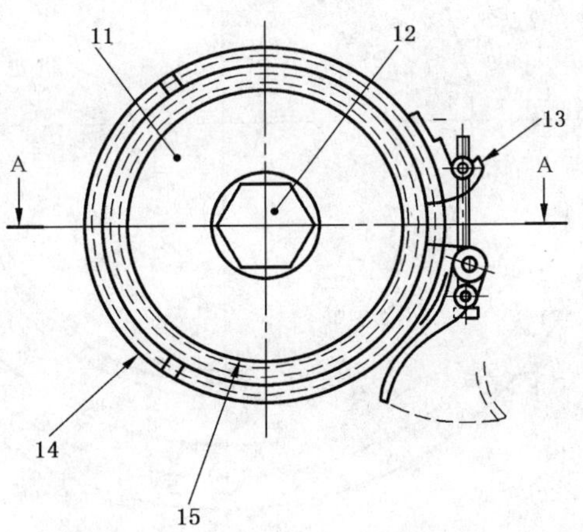

1——玻璃塞；
2——内部总体积：296 mL(模拟物最大体积：250 mL)；
3——圆形试样暴露表面积：1 019 dm^2；
4——玻璃罩；
5——密封圈(“O”形圈)(硅橡胶覆 PTFE)；
6——凸起边缘以吻合“O”形圈；
7——张力圈(不锈钢)；
8——PTFE 板；
9——拉力圈(不锈钢)；
10——剖视图 A—A；
11——玻璃罩；
12——玻璃塞；
13——拉力密封圈(不锈钢)；
14——拉力圈(不锈钢)；
15——密封圈。

图 D.7　D 型样品池

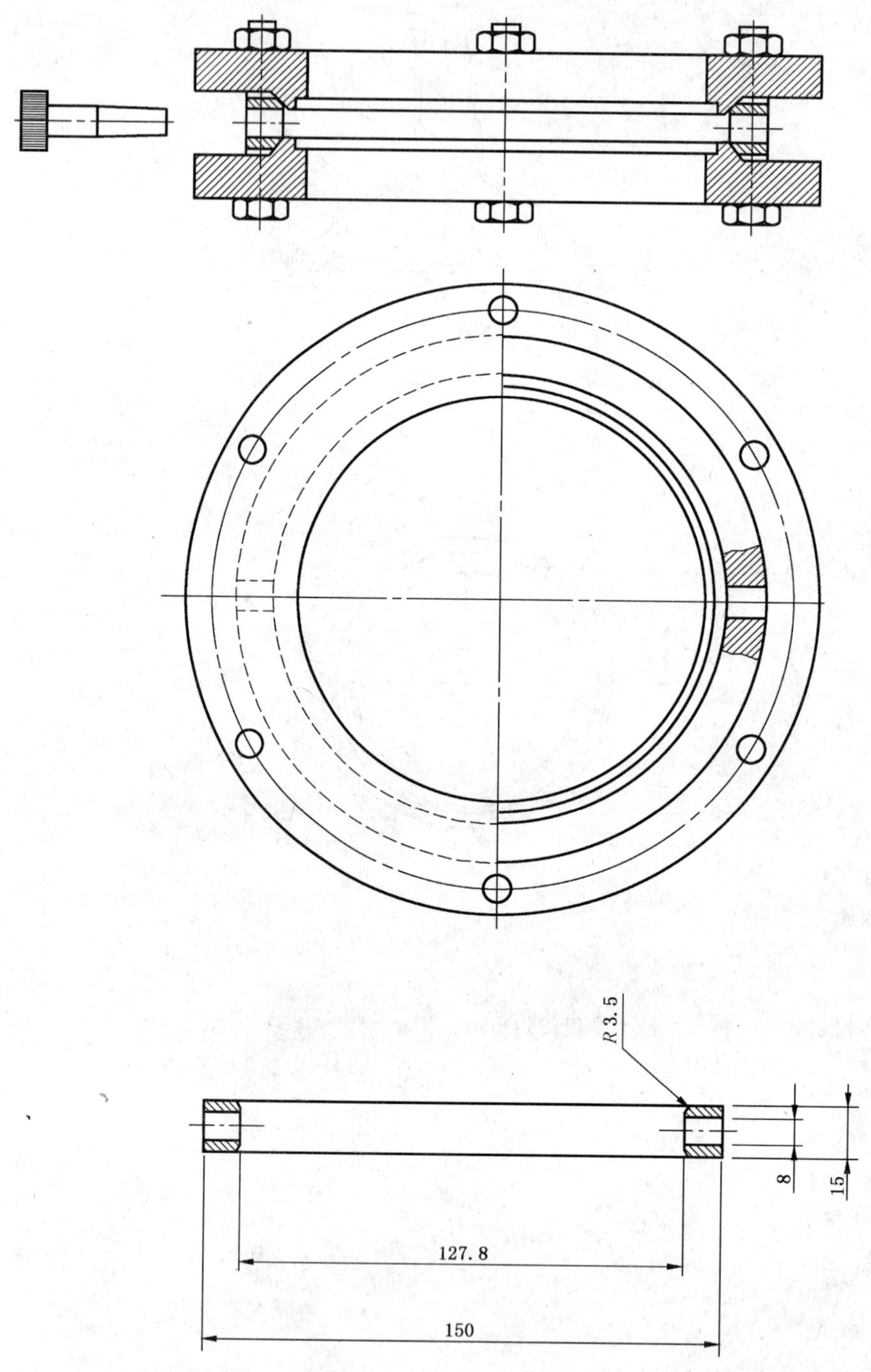

图 D.8　E 型样品池

1——密封圈；

2——盖(不锈钢)；

3——身(铝)；

4——腔体(放置模拟物)；

5——试样；

6——盖子(PTFE)；

9——圈(不锈钢)。

图 D.9　F 型样品池

ICS 67.250
C 53

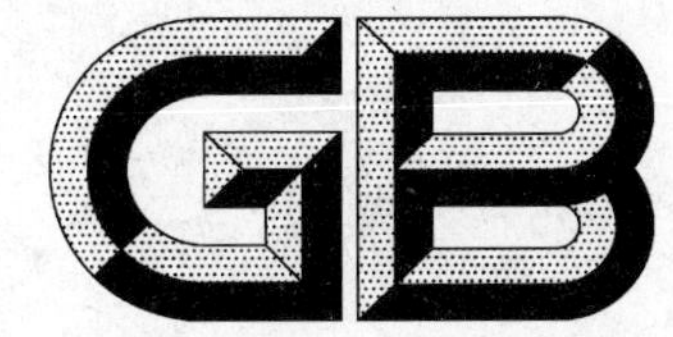

中华人民共和国国家标准

GB/T 23296.2—2009

食品接触材料　高分子材料
食品模拟物中1,3-丁二烯的测定
气相色谱法

**Food contact materials—Polymer—
Determination of 1,3-butadiene in food simulants—
Gas chromatography**

2009-03-31 发布　　　　2009-09-01 实施

中华人民共和国国家质量监督检验检疫总局
中国国家标准化管理委员会　发布

前　言

本标准参照欧盟技术规范 CEN/TS 13130-15:2005《食品接触材料及其制品　塑料中受限物质　第 15 部分:食品模拟物中 1,3-丁二烯的测定》制定。

本标准的附录 A 为资料性附录。

本标准由国家认证认可监督管理委员会提出。

本标准由全国进出口食品安全检测标准化技术委员会(SAC/TC 445)归口。

本标准起草单位:中华人民共和国湖北出入境检验检疫局、中国检验检疫科学研究院、国家环保产品质量监督检验中心、中华人民共和国广东出入境检验检疫局。

本标准主要起草人:崔海容、郭坚、陈志锋、张岩、李挥、胡小钟、凌约涛、宋武元、李晶、钟怀宁、徐新生、杨顺风。

食品接触材料　高分子材料
食品模拟物中1,3-丁二烯的测定
气相色谱法

1　范围

本标准规定了食品模拟物中1,3-丁二烯的测定方法。

本标准适用于水、3%(质量浓度)乙酸溶液、10%(体积分数)乙醇溶液等水基食品模拟物和橄榄油中1,3-丁二烯单体含量的测定。

水基食品模拟物中1,3-丁二烯测定低限为0.01 mg/L,橄榄油中1,3-丁二烯测定低限为0.01 mg/kg。

2　规范性引用文件

下列文件中的条款通过本标准的引用而成为本标准的条款。凡是注日期的引用文件,其随后所有的修改单(不包括勘误的内容)或修订版均不适用于本标准,然而,鼓励根据本标准达成协议的各方研究是否可使用这些文件的最新版本。凡是不注日期的引用文件,其最新版本适用于本标准。

GB/T 6682　分析实验室用水规格和试验方法(GB/T 6682—2008,ISO 3696:1987,MOD)

GB/T 23296.1—2009　食品接触材料　塑料中受限物质　塑料中物质向食品及食品模拟物特定迁移试验和含量测定方法以及食品模拟物暴露条件选择的指南

3　原理

食品模拟物中1,3-丁二烯经顶空进样后,在色谱柱中与内标物*n*-戊烷及其他组分分离,用氢火焰离子化检测器检测,以内标法定量。

4　试剂和溶液

除另有说明外,水为GB/T 6682规定的一级水,试剂均为分析纯。

4.1　冰乙酸。

4.2　无水乙醇。

4.3　橄榄油。

4.4　1,3-丁二烯标准品:纯度大于99.5%。

4.5　*n*-戊烷标准品:纯度大于99.5%。

4.6　*N*,*N*-二甲基乙酰胺(DMAC):纯度大于99.0%。

4.7　3%(质量浓度)乙酸溶液:称取30 g(精确至0.1 g)冰乙酸(4.1)于1 L容量瓶中,用水定容。

4.8　10%(体积分数)乙醇溶液:量取100 mL无水乙醇(4.2)于1 L容量瓶中,用水定容。

4.9　1,3-丁二烯标准储备液(5 mg/g):取50 mL样品瓶(5.4,含隔垫和铝盖),称量(精确至0.001 g)。移入50 mL DMAC(4.6),密封并再次称量(精确至0.001 g),插入空心针(带微型双向阀),再次称量(精确至0.001 g)。在通风橱中,将空心针的阀置于开的状态,将针头浸入DMAC液面下,向瓶中加入0.25 g 1,3-丁二烯(4.4),带针(阀置于关的状态)再次称量(精确至0.001 g),移去针头。精确计算1,3-丁二烯的浓度。样品瓶顶空尽量小,避光保存,于−20 ℃保存,有效期3个月,或于4 ℃保存,有效期小于1个星期。

4.10　1,3-丁二烯标准使用液(50 μg/mL):准确移取18.0 mL DMAC(4.6)于20 mL样品瓶(5.4,含

隔垫和铝盖)中,密封。用注射器(5.5)穿过隔垫加入 2.0 mL 1,3-丁二烯标准储备液(4.9),充分混匀。取稀释液重复上述步骤进一步稀释,充分混匀,得到浓度为 50 μg/mL 的 1,3-丁二烯标准使用液。溶液保存同 4.9。

4.11 1,3-丁二烯标准中间溶液:分别移取 20.0 mL、19.6 mL、19.2 mL、18.4 mL、17.6 mL 和 16.0 mL DMAC(4.6)于 6 个 20 mL 样品瓶,密封。用注射器穿过隔垫分别加入 0 mL、0.4 mL、0.8 mL、1.6 mL、2.4 mL 和 4.0 mL 1,3-丁二烯标准使用液(4.10),充分混匀。1,3-丁二烯标准中间溶液的浓度分别为 0 μg/mL、1 μg/mL、2 μg/mL、4 μg/mL、6 μg/mL、10 μg/mL。溶液保存同 4.9。

4.12 *n*-戊烷内标储备液(5 mg/g):取 50 mL 样品瓶(5.4,含隔垫和铝盖),称量(精确至 0.001 g)。移取 50 mL DMAC(4.6)于样品瓶(5.4)中,密封并再次称量(精确至 0.001 g),用注射器(5.5)穿过隔垫加入 0.25 g *n*-戊烷(4.5),约 0.42 mL,充分混匀并再次称量(精确至 0.001 g)。精确计算 *n*-戊烷的浓度。

4.13 *n*-戊烷内标使用液(50 μg/mL):准确移取 18.0 mL DMAC(4.6)于 20 mL 样品瓶(5.4,含隔垫和铝盖)中,密封。用注射器(5.5)穿过隔垫加入 2.0 mL *n*-戊烷内标储备液(4.12),充分混匀。取稀释液重复上述步骤进一步稀释,充分混匀。

4.14 *n*-戊烷内标中间溶液(浓度为 12.5 μg/mL):准确移取 15.0 mL DMAC(4.6)于 20 mL 样品瓶(5.4,含隔垫和铝盖)中,密封。用注射器(5.5)穿过隔垫加入 5.0 mL *n*-戊烷内标使用液(4.13),充分混匀。

4.15 氮气:纯度大于或等于 99.999%。

5 仪器和设备

5.1 气相色谱仪:配有自动顶空进样器和氢火焰离子化检测器(FID)。

5.2 分析天平:感量 0.001 g、0.1 g。

5.3 顶空瓶:20 mL,配备铝盖和丁基橡胶或硅树脂橡胶隔垫,隔垫接触样品一面应涂有聚四氟乙烯。

5.4 样品瓶:20 mL 和 50 mL,配备铝盖和丁基橡胶或硅树脂橡胶隔垫,隔垫接触样品一面应涂有聚四氟乙烯。

5.5 注射器:50 μL、2 mL。

6 试液的制备

6.1 食品模拟物试液的制备

6.1.1 总则

食品模拟物试液按照 GB/T 23296.1—2009 的要求从迁移试验中获取,于 4 ℃冰箱中避光保存。

注:当使用水基食品模拟物进行于 40 ℃ 10 d 的迁移试验时,由于挥发的原因,1,3-丁二烯会有高达 90%的损失。

6.1.2 水基食品模拟物试液的制备

从迁移试验中移取 2.0 mL 水基食品模拟物于顶空瓶(5.3)中,加入 20 μL DMAC(4.6),用隔垫和铝盖密封。用注射器(5.5)穿过隔垫加入 20 μL *n*-戊烷内标中间溶液(4.14)。每份试液至少做两个平行。

6.1.3 橄榄油试液的制备

从迁移试验中称取 2 g(精确至 0.1 g)橄榄油介质食品模拟物于顶空瓶(5.3)中,加入 20 μL DMAC(4.6),用隔垫和铝盖密封。用注射器(5.5)穿过隔垫加入 20 μL *n*-戊烷内标中间溶液(4.14)。每份试液至少做两个平行。

6.2 空白溶液的制备

按照 6.1 所述方法处理没有与食品接触材料接触的食品模拟物。

6.3 标准工作溶液的制备

用注射器(5.5)分别加入 2.0 mL 水基食品模拟物(水、3%乙酸溶液或 10%乙醇溶液)或分别称取 2.0 g 橄榄油于 6 个顶空瓶(5.3)中。用隔垫和铝盖密封。用注射器(5.5)分别吸取 6 份 20 μL 不同浓度的 1,3-丁二烯标准中间溶液(4.11),穿过隔垫分别加入 6 个顶空瓶。然后以同样的方式加入 20 μL *n*-戊烷内标中间溶液(4.14)。1,3-丁二烯标准工作溶液分别为 0.00 mg/kg、0.01 mg/kg、0.02 mg/kg、0.04 mg/kg、0.06 mg/kg、0.10 mg/kg,*n*-戊烷浓度为 0.125 mg/kg。每份标准工作溶液至少做两个平行。

7 测定

7.1 色谱参考条件

7.1.1 色谱柱:聚苯乙烯-二乙烯基苯石英毛细管 PLOT 柱,30 m×0.32 mm(内径)×20 μm,或相当者。

7.1.2 顶空进样器条件:

a) 样品平衡时间:30 min。

b) 顶空瓶温度:80 ℃(水基食品模拟物)/90 ℃(橄榄油)。

c) 定量环温度:100 ℃。

d) 传输线温度:110 ℃(水基食品模拟物)/120 ℃(橄榄油)。

e) 压力平衡时间:0.5 min。

f) 进样时间:6 s。

7.1.3 气相色谱条件:

a) 进样口温度:250 ℃。

b) FID 检测器温度:250 ℃。

c) 柱温程序:70 ℃保持 5 min,再以 8 ℃/min 升至 220 ℃,保持 15 min。

d) 载气:氮气。

e) 载气流速:4 mL/min。

f) 进样方式:分流模式(分流比 20∶1)。

g) 氢气流速:30 mL/min。

h) 空气流速:400 mL/min。

7.2 标准曲线的绘制

按照 7.1 所列测定条件,将标准工作溶液(6.3)依次进样测量。以标准工作溶液中 1,3-丁二烯浓度为横坐标,单位以“mg/L 或 mg/kg”表示,以 1,3-丁二烯/*n*-戊烷峰面积比值为纵坐标,绘制标准曲线。标准色谱图参见附录 A。

按式(1)计算回归参数:

$$y = a \times x + b \qquad (1)$$

式中:

y——1,3-丁二烯/*n*-戊烷的峰面积比值;

a——回归曲线的斜率;

x——标准工作溶液中 1,3-丁二烯的浓度,单位为毫克每升或毫克每千克(mg/L 或 mg/kg);

b——回归曲线的截距。

标准曲线的相关系数要求不小于 0.996。

7.3 试液测定

将空白溶液(6.2)和食品模拟物试液(6.1)依次进样,扣除空白值,获得 1,3-丁二烯/*n*-戊烷的峰面积比值。

8 结果计算

8.1 食品模拟物试液中1,3-丁二烯浓度的计算

食品模拟物试液中1,3-丁二烯的浓度 c 按式(2)计算：

$$c=\frac{y-b}{a} \quad \cdots\cdots(2)$$

式中：

c——食品模拟物试液中1,3-丁二烯的浓度,单位为毫克每升或毫克每千克(mg/L或mg/kg)；

y——1,3-丁二烯/n-戊烷的峰面积比值；

b——回归曲线的截距；

a——回归曲线的斜率。

8.2 1,3-丁二烯特定迁移量的转换计算

由8.1得到的食品模拟物试液中1,3-丁二烯浓度,根据迁移试验中所使用的食品模拟物的体积和测试样品与食品模拟物接触面积,通过数学换算计算出1,3-丁二烯的特定迁移量,单位以"mg/dm^2 或 mg/kg"表示。详见GB/T 23296.1—2009的第13章。

计算结果以平行测定值的算术平均值表示,保留2位有效数字。

9 重复性

在重复性条件下获得的两次独立测定结果的绝对差值不得超过10%。

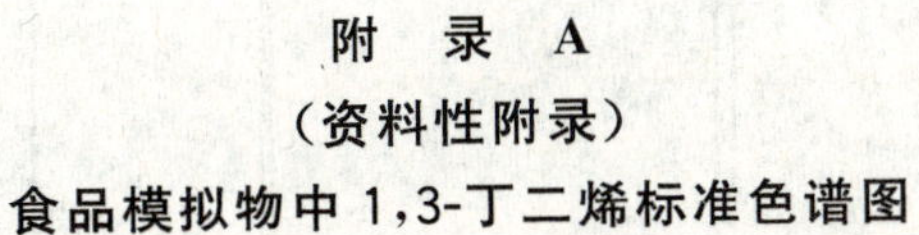

附 录 A
（资料性附录）
食品模拟物中 1,3-丁二烯标准色谱图

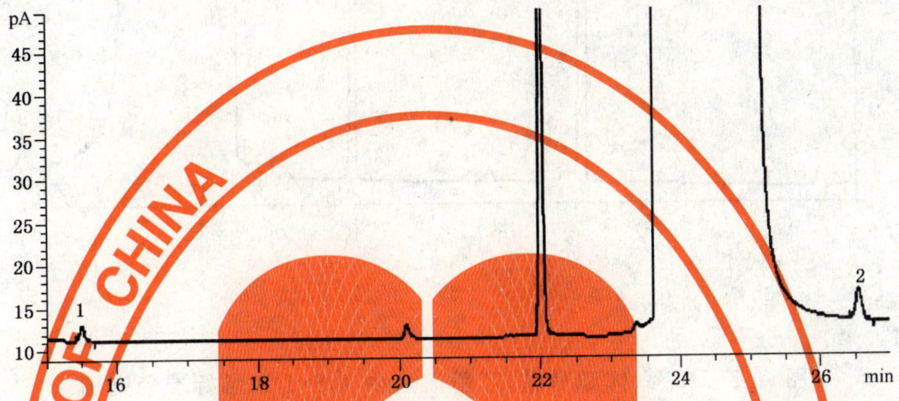

1——*n*-戊烷；
2——1,3-丁二烯。

图 A.1 水中 1,3-丁二烯标准色谱图

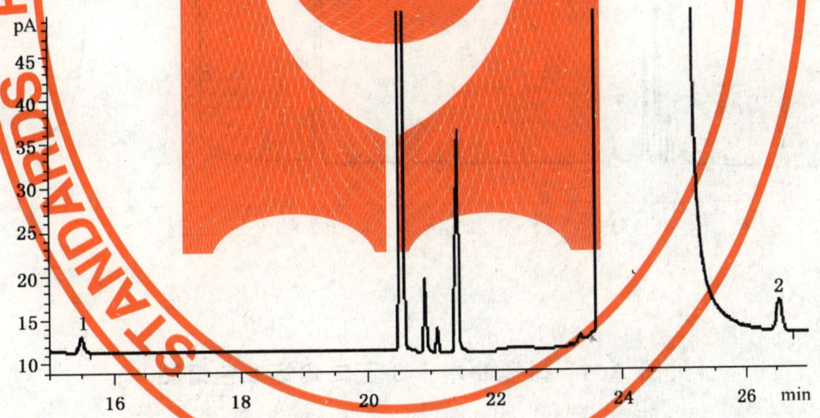

1——*n*-戊烷；
2——1,3-丁二烯。

图 A.2 3%（质量浓度）乙酸溶液中 1,3-丁二烯标准色谱图

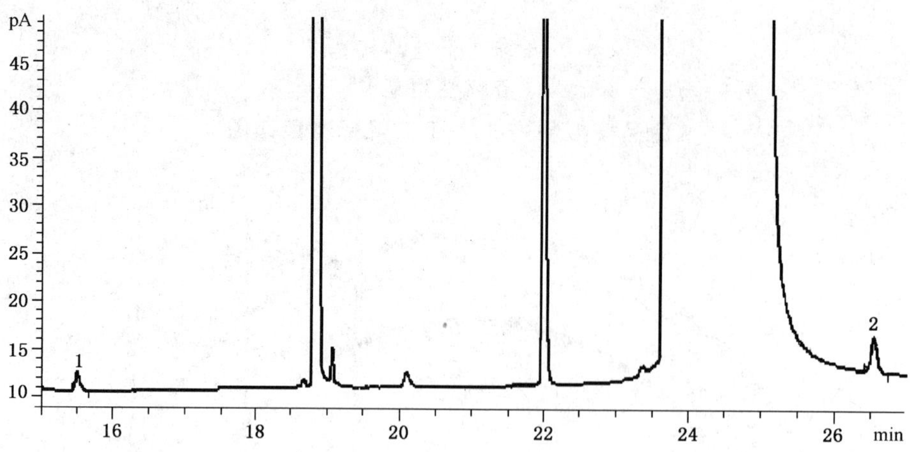

1——n-戊烷；
2——1,3-丁二烯。

图 A.3　10%(体积分数)乙醇溶液中1,3-丁二烯标准色谱图

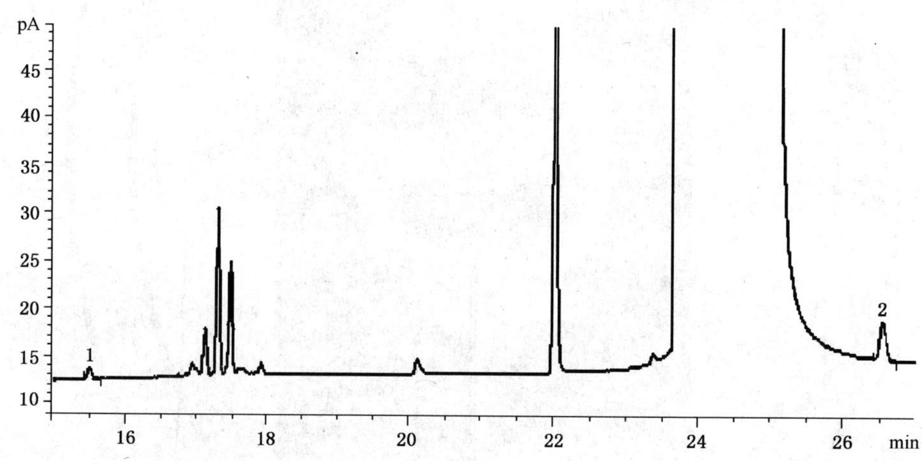

1——n-戊烷；
2——1,3-丁二烯。

图 A.4　橄榄油中1,3-丁二烯标准色谱图

ICS 67.250
C 53

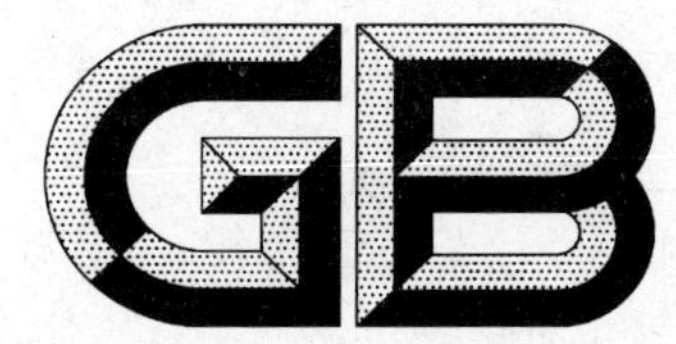

中华人民共和国国家标准

GB/T 23296.3—2009

食品接触材料
塑料中1,3-丁二烯含量的测定
气相色谱法

Food contact materials—
Determination of 1,3-butadiene in plastics—
Gas chromatography

2009-03-31 发布　　　　2009-09-01 实施

中华人民共和国国家质量监督检验检疫总局
中国国家标准化管理委员会　发布

前言

本标准参照欧盟标准 EN 13130-4:2004《食品接触材料及其制品　塑料中受限物质　第4部分:塑料中1,3-丁二烯含量的测定》(英文版)制定。

本标准的附录A为规范性附录,附录B、附录C为资料性附录。

本标准由国家认证认可监督管理委员会提出。

本标准由全国进出口食品安全检测标准化技术委员会(SAC/TC 445)归口。

本标准起草单位:中华人民共和国湖北出入境检验检疫局、中国检验检疫科学研究院、国家环保产品质量监督检验中心、中华人民共和国宁夏回族自治区出入境检验检疫局。

本标准主要起草人:崔海容、凌约涛、陈志锋、李挥、张岩、胡小钟、刘建宇、马昕、郭坚、王帆、李晶、杨顺风。

食品接触材料 塑料中1,3-丁二烯含量的测定 气相色谱法

1 范围

本标准规定了塑料中1,3-丁二烯含量的测定方法。

本标准适用于在*N*,*N*-二甲基乙酰胺溶剂中能较好分散、悬浮或完全溶解的塑料中1,3-丁二烯含量的测定。

本标准中1,3-丁二烯的测定低限为0.1 mg/kg。

2 规范性引用文件

下列文件中的条款通过本标准的引用而成为本标准的条款。凡是注日期的引用文件,其随后所有的修改单(不包括勘误的内容)或修订版均不适用于本标准,然而,鼓励根据本标准达成协议的各方研究是否可使用这些文件的最新版本。凡是不注日期的引用文件,其最新版本适用于本标准。

GB/T 6682 分析实验室用水规格和试验方法(GB/T 6682—2008,ISO 3696:1987,MOD)

GB/T 23296.1 食品接触材料 塑料中受限物质 塑料中物质向食品及食品模拟物特定迁移试验和含量测定方法以及食品模拟物暴露条件选择的指南

3 原理

塑料中1,3-丁二烯经*N*,*N*-二甲基乙酰胺(DMAC)提取后,采用顶空进样,在色谱柱中1,3-丁二烯与内标物*n*-戊烷及其他组分分离,用氢火焰离子化检测器检测。按标准加入法绘制标准曲线,以内标法定量。

当使用内标法存在干扰时,应使用外标法进行校准(见附录A)。

4 试剂和材料

除另有说明外,水为GB/T 6682规定的一级水,试剂均为分析纯。

4.1 1,3-丁二烯标准品:纯度大于99.5%。

4.2 *n*-戊烷标准品:纯度大于99.5%,色谱图上与1,3-丁二烯有相同保留时间的杂质峰面积或峰高不得超过1%。

4.3 *N*,*N*-二甲基乙酰胺(DMAC):纯度大于99.0%,色谱图上与1,3-丁二烯或*n*-戊烷有相同保留时间的杂质峰面积或峰高不得超过1%。

4.4 1,3-丁二烯标准储备液(5 mg/g):取50 mL样品瓶(5.3,带隔垫和铝盖),称量(精确至0.001 g)。移入50 mL DMAC(4.3),密封并再次称量(精确至0.001 g)。插入空心针(带微型双向阀),再次称量(精确至0.001 g)。在通风橱中,将空心针的阀置于开的状态,将针头伸入DMAC液面以下,向瓶中加入0.25 g 1,3-丁二烯(4.1),带针(阀置于关的状态)再次称量(精确至0.001 g)。移去针头,精确计算1,3-丁二烯的浓度。样品瓶顶空应尽量小,避光保存,于−20 ℃保存,有效期3个月,或于4 ℃保存,有效期小于1个星期。

4.5 1,3-丁二烯标准使用液(500 μg/mL):准确移取18.0 mL DMAC(4.3)于20 mL样品瓶(5.3,含隔垫和铝盖)中,密封。用注射器(5.4)穿过隔垫注入2.0 mL 1,3-丁二烯标准储备液(4.4),充分混匀。

4.6 1,3-丁二烯标准中间溶液：分别移取 20.0 mL、19.6 mL、19.2 mL、18.0 mL、16.0 mL 和 0.0 mL DMAC(4.3)至 6 个 20 mL 样品瓶(5.3,含隔垫和铝盖)中，密封。用注射器穿过隔垫分别加入 0 mL、0.4 mL、0.8 mL、2.0 mL、4.0 mL 和 20.0 mL 1,3-丁二烯标准使用液(4.5)，充分混匀。1,3-丁二烯标准中间溶液的浓度分别为 0 μg/mL、10 μg/mL、20 μg/mL、50 μg/mL、100 μg/mL、500 μg/mL。

4.7 *n*-戊烷内标储备液(10 mg/g)：取 50 mL 样品瓶(5.3,含隔垫和铝盖)，称量(精确至 0.001 g)。移取 50 mL DMAC(4.3)于样品瓶(5.3)中，密封并再次称量(精确至 0.001 g)，用注射器(5.4)穿过隔垫注入 0.50 g *n*-戊烷(4.2)，约 0.83 mL，充分混匀并再次称量(精确至 0.001 g)。精确计算 *n*-戊烷的浓度。

4.8 *n*-戊烷内标中间溶液(0.5 mg/mL)：准确移取 19.0 mL DMAC(4.3)于 20 mL 样品瓶(5.3,含隔垫和铝盖)中，密封。用注射器(5.4)穿过隔垫注入 1.0 mL *n*-戊烷内标储备液(4.7)，充分混匀。

4.9 氮气：纯度大于或等于 99.999%。

5 仪器和设备

5.1 气相色谱仪：配有氢火焰离子化检测器和自动顶空进样器。如无自动顶空进样器，可采用手动进样(参见附录 B)。

5.2 顶空瓶：20 mL，配备铝盖和丁基橡胶或硅树脂橡胶隔垫，隔垫接触样品一面应涂有聚四氟乙烯。

5.3 样品瓶：20 mL 和 50 mL，配备铝盖和丁基橡胶或硅树脂橡胶隔垫，隔垫接触样品一面应涂有聚四氟乙烯。

5.4 注射器：50 μL、5 mL。

5.5 分析天平：感量 0.001 g、0.01 g。

6 试液的制备

6.1 样品溶液的制备

试样应按 GB/T 23296.1 的要求制备。

称取 1 g(精确至 0.01 g)试样于顶空瓶中，再用注射器加入 5 mL DMAC(4.3)和 20 μL *n*-戊烷内标中间溶液(4.8)，用隔垫和铝盖密封。将顶空瓶于室温轻微振荡过夜。必要时，可加热，使样品溶解。每份试液至少做两个平行。

6.2 空白溶液

按 6.1 所述方法处理空白试剂。

6.3 标准工作溶液的制备

采用标准加入法配制 1,3-丁二烯标准工作溶液。分别称取 1 g(精确至 0.01 g)试样于 6 个顶空瓶中，各加入 5 mL DMAC(4.3)和 20 μL *n*-戊烷内标中间溶液(4.8)，用隔垫和铝盖密封。用注射器穿过隔垫分别加入 20 μL 6 份不同浓度的 1,3-丁二烯标准中间溶液(4.6)，按 6.1“将顶空瓶于室温轻微振荡过夜……使样品溶解”处理，配制标准工作溶液。添加到试样中 1,3-丁二烯的标准工作溶液浓度分别为 0 mg/kg、0.2 mg/kg、0.4 mg/kg、1.0 mg/kg、2.0 mg/kg、10.0 mg/kg，*n*-戊烷浓度为 10.0 mg/kg。每份标准工作溶液至少做两个平行。

注：标准工作溶液浓度由添加到试样中 1,3-丁二烯总量除以试样的质量得到，单位为“mg/kg”。

7 测定

7.1 色谱参考条件

7.1.1 色谱柱：聚苯乙烯-二乙烯基苯石英毛细管 PLOT 柱，30 m×0.32 mm(内径)×20 μm，或相当者。

7.1.2 顶空进样器条件：

a) 样品平衡时间：30 min。

b) 顶空瓶温度：90 ℃。

c) 定量环温度：100 ℃。

d) 传输线温度：120 ℃。

e) 压力平衡时间：0.5 min。

f) 进样时间：6 s。

7.1.3 气相色谱条件：

a) 进样口温度：250 ℃。

b) FID 检测器温度：250 ℃。

c) 柱温程序：70 ℃保持 5 min，再以 8 ℃/min 升至 220 ℃，保持 15 min。

d) 载气：氮气。

e) 载气流速：4 mL/min。

f) 进样方式：分流模式（分流比 20∶1）。

g) 氢气流速：30 mL/min。

h) 空气流速：400 mL/min。

7.2 标准曲线的绘制及试液的测定

按照 7.1 所列测定条件，将标准工作溶液（6.3）依次进样测量。以添加到试样中 1,3-丁二烯的浓度为横坐标（X 轴），单位以“mg/kg”表示，以 1,3-丁二烯/n-戊烷峰面积比值为纵坐标（Y 轴），绘制标准曲线，如图 1。根据标准加入法的原理，试液不需再单独进行测定，试样中 1,3-丁二烯的含量可由 8.1 和 8.2 计算得出。标准溶液色谱图参见附录 C。

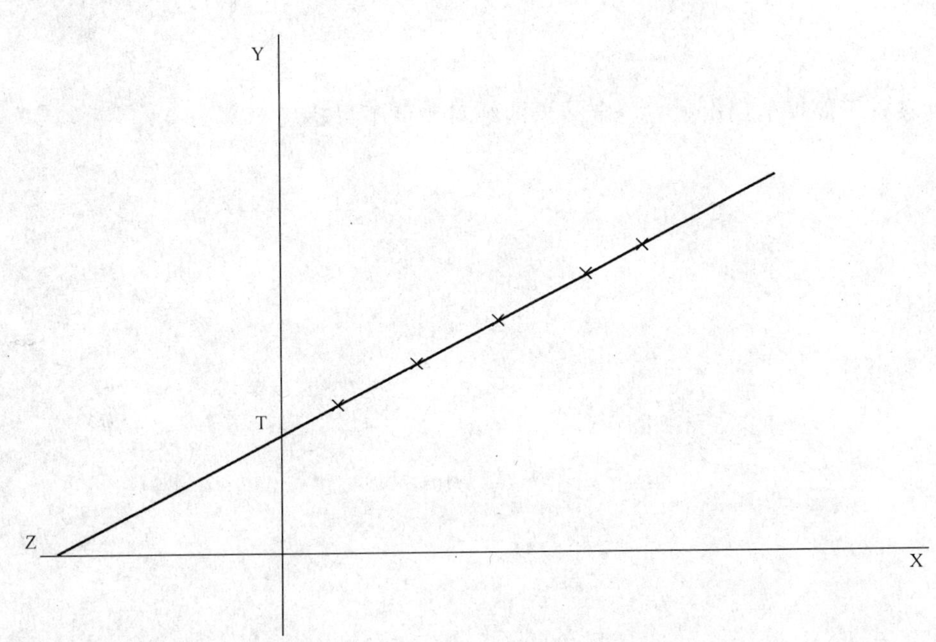

X 轴——添加到试样中 1,3-丁二烯的量（mg/kg）；

Y 轴——峰面积比；

T——试样中 1,3-丁二烯/n-戊烷的峰面积比。

图 1 标准曲线

8 结果计算

8.1 图表测定法

根据外延法，将图1中标准曲线回延至X轴，其在X轴上的截距Z的绝对值与试样中1,3-丁二烯的浓度值相等，从标准曲线图上可直接读取试样中1,3-丁二烯的含量，单位为毫克每千克(mg/kg)。

8.2 回归参数计算法

按式(1)计算标准曲线的回归参数：

$$y = a \times x + b \qquad \cdots\cdots (1)$$

式中：

y——1,3-丁二烯/n-戊烷的峰面积比；

a——回归曲线的斜率；

x——试样中1,3-丁二烯的浓度，单位为毫克每千克(mg/kg)；

b——回归曲线的截距。

标准曲线的相关系数要求不小于0.996。

根据回归参量a、b，试样中残留的1,3-丁二烯的浓度c按式(2)计算：

$$c = \frac{b}{a} \qquad \cdots\cdots (2)$$

式中：

c——试样中残留1,3-丁二烯的含量，单位为毫克每千克(mg/kg)；

b——回归曲线的截距；

a——回归曲线的斜率。

以上两个方法得到试样中1,3-丁二烯的含量，单位为毫克每千克(mg/kg)，计算结果保留2位有效数字。

9 重复性

在重复性条件下获得的两次独立测定结果的绝对差值不得超过10%。

附 录 A
（规范性附录）
外标法校准

A.1 总则

当使用内标法存在干扰时，则应使用外标法进行校准。在这种情况下，除不向标准工作溶液和测试样品中加入内标液外，其他步骤与本标准相同。

注：如有必要，1,3-丁二烯的峰面积值应用空白样品（N,N-二甲基乙酰胺）的值进行校正。

A.2 绘制标准曲线

以1,3-丁二烯的峰面积对添加到试样中1,3-丁二烯的浓度绘制标准曲线（见图A.1）。

X轴——添加到试样中1,3-丁二烯的量（mg/kg）；
Y轴——峰面积比；
T——试样中1,3-丁二烯/戊烷的峰面积比。

图A.1 标准曲线

A.3 图表法测定

根据外延法，将标准曲线回延至X轴，其在X轴上的截距Z的绝对值与1,3-丁二烯的浓度值相等，从标准曲线图上读取试样中1,3-丁二烯的含量，单位为毫克每千克（mg/kg）。

A.4 回归参数的计算

按式（A.1）计算标准曲线的回归参数：

$$y = a \times x + b \quad \cdots\cdots (A.1)$$

式中：

y——1,3-丁二烯的峰面积；

a——回归曲线的斜率；

x——试样中 1,3-丁二烯的浓度,单位为毫克每千克(mg/kg);

b——回归曲线的截距。

根据回归参量 a、b,按式(A.2)计算试样中残留的 1,3-丁二烯的浓度:

$$c = \frac{b}{a} \qquad \text{(A.2)}$$

式中:

c——试样中残留 1,3-丁二烯的含量,单位为毫克每千克(mg/kg);

b——回归曲线的截距;

a——回归曲线的斜率。

以上两种方法均可直接得到试样中 1,3-丁二烯的含量,单位为毫克每千克(mg/kg)。

附 录 B
（资料性附录）
手动进样

在没有自动顶空进样器的情况下，如能满足第9章所述的重复性要求，则可使用手动进样。

样品注射操作如下：

将第6章制备的试液置于90 ℃±1 ℃水浴槽中恒温1 h。取一个已预热(100 ℃)或可加热的进样器，将进样器刺入隔垫，用力按压进样器的活塞，在抽取样品前，上下移动活塞几次，从样品的顶空部分取样(取样量为1 mL或2 mL的倍数)。将此样品注入GC中。在整个分析过程中，保持样品瓶恒温。

附 录 C
（资料性附录）
塑料中1,3-丁二烯标准色谱图

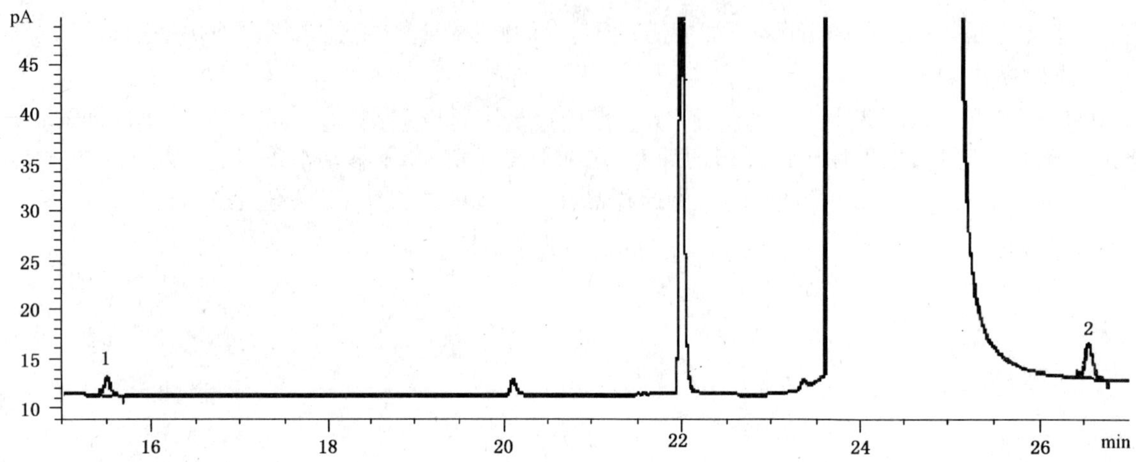

1——n-戊烷；

2——1,3-丁二烯。

图 C.1 塑料中1,3-丁二烯标准色谱图

ICS 67.250
C 53

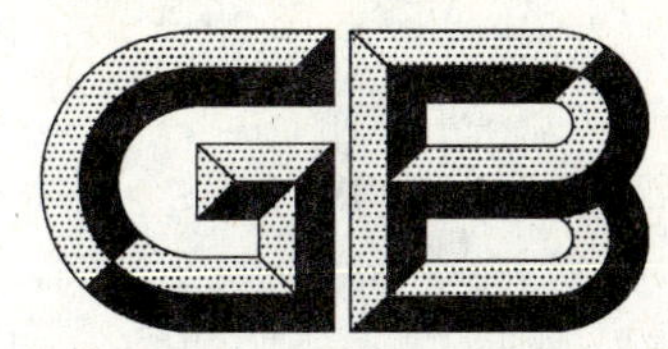

中华人民共和国国家标准

GB/T 23296.4—2009

食品接触材料　高分子材料
食品模拟物中1-辛烯和四氢呋喃的测定
气相色谱法

**Food contact materials—Polymer—
Determination of 1-octene and tetrahydrofuran in food simulants—
Gas chromatography**

2009-03-31 发布　　2009-09-01 实施

中华人民共和国国家质量监督检验检疫总局
中国国家标准化管理委员会　发布

前　言

本标准参照采用欧盟技术规范 CEN/TS 13130-26:2005《食品接触材料及其制品　塑料中受限物质　第 26 部分:食品模拟物中 1-辛烯和四氢呋喃的测定》(英文版)制定。

本标准的附录 A 为资料性附录。

本标准由国家认证认可监督管理委员会提出。

本标准由全国进出口食品安全检测标准化技术委员会(SAC/TC 445)归口。

本标准起草单位:中华人民共和国湖北出入境检验检疫局、中国检验检疫科学研究院、中华人民共和国广东出入境检验检疫局、中华人民共和国广西出入境检验检疫局。

本标准主要起草人:崔海容、凌约涛、周明辉、陈志锋、李丹、叶诚、林雁飞、吕春秋、杨顺风、郭坚、陈建华、胡德聪。

食品接触材料　高分子材料
食品模拟物中 1-辛烯和四氢呋喃的测定
气相色谱法

1　范围

本标准规定了食品模拟物中 1-辛烯和四氢呋喃的测定方法。

本标准适用于水、3%(质量浓度)乙酸溶液、10%(体积分数)乙醇溶液等水基食品模拟物和橄榄油中 1-辛烯和四氢呋喃含量的测定。

水基食品模拟物中 1-辛烯和四氢呋喃的测定低限分别为 2.0 mg/L 和 7.0 mg/L,橄榄油中 1-辛烯和四氢呋喃测定低限分别为 2.0 mg/kg 和 7.0 mg/kg。

2　规范性引用文件

下列文件中的条款通过本标准的引用而成为本标准的条款。凡是注日期的引用文件,其随后所有的修改单(不包括勘误的内容)或修订版均不适用于本标准,然而,鼓励根据本标准达成协议的各方研究是否可使用这些文件的最新版本。凡是不注日期的引用文件,其最新版本适用于本标准。

GB/T 6682　分析实验室用水规格和试验方法(GB/T 6682—2008,ISO 3696:1987,MOD)

GB/T 23296.1—2009　食品接触材料　塑料中受限物质　塑料中物质向食品及食品模拟物特定迁移试验和含量测定方法以及食品模拟物暴露条件选择的指南

3　原理

食品模拟物中 1-辛烯、四氢呋喃经顶空进样后,在色谱柱中与内标物及其他组分分离,用氢火焰离子化检测器检测,以内标法定量。

4　试剂和材料

除另有说明外,水为 GB/T 6682 规定的一级水,试剂均为分析纯。

4.1　冰乙酸。

4.2　无水乙醇。

4.3　橄榄油。

4.4　1-辛烯标准品:纯度大于 97.5%。

4.5　异辛烷标准品:纯度大于 99.0%。

4.6　四氢呋喃(THF)标准品:纯度大于 99.5%。

4.7　四氢吡喃(THP)标准品:纯度大于 99.5%。

4.8　*N*,*N*-二甲基乙酰胺(DMAC):纯度大于 99.0%。

4.9　3%(质量浓度)乙酸溶液:称取 30 g(精确至 0.1 g)冰乙酸(4.1)于 1 L 容量瓶中,用水定容。

4.10　10%(体积分数)乙醇溶液:量取 100 mL 无水乙醇(4.2)于 1 L 容量瓶中,用水定容。

4.11　1-辛烯标准储备液(2 mg/mL):量取 45 mL DMAC(4.8)于 50 mL 容量瓶中,带塞称量(精确至 0.001 g)。再加入 100 mg 1-辛烯(4.4),约 150 μL,重新称量(精确至 0.001 g)。用 DMAC 定容。精确计算 1-辛烯的浓度。于 4 ℃避光保存,有效期 3 个月。

4.12　1-辛烯标准中间溶液(200 μg/mL):准确移取 1.0 mL 1-辛烯标准储备液(4.11)于 10 mL 容量瓶

中,用 DMAC(4.8)定容。保存条件同 4.11。

4.13 异辛烷内标储备液(2 mg/mL):量取 45 mL DMAC(4.8)于 50 mL 容量瓶中,带塞称量(精确至 0.001 g)。再加入 100 mg 异辛烷(4.5),约 150 μL,重新称量(精确至 0.001 g)。用 DMAC 定容。精确计算异辛烷的浓度。保存条件同 4.11。

4.14 异辛烷内标中间溶液(120 μg/mL):移取 3.0 mL 异辛烷内标储备液(4.13)于 50 mL 容量瓶中,用 DMAC 定容。保存条件同 4.11。

4.15 水基 THF 标准储备液(2.2 mg/mL):量取 99 mL 水于 100 mL 容量瓶中,带塞称量(精确至 0.001 g)。加入 220 mg THF(4.6),约 250 μL,重新称重(精确至 0.001 g),用水定容。精确计算 THF 的浓度。于 4 ℃避光保存,有效期 1 个星期。

4.16 水基 THF 标准中间溶液(22 μg/mL):量取 90 mL 水于 100 mL 容量瓶中,再移入 1.0 mL 水基 THF 标准储备液(4.15),用水定容。保存条件同 4.15。

4.17 水基 THP 内标储备液(1 mg/mL):量取 99 mL 水于 100 mL 容量瓶中,带塞称量(精确至 0.001 g),加入 100 mg THP(4.7),约 150 μL,重新称量(精确至 0.001 g),用水定容。精确计算 THP 的浓度。保存条件同 4.15。

4.18 水基 THP 内标中间溶液(70 μg/mL):量取 90 mL 水于 100 mL 容量瓶中,再移入 7.0 mL 水基 THP 内标储备液(4.17),用水定容。保存条件同 4.15。

4.19 油性 THF 标准储备液(1.0 mg/mL):量取 45 mL DMAC(4.8)于 50 mL 容量瓶中,带塞称量(精确至 0.001 g)。再加入 50 mg THF(4.6),约 60 μL,重新称量(精确至 0.001 g),用 DMAC 定容。精确计算 THF 的浓度。保存条件同 4.15。

4.20 油性 THF 标准中间溶液(50 μg/mL):移取 1.0 mL 油性 THF 标准储备液(4.19)于 20 mL 容量瓶中,用 DMAC 定容。保存条件同 4.15。

4.21 油性 THP 内标储备液(1 mg/mL):量取 45 mL DMAC(4.8)于 50 mL 容量瓶中,带塞称量(精确至 0.001 g)。再加入 50 mg THP(4.7),约 60 μL 重新称量(精确至 0.001 g),用 DMAC 定容。精确计算 THP 的浓度。保存条件同 4.15。

4.22 油性 THP 内标中间溶液(75 μg/mL):移取 1.5 mL 油性 THP 内标储备液(4.21)于 20 mL 容量瓶中,用 DMAC 定容。保存条件同 4.15。

4.23 氮气:纯度大于或等于 99.999%。

5 仪器和设备

5.1 气相色谱仪:配备自动顶空进样器和氢火焰离子化检测器(FID)。

5.2 顶空瓶:20 mL,配备铝盖和丁基橡胶或硅树脂橡胶隔垫,隔垫接触样品一面应涂有聚四氟乙烯。

注:THF 可用于制造内涂聚四氟乙烯的丁基橡胶隔垫,这将对 THF 的分析产生严重干扰。因此在试验前应对隔垫进行净化处理,用蒸馏水至少煮沸 15 min,再晾干。已净化未使用的隔垫,下次使用时应再次净化。

5.3 容量瓶:10 mL、25 mL、50 mL、100 mL。

5.4 微量注射器:25 μL、50 μL、100 μL、250 μL、500 μL。

5.5 移液管:1 mL、2 mL、3 mL、5 mL、10 mL。

5.6 分析天平:感量 0.001 g、0.01 g。

6 试液的制备

6.1 食品模拟物试液的制备

6.1.1 总则

食品模拟物试液应按照 GB/T 23296.1—2009 的要求从迁移试验中获取,于 4 ℃冰箱中避光保存。

注:当使用水基食品模拟物进行于 40 ℃ 10 d 的迁移试验时,由于挥发的原因,1-辛烯会有 11%~69%的损失。

6.1.2 用于测定1-辛烯的水基食品模拟物试液的制备

从迁移试验中移取1.0 mL水基食品模拟物于顶空瓶(5.2)中，立即用隔垫和铝盖密封。用微量注射器(5.4)透过隔垫依次加入200 μL异辛烷内标中间溶液(4.14)和200 μL DMAC(4.8)，混匀。每份试液至少做两个平行。

6.1.3 用于测定1-辛烯的橄榄油介质食品模拟物试液的制备

从迁移试验中称取1 g(精确至0.01 g)橄榄油介质食品模拟物至顶空瓶(5.2)中，以下按6.1.2"立即用隔垫和铝盖密封……"的操作步骤进行处理。

6.1.4 用于测定四氢呋喃的水基食品模拟物试液的制备

从迁移试验中移取10.0 mL水基食品模拟物于顶空瓶(5.2)中，立即用隔垫和铝盖密封。用微量注射器(5.4)透过隔垫加入100 μL水基THP内标中间溶液(4.18)，混匀。每份试液至少做两个平行。

6.1.5 用于测定四氢呋喃的橄榄油介质食品模拟物试液的制备

从迁移试验中称取10 g(精确至0.01 g)橄榄油介质食品模拟物于顶空瓶(5.2)中，立即用隔垫和铝盖密封。用微量注射器透过隔垫加入100 μL油性THP内标中间溶液(4.22)，再用微量注射器(5.4)迅速加入300 μL DMAC(4.8)，混匀。每份试液至少做两个平行。

6.2 空白溶液的制备

按照6.1所述方法处理没有与食品接触材料接触的食品模拟物。

6.3 标准工作溶液的制备

6.3.1 用于测定1-辛烯的水基食品模拟物介质标准工作溶液

用移液管分别移取1.0 mL水基食品模拟物(水、3%乙酸溶液或10%乙醇溶液)于6个顶空瓶(5.2)中，立即用隔垫和铝盖密封。用微量注射器(5.4)透过隔垫依次加入200 μL异辛烷内标中间溶液(4.14)，混匀。按表1用微量注射器(5.4)透过隔垫向瓶中加入1-辛烯标准中间溶液(4.12)及DMAC(4.8)，混匀。每份标准工作溶液至少做两个平行。

表1 标准工作溶液中1-辛烯和DMAC的体积

标准工作溶液	加入1-辛烯标准中间溶液的量/μL	加入DMAC的量/μL	在标准工作溶液中1-辛烯的近似浓度/(mg/L)
0	0	200	0
1	10	190	2
2	50	150	10
3	75	125	15
4	100	100	20
5	150	50	30

6.3.2 用于测定1-辛烯的橄榄油介质标准工作溶液

分别称取1 g(精确至0.01 g)橄榄油于6个顶空瓶(5.2)中，立即用隔垫和铝盖密封。用微量注射器(5.4)透过隔垫依次加入200 μL异辛烷内标中间溶液(4.14)，混匀。按照表1所列，向瓶中加入同样体积的1-辛烯标准中间溶液(4.12)及DMAC(4.8)，混匀。每份标准工作溶液至少做两个平行。

6.3.3 用于测定四氢呋喃的水基食品模拟物介质标准工作溶液

分别量取45 mL水基食品模拟物(水、3%乙酸溶液或10%乙醇溶液)于6个50 mL容量瓶(5.3)中。按表2加入一定体积的水基THF标准中间溶液(4.16)，用水基食品模拟物定容。

表 2　标准工作溶液中 THF 的体积

标准工作溶液	水基 THF 标准中间溶液添加量/mL	标准工作溶液中 THF 浓度/(mg/L)
0	0	0
1	0.2	0.09
2	0.5	0.22
3	1.5	0.66
4	2.5	1.10
5	3.5	1.54

准确移取上述溶液各 10.0 mL 分别于 6 个顶空瓶(5.2)中，立即用隔垫和铝盖密封。用微量注射器(5.4)移取 100 μL 水基 THP 内标中间溶液(4.18)透过隔垫加入各顶空瓶中，混匀。每份标准工作溶液至少做两个平行。

6.3.4　用于四氢呋喃测定的橄榄油介质标准工作溶液

分别称取 10 g(精确至 0.01 g)橄榄油于 6 个顶空瓶(5.2)中，立即用隔垫和铝盖密封。用微量注射器(5.4)移取 100 μL 油性 THP 内标中间溶液(4.22)透过隔垫分别加入各顶空瓶中。按表 3 所示，向每个顶空瓶中加入一定体积的油性 THF 标准中间溶液(4.20)和 DMAC(4.8)，配制与表 3 所列浓度相近的标准工作溶液。每份标准工作溶液至少做两个平行。

表 3　标准工作溶液中 THF 和 DMAC 用量

标准工作溶液	油性 THF 标准中间溶液添加量/μL	DMAC 添加量/μL	标准工作溶液中 THF 的浓度/(mg/kg)
0	0	300	0
1	12	288	0.06
2	50	250	0.25
3	120	180	0.60
4	200	100	1.00
5	300	0	1.50

7　测定

7.1　色谱参考条件

7.1.1　色谱柱：(5%苯基)-甲基聚硅氧烷石英毛细管柱，30 m×0.32 mm(内径)×0.25 μm，或相当者。

7.1.2　顶空进样器条件：

a)　样品平衡时间：80 min。
b)　顶空瓶温度：70 ℃。
c)　定量环温度：85 ℃。
d)　传输线温度：130 ℃。
e)　压力平衡时间：3 min。
f)　进样时间：6 s。

7.1.3　气相色谱条件：

a)　进样口温度：150 ℃。
b)　检测器温度：250 ℃。
c)　柱温程序：测定 1-辛烯时，60 ℃保持 11 min，再以 10 ℃/min 的速率升温至 150 ℃，保持 5 min；测定四氢呋喃时，60 ℃保持 17 min。

d) 载气:氮气。

e) 载气流速:测定1-辛烯时为1 mL/min;测定四氢呋喃时为3 mL/min。

f) 进样方式:分流模式(分流比20:1)。

g) 氢气流速:30 mL/min。

h) 空气流速:400 mL/min。

7.2 标准曲线的绘制

按7.1所列测定条件,将标准工作溶液(6.3)依次进样测量。以标准工作溶液中1-辛烯或四氢呋喃的浓度为横坐标,单位以“mg/L或mg/kg”表示,以1-辛烯/异辛烷或四氢呋喃/四氢吡喃的峰面积比值为纵坐标,绘制标准曲线。标准色谱图参见附录A。

按式(1)计算回归参数:

$$y = a \times x + b \qquad \cdots\cdots(1)$$

式中:

y——1-辛烯/异辛烷或四氢呋喃/四氢吡喃的峰面积比值;

a——回归曲线的斜率;

x——标准工作溶液中1-辛烯或四氢呋喃的浓度,单位为毫克每升或毫克每千克(mg/L或mg/kg);

b——回归曲线的截距。

标准曲线的相关系数要求不小于0.996。

7.3 试液的测定

将空白溶液(6.2)和食品模拟物试液(6.1)依次进样,扣除空白值,获得1-辛烯/异辛烷或四氢呋喃/四氢吡喃的峰面积比值。

8 结果计算

8.1 食品模拟物试液中1-辛烯或四氢呋喃浓度的计算

食品模拟物试液中1-辛烯或四氢呋喃的浓度c按式(2)计算:

$$c = \frac{y - b}{a} \qquad \cdots\cdots(2)$$

式中:

c——食品模拟物试液中1-辛烯或四氢呋喃的浓度,单位为毫克每升或毫克每千克(mg/L或mg/kg);

y——1-辛烯/异辛烷或四氢呋喃/四氢吡喃的峰面积比值;

b——回归曲线的截距;

a——回归曲线的斜率。

8.2 1-辛烯或四氢呋喃特定迁移量的转换计算

由8.1得到的食品模拟物试液中1-辛烯或四氢呋喃浓度,根据迁移试验中所使用的食品模拟物的体积和测试样品与食品模拟物接触面积,通过数学换算计算出1-辛烯或四氢呋喃的特定迁移量,单位以“mg/kg或mg/dm^2”表示。详见GB/T 23296.1—2009的第13章。

计算结果以平行测定值的算术平均值表示,保留2位有效数字。

9 重复性

在重复性条件下获得的两次独立测定结果的绝对差值不得超过10%。

附　录　A
（资料性附录）
食品模拟物中 1-辛烯和四氢呋喃标准色谱图

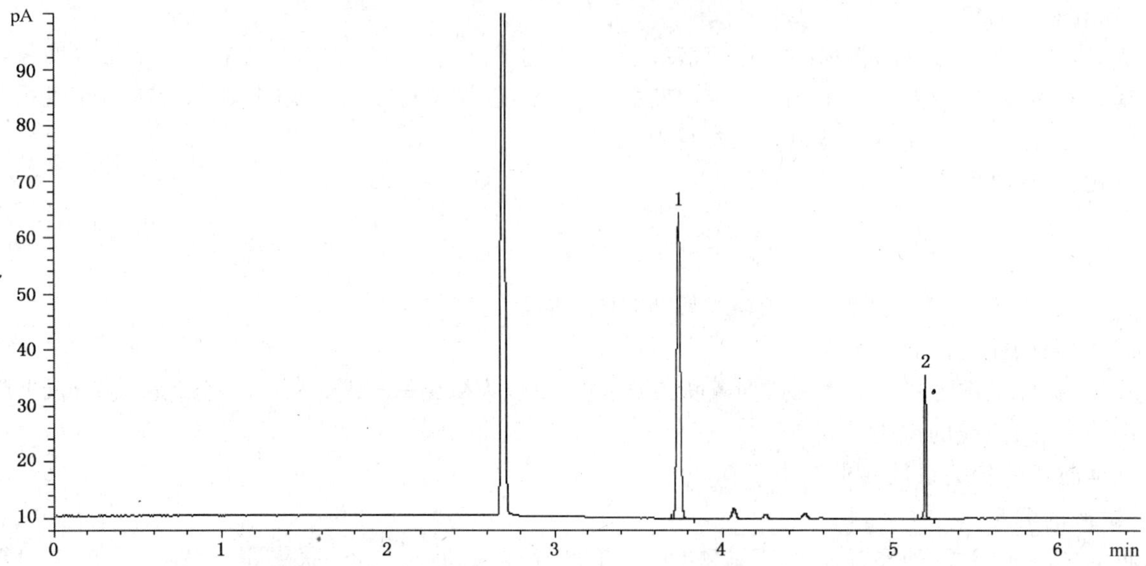

1——异辛烷；
2——1-辛烯。

图 A.1　水中 1-辛烯标准色谱图

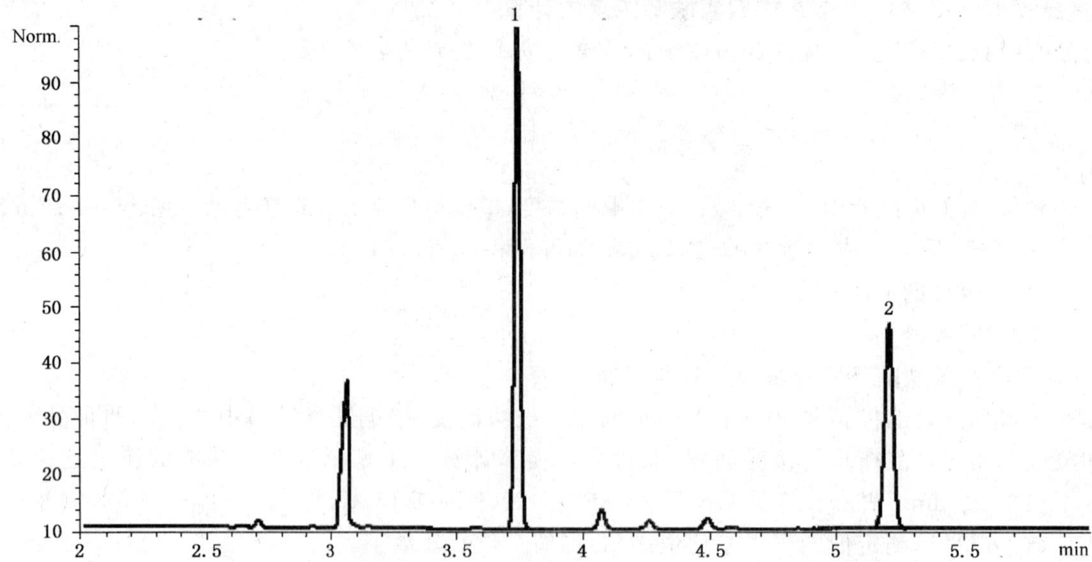

1——异辛烷；
2——1-辛烯。

图 A.2　3%（质量浓度）乙酸溶液中 1-辛烯标准色谱图

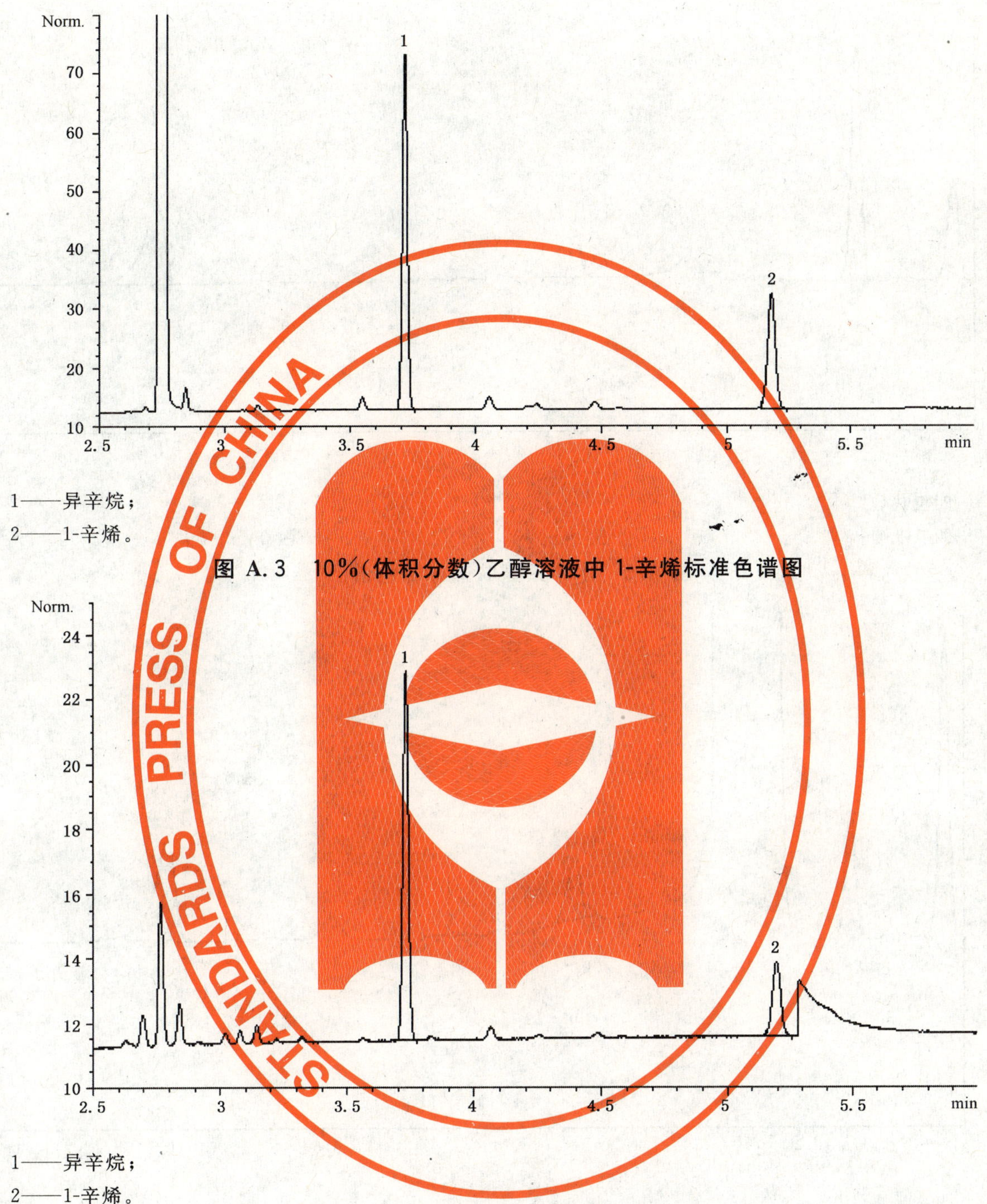

1——异辛烷；
2——1-辛烯。

图 A.3　10%(体积分数)乙醇溶液中 1-辛烯标准色谱图

1——异辛烷；
2——1-辛烯。

图 A.4　橄榄油中 1-辛烯标准色谱图

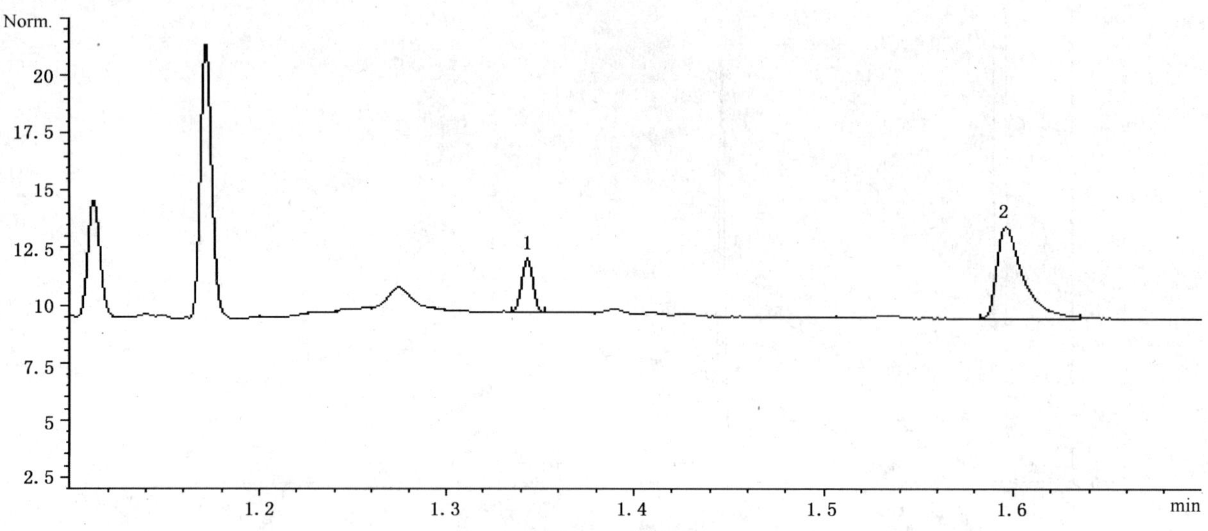

1——四氢呋喃；
2——四氢吡喃。

图 A.5　水中四氢呋喃标准色谱图

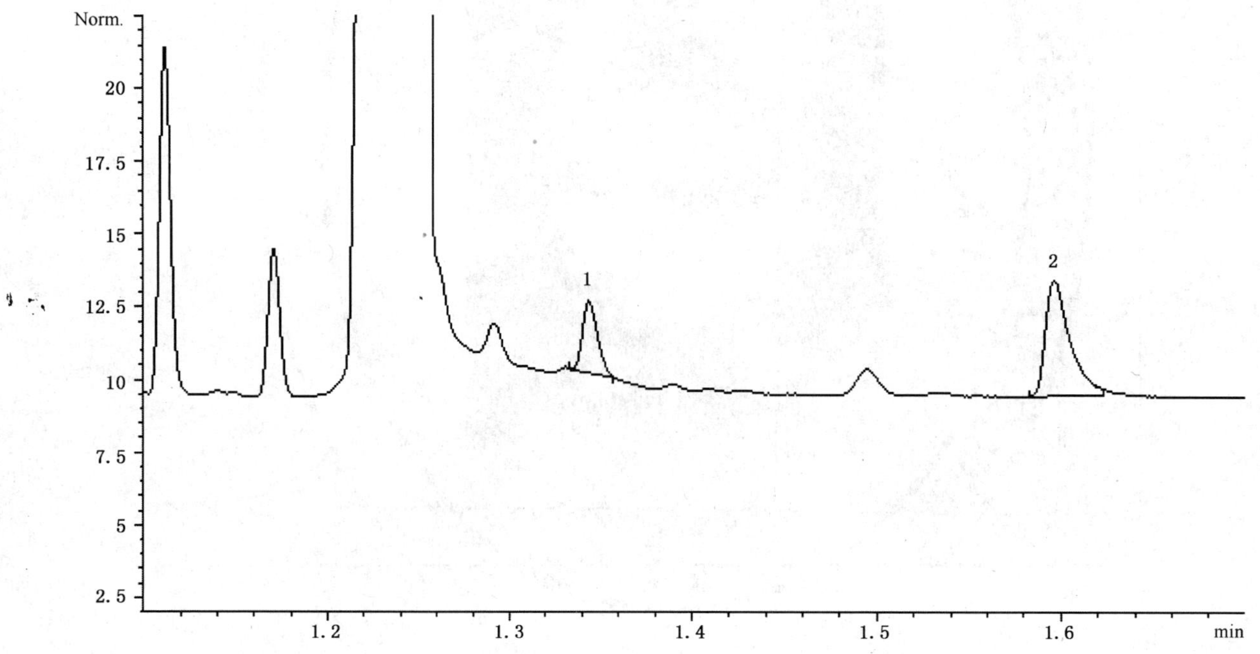

1——四氢呋喃；
2——四氢吡喃。

图 A.6　3%(质量浓度)乙酸溶液中四氢呋喃标准色谱图

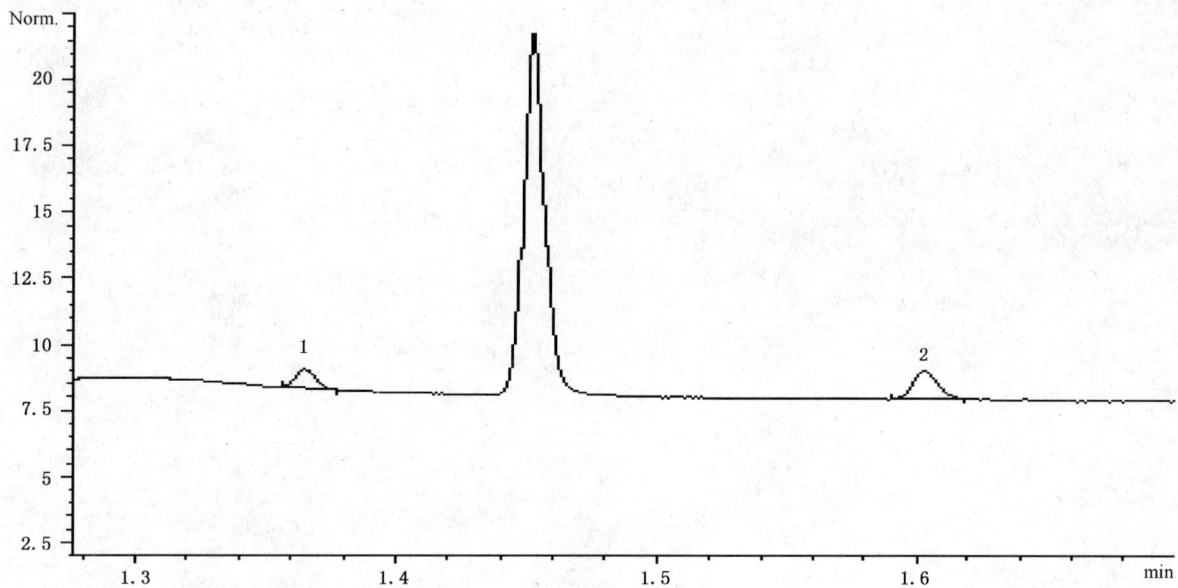

1——四氢呋喃；
2——四氢吡喃。

图 A.7　10%(体积分数)乙醇溶液中四氢呋喃标准色谱图

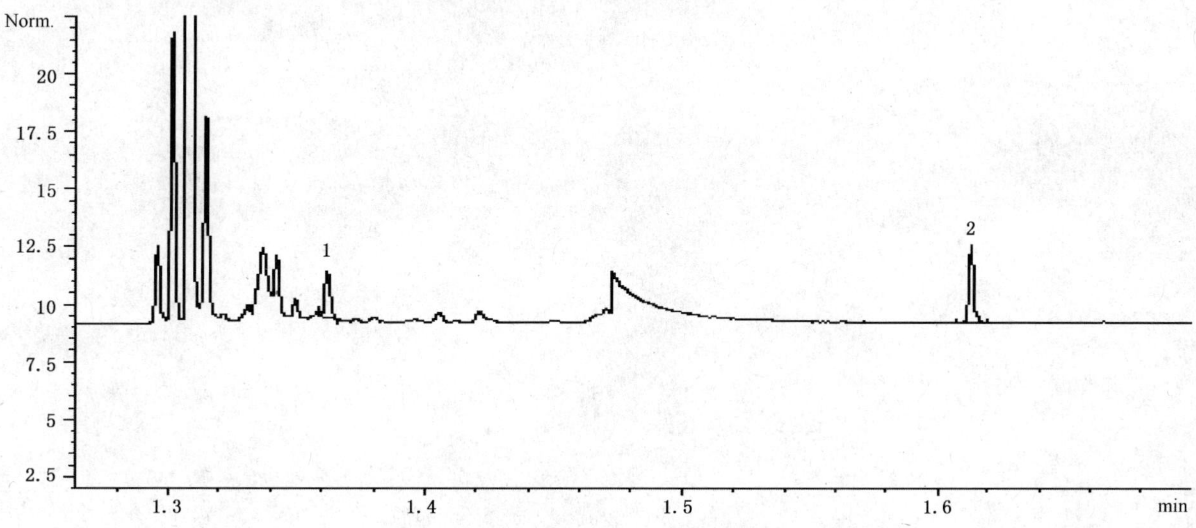

1——四氢呋喃；
2——四氢吡喃。

图 A.8　橄榄油中四氢呋喃标准色谱图

ICS 67.250
C 53

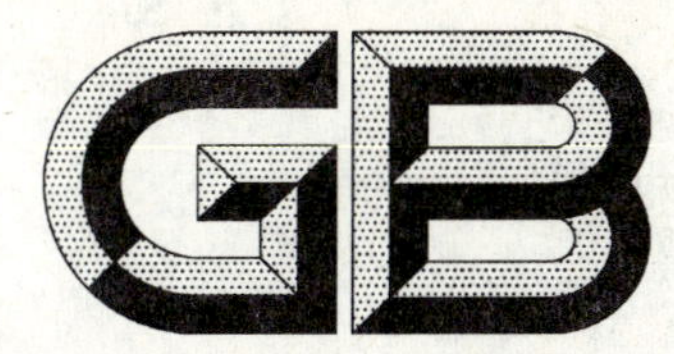

中华人民共和国国家标准

GB/T 23296.5—2009

食品接触材料 高分子材料 食品模拟物中2-(*N*,*N*-二甲基氨基)乙醇的测定 气相色谱法

Food contact materials—Polymer—Determination of dimethylaminoethanol in food simulants—Gas chromatography

2009-03-31 发布 2009-09-01 实施

中华人民共和国国家质量监督检验检疫总局
中国国家标准化管理委员会 发布

前　言

本标准参照欧盟技术规范 CEN/TS 13130-19:2005《食品接触材料及其制品　塑料中受限物质　第 19 部分:食品模拟物中 2-(*N*,*N*-二甲基氨基)乙醇的测定》制定。

本标准的附录 A 为资料性附录。

本标准由国家认证认可监督管理委员会提出。

本标准由全国进出口食品安全检测标准化技术委员会(SAC/TC 445)归口。

本标准起草单位:中华人民共和国湖北出入境检验检疫局、中华人民共和国广东出入境检验检疫局、中国检验检疫科学研究院、中华人民共和国海南出入境检验检疫局。

本标准主要起草人:崔海容、翟翠萍、郭坚、刘莹峰、陈志锋、林宏雄、林晶、凌约涛、赵晓亚、何雪莲、陈曹祺、邹先梅。

食品接触材料 高分子材料 食品模拟物中 2-(*N*,*N*-二甲基氨基)乙醇的测定 气相色谱法

1 范围

本标准规定了食品模拟物中 2-(*N*,*N*-二甲基氨基)乙醇的测定方法。

本标准适用于水、3%(质量浓度)乙酸溶液、10%(体积分数)乙醇溶液等水基食品模拟物和橄榄油中 2-(*N*,*N*-二甲基氨基)乙醇含量的测定。

水基食品模拟物中 2-(*N*,*N*-二甲基氨基)乙醇测定低限为 2.2 mg/L,橄榄油中 2-(*N*,*N*-二甲基氨基)乙醇测定低限为 2.2 mg/kg。

2 规范性引用文件

下列文件中的条款通过本标准的引用而成为本标准的条款。凡是注日期的引用文件,其随后所有的修改单(不包括勘误的内容)或修订版均不适用于本标准,然而,鼓励根据本标准达成协议的各方研究是否可使用这些文件的最新版本。凡是不注日期的引用文件,其最新版本适用于本标准。

GB/T 6682 分析实验室用水规格和试验方法(GB/T 6682—2008,ISO 3696:1987,MOD)

GB/T 23296.1—2009 食品接触材料 塑料中受限物质 塑料中物质向食品及食品模拟物特定迁移试验和含量测定方法以及食品模拟物暴露条件选择的指南

3 原理

食品模拟物中的 2-(*N*,*N*-二甲基氨基)乙醇通过强阳离子交换固相萃取柱吸附,经三乙胺洗脱,在色谱柱中与内标物二乙基氨基乙醇及其他组分分离,用氢火焰离子化检测器检测,以内标法定量。

4 试剂与材料

除另有规定外,水为 GB/T 6682 规定的一级水,试剂均为分析纯。

4.1 2-(*N*,*N*-二甲基氨基)乙醇(DMAE)标准品:纯度大于 99.0%。

4.2 二乙基氨基乙醇(DEAE)标准品:纯度大于 99.0%。

4.3 冰乙酸。

4.4 无水乙醇。

4.5 橄榄油。

4.6 甲醇:色谱纯。

4.7 异丙醇:色谱纯。

4.8 *n*-戊烷:纯度大于 95%。

4.9 三乙胺:纯度大于 99%。

4.10 3%(质量浓度)乙酸溶液:称取 30 g(精确到 0.1 g)冰乙酸 (4.3)于 1 L 容量瓶中,用水定容。

4.11 10%(体积分数)乙醇溶液:量取 100 mL 无水乙醇(4.4)于 1 L 容量瓶中,用水定容。

4.12 5%(体积分数)三乙胺的甲醇溶液:量取 2.5 mL 三乙胺(4.9)于 50 mL 容量瓶中,用甲醇定容。

4.13 2-(*N*,*N*-二甲基氨基)乙醇(DMAE)的标准储备液(2.22 mg/mL):准确称取 0.222 g(精确至 0.000 1 g)DMAE(4.1)于 100 mL 容量瓶中,用异丙醇(4.7)定容。溶液应避光保存,温度为−20 ℃～

20 ℃，有效期为 3 个月。

4.14 2-(*N*,*N*-二甲基氨基)乙醇(DMAE)标准中间溶液(0.222 mg/mL)：移取 2.5 mL DMAE 标准储备液(4.13)于 25 mL 容量瓶中，用异丙醇定容。溶液保存条件同 4.13。

4.15 二乙基氨基乙醇(DEAE)内标储备液(2.22 mg/mL)：准确称取 0.222 g(精确至 0.000 1 g) DEAE(4.2)于 100 mL 容量瓶中，用异丙醇定容。溶液保存条件同 4.13。

4.16 二乙基氨基乙醇(DEAE)内标中间溶液(0.222 mg/mL)：移取 2.5 mL DEAE 的内标储备液(4.15)于 25 mL 容量瓶中，用异丙醇定容。溶液保存条件同 4.13。

4.17 氮气：纯度大于或等于 99.999%。

5 仪器与设备

5.1 气相色谱仪：配备氢火焰离子化检测器和自动进样器。

5.2 固相萃取柱：填充 100 mg 强阳离子交换剂(丙基磺酸)，容积为 3 mL。

5.3 振荡器：往复型。

5.4 微量注射器：10 μL、50 μL、1 000 μL。

5.5 天平：感量 0.000 1 g、0.01 g。

6 试液的制备

6.1 食品模拟物试液的制备

6.1.1 总则

食品模拟物试液按照 GB/T 23296.1—2009 的要求从迁移试验中获取，在 4 ℃冰箱中避光保存。

6.1.2 水基食品模拟物试液的制备

从迁移试验中移取 10 mL 水基食品模拟物于 25 mL 锥形瓶中，加入 0.5 mL 内标中间溶液(4.16)和 0.2 mL 乙酸(4.3)，使溶液 pH 值在 2～3 范围内。如果食品模拟物为 3%(质量浓度)乙酸溶液(4.10)，则不需加 0.2 mL 乙酸。然后根据以下步骤进行萃取。

依次加 2 mL 甲醇、2 mL 水活化固相萃取柱(5.2)。将酸化的食品模拟物过柱萃取，流速为 1 mL/min～2 mL/min。然后分别用 1 mL 水和 1 mL 甲醇洗涤萃取柱，并用真空泵抽干。用 1 mL 三乙胺的甲醇溶液(4.12)以 1 mL/min～2 mL/min 的速率进行洗脱，用 2 mL 的进样瓶收集洗脱液，供气相色谱进样分析。平行制样两份。

6.1.3 橄榄油试液的制备

从迁移试验中称取 10.0 g±0.1 g 橄榄油介质食品模拟物至 25 mL 锥形瓶中，加入 0.5 mL 内标中间溶液(4.16)并混匀。将上述溶液转移至 250 mL 的分液漏斗，再加入 20 mL *n*-戊烷(4.8)和 50 mL 3%(质量浓度)乙酸溶液，混匀。于振荡器上振荡 10 min，静置待两相分离。将下层液体转移至固相萃取柱中，按 6.1.2“依次加 2 mL 甲醇……供气相色谱进样分析”操作。平行制样两份。

6.2 空白溶液的制备

按 6.1 所述方法处理没有与食品接触材料接触的食品模拟物。

6.3 食品模拟物介质标准工作溶液配制

6.3.1 水基食品模拟物介质标准工作溶液

分别移取 10 mL 水基食品模拟物(水、3%乙酸溶液或 10%乙醇溶液)于 6 个 25 mL 锥形瓶中，再分别加入 0.0 mL、0.1 mL、0.5 mL、0.75 mL、1.0 mL 和 2.0 mL DMAE 标准中间溶液(4.14)，按 6.1.2“加入 0.5 mL 内标中间溶液(4.16)……供气相色谱进样分析”操作。

水基食品模拟物介质标准工作溶液的浓度分别为 0 μg/mL、2.2 μg/mL、11.0 μg/mL、16.5 μg/mL、22.0 μg/mL、44.0 μg/mL，内标 DEAE 的浓度均为 11.0 μg/mL。

6.3.2 橄榄油介质标准工作溶液

分别称取 10.0 g±0.1 g 橄榄油于 6 个 25 mL 锥形瓶中，分别加入 0.0 mL、0.1 mL、0.5 mL、0.75 mL、1.0 mL 和 2.0 mL DMAE 标准中间溶液(4.14)，按 6.1.3“加入 0.5 mL 内标中间溶液(4.16)……供气相色谱进样分析”操作。

橄榄油介质标准工作溶液的浓度分别为 0 μg/g、2.2 μg/g、11.0 μg/g、16.5 μg/g、22 μg/g、44.0 μg/g，内标 DEAE 的浓度均为 11.0 μg/g。

7 测定

7.1 色谱参考条件

7.1.1 色谱柱：(5%苯基)-二甲基聚硅氧烷石英 WCOT 柱，30 m×0.32 mm(内径)×0.25 μm，或相当者。

7.1.2 气相色谱条件：

a) 进样口温度：250 ℃。

b) 检测器温度：280 ℃。

c) 柱温箱：45 ℃下恒温 8 min，以 20 ℃/min 升至 130 ℃，以 50 ℃/min 升至 250 ℃。

d) 载气：氮气。

e) 载气流速：1.7 mL/min。

f) 入口压力：55.2 kPa。

g) 进样量：1 μL。

h) 氢气流速：30 mL/min。

i) 空气流速：400 mL/min。

7.2 标准曲线的绘制

按照 7.1 所列测定条件，依次将标准工作溶液(6.3)进样测量。以标准工作溶液中 DMAE 浓度为横坐标，单位为毫克每升或毫克每千克(mg/L 或 mg/kg)；以对应的 DMAE/DEAE 峰面积比值为纵坐标，绘制标准曲线。标准色谱图参见附录 A。

按式(1)计算回归参数：

$$y = a \times x + b \qquad \cdots\cdots(1)$$

式中：

y——DMAE/DEAE 的峰面积比值；

a——回归曲线的斜率；

x——标准工作溶液中 2-(N,N-二甲基氨基)乙醇的浓度，单位为毫克每升或毫克每千克(mg/L 或 mg/kg)；

b——回归曲线的截距。

标准曲线的相关系数应不小于 0.996。

7.3 试液的测定

将空白溶液(6.2)和食品模拟物试液(6.1)依次进样，扣除空白值，获得 DMAE/DEAE 的峰面积比值。

8 结果计算

8.1 食品模拟物试液中 2-(*N*,*N*-二甲基氨基)乙醇浓度的计算

食品模拟物试液中 2-(N,N-二甲基氨基)乙醇的浓度 c 按式(2)计算：

$$c = \frac{y - b}{a} \qquad \cdots\cdots(2)$$

式中：

c——食品模拟物试液中2-(N,N-二甲基氨基)乙醇的浓度，单位为毫克每升或毫克每千克(mg/L或mg/kg)；

y——DMAE/DEAE的峰面积比值；

b——回归曲线的截距；

a——回归曲线的斜率。

8.2 2-(N,N-二甲基氨基)乙醇特定迁移量的转换计算

由8.1得到的食品模拟物试液中2-(N,N-二甲基氨基)乙醇浓度，根据迁移试验中所使用的食品模拟物的体积和测试样品与食品模拟物接触面积，通过数学换算计算出2-(N,N-二甲基氨基)乙醇的特定迁移量，单位以"mg/dm^2或mg/kg"表示。详见GB/T 23296.1—2009的第13章。

计算结果以平行测定值的算术平均值表示，保留2位有效数字。

9 重复性

在重复性条件下获得的两次独立测定结果的绝对差值不得超过10%。

附　录　A
（资料性附录）
食品模拟物中 2-(*N*,*N*-二甲基氨基)乙醇标准色谱图

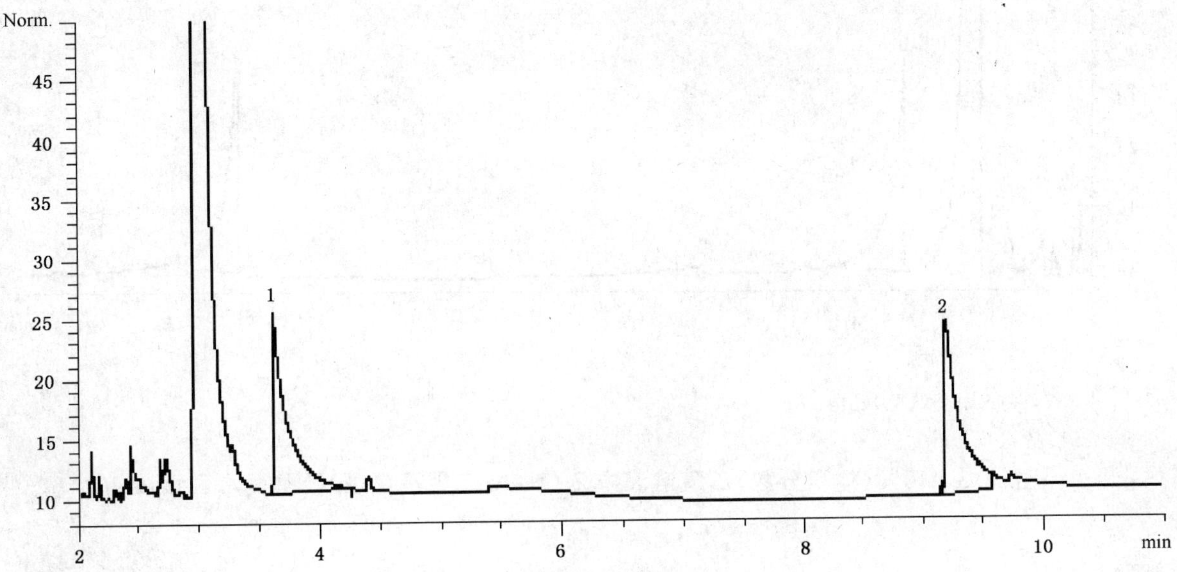

1——2-(*N*,*N*-二甲基氨基)乙醇；
2——二乙基氨基乙醇。

图 A.1　水中 2-(*N*,*N*-二甲基氨基)乙醇标准色谱图

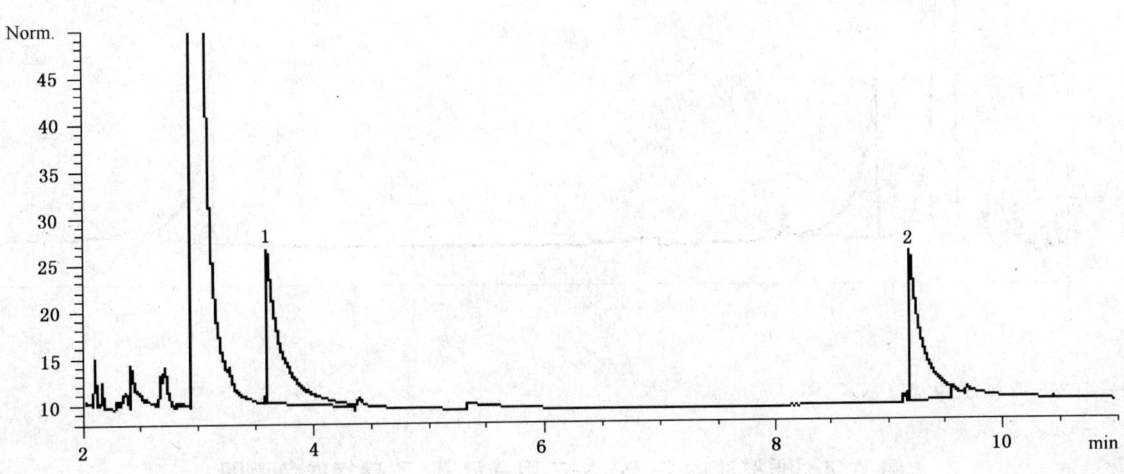

1——2-(*N*,*N*-二甲基氨基)乙醇；
2——二乙基氨基乙醇。

图 A.2　3%(质量浓度)乙酸溶液中 2-(*N*,*N*-二甲基氨基)乙醇标准色谱图

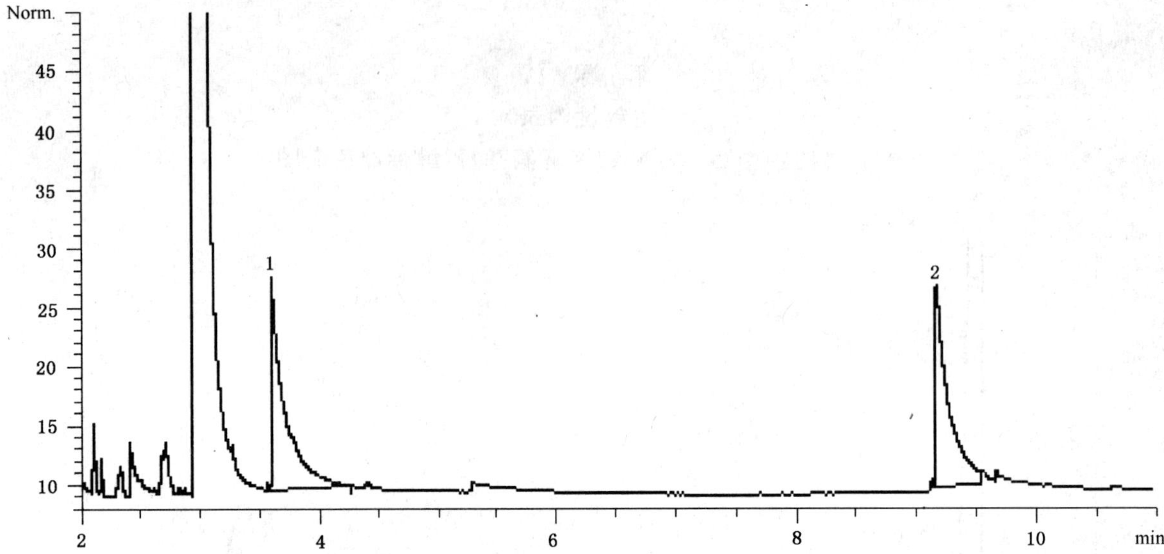

1——2-(*N*,*N*-二甲基氨基)乙醇；

2——二乙基氨基乙醇。

图 A.3　10%(体积分数)乙醇溶液中 2-(*N*,*N*-二甲基氨基)乙醇标准色谱图

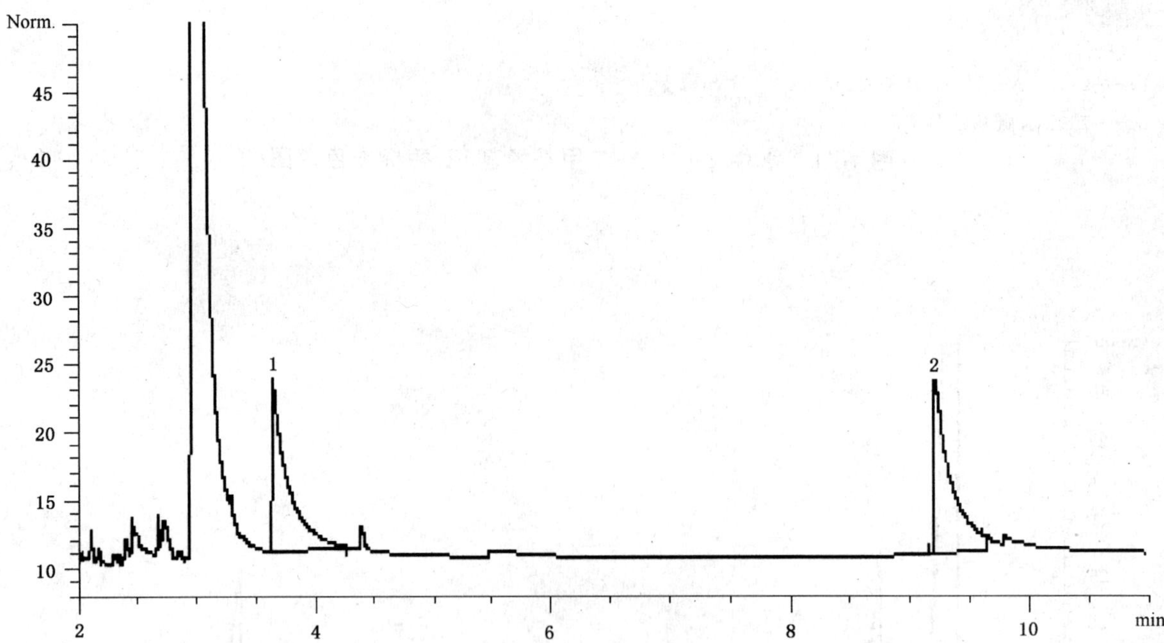

1——2-(*N*,*N*-二甲基氨基)乙醇；

2——二乙基氨基乙醇。

图 A.4　橄榄油中 2-(*N*,*N*-二甲基氨基)乙醇标准色谱图

ICS 67.250
C 53

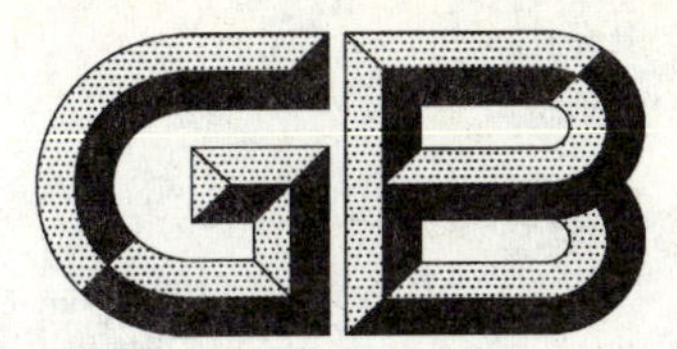

中华人民共和国国家标准

GB/T 23296.6—2009

食品接触材料 高分子材料
食品模拟物中4-甲基-1-戊烯的测定
气相色谱法

**Food contact materials—Polymer—
Determination of 4-methyl-1-pentene in food simulants—
Gas chromatography**

2009-03-31 发布　　　　2009-09-01 实施

中华人民共和国国家质量监督检验检疫总局
中国国家标准化管理委员会　发布

前　言

本标准参照欧盟技术规范 CEN/TS 13130-25:2005《食品接触材料及其制品　塑料中受限物质　第 25 部分:食品模拟物中 4-甲基-1-戊烯的测定》(英文版)制定。

本标准的附录 A 为资料性附录。

本标准由国家认证认可监督管理委员会提出。

本标准由全国进出口食品安全检测标准化技术委员会(SAC/TC 445)归口。

本标准起草单位:中华人民共和国湖北出入境检验检疫局、中国检验检疫科学研究院、中华人民共和国广东出入境检验检疫局、中华人民共和国海南出入境检验检疫局。

本标准主要起草人:崔海容、陈志锋、杨蓓、郑建国、周明辉、林晶、郭坚、何雪莲、凌约涛、陈曹祺、邹先梅、叶诚。

食品接触材料　高分子材料
食品模拟物中4-甲基-1-戊烯的测定
气相色谱法

1　范围

本标准规定了食品模拟物中4-甲基-1-戊烯的测定方法。

本标准适用于水、3%(质量浓度)乙酸溶液、10%(体积分数)乙醇溶液等水基食品模拟物和橄榄油中4-甲基-1-戊烯含量的测定。

水基食品模拟物中4-甲基-1-戊烯测定低限为0.005 mg/L,橄榄油中4-甲基-1-戊烯测定低限为0.005 mg/kg。

2　规范性引用文件

下列文件中的条款通过本标准的引用而成为本标准的条款。凡是注日期的引用文件,其随后所有的修改单(不包括勘误的内容)或修订版均不适用于本标准,然而,鼓励根据本标准达成协议的各方研究是否可使用这些文件的最新版本。凡是不注日期的引用文件,其最新版本适用于本标准。

GB/T 6682　分析实验室用水规格和试验方法(GB/T 6682—2008,ISO 3696:1987,MOD)

GB/T 23296.1—2009　食品接触材料　塑料中受限物质　塑料中物质向食品及食品模拟物特定迁移试验和含量测定方法以及食品模拟物暴露条件选择的指南

3　原理

食品模拟物中4-甲基-1-戊烯经顶空进样后,在色谱柱中与其他组分分离,用氢火焰离子化检测器检测,以外标法定量。

4　试剂和材料

除另有规定外,水为GB/T 6682规定的一级水,试剂均为分析纯。

4.1　4-甲基-1-戊烯标准品:纯度大于98%。

4.2　冰乙酸。

4.3　无水乙醇。

4.4　橄榄油。

4.5　*N*,*N*-二甲基乙酰胺(DMAC)。

4.6　3%(质量浓度)乙酸溶液:称取30 g(精确到0.1 g)冰乙酸(4.2)于1 L容量瓶中,用水定容。

4.7　10%(体积分数)乙醇溶液:量取100 mL无水乙醇(4.3)于1 L容量瓶中,用水定容。

4.8　4-甲基-1-戊烯标准储备液(1 mg/mL):称取25 mg(精确至0.1 mg)4-甲基-1-戊烯标准品(4.1)于预先盛有20 mL DMAC(4.5)的25 mL容量瓶中,用DMAC定容。应避光储存,温度−20 ℃～10 ℃,有效期为3个星期。

4.9　4-甲基-1-戊烯标准中间溶液(10 μg/mL):量取8 mL DMAC(4.5)于10 mL容量瓶中,加入100 μL 4-甲基-1-戊烯的标准储备液(4.8),用DMAC定容。溶液保存条件同4.8。

4.10　氮气:纯度大于或等于99.999%。

5 仪器和设备

5.1 气相色谱仪：配有自动顶空进样器和氢火焰离子化检测器(FID)。

5.2 分析天平：感量 0.1 mg、0.01 g。

5.3 顶空瓶：20 mL，配备铝盖和丁基橡胶或硅树脂橡胶隔垫，隔垫接触样品一面应涂有聚四氟乙烯。

5.4 进样器：10 μL、50 μL、1 000 μL 和 5 mL。

6 试液的制备

6.1 食品模拟物试液的制备

6.1.1 总则

食品模拟物试液按照 GB/T 23296.1—2009 的要求从迁移试验中获取，在 4 ℃冰箱中避光保存。

6.1.2 水基食品模拟物试液的制备

从迁移试验中移取 10 mL 水基食品模拟物于 20 mL 顶空瓶中，立即用隔垫和铝盖密封。每份试液至少做两个平行。

6.1.3 橄榄油试液的制备

从迁移试验中称取 10.0 g±0.1 g 橄榄油介质食品模拟物于 20 mL 顶空瓶中，立即用隔垫和铝盖密封。每份试液至少做两个平行。

6.2 空白溶液的制备

按照 6.1 所述方法处理没有与食品接触材料接触的食品模拟物。

6.3 食品模拟物标准工作溶液的配制

6.3.1 水基食品模拟物介质标准工作溶液

分别移取水基食品模拟物(水、3%乙酸溶液或 10%乙醇溶液)10 mL 于 6 个顶空瓶中，再分别移取 0 μL、5 μL、10 μL、20 μL、30 μL、40 μL 4-甲基-1-戊烯标准中间溶液(4.9)于含有食品模拟物的顶空瓶中，4-甲基-1-戊烯标准工作溶液的浓度分别为 0 μg/L、5 μg/L、10 μg/L、20 μg/L、30 μg/L、40 μg/L。每份标准工作溶液至少做两个平行。

6.3.2 橄榄油介质标准工作溶液

分别称取 10.0 g±0.1 g 橄榄油于 6 个顶空瓶中，按 6.3.1 中"再分别移取……顶空瓶中"步骤进行操作。4-甲基-1-戊烯标准工作溶液的浓度分别为 0 μg/kg、5 μg/ kg、10 μg/ kg、20 μg/ kg、30 μg/ kg、40 μg/ kg。每份标准工作溶液至少做两个平行。

7 测定

7.1 色谱参考条件

7.1.1 色谱柱：(5%苯基)-二甲基聚硅氧烷石英毛细管柱，30 m×0.32 mm(内径)×0.25 μm，或相当者。

7.1.2 顶空进样器条件：

a) 样品平衡时间：30 min。

b) 顶空瓶温度：80 ℃(水基食品模拟物)/90 ℃(橄榄油)。

c) 定量环温度：100 ℃。

d) 传输线温度：110 ℃(水基食品模拟物)/120 ℃(橄榄油)。

e) 压力平衡时间：0.5 min。

f) 进样时间：6 s。

7.1.3 气相色谱条件：

a) 进样器温度：250 ℃。

b) 检测器温度：250 ℃。

c) 柱温程序：40 ℃(2 min)，以 10 ℃/min 升至 220 ℃。

d) 载气：氮气。

e) 载气流速：3 mL/min。

f) 进样方式：分流模式(分流比 20∶1)。

g) 氢气流速：30 mL/min。

h) 空气流速：400 mL/min。

7.2 标准曲线的绘制

按照 7.1 所列测定条件，将标准工作溶液(6.3)依次进样测量。以标准工作溶液中 4-甲基-1-戊烯浓度为横坐标，单位为毫克每升或毫克每千克(mg/L 或 mg/kg)，以对应的 4-甲基-1-戊烯峰面积为纵坐标，绘制标准曲线。标准色谱图参见附录 A。

按式(1)计算回归参数：

$$y = a \times x + b \quad \cdots\cdots(1)$$

式中：

y——4-甲基-1-戊烯峰面积；

a——回归曲线的斜率；

x——标准工作溶液中 4-甲基-1-戊烯的浓度，单位为毫克每升或毫克每千克(mg/L 或 mg/kg)；

b——回归曲线的截距。

标准曲线的相关系数要求不小于 0.996。

7.3 试液的测定

将空白溶液(6.2)和食品模拟物试液(6.1)依次进样，扣除空白值，获得 4-甲基-1-戊烯的峰面积。

8 结果计算

8.1 食品模拟物试液中 4-甲基-1-戊烯浓度的计算

食品模拟物试液中 4-甲基-1-戊烯的浓度 c 按式(2)计算：

$$c = \frac{y-b}{a} \quad \cdots\cdots(2)$$

式中：

c——食品模拟物试液中 4-甲基-1-戊烯的浓度，单位为毫克每升或毫克每千克(mg/L 或 mg/kg)；

y——4-甲基-1-戊烯峰面积；

b——回归曲线的截距；

a——回归曲线的斜率。

8.2 4-甲基-1-戊烯特定迁移量的转换计算

由 8.1 得到的食品模拟物试液中 4-甲基-1-戊烯浓度，根据迁移试验中所使用的食品模拟物的体积和测试样品与食品模拟物接触面积，通过数学换算计算出 4-甲基-1-戊烯的特定迁移量，单位以"mg/dm^2 或 mg/kg"表示。详见 GB/T 23296.1—2009 的第 13 章。

计算结果以平行测定值的算术平均值表示，保留 2 位有效数字。

9 重复性

在重复性条件下获得的两次独立测定结果的绝对差值不得超过 10%。

附 录 A
（资料性附录）
食品模拟物中4-甲基-1-戊烯标准色谱图

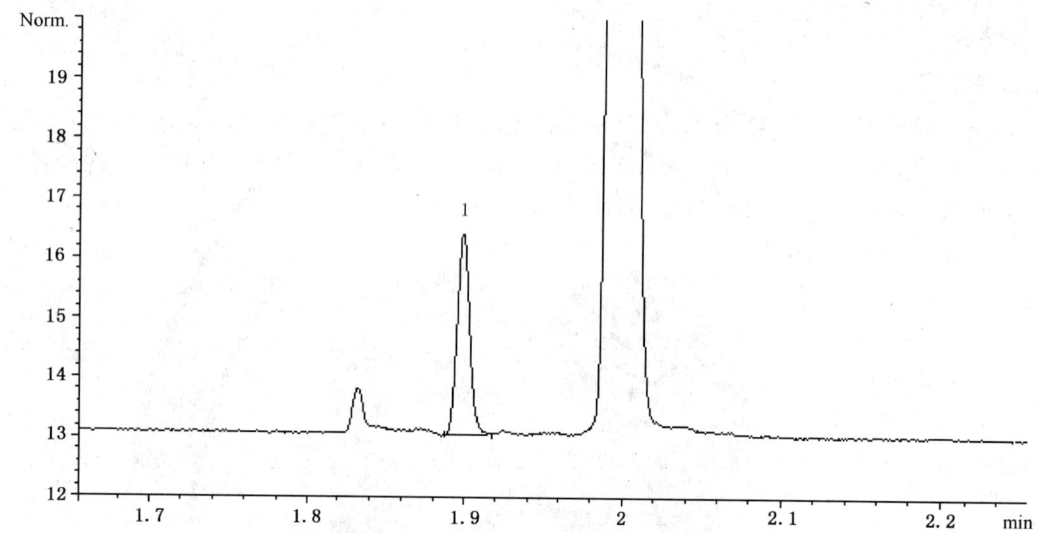

1——4-甲基-1-戊烯。

图 A.1 水中4-甲基-1-戊烯标准色谱图

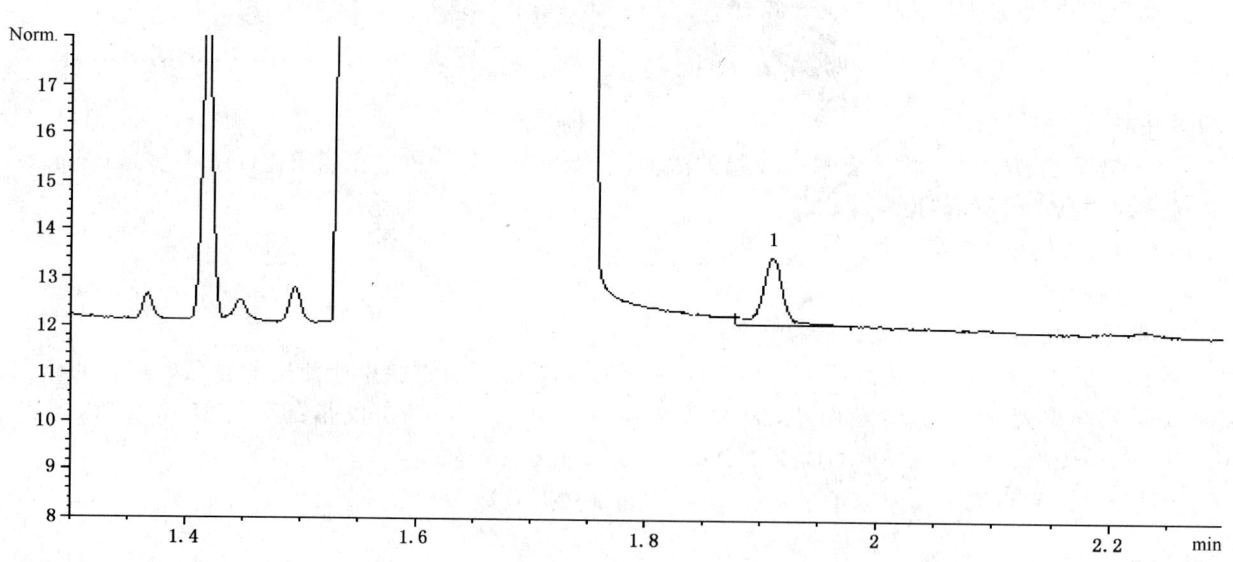

1——4-甲基-1-戊烯。

图 A.2 3%（质量浓度）乙酸溶液中4-甲基-1-戊烯标准色谱图

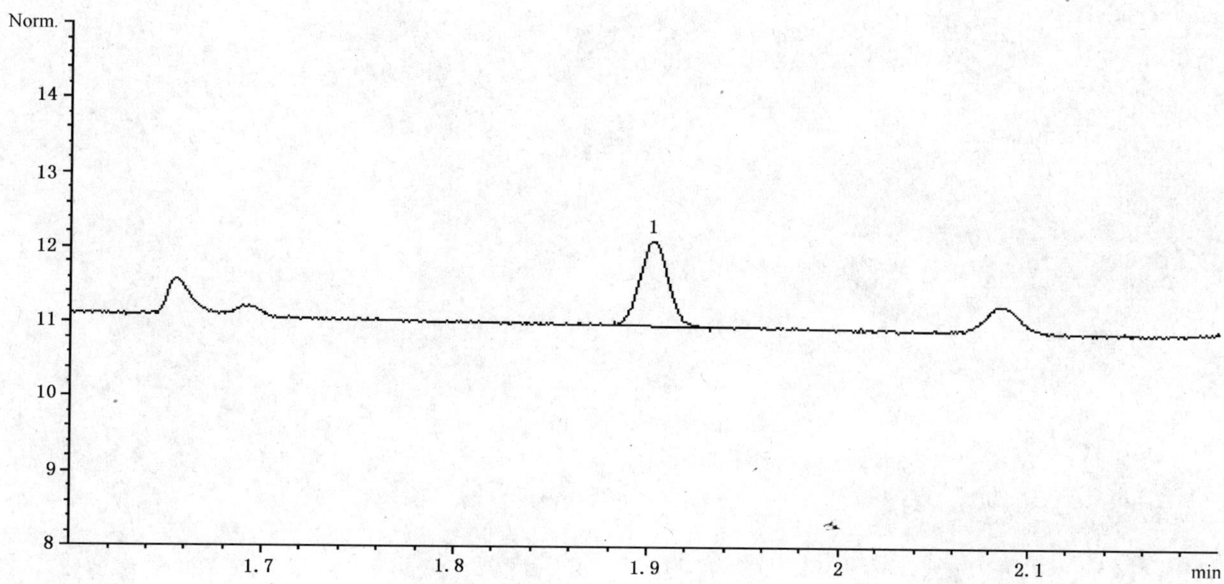

1——4-甲基-1-戊烯。

图 A.3　10%(体积分数)乙醇溶液中 4-甲基-1-戊烯标准色谱图

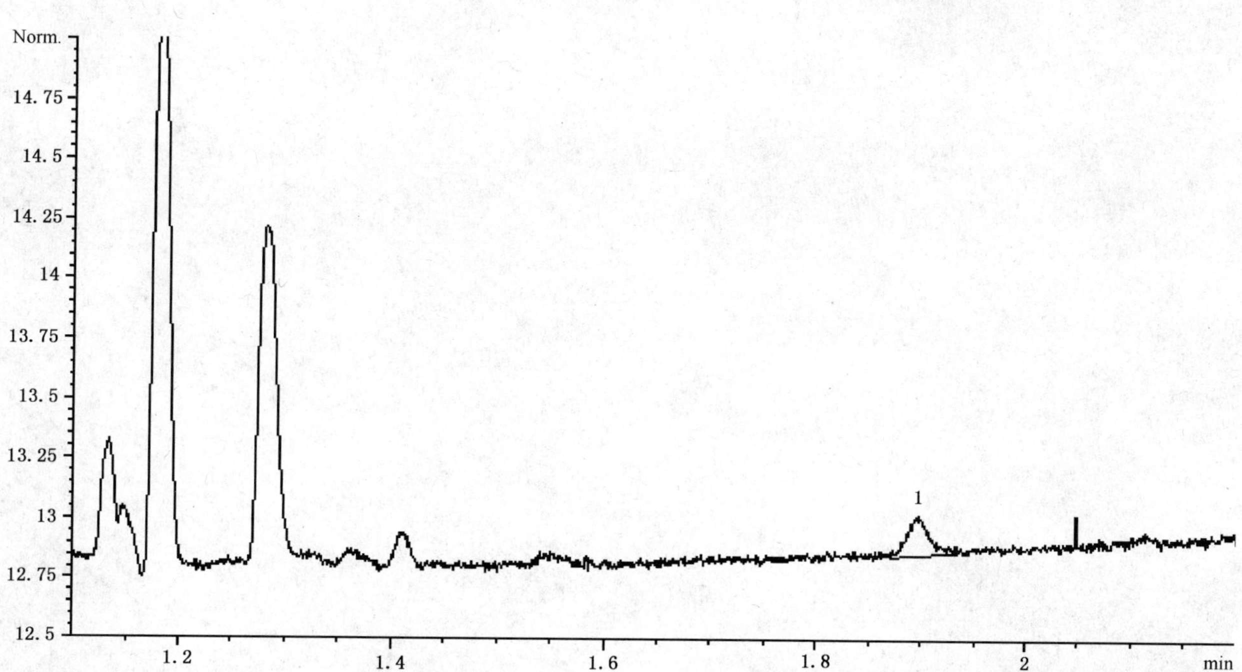

1——4-甲基-1-戊烯。

图 A.4　橄榄油中 4-甲基-1-戊烯标准色谱图

ICS 67.250
C 53

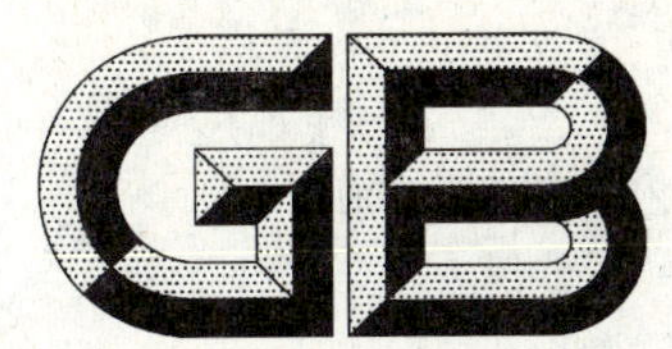

中华人民共和国国家标准

GB/T 23296.7—2009

食品接触材料
塑料中表氯醇含量的测定
高效液相色谱法

Food contact materials—Determination of epichlorohydrin in plastics—High performance liquid chromatography

2009-03-31 发布　　　　2009-09-01 实施

中华人民共和国国家质量监督检验检疫总局
中国国家标准化管理委员会　发布

前　言

本标准参照欧盟技术规范 CEN/TS 13130-20:2005《食品接触材料及其制品　塑料中受限物质　第 20 部分:塑料中表氯醇的测定》(英文版)制定。

本标准的附录 A 为规范性附录,附录 B 为资料性附录。

本标准由国家认证认可监督管理委员会提出。

本标准由全国进出口食品安全检测标准化技术委员会(SAC/TC 445)归口。

本标准起草单位:中华人民共和国湖北出入境检验检疫局、中国检验检疫科学研究院、中华人民共和国广西出入境检验检疫局、中华人民共和国宁夏出入境检验检疫局。

本标准主要起草人:崔海容、叶诚、凌约涛、陈志锋、马昕、孙普兵、吕春秋、林雁飞、赵晓亚、郭坚、杨顺风、胡德聪、徐新生。

食品接触材料
塑料中表氯醇含量的测定
高效液相色谱法

1 范围

本标准规定了与食品接触的塑料或涂层中残留表氯醇含量的高效液相色谱测定方法。

本标准适用于与食品接触的塑料或涂层中表氯醇含量的测定。

本标准塑料中表氯醇的测定低限为1 mg/kg,涂层中表氯醇的测定低限为1 μg/dm²。

2 规范性引用文件

下列文件中的条款通过本标准的引用而成为本标准的条款。凡是注日期的引用文件,其随后所有的修改单(不包括勘误的内容)或修订版均不适用于本标准,然而,鼓励根据本标准达成协议的各方研究是否可使用这些文件的最新版本。凡是不注日期的引用文件,其最新版本适用于本标准。

GB/T 6682 分析实验室用水规格和试验方法(GB/T 6682—2008,ISO 3696:1987,MOD)

GB/T 23296.1 食品接触材料 塑料中受限物质 塑料中物质向食品及食品模拟物特定迁移试验和含量测定方法以及食品模拟物暴露条件选择的指南

3 原理

试样中表氯醇经1,4-二氧六环提取后,提取液用微蒸馏装置进行蒸馏,馏出液中的表氯醇经衍生后,其衍生物通过液相色谱分离,用荧光检测器测定表氯醇衍生物的含量,换算得出试样中表氯醇的含量。采用外标法定量。

4 试剂和材料

除另有规定外,水为GB/T 6682规定的一级水,试剂均为分析纯。

4.1 表氯醇标准品:纯度大于99%。

4.2 乙腈:色谱纯。

4.3 9,10-二甲氧基蒽-2-磺酸钠(CAS号:67580-39-6),即DAS—Na。

4.4 1,4-二氧六环:纯度大于99%,含水量应小于0.01%。

4.5 正己烷。

4.6 异丙醇。

4.7 甲醇:色谱纯。

4.8 强酸型阳离子交换树脂。

4.9 80%(体积分数)甲醇溶液:量取400 mL甲醇(4.7)于500 mL容量瓶中,用水定容。

4.10 9,10-二甲氧基蒽-2-磺酸(DAS)试剂:用200 mL甲醇溶液(4.9)活化约50 g已预先处理好的强酸型阳离子交换树脂(4.8),然后用树脂填充内径为1 cm的玻璃柱,直至树脂高度约20 cm,备用。称取100 mg的DAS-Na(4.3)于预先盛有20 mL甲醇溶液(4.9)的烧杯中,加热溶解,将溶液全部过强酸型阳离子交换树脂。用甲醇溶液(4.9)洗脱,收集pH为1～2时的洗脱液,直至pH开始上升。将所得洗脱液用氮气吹干仪(5.3)吹干,制得DAS试剂。应避光保存,有效期为一年。

4.11 DAS的乙腈溶液(5 mg/mL):称取20 mg(精确至0.1 mg)DAS试剂(4.10)溶解于4.0 mL乙腈

中。应现配现用，避光保存。

4.12 表氯醇标准储备液(1 mg/mL)：称取 100 mg(精确至 0.1 mg)表氯醇(4.1)于 100 mL 的容量瓶中，用 1,4-二氧六环(4.4)定容。溶液于 −20 ℃～20 ℃避光密封储存，有效期为 3 个月。

4.13 表氯醇标准使用液(40 μg/mL)：准确移取 2.0 mL 的表氯醇标准储备液(4.12)至 50 mL 容量瓶中，用 1,4-二氧六环定容。

4.14 表氯醇的标准中间溶液：分别移取 0.0 mL、0.5 mL、1.0 mL、2.0 mL、3.0 mL、4.0 mL、5.0 mL 的标准使用液(4.13)于 7 个 25 mL 的容量瓶中，用 1,4-二氧六环定容。标准中间溶液的浓度分别为 0.0 μg/mL、0.8 μg/mL、1.6 μg/mL、3.2 μg/mL、4.8 μg/mL、6.4 μg/mL、8.0 μg/mL。

4.15 氮气：纯度大于或等于 99.9%。

4.16 冰块。

5 仪器和设备

5.1 微蒸馏装置(如图 A.1 所示)。

5.2 高效液相色谱仪：配有 20 μL 定量环和荧光检测器。

5.3 氮气吹干仪。

5.4 样品瓶：20 mL，配备铝盖和丁基橡胶隔垫或硅树脂橡胶隔垫，隔垫接触样品一面应涂有聚四氟乙烯。

5.5 移液器：50 μL、100 μL。

5.6 分析天平：感量 0.1 mg。

5.7 微孔滤膜：0.2 μm。

6 试液的制备

6.1 试样制备

试样应按 GB/T 23296.1 的要求制备。

测试与食品接触的塑料样品时，将样品裁剪成若干个面积为 2 dm^2 的小塑料片，任取其中两片作平行试样。将 2 dm^2 的小塑料片切割成大小约为 1 cm^2 的碎片，备用。

6.2 试样溶液的制备

6.2.1 塑料试样提取溶液的制备

将备用待测的塑料试样(6.1)称量(精确至 0.1 mg)后，浸入 50.0 mL 1,4-二氧六环中，在室温下提取 6 h。移取 10.0 mL 提取液于样品瓶(5.4)中，加入磁力搅拌棒，用隔垫和铝盖密封，并将样品瓶标记为瓶 A_s。平行制样两份。

6.2.2 涂层提取溶液的制备

提取小型罐状容器涂层中表氯醇时，向容器内部装入 50.0 mL 1,4-二氧六环浸提，用不含环氧化物的盖子密封后在室温下滚动提取 6 h。移取 10.0 mL 提取液于样品瓶(5.4)中，加入磁力搅拌棒，用隔垫和铝盖密封，并将样品瓶标记为瓶 A_c。平行制样两份。

对于提取容积较大的罐状容器涂层中表氯醇时，应根据罐状容器内壁的实际表面积来确定提取液 1,4-二氧六环的用量。表面积与提取液体积的比例以 2.5 dm^2/50 mL 为宜。

注：如果塑料包装试样或容器涂层较厚，应该提高温度或者延长提取时间。整个提取过程应在密闭环境中进行以防止表氯醇逸出。

6.3 空白溶液的制备

移取 10.0 mL 未与塑料试样或涂层接触的 1,4-二氧六环转入样品瓶(5.4)中，加入磁力搅拌棒，用隔垫和铝盖密封，并将样品瓶标记为瓶 A_0。按 6.5 和 6.6 所述方法处理。

6.4 标准工作溶液的制备

分别移取 10.0 mL 1,4-二氧六环于 7 个样品瓶(5.4)中,再分别准确加入 100 μL 表氯醇标准中间溶液(4.14),加入磁力搅拌棒,用隔垫和铝盖密封。并将样品瓶标记为瓶 A_b。表氯醇标准工作溶液的浓度分别为:0 μg/L、8 μg/L、16 μg/L、32 μg/L、48 μg/L、64 μg/L、80 μg/L。按 6.5 及 6.6 所述方法处理。

6.5 1,4-二氧六环提取液的蒸馏

应用图 A.1 所示微蒸馏装置,将 1,4-二氧六环提取液中的表氯醇进行蒸馏,收集部分馏出液。图 A.1中瓶 A 为 6.2.1、6.2.2、6.3 和 6.4 中的样品瓶,其中分别含有 10 mL 的塑料试样提取溶液、涂层提取溶液、空白溶液和标准工作溶液。

另取 20 mL 样品瓶,于体积为 3 mL 处进行标记后用隔垫和铝盖密封。将密封后的样品瓶称量(精确至 0.1 mg),并标记为瓶 B。

如图 A.1 所示,瓶 A 和瓶 B 通过外层套有聚四氟乙烯的不锈钢管连接,钢管刺入瓶 A 中的深度为 1 cm~2 cm,刺入瓶 B 中的深度为 3 cm~4 cm。为避免管口堵塞,应在样品瓶的瓶塞上预先刺一个小孔,使钢管可迅速刺入瓶中。同时,在瓶 B 的盖子上插入注射器针头以避免瓶中压力过大。

将瓶 A 置于加热板上,将瓶 B 置于含有冰(4.16)水混合物的烧杯中。加热瓶 A,使其中 1,4-二氧六环提取液沸腾,继续缓慢加热使瓶 A 中的 1,4-二氧六环提取液蒸馏至瓶 B 中,直至瓶 B 中馏出液面达到 3 mL 标记处。将瓶 A 从加热板上移开,移去瓶 B 中的注射器针头和不锈钢管。用滤纸仔细擦干瓶 B。将瓶 B 重新称量(精确至 0.1 mg),根据两次称量的差值和 1,4-二氧六环的密度,计算馏出液的体积(精确至 0.01 mL)。

为便于计算馏出液的体积,假定馏出液的密度为 1 g/mL(馏出液的主要成分是 1,4-二氧六环,1,4-二氧六环的实际密度为 1.03 g/mL)。馏出液可密闭冷藏 2 周~3 周。

6.6 表氯醇的衍生

打开含有馏出液的瓶 B 铝盖,加入 50 μL 新配制的 DAS 的乙腈溶液(4.11),用隔垫和铝盖密封。将样品瓶置于 75 ℃烘箱中 17 h±1 h。然后将衍生溶液冷却至室温,并用微孔滤膜(5.7)过滤,滤液待测。

表氯醇的 DAS 衍生物对光十分敏感,衍生应在昏暗条件下操作,衍生液可在室温下避光保存 2 d。

7 测定

7.1 色谱条件

a) 色谱柱:C_8,250 mm×4.6 mm(内径),粒径 5 μm,或相当者。

b) 流动相:乙腈(4.2)和水,流动相梯度淋洗条件见表 1。

表 1 梯度淋洗条件

时间/min	乙腈/%	水/%
0	55	45
5	55	45
15	70	30
18	70	30
21	55	45
31	55	45

c) 流速:2 mL/min。

d) 柱温:室温。

e) 荧光检测器：激发波长 262 nm，发射波长 490 nm。

7.2 标准曲线的绘制

按照 7.1 所列测定条件，将标准工作溶液(6.4)经过 6.5 和 6.6 处理后得到的衍生物溶液依次进样，测量表氯醇的 DAS 衍生物的峰面积(在色谱图上，如果表氯醇的 DAS 衍生物的两个同分异构体出现两个峰，则将两个同分异构体的峰面积相加)。表氯醇的 DAS 衍生物的峰面积与标准工作溶液中表氯醇浓度成正比。以标准工作溶液中表氯醇浓度为横坐标，单位为“μg/L”，以对应的表氯醇的 DAS 衍生物的峰面积为纵坐标，绘制标准曲线。标准溶液中表氯醇衍生物的液相色谱图参见附录 B。

按式(1)计算回归参数：

$$y \times \frac{V_b}{V_a} = a \times x + b \qquad \cdots\cdots(1)$$

式中：

y——表氯醇的 DAS 衍生物峰面积；

V_b——瓶 B 接收的馏出液体积，单位为毫升(mL)；

V_a——用于蒸馏的 1,4-二氧六环提取液体积，为固定值 10，单位为毫升(mL)；

a——回归曲线的斜率；

x——标准工作溶液中表氯醇的浓度，单位为微克每升(μg/L)；

b——回归曲线的截距。

标准曲线的相关系数要求不小于 0.996。

7.3 试液的测定

对空白溶液(6.3)和试样(6.2)的衍生物溶液依次进样测量。扣除空白值。根据线性方程计算 1,4-二氧六环提取液中表氯醇的浓度，单位以微克每升(μg/L)表示。1,4-二氧六环提取液中表氯醇的浓度 c 按式(2)计算：

$$c = \frac{y \times \frac{V_b}{V_a} - b}{a} \qquad \cdots\cdots(2)$$

式中：

c——1,4-二氧六环提取液中表氯醇的浓度，单位为微克每升(μg/L)；

y——表氯醇的 DAS 衍生物峰面积；

V_b——瓶 B 接收的馏出液体积，单位为毫升(mL)；

V_a——用于蒸馏的 1,4-二氧六环提取液体积，为固定值 10，单位为毫升(mL)；

b——回归曲线的截距；

a——回归曲线的斜率。

8 结果计算

8.1 与食品接触的塑料中残留表氯醇的含量(mg/kg)，按式(3)计算：

$$Q = \frac{c \times V}{m} \times 10^{-3} \qquad \cdots\cdots(3)$$

式中：

Q——与食品接触的塑料试样中表氯醇的含量，单位为毫克每千克(mg/kg)；

c——1,4-二氧六环提取液中表氯醇的浓度，单位为微克每升(μg/L)；

V——用于提取试样的 1,4-二氧六环溶液总体积，单位为毫升(mL)；

m——试样质量，单位为克(g)。

8.2 涂层中残留表氯醇的含量(mg/dm^2)，按式(4)计算：

$$Q = \frac{c \times V}{S} \times 10^{-6} \quad \cdots\cdots(4)$$

式中：

Q——与食品接触的涂层中表氯醇的含量，单位为毫克每平方分米（mg/dm^2）；

c——1，4-二氧六环提取液中表氯醇的浓度，单位为微克每升（$\mu g/L$）；

V——用于提取涂层的1，4-二氧六环溶液总体积，单位为毫升（mL）；

S——测试样品的表面积，单位为平方分米（dm^2）。

9 重复性

在重复性条件下获得的两次独立测定结果的绝对差值不得超过10%。

附　录　A
（规范性附录）
从 1,4-二氧六环提取物中提取表氯醇的微蒸馏装置

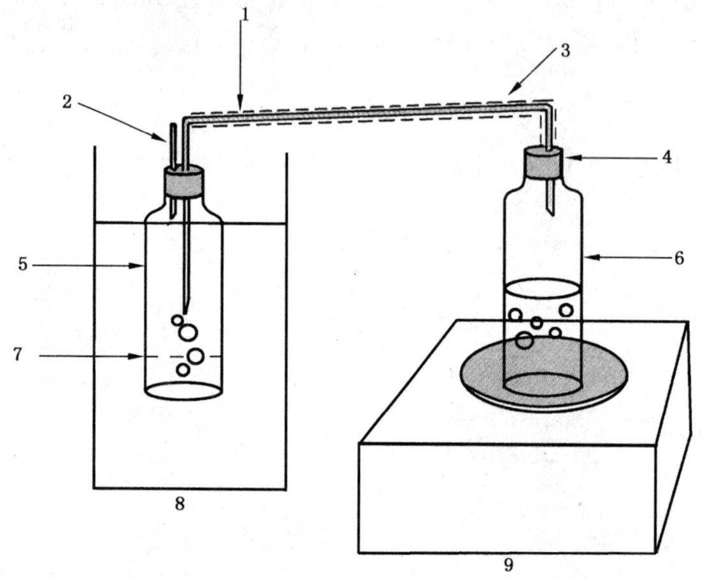

1——不锈钢管，顶部为注射器针形，内径 1 mm，长度约 200 mm；
2——注射器针头；
3——聚四氟乙烯管套筒；
4——聚四氟乙烯隔垫；
5——B 瓶；
6——A 瓶；
7——3 mL 标记；
8——冰/水浴；
9——带加热功能的磁力搅拌器。

图 A.1　微蒸馏装置（从 1,4-二氧六环提取物中提取表氯醇）

附 录 B
（资料性附录）
表氯醇标准物质衍生物的色谱图

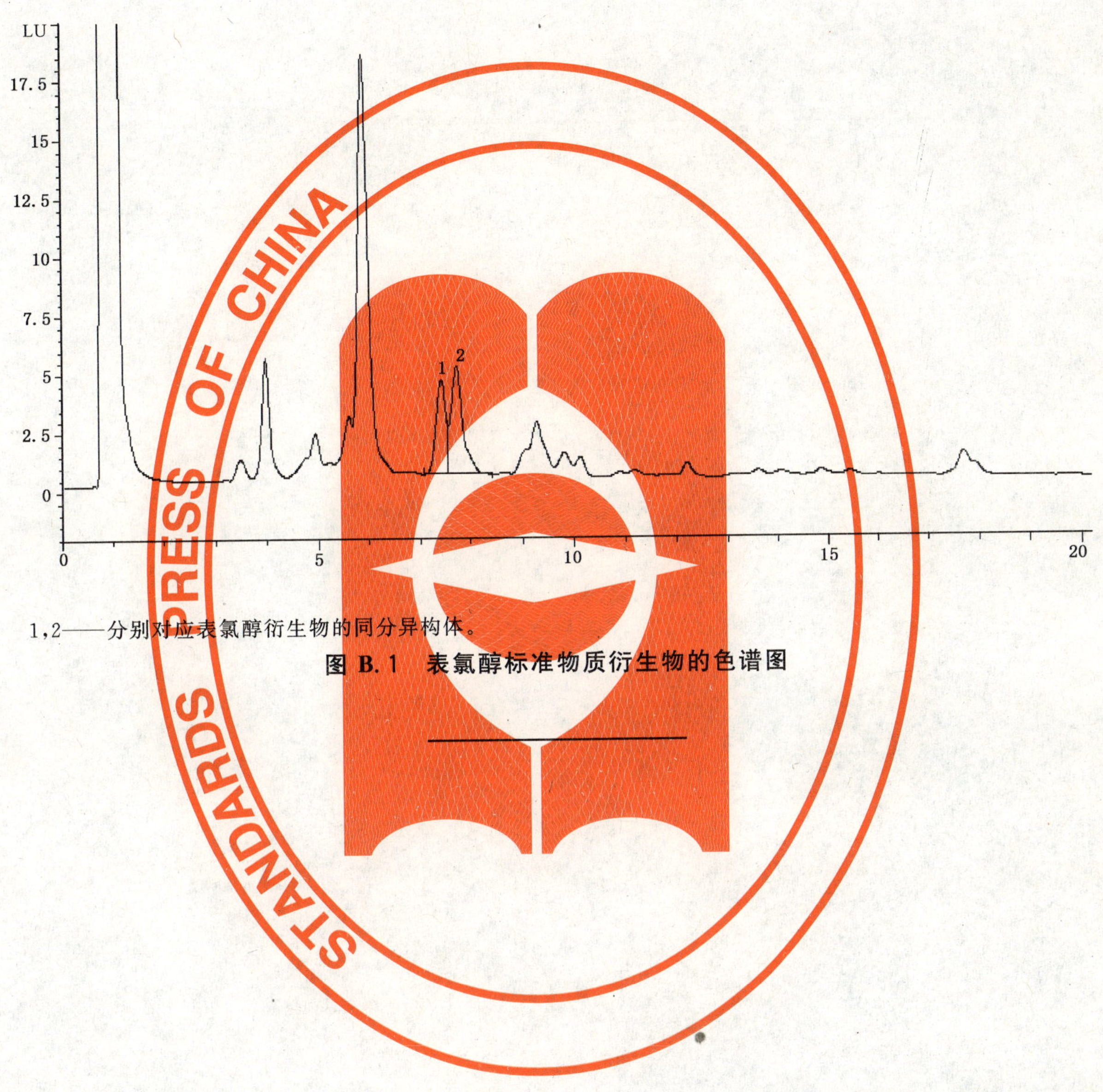

1,2——分别对应表氯醇衍生物的同分异构体。

图 B.1 表氯醇标准物质衍生物的色谱图

ICS 67.250
C 53

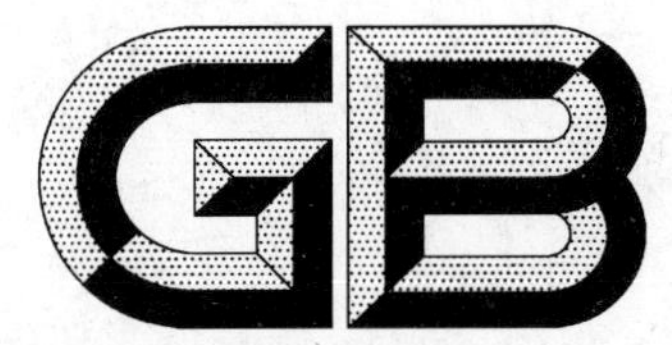

中华人民共和国国家标准

GB/T 23296.8—2009

食品接触材料 高分子材料
食品模拟物中丙烯腈的测定
气相色谱法

**Food contact materials—Polymer—
Determination of acrylonitrile in food simulants—
Gas chromatography**

2009-03-31 发布 2009-09-01 实施

中华人民共和国国家质量监督检验检疫总局
中国国家标准化管理委员会 发布

前　言

本标准参照欧盟标准 EN 13130-3:2004《食品接触材料及其制品　塑料中受限物质　第3部分:食品和食品模拟物中丙烯腈的测定》(英文版)制定。

本标准附录A为资料性附录。

本标准由国家认证认可监督管理委员会提出。

本标准由全国进出口食品安全检测标准化技术委员会(SAC/TC 445)归口。

本标准起草单位:中华人民共和国湖北出入境检验检疫局、中华人民共和国宁波出入境检验检疫局、北京市海淀区产品质量检验监督所、中国检验检疫科学研究院、中华人民共和国广东出入境检验检疫局、国家食品质量安全监督检验中心。

本标准主要起草人:郭坚、林振兴、王朝晖、崔海容、陈志锋、邬蓓蕾、林宏雄、宋武元、凌约涛、邹先梅、陈曹祺。

食品接触材料　高分子材料
食品模拟物中丙烯腈的测定
气相色谱法

1　范围

本标准规定了食品模拟物中丙烯腈的测定方法。

本标准适用于水、3%(质量浓度)乙酸溶液、10%(体积分数)乙醇溶液等水基食品模拟物和橄榄油中丙烯腈的测定。

水基食品模拟物中丙烯腈测定低限为 0.02 mg/L,橄榄油中丙烯腈测定低限为 0.02 mg/kg。

2　规范性引用文件

下列文件中的条款通过本标准的引用而成为本标准的条款。凡是注日期的引用文件,其随后所有的修改单(不包括勘误的内容)或修订版均不适用于本标准,然而,鼓励根据本标准达成协议的各方研究是否可使用这些文件的最新版本。凡是不注日期的引用文件,其最新版本适用于本标准。

GB/T 6682　分析实验室用水规格和试验方法(GB/T 6682—2008,ISO 3696:1987,MOD)

GB/T 23296.1—2009　食品接触材料　塑料中受限物质　塑料中物质向食品及食品模拟物特定迁移试验和含量测定方法以及食品模拟物暴露条件选择的指南

3　原理

食品模拟物中丙烯腈经顶空进样后,在色谱柱中与内标物丙腈及其他组分分离,用氮磷检测器检测,以内标法定量。

4　试剂和材料

除另有规定外,水为 GB/T 6682 规定的一级水,试剂均为分析纯。

4.1　丙烯腈标准品:纯度大于 99%。

4.2　丙腈标准品:纯度大于 99%。

4.3　碳酸丙二酯。

4.4　冰乙酸。

4.5　无水乙醇。

4.6　橄榄油。

4.7　3%(质量浓度)乙酸溶液:称取 30 g(精确到 0.1 g)冰乙酸 (4.4) 于 1 L 容量瓶中,用水定容。

4.8　10%(体积分数)乙醇溶液:量取 100mL 无水乙醇(4.5)于 1 L 容量瓶中,用水定容。

4.9　丙烯腈标准储备液(12.5 mg/mL):量取 50 mL 碳酸丙二酯(4.3)于 100 mL 容量瓶中,盖紧,称量(精确至 0.000 1 g)。加入约 1.25 g 丙烯腈(4.1),盖紧,摇匀。重新称量(精确至 0.000 1 g),然后用碳酸丙二酯定容。计算丙烯腈标准储备液的实际浓度。

4.10　丙烯腈标准使用液(0.125 mg/mL):准确移取 10.0 mL 丙烯腈标准储备液(4.9)溶于 90.0 mL 碳酸丙二酯,摇匀,将标准储备液(4.9)稀释 10 倍。重复上述操作,将标准储备液(4.9)稀释 100 倍。

4.11　丙烯腈标准中间溶液(0 μg/mL～25 μg/mL):分别准确移取丙烯腈标准使用液(4.10)0 mL、2.0 mL、4.0 mL、6.0 mL、8.0 mL 、10.0 mL 于 6 个 50 mL 样品瓶(5.3)中,依次加入 50.0 mL、

48.0 mL、46.0 mL、44.0 mL、42.0 mL、40.0 mL碳酸丙二酯，用隔垫和铝盖密封，振荡摇匀。丙烯腈标准中间溶液浓度分别为0 μg/mL、5 μg/mL、10 μg/mL、15 μg/mL、20 μg/mL、25 μg/mL。应于4 ℃保存，有效期为4个星期。

4.12 丙腈内标中间溶液（25 μg/mL）：按4.9和4.10所述方法分别配制丙腈标准储备液（12.5 mg/mL）和丙腈标准使用液（0.125 mg/mL），然后移取10.0 mL丙腈标准使用液于50 mL样品瓶（5.3）中，加入40.0 mL碳酸丙二酯，用隔垫和铝盖密封，振荡摇匀。丙腈内标中间溶液浓度为25 μg/mL。

4.13 氮气：纯度大于或等于99.999%。

5 仪器和设备

5.1 气相色谱仪：配有氮磷检测器和自动顶空进样器。

5.2 顶空瓶：20 mL，配备铝盖和丁基橡胶或硅树脂橡胶隔垫，隔垫接触样品一面应涂有聚四氟乙烯。

5.3 样品瓶：50 mL，配备铝盖和丁基橡胶或硅树脂橡胶隔垫，隔垫接触样品一面应涂有聚四氟乙烯。

5.4 注射器：50 μL和5 mL。

5.5 分析天平：感量0.000 1 g、0.1 g。

6 试液的制备

6.1 食品模拟物试液的制备

6.1.1 总则

食品模拟物试液应按照GB/T 23296.1—2009的要求从迁移试验中获取，于4 ℃冰箱中避光保存。

6.1.2 水基食品模拟物试液的制备

从迁移试验中移取5.0 mL ± 0.1 mL水基食品模拟物于顶空瓶中，用注射器（5.4）加入20 μL碳酸丙二酯（4.3）和20 μL丙腈内标中间溶液（4.12），用隔垫和铝盖密封。每份试液至少做两个平行。

6.1.3 橄榄油试液的制备

从迁移试验中称取5.0 g±0.1 g橄榄油介质食品模拟物，以下同6.1.2的“于顶空瓶……用隔垫和铝盖密封”操作。每份试液至少做两个平行。

6.2 空白溶液的制备

按照6.1所述方法处理没有与食品接触材料接触的食品模拟物。

6.3 食品模拟物介质标准工作溶液的制备

6.3.1 水基食品模拟物介质标准工作溶液的制备

分别移取水5 mL于6个顶空瓶中，用注射器（5.4）分别加入20 μL不同浓度的丙烯腈标准中间溶液（4.11），然后再分别加入20 μL丙腈内标中间溶液（4.12），用隔垫和铝盖密封。丙烯腈标准工作溶液的浓度分别为0 μg/L、20 μg/L、40 μg/L、60 μg/L、80 μg/L、100 μg/L；内标丙腈浓度均为100 μg/L。采用同样方式，分别用3%乙酸溶液（4.7）、10%乙醇溶液（4.8）配制同样浓度系列的丙烯腈标准工作溶液。每份标准工作溶液至少做两个平行。

6.3.2 橄榄油介质标准工作溶液的制备

分别称取5.0 g ± 0.1 g橄榄油于6个顶空瓶中，按6.3.1“用注射器（5.4）……用隔垫和铝盖密封”步骤进行操作。丙烯腈标准工作溶液的浓度分别为0 μg/kg、20 μg/kg、40 μg/kg、60 μg/kg、80 μg/kg、100 μg/kg；内标丙腈浓度均为100 μg/kg。每份标准工作溶液至少做两个平行。

7 测定

7.1 色谱参考条件

7.1.1 色谱柱：聚乙二醇毛细管柱，30 m×0.32 mm（内径）×0.25 μm，或相当者。

7.1.2 顶空进样器条件：

a) 样品平衡时间：60 min。

b) 顶空瓶温度：70 ℃。

c) 定量环温度：90 ℃。

d) 传输线温度：110 ℃。

e) 压力平衡时间：3 min。

f) 进样时间：6 s。

7.1.3 色谱条件：

a) 进样器温度：200 ℃。

b) NPD检测器温度：250 ℃。

c) 柱温程序：70 ℃(10 min)，以10 ℃/min升至100 ℃(5 min)。

d) 载气：氮气。

e) 载气流速：2 mL/min。

f) 进样方式：分流模式(分流比20：1)。

g) 氢气流速：30 mL/min。

h) 空气流速：400 mL/min。

7.2 标准曲线的绘制

按照7.1所列测定条件，对标准工作溶液(6.3)依次进样测量。以标准工作溶液中丙烯腈浓度为横坐标，单位为毫克每升或毫克每千克(mg/L或mg/kg)，以对应的丙烯腈峰面积/丙腈峰面积比值为纵坐标，绘制标准工作曲线。标准色谱图参见附录A。

按式(1)计算回归参数：

$$y = a \times x + b \quad \cdots\cdots(1)$$

式中：

y——丙烯腈/丙腈的峰面积比值；

a——回归曲线的斜率；

x——标准工作溶液中丙烯腈的浓度，单位为毫克每升或毫克每千克(mg/L或mg/kg)；

b——回归曲线的截距。

标准曲线的相关系数要求不小于0.996。

7.3 试液测定

将空白溶液(6.2)和食品模拟物试液(6.1)依次进样，扣除空白值，获得丙烯腈/丙腈的峰面积比值。

8 结果计算

8.1 食品模拟物试液中丙烯腈浓度的计算

食品模拟物试液中丙烯腈的浓度c按式(2)计算：

$$c = \frac{y-b}{a} \quad \cdots\cdots(2)$$

式中：

c——食品模拟物试液中丙烯腈的浓度，单位为毫克每升或毫克每千克(mg/L或mg/kg)；

y——丙烯腈/丙腈的峰面积比值；

b——回归曲线的截距；

a——回归曲线的斜率。

8.2 丙烯腈特定迁移量的转换计算

由8.1得到的食品模拟物试液中丙烯腈浓度，根据迁移试验中所使用的食品模拟物的体积和测试样品与食品模拟物接触面积，通过数学换算计算出丙烯腈的特定迁移量，单位以“mg/kg 或 mg/dm^2”表示。详见 GB/T 23296.1—2009 的第 13 章。

计算结果以平行测定值的算术平均值表示，保留 2 位有效数字。

9 重复性

在重复性条件下获得的两次独立测定结果的绝对差值不得超过 10%。

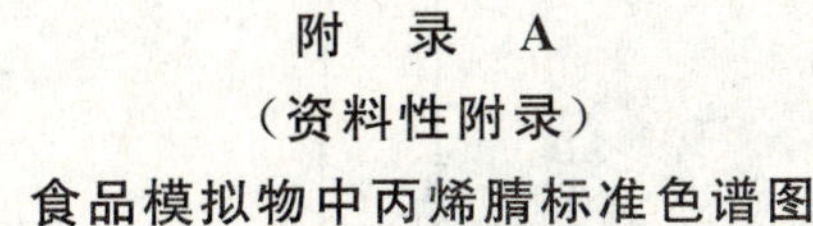

附 录 A
（资料性附录）
食品模拟物中丙烯腈标准色谱图

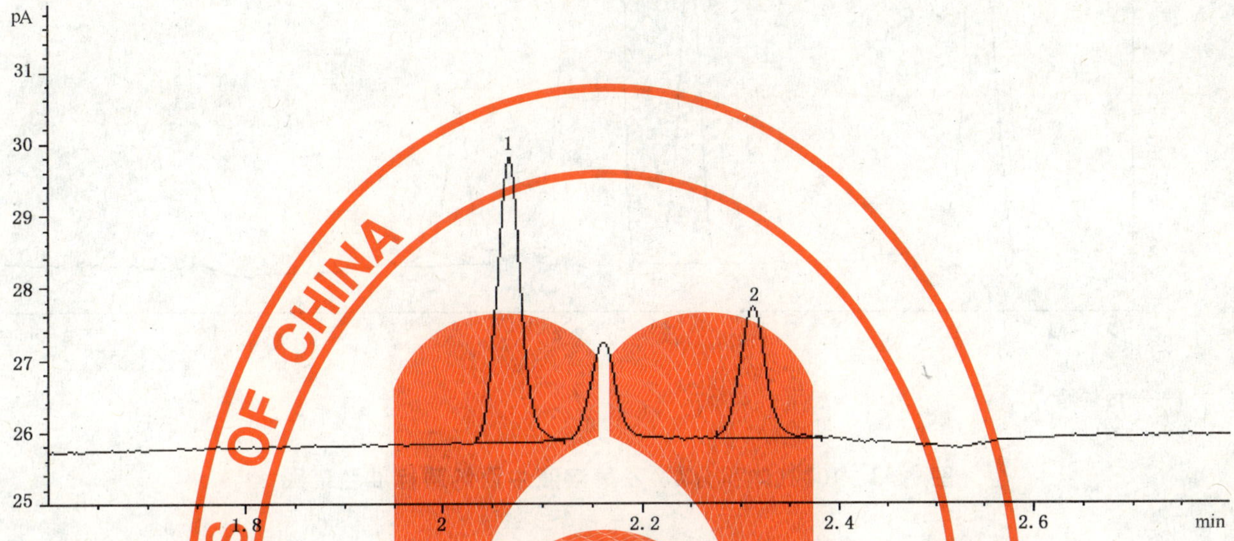

1——丙烯腈；
2——丙腈。

图 A.1 水中丙烯腈标准色谱图

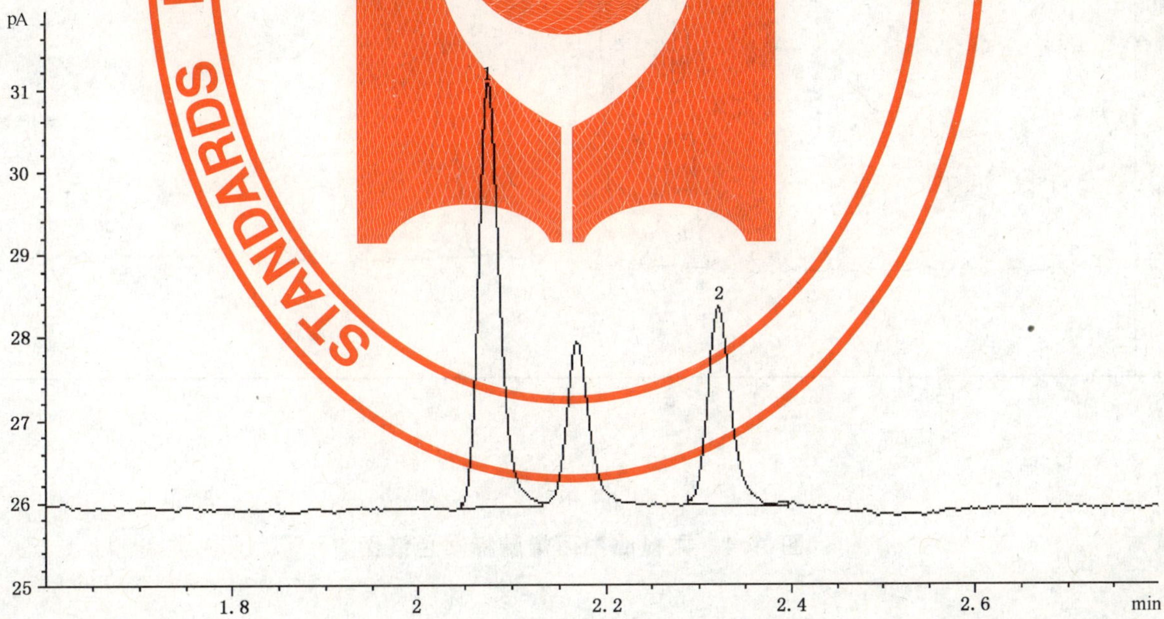

1——丙烯腈；
2——丙腈。

图 A.2 3%(质量浓度)乙酸溶液中丙烯腈标准色谱图

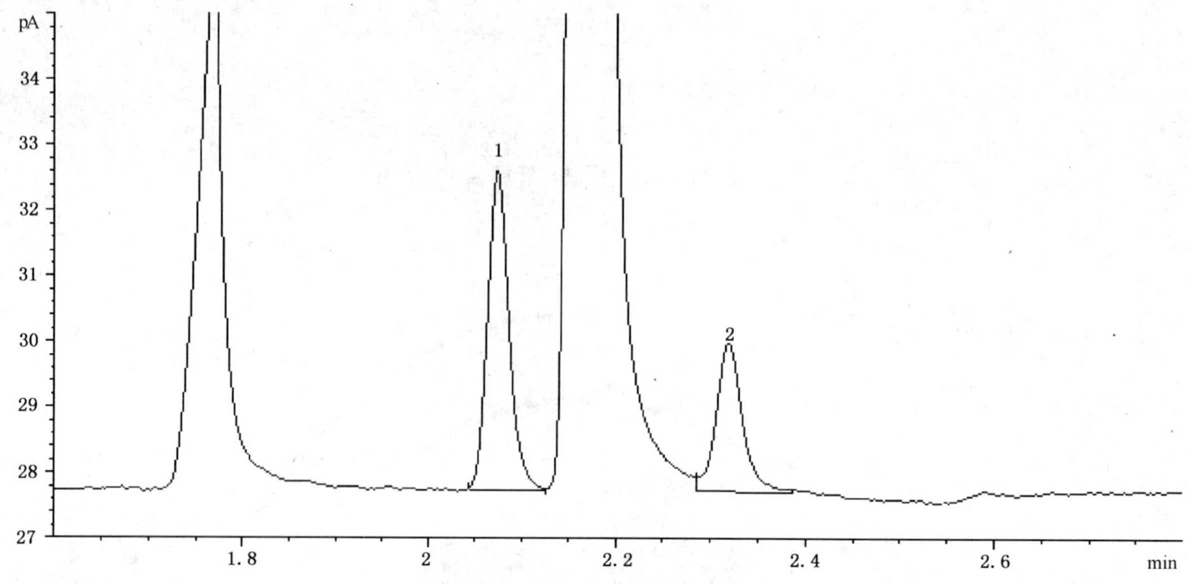

1——丙烯腈；
2——丙腈。

图 A.3 10%(体积分数)乙醇溶液中丙烯腈标准色谱图

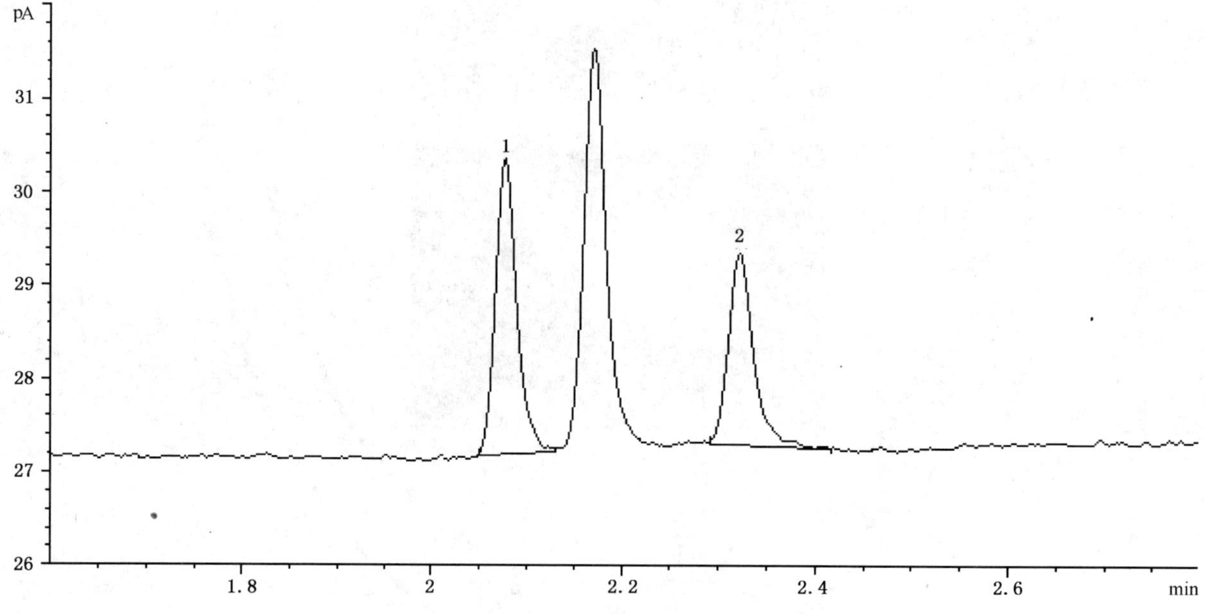

1——丙烯腈；
2——丙腈。

图 A.4 橄榄油中丙烯腈标准色谱图

ICS 67.250
C 53

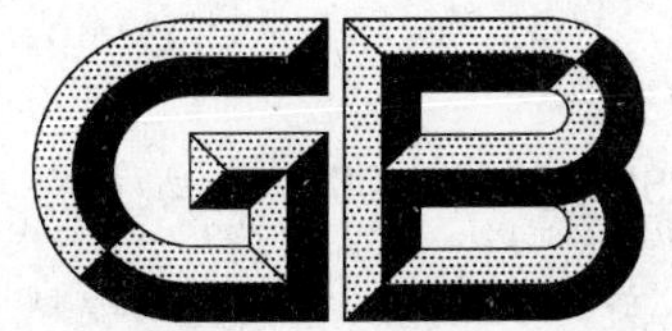

中华人民共和国国家标准

GB/T 23296.9—2009

食品接触材料 高分子材料 食品模拟物中丙烯酰胺的测定 高效液相色谱法

Food contact materials—Polymer—Determination of acrylamide in food simulants—High performance liquid chromatography

2009-03-31 发布 2009-09-01 实施

中华人民共和国国家质量监督检验检疫总局
中国国家标准化管理委员会 发布

前　言

本标准参照欧盟技术规范 CEN/TS 13130-10:2005《食品接触材料及其制品　塑料中受限物质 第 10 部分:食品模拟物中丙烯酰胺的测定》(英文版)制定。

本标准的附录 A 为资料性附录。

本标准由国家认证认可监督管理委员会提出。

本标准由全国进出口食品安全检测标准化技术委员会(SAC/TC 445)归口。

本标准起草单位:中华人民共和国湖北出入境检验检疫局、中华人民共和国山东出入境检验检疫局、中国检验检疫科学研究院、国家环保产品质量监督检验中心。

本标准主要起草人:崔海容、陶强、叶诚、陈志锋、凌约涛、张岩、李挥、郭坚、李晶、杨顺风、黄融、潘群慧。

食品接触材料　高分子材料
食品模拟物中丙烯酰胺的测定
高效液相色谱法

1　范围

本标准规定了食品模拟物中丙烯酰胺的高效液相色谱测定方法。

本标准适用于水、3%(质量浓度)乙酸溶液、10%(体积分数)乙醇溶液等水基食品模拟物和橄榄油中丙烯酰胺迁移量的测定。

水基食品模拟物中丙烯酰胺的测定低限为 0.01 mg/L,橄榄油中丙烯酰胺的测定低限为0.01 mg/kg。

2　规范性引用文件

下列文件中的条款通过本标准的引用而成为本标准的条款。凡是注日期的引用文件,其随后所有的修改单(不包括勘误的内容)或修订版均不适用于本标准,然而,鼓励根据本标准达成协议的各方研究是否可使用这些文件的最新版本。凡是不注日期的引用文件,其最新版本适用于本标准。

GB/T 6682　分析实验室用水规格和试验方法(GB/T 6682—2008,ISO 3696:1987,MOD)

GB/T 23296.1—2009　食品接触材料　塑料中受限物质　塑料中物质向食品及食品模拟物特定迁移试验和含量测定方法以及食品模拟物暴露条件选择的指南

3　原理

食品模拟物中的丙烯酰胺通过高效液相色谱(色谱柱为离子排斥柱)进行分离,采用紫外检测器进行检测。采用外标法定量。

4　试剂和材料

除另有规定外,水为 GB/T 6682 规定的一级水,试剂均为分析纯。

4.1　丙烯酰胺标准品:纯度大于99%。

4.2　冰乙酸。

4.3　无水乙醇。

4.4　橄榄油。

4.5　乙腈:色谱纯。

4.6　甲醇:色谱纯。

4.7　硫酸。

4.8　硫酸溶液(0.05 mol/L):量取 2.7 mL 硫酸(4.7)于 1 L 容量瓶中,用水定容。

4.9　3%(质量浓度)乙酸溶液:称取 30 g(精确至 0.1 g)冰乙酸(4.2)于 1 L 容量瓶中,用水定容。

4.10　10%(体积分数)乙醇溶液:量取 100 mL 无水乙醇(4.3)于 1 L 容量瓶中,用水定容。

4.11　丙烯酰胺标准储备溶液(500 μg/mL):称取 0.05 g(精确至 0.1 mg)丙烯酰胺(4.1)至 100 mL 容量瓶,用甲醇(4.6)溶解并定容。该储备液在 5 ℃下密封避光储存,且顶空尽量小,溶液有效期 3 个月。

4.12　丙烯酰胺标准使用液(10 μg/mL):取 1.0 mL 标准储备溶液(4.11)转移至 50 mL 的容量瓶中,并用甲醇稀释至刻度。此溶液中丙烯酰胺的含量为 10 μg/mL。

4.13 丙烯酰胺标准中间溶液：分别取丙烯酰胺标准使用液(4.12)0 mL、0.5 mL、1.0 mL、2.0 mL、3.0 mL、4.0 mL至6只10 mL的容量瓶中，以甲醇定容。此标准溶液中的丙烯酰胺含量为0 μg/mL、0.5 μg/mL、1.0 μg/mL、2.0 μg/mL、3.0 μg/mL、4.0 μg/mL。

5 仪器与设备

5.1 高效液相色谱仪：配有紫外检测器和25 μL定量环。

5.2 分析天平：感量0.1mg、0.01 g。

5.3 样品瓶：容量120 mL，配备铝盖和丁基橡胶隔垫或硅树脂橡胶隔垫，隔垫接触样品一面应涂有聚四氟乙烯。

5.4 注射器：5 mL。

5.5 微孔滤膜：0.2 μm。

6 试液的制备

6.1 食品模拟物试液的制备

6.1.1 总则

食品模拟物试液按照GB/T 23296.1—2009的要求从迁移试验中获取，于4 ℃冰箱中避光保存。

6.1.2 水基食品模拟物试液的制备

从迁移试验中移取1 mL水基食品模拟物，通过0.2 μm微孔滤膜(5.5)过滤后供高效液相色谱进样。平行制样两份。

6.1.3 橄榄油试液的制备

从迁移试验中称取50.0 g±0.5 g橄榄油至120 mL的玻璃样品瓶(5.3)，加25.0 mL±0.5 mL水，剧烈振荡1 min。静置20 min分层，用注射器(5.4)吸取约4 mL下层水溶液，通过0.2 μm微孔滤膜(5.5)过滤后供高效液相色谱进样。平行制样两份。

6.2 空白溶液的制备

按照6.1的操作处理未与食品接触材料接触的食品模拟物。

6.3 标准工作溶液的制备

6.3.1 水基食品模拟物介质标准工作溶液

分别准确移取1.0 mL丙烯酰胺标准中间溶液(4.13)加入6只50 mL容量瓶中，用水定容，得到浓度分别为0 μg/mL、0.01 μg/mL、0.02 μg/mL、0.04 μg/mL、0.06 μg/mL、0.08 μg/mL的标准工作溶液。采用同样方式，分别用3%乙酸溶液(4.9)和10%乙醇溶液(4.10)配制同样系列的丙烯酰胺标准工作溶液。

6.3.2 橄榄油介质食品模拟物标准工作溶液

分别称取50.0 g±0.5 g橄榄油至6只120 mL的样品瓶(5.3)，并准确添加1.0 mL的丙烯酰胺标准中间溶液(4.13)，混匀，再加25.0 mL±0.5 mL的水，剧烈振荡1 min。静置约20 min分层，用注射器吸取约4 mL下层水溶液，通过0.2 μm微孔滤膜(5.5)过滤。标准工作溶液的浓度分别为0 μg/g、0.01 μg/g、0.02 μg/g、0.04 μg/g、0.06 μg/g、0.08 μg/g。

7 测定

7.1 色谱条件

a) 色谱柱：IonPac ICE-AS1，离子排斥色谱柱(柱填充物为键合磺酸基团的苯乙烯-二乙烯基苯聚合物)，250 mm ×4.0 mm(内径)，粒径5 μm，或相当者；

b) 流动相：量取70 mL硫酸溶液(4.8)于1 L容量瓶中，并用500 mL水稀释，然后加入70 mL乙腈(4.5)，用水定容；

c) 流速:0.16 mL/min;

d) 柱温:室温;

e) 紫外检测器:波长 202 nm。

7.2 标准曲线的绘制

按照 7.1 所列测定条件,对 6.3.1 和 6.3.2 中制备的标准工作溶液依次进样测量。以标准工作溶液中丙烯酰胺浓度为横坐标,单位以"mg/L 或 mg/kg"表示;以对应的峰面积为纵坐标,绘制标准曲线。标准色谱图参见附录 A。

按式(1)计算回归参数:

$$y = a \times x + b \quad \cdots\cdots\cdots\cdots (1)$$

式中:

y——丙烯酰胺的峰面积值;

a——回归曲线的斜率;

x——标准工作溶液中丙烯酰胺的浓度,单位为毫克每升或毫克每千克(mg/L 或 mg/kg);

b——回归曲线的截距。

标准曲线的相关系数应不小于 0.996。

7.3 试液测定

对空白溶液(6.2)和食品模拟物试液(6.1)依次进样,扣除空白值,获得丙烯酰胺的峰面积值。

8 结果计算

8.1 食品模拟物试液中丙烯酰胺的浓度计算

食品模拟物试液中丙烯酰胺的浓度 c 按式(2)计算:

$$c = \frac{y - b}{a} \quad \cdots\cdots\cdots\cdots (2)$$

式中:

c——食品模拟物试液中丙烯酰胺的浓度,单位为毫克每升或毫克每千克(mg/L 或 mg/kg);

y——丙烯酰胺峰面积;

b——回归曲线的截距;

a——回归曲线的斜率。

8.2 丙烯酰胺特定迁移量的转换计算

由 8.1 得到的食品模拟物试液中丙烯酰胺浓度,根据迁移试验中所使用的食品模拟物的体积和测试样品与食品模拟物接触面积,通过数学换算计算出丙烯酰胺的特定迁移量,单位以"mg/dm^2 或 mg/kg"表示。详见 GB/T 23296.1—2009 的第 13 章。

计算结果以平行测定值的算术平均值表示,保留 2 位有效数字。

9 重复性

在重复性条件下获得的两次独立测定结果的绝对差值不得超过 10%。

附　录　A
（资料性附录）
食品模拟物中丙烯酰胺标准色谱图

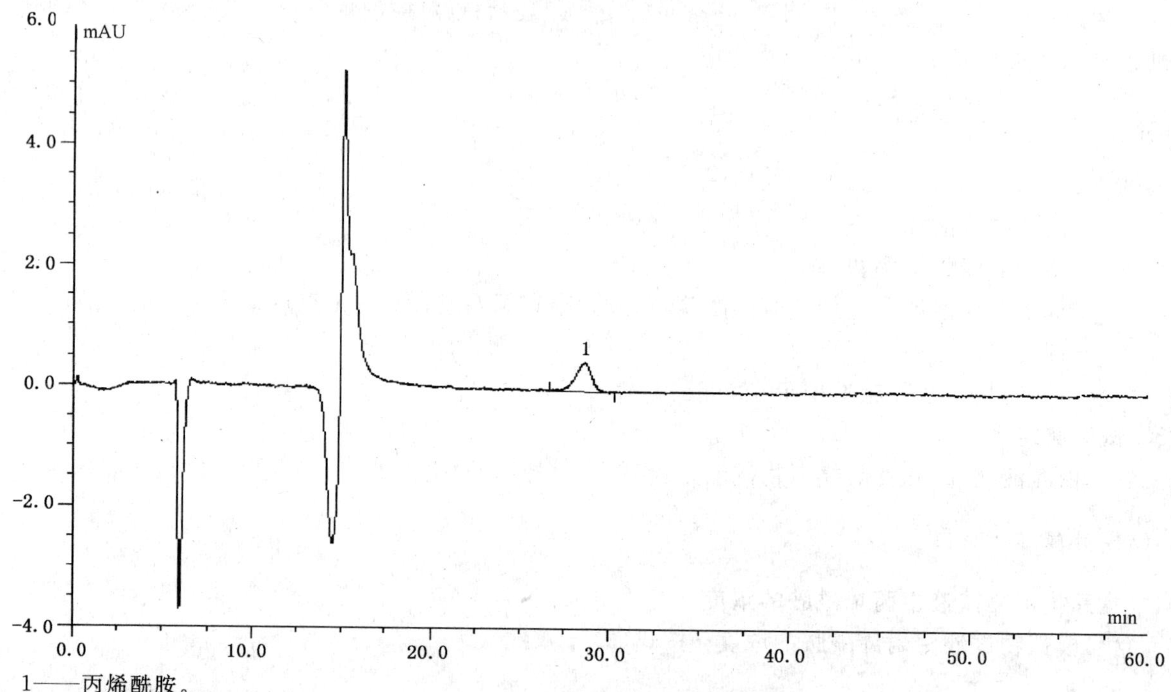

1——丙烯酰胺。

图 A.1　水中丙烯酰胺标准色谱图

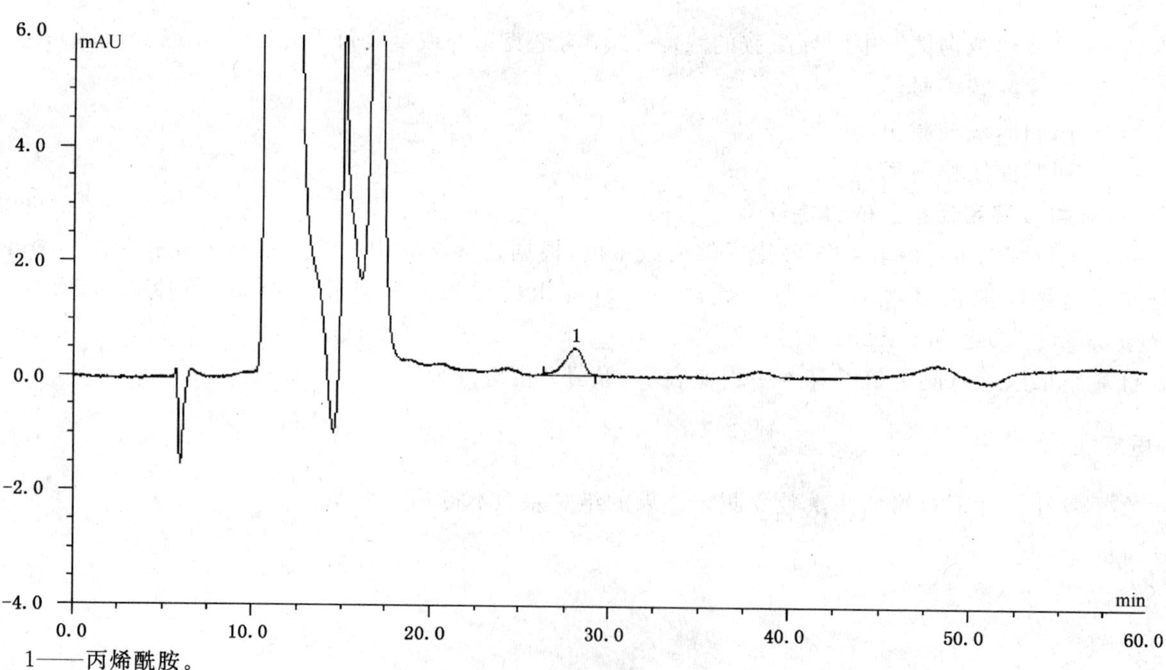

1——丙烯酰胺。

图 A.2　3%（质量浓度）乙酸溶液中丙烯酰胺标准色谱图

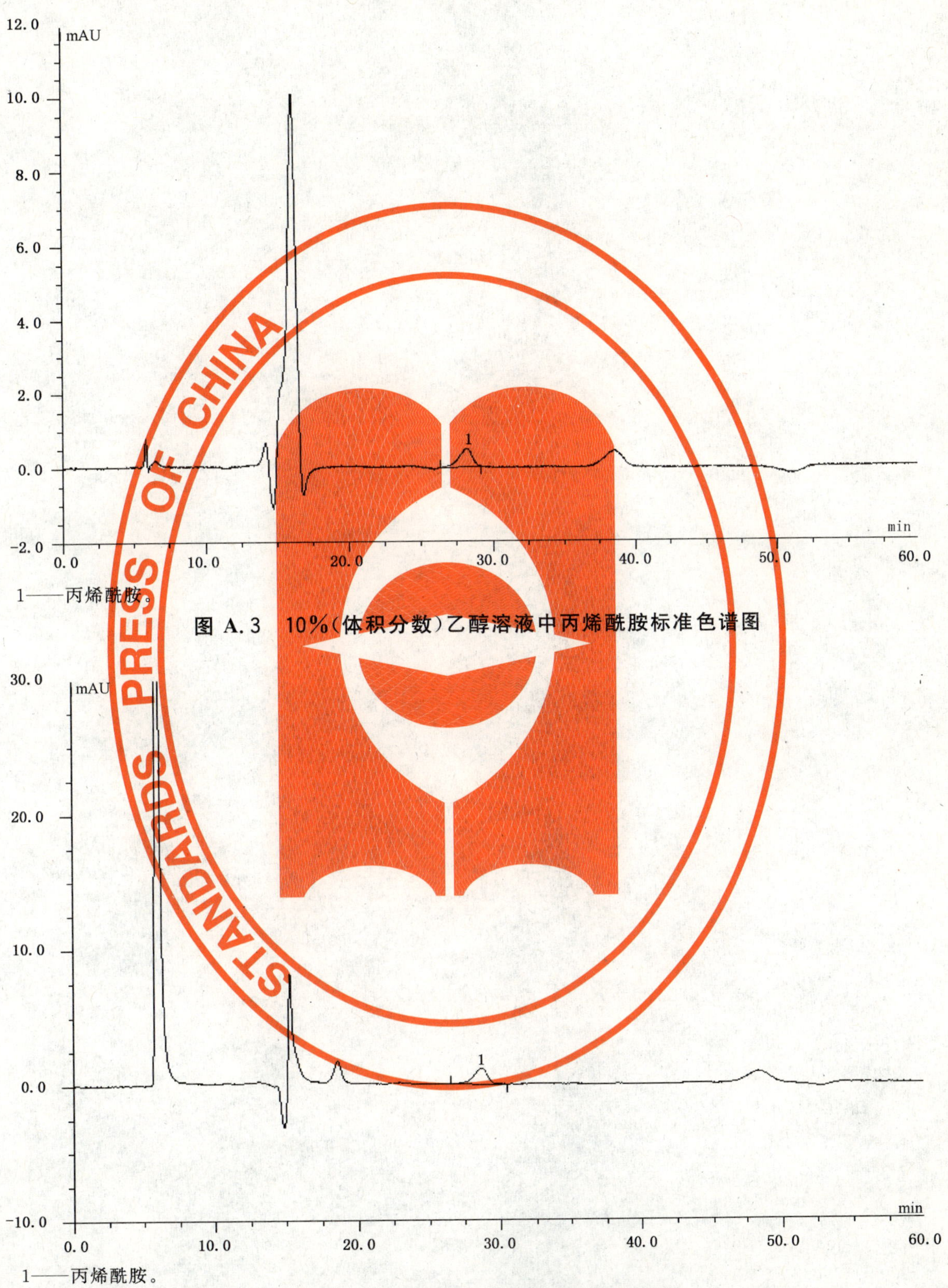

1——丙烯酰胺。

图 A.3　10%(体积分数)乙醇溶液中丙烯酰胺标准色谱图

1——丙烯酰胺。

图 A.4　橄榄油中丙烯酰胺标准色谱图

ICS 67.250
C 53

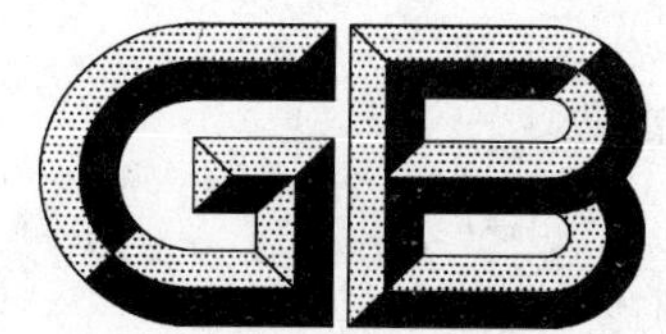

中华人民共和国国家标准

GB/T 23296.10—2009

食品接触材料　高分子材料
食品模拟物中对苯二甲酸的测定
高效液相色谱法

**Food contact materials—Polymer—
Determination of terephthalic acid in food simulants—
High performance liquid chromatography**

2009-03-31 发布　　　　2009-09-01 实施

中华人民共和国国家质量监督检验检疫总局
中国国家标准化管理委员会　发布

前　言

本标准参照欧盟标准 EN 13130-2:2004《食品接触材料及其制品　塑料中受限物质　第 2 部分:塑料中对苯二甲酸迁移量的测定》(英文版)制定。

本标准的附录 A 为资料性附录。

本标准由国家认证认可监督管理委员会提出。

本标准由全国进出口食品安全检测标准化技术委员会(SAC/TC 445)归口。

本标准起草单位:中华人民共和国湖北出入境检验检疫局、中华人民共和国山西出入境检验检疫局、中国检验检疫科学研究院、中华人民共和国广西出入境检验检疫局。

本标准主要起草人:崔海容、宋欢、叶诚、陈志锋、郭坚、胡小钟、吕春秋、王鹏、付晓芳、徐新生、陈建华。

食品接触材料　高分子材料 食品模拟物中对苯二甲酸的测定 高效液相色谱法

1　范围

本标准规定了食品模拟物中对苯二甲酸的高效液相色谱测定方法。

本标准适用于水、3%(质量浓度)乙酸溶液、10%(体积分数)乙醇溶液等水基食品模拟物和橄榄油中对苯二甲酸的测定。

水基食品模拟物中对苯二甲酸测定低限为0.2 mg/L,橄榄油中对苯二甲酸的测定低限为0.2 mg/kg。

2　规范性引用文件

下列文件中的条款通过本标准的引用而成为本标准的条款。凡是注日期的引用文件,其随后所有的修改单(不包括勘误的内容)或修订版均不适用于本标准,然而,鼓励根据本标准达成协议的各方研究是否可使用这些文件的最新版本。凡是不注日期的引用文件,其最新版本适用于本标准。

GB/T 6682　分析实验室用水规格和试验方法(GB/T 6682—2008,ISO 3696:1987,MOD)

GB/T 23296.1—2009　食品接触材料　塑料中受限物质　塑料中物质向食品及食品模拟物特定迁移试验和含量测定方法以及食品模拟物暴露条件选择的指南

3　原理

食品模拟物中的对苯二甲酸通过高效液相色谱进行分离,采用紫外检测器进行检测。水基食品模拟物直接进样测定,橄榄油介质食品模拟物通过稀碳酸氢钠溶液提取后进样测定。以邻苯二甲酸作内标,采用内标法定量。

4　试剂

除另有规定外,水为GB/T 6682规定的一级水,试剂均为分析纯。

4.1　三水乙酸钠。

4.2　对苯二甲酸标准品:纯度大于99%。

4.3　邻苯二甲酸标准品:纯度大于99%。

4.4　碳酸氢钠。

4.5　庚烷。

4.6　甲醇:色谱纯。

4.7　异丙醇。

4.8　冰乙酸。

4.9　无水乙醇。

4.10　橄榄油。

4.11　磷酸。

4.12　0.1%(质量浓度)碳酸氢钠溶液:称取1 g(精确至0.1 g)碳酸氢钠(4.4),用水溶解并定容于1 L容量瓶中。

4.13 3%(质量浓度)乙酸溶液:称取 30 g(精确至 0.1 g)冰乙酸(4.8)于 1 L 容量瓶中,用水定容。

4.14 50%(体积分数)乙酸溶液:量取 250 mL 冰乙酸(4.8)于 500 mL 容量瓶中,用水定容。

4.15 10%(体积分数)乙醇溶液:量取 100 mL 无水乙醇(4.9)于 1 L 容量瓶中,用水定容。

4.16 乙酸钠缓冲液(pH=3.6):称取 25.0 g 三水乙酸钠(4.1)溶于 350 mL 水中,加入 5.0 mL±0.1 mL 磷酸(4.11),用约 50 mL 冰乙酸(4.8)调节 pH 值至 3.6±0.2,加水定容至 500 mL。

4.17 对苯二甲酸标准储备溶液(500 mg/L):准确称取 50 mg(精确至 0.1 mg)对苯二甲酸标准品(4.2),加入 90 mL 甲醇(4.6)使其溶解,将溶液加热至 50 ℃,持续 1 h,使对苯二甲酸充分溶解。待溶液冷却后转移至 100 mL 容量瓶,用甲醇定容。

4.18 邻苯二甲酸内标储备溶液(1 000 mg/L):准确称取 0.1 g(精确至 0.1 mg)邻苯二甲酸标准品(4.3),用 10 mL 异丙醇(4.7)溶解,然后将溶液转移至 100 mL 容量瓶中并以异丙醇定容。

4.19 对苯二甲酸标准中间溶液:分别于 6 只 25 mL 容量瓶中加入 0 mL、1.0 mL、2.0 mL、5.0 mL、10.0 mL、20.0 mL 对苯二甲酸标准储备溶液(4.17),再分别加入 5 mL 邻苯二甲酸内标储备溶液(4.18),用甲醇定容。对苯二甲酸标准中间溶液的浓度分别为 0.0 mg/L、20 mg/L、40 mg/L、100 mg/L、200 mg/L、400 mg/L。内标邻苯二甲酸的浓度均为 200 mg/L。应当天配制。

4.20 邻苯二甲酸内标中间溶液:取 5 mL 邻苯二甲酸内标储备溶液(4.18)于 25 mL 容量瓶中,用甲醇定容,浓度为 200 mg/L。

5 仪器与设备

5.1 高效液相色谱仪:配紫外检测器和 10 μL 定量环。

5.2 分析天平:感量 0.1 mg、0.1 g。

5.3 pH 计。

5.4 固相萃取 C_{18} 柱:十八烷基硅烷(ODS)400 mg。

5.5 微孔滤膜:0.2 μm。

6 试液的制备

6.1 食品模拟物试液的制备

6.1.1 总则

食品模拟物试液按照 GB/T 23296.1—2009 的要求从迁移试验中获取,在 4 ℃冰箱中避光保存。

6.1.2 水基食品模拟物试液的制备

移取 50.0 mL 从迁移试验中得到的水基食品模拟物于预先盛有 2.0 mL 邻苯二甲酸内标中间溶液(4.20)的 100 mL 锥形瓶中,混合均匀。平行制样两份。

6.1.3 橄榄油试液的制备

称取 50.0 g ±1.0 g 从迁移试验中得到的橄榄油介质食品模拟物于 250 mL 分液漏斗中,加入 2.0 mL内标中间溶液(4.20),混合均匀后量取 50 mL±2 mL 的庚烷(4.5)于分液漏斗中。再按 6.3.2 “再加入 20 mL±1 mL 碳酸氢钠溶液……取 1 mL～2 mL 滤液用滤膜(5.5)过滤”步骤操作,溶液待测。平行制样两份。

6.2 空白溶液的制备

按照 6.1 所述方法处理没有与食品接触材料接触的食品模拟物。

6.3 食品模拟物标准工作溶液的配制

6.3.1 水基食品模拟物介质标准工作溶液

分别移取 2.0 mL 对苯二甲酸标准中间溶液(4.19)于 6 个 50 mL 容量瓶中,用水定容。对苯二甲酸的标准工作液浓度分别为 0.0 mg/L、0.8 mg/L、1.6 mg/L、4.0 mg/L、8.0 mg/L、16.0 mg/L;内标浓度均为 8.0 mg/L。采用同样方式,分别用 3%(质量浓度)乙酸溶液(4.13)、10%(体积分数)乙醇溶液(4.15)配制同样系列的对苯二甲酸标准工作溶液。

6.3.2 橄榄油介质标准工作溶液

分别称取橄榄油 50 g±1 g 于 6 个 250 mL 分液漏斗中,准确移入 2.0 mL 对苯二甲酸标准中间溶液(4.19),混合均匀后加入 50 mL±2 mL 庚烷,再混匀。再加入 20 mL±1 mL 碳酸氢钠溶液(4.12),充分振荡 1 min,静置 15 min 分层。

用 100 mL 烧杯收集下层水相,然后加入 20 mL±1 mL 碳酸氢钠溶液(4.12)重新提取上层油相。摇匀后静置,待两相分离后,用烧杯收集下层水相,合并两次水相提取溶液。用注射器或真空泵(流速 10 mL/min～20 mL/min)使提取液通过固相萃取 C_{18} 柱(5.4)。收集滤液于 50 mL 容量瓶中,加入 1.0 mL±0.1 mL 50%乙酸溶液(4.14),用水定容。取 1 mL～2 mL 滤液用滤膜(5.5)过滤。对苯二甲酸的标准工作液浓度分别为 0.0 mg/kg、0.8 mg/kg、1.6 mg/kg、4.0 mg/kg、8.0 mg/kg、16.0 mg/kg;内标浓度均为 8.0 mg/kg。

7 测定

7.1 色谱条件

a) 色谱柱:C_{18} 柱,250 mm×4.6 mm(内径),粒径 5 μm,或相当者。

b) 流动相:量取 150 mL 甲醇(4.6)于 150 mL 的乙酸钠缓冲液(4.16)中,用水稀释至 1 L。

c) 流速:1.5 mL/min。

d) 柱温:室温。

e) 紫外检测器:波长 242 nm。

7.2 标准曲线的绘制

按照 7.1 所列条件,将标准工作溶液(6.3)依次进样测量。以标准工作溶液中对苯二甲酸的浓度为横坐标,单位为“mg/L 或 mg/kg”,以对苯二甲酸/邻苯二甲酸的峰面积比值为纵坐标,绘制标准曲线。标准色谱图参见附录 A。

按式(1)计算回归参数:

$$y = a \times x + b \qquad \cdots\cdots(1)$$

式中:

y——对苯二甲酸/邻苯二甲酸的峰面积比值;

a——回归曲线的斜率;

x——标准工作溶液中对苯二甲酸的浓度,单位为毫克每升或毫克每千克(mg/L 或 mg/kg);

b——回归曲线的截距。

标准曲线的相关系数要求不小于 0.996。

7.3 试液测定

对空白溶液(6.2)和食品模拟物试液(6.1)依次进样,扣除空白值,获得对苯二甲酸/邻苯二甲酸的峰面积比值。

8 结果计算

8.1 食品模拟物试液中对苯二甲酸浓度计算

食品模拟物试液中对苯二甲酸的浓度 c 按式(2)计算:

$$c = \frac{y - b}{a} \qquad \cdots\cdots(2)$$

式中:

c——食品模拟物试液中对苯二甲酸的浓度,单位为毫克每升或毫克每千克(mg/L 或 mg/kg);

y——对苯二甲酸/邻苯二甲酸的峰面积比值;

b——回归曲线的截距；

a——回归曲线的斜率。

8.2 对苯二甲酸特定迁移量的转换计算

由8.1得到的食品模拟物试液中对苯二甲酸浓度，根据迁移试验中所使用的食品模拟物的体积和测试样品与食品模拟物接触面积，通过数学换算计算出对苯二甲酸的特定迁移量，单位以“mg/dm^2 或 mg/kg”表示。详见GB/T 23296.1—2009的第13章。

计算结果以平行测定值的算术平均值表示，保留2位有效数字。

9 重复性

在重复性条件下获得的两次独立测定结果的绝对差值不得超过10%。

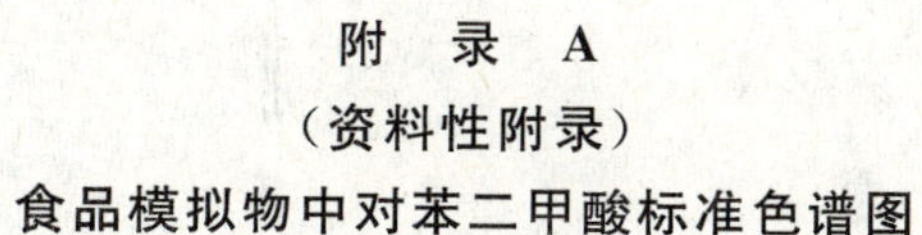

附　录　A
（资料性附录）
食品模拟物中对苯二甲酸标准色谱图

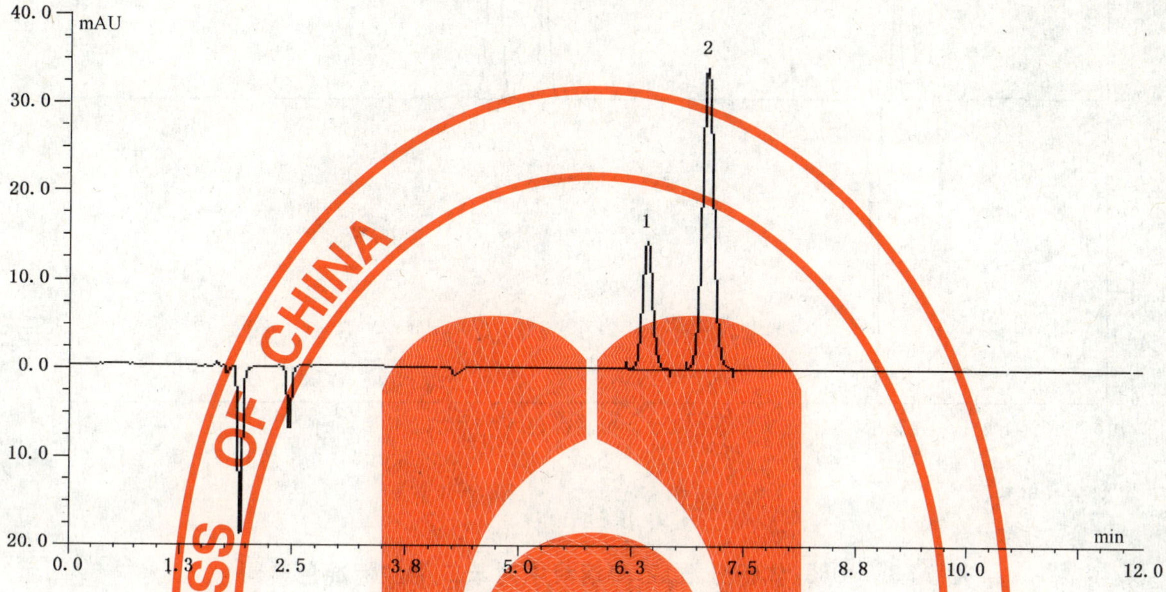

mAU
40.0
30.0
20.0
10.0
0.0
10.0
20.0
0.0　1.3　2.5　3.8　5.0　6.3　7.5　8.8　10.0　12.0
min

1——邻苯二甲酸；
2——对苯二甲酸。

图 A.1　水中对苯二甲酸标准色谱图

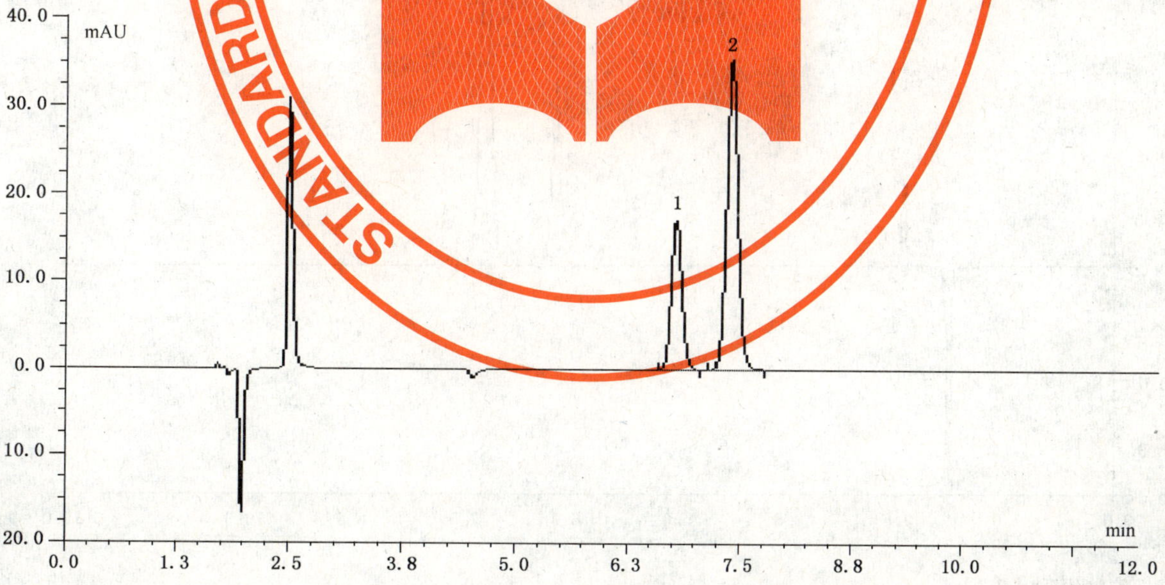

mAU
40.0
30.0
20.0
10.0
0.0
10.0
20.0
0.0　1.3　2.5　3.8　5.0　6.3　7.5　8.8　10.0　12.0
min

1——邻苯二甲酸；
2——对苯二甲酸。

图 A.2　3%（质量浓度）乙酸溶液中对苯二甲酸标准色谱图

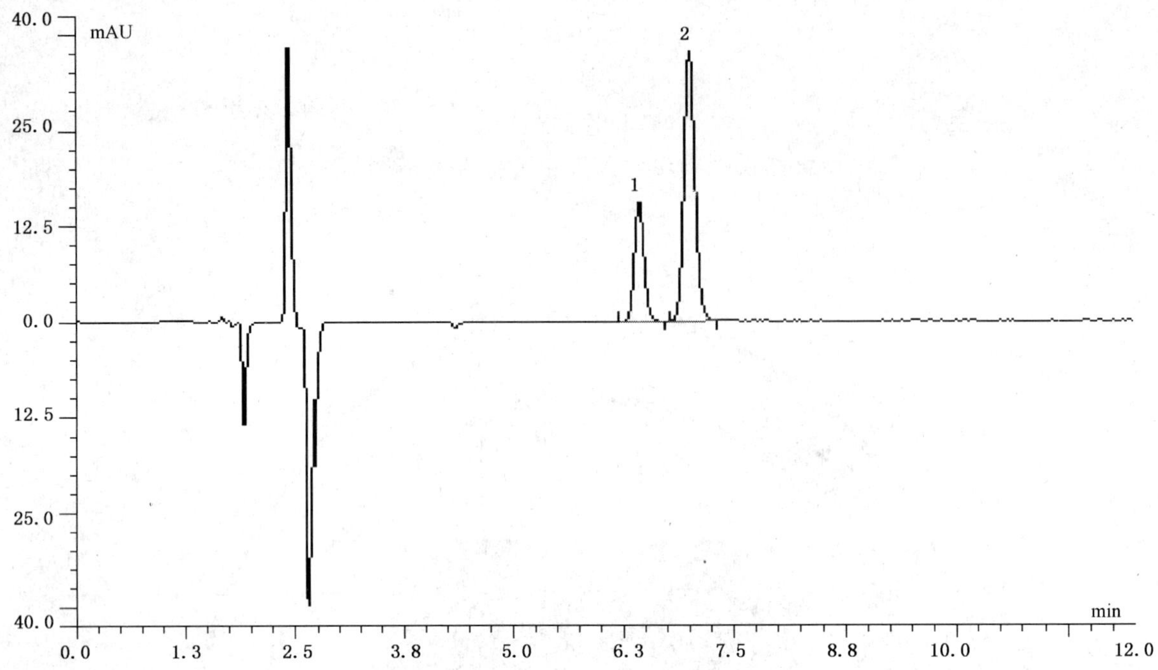

1——邻苯二甲酸；

2——对苯二甲酸。

图 A.3　10%(体积分数)乙醇溶液中对苯二甲酸标准色谱图

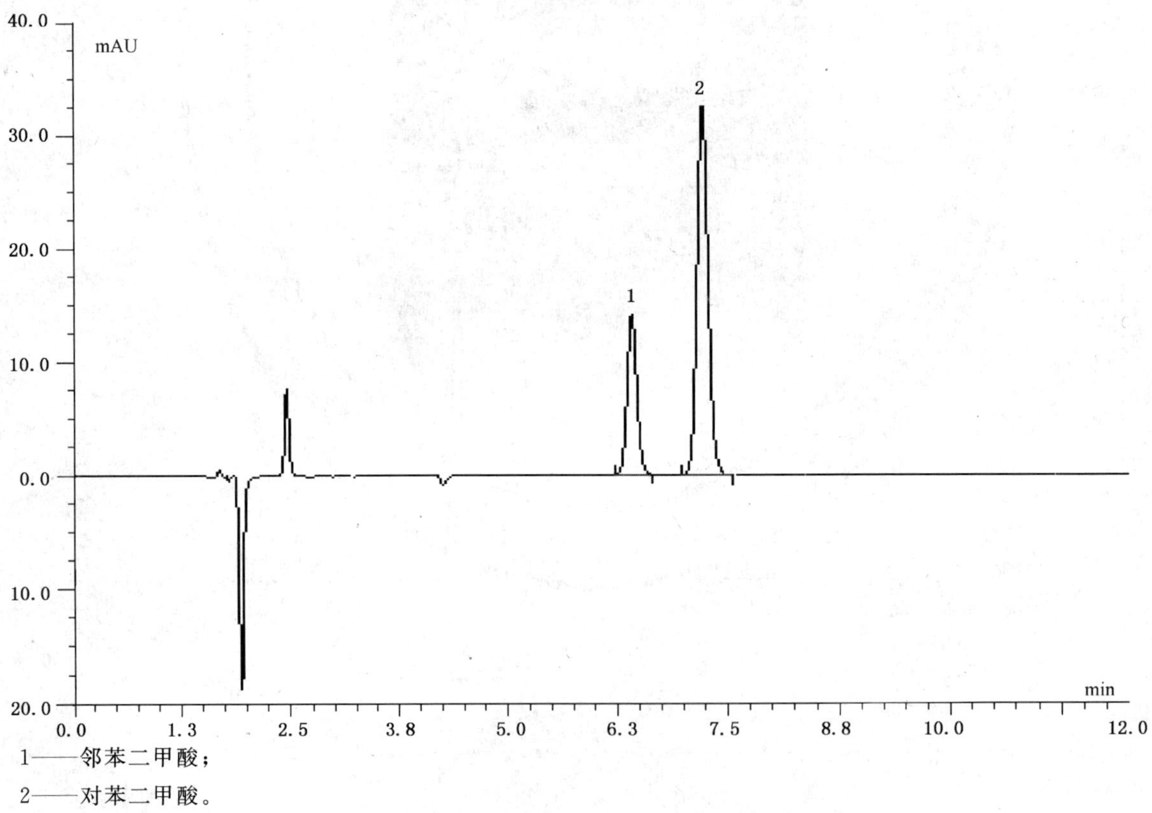

1——邻苯二甲酸；

2——对苯二甲酸。

图 A.4　橄榄油中对苯二甲酸标准色谱图

ICS 67.250
C 53

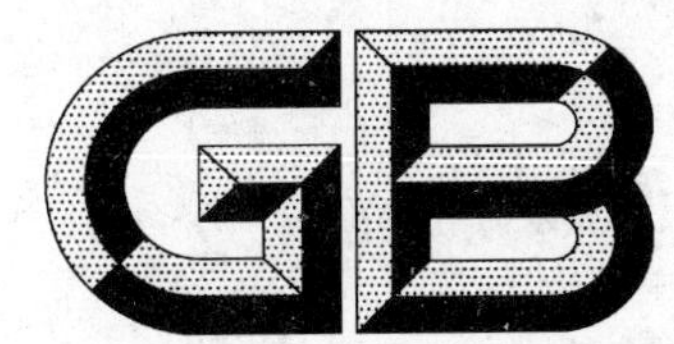

中华人民共和国国家标准

GB/T 23296.11—2009

食品接触材料 塑料中环氧乙烷和环氧丙烷含量的测定 气相色谱法

Food contact materials—Determination of ethylene oxide and propylene oxide in plastics—Gas chromatography

2009-03-31 发布　　　　2009-09-01 实施

中华人民共和国国家质量监督检验检疫总局
中国国家标准化管理委员会　发布

前　言

本标准参照欧盟技术规范 CEN/TS 13130-22:2005《食品接触材料及其制品　塑料中受限物质　第 22 部分:塑料中环氧乙烷和环氧丙烷的测定》(英文版)制定。

本标准的附录 A 为资料性附录。

本标准由国家认证认可监督管理委员会提出。

本标准由全国进出口食品安全检测标准化技术委员会(SAC/TC 445)归口。

本标准起草单位:中华人民共和国湖北出入境检验检疫局、中国检验检疫科学研究院、国家环保产品质量监督检验中心。

本标准主要起草人:郭坚、凌约涛、陈志锋、胡正群、李挥、张岩、胡德聪、崔海容、杨顺风、叶诚、邹先梅、陈曹祺、徐新生。

食品接触材料
塑料中环氧乙烷和环氧丙烷含量的测定
气相色谱法

1 范围

本标准规定了塑料中环氧乙烷和环氧丙烷单体含量的测定方法。

本标准适用于塑料中环氧乙烷和环氧丙烷单体含量的测定。

塑料中环氧乙烷和环氧丙烷单体的测定低限均为 0.2 mg/kg。

2 规范性引用文件

下列文件中的条款通过本标准的引用而成为本标准的条款。凡是注日期的引用文件，其随后所有的修改单(不包括勘误的内容)或修订版均不适用于本标准，然而，鼓励根据本标准达成协议的各方研究是否可使用这些文件的最新版本。凡是不注日期的引用文件，其最新版本适用于本标准。

GB/T 6682 分析实验室用水规格和试验方法(GB/T 6682—2008,ISO 3696:1987,MOD)

GB/T 23296.1 食品接触材料 塑料中受限物质 塑料中物质向食品及食品模拟物特定迁移试验和含量测定方法以及食品模拟物暴露条件选择的指南

3 原理

塑料中环氧乙烷或环氧丙烷经 *N*,*N*-二甲基乙酰胺(DMAC)提取后，采用顶空进样，在色谱柱中环氧乙烷或环氧丙烷与内标物乙醚及其他组分分离，用氢火焰离子化检测器检测。按标准加入法绘制标准曲线，以内标法定量。

4 试剂与材料

除另有规定外，水为 GB/T 6682 规定的一级水，试剂均为分析纯。

4.1 环氧乙烷标准品：纯度大于 99%。

4.2 环氧丙烷标准品：纯度大于 99%。

4.3 乙醚标准品：纯度大于 99.5%，色谱图上与环氧乙烷或环氧丙烷有相同保留时间的杂质峰面积不得超过 1%。

4.4 *N*,*N*-二甲基乙酰胺(DMAC)：纯度大于 99.9%，色谱图上与环氧乙烷或环氧丙烷有相同保留时间的杂质峰面积不得超过 1%。

4.5 环氧乙烷标准储备液(2 mg/mL～6 mg/mL)：量取 50 mL DMAC(4.4)于 50 mL 样品瓶(5.3)中，称量(精确至 0.000 1 g)。往样品瓶内加入 0.1 g～0.3 g 环氧乙烷(4.1)，立即密封，充分混匀后称量(精确至 0.000 1 g)。计算环氧乙烷标准储备液的实际浓度。溶液应于 4 ℃避光密封储存，有效期为 2 个月。

4.6 环氧丙烷标准储备液(1 mg/mL)：称取 50 mg(精确至 0.000 1 g)环氧丙烷(4.2)于预先盛有30 mL DMAC 的 50 mL 容量瓶中，用 DMAC 定容。计算环氧丙烷标准储备液的实际浓度。溶液储存条件同 4.5。

4.7 环氧乙烷标准中间溶液(0 μg/mL～40 μg/mL)：分别量取 8 mL DMAC 于 6 个 10 mL 容量瓶中，再分别用微量注射器(5.2)加入一定量的环氧乙烷标准储备液(4.5)，用 DMAC 定容。环氧乙烷标准储备液的加入量需要根据其实际浓度计算而确定，依据实际加入量计算环氧乙烷标准中间溶液的实际浓度，其浓度应分别为 0 μg/mL、4 μg/mL、10 μg/mL、20 μg/mL、30 μg/mL、40 μg/mL。溶液储存条件同 4.5。

4.8 环氧丙烷标准中间溶液（0 μg/mL～40 μg/mL）：分别量取 8 mL DMAC 至 6 个 10 mL 容量瓶中。用微量注射器分别移入 0 μL、40 μL、100 μL、200 μL、300 μL 和 400 μL 环氧丙烷标准储备液（4.6），用 DMAC 定容。环氧丙烷标准中间溶液的浓度分别为 0 μg/mL、4.0 μg/mL、10.0 μg/mL、20.0 μg/mL、30.0 μg/mL、40.0 μg/mL。溶液储存条件同 4.5。

4.9 乙醚内标储备液（1 mg/mL）：称取 0.05 g（精确至 0.000 1 g）乙醚（4.3）于预先盛有 30 mL DMAC 的 50 mL 容量瓶中，用 DMAC 定容。溶液储存条件同 4.5。

4.10 乙醚内标中间溶液（30 μg/mL）：移取 300 μL 乙醚的内标储备液（4.9）于预先盛有 9 mL DMAC 的 10 mL 容量瓶中，用 DMAC 定容。溶液储存条件同 4.5。

4.11 氮气：纯度大于或等于 99.999%。

5 仪器与设备

5.1 气相色谱仪：配备氢火焰离子化检测器和顶空自动进样器。

5.2 微量注射器：10 μL、50 μL、1 000 μL。

5.3 样品瓶：50 mL，配备铝盖和丁基橡胶或硅树脂橡胶隔垫，隔垫接触样品一面应涂有聚四氟乙烯。

5.4 顶空瓶：20 mL，配备铝盖和丁基橡胶或硅树脂橡胶隔垫，隔垫接触样品一面应涂有聚四氟乙烯。

5.5 分析天平：感量 0.000 1 g、0.01 g。

6 试液的制备

6.1 样品制备

试验样品按 GB/T 23296.1 的要求制备。

可溶于 DMAC 的试样直接称量，不溶于 DMAC 的试样先切成条状后再称量。

6.2 试样溶液的制备

称取 0.200 g±0.005 g 试样（6.1）于顶空瓶（5.4）中，移取 1.00 mL DMAC 于顶空瓶中，用隔垫和铝盖密封。用微量注射器加入 10 μL 的乙醚内标中间溶液（4.10）。对于可溶于 DMAC 的试样，需要轻微振荡顶空瓶直至试样溶解；对于不溶于 DMAC 的试样，需要轻微振荡顶空瓶 4 h。每份试液至少做两个平行。

6.3 空白溶液的制备

移取 5.0 mL DMAC 于 20 mL 的顶空瓶中，用隔垫和铝盖密封。

6.4 标准工作溶液的制备

采用标准加入法配制标准工作溶液。按 6.2 所述方法，在“对于可溶于 DMAC……轻微振荡顶空瓶 4 h”操作步骤之前，用微量注射器加入 10 μL 环氧乙烷标准中间溶液（4.7）或 10 μL 环氧丙烷标准中间溶液（4.8），配制标准工作溶液。添加到试样中环氧乙烷或环氧丙烷的标准工作溶液浓度分别为 0 mg/kg、0.2 mg/kg、0.5 mg/kg、1.0 mg/kg、1.5 mg/kg、2.0 mg/kg，内标乙醚含量为 1.5 mg/kg。每份标准工作溶液至少做两个平行。

注：标准工作溶液浓度由添加到试样中环氧乙烷或环氧丙烷总量除以试样的质量得到，单位为“mg/kg”。

7 测定

7.1 色谱参考条件

7.1.1 色谱柱：（苯乙烯）-二乙烯苯聚合体多孔层开管 PLOT 柱，30 m×0.32 mm（内径）×20 μm，或相当者。

7.1.2 顶空进样器条件：

a) 样品平衡时间：可溶于DMAC的样品为30 min，不溶于DMAC的样品为60 min。

b) 顶空瓶温度：100 ℃。

c) 传输线温度：110 ℃。

d) 加压平衡时间：0.5 min。

e) 进样时间：12 s。

7.1.3 气相色谱条件：

a) 检测器温度：240 ℃。

b) 柱温箱：50 ℃下恒温10 min，以10 ℃/min升至100 ℃并恒温15 min，以20 ℃/min升至220 ℃并恒温10 min。

c) 载气：氮气。

d) 载气流速：5.7 mL/min。

e) 入口压力：180 kPa。

f) 氢气流速：30 mL/min。

g) 空气流速：400 mL/min。

7.2 标准曲线绘制及试液的测定

按照7.1所列测定条件，将标准工作溶液(6.4)依次进样测量。以添加到试样中环氧乙烷或环氧丙烷的浓度为横坐标(X轴)，单位以“mg/kg”表示，以环氧乙烷/乙醚峰面积比或环氧丙烷/乙醚峰面积比值为纵坐标(Y轴)，绘制标准曲线，如图1。根据标准加入法的原理，试液不需再单独进行测定，试样中环氧乙烷或环氧丙烷含量可由8.1和8.2计算得出。标准溶液色谱图参见附录A。

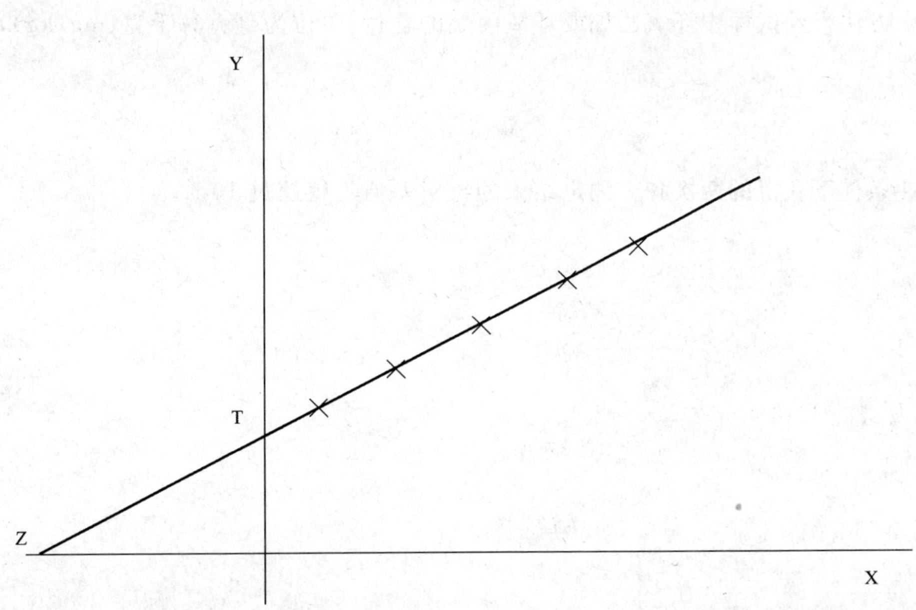

X轴——添加到样品中环氧乙烷或环氧丙烷的浓度(mg/kg)；

Y轴——峰面积比；

T——从试样中得到的峰面积比。

图1 标准曲线

8 结果计算

8.1 图表测定法

根据外延法，将图1中标准曲线回延至X轴，其在X轴上的截距Z的绝对值与试样中环氧乙烷或环氧丙烷的浓度值相等，从标准曲线图上可直接读取试样中环氧乙烷或环氧丙烷的含量，单位为毫克每千克(mg/kg)。

8.2 回归参数计算法

按式(1)计算标准曲线的回归参数：

$$y = a \times x + b \qquad \cdots\cdots(1)$$

式中：

y——环氧乙烷/乙醚峰面积比或环氧丙烷/乙醚峰面积比值；

a——回归曲线的斜率；

x——添加到试样中环氧乙烷或环氧丙烷的浓度，单位为毫克每千克(mg/kg)；

b——回归曲线的截距。

标准曲线的相关系数应不小于0.996。

根据回归参量 a、b，试样中残留的环氧乙烷或环氧丙烷的浓度 c，按式(2)计算：

$$c = \frac{b}{a} \qquad \cdots\cdots(2)$$

式中：

c——试样中残留环氧乙烷或环氧丙烷的含量，单位为毫克每千克(mg/kg)；

b——回归曲线的截距；

a——回归曲线的斜率。

以上两个方法得到试样中环氧乙烷或环氧丙烷的含量，单位为毫克每千克(mg/kg)，计算结果保留2位有效数字。

9 重复性

在重复性条件下获得的两次独立测定结果的绝对差值不得超过10%。

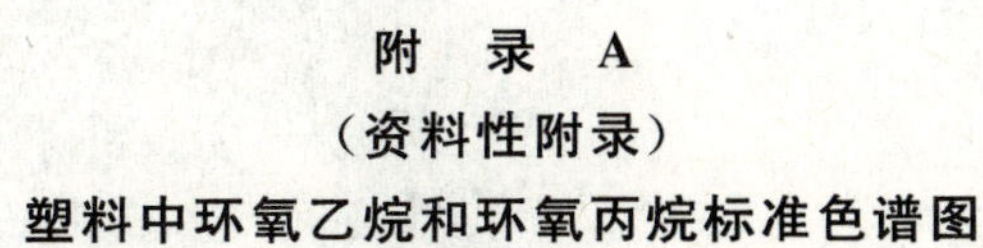

附 录 A
（资料性附录）
塑料中环氧乙烷和环氧丙烷标准色谱图

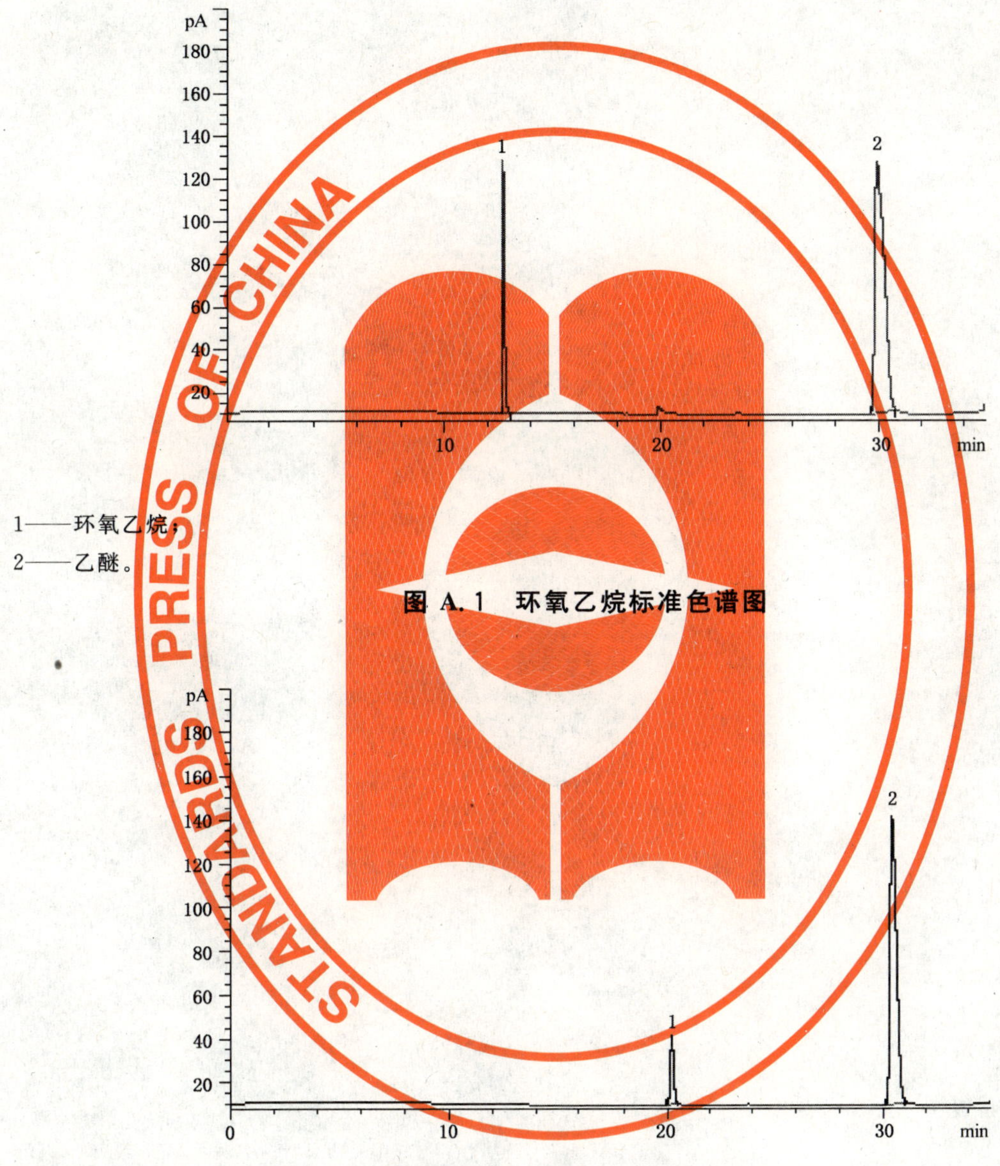

1——环氧乙烷；
2——乙醚。

图 A.1 环氧乙烷标准色谱图

1——环氧丙烷；
2——乙醚。

图 A.2 环氧丙烷标准色谱图

ICS 67.250
C 53

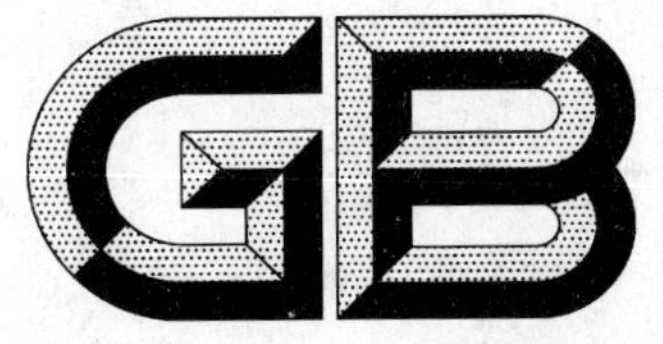

中华人民共和国国家标准

GB/T 23296.12—2009

食品接触材料　高分子材料
食品模拟物中 11-氨基十一酸的测定
高效液相色谱法

Food contact materials—Polymer—
Determination of 11-aminoundecanoic acid in food simulants—
High performance liquid chromatography

2009-03-31 发布　　2009-09-01 实施

中华人民共和国国家质量监督检验检疫总局
中国国家标准化管理委员会　发布

前　言

本标准参照采用欧盟技术规范 CEN/TS 13130-11:2005《食品接触材料及其制品　塑料中受限物质　第11部分:食品模拟物中11-氨基十一酸的测定》(英文版)制定。

本标准的附录A为资料性附录。

本标准由国家认证认可监督管理委员会提出。

本标准由全国进出口食品安全检测标准化技术委员会(SAC/TC 445)归口。

本标准起草单位:中华人民共和国湖北出入境检验检疫局、中华人民共和国广东出入境检验检疫局、中国检验检疫科学研究院、中华人民共和国海南出入境检验检疫局。

本标准主要起草人:崔海容、叶诚、翟翠萍、李政军、陈志锋、林晶、林雁飞、赵晓亚、凌约涛、何雪莲、胡正群、曾宪东、郭坚。

食品接触材料 高分子材料 食品模拟物中 11-氨基十一酸的测定 高效液相色谱法

1 范围

本标准规定了食品模拟物中 11-氨基十一酸的液相色谱测定方法。

本标准适用于水、3%(质量浓度)乙酸溶液、10%(体积分数)乙醇溶液等水基食品模拟物和橄榄油中 11-氨基十一酸的测定。

水基食品模拟物中 11-氨基十一酸的测定低限为 0.8 mg/L,橄榄油中 11-氨基十一酸的测定低限为 0.8 mg/kg。

2 规范性引用文件

下列文件中的条款通过本标准的引用而成为本标准的条款。凡是注日期的引用文件,其随后所有的修改单(不包括勘误的内容)或修订版均不适用于本标准,然而,鼓励根据本标准达成协议的各方研究是否可使用这些文件的最新版本。凡是不注日期的引用文件,其最新版本适用于本标准。

GB/T 6682 分析实验室用水规格和试验方法(GB/T 6682—2008,ISO 3696:1987,MOD)

GB/T 23296.1—2009 食品接触材料 塑料中受限物质 塑料中物质向食品及食品模拟物特定迁移试验和含量测定方法以及食品模拟物暴露条件选择的指南

3 原理

食品模拟物中 11-氨基十一酸与荧光胺反应生成衍生物,经高效液相色谱分离,用荧光检测器检测其衍生物含量,换算得出 11-氨基十一酸的含量。采用外标法定量。

4 试剂与材料

除另有规定外,水为 GB/T 6682 规定的一级水,试剂均为分析纯。

4.1 11-氨基十一酸:纯度大于 99%,避光保存。

4.2 十水合四硼酸二钠,$Na_2B_4O_7 \cdot 10H_2O$。

4.3 磷酸。

4.4 硼酸。

4.5 荧光胺(CAS 号:38183-12-9)。

4.6 氢氧化钠。

4.7 磷酸二氢钠一水合物。

4.8 冰乙酸。

4.9 无水乙醇。

4.10 丙酮。

4.11 异辛烷。

4.12 甲醇:色谱纯。

4.13 3%(质量浓度)乙酸溶液:称取 30 g(精确到 0.1 g)冰乙酸(4.8)于 1 L 容量瓶中,用水定容。

4.14 96%(体积分数)乙酸溶液:量取 96 mL 冰乙酸(4.8)至 100 mL 容量瓶中,用水定容。

4.15 10%(体积分数)乙醇溶液:量取100 mL无水乙醇(4.9)于1 L容量瓶中,用水定容。

4.16 10%(体积分数)磷酸溶液:量取10 mL磷酸(4.3)至100 mL容量瓶中,用水定容。

4.17 5%(质量浓度)硼酸溶液:称取5 g(精确到0.1 g)硼酸(4.4)溶解于100 mL水中。

4.18 18%(质量浓度)氢氧化钠溶液:称取18 g氢氧化钠(4.6)溶解于100 mL水中。

4.19 磷酸缓冲液(0.005 mol/L):称取690 mg磷酸二氢钠一水合物(4.7)溶于900 mL水中。缓慢加入少量磷酸溶液(4.16)调节其pH值为3.0±0.2,加水定容至1 L。

4.20 硼酸缓冲液(0.04 mol/L):称取1.53 g十水合四硼酸二钠(4.2)并用90 mL水溶解。通过添加少量硼酸溶液(4.17)调节其pH值为9.0±0.2,加水定容至100 mL。

4.21 荧光胺溶液:称取20 mg荧光胺(4.5)溶解于50 mL丙酮(4.10)中。应避光储存。

4.22 11-氨基十一酸水基标准储备液(1.25 mg/mL):称取125 mg(精确至0.1 mg)11-氨基十一酸(4.1),用2 mL乙酸溶液(4.14)溶解,转入100 mL容量瓶中,用水定容。

4.23 11-氨基十一酸的异辛烷标准储备液(0.5 mg/mL):称取25 mg(精确到0.1 mg)11-氨基十一酸,用5 mL冰乙酸(4.8)溶解,转入50 mL容量瓶中,用异辛烷(4.11)定容。

4.24 11-氨基十一酸水基标准中间溶液(25 μg/mL):分别量取2 mL标准储备液(4.22)于3个100 mL的容量瓶中。分别用水、3%乙酸溶液(4.13)和10%乙醇溶液(4.15)定容。

4.25 氮气:纯度大于或等于99.9%。

5 仪器与设备

5.1 高效液相色谱仪:配备20 μL的定量环及荧光检测器。

5.2 振荡器:往复型。

5.3 涡旋混合器。

5.4 氮气吹干仪:配有加热板。

5.5 反应管:10 mL玻璃管,可放置于氮气吹干仪(5.4)的加热板孔中。

5.6 分析天平:感量0.1 mg、0.01 g。

5.7 微孔滤膜:0.2 μm。

6 试液的制备

6.1 食品模拟物试液的制备

6.1.1 总则

食品模拟物试液按照GB/T 23296.1—2009的要求从迁移试验中获取,在4 ℃冰箱中避光保存。

6.1.2 水基食品模拟物试液的制备

移取1.0 mL从迁移试验中获得的水基食品模拟物至10 mL反应管(5.5)中,当模拟物为3%(质量浓度)乙酸溶液(4.13)时应同时加入100 μL氢氧化钠溶液(4.18)以调节pH值。余下步骤按照6.4所述进行衍生。平行制样两份。

6.1.3 橄榄油试液的制备

称取5.0 g±0.1 g从迁移试验中得到的橄榄油介质食品模拟物至25 mL锥形瓶中,加入5 mL异辛烷(4.11),混匀。准确移入5.0 mL 96%乙酸溶液(4.14)。将锥形瓶放置在振荡器(5.2)上振荡30 min。待两相分离后,准确移取1.0 mL下层乙酸提取液转移至反应管(5.5)中。用氮气吹干仪(5.4)于40 ℃将乙酸提取液蒸干,往蒸干后的反应管中准确移入1.0 mL水,置于涡旋混合器(5.3)上处理10 s,充分混匀。余下步骤按照6.4所述方法进行衍生。平行制样两份。

6.2 空白溶液的制备

按照6.1处理未与食品接触材料接触的食品模拟物。

6.3 食品模拟物标准工作溶液的配制

6.3.1 水基食品模拟物介质标准工作溶液

分别移取 11-氨基十一酸水基标准中间溶液(4.24)0 mL、1.0 mL、2.0 mL、4.0 mL、10.0 mL、20.0 mL至6个50 mL容量瓶中,用水定容。标准工作溶液的浓度分别为 0 μg/mL、0.5 μg/mL、1.0 μg/mL、2.0 μg/mL、5.0 μg/mL、10.0 μg/mL。采用同样方式,分别用3%(质量浓度)乙酸溶液(4.13)和10%(体积分数)乙醇溶液(4.15)配制同样浓度系列的11-氨基十一酸标准工作溶液。

分别移取1.0 mL不同浓度的标准工作溶液至反应管中,按6.1.2"当模拟物为3%(质量浓度)乙酸溶液(4.13)……按照6.4所述进行衍生"处理,得到标准工作溶液的11-氨基十一酸衍生物溶液。

6.3.2 橄榄油介质标准工作溶液

分别称取5.0 g±0.1 g橄榄油至6只25 mL锥形瓶中,再分别加入0 μL、5 μL、10 μL、20 μL、50 μL、100 μL 11-氨基十一酸的异辛烷标准储备液(4.23),充分混匀。模拟物溶液中11-氨基十一酸的浓度为0 μg/g、0.5 μg/g、1.0 μg/g、2.0 μg/g、5.0 μg/g、10 μg/g。按6.1.3"加入5 mL异辛烷……按照6.4所述方法进行衍生"处理,得到标准工作溶液的11-氨基十一酸衍生物溶液。

6.4 衍生

准确移取1.0 mL硼酸缓冲液(4.20)加入到6.1制备的食品模拟物试液以及6.2制备的空白溶液中,置于涡旋混合器(5.3)上处理10 s,充分混匀。混匀过程中,加入1 mL荧光胺溶液(4.21)。将所得衍生物溶液过微孔滤膜(5.7)滤入样品瓶,供高效液相色谱进样分析。

7 测定

7.1 测定条件

a) 色谱柱:C_{18}柱,250 mm×4.6 mm(内径),粒径5 μm,或性能相当者。

b) 流动相:300 mL磷酸缓冲液(4.19),用甲醇(4.12)稀释并定容至1 L。

c) 流速:1.0 mL/min。

d) 柱温:室温。

e) 荧光检测器:激发波长390 nm,发射波长480 nm。

7.2 标准曲线的绘制

按照7.1所列测定条件,将6.3.1和6.3.2中制备的标准工作溶液的11-氨基十一酸衍生物溶液依次进样测量。11-氨基十一酸衍生物的峰面积与标准工作溶液中11-氨基十一酸浓度成正比,以标准工作溶液中11-氨基十一酸的浓度为横坐标,单位为"mg/L或mg/kg",以对应的11-氨基十一酸衍生物峰面积值为纵坐标,绘制标准工作曲线。标准色谱图参见附录A。

按式(1)计算回归参数:

$$y = a \times x + b \qquad (1)$$

式中:

y——11-氨基十一酸衍生物峰面积;

a——回归曲线的斜率;

x——标准工作溶液中11-氨基十一酸的浓度,单位为毫克每升或毫克每千克(mg/L或mg/kg);

b——回归曲线的截距。

标准曲线的相关系数不小于0.996。

7.3 试液测定

对6.2和6.1中制备的空白溶液和食品模拟物试液中11-氨基十一酸衍生物溶液依次进样,扣除空白值,获得11-氨基十一酸衍生物的峰面积值。

8 结果计算

8.1 食品模拟物试液中11-氨基十一酸浓度的计算

食品模拟物试液中11-氨基十一酸的浓度 c 按式(2)计算：

$$c=\frac{y-b}{a} \qquad \cdots\cdots(2)$$

式中：

c——食品模拟物试液中11-氨基十一酸的浓度，单位为毫克每升或毫克每千克(mg/L 或 mg/kg)；

y——11-氨基十一酸衍生物峰面积；

b——回归曲线的截距；

a——回归曲线的斜率。

8.2 11-氨基十一酸特定迁移量的转换计算

由8.1得到的食品模拟物试液中11-氨基十一酸浓度，根据迁移试验中所使用的食品模拟物的体积和测试样品与食品模拟物接触的面积，通过数学换算计算得出11-氨基十一酸的特定迁移量，单位以"mg/dm^2 或 mg/kg"表示。详见GB/T 23296.1—2009的第13章。

计算结果以平行测定值的算术平均值表示，保留2位有效数字。

9 重复性

在重复性条件下获得的两次独立测定结果的绝对差值不得超过10%。

附 录 A
（资料性附录）
食品模拟物中11-氨基十一酸标准物质衍生物的色谱图

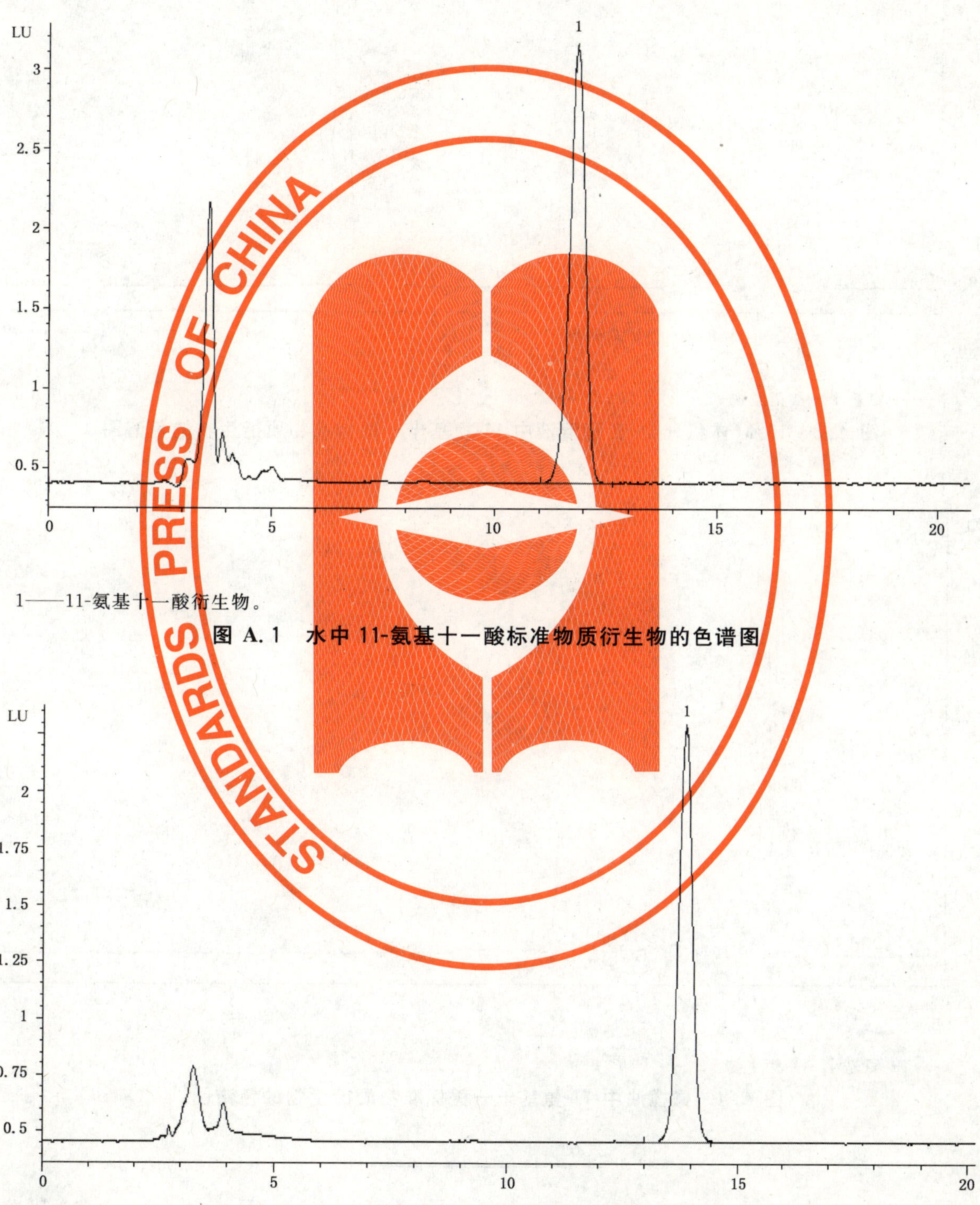

1——11-氨基十一酸衍生物。

图 A.1 水中11-氨基十一酸标准物质衍生物的色谱图

1——11-氨基十一酸衍生物。

图 A.2 3%(质量浓度)乙酸溶液中11-氨基十一酸标准物质衍生物的色谱图

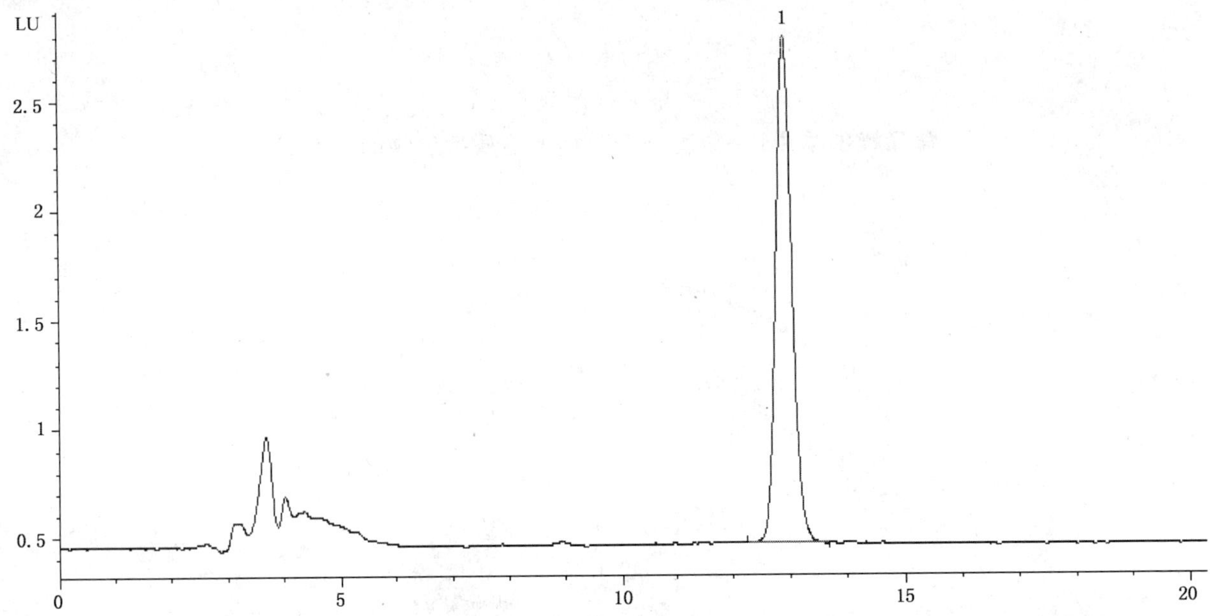

1——11-氨基十一酸衍生物。

图 A.3　10%(体积分数)乙醇溶液中 11-氨基十一酸标准物质衍生物的色谱图

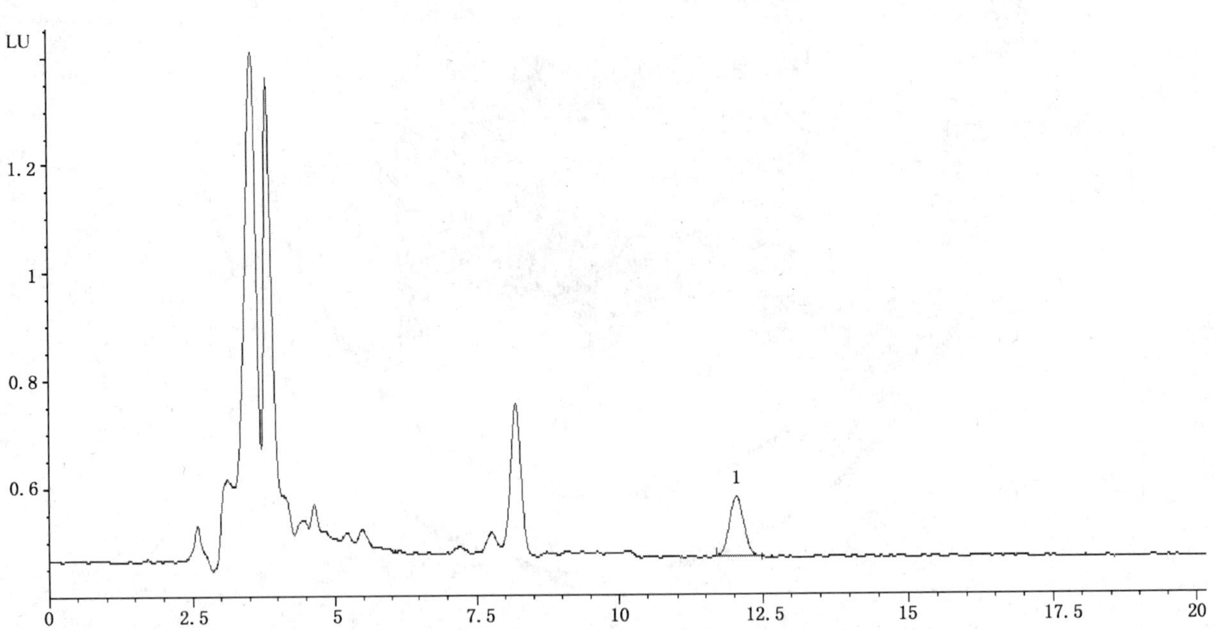

1——11-氨基十一酸衍生物。

图 A.4　橄榄油中 11-氨基十一酸标准物质衍生物的色谱图

ICS 67.250
C 53

中华人民共和国国家标准

GB/T 23296.13—2009

食品接触材料 塑料中氯乙烯单体的测定 气相色谱法

Food contact materials—Determination of vinyl chloride monomer in plastics—Gas chromatography

2009-03-31 发布 2009-09-01 实施

中华人民共和国国家质量监督检验检疫总局
中国国家标准化管理委员会 发布

前　言

本标准参照 EN ISO 6401:2004《氯乙烯单聚体和共聚体　氯乙烯单体的测定　气相色谱法》(英文版)制定。

本标准附录 A 和附录 B 为资料性附录。

本标准由国家认证认可监督管理委员会提出。

本标准由全国进出口食品安全检测标准化技术委员会(SAC/TC 445)归口。

本标准起草单位为:中国检验检疫科学研究院、中华人民共和国湖北出入境检验检疫局、国家环保产品质量监督检验中心、清华大学化学系。

本标准主要起草人:陈志锋、孙利、雍炜、崔海容、储晓刚、李挥、张岩、李海芳。

食品接触材料
塑料中氯乙烯单体的测定　气相色谱法

1　范围

本标准规定了食品接触材料聚氯乙烯塑料中氯乙烯单体的测定方法。

本标准适用于与食品接触的聚氯乙烯或者氯乙烯共聚体中氯乙烯单体的测定。

本标准中氯乙烯的测定低限为0.50 mg/kg。

2　原理

测试样品溶解在*N*,*N*-二甲基乙酰胺中,样品中的氯乙烯通过自动顶空进样器进样,采用毛细管气相色谱柱分离,氢火焰离子化检测器测定,外标法定量。可采用手动顶空进样方式,进样操作参见附录A。

3　试剂与材料

除另有规定外,所有试剂均为分析纯。

3.1　*N*,*N*-二甲基乙酰胺:纯度大于99 %。

3.2　氯乙烯基准溶液:5 000 mg/L,丙酮或甲醇作为溶剂。

3.3　氯乙烯储备液(10 mg/L):在10 mL棕色玻璃瓶中加入10 mL *N*,*N*-二甲基乙酰胺,用微量注射器吸取20 μL氯乙烯基准溶液(3.2)到玻璃瓶中,立即用瓶盖密封,平衡2 h后,保存在4 ℃冰箱中。

3.4　氯乙烯标准工作溶液:在7个顶空瓶中分别加入10 mL *N*,*N*-二甲基乙酰胺,用微量注射器分别吸取0 μL、50 μL、75 μL、100 μL、125 μL、150 μL、200 μL氯乙烯储备液(3.3)缓慢注射到顶空瓶中,立即加盖密封,混合均匀,得到*N*,*N*-二甲基乙酰胺中氯乙烯浓度分别为0 mg/L、0.050 mg/L、0.075 mg/L、0.100 mg/L、0.125 mg/L、0.150 mg/L、0.200 mg/L。

4　仪器与设备

4.1　气相色谱仪:配置自动顶空进样器和氢火焰离子化检测器。

4.2　玻璃瓶:10 mL,瓶盖带硅橡胶或者丁基橡胶密封垫。

4.3　顶空瓶:20 mL,瓶盖带硅橡胶或者丁基橡胶密封垫。

4.4　微量注射器:25 μL、100 μL、200 μL。

4.5　分析天平:感量0.000 1 g、0.01 g。

5　分析步骤

5.1　样品处理

将试样剪成细小颗粒,准确称取适量试样(如10 g)于150 mL磨口锥形瓶中(精确至0.1 mg),按照每克试样加入10 mL *N*,*N*-二甲基乙酰胺的比例,向锥形瓶中加入适量(如100 mL)*N*,*N*-二甲基乙酰胺,立即加盖密封,振荡溶解(如果溶解困难,可适当升温),待完全溶解后放入−18 ℃冰箱中降温保存备用。

5.2　样品制备

从冰箱中取出装有样品溶液的锥形瓶,从中分别量取10 mL样品溶液于2个顶空瓶中,立即压盖密封,放入自动顶空进样器待测。

5.3 测定

5.3.1 测定条件

5.3.1.1 自动顶空进样器条件

a) 定量环:1 mL 或 3 mL;

b) 平衡温度:70 ℃;

c) 定量环温度:90 ℃;

d) 传输线温度:120 ℃;

e) 平衡时间:30 min;

f) 加压时间:0.20 min;

g) 定量环填充时间:0.10 min;

h) 定量环平衡时间:0.10 min;

i) 进样时间:1.50 min。

5.3.1.2 色谱条件

a) 色谱柱:聚乙二醇毛细管色谱柱,长 30 m,内径 0.32 mm,膜厚 1 μm,或相当者;

b) 柱温程序:起始 40 ℃,保持 1 min,以 2 ℃/min 的速率升至 60 ℃,保持 1 min,以 20 ℃速率升至 200 ℃,保持 1 min;

c) 载气:氮气,流速 1 mL/min;

d) 进样模式:分流,分流比 1∶1;

e) 进样口温度:200 ℃;

f) 检测器温度:200 ℃。

5.3.2 绘制标准工作曲线

对 3.4 中制备的标准工作溶液在 5.3.1 所列仪器参数下进行检测,以氯乙烯标准工作溶液浓度(单位为“mg/L”)为横坐标,以对应的峰面积为纵坐标,绘制标准工作曲线,得到线性方程。标准溶液色谱图参见附录 B。

5.3.3 试样检测

对 5.2 中制备的样品在 5.3.1 所列仪器参数下进行检测,记录氯乙烯色谱峰的峰面积,计算氯乙烯峰面积。

6 结果计算

试样中的氯乙烯含量用式(1)进行计算。

$$X=\frac{c\times V}{m}\times 1\ 000 \qquad \cdots\cdots(1)$$

式中:

X——试样中氯乙烯的含量,单位为毫克每千克(mg/kg);

c——顶空瓶中样品溶液的氯乙烯浓度,单位为毫克每升(mg/L);

V——顶空瓶中样品溶液的体积,单位为毫升(mL);

m——试样的质量,单位为毫克(mg)。

计算结果以平行测定值的算术平均值表示,保留两位有效数字。

7 重复性

在重复性条件下获得的两次独立测定结果的绝对差值不得超过算术平均值的 10%。

附 录 A
（资料性附录）
手 动 进 样

A.1 如果自动顶空进样无法实现时，可以采用手动进样，但重复性应满足第 7 章要求。

A.2 手动进样宜采用内标法定量，内标物可为乙醚或者其他合适的溶剂。

A.3 进样操作：将盛有待测液的顶空瓶放入 70 ℃±1 ℃的恒温水浴中，平衡 30 min；用预热过的气密性玻璃注射器反复抽取顶空气体 3 次～5 次，然后准确抽取顶空气体 1 mL 快速注入气相色谱仪中；整个操作中保持样品恒温。

附 录 B
（资料性附录）
氯乙烯标准溶液气相色谱图

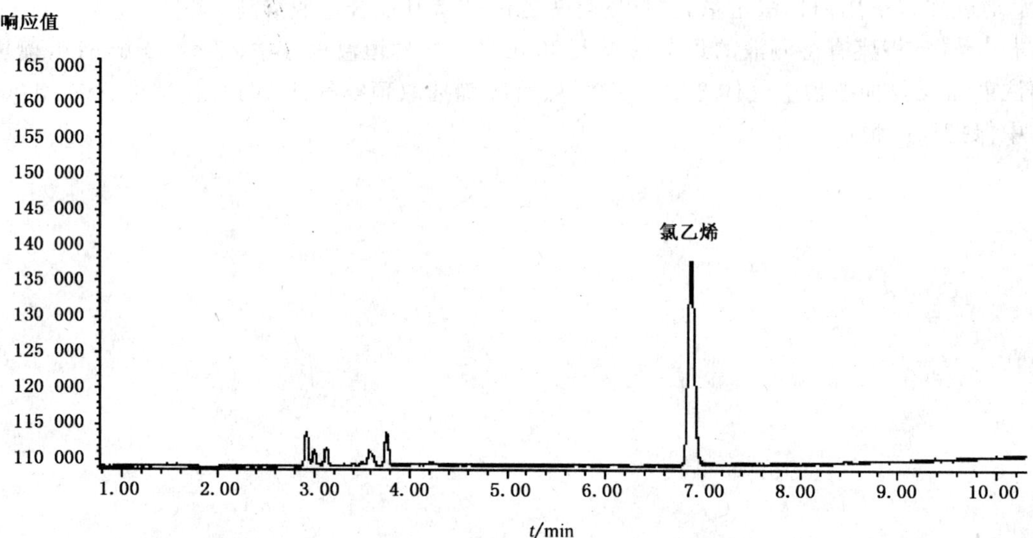

图 B.1 氯乙烯（0.1 mg/L）标准溶液色谱图

ICS 67.250
C 53

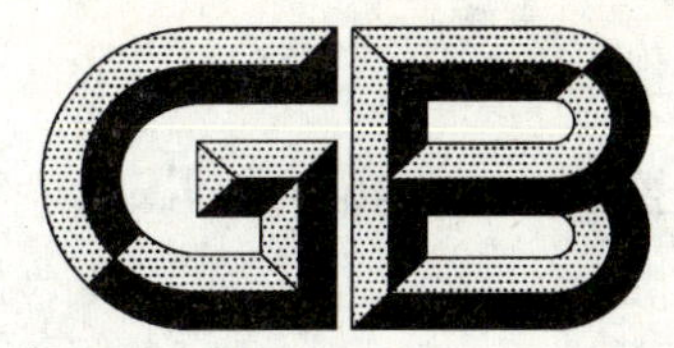

中华人民共和国国家标准

GB/T 23296.14—2009

食品接触材料 高分子材料 食品模拟物中氯乙烯的测定 气相色谱法

Food contact materials—Polymer—Determination of vinyl chloride in food simulants—Gas chromatography

2009-03-31 发布 2009-09-01 实施

中华人民共和国国家质量监督检验检疫总局
中国国家标准化管理委员会 发布

前言

本标准的附录A和附录B为资料性附录。

本标准由国家认证认可监督管理委员会提出。

本标准由全国进出口食品安全检测标准化技术委员会(SAC/TC 445)归口。

本标准起草单位为:中国检验检疫科学研究院、中华人民共和国湖北出入境检验检疫局、国家环保产品质量监督检验中心、北京市劳动保护研究所。

本标准主要起草人:陈志锋、孙利、雍炜、储晓刚、崔海容、张岩、李挥、刘晓华。

食品接触材料 高分子材料 食品模拟物中氯乙烯的测定 气相色谱法

1 范围

本标准规定了食品模拟物中氯乙烯的测定方法。

本标准适用于水、3%(质量浓度)乙酸溶液、10%(体积分数)乙醇溶液和橄榄油四种食品模拟物中氯乙烯含量的测定。

水、3%(质量浓度)乙酸溶液和10%(体积分数)乙醇溶液三种水基食品模拟物中氯乙烯的测定低限为0.005 0 mg/L,橄榄油中氯乙烯的测定低限为0.005 0 mg/kg。

2 规范性引用文件

下列文件中的条款通过本标准的引用而成为本标准的条款。凡是注日期的引用文件,其随后所有的修改单(不包括勘误的内容)或修订版均不适用于本标准,然而,鼓励根据本标准达成协议的各方研究是否可使用这些文件的最新版本。凡是不注日期的引用文件,其最新版本适用于本标准。

GB/T 6682 分析实验室用水规格和试验方法(GB/T 6682—2008,ISO 3696:1987,MOD)。

GB/T 23296.1—2009 食品接触材料 塑料中受限物质 塑料中物质向食品及食品模拟物特定迁移试验和含量测定方法以及食品模拟物暴露条件选择的指南

3 原理

食品模拟物中的氯乙烯通过顶空方式进样,采用毛细管气相色谱柱分离,氢火焰离子化检测器进行检测,外标法定量。可采用手动顶空进样方式,进样操作参见附录A。

4 试剂与材料

除另有规定外,所有试剂均为分析纯。

4.1 *N*,*N*-二甲基乙酰胺:纯度大于99 %。

4.2 冰乙酸。

4.3 无水乙醇。

4.4 精制橄榄油。

4.5 氯乙烯基准溶液:5 000 mg/L,丙酮或甲醇作溶剂。

4.6 3%(质量浓度)乙酸溶液:称取30 g (精确至0.1 g)冰乙酸 (4.2) 于1 L容量瓶中,用水定容。

4.7 10%(体积分数)乙醇溶液:量取100 mL无水乙醇(4.3)于1 L容量瓶中,用水定容。

4.8 氯乙烯储备液:在6个10 mL玻璃瓶中分别加入10 mL *N*,*N*-二甲基乙酰胺(4.1),在每个瓶中依次加入5 μL、10 μL、20 μL、30 μL、40 μL、50 μL氯乙烯基准溶液(4.5),不留顶空体积,立即密封玻璃瓶,混合均匀,得到氯乙烯浓度依次为2.5 mg/L、5.0 mg/L、10.0 mg/L、15.0 mg/L、20.0 mg/L、25.0 mg/L。

5 仪器与设备

5.1 气相色谱仪:配置自动顶空进样器和氢火焰离子化检测器。

5.2 玻璃瓶:10 mL,瓶盖带硅橡胶或者丁基橡胶密封垫。

5.3 顶空瓶:20 mL,瓶盖带硅橡胶或者丁基橡胶密封垫。

5.4 微量注射器:10 μL、25 μL、50 μL。

5.5 分析天平:感量 0.000 1 g、0.01 g。

6 试液的制备

6.1 标准工作溶液的制备

6.1.1 水基食品模拟物标准工作溶液

在 6 个顶空瓶中分别加入 10 mL 水,向每个顶空瓶中依次加入不同浓度的氯乙烯储备液(4.8) 20 μL,立即加盖密封,混合均匀,得到水中氯乙烯浓度依次为 0.005 0 mg/L、0.010 mg/L、0.020 mg/L、0.030 mg/L、0.040 mg/L 和 0.050 mg/L。采用同样方式,分别用 3%(质量浓度)乙酸溶液(4.6)和 10%(体积分数)乙醇溶液(4.7)配制同样浓度系列的氯乙烯标准工作溶液。

6.1.2 橄榄油标准工作溶液

分别称取 10 g(精确至 0.1 g)橄榄油于 6 个顶空瓶中,向每个顶空瓶中依次加入不同浓度的氯乙烯储备液(4.8) 20 μL,立即加盖密封,混合均匀,得到橄榄油中氯乙烯浓度依次为 0.005 0 mg/kg、0.010 mg/kg、0.020 mg/kg、0.030 mg/kg、0.040 mg/kg 和 0.050 mg/kg。

注:由于氯乙烯容易挥发,为了避免氯乙烯损失,标准溶液配制前,食品模拟物需提前在 4℃冰箱中充分冷却,标准溶液配制过程中操作尽量快速。

6.2 食品模拟物试液的制备

6.2.1 总则

食品模拟物试液应按照 GB/T 23296.1—2009 的要求从迁移试验中获取,食品模拟物试液应密封避光保存在合适体积的玻璃瓶中,不留顶空体积,并将玻璃瓶保存在 4 ℃冰箱中。

6.2.2 水基食品模拟物

准确量取迁移试验中得到的水基食品模拟物 10 mL,加入 20 mL 顶空瓶中,立即加盖密封,待测。平行制样两份。

6.2.3 橄榄油

准确称取迁移试验中得到的橄榄油模拟物 10 g(精确至 0.1 g),加入 20 mL 顶空瓶中,立即加盖密封,待测。平行制样两份。

6.3 空白试液的制备

按照 6.2 操作程序处理未与食品接触材料接触的食品模拟物。

7 测定

7.1 测定条件

7.1.1 自动顶空进样器条件

a) 定量环:1 mL 或 3 mL;
b) 平衡温度:70 ℃;
c) 定量环温度:90 ℃;
d) 传输线温度:120 ℃;
e) 平衡时间:30 min;
f) 加压时间:0.20 min;
g) 定量环填充时间:0.10 min;
h) 定量环平衡时间:0.10 min;
i) 进样时间:1.50 min。

7.1.2 色谱条件

a) 色谱柱：聚乙二醇毛细管色谱柱，长 30 m，内径 0.32 mm，膜厚 1 μm，或相当者；

b) 柱温程序：起始 40 ℃，保持 1 min，以 2 ℃/min 的速率升至 60 ℃，保持 1 min，以 20 ℃速率升至 200 ℃，保持 1 min；

c) 载气：氮气，流速 1 mL/min；

d) 进样方式：分流，分流比为 1∶1；

e) 进样口温度：200 ℃；

f) 检测器温度：200 ℃。

7.2 绘制标准工作曲线

按照 7.1 所列测定条件，对标准工作溶液(6.1)进行检测。以食品模拟物标准工作溶液中氯乙烯浓度为横坐标，以对应的峰面积为纵坐标，绘制标准工作曲线。标准溶液色谱图参见附录 B。

按式(1)计算回归参数：

$$y = a \times x + b \quad \cdots\cdots(1)$$

式中：

y——食品模拟物标准工作溶液中氯乙烯的峰面积；

a——回归曲线的斜率；

x——食品模拟物标准工作溶液中氯乙烯浓度，单位为毫克每升或毫克每千克(mg/L 或 mg/kg)；

b——回归曲线的截距。

7.3 试液测定

对食品模拟物试液(6.2)和空白试液(6.3)依次进样，扣除空白值，得到氯乙烯色谱峰峰面积。

8 结果计算

8.1 食品模拟物试液中氯乙烯浓度的计算

食物模拟物试液中氯乙烯的浓度 c 按式(2)计算。

$$c = \frac{y-b}{a} \quad \cdots\cdots(2)$$

式中：

c——食品模拟物试液中氯乙烯的浓度，单位为毫克每升或毫克每千克(mg/L 或 mg/kg)；

y——食品模拟物试液中氯乙烯的峰面积；

b——回归曲线的截距；

a——回归曲线的斜率。

8.2 氯乙烯特定迁移量的转化计算

由 8.1 得到的食品模拟物试液中的氯乙烯浓度，根据迁移试验中所使用的食品模拟物的体积和测试试样与食品模拟物接触面积，通过数学换算计算出氯乙烯的特定迁移量，单位以“mg/kg 或 mg/dm^2”表示。详见 GB/T 23296.1—2009 的第 13 章。

计算结果以平行测定值的算术平均值表示，保留两位有效数字。

9 重复性

在重复性条件下获得的两次独立测定结果的绝对差值不得超过算术平均值的 10%。

附 录 A
（资料性附录）
手 动 进 样

A.1 如果自动顶空进样无法实现时，可以采用手动进样，但重复性应满足第 9 章要求。

A.2 手动进样宜采用内标法定量，内标物可为乙醚或者其他合适的溶剂。

A.3 进样操作：将盛有待测液的顶空瓶放入 70 ℃ ±1 ℃的恒温水浴中，平衡 30 min；用预热过的气密性玻璃注射器反复抽取顶空气体 3 次～5 次，然后准确抽取顶空气体 1 mL 快速注入气相色谱仪中；整个操作中保持样品恒温。

附 录 B
（资料性附录）
食品模拟物中氯乙烯的标准气相色谱图

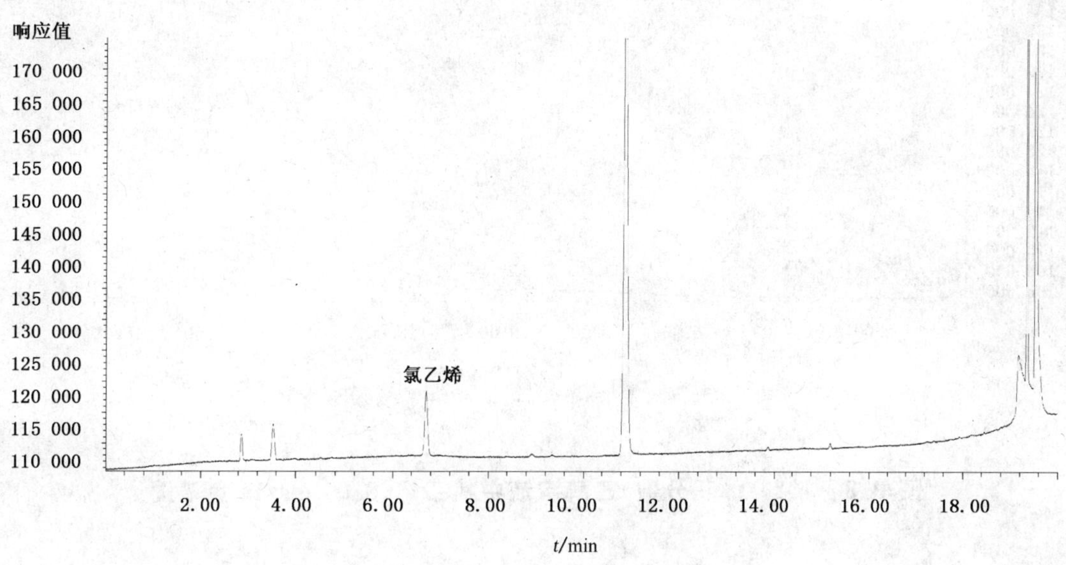

图 B.1 水中氯乙烯(0.01 mg/L)色谱图

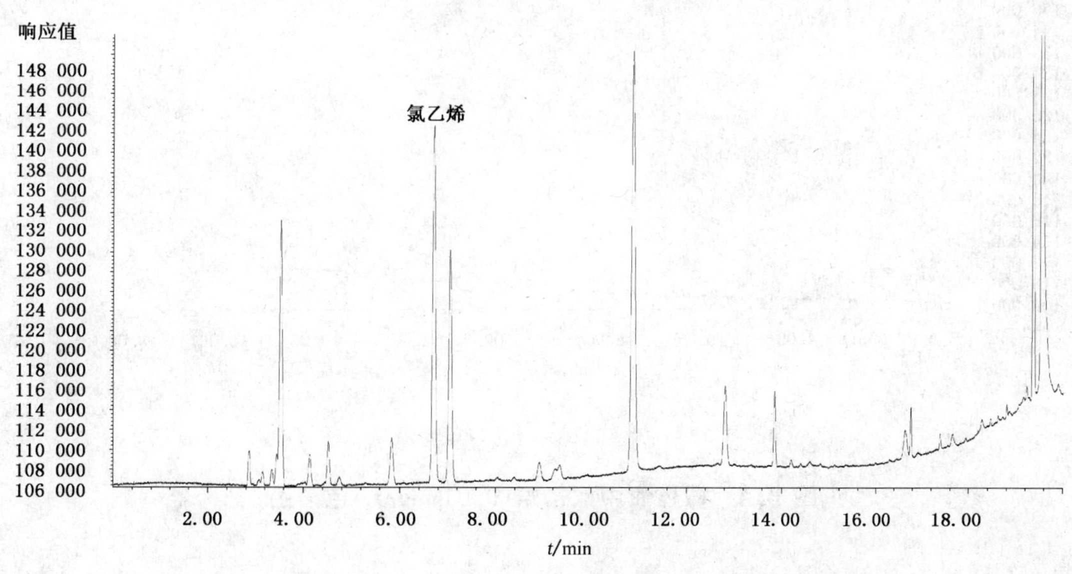

图 B.2 3%(质量浓度)乙酸溶液中氯乙烯(0.01 mg/L)色谱图

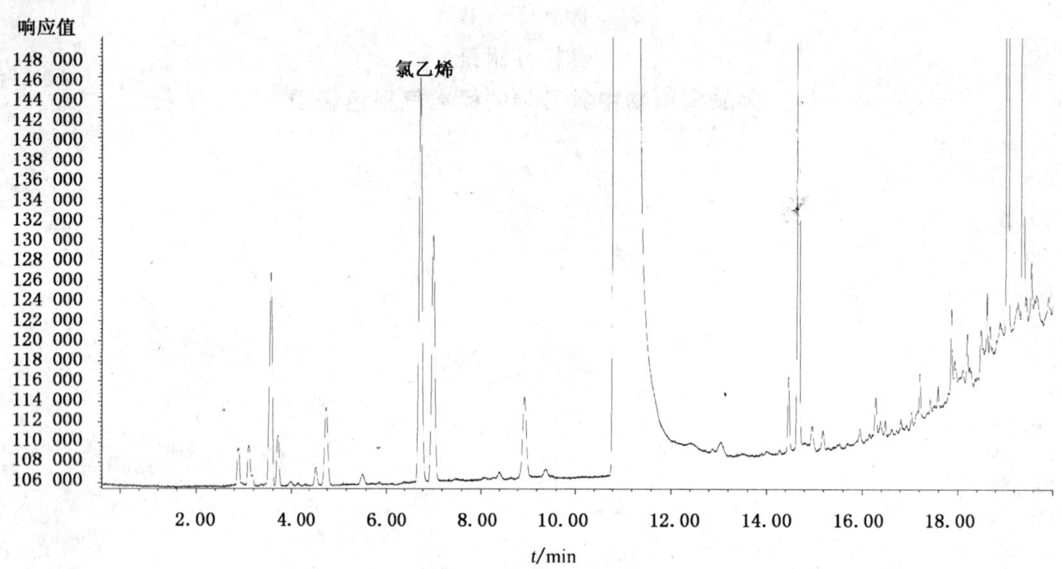

图 B.3 10%(体积分数)乙醇溶液中氯乙烯(0.01 mg/L)色谱图

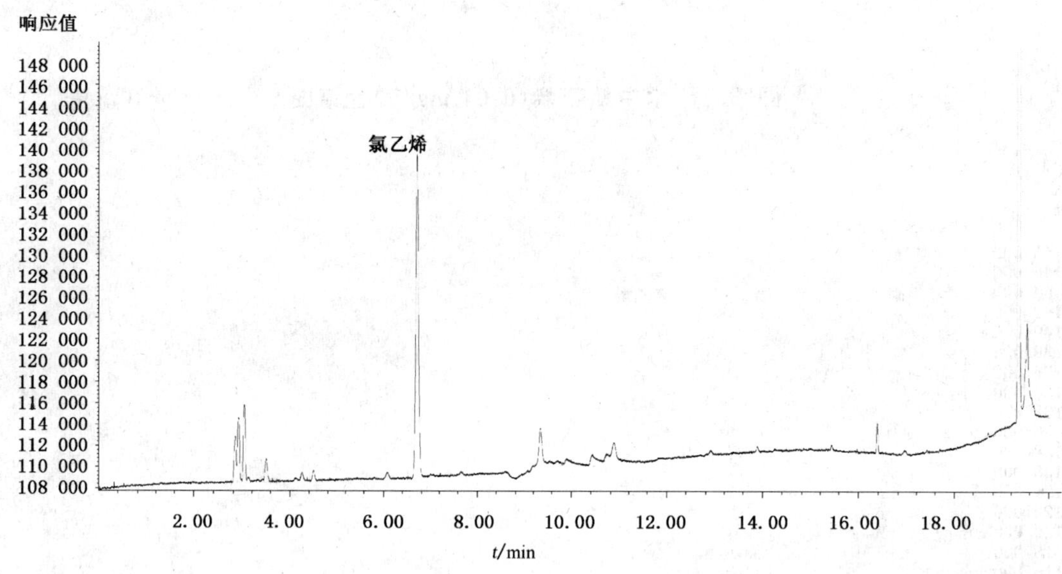

图 B.4 橄榄油中氯乙烯(0.01 mg/L)色谱图

参 考 文 献

[1] 81/432/EEC Laying down the community method of analysis for the official control of vinyl chloride released by materials and articles into foodstuffs

ICS 67.250
C 53

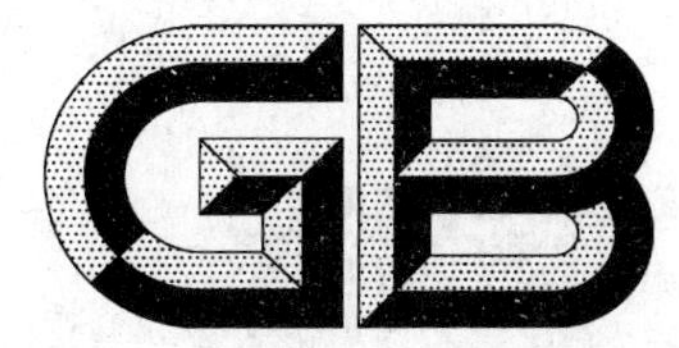

中华人民共和国国家标准

GB/T 23296.15—2009

食品接触材料　高分子材料 食品模拟物中2,4,6-三氨基-1,3,5-三嗪(三聚氰胺)的测定 高效液相色谱法

Food contact materials—Polymer—Determination of 2,4,6-triamino-1,3,5-triazine(melamine) in food simulants—High performance liquid chromatography

2009-03-31 发布　　　　2009-09-01 实施

中华人民共和国国家质量监督检验检疫总局
中国国家标准化管理委员会　发布

前　言

本标准参照欧盟技术规范 CEN/TS 13130-27:2005《食品接触材料及其制品　塑料中受限物质　第 27 部分:食品模拟物中 2,4,6-三氨基-1,3,5-三嗪(三聚氰胺)的测定》(英文版)制定。

本标准的附录 A 为资料性附录。

本标准由国家认证认可监督管理委员会提出。

本标准由全国进出口食品安全检测标准化技术委员会(SAC/TC 445)归口。

本标准起草单位为:中国检验检疫科学研究院、中华人民共和国湖北出入境检验检疫局、中华人民共和国山西出入境检验检疫局、国家环保产品质量监督检验中心。

本标准主要起草人:陈志锋、崔海容、孙利、马钰、宋欢、李挥、张岩、张庆。

食品接触材料 高分子材料 食品模拟物中2,4,6-三氨基-1,3,5-三嗪(三聚氰胺)的测定 高效液相色谱法

1 范围

本标准规定了食品模拟物中三聚氰胺的测定方法。

本标准适用于水、3%(质量浓度)乙酸溶液、10%(体积分数)乙醇溶液和橄榄油四种食品模拟物中三聚氰胺含量的测定。

水、3%(质量浓度)乙酸溶液和10%(体积分数)乙醇溶液三种水基食品模拟物中三聚氰胺的测定低限为5.00 mg/L,橄榄油中三聚氰胺的测定低限为4.00 mg/kg。

2 规范性引用文件

下列文件中的条款通过本标准的引用而成为本标准的条款。凡是注日期的引用文件,其随后所有的修改单(不包括勘误的内容)或修订版均不适用于本标准,然而,鼓励根据本标准达成协议的各方研究是否可使用这些文件的最新版本。凡是不注日期的引用文件,其最新版本适用于本标准。

GB/T 6682 分析实验室用水规格和试验方法(GB/T 6682—2008,ISO 3696:1987,MOD)

GB/T 23296.1—2009 食品接触材料 塑料中受限物质 塑料中物质向食品及食品模拟物特定迁移试验和含量测定方法以及食品模拟物暴露条件选择的指南

3 原理

食品模拟物中的三聚氰胺通过高效液相色谱柱进行分离,采用紫外检测器进行检测。水基食品模拟物直接进样,橄榄油通过水-异丙醇溶液萃取后进样。采用外标法定量。

4 试剂和材料

除另有规定外,水为GB/T 6682规定的一级水,试剂均为分析纯。

4.1 三聚氰胺($C_3H_6N_6$,CAS号:108-78-1),纯度大于99%。

4.2 冰乙酸。

4.3 无水乙醇。

4.4 精制橄榄油。

4.5 乙腈(色谱纯)。

4.6 异丙醇。

4.7 异辛烷。

4.8 磷酸二氢钠-水合物($NaH_2PO_4 \cdot H_2O$)。

4.9 氢氧化钠。

4.10 3%(质量浓度)乙酸溶液:称取30 g(精确至0.1 g)冰乙酸(4.2),移入1 L容量瓶中,用水定容。

4.11 10%(体积分数)乙醇溶液:量取100 mL无水乙醇(4.3)于1 L容量瓶中,用水定容。

4.12 10%(质量浓度)氢氧化钠溶液:称取10 g氢氧化钠(4.9)溶解在100 mL水中。

4.13 磷酸缓冲溶液(0.005 mol/L,pH=6.5):称取690 mg磷酸二氢钠一水合物(4.8),用900 mL水溶解,用10%(质量浓度)氢氧化钠溶液(4.12)调整其pH=6.5±0.2。

4.14 10%(体积分数)异丙醇溶液:量取10 mL异丙醇(4.6)于100 mL容量瓶中,用水定容。

4.15 三聚氰胺储备液(1.0 mg/mL):准确称取50 mg三聚氰胺于50 mL容量瓶中,精确至0.1 mg,加入40 mL水,在水浴(温度为70 ℃)中超声15 min~30 min,使三聚氰胺能够充分溶解,冷却至室温后用水定容。在-20 ℃~20 ℃条件下密封避光保存,3个月内浓度保持稳定。

4.16 水基食品模拟物配制的三聚氰胺标准溶液(0.10 mg/mL):吸取5 mL三聚氰胺储备液(4.15)于50 mL容量瓶中,用水定容,混合均匀,得到水中三聚氰胺浓度为0.1 mg/mL。采用同样方式,分别用3 %(质量浓度)乙酸溶液(4.10)和10%(体积分数)乙醇溶液(4.11)配制同样浓度的三聚氰胺标准溶液。

4.17 异丙醇-水混合溶液配制的三聚氰胺标准溶液:分别量取0.0 mL、0.5 mL、1.0 mL、2.0 mL、4.0 mL、8.0 mL三聚氰胺储备液(4.15)于25 mL容量瓶中,每个容量瓶中加入12.5 mL异丙醇,用水定容,得到三聚氰胺浓度分别为0.00 mg/L、20.0 mg/L、40.0 mg/L、80.0 mg/L、160 mg/L、320 mg/L。

5 仪器与设备

5.1 高效液相色谱仪:配置紫外吸收检测器。

5.2 超声恒温水浴。

5.3 离心机:转速大于4 000 r/min。

5.4 分析天平:感量0.000 1 g、0.01 g。

6 试液的制备

6.1 标准工作溶液的制备

6.1.1 水基食品模拟物标准工作溶液

分别准确量取0.0 mL、1.0 mL、2.0 mL、4.0 mL、8.0 mL和12.0 mL三聚氰胺标准溶液(4.16)于6个20 mL容量瓶中,用水定容,混合均匀,得到水中三聚氰胺浓度分别为0.00 mg/L、5.00 mg/L、10.0 mg/L、20.0 mg/L、40.0 mg/L和60.0 mg/L。采用同样方式,分别用3 %(质量浓度)乙酸溶液(4.10)和10%(体积分数)乙醇溶液(4.11)配制同样浓度系列的三聚氰胺标准工作溶液。

6.1.2 橄榄油标准工作溶液

分别准确称取5 g(精确至0.1 g)精制橄榄油(4.4)于6个25 mL具塞试管中,向每个试管中依次加入1 mL异丙醇-水溶液配制的三聚氰胺标准溶液(4.17),充分混合,得到橄榄油中三聚氰胺浓度为0.00 mg/kg、4.00 mg/kg、8.00 mg/kg、16.0 mg/kg、32.0 mg/kg和64.0 mg/kg。在每个试管中再加入5 mL异辛烷(4.7)和4.0 mL水,在恒温水浴中(温度70 ℃)超声萃取约30 min,然后离心3 min使两相分层,用移液器吸取下层水溶液2 mL,通过0.2 μm滤膜过滤后供高效液相色谱进样。

6.2 食品模拟物试液的制备

6.2.1 总则

食品模拟物试液应按照GB/T 23296.1—2009的要求从迁移试验中获取,应避光保存在4 ℃冰箱中。

6.2.2 水基食品模拟物

准确量取迁移试验中得到的水基食品模拟物约1 mL,通过0.2 μm滤膜过滤后供高效液相色谱进样。平行制样两份。

6.2.3 橄榄油

准确称取迁移试验中得到的橄榄油模拟物 5 g(精确至 0.1 g)于 25 mL 具塞试管中,加入 5 mL 异辛烷(4.7),充分混合,再加入 5.0 mL 10%(体积分数)的异丙醇溶液(4.14),将试管放到恒温水浴中(温度 70 ℃)超声萃取约 30 min,然后离心 3 min 使两相分层,用移液器吸取下层水溶液 2 mL,通过 0.2 μm 滤膜过滤后供高效液相色谱进样。平行制样两份。

6.3 空白试液的制备

按照 6.2 的操作处理未与食品接触材料接触的食品模拟物。

7 测定

7.1 测定条件

a) 色谱柱:氨基柱,柱长 200 mm,柱内径 4.6 mm,粒度 5 μm,或性能类似的分析柱;

b) 柱温:室温;

c) 流动相:乙腈(4.5)-磷酸缓冲溶液(4.13)(75+25);

d) 流速:1 mL/min;

e) 进样体积:20 μL;

f) 检测波长:230 nm。

7.2 绘制标准工作曲线

按照 7.1 所列测定条件,对标准工作溶液(6.1)进行检测。以食品模拟物标准工作溶液中三聚氰胺浓度为横坐标,以对应的峰面积为纵坐标,绘制标准工作曲线,得到线性方程。标准溶液色谱图参见附录 A。

按式(1)计算回归参数:

$$y = a \times x + b \qquad \cdots\cdots(1)$$

式中:

y——食品模拟物标准工作溶液中三聚氰胺的峰面积;

a——回归曲线的斜率;

x——食品模拟物标准工作溶液中三聚氰胺浓度,单位为毫克每升或毫克每千克(mg/L 或 mg/kg);

b——回归曲线的截距。

7.3 试液检测

对空白试液(6.3)和食品模拟物试液(6.2)依次进样,扣除空白值,得到三聚氰胺色谱峰峰面积。

8 结果计算

8.1 食品模拟物试液中三聚氰胺浓度的计算

食物模拟物试液中三聚氰胺浓度 c 按式(2)计算。

$$c = \frac{y - b}{a} \qquad \cdots\cdots(2)$$

式中:

c——食品模拟物试液中三聚氰胺的浓度,单位为毫克每升或毫克每千克(mg/L 或 mg/kg);

y——食品模拟物试液中三聚氰胺的峰面积;

b——回归曲线的截距;

a——回归曲线的斜率。

8.2 三聚氰胺特定迁移量的转化计算

由8.1得到的食品模拟物试液中三聚氰胺的浓度，根据迁移试验中所使用的食品模拟物的体积和测试试样与食品模拟物接触面积，通过数学换算计算出三聚氰胺的特定迁移量，单位以“mg/kg或mg/dm^2”表示。详见GB/T 23296.1—2009的第13章。

计算结果以平行测定值的算术平均值表示，保留三位有效数字。

9 重复性

在重复性条件下获得的两次独立测定结果的绝对差值不得超过算术平均值的10%。

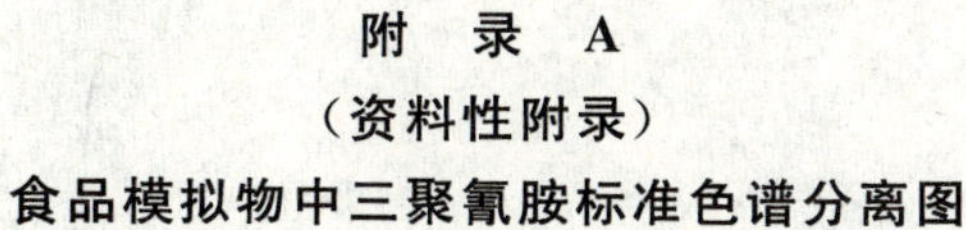

附　录　A
（资料性附录）
食品模拟物中三聚氰胺标准色谱分离图

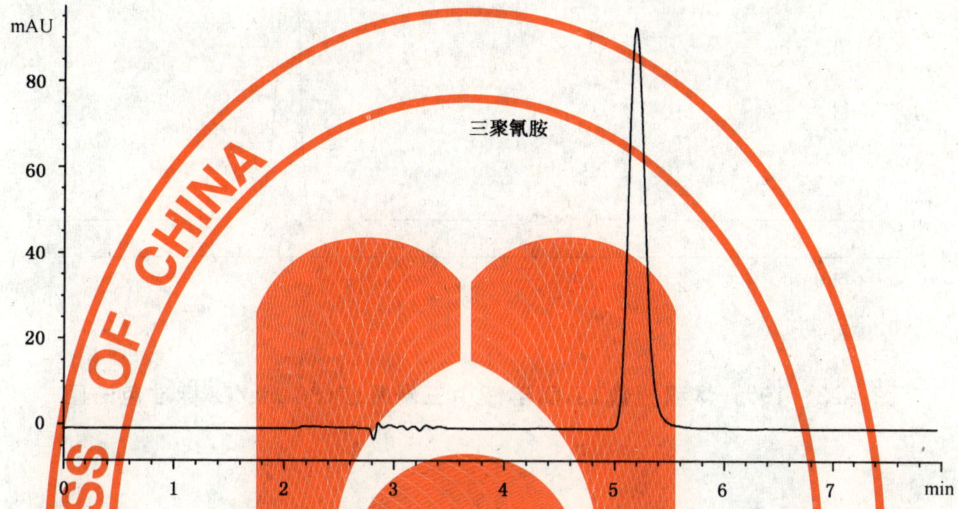

图 A.1　水中三聚氰胺(30 mg/L)标准色谱图

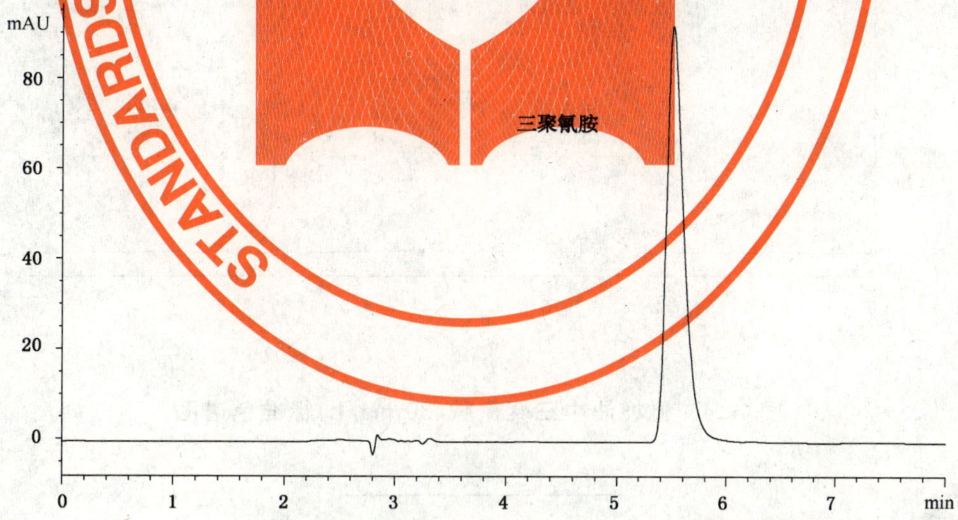

图 A.2　3%(质量浓度)乙酸溶液中三聚氰胺(30 mg/L)标准色谱图

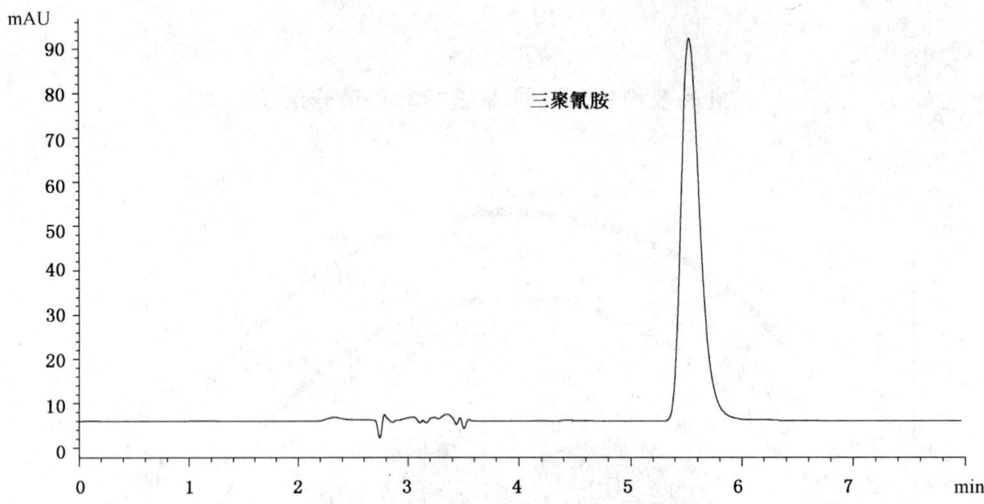

图 A.3 10%(体积分数)乙醇溶液中三聚氰胺(30 mg/L)标准色谱图

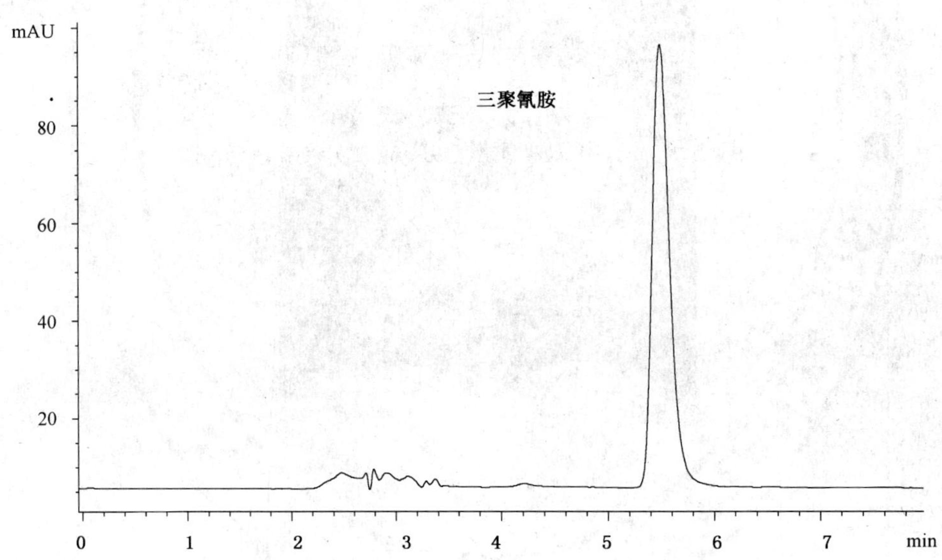

图 A.4 橄榄油中三聚氰胺(30 mg/L)标准色谱图

ICS 67.250
C 53

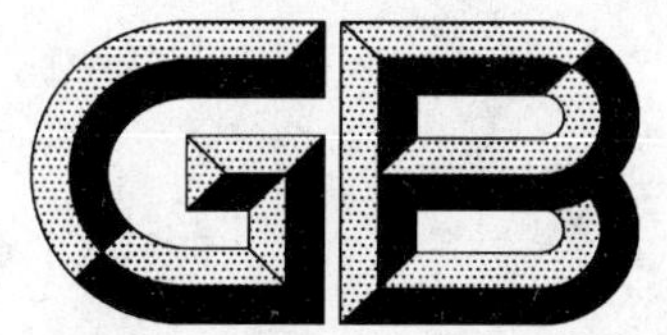

中华人民共和国国家标准

GB/T 23296.16—2009

食品接触材料 高分子材料 食品模拟物中2,2-二(4-羟基苯基)丙烷(双酚A)的测定 高效液相色谱法

Food contact materials—Polymer—Determination of 2,2-bis (4-hydroxyphenyl) propane (bisphenol A) in food simulants—High performance liquid chromatography

2009-03-31 发布 2009-09-01 实施

中华人民共和国国家质量监督检验检疫总局
中国国家标准化管理委员会 发布

前　言

本标准参照欧盟技术规范CEN/TS 13130-13:2005《食品接触材料及其制品　塑料中受限物质　第13部分:食品模拟物中2,2-二(4-羟基苯基)丙烷(双酚A)的测定》(英文版)制定。

本标准的附录A为资料性附录。

本标准由国家认证认可监督管理委员会提出。

本标准由全国进出口食品安全检测标准化技术委员会(SAC/TC 445)归口。

本标准起草单位:中国检验检疫科学研究院、中华人民共和国山东出入境检验检疫局、中华人民共和国湖北出入境检验检疫局、中华人民共和国广东出入境检验检疫局。

本标准主要起草人:陈志锋、孙忠松、孙利、崔海容、李波平、周明辉、李全忠。

食品接触材料 高分子材料 食品模拟物中 2,2-二(4-羟基苯基)丙烷(双酚 A)的测定 高效液相色谱法

1 范围

本标准规定了食品模拟物中双酚 A 的测定方法。

本标准适用于水、3%(质量浓度)乙酸溶液、10%(体积分数)乙醇溶液和橄榄油四种食品模拟物中双酚 A 含量的测定。

水、3%(质量浓度)乙酸溶液和 10%(体积分数)乙醇溶液三种水基食品模拟物中双酚 A 的测定低限为 0.03 mg/L,橄榄油中双酚 A 的测定低限为 0.3 mg/kg。

2 规范性引用文件

下列文件中的条款通过本标准的引用而成为本标准的条款。凡是注日期的引用文件,其随后所有的修改单(不包括勘误的内容)或修订版均不适用于本标准,然而,鼓励根据本标准达成协议的各方研究是否可使用这些文件的最新版本。凡是不注日期的引用文件,其最新版本适用于本标准。

GB/T 6682 分析实验室用水规格和试验方法(GB/T 6682—2008,ISO 3696:1987,MOD)。

GB/T 23296.1—2009 食品接触材料 塑料中受限物质 塑料中物质向食品及食品模拟物特定迁移试验和含量测定方法以及食品模拟物暴露条件选择的指南

3 原理

食品模拟物中的双酚 A 通过高效液相色谱柱进行分离,采用荧光检测器进行检测。水基食品模拟物直接进样,橄榄油模拟物通过甲醇溶液萃取后进样。采用外标法定量。

4 试剂和材料

除另有规定外,水为 GB/T 6682 规定的一级水,试剂均为分析纯。

4.1 双酚 A($C_{15}H_{16}O_2$,CAS 号:80-05-7):纯度大于 99%。

4.2 冰乙酸。

4.3 无水乙醇。

4.4 精制橄榄油。

4.5 正己烷:色谱纯。

4.6 甲醇:色谱纯。

4.7 3%(质量浓度)乙酸溶液:称取 30 g(精确至 0.1 g)冰乙酸 (4.2) 于 1 L 容量瓶中,用水定容。

4.8 10%(体积分数)乙醇溶液:量取 100 mL 无水乙醇(4.3)于 1 L 容量瓶中,用水定容。

4.9 甲醇-水混合液(1+1):量取 100 mL 甲醇(4.6)和 100 mL 水,混匀。

4.10 双酚 A 储备液(375 mg/L):准确称取 37.5 mg 双酚 A(精确至 0.1 mg)(4.1)至 100 mL 容量瓶中,用甲醇(4.6)定容。在−20 ℃～20 ℃条件下避光保存,密封的双酚 A 储备液浓度在 3 个月内保持稳定。

4.11 双酚 A 标准中间液(37.5 mg/L):取 10 mL 双酚 A 储备液(4.10)于 100 mL 容量瓶中,用甲醇(4.6)定容。

5 仪器与设备

5.1 高效液相色谱仪:配置荧光检测器。

5.2 涡旋振荡器。

5.3 微量注射器:10 μL、50 μL、1 000 μL。

5.4 具塞试管:10 mL。

5.5 分析天平:感量 0.000 1 g、0.01 g。

6 试液的制备

6.1 标准工作溶液的制备

6.1.1 水基食品模拟物标准工作溶液

用微量注射器分别准确量取 0 μL、20 μL、40 μL、100 μL、200 μL、500 μL 双酚 A 标准中间液(4.11)于 6 个 25 mL 容量瓶中,用水定容,得到水中双酚 A 浓度分别为 0.00 mg/L、0.03 mg/L、0.06 mg/L、0.15 mg/L、0.30 mg/L、0.75 mg/L 的标准工作液。采用同样方式,分别用 3%(质量浓度)乙酸溶液(4.7)和 10%(体积分数)乙醇溶液(4.8)配制同样浓度系列的双酚 A 标准工作溶液。

6.1.2 橄榄油标准工作溶液

分别准确称取 1 g(精确至 0.01 g)橄榄油至 6 个具塞试管中,用微量注射器分别移取 0 μL、8 μL、12 μL、20 μL、40 μL、80 μL 双酚 A 标准中间液(4.11)于试管中,得到浓度分别为 0.00 mg/kg、0.30 mg/kg、0.45 mg/kg、0.75 mg/kg、1.5 mg/kg、3.0 mg/kg 的标准工作溶液。分别在每个试管中再加入 3 mL 正己烷(4.5),混匀,加入 2 mL 甲醇-水混合液(4.9),涡旋振荡 2 min,静置分层。用注射器吸取下层水溶液,通过 0.2 μm 滤膜过滤后供高效液相色谱进样。

6.2 食品模拟物试液的制备

6.2.1 总则

食品模拟物试液应按照 GB/T 23296.1—2009 的要求从迁移试验中获取,在 4 ℃冰箱中避光保存。

6.2.2 水基食品模拟物

准确量取迁移试验中得到的水基食品模拟物约 1 mL,通过 0.2 μm 滤膜过滤后供高效液相色谱进样。平行制样两份。

6.2.3 橄榄油

准确称取迁移试验中得到的橄榄油模拟物 1 g ±0.01 g 于试管中,加入 3 mL 正己烷(4.5),充分混合,加入 2 mL 甲醇-水混合液(4.9),涡旋振荡 2 min,静置分层。用移液器吸取下层水溶液,通过 0.2 μm 滤膜过滤后供高效液相色谱进样。平行制样两份。

6.3 空白试液的制备

按照 6.2 的操作处理未与食品接触材料接触的食品模拟物。

7 测定

7.1 测定条件

a) 色谱柱:C_{18}柱,柱长 250 mm,内径 4.6 mm,粒度 5 μm,或性能类似的分析柱;

b) 流动相:甲醇-水(70+30);

c) 流速:1 mL/min;

d) 柱温:室温;

e) 荧光检测器:激发波长 227 nm,发射波长 313 nm。

7.2 绘制标准工作曲线

按照7.1所列测定条件，对标准工作溶液(6.1)进行检测。以食品模拟物标准工作曲线中双酚A浓度为横坐标，以对应的峰面积为纵坐标，绘制标准工作曲线，得到线性方程。标准溶液色谱图参见附录A。

按式(1)计算回归参数：

$$y = a \times x + b \tag{1}$$

式中：

y——食品模拟物标准工作溶液中双酚A的峰面积；

a——回归曲线的斜率；

x——食品模拟物标准工作溶液中双酚A浓度，单位为毫克每升或毫克每千克(mg/L或mg/kg)；

b——回归曲线的截距。

7.3 试液测定

对空白试液(6.3)和食品模拟物试液(6.2)依次进样，扣除空白值，得到双酚A色谱峰峰面积。

8 结果计算

8.1 食品模拟物试液中双酚A浓度的计算

食物模拟物试液中双酚A的浓度 c 按式(2)计算。

$$c = \frac{y - b}{a} \tag{2}$$

式中：

c——食品模拟物试液中双酚A的浓度，单位为毫克每升或毫克每千克(mg/L或mg/kg)；

y——食品模拟物试液中双酚A的峰面积；

b——回归曲线的截距；

a——回归曲线的斜率。

8.2 双酚A特定迁移量的转化计算

由8.1得到的食品模拟物试液中双酚A浓度，根据迁移试验中所使用的食品模拟物的体积和测试试样与食品模拟物接触面积，通过数学换算计算出双酚A的特定迁移量，单位以“mg/kg或mg/dm^2”表示。详见GB/T 23296.1—2009的第13章。

计算结果以平行测定值的算术平均值表示，保留两位有效数字。

9 重复性

在重复性条件下获得的两次独立测定结果的绝对差值不得超过算术平均值的10%。

附 录 A
（资料性附录）
食品模拟物中双酚 A 标准色谱分离图

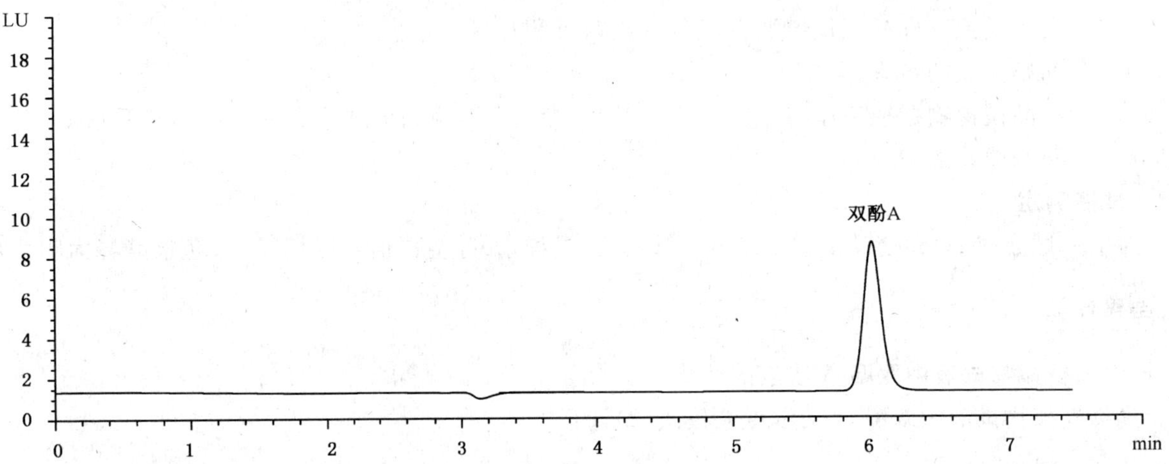

图 A.1　水中双酚 A(0.6 mg/L)标准色谱图

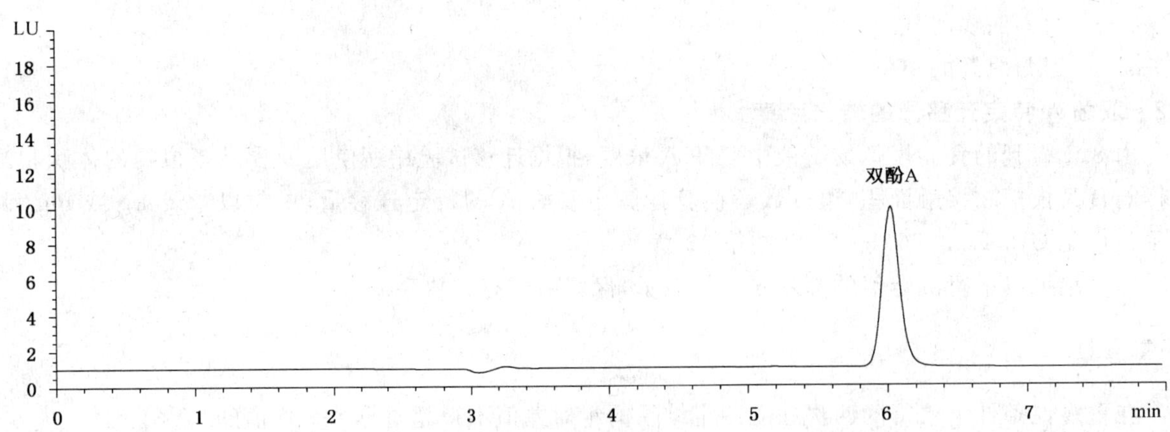

图 A.2　3%(质量浓度)乙酸溶液中双酚 A(0.6 mg/L)标准色谱图

图 A.3　10%(体积分数)乙醇溶液中双酚 A(0.6 mg/L)标准色谱图

图 A.4　橄榄油中双酚 A(0.6 mg/L)标准色谱图

ICS 67.250
C 53

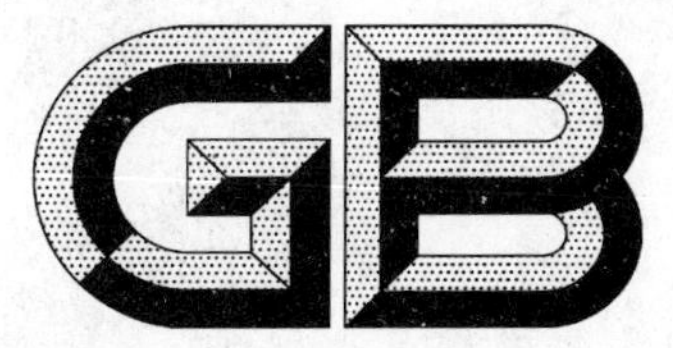

中华人民共和国国家标准

GB/T 23296.17—2009

食品接触材料　高分子材料
食品模拟物中乙二胺与己二胺的测定
气相色谱法

Food contact materials—Polymer—
Determination of 1,2-diaminoethane and 1,6-diaminohexane in food simulants—
Gas chromatography

2009-03-31 发布　　　　2009-09-01 实施

中华人民共和国国家质量监督检验检疫总局
中国国家标准化管理委员会　发布

前言

本标准参照欧盟技术规范 CEN/TS 13130-21:2005《食品接触材料及其制品　塑料中受限物质　第 21 部分:食品模拟物中乙二胺与己二胺的测定》(英文版)制定。

本标准附录 A 为资料性附录。

本标准由国家认证认可监督管理委员会提出。

本标准由全国进出口食品安全检测标准化技术委员会(SAC/TC 445)归口。

本标准起草单位:中国检验检疫科学研究院、中华人民共和国湖北出入境检验检疫局、中华人民共和国广东出入境检验检疫局、国家环保产品质量监督检验中心。

本标准主要起草人:陈志锋、张峰、崔海容、翟翠萍、周明辉、李挥、朱明达、孙利、杨倩。

食品接触材料　高分子材料
食品模拟物中乙二胺与己二胺的测定
气相色谱法

1　范围

本标准规定了食品模拟物中乙二胺与己二胺的测定方法。

本标准适用于水、3%(质量浓度)乙酸溶液、10%(体积分数)乙醇溶液三种水基食品模拟物、脂类食品模拟物橄榄油和95%(体积分数)乙醇溶液、异辛烷两种脂类替代食品模拟物中乙二胺和己二胺含量的测定。

水、3%(质量浓度)乙酸溶液、10%(体积分数)乙醇溶液、95%(体积分数)乙醇和异辛烷食品模拟物中乙二胺的测定低限均为1.00 mg/L,己二胺的测定低限均为0.500 mg/L;橄榄油中乙二胺的测定低限均为1.00 mg/kg,己二胺的测定低限均为0.500 mg/kg。

2　规范性引用文件

下列文件中的条款通过本标准的引用而成为本标准的条款。凡是注日期的引用文件,其随后所有的修改单(不包括勘误的内容)或修订版均不适用于本标准,然而,鼓励根据本标准达成协议的各方研究是否可使用这些文件的最新版本。凡是不注日期的引用文件,其最新版本适用于本标准。

GB/T 6682　分析实验室用水规格和试验方法(GB/T 6682—2008,ISO 3696:1987,MOD)

GB/T 23296.1—2009　食品接触材料　塑料中受限物质　塑料中物质向食品及食品模拟物特定迁移试验和含量测定方法以及食品模拟物暴露条件选择的指南

3　原理

用氯甲酸乙酯作为衍生剂,将食品模拟物中的乙二胺和己二胺衍生转化为相应的二氨基甲酸乙酯衍生产物,采用气相色谱柱进行分离,氢火焰离子化检测器进行检测。内标法定量,内标物为1,3-丙二胺。

4　试剂和材料

除另有规定外,水为GB/T 6682规定的一级水,试剂均为分析纯。

4.1　乙二胺(1,2-diaminoethane,$C_2H_8N_2$,CAS号:107-15-3):纯度大于99%。

4.2　己二胺(1,6-diaminohexane,$C_6H_{16}N_2$,CAS号:124-09-4):纯度大于97%。

4.3　丙二胺(1,3-diaminopropane,$C_3H_{10}N_2$,CAS号:78-90-0):纯度大于99%。

4.4　氯甲酸乙酯($ClCOOC_2H_5$):纯度大于97%。

4.5　冰乙酸。

4.6　无水乙醇。

4.7　精制橄榄油。

4.8　异辛烷。

4.9　甲苯。

4.10　乙醚。

4.11　无水硫酸钠。

4.12　氢氧化钠:纯度达到99%。

4.13　25%(质量分数)氨水溶液:d^{20}=0.91 kg/L。

4.14　约3%(质量分数)氨水溶液:在250 mL锥形瓶中加入200 mL水和30 mL 25%氨水溶液(4.13),混合均匀。

4.15　氢氧化钠溶液(5 mol/L):称取50.0 g(精确到0.1 g)氢氧化钠(4.12)于250 mL容量瓶中,用水定容。

4.16　3%(质量浓度)乙酸溶液:称取30 g(精确到0.1 g)冰乙酸(4.5)于1 L容量瓶中,用水定容。

4.17　10%(体积分数)乙醇溶液:量取100 mL无水乙醇(4.6)于1 L容量瓶中,用水定容。

4.18　95%(体积分数)乙醇溶液:量取475 mL无水乙醇(4.6)于500 mL容量瓶中,用水定容。

4.19　水配制的乙二胺储备液(1 000 mg/L):准确称取乙二胺50 mg(精确到0.1 g)于50 mL容量瓶中,用水定容。

4.20　水配制的己二胺储备液(500 mg/L):准确称取己二胺25 mg(精确到0.1g)于50 mL容量瓶中,用水定容。

4.21　水配制的丙二胺储备液(500 mg/L):准确称取丙二胺25 mg(精确到0.1 g)于50 mL容量瓶中,用水定容。

4.22　甲苯配制的乙二胺储备液(1 000 mg/L):准确称取乙二胺50 mg(精确到0.1 g)于50 mL容量瓶中,用甲苯定容。

4.23　甲苯配制的己二胺储备液(500 mg/L):准确称取己二胺25 mg(精确到0.1 g)于50 mL容量瓶中,用甲苯定容。

4.24　甲苯配制的丙二胺储备液(500 mg/L):准确称取丙二胺25 mg(精确到0.1 g)于50 mL容量瓶中,用甲苯定容。

配制的储备液可在5 ℃～20 ℃下避光密封保存,3个月内有效。

5　仪器与设备

5.1　气相色谱:配置氢火焰离子化检测器。

5.2　玻璃瓶:2 mL、10 mL,瓶盖带有涂覆有聚四氟乙烯的丁基橡胶或者硅橡胶密封垫。

5.3　微量注射器:10 μL、25 μL。

5.4　振荡器。

5.5　分析天平:感量0.000 1 g、0.01 g。

6　试液的制备

6.1　标准工作溶液的制备

6.1.1　水基食品模拟物和95%(体积分数)乙醇溶液标准工作溶液

向7个10 mL玻璃瓶中分别加入1 mL水和10 μL水配制的丙二胺储备液(4.21),依次加入0 μL、1 μL、2 μL、3 μL、5 μL、12 μL和24 μL水配制的乙二胺储备液(4.19)和0 μL、1 μL、2 μL、4 μL、6 μL、8 μL、10 μL水配制的己二胺储备液(4.20),加盖密封,混合均匀。得到水中乙二胺浓度分别为0.00 mg/L、1.00 mg/L、2.00 mg/L、3.00 mg/L、5.00 mg/L、12.0 mg/L和24.0 mg/L;己二胺浓度分别为0.00 mg/L、0.500 mg/L、1.00 mg/L、2.00 mg/L、3.00 mg/L、4.00 mg/L和5.00 mg/L。采用同样方式,分别用3%(质量浓度)乙酸溶液、10%(体积分数)乙醇溶液和95%(体积分数)乙醇溶液配制同样浓度系列的乙二胺和己二胺标准工作溶液。

6.1.2　橄榄油和异辛烷标准工作溶液

分别称取1 g橄榄油(精确到0.01 g)于7个10 mL玻璃瓶中,每个玻璃瓶中加入10 μL甲苯配制的丙二胺储备液(4.24),依次加入0 μL、1 μL、2 μL、3 μL、5 μL、12 μL和24 μL甲苯配制的乙二胺储备液(4.22)和0 μL、1 μL、2 μL、4 μL、6 μL、8 μL和10 μL甲苯配制的己二胺储备液(4.23),加盖密封,混合均匀。得到橄榄油中乙二胺浓度分别为0.00 mg/kg、1.00 mg/kg、2.00 mg/kg、3.00 mg/kg、

5.00 mg/kg、12.0 mg/kg 和 24.0 mg/kg；己二胺浓度分别为 0.00 mg/kg、0.500 mg/kg、1.00 mg/kg、2.00 mg/kg、3.00 mg/kg、4.00 mg/kg 和 5.00 mg/kg。采用同样方式，用异辛烷配制同样浓度系列的乙二胺和己二胺标准工作溶液。

6.2 食品模拟物试液的制备

6.2.1 总则

食品模拟物试液应按照 GB/T 23296.1—2009 的要求从迁移试验中获取，应避光保存在 4 ℃冰箱中。当食品接触材料与橄榄油 10 d 20 ℃或者 10 d 40 ℃条件下长时间接触时，食品接触材料中迁移出的乙二胺和己二胺会与橄榄油发生反应，导致检测结果偏低，应采用 95%（体积分数）乙醇溶液或异辛烷替代橄榄油进行检测。

6.2.2 水基食品模拟物

准确量取迁移试验中得到的水基食品模拟物 1 mL 于 10 mL 玻璃瓶中，加入 10 μL 丙二胺储备液（4.21），加盖密封，混合均匀。平行制样两份。

6.2.3 橄榄油

准确称取迁移试验中得到的橄榄油模拟物 1.0 g（精确到 0.01 g）于 10 mL 样品瓶中，加入 10 μL 甲苯配制的丙二胺储备液（4.24），加盖密封，混合均匀。平行制样两份。

6.2.4 95%（体积分数）乙醇溶液

准确量取迁移试验中得到的 95%（体积分数）乙醇溶液 1.0 mL 于 10 mL 样品瓶中，加入 10 μL 丙二胺储备液（4.21），加盖密封，混合均匀。平行制样两份。

6.2.5 异辛烷

准确量取迁移试验中得到的异辛烷 1.0 mL 于 10 mL 样品瓶中，加入 10 μL 甲苯配制的丙二胺储备液（4.24），加盖密封，混合均匀。平行制样两份。

6.3 空白试液的制备

按照 6.2 的操作处理未与食品接触材料接触的食品模拟物。

7 测定

7.1 测定条件

a) 色谱柱：100%二甲基硅氧烷柱，长 30 m，内径 0.32 mm，膜厚 5 μm，或相当者；

b) 进样口温度：280 ℃；

c) 检测器温度：300 ℃；

d) 炉温：100 ℃保持 1 min，以 25 ℃/min 上升到 270 ℃，保持 7 min；

e) 载气：氮气，流速 1.8 mL/min；

f) 进样方式：分流进样，分流比 10：1；

g) 进样体积：1 μL。

7.2 食品模拟物试液衍生化处理

7.2.1 水基食品模拟物和 95%（体积分数）乙醇溶液

向盛有水基食品模拟物试液（6.2.2）的玻璃瓶中加入 1 mL 氨水溶液（4.14）、3 mL 氢氧化钠溶液（4.15）、2 mL 甲苯（4.9）和 200 μL 氯甲酸乙酯（4.4），密封，室温下往复振荡 30 min。静置分层后，转移 1 mL 上层甲苯清液于 2 mL 玻璃进样瓶中，加入少许无水硫酸钠（4.11），离心后取上层清液供气相色谱分析。95%（体积分数）乙醇溶液按照同样程序处理。

7.2.2 橄榄油

向盛有橄榄油试液（6.2.3）的玻璃瓶中加入 5 mL 乙醚（4.10）和 1 mL 3%（质量浓度）乙酸溶液（4.16），加盖密封，充分摇匀，静置分层。用移液器转移下层水相于 10 mL 玻璃瓶中，再次用 1 mL 3%（质量浓度）乙酸溶液（4.16）重复提取，合并两次提取液。在提取液中加入 4 mL 乙醚（4.10）进行清洗，移去醚层，再重复用 4 mL 乙醚（4.10）清洗，最终橄榄油试液中的乙二胺和己二胺被萃取到水相中，按照 7.2.1 操作步骤进行衍生处理。

7.2.3 异辛烷

向盛有异辛烷试液(6.2.5)的玻璃瓶中加入 1 mL 3%(质量浓度)乙酸溶液(4.16),密封,充分摇匀,静置分层。用移液器转移下层水相于 10 mL 玻璃瓶中,再次用 1 mL 3%(质量浓度)乙酸溶液(4.16)重复提取,合并两次提取液。在提取液中加入 4 mL 乙醚(4.10)进行清洗,移去醚层,再重复用 4 mL 乙醚(4.10)清洗,最终异辛烷试液中的乙二胺和己二胺被萃取到水相中,按照 7.2.1 操作步骤进行衍生处理。

7.3 空白试液衍生化处理

按照 7.2 的操作处理 6.3 中制备的空白试液。

7.4 绘制标准工作曲线

6.1 中制备的标准工作溶液按照 7.2 进行衍生化处理,在 7.1 所列测定条件下进行检测。以食品模拟物标准工作溶液中乙二胺或己二胺浓度为横坐标,以对应的乙二胺衍生物或己二胺衍生物与内标物丙二胺衍生物之间的峰面积比值为纵坐标,绘制标准工作曲线,得到线性方程。标准溶液色谱图参见附录 A。

按式(1)计算回归参数:

$$y = a \times x + b \qquad \cdots\cdots(1)$$

式中:

y——食品模拟物标准工作溶液中乙二胺衍生物或己二胺衍生物与内标物丙二胺衍生物之间的峰面积比值;

a——回归曲线的斜率;

x——食品模拟物标准工作溶液中乙二胺或己二胺浓度,单位为毫克每升或毫克每千克(mg/L 或 mg/kg);

b——回归曲线的截距。

7.5 试液检测

对经衍生化处理的食品模拟物试液(7.2)和空白试液(7.3)依次进样,扣除空白值,得到乙二胺衍生物或己二胺衍生物与内标物丙二胺衍生物色谱峰峰面积。

8 结果计算

8.1 食品模拟物试液中乙二胺和己二胺浓度的计算

食品模拟物试液中乙二胺或己二胺的浓度 c 按式(2)计算。

$$c = \frac{y - b}{a} \qquad \cdots\cdots(2)$$

式中:

c——食品模拟物试液中乙二胺或己二胺的浓度,单位为毫克每升或毫克每千克(mg/L 或 mg/kg);

y——食品模拟物试液中乙二胺衍生物或己二胺衍生物与内标物丙二胺衍生物峰面积比值;

b——回归曲线的截距;

a——回归曲线的斜率。

8.2 乙二胺和己二胺特定迁移量的转化计算

由 8.1 得到的食品模拟物试液中乙二胺和己二胺浓度,根据迁移试验中所使用的食品模拟物试液的体积和测试试样与食品模拟物接触面积,通过数学换算计算出乙二胺和己二胺的特定迁移量,单位以“mg/kg 或 mg/dm^2”表示。详见 GB/T 23296.1—2009 的第 13 章。

计算结果以平行测定值的算术平均值表示,保留三位有效数字。

9 重复性

在重复性条件下获得的两次独立测定结果的绝对差值不得超过算术平均值的 10%。

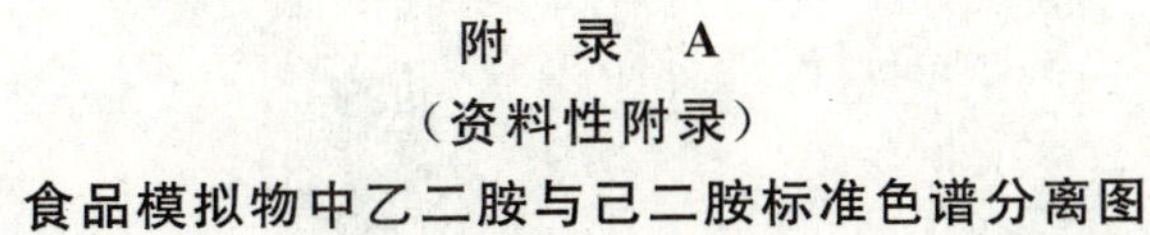

附　录　A
（资料性附录）
食品模拟物中乙二胺与己二胺标准色谱分离图

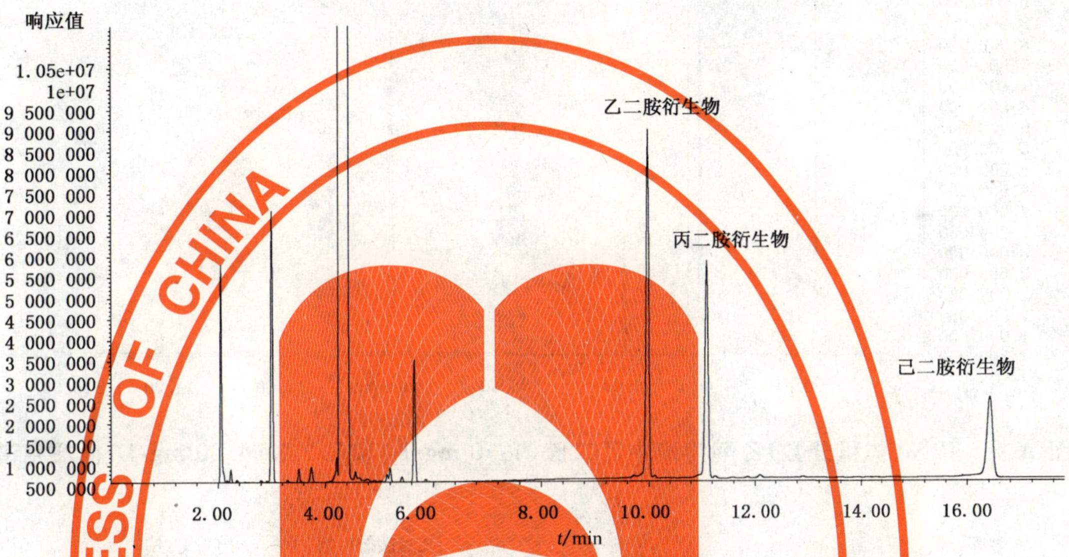

图 A.1　水中乙二胺（12.0 mg/L）和己二胺（4.00 mg/L）标准色谱图

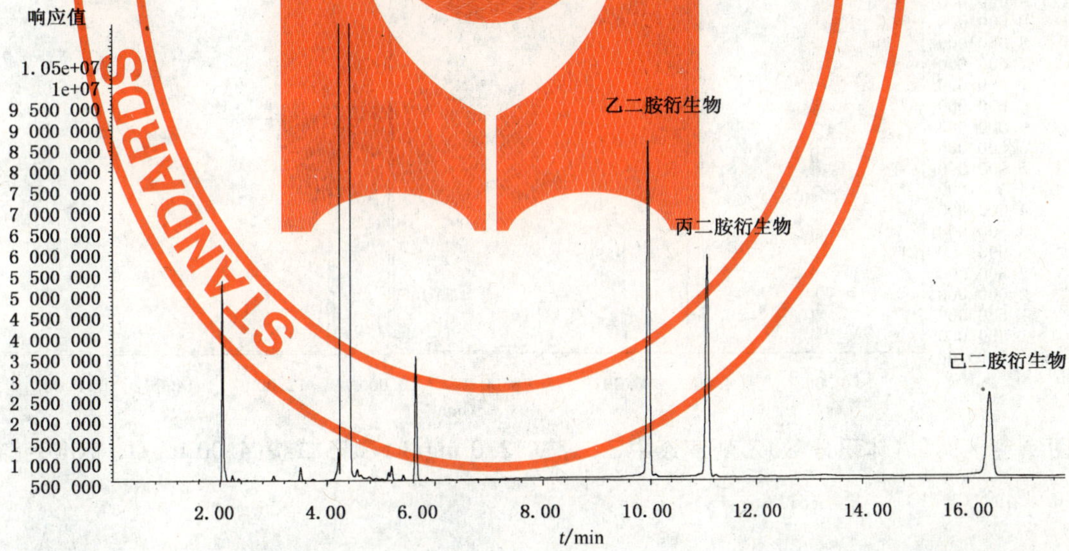

图 A.2　3%（质量浓度）乙酸溶液中乙二胺（12.0 mg/L）和己二胺（4.00 mg/L）标准色谱图

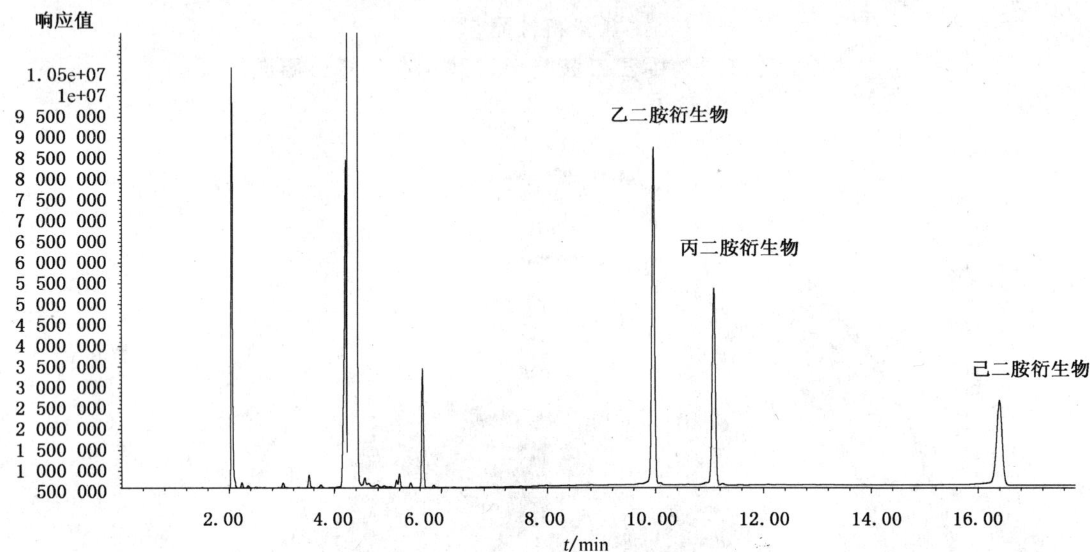

图 A.3 10%(体积分数)乙醇溶液中乙二胺(12.0 mg/L)和己二胺(4.00 mg/L)标准色谱图

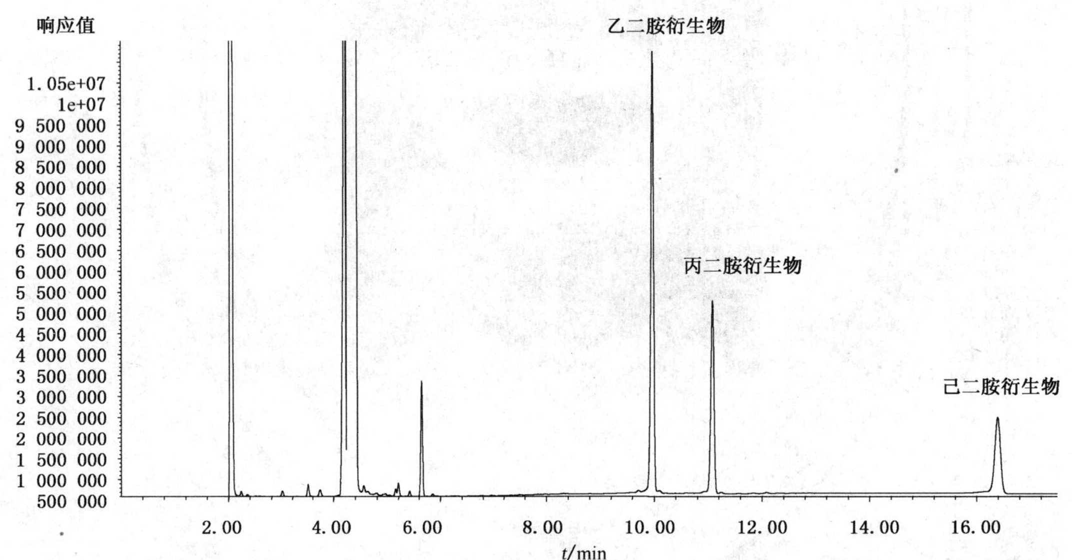

图 A.4 95%(体积分数)乙醇溶液中乙二胺(12.0 mg/L)和己二胺(4.00 mg/L)标准色谱图

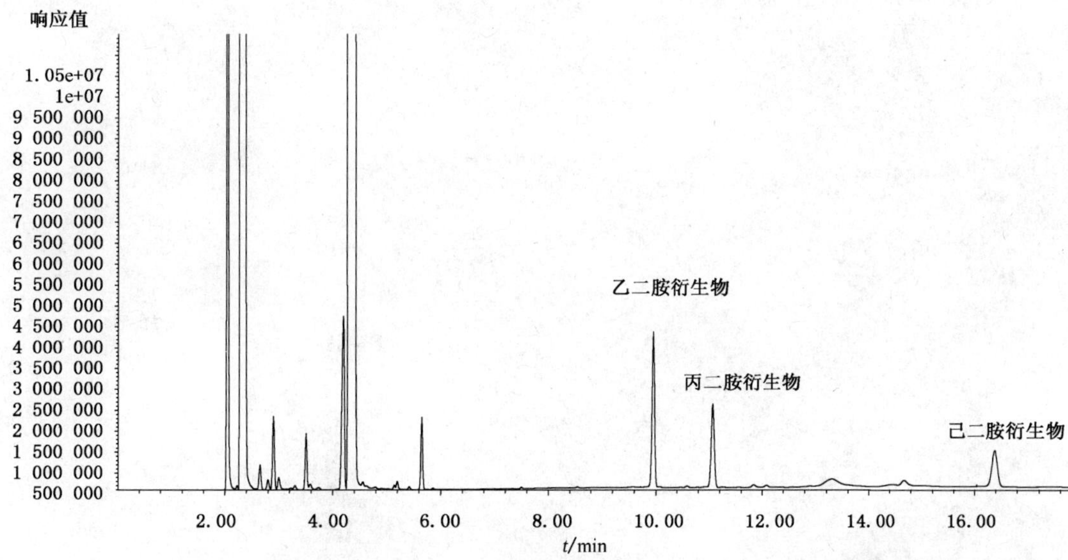

图 A.5 橄榄油中乙二胺(12.0 mg/L)和己二胺(4.00 mg/L)标准色谱图

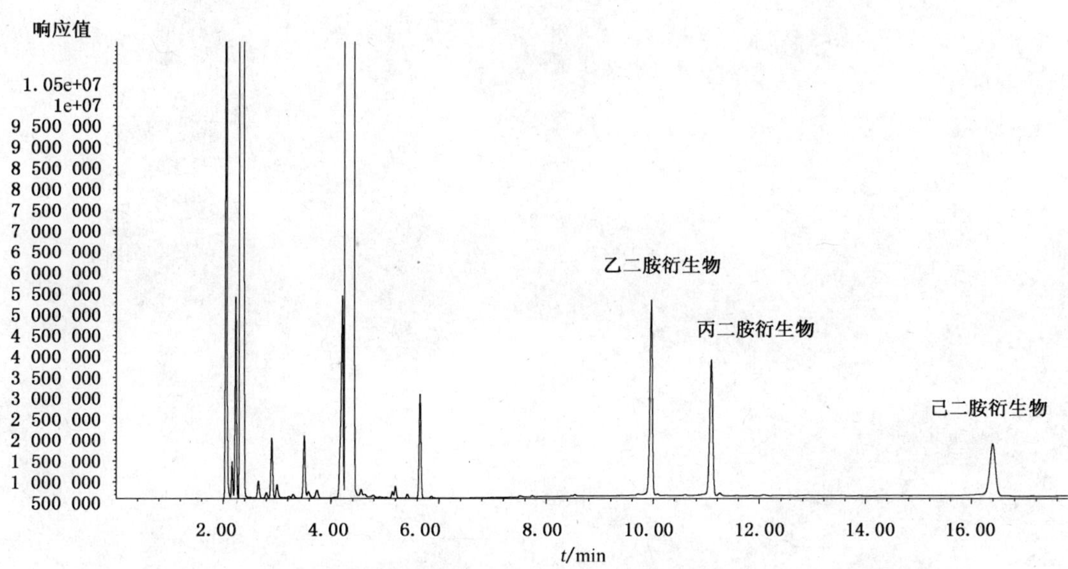

图 A.6 异辛烷中乙二胺(12.0 mg/L)和己二胺(4.00 mg/L)标准色谱图

ICS 67.250
C 53

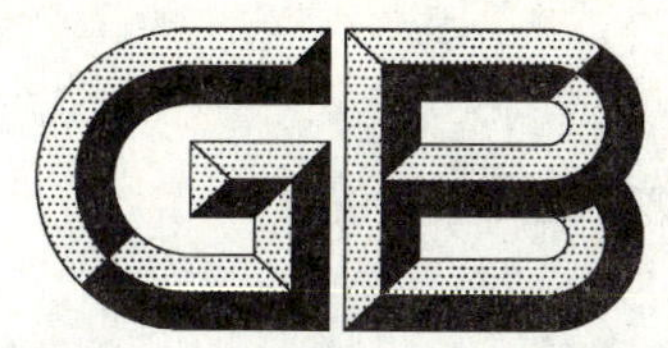

中华人民共和国国家标准

GB/T 23296.18—2009

食品接触材料　高分子材料
食品模拟物中乙二醇与二甘醇的测定
气相色谱法

**Food contact materials—Polymer—
Determination of monoethylene glycol and diethylene glycol in food simulants—
Gas chromatography**

2009-03-31 发布　　2009-09-01 实施

中华人民共和国国家质量监督检验检疫总局
中国国家标准化管理委员会　发布

前　言

本标准参照欧盟标准 CEN 13130-7:2005《食品接触材料及其制品　塑料中受限物质　第 7 部分：食品模拟物中乙二醇与二甘醇的测定》(英文版)制定。

本标准的附录 A 为资料性附录。

本标准由国家认证认可监督管理委员会提出。

本标准由全国进出口食品安全检测标准化技术委员会(SAC/TC 445)归口。

本标准起草单位：中国检验检疫科学研究院、中华人民共和国广东出入境检验检疫局、中华人民共和国湖北出入境检验检疫局、中华人民共和国内蒙古二连浩特出入境检验检疫局。

本标准主要起草人：陈志锋、李丹、郑建国、杨敏莉、孙利、崔海容、朱明达、王欣。

食品接触材料　高分子材料
食品模拟物中乙二醇与二甘醇的测定
气相色谱法

1　范围

本标准规定了食品模拟物中乙二醇与二甘醇的测定方法。

本标准适用于水、3%(质量浓度)乙酸溶液、10%(体积分数)乙醇溶液和橄榄油四种食品模拟物中乙二醇与二甘醇含量的测定。

水、3%(质量浓度)乙酸溶液和10%(体积分数)乙醇溶液三种水基食品模拟物中乙二醇和二甘醇的测定低限均为3 mg/L;橄榄油中乙二醇和二甘醇的测定低限均为3 mg/kg。

2　规范性引用文件

下列文件中的条款通过本标准的引用而成为本标准的条款。凡是注日期的引用文件,其随后所有的修改单(不包括勘误的内容)或修订版均不适用于本标准,然而,鼓励根据本标准达成协议的各方研究是否可使用这些文件的最新版本。凡是不注日期的引用文件,其最新版本适用于本标准。

GB/T 6682　分析实验室用水规格和试验方法(GB/T 6682—2008,ISO 3696:1987,MOD)

GB/T 23296.1—2009　食品接触材料　塑料中受限物质　塑料中物质向食品及食品模拟物特定迁移试验和含量测定方法以及食品模拟物暴露条件选择的指南

3　原理

食品模拟物中的乙二醇和二甘醇采用毛细管气相色谱柱进行分离,氢火焰离子化检测器进行检测。水基食品模拟物直接进样分析,橄榄油食品模拟物通过水萃取后进样分析,采用内标法定量,内标物为1,4-丁二醇。

4　试剂与材料

除另有规定外,水为GB/T 6682规定的一级水,试剂均为分析纯。

4.1　乙二醇(monoethylene glycol,$C_2H_6O_2$,CAS号:107-21-1)。

4.2　二甘醇(diethylene glycol,$C_4H_{10}O_3$,CAS号:111-46-6)。

4.3　1,4-丁二醇(butan-1,4-diol,$C_4H_{10}O_2$,CAS号:110-63-4)。

4.4　冰乙酸。

4.5　无水乙醇。

4.6　精制橄榄油。

4.7　甲醇。

4.8　庚烷。

4.9　3%(质量浓度)乙酸溶液:称取30 g(精确至0.1 g)冰乙酸(4.4)于1 L容量瓶中,用水定容。

4.10　10%(体积分数)乙醇溶液:量取100 mL无水乙醇(4.5)于1 L容量瓶中,用水定容。

4.11　乙二醇(7 500 mg/L)和二甘醇(7 500 mg/L)储备液:准确称取乙二醇和二甘醇各0.75 g于烧杯中(精确至0.1 mg),用甲醇溶解后转入100 mL容量瓶中,用甲醇定容。此溶液在5 ℃条件下密封避光保存,浓度在1个月内保持稳定。

4.12 1,4-丁二醇储备液(10 000 mg/L):准确称取1 g 1,4-丁二醇(4.3)于烧杯中(精确至0.1 mg),用甲醇溶解后转入100 mL容量瓶中,用甲醇定容。此溶液在5 ℃条件下避光密封保存,浓度在1个月内保持稳定。

4.13 标准中间溶液:准确吸取2 mL 1,4-丁二醇储备液(4.12)于6个25 mL容量瓶中,分别加入0.0 mL、0.5 mL、1.0 mL、2.5 mL、5 mL、10 mL乙二醇和二甘醇储备液(4.11),用甲醇定容,得到乙二醇和二甘醇浓度均为0.0 mg/L、150.0 mg/L、300.0 mg/L、750.0 mg/L、1 500 mg/L、3 000 mg/L的标准中间溶液,1,4-丁二醇浓度为800 mg/L。此溶液在5 ℃条件下密封避光保存,浓度在1个月内保持稳定。

5 仪器与设备

5.1 气相色谱仪:配置氢火焰离子化检测器。

5.2 带刻度移液管:1 mL、2 mL。

5.3 容量瓶:25 mL、50 mL、100 mL。

5.4 分液漏斗:配聚四氟乙烯瓶塞,250 mL。

5.5 玻璃注射器:50 mL。

5.6 分析天平:感量0.000 1 g、0.01 g。

6 试液的制备

6.1 标准工作溶液的制备

6.1.1 水基食品模拟物标准工作溶液

分别吸取各浓度标准中间溶液(4.13)1 mL于6个50 mL容量瓶中,用水定容,得到水中乙二醇和二甘醇浓度均为0.00 mg/L、3.00 mg/L、6.00 mg/L、15.0 mg/L、30.0 mg/L、60.0 mg/L的标准工作溶液。采用同样方式,分别用3%(质量浓度)乙酸溶液(4.9)和10%(体积分数)乙醇溶液(4.10)配制同样浓度系列的乙二醇和二甘醇标准工作溶液。

6.1.2 橄榄油标准工作溶液

分别准确称取50 g(精确至0.1 g)橄榄油于6个250 mL分液漏斗中,依次加入1 mL各浓度标准中间溶液(4.13),混合均匀,得到橄榄油中乙二醇和二甘醇浓度均为0.00 mg/kg、3.00 mg/kg、6.00 mg/kg、15.0 mg/kg、30.0 mg/kg、60.0 mg/kg。在每个分液漏斗中加入50 mL庚烷(4.8),充分混合,加入20 mL水振荡萃取1 min,静置5 min,使两相分层,收集下层水相,再次用20 mL水萃取橄榄油,将两次萃取水相合并,用水定容至50 mL,取1 mL通过0.2 μm滤膜过滤,待测。

6.2 食品模拟物试液的制备

6.2.1 总则

食品模拟物试液应按照GB/T 23296.1—2009的要求从迁移试验中获取,应避光保存在4 ℃冰箱中。

6.2.2 水基食品模拟物

在50 mL容量瓶中,加入1 mL不含有乙二醇和二甘醇的标准中间溶液(4.13),用迁移试验中获得的水基食品模拟物定容,混合均匀,取1 mL通过0.2 μm滤膜过滤,待测。每种水基食品模拟物试液平行制样两份。

6.2.3 橄榄油

准确称取迁移试验中得到的橄榄油模拟物50 g(精确至0.1 g)于250 mL分液漏斗中,加入1 mL不含有乙二醇和二甘醇的标准中间溶液(4.13),混合均匀,加入50 mL庚烷(4.8),充分混合,加入20 mL水振荡萃取1 min,然后静置5 min,使两相分层,收集下层水相,再次用20 mL水萃取橄榄油,将两次萃取水相合并,用水定容至50 mL,取1 mL通过0.2 μm滤膜过滤,待测。平行制样两份。

6.3 空白试液的制备

按照6.2的操作处理未与食品接触材料接触的食品模拟物。

7 测定

7.1 测定条件

a) 色谱柱：硝基对苯二酸修饰的聚乙二醇毛细管色谱柱，长为30 m，内径为0.32 mm，膜厚为1 μm，或性能相当的色谱柱；

b) 柱温：100 ℃保持1 min，以10 ℃/min升温至200 ℃保持8 min；

c) 载气：氮气，流速1 mL/min；

d) 检测器温度：220 ℃；

e) 进样模式：不分流进样，0.5 min后打开分流阀；

f) 进样口温度：220 ℃；

g) 进样体积：1 μL。

7.2 绘制标准工作曲线

按照7.1所列测定条件，对标准工作溶液(6.1)进行检测。以食品模拟物中乙二醇或二甘醇浓度为横坐标，以乙二醇或二甘醇与内标物1,4-丁二醇的峰面积比值为纵坐标，绘制标准工作曲线，得到线性方程。标准溶液色谱图参见附录A。

按式(1)计算回归参数：

$$y = a \times x + b \quad \cdots\cdots (1)$$

式中：

y——食品模拟物标准工作溶液中乙二醇或二甘醇与内标物1,4-丁二醇的峰面积比值；

a——回归曲线的斜率；

x——食品模拟物标准工作溶液中乙二醇或二甘醇浓度，单位为毫克每升或毫克每千克(mg/L或mg/kg)；

b——回归曲线的截距。

7.3 试液检测

对食品模拟物试液(6.2)和空白试液(6.3)依次进样，扣除空白值，得到乙二醇或二甘醇与内标物1,4-丁二醇的色谱峰峰面积。

8 结果计算

8.1 食品模拟物试液中乙二醇和二甘醇浓度的计算

食物模拟物试液中乙二醇或二甘醇的浓度 c 按式(2)计算。

$$c = \frac{y-b}{a} \quad \cdots\cdots (2)$$

式中：

c——食品模拟物试液中乙二醇或二甘醇的浓度，单位为毫克每升或毫克每千克(mg/L或mg/kg)；

y——食品模拟物试液中乙二醇或二甘醇与内标物1,4-丁二醇的峰面积比值；

b——回归曲线的截距；

a——回归曲线的斜率。

8.2 乙二醇和二甘醇特定迁移量的转化计算

由8.1得到的食品模拟物试液中乙二醇和二甘醇浓度，根据迁移试验中所使用的食品模拟物的体积和测试试样与食品模拟物接触面积，通过数学换算计算出乙二醇和二甘醇的特定迁移量，单位以

“mg/kg 或 mg/dm^2”表示。详见 GB/T 23296.1—2009 的第 13 章。

计算结果以平行测定值的算术平均值表示，保留三位有效数字。

9 重复性

在重复性条件下获得的两次独立测定结果的绝对差值不得超过算术平均值的 10%。

附　录　A
（资料性附录）
食品模拟物中乙二醇与二甘醇的标准色谱分离图

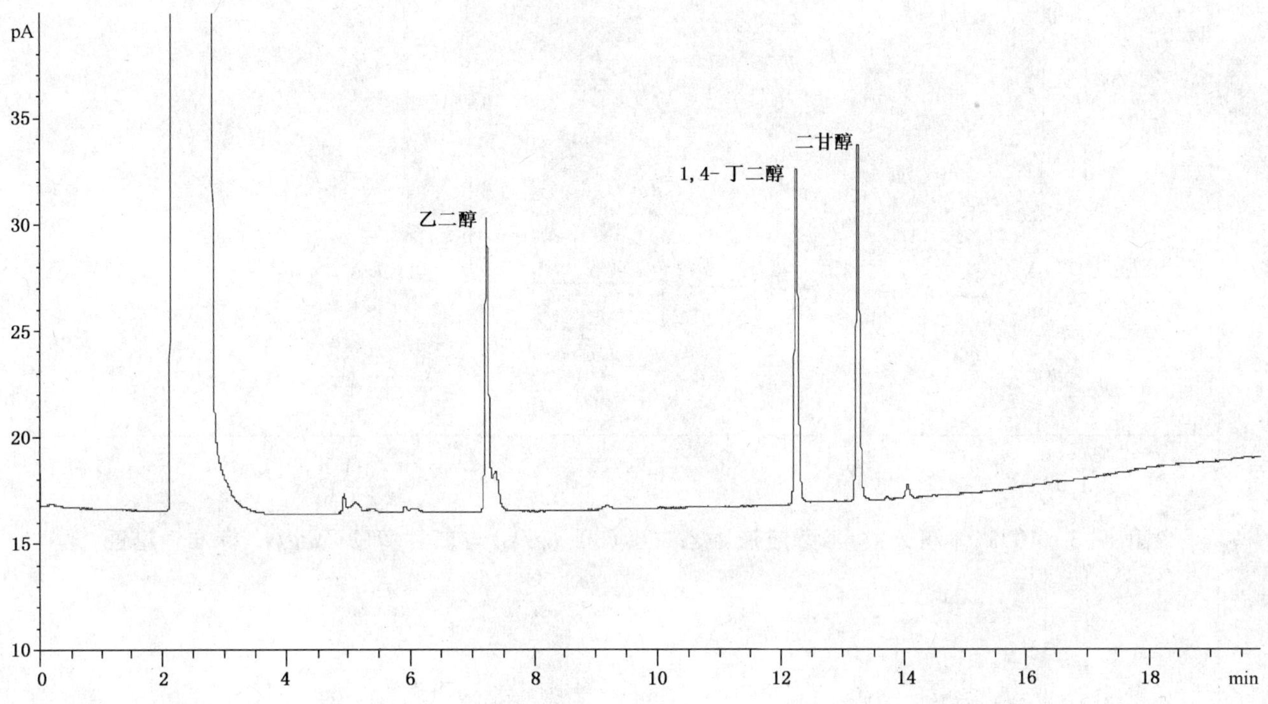

图 A.1　水中乙二醇(30 mg/L)与二甘醇(30 mg/L)标准色谱图

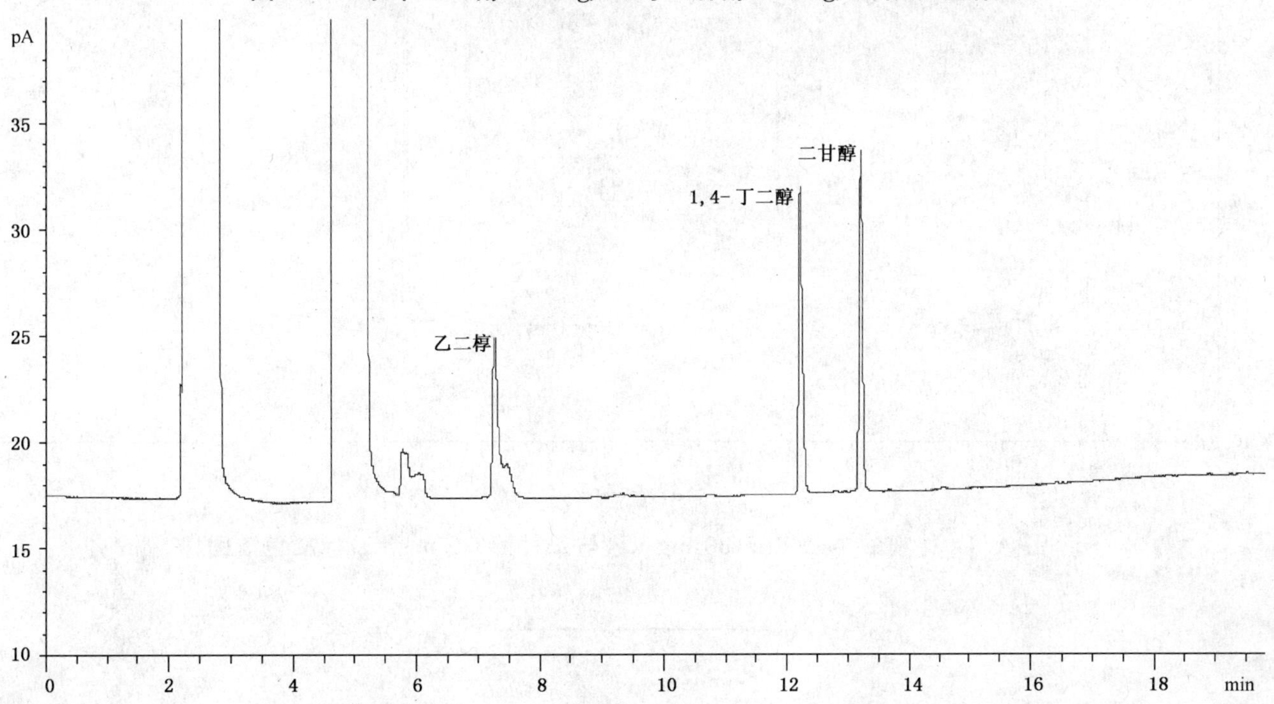

图 A.2　3%(质量浓度)乙酸溶液中乙二醇(30 mg/L)与二甘醇(30 mg/L)标准色谱图

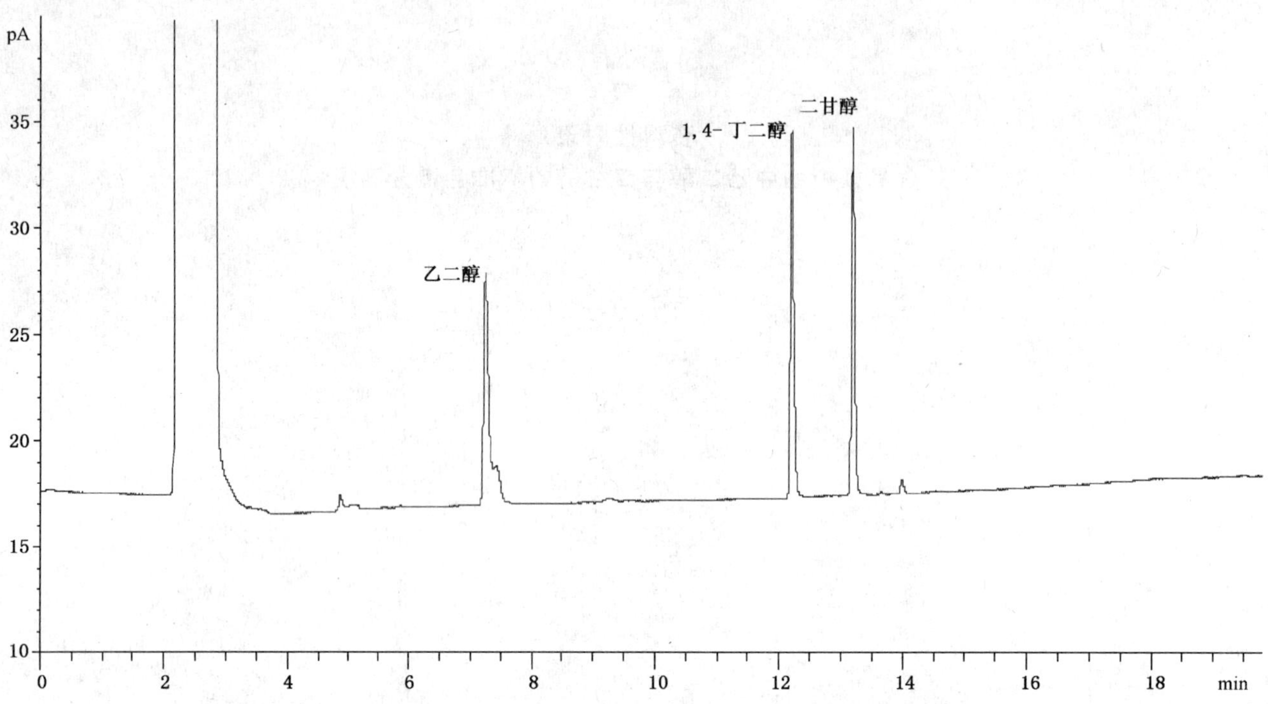

图 A.3 10%(体积分数)乙醇溶液中乙二醇(30 mg/L)与二甘醇(30 mg/L)标准色谱图

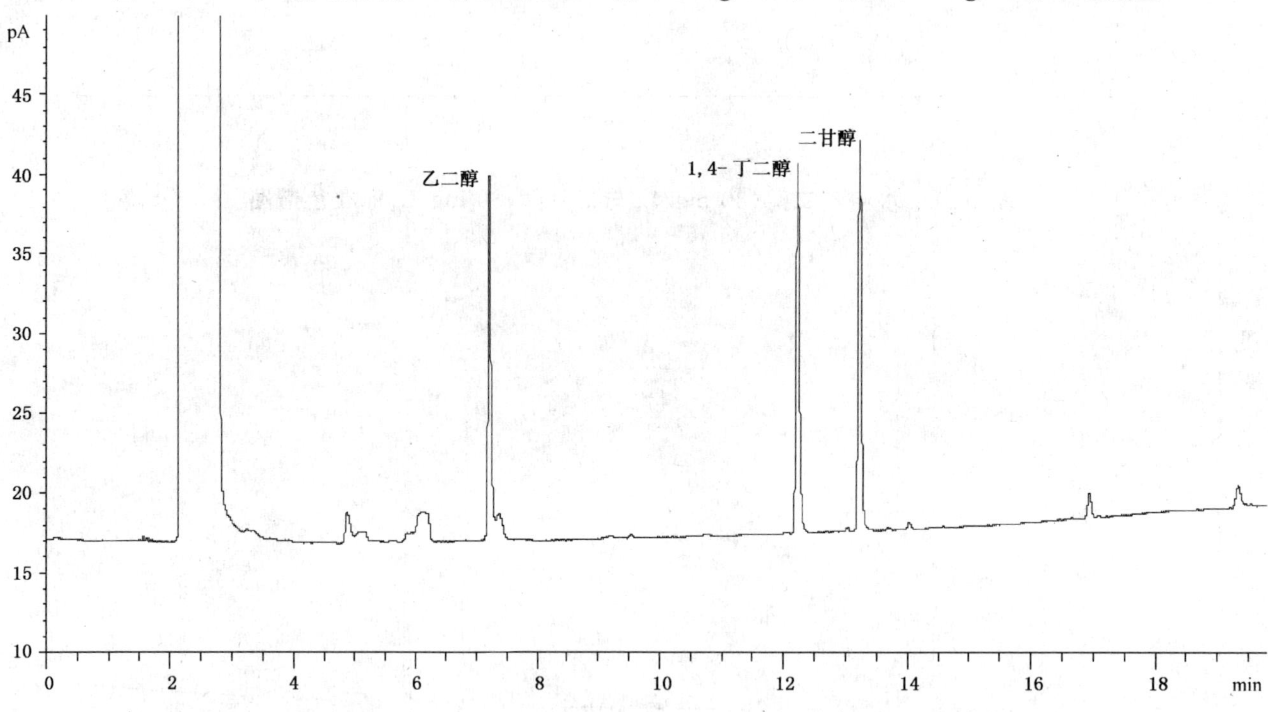

图 A.4 橄榄油中乙二醇(30 mg/kg)与二甘醇(30 mg/kg)标准色谱图

ICS 67.250
C 53

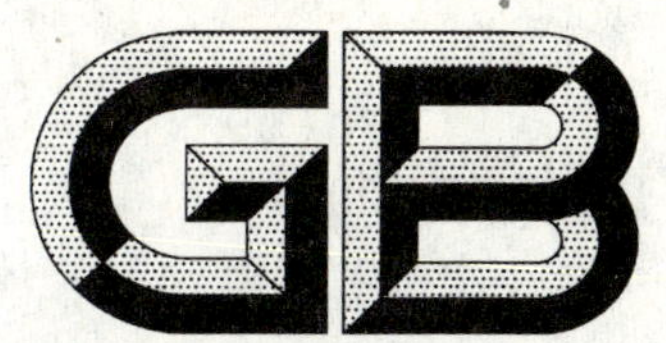

中华人民共和国国家标准

GB/T 23296.19—2009

食品接触材料 高分子材料 食品模拟物中乙酸乙烯酯的测定 气相色谱法

Food contact materials—Polymer—Determination of vinyl acetate in food simulants—Gas chromatography

2009-03-31 发布　　2009-09-01 实施

中华人民共和国国家质量监督检验检疫总局
中国国家标准化管理委员会　发布

前　言

本标准参照欧盟技术规范 CEN/TS 13130-9:2005《食品接触材料及其制品　塑料中受限物质　第9部分:食品模拟物中乙酸乙烯酯的测定》(英文版)制定。

本标准的附录 A 和附录 B 为资料性附录。

本标准由国家认证认可监督管理委员会提出。

本标准由全国进出口食品安全检测标准化技术委员会(SAC/TC 445)归口。

本标准起草单位:中国检验检疫科学研究院、中华人民共和国湖北出入境检验检疫局、中华人民共和国广东出入境检验检疫局、山西大学应用化学研究所。

本标准主要起草人:陈志锋、孙利、马钰、储晓刚、崔海容、李政军、刘莹峰、林勤保。

食品接触材料　高分子材料 食品模拟物中乙酸乙烯酯的测定 气相色谱法

1　范围

本标准规定了食品模拟物中乙酸乙烯酯的测定方法。

本标准适用于水、3%(质量浓度)乙酸溶液、10%(体积分数)乙醇溶液和橄榄油四种食品模拟物中乙酸乙烯酯含量的测定。

水、3%(质量浓度)乙酸溶液和10%(体积分数)乙醇溶液三种水基食品模拟物中乙酸乙烯酯的测定低限为2.4 mg/L,橄榄油中乙酸乙烯酯的测定低限为2.4 mg/kg。

2　规范性引用文件

下列文件中的条款通过本标准的引用而成为本标准的条款。凡是注日期的引用文件,其随后所有的修改单(不包括勘误的内容)或修订版均不适用于本标准,然而,鼓励根据本标准达成协议的各方研究是否可使用这些文件的最新版本。凡是不注日期的引用文件,其最新版本适用于本标准。

GB/T 6682　分析实验室用水规格和试验方法(GB/T 6682—2008,ISO 3696:1987,MOD)

GB/T 23296.1—2009　食品接触材料　塑料中受限物质　塑料中物质向食品及食品模拟物特定迁移试验和含量测定方法以及食品模拟物暴露条件选择的指南

3　原理

食品模拟物中的乙酸乙烯酯采用自动顶空进样器进样,毛细管气相色谱柱进行分离,氢火焰离子化检测器进行检测。内标法定量,丙酸甲酯作内标物。可采用手动顶空进样方式,进样操作参见附录A。

4　试剂与材料

除另有规定外,水为GB/T 6682规定的一级水,试剂均为分析纯。

4.1　乙酸乙烯酯($C_4H_6O_2$,CAS号:108-05-4):纯度大于99%。

4.2　丙酸甲酯($C_4H_8O_2$,CAS号:554-12-1):纯度大于99%。

4.3　冰乙酸。

4.4　无水乙醇。

4.5　精制橄榄油。

4.6　*N*,*N*-二甲基乙酰胺:纯度大于99%。

4.7　3%(质量浓度)乙酸溶液:称取30 g(精确到0.1 g)冰乙酸(4.3)于1 L容量瓶中,用水定容。

4.8　10%(体积分数)乙醇溶液:量取100 mL无水乙醇(4.4)于1 L容量瓶中,用水定容。

4.9　乙酸乙烯酯储备液(6 mg/mL):量取10 mL *N*,*N*-二甲基乙酰胺(4.6)到25 mL容量瓶中,准确称取0.15 g乙酸乙烯酯(4.1)(精确至0.1 mg),转移到容量瓶中,用*N*,*N*-二甲基乙酰胺定容。在5 ℃～20 ℃条件下密封避光保存,储备液浓度在三个月内保持稳定。

4.10　丙酸甲酯储备液(6 mg/mL):量取20 mL *N*,*N*-二甲基乙酰胺(4.6)到100 mL容量瓶中,准确称取0.6 g丙酸甲酯(4.2)(精确至0.1 mg),转移到容量瓶中,用*N*,*N*-二甲基乙酰胺定容。在5 ℃～20 ℃条件下避光密封保存,储备液浓度在三个月内保持稳定。

4.11 乙酸乙烯酯标准溶液：在6个25 mL容量瓶中分别加入5 mL *N*,*N*-二甲基乙酰胺(4.6)，分别量取0 mL、0.5 mL、1.0 mL、2.0 mL、3.0 mL、5.0 mL乙酸乙烯酯储备液(4.9)于各个容量瓶中，每个容量瓶中加入5 mL丙酸甲酯储备液(4.10)，用*N*,*N*-二甲基乙酰胺(4.6)定容，得到乙酸乙烯酯浓度分别为0 mg/L、120 mg/L、240 mg/L、480 mg/L、720 mg/L、1 200 mg/L。丙酸甲酯的浓度为1 200 mg/L。在5 ℃～20 ℃条件下密封避光保存，乙酸乙烯酯标准溶液浓度在三个月内保持稳定。

5 仪器与设备

5.1 气相色谱仪：配置氢火焰离子化检测器。

5.2 自动顶空进样器。

5.3 20 mL玻璃顶空瓶：带涂覆有聚四氟乙烯的硅胶或者丁基橡胶密封瓶盖。

5.4 分析天平：感量0.000 1 g、0.01 g。

6 试液的制备

6.1 标准工作溶液的制备

6.1.1 水基食品模拟物标准工作溶液

在6个顶空瓶中分别加入5 mL水，然后在每个顶空瓶中依次加入100 μL乙酸乙烯酯标准溶液(4.11)，立即加盖密封，混合均匀，得到水中乙酸乙烯酯浓度分别为0.00 mg/L、2.40 mg/L、4.80 mg/L、9.60 mg/L、14.4 mg/L、24.0 mg/L的标准溶液。采用同样方式，分别用3%(质量浓度)乙酸溶液和10%(体积分数)乙醇溶液配制同样浓度系列的乙酸乙烯酯标准工作溶液。

6.1.2 橄榄油标准工作溶液

分别称取5.00 g±0.1 g橄榄油于6个顶空瓶中，在每个顶空瓶中依次加入100 μL乙酸乙烯酯标准溶液(4.11)，立即加盖密封，混合均匀，得到橄榄油中乙酸乙烯酯浓度分别为0.00 mg/kg、2.40 mg/kg、4.80 mg/kg、9.60 mg/kg、14.4 mg/kg、24.0 mg/kg的标准工作溶液。

6.2 食品模拟物试液的制备

6.2.1 总则

食品模拟物试液应按照GB/T 23296.1—2009的要求从迁移试验中获取。乙酸乙烯酯在水基食品模拟物中容易水解，因此水基食品模拟物试液应尽快分析。密封的橄榄油食品模拟物试液在4 ℃冰箱中可保存10 d。

6.2.2 水基食品模拟物

准确量取迁移试验中得到的水基食品模拟物5 mL到顶空瓶中，立即加入100 μL不含乙酸乙烯酯的标准溶液(4.11)，并迅速用瓶盖密封，混合均匀。平行制样两份。

6.2.3 橄榄油

准确称取迁移试验中得到的橄榄油模拟物5.00 g±0.1 g到顶空瓶中，立即加入100 μL不含乙酸乙烯酯的标准溶液(4.11)，并迅速用瓶盖密封，混合均匀。平行制样两份。

6.3 空白试液的制备

按照6.2的操作处理未与食品接触材料接触的食品模拟物。

7 测定

7.1 测定条件

7.1.1 以水、10%(体积分数)乙醇溶液或橄榄油为介质

a) 色谱柱：100%二甲基硅氧烷柱，长25 m，内径0.32 mm，5 μm膜厚，或性质相当的色谱柱；

b) 程序升温：50 ℃保持1 min，以5 ℃/min速度升至90 ℃，再以30 ℃/min速度升到120 ℃，保持5 min；

c) 载气：氮气，2 mL/min；

d) 分流比:10∶1;

e) 检测器温度:200 ℃;

f) 进样口温度:125 ℃。

7.1.2 以3%(质量浓度)乙酸溶液为介质

a) 色谱柱:聚乙二醇柱,长25 m,内径0.32 mm,1 μm膜厚,或性质相当的色谱柱;

b) 程序升温:54 ℃保持2 min,以0.3 ℃/min速度升到56 ℃,再以30 ℃/min速度升到200 ℃,保持5 min;

c) 载气:氮气,2 mL/min;

d) 分流比:10∶1;

e) 检测器温度:200 ℃;

f) 进样口温度:125 ℃。

7.1.3 顶空进样器参数

顶空进样器主要操作参数见表1。

表1 顶空进样器主要参数表

参数	水基食品模拟物	橄榄油
定量环	1 mL	1 mL
顶空瓶温度	80 ℃	90 ℃
定量环温度	90 ℃	100℃
传输线温度	125 ℃	125 ℃
平衡时间	15 min	30 min
加压时间	3 min	3 min
填充时间	0.1 min	0.1 min
进样时间	0.1 min	0.1 min

7.2 绘制标准工作曲线

按照7.1所列测定条件,对标准工作溶液(6.1)进行检测。计算乙酸乙烯酯与内标物丙酸甲酯峰面积比值平均值,以食品模拟物标准工作溶液中乙酸乙烯酯浓度为横坐标,以对应的峰面积比值为纵坐标,绘制标准工作曲线,得到线性方程。标准溶液色谱图参见附录B。

按式(1)计算回归参数:

$$y = a \times x + b \qquad (1)$$

式中:

y——食品模拟物标准工作溶液中乙酸乙烯酯与内标物丙酸甲酯峰面积比值;

a——回归曲线的斜率;

x——食品模拟物标准工作溶液中乙酸乙烯酯浓度,单位为毫克每升或毫克每千克(mg/L或mg/kg);

b——回归曲线的截距。

7.3 试液检测

对食品模拟物试液(6.2)和空白试液(6.3)依次进样,扣除空白值,得到乙酸乙烯酯与内标物丙酸甲酯色谱峰峰面积。

8 结果计算

8.1 食品模拟物试液中乙酸乙烯酯浓度的计算

食品模拟物试液中乙酸乙烯酯的浓度 c 按式(2)计算。

$$c = \frac{y-b}{a} \qquad \cdots\cdots(2)$$

式中：

c——食品模拟物试液中乙酸乙烯酯的浓度，单位为毫克每升或毫克每千克(mg/L 或 mg/kg)；

y——食品模拟物试液中乙酸乙烯酯与内标物丙酸甲酯峰面积比值；

b——回归曲线的截距；

a——回归曲线的斜率。

8.2 乙酸乙烯酯特定迁移量的转化计算

由 8.1 得到的食品模拟物试液中乙酸乙烯酯浓度，根据迁移试验中所使用的食品模拟物的体积和测试试样与食品模拟物接触面积，通过数学换算计算出乙酸乙烯酯的特定迁移量，单位以“mg/kg 或 mg/dm^2”表示。详见 GB/T 23296.1—2009 的第 13 章。

计算结果以平行测定值的算术平均值表示，保留三位有效数字。

9 重复性

在重复性条件下获得的两次独立测定结果的绝对差值不得超过算术平均值的 10%。

附 录 A
（资料性附录）
手 动 进 样

A.1 如果自动顶空进样无法实现时，可以采用手动进样，但重复性应满足第9章要求。

A.2 进样操作：将盛有待测液的顶空瓶放入恒温水浴中，平衡一定时间；用预热过的气密性玻璃注射器反复抽取顶空气体3次～5次，然后准确抽取顶空气体1 mL快速注入气相色谱仪中；整个操作中保持样品恒温。手动顶空进样操作参数见表A.1。

表 A.1 手动顶空进样参数表

参数	水基食品模拟物	橄榄油
水浴温度	80 ℃	90 ℃
平衡时间	15 min	30 min

附　录　B
（资料性附录）
食品模拟物中乙酸乙烯酯的标准色谱分离图

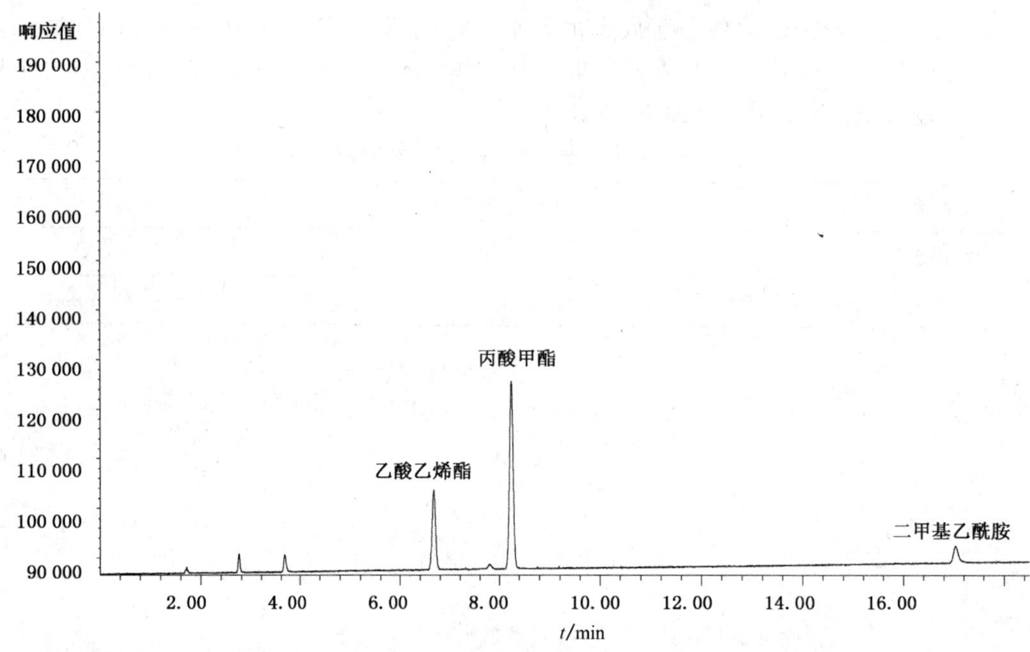

图 B.1　水中乙酸乙烯酯(12 mg/L)标准色谱图

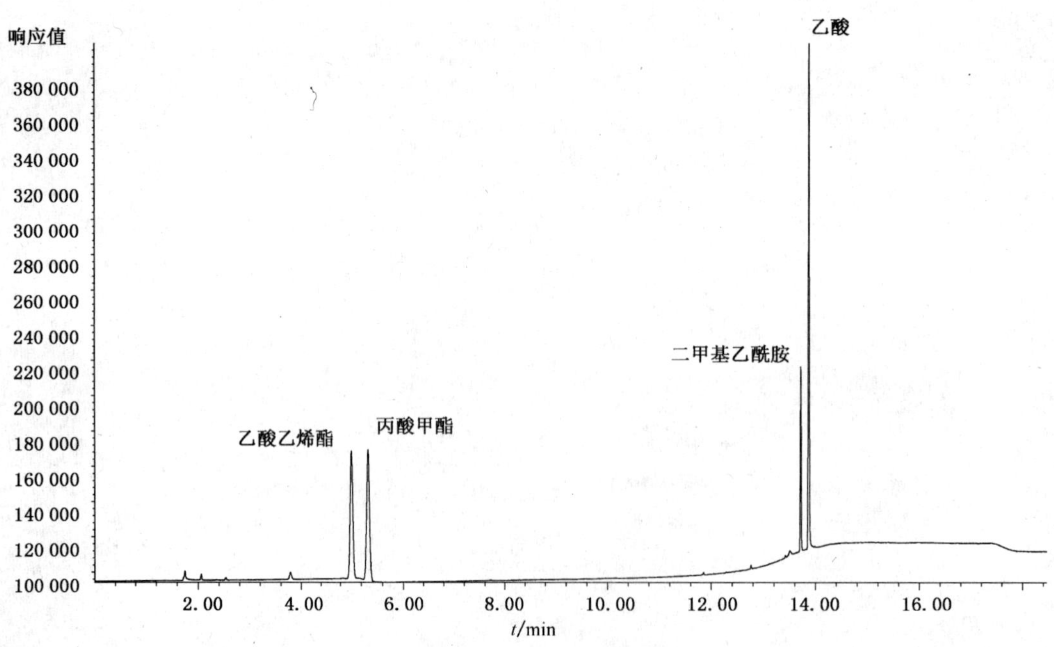

图 B.2　3%(质量浓度)乙酸溶液中乙酸乙烯酯(12 mg/L)标准色谱图

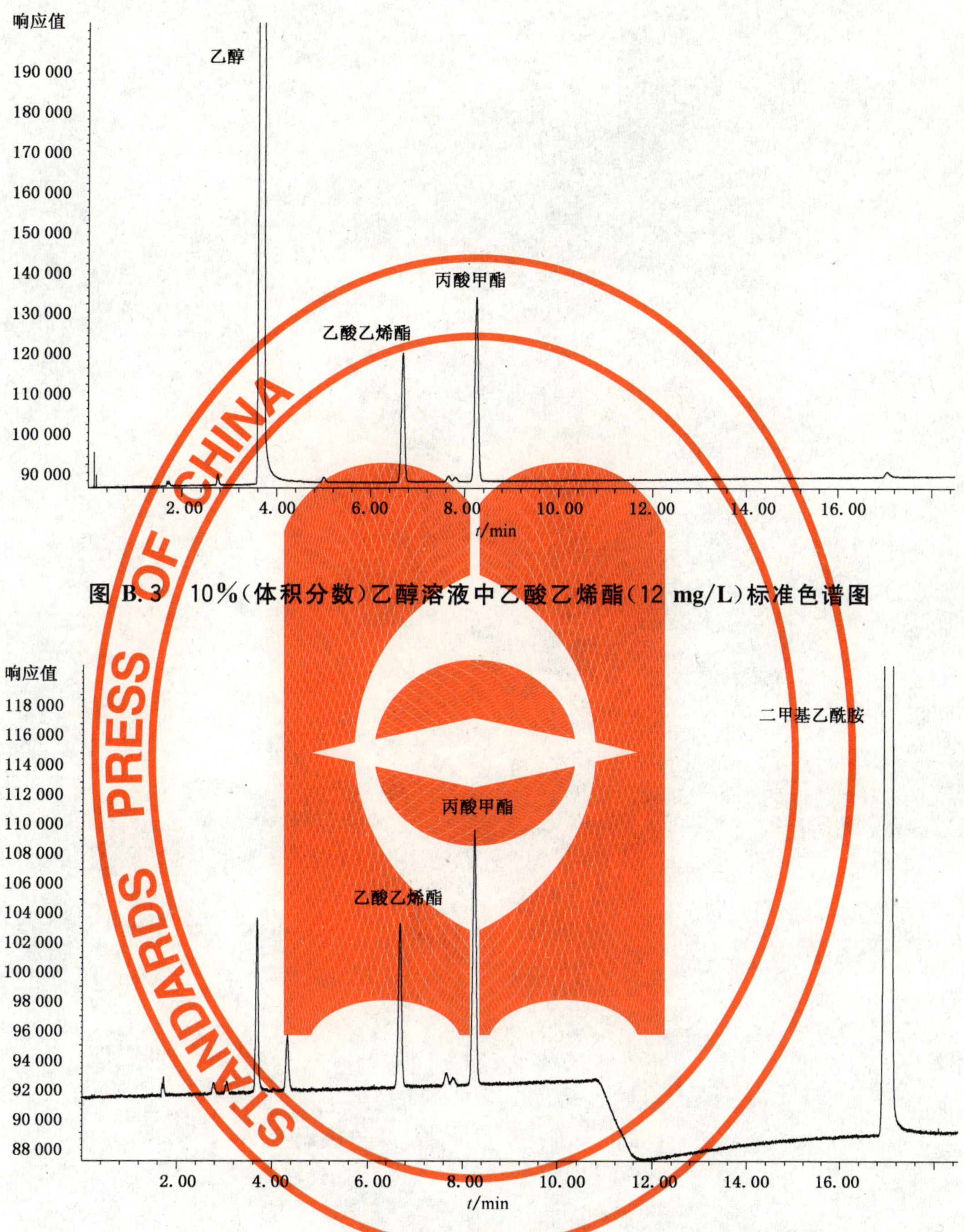

图 B.3　10%(体积分数)乙醇溶液中乙酸乙烯酯(12 mg/L)标准色谱图

图 B.4　橄榄油中乙酸乙烯酯(12 mg/L)标准色谱图

ICS 67.250
C 53

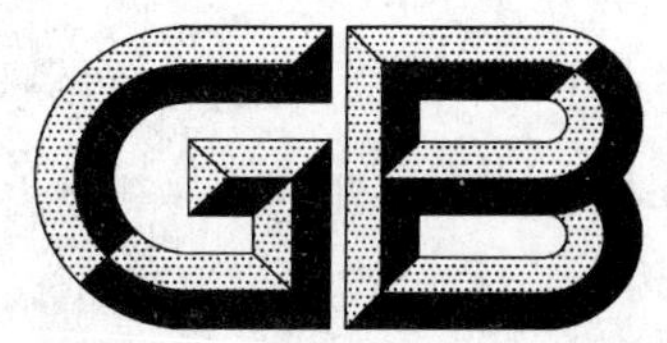

中华人民共和国国家标准

GB/T 23296.20—2009

食品接触材料　高分子材料
食品模拟物中己内酰胺
及己内酰胺盐的测定　气相色谱法

**Food contact materials—Polymer—
Determination of caprolactam and caprolactam salt in food simulants—
Gas chromatography**

2009-03-31 发布　　2009-09-01 实施

中华人民共和国国家质量监督检验检疫总局
中国国家标准化管理委员会　发布

前　　言

本标准参照欧盟技术规范 CEN/TS 13130-16:2005《食品接触材料及其制品　塑料中受限物质　第 16 部分:食品模拟物中己内酰胺及己内酰胺盐的测定》(英文版)制定。

本标准的附录 A 为资料性附录。

本标准由国家认证认可监督管理委员会提出。

本标准由全国进出口食品安全检测标准化技术委员会(SAC/TC 445)归口。

本标准起草单位:中国检验检疫科学研究院、中华人民共和国山东出入境检验检疫局、北京市海淀区产品质量监督检验所、中华人民共和国湖北出入境检验检疫局。

本标准主要起草人:孙利、孙忠松、陈志锋、张峰、王朝晖、崔海容、储晓刚。

食品接触材料 高分子材料 食品模拟物中己内酰胺及己内酰胺盐的测定 气相色谱法

1 范围

本标准规定了食品模拟物中己内酰胺和己内酰胺盐的测定方法。

本标准适用于水、3%(质量浓度)乙酸溶液、10%(体积分数)乙醇溶液和橄榄油四种食品模拟物中己内酰胺和己内酰胺盐含量的测定。

水、3%(质量浓度)乙酸溶液和10%(体积分数)乙醇溶液三种水基食品模拟物中己内酰胺的测定低限为5 mg/L,橄榄油中己内酰胺的测定低限为5 mg/kg,己内酰胺盐以己内酰胺计。

2 规范性引用文件

下列文件中的条款通过本标准的引用而成为本标准的条款。凡是注日期的引用文件,其随后所有的修改单(不包括勘误的内容)或修订版均不适用于本标准,然而,鼓励根据本标准达成协议的各方研究是否可使用这些文件的最新版本。凡是不注日期的引用文件,其最新版本适用于本标准。

GB/T 6682 分析实验室用水规格和试验方法(GB/T 6682—2008,ISO 3696:1987,MOD)

GB/T 23296.1—2009 食品接触材料 塑料中受限物质 塑料中物质向食品及食品模拟物特定迁移试验和含量测定方法以及食品模拟物暴露条件选择的指南

3 原理

食品模拟物中的己内酰胺盐遇水立即水解生成己内酰胺,己内酰胺通过毛细管气相色谱柱分离,采用氢火焰离子化检测器进行测定。水基食品模拟物直接进样,橄榄油模拟物通过乙醇溶液提取后进行测定。内标法定量。

4 试剂和材料

除另有规定外,所有试剂均为分析纯,水为GB/T 6682规定的一级水。

4.1 己内酰胺($C_6H_{11}NO$,CAS号:105-60-2):纯度>99%。

4.2 2-氮杂环壬酮($C_8H_{15}NO$,CAS号:935-30-8):纯度>98%。

4.3 甲醇:色谱纯。

4.4 正己烷:色谱纯。

4.5 冰乙酸。

4.6 无水乙醇。

4.7 精制橄榄油。

4.8 3%(质量浓度)乙酸溶液:称取30 g(精确到0.1 g)冰乙酸(4.5)于1 L容量瓶中,用水定容。

4.9 10%(体积分数)乙醇溶液:量取100 mL无水乙醇(4.6)于1 L容量瓶中,用水定容。

4.10 乙醇-水混合液(1+2):量取100 mL乙醇(4.6)和200 mL水,混匀。

4.11 己内酰胺储备液(500 mg/L):称取50 mg己内酰胺(精确到0.1 mg),用甲醇溶解并定容至100 mL。4 ℃避光保存,有效期3个月。

4.12 内标储备液(350 mg/L):称取35 mg 2-氮杂环壬酮(精确到0.1 mg),用甲醇溶解并定容至

100 mL。4 ℃避光保存，有效期3个月。

4.13 己内酰胺标准溶液：分别吸取0 mL、1.0 mL、2.0 mL、4.0 mL、6.0 mL、8.0 mL己内酰胺储备液(4.11)于25 mL容量瓶中，加入5.0 mL内标储备液(4.12)，甲醇定容，得到己内酰胺浓度为0.00 mg/L、20.0 mg/L、40.0 mg/L、80.0 mg/L、120 mg/L、160 mg/L的标准溶液，内标2-氮杂环壬酮浓度为70.0 mg/L。4 ℃避光保存，有效期1个月。

5 仪器和设备

5.1 气相色谱仪：配置氢火焰离子化检测器。

5.2 涡旋或其他常用的混匀器。

5.3 分析天平：感量0.000 1 g、0.01 g。

5.4 具塞玻璃试管：10 mL。

6 试液的制备

6.1 标准工作溶液的制备

6.1.1 水基食品模拟物标准工作溶液

准确吸取1.0 mL己内酰胺标准溶液(4.13)于6支10 mL具塞玻璃试管中，加入4.0 mL食品模拟物水，混匀，使得食品模拟物水中己内酰胺浓度为0.00 mg/L、5.00 mg/L、10.0 mg/L、20.0 mg/L、30.0 mg/L、40.0 mg/L，内标浓度为17.5 mg/L。采用同样方式，分别用3%(质量浓度)乙酸溶液(4.8)和10%(体积分数)乙醇溶液(4.9)配制同样浓度系列的己内酰胺标准工作溶液。

6.1.2 橄榄油标准工作溶液

称取8 g橄榄油(精确到0.1 g)于6个分液漏斗中，加入2.0 mL己内酰胺标准溶液(4.13)，混匀，使得橄榄油中己内酰胺浓度为0.00 mg/kg、5.00 mg/kg、10.0 mg/kg、20.0 mg/kg、30.0 mg/kg、40.0 mg/kg，内标浓度为17.5 mg/kg。然后加入15 mL正己烷(4.4)，混匀，加入8 mL乙醇-水混合溶液(4.10)，振荡10 min，静置30 min使两相分层，移取5 mL下层水溶液，经脱脂棉过滤后待测。

6.2 食品模拟物试液的制备

6.2.1 总则

食品模拟物试液应按照GB/T 23296.1—2009的要求从迁移试验中获取，在4 ℃冰箱中避光保存。

6.2.2 水基食品模拟物

准确量取迁移试验中得到的水基食品模拟物4.0 mL于10 mL具塞玻璃试管中，加入1.0 mL不含己内酰胺的标准溶液(4.13)，混匀，取1 mL待测。平行制样两份。

6.2.3 橄榄油

准确称取迁移试验中得到的橄榄油模拟物8 g(精确到0.1 g)于分液漏斗中，加入2.0 mL不含己内酰胺的标准溶液(4.13)，混匀，加入15 mL正己烷(4.4)，混匀，加入8 mL乙醇-水混合溶液(4.10)，振荡10 min，静置30 min使两相分层，移取5 mL下层水溶液，经脱脂棉过滤后待测。平行制样两份。

6.3 空白试液的制备

按照6.2的操作处理没有与食品接触材料接触的食品模拟物。

7 测定

7.1 测定条件

a) 色谱柱：聚乙二醇毛细管色谱柱，长30 m，内径0.32 mm，膜厚1 μm或相当者；

b) 柱温升温程序：初始柱温80 ℃，以30 ℃/min的速率升至230 ℃，保持15 min；

c) 进样口温度：230 ℃；

d) 检测器温度：280 ℃；

e) 载气：氮气，流速 1 mL/min；

f) 进样模式：不分流进样，0.5 min 后打开分流阀；

g) 进样量：0.2 μL。

7.2 绘制标准工作曲线

按照 7.1 所列测定条件，对标准工作溶液(6.1)进行检测。以食品模拟物标准工作溶液中己内酰胺浓度为横坐标，以己内酰胺与内标 2-氮杂环壬酮峰面积比值为纵坐标，绘制标准工作曲线，得到线性方程。标准溶液色谱图参见附录 A。

按式(1)计算回归参数：

$$y = a \times x + b \quad \cdots\cdots (1)$$

式中：

y——食品模拟物标准工作溶液中己内酰胺与内标 2-氮杂环壬酮峰面积比值；

a——回归曲线的斜率；

x——食品模拟物标准工作溶液中己内酰胺浓度，单位为毫克每升或毫克每千克(mg/L 或 mg/kg)；

b——回归曲线的截距。

7.3 试液测定

对空白试液(6.3)和食品模拟物试液(6.2)依次进样，扣除空白值，得到己内酰胺与内标 2-氮杂环壬酮色谱峰峰面积。

8 结果计算

8.1 食品模拟物试液中己内酰胺浓度的计算

食物模拟物试液中己内酰胺的浓度 c 按式(2)计算。

$$c = \frac{y - b}{a} \quad \cdots\cdots (2)$$

式中：

c——食品模拟物试液中己内酰胺的浓度，单位为毫克每升或毫克每千克(mg/L 或 mg/kg)；

y——食品模拟物试液中己内酰胺与内标 2-氮杂环壬酮峰面积比值；

b——回归曲线的截距；

a——回归曲线的斜率。

8.2 己内酰胺和己内酰胺盐特定迁移量的转化计算

由 8.1 得到的食品模拟物试液中己内酰胺浓度，根据迁移试验中所使用的食品模拟物的体积和测试试样与食品模拟物接触面积，通过数学换算计算出己内酰胺的特定迁移量，己内酰胺盐特定迁移量以己内酰胺计，单位以“mg/kg 或 mg/dm^2”表示。详见 GB/T 23296.1—2009 的第 13 章。

计算结果以平行测定值的算术平均值表示，保留三位有效数字。

9 重复性

在重复性条件下获得的两次独立测定结果的绝对差值不得超过算术平均值的 10%。

附　录　A
（资料性附录）
食品模拟物中己内酰胺标准色谱分离图

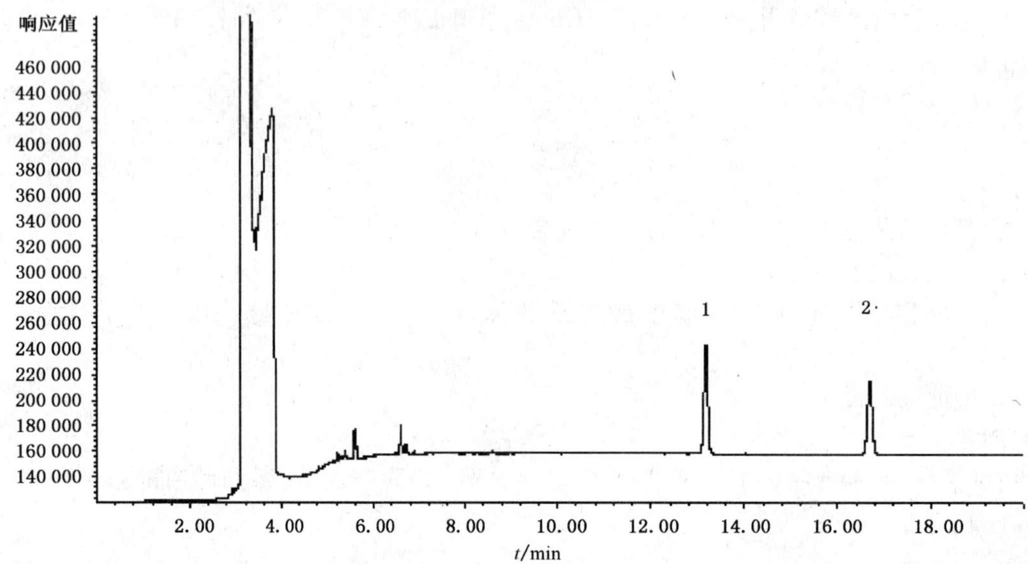

1——己内酰胺；

2——2-氮杂环壬酮(内标)。

图 A.1　水中己内酰胺(15.0 mg/L)的气相色谱图

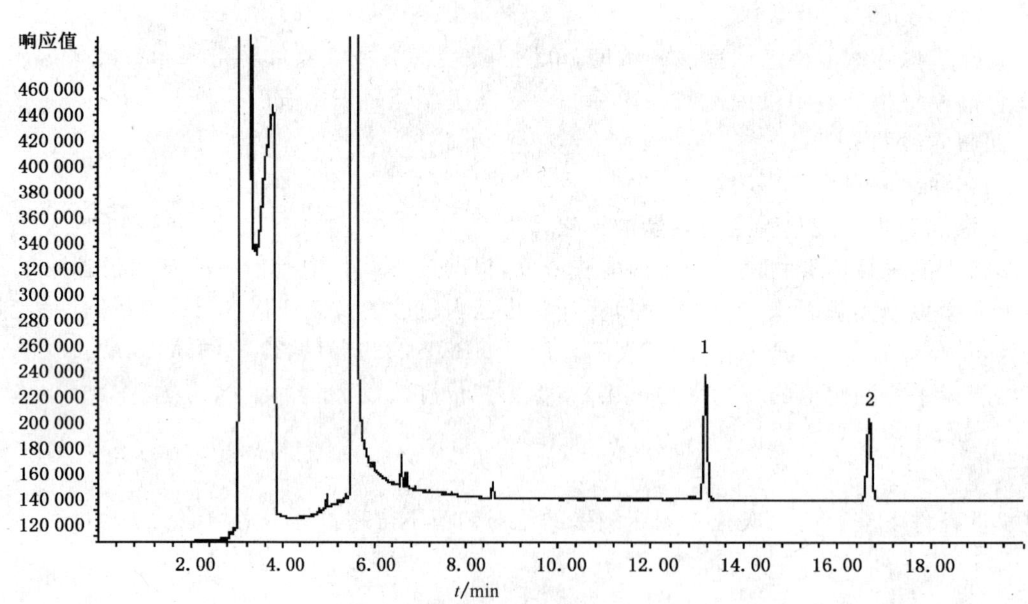

1——己内酰胺；

2——2-氮杂环壬酮(内标)。

图 A.2　3%(质量浓度)乙酸溶液中己内酰胺(15.0 mg/L)的气相色谱图

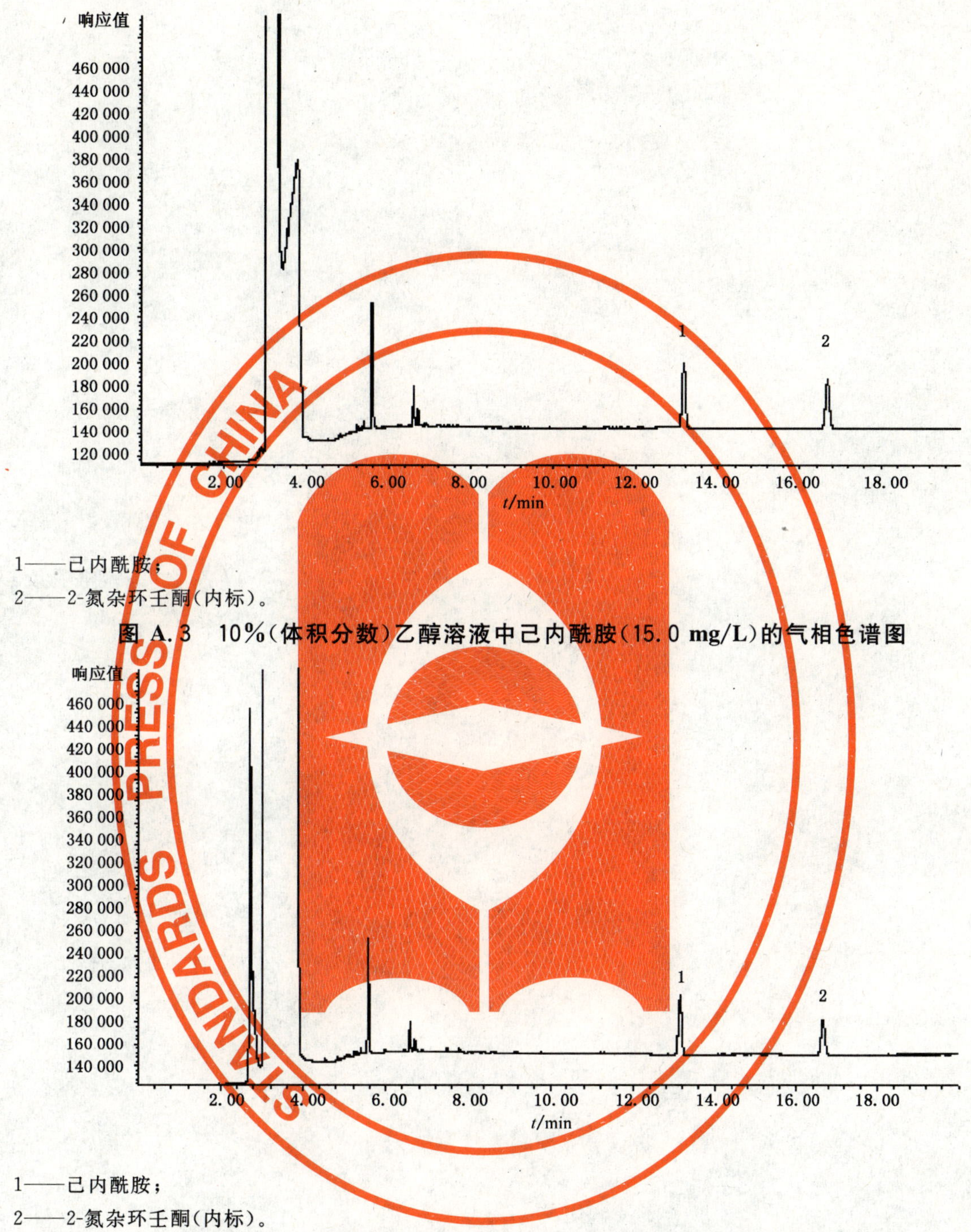

1——己内酰胺；

2——2-氮杂环壬酮(内标)。

图 A.3 10%(体积分数)乙醇溶液中己内酰胺(15.0 mg/L)的气相色谱图

1——己内酰胺；

2——2-氮杂环壬酮(内标)。

图 A.4 橄榄油中己内酰胺(15.0 mg/kg)的气相色谱图

ICS 67.250
C 53

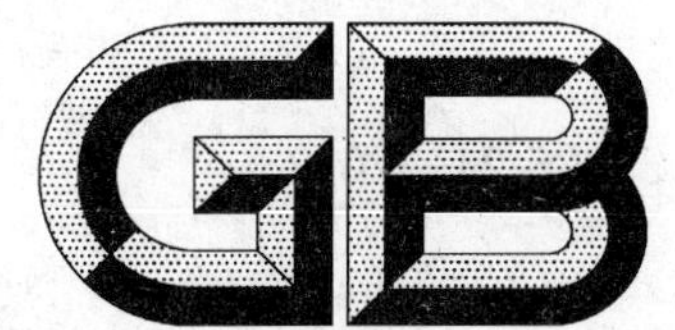

中华人民共和国国家标准

GB/T 23296.21—2009

食品接触材料　高分子材料 食品模拟物中顺丁烯二酸及顺丁烯二酸酐的测定　高效液相色谱法

Food contact materials—Polymer—Determination of maleic acid and maleic anhydride in food simulants—High performance liquid chromatography

2009-03-31 发布　　2009-09-01 实施

中华人民共和国国家质量监督检验检疫总局
中国国家标准化管理委员会　发布

前　言

本标准参照欧盟技术规范 CEN/TS 13130-24:2005《食品接触材料及其制品　塑料中受限物质 第 24 部分:食品模拟物中顺丁烯二酸和顺丁烯二酸酐的测定》(英文版)制定。

本标准的附录 A 为资料性附录。

本标准由国家认证认可监督管理委员会提出。

本标准由全国进出口食品安全检测标准化技术委员会(SAC/TC 445)归口。

本标准起草单位:中国检验检疫科学研究院、中华人民共和国湖北出入境检验检疫局、中华人民共和国广东出入境检验检疫局、中华人民共和国山西出入境检验检疫局。

本标准主要起草人:孙利、陈志锋、崔海容、杨敏莉、刘莹峰、李全忠、宋欢、凌云。

食品接触材料　高分子材料
食品模拟物中顺丁烯二酸
及顺丁烯二酸酐的测定　高效液相色谱法

1　范围

本标准规定了食品模拟物中顺丁烯二酸和顺丁烯二酸酐的测定方法。

本标准适用于水、3%(质量浓度)乙酸溶液、10%(体积分数)乙醇溶液和橄榄油四种食品模拟物中顺丁烯二酸和顺丁烯二酸酐含量的测定。

水、3%(质量浓度)乙酸溶液和10%(体积分数)乙醇溶液三种水基食品模拟物中顺丁烯二酸的测定低限为3.0 mg/L,橄榄油中顺丁烯二酸的测定低限为3.0 mg/kg,顺丁烯二酸酐以顺丁烯二酸计。

2　规范性引用文件

下列文件中的条款通过本标准的引用而成为本标准的条款。凡是注日期的引用文件,其随后所有的修改单(不包括勘误的内容)或修订版均不适用于本标准,然而,鼓励根据本标准达成协议的各方研究是否可使用这些文件的最新版本。凡是不注日期的引用文件,其最新版本适用于本标准。

GB/T 6682　分析实验室用水规格和试验方法(GB/T 6682—2008,ISO 3696:1987,MOD)

GB/T 23296.1—2009　食品接触材料　塑料中受限物质　塑料中物质向食品及食品模拟物特定迁移试验和含量测定方法以及食品模拟物暴露条件选择的指南

3　原理

顺丁烯二酸酐遇水立即水解生成顺丁烯二酸。水基食品模拟物直接进样,橄榄油食品模拟物经碳酸氢钠溶液提取和C_{18}固相萃取小柱净化后进行测定。采用反相高效液相色谱柱分离,紫外检测器进行测定,内标法定量,内标物为2-甲基顺丁烯二酸。

4　试剂和材料

除另有规定外,所有试剂均为分析纯,水为GB/T 6682规定的一级水。

4.1　顺丁烯二酸($C_4H_4O_4$,CAS号:110-16-7):纯度>99%。

4.2　2-甲基顺丁烯二酸($C_5H_6O_4$,CAS号:498-23-7):纯度>99%。

4.3　乙腈:色谱纯。

4.4　冰乙酸。

4.5　无水乙醇。

4.6　精制橄榄油。

4.7　十六烷基三甲基溴化铵:色谱纯。

4.8　碳酸氢钠。

4.9　磷酸氢二钾。

4.10　磷酸二氢钾。

4.11　85 %(体积分数)磷酸:取8.5 mL磷酸和1.5 mL水,混匀。

4.12　氢氧化钠溶液(2 mol/L):称取8 g(精确至0.1 g)氢氧化钠溶解至100 mL水中。

4.13　3%(质量浓度)乙酸溶液:称取30 g(精确到0.1 g)冰乙酸(4.4)于1 L容量瓶中,用水定容。

4.14　10%(体积分数)乙醇溶液:量取 100 mL 无水乙醇(4.5)于 1 L 容量瓶中,用水定容。

4.15　1 %(质量浓度)碳酸氢钠溶液:称取 1.0 g(精确到 0.1 g)碳酸氢钠溶于 100 mL 水中。

4.16　磷酸缓冲溶液:称取 114.12 g 磷酸氢二钾(4.9)和 68.05 g 磷酸二氢钾(4.10),加入 400 mL 水溶解并转移到 500 mL 容量瓶中,用磷酸(4.11)或氢氧化钠溶液(4.12)调节溶液 pH=7.0,加水定容。

4.17　十六烷基三甲基溴化铵磷酸缓冲溶液:称取 1.80 g 十六烷基三甲基溴化铵(4.7)于 200 mL 烧杯中,加入 100 mL 水溶解,转移至 1 L 容量瓶中,加入 200 mL 磷酸缓冲溶液(4.16),再加水接近刻度线,可加入适量磷酸(4.11)调节溶液 pH 至 6.6,加水定容。

4.18　顺丁烯二酸储备液(7 500 mg/L):称取顺丁烯二酸 0.75 g(精确到 0.001 g),使用乙醇溶解并转移至 100 mL 容量瓶中,加入乙腈定容。−20 ℃下保存,有效期为 2 个月。

4.19　2-甲基顺丁烯二酸储备液 (7 500 mg/L):称取 2-甲基顺丁烯二酸 0.75 g(精确到 0.001 g),使用乙醇溶解并转移至 100 mL 容量瓶中,加入乙醇定容。−20 ℃下保存,有效期为 2 个月。

4.20　顺丁烯二酸标准溶液:吸取 0 mL、0.5 mL、1.0 mL、2.0 mL、5.0 mL、10.0 mL 顺丁烯二酸储备液(4.18)于 6 个 50 mL 容量瓶中,加入 5.0 mL 2-甲基顺丁烯二酸储备液(4.19),用乙醇定容,顺丁烯二酸浓度分别为 0.00 mg/L、75.0 mg/L、150 mg/L、300 mg/L、750 mg/L、1 500 mg/L,内标 2-甲基顺丁烯二酸浓度为 750 mg/L。4 ℃下保存,有效期为 1 个月。

5　仪器和设备

5.1　高效液相色谱仪:配置紫外检测器。

5.2　振荡器。

5.3　分析天平:感量 0.000 1 g、0.01 g。

5.4　pH 计。

5.5　固相萃取小柱:C_{18},500 mg。

6　试液的制备

6.1　标准工作溶液的制备

6.1.1　水基食品模拟物标准工作溶液

吸取 1.0 mL 顺丁烯二酸标准溶液(4.20)于 30 mL 烧瓶中,加入 25 mL 食品模拟物水,混匀,使得食品模拟物水中顺丁烯二酸浓度分别为 0.00 mg/L、3.0 mg/L、6.0 mg/L、12.0 mg/L、30.0 mg/L、60.0 mg/L,内标 2-甲基顺丁烯二酸浓度为 30.0 mg/L。采用同样方式,分别用 3%(质量浓度)乙酸溶液(4.13)和 10%(体积分数)乙醇溶液(4.14)配制同样浓度系列的顺丁烯二酸标准工作溶液。

6.1.2　橄榄油标准工作溶液

称取 25 g 橄榄油(精确到 0.1 g)于 6 个分液漏斗中,加入 1.0 mL 顺丁烯二酸标准溶液(4.20),混匀,使得橄榄油中顺丁烯二酸浓度分别为 0.00 mg/kg、3.00 mg/kg、6.00mg/kg、12.0 mg/kg、30.0 mg/kg、60.0 mg/kg,内标 2-甲基顺丁烯二酸浓度为 30.0 mg/kg,加入 25 mL 碳酸氢钠溶液(4.15),振荡 5 min,静置分层,移取下层水溶液,用 C_{18} 固相萃取小柱过滤,取 1 mL 滤出液经 0.45 μm 滤膜过滤于进样瓶中,待上机测定。

6.2　食品模拟物试液的制备

6.2.1　总则

食品模拟物试液应按照 GB/T 23296.1—2009 的要求从迁移试验中获取,在 4 ℃冰箱中避光保存。

6.2.2　水基食品模拟物

准确量取迁移试验中得到的水基食品模拟物 25 mL 于锥形瓶中,加入 1 mL 不含顺丁烯二酸的标准工作溶液(4.20),混匀,取 1 mL 经 0.45 μm 滤膜过滤于进样瓶中,待上机测定。平行制样两份。

6.2.3 橄榄油

准确称取迁移试验中得到的橄榄油模拟物 25 g(精确到 0.1 g)于分液漏斗中,加入 1 mL 不含顺丁烯二酸的标准工作溶液(4.20),混匀,加入 25 mL 碳酸氢钠溶液(4.15),振荡 5 min,静置分层,移取下层水溶液,用 C_{18} 固相萃取小柱过滤,取 1 mL 滤出液经 0.45 μm 滤膜过滤于进样瓶中,待上机测定。平行制样两份。

6.3 空白试液的制备

按照 6.2 的操作处理未与食品接触材料接触的食品模拟物。

7 测定

7.1 液相色谱条件

a) 色谱柱:C_{18} 柱,柱长 150 mm,内径 4.6 mm,粒径 5 μm 或性能类似的分析柱;

b) 流动相:乙腈-十六烷基三甲基溴化铵磷酸缓冲溶液(20+80);

c) 流速:1 mL/min;

d) 检测波长:220 nm;

e) 柱温:30 ℃;

f) 进样量:10 μL。

7.2 绘制标准工作曲线

按照 7.1 所列测定条件,对标准工作溶液(6.1)进行检测。以食品模拟物标准工作溶液中顺丁烯二酸浓度为横坐标,以顺丁烯二酸和内标物 2-甲基顺丁烯二酸峰面积比值为纵坐标,绘制标准工作曲线,得到线性方程。标准溶液色谱图参见附录 A。

按式(1)计算回归参数:

$$y = a \times x + b \qquad \cdots\cdots(1)$$

式中:

y——食品模拟物标准工作溶液中顺丁烯二酸和内标物 2-甲基顺丁烯二酸峰面积比值;

a——回归曲线的斜率;

x——食品模拟物标准工作溶液中顺丁烯二酸浓度,单位为毫克每升或毫克每千克(mg/L 或 mg/kg);

b——回归曲线的截距。

7.3 试液测定

对空白试液(6.3)和食品模拟物试液(6.2)依次进样,扣除空白值,得到顺丁烯二酸和内标物 2-甲基顺丁烯二酸色谱峰峰面积。

8 结果计算

8.1 食品模拟物试液中顺丁烯二酸浓度的计算

食物模拟物试液中顺丁烯二酸的浓度 c 按式(2)计算。

$$c = \frac{y - b}{a} \qquad \cdots\cdots(2)$$

式中:

c——食品模拟物试液中顺丁烯二酸的浓度,单位为毫克每升或毫克每千克(mg/L 或 mg/kg);

y——食品模拟物试液中顺丁烯二酸和内标物 2-甲基顺丁烯二酸峰面积比值;

b——回归曲线的截距;

a——回归曲线的斜率。

8.2 顺丁烯二酸和顺丁烯二酸酐特定迁移量的转化计算

由 8.1 得到的食品模拟物试液中顺丁烯二酸浓度,根据迁移试验中所使用的食品模拟物的体积和测试试样与食品模拟物接触面积,通过数学换算计算出顺丁烯二酸的特定迁移量,顺丁烯二酸酐特定迁移量以顺丁烯二酸计,单位以“mg/kg 或 mg/dm^2”表示。详见 GB/T 23296.1—2009 的第 13 章。

计算结果以平行测定值的算术平均值表示,保留三位有效数字。

9 重复性

在重复性条件下获得的两次独立测定结果的绝对差值不得超过算术平均值的 10%。

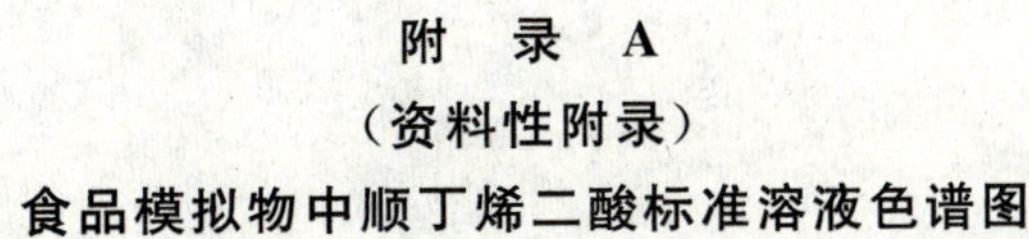

附 录 A
（资料性附录）
食品模拟物中顺丁烯二酸标准溶液色谱图

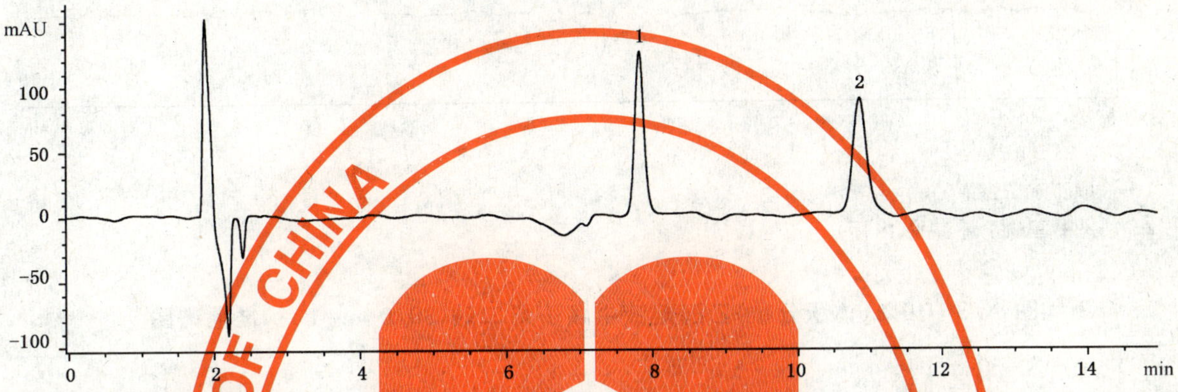

1——顺丁烯二酸；

2——2-甲基顺丁烯二酸（内标）。

图 A.1　水中顺丁烯二酸(30.0 mg/L)标准色谱图

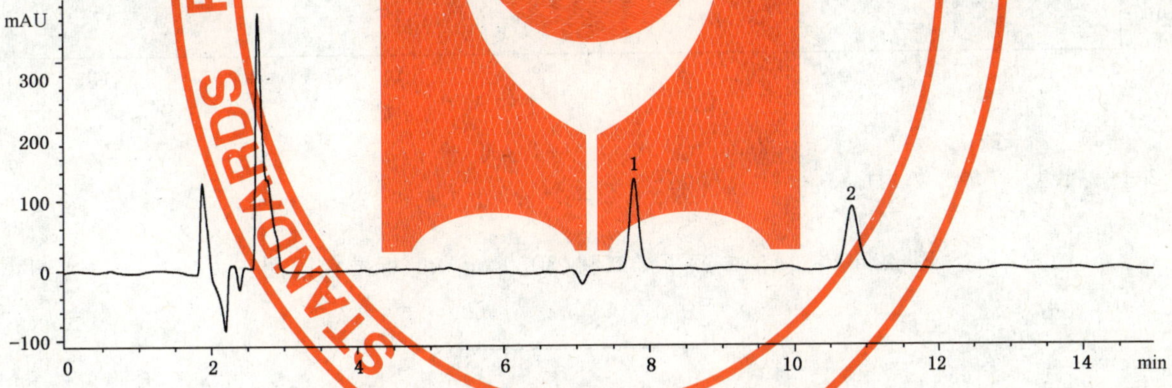

1——顺丁烯二酸；

2——2-甲基顺丁烯二酸（内标）。

图 A.2　3%(质量浓度)乙酸溶液中顺丁烯二酸(30.0 mg/L)标准色谱图

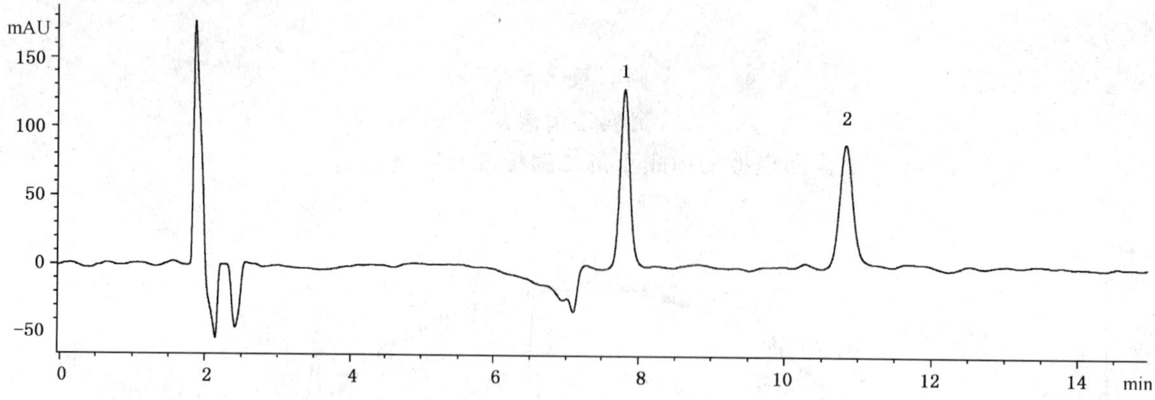

1——顺丁烯二酸；
2——2-甲基顺丁烯二酸（内标）。

图 A.3　10%（体积分数）乙醇溶液中顺丁烯二酸（30.0 mg/L）标准色谱图

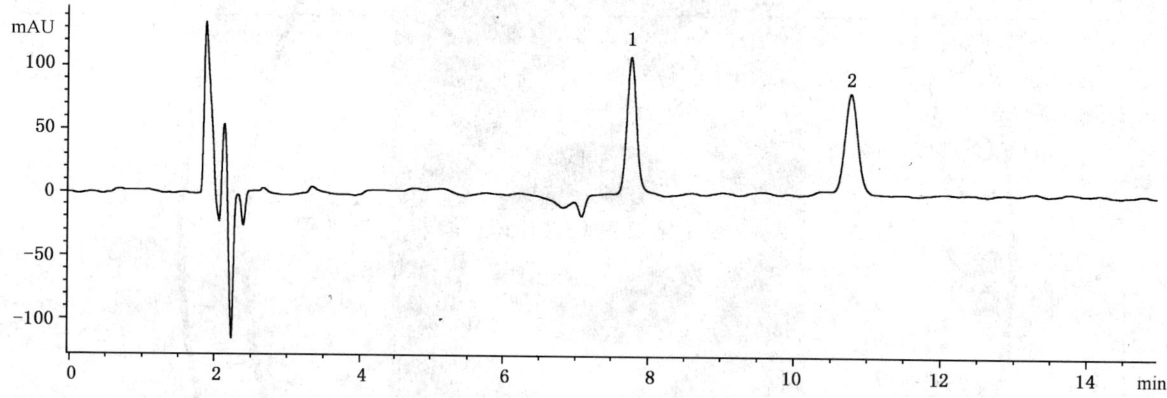

1——顺丁烯二酸；
2——2-甲基顺丁烯二酸（内标）。

图 A.4　橄榄油中顺丁烯二酸（30.0 mg/kg）标准色谱图

ICS 67.250
C 53

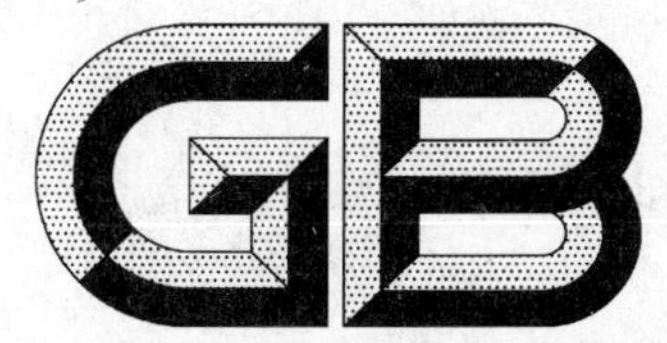

中华人民共和国国家标准

GB/T 23296.22—2009

食品接触材料
塑料中异氰酸酯含量的测定
高效液相色谱法

**Food contact materials—
Determination of isocyanates in plastics—
High performance liquid chromatography**

2009-03-31 发布　　2009-09-01 实施

中华人民共和国国家质量监督检验检疫总局
中国国家标准化管理委员会　发布

前　言

本标准参照欧盟标准 EN 13130-8:2005《食品接触材料及其制品　塑料中受限物质　第8部分:塑料中异氰酸酯含量的测定》(英文版)制定。

本标准的附录A为资料性附录。

本标准由国家认证认可监督管理委员会提出。

本标准由全国进出口食品安全检测标准化技术委员会(SAC/TC 445)归口。

本标准起草单位:中国检验检疫科学研究院、中华人民共和国山东出入境检验检疫局、宁夏自治区食品检测中心、中华人民共和国湖北出入境检验检疫局。

本标准主要起草人:孙利、黄红花、陈志锋、郭晓明、凌云、崔海容、王欣、杨倩。

食品接触材料 塑料中异氰酸酯含量的测定 高效液相色谱法

1 范围

本标准规定了食品接触材料用塑料中异氰酸酯含量的测定方法。

本标准适用于采用聚氨酯制作的食品接触材料中异氰酸酯含量的测定。

本标准规定聚氨酯塑料中甲苯-2,6-二异氰酸酯,二苯基甲烷-4,4'-二异氰酸酯,甲苯-2,4-二异氰酸酯,萘-1,5-二异氰酸酯,苯基异氰酸酯和环己基异氰酸酯的测定低限均为0.1 mg/kg。

2 规范性引用文件

下列文件中的条款通过本标准的引用而成为本标准的条款。凡是注日期的引用文件,其随后所有的修改单(不包括勘误的内容)或修订版均不适用于本标准,然而,鼓励根据本标准达成协议的各方研究是否可使用这些文件的最新版本。凡是不注日期的引用文件,其最新版本适用于本标准。

GB/T 6682 分析实验室用水规格和试验方法(GB/T 6682—2008,ISO 3696:1987,MOD)

3 原理

试样经二氯甲烷提取后,与9-甲氨甲基蒽进行衍生反应,衍生产物采用高效液相色谱柱分离,荧光检测器进行测定,外标法定量。

4 试剂和材料

除另有规定外,所有试剂均为分析纯,水为GB/T 6682规定的一级水。

4.1 甲苯-2,6-二异氰酸酯[$C_9H_6N_2O_2$;$CH_3C_6H_3(NCO)_2$,CAS号:91-08-7]:纯度大于98%。

4.2 二苯基甲烷-4,4'-二异氰酸酯($C_{15}H_{10}N_2O_2$,CAS号:101-68-8):纯度大于98%。

4.3 甲苯-2,4-二异氰酸酯($C_9H_6N_2O_2$,CAS号:86-91-9):纯度大于98%。

4.4 萘-1,5-二异氰酸酯($C_{12}H_6N_2O_2$,CAS号:3173-72-6):纯度大于98%。

4.5 苯基异氰酸酯(C_7H_5ON,CAS号:103-71-9):纯度大于98%。

4.6 环己基异氰酸酯($C_8H_{12}O_2N_2$,CAS号:822-06-0):纯度大于98%。

4.7 9-甲氨甲基蒽:纯度大于99%。

4.8 二氯甲烷:5A分子筛干燥过夜,备用。

4.9 乙醚。

4.10 磷酸。

4.11 乙腈:色谱纯。

4.12 *N*,*N*-二甲基甲酰胺:纯度大于99%。

4.13 三乙胺溶液(3%,体积分数)。

4.14 缓冲溶液:在1 L容量瓶中,加入950 mL 3%三乙胺溶液(4.13),用磷酸调节pH值至3.0,用水定容。

4.15 衍生试剂(260 mg/L):称取9-甲氨甲基蒽0.013 g(精确到0.1 mg),用二氯甲烷溶解并转移至50 mL容量瓶中,用二氯甲烷定容,避光保存。由于该衍生试剂遇光不稳定,每次使用前需重新配制。

4.16 衍生物溶剂:量取50 mL *N*,*N*-二甲基甲酰胺于100 mL容量瓶中,加入40 mL乙腈,用水定容。

4.17 异氰酸酯储备液(1 000 mg/L):称取各种异氰酸酯标准物质0.01 g(精确到0.1 mg),二氯甲烷溶解后转移至10 mL容量瓶中,二氯甲烷定容。储备液−20 ℃避光干燥保存,有效期为1个月。

4.18 异氰酸酯标准中间液(100 mg/L):分别量取5 mL二氯甲烷于6个10 mL容量瓶中,分别移入1.0 mL各种异氰酸酯储备液(4.17),针头应伸入液面以下,二氯甲烷定容。标准中间液−20 ℃避光干燥保存,有效期为1个月。

4.19 异氰酸酯标准工作液(1 mg/L):分别量取5 mL二氯甲烷于6个10 mL容量瓶中,分别移入100 μL各异氰酸酯标准中间液(4.18),针头应伸入液面以下,二氯甲烷定容,混匀。标准工作液−20 ℃避光干燥保存,有效期为两周。

4.20 混合异氰酸酯标准工作液:分别量取5 mL二氯甲烷于6个10 mL容量瓶中,依次移入0.00 mL、0.01 mL、0.05 mL、0.10 mL、0.25 mL、0.50 mL各异氰酸酯标准中间液(4.18),二氯甲烷定容,混匀,得到各异氰酸酯浓度均分别为0.0 mg/L、0.10 mg/L、0.50 mg/L、1.0 mg/L、2.5 mg/L、5.0 mg/L的混合标准工作液。该混合标准工作液−20 ℃避光干燥保存,有效期为两周。

5 仪器和设备

5.1 液相色谱仪:配置荧光检测器。

5.2 玻璃小瓶:20 mL,配聚四氟乙烯瓶盖;使用前应干燥,用乙醚淌洗,烘箱中干燥4 h(105 ℃),存放于干燥器中。

5.3 注射器:10 μL、100 μL、500 μL、1 000 μL。

5.4 水相滤膜:0.45 μm。

5.5 pH计。

5.6 分析天平:感量0.000 1 g、0.01 g。

6 样品前处理

6.1 试样处理

称取剪碎后的试样1 g(精确到0.01 g),放入20 mL小瓶中,加入10 mL二氯甲烷和1 mL衍生试剂(4.15),密封,避光,振荡12 h,提取液转移至另一20 mL小瓶中,氮气浓缩到2 mL左右,密封,−20 ℃下保存。剩余样品残渣重复提取衍生12 h,合并提取液,氮气浓缩至干,加入10 mL衍生物溶剂(4.16),超声溶解,0.45 μm滤膜过滤,待上机测定。平行制样两份。

6.2 基质标准工作液的配制

分别称取6份剪碎的空白试样1 g(精确到0.01 g),放入6个20 mL玻璃小瓶中,加入10 mL二氯甲烷、1 mL衍生试剂(4.15)和1 mL各浓度混合标准工作液(4.20),试样中各异氰酸酯浓度分别为0.0 mg/kg、0.1 mg/kg、0.5 mg/kg、1.0 mg/kg、2.5 mg/kg和5.0 mg/kg,以下提取步骤按照6.1进行。

6.3 空白试样的制备

对不含有异氰酸酯的空白试样按6.1进行处理。

7 测定

7.1 液相色谱条件

a) 色谱柱:C_{18}柱,长150 mm,内径4.6 mm,粒度5 μm或相当者;

b) 流动相:A 为乙腈;B 为缓冲溶液(4.14),洗脱梯度见表 1;

表 1 洗脱梯度表

时间/min	A/%	B/%
0	70	30
25	80	20
30	70	30

c) 流速:1 mL/min;

d) 激发波长:254 nm;

e) 发射波长:412 nm;

f) 柱温:40 ℃;

g) 进样量:20 μL。

7.2 衍生物色谱峰的确认

分别吸取 100 μL 各异氰酸酯标准中间液(4.18)于 6 个小瓶中,加入 1 mL 衍生试剂(4.15),密封,避光反应 30 min,氮气浓缩至干,再加入 10 mL 衍生物溶剂(4.16),混匀,按照 7.1 色谱条件测定,确定各衍生物的保留时间。标准溶液衍生物色谱图参见附录 A。

7.3 基质标准曲线的绘制

按照 7.1 的色谱条件,对 6.2 得到的基质标准工作液进行测定,以试样中各种异氰酸酯浓度为横坐标,单位以每千克材料中含有的异氰酸酯毫克数表示(mg/kg),以各异氰酸酯衍生物色谱峰峰面积为纵坐标,绘制标准工作曲线,得到线性方程。

7.4 试样测定

按照 7.1 的色谱条件,对 6.1 中的待测液和 6.3 中的空白试样进行测定,根据各异氰酸酯衍生物保留时间,确定试样中异氰酸酯的种类;扣除空白值,得到各异氰酸酯衍生物色谱峰峰面积。

8 结果计算

8.1 异氰酸酯单体含量的计算

按式(1)进行计算。

$$c = \frac{A-b}{a} \quad \cdots\cdots(1)$$

式中:

c——试样中异氰酸酯单体的浓度,单位为毫克每千克(mg/kg);

A——样液中异氰酸酯单体衍生物的峰面积;

b——基质标准工作曲线截距;

a——基质标准工作曲线斜率。

计算结果以平行测定值的算术平均值表示,保留两位有效数字。

8.2 异氰酸酯总量的计算

异氰酸酯的总量以 NCO 计,各异氰酸酯单体含量乘以转化系数可转化为单体对应的 NCO 含量,各 NCO 含量加合后得到试样中异氰酸酯的总量,单位以每千克材料中含有 NCO 的毫克数(mg/kg)表示。各单体的转化系数见表 2。

表 2 异氰酸酯单体转化系数表

单 体 名 称	转 化 系 数
甲苯-2,6-二异氰酸酯	0.483
二苯基甲烷-4,4'-二异氰酸酯	0.336
甲苯-2,4-二异氰酸酯	0.483
萘-1,5-二异氰酸酯	0.400
苯基异氰酸酯	0.353
环己基异氰酸酯	0.336

9 重复性

在重复性条件下获得的两次独立测定结果的绝对差值不得超过算术平均值的10%。

附 录 A

（资料性附录）

标准溶液异氰酸酯衍生物色谱图

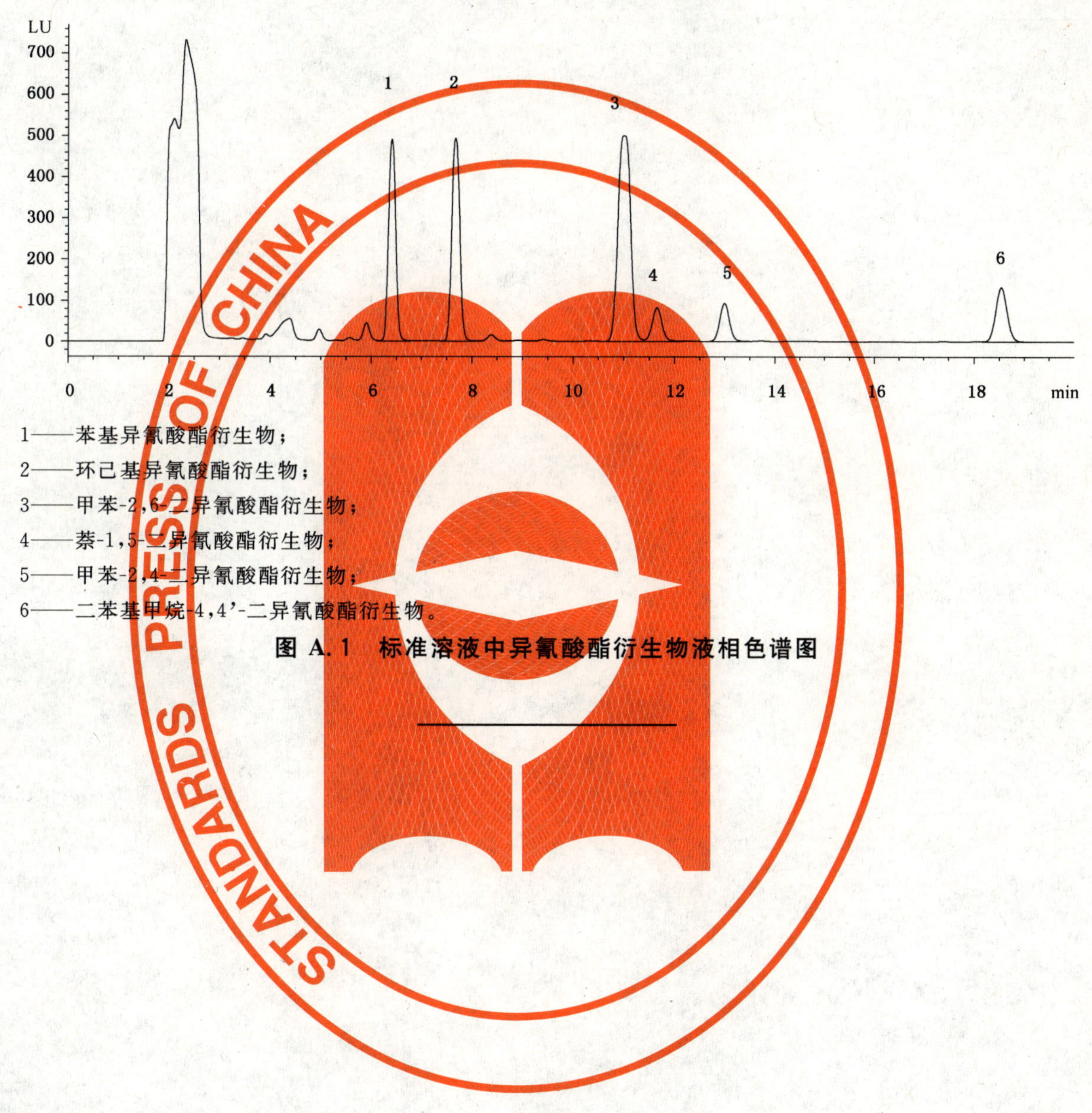

1——苯基异氰酸酯衍生物；

2——环己基异氰酸酯衍生物；

3——甲苯-2,6-二异氰酸酯衍生物；

4——萘-1,5-二异氰酸酯衍生物；

5——甲苯-2,4-二异氰酸酯衍生物；

6——二苯基甲烷-4,4'-二异氰酸酯衍生物。

图 A.1 标准溶液中异氰酸酯衍生物液相色谱图

ICS 67.250
C 53

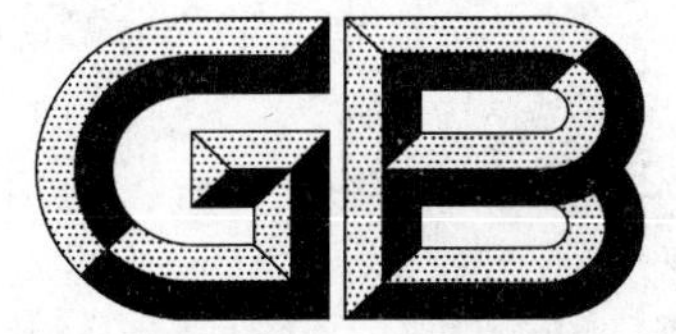

中华人民共和国国家标准

GB/T 23296.23—2009

食品接触材料　高分子材料
食品模拟物中1,1,1-三甲醇丙烷的测定
气相色谱法

Food contact materials—Polymer—
Determination of 1,1,1-trimethylolpropane in food simulants—
Gas chromatography

2009-04-27 发布　　2009-09-01 实施

中华人民共和国国家质量监督检验检疫总局
中国国家标准化管理委员会　发布

前　言

本标准参照采用欧盟技术规范 CEN/TS 13130-28:2005《食品接触材料及其制品　塑料中受限物质　第 28 部分:食品模拟物中 1,1,1-三甲醇丙烷的测定》(英文版)制定。

本标准的附录 A 为资料性附录。

本标准由国家认证认可监督管理委员会提出。

本标准由全国进出口食品安全检测标准化技术委员会(SAC/TC 445)归口。

本标准起草单位:国家环保产品质量监督检验中心、中国检验检疫科学研究院、中华人民共和国湖北出入境检验检疫局。

本标准主要起草人:李玉国、张岩、陈志锋、张敬轩、崔海容、王丽霞、李挥、范斌、孙利、郭坚。

食品接触材料　高分子材料 食品模拟物中1,1,1-三甲醇丙烷的测定 气相色谱法

1　范围

本标准规定了食品模拟物中1,1,1-三甲醇丙烷的测定方法。

本标准适用于四种食品模拟物水、3%(质量浓度)乙酸溶液、10%(体积分数)乙醇溶液和橄榄油中1,1,1-三甲醇丙烷含量的测定。

本标准中三种水基食品模拟物水、3%(质量浓度)乙酸和10%(体积分数)乙醇中1,1,1-三甲醇丙烷的检测低限为0.60 mg/L,橄榄油模拟物中1,1,1-三甲醇丙烷的检测低限为0.60 mg/kg。

2　规范性引用文件

下列文件中的条款通过本标准的引用而成为本标准的条款。凡是注日期的引用文件,其随后所有的修改单(不包括勘误的内容)或修订版均不适用于本标准,然而,鼓励根据本标准达成协议的各方研究是否可使用这些文件的最新版本。凡是不注日期的引用文件,其最新版本适用于本标准。

GB/T 6682　分析实验室用水规格和试验方法(GB/T 6682—2008,ISO 3696:1987,MOD)

GB/T 23296.1—2009　食品接触材料　塑料中受限物质　塑料中物质向食品及食品模拟物特定迁移试验和含量测定方法以及食品模拟物暴露条件选择的指南

3　原理

食品模拟物中1,1,1-三甲醇丙烷通过气相色谱进行分离,采用氢火焰离子化检测器进行检测。水基食品模拟物经碳酸钾饱和、乙醇/乙酸乙酯萃取、有机萃取相蒸干和TMSI脱水嘧啶溶液衍生后进样,橄榄油模拟物经水萃取,按水基食品模拟物处理方法操作后进样。采用内标法定量。

4　试剂和材料

除另有规定外,水为GB/T 6682规定的一级水,试剂均为分析纯。

4.1　冰乙酸。

4.2　无水乙醇。

4.3　正戊烷。

4.4　乙酸乙酯。

4.5　三甲代甲硅烷基咪唑:TMSI脱水嘧啶溶液,衍生试剂。

4.6　碳酸钾。

4.7　氢氧化钠。

4.8　阳离子交换树脂:强酸型,磺化聚苯乙烯型球形树脂,50目～100目。

4.9　1,1,1-三甲醇丙烷标准物质($C_6H_{14}O_3$,CAS号:77-99-6):纯度大于或等于97%。

4.10　1,4-丁二醇内标物($C_4H_{10}O_2$,CAS号:110-63-4):纯度大于或等于98%。

4.11　氢氧化钠(1 mol/L):称取40 g氢氧化钠(4.7)溶于1 000 mL水中。

4.12　3%(质量浓度)乙酸溶液:称取冰乙酸(4.1)15.0 g,用水定容至500 mL。

4.13　10%(体积分数)乙醇溶液:量取100.0 mL无水乙醇(4.2)于1 000 mL容量瓶中,用水定容至

刻度。

4.14 1,1,1-三甲醇丙烷标准储备液(0.75 g/L):称取 75 mg(精确到 0.1 mg)1,1,1-三甲醇丙烷(4.9),用乙醇(4.2)定容至 100 mL。该标准储备液在密封容器中－20 ℃～20 ℃下可避光保存 3 个月。

4.15 1,4-丁二醇标准内标储备液(0.75 g/L):称取 75 mg(精确到 0.1 mg)1,4-丁二醇内标物(4.10),用乙醇(4.2)定容至 100 mL。该标准储备液在密封容器中－20 ℃～20 ℃下可避光保存 3 个月。

4.16 1,1,1-三甲醇丙烷和 1,4-丁二醇内标物标准系列溶液:准确移取 0 mL、0.5 mL、1.0 mL、2.5 mL、5.0 mL 和 10.0 mL 的 1,1,1-三甲醇丙烷标准储备液(4.14)于 25 mL 容量瓶中,分别加入 2.5 mL 标准内标储备液(4.15),用乙醇(4.2)定容至刻度,摇匀,得到 1,1,1-三甲醇丙烷浓度分别为 0.0 mg/L、15.0 mg/L、30.0 mg/L、75.0 mg/L、150 mg/L 和 300 mg/L,1,4-丁二醇内标物浓度为 75.0 mg/L。该标准溶液在密封容器中－20 ℃～20 ℃下可避光保存 3 个月。

4.17 标准内标稀释液(75 mg/L):准确移取 2.5 mL 1,4-丁二醇标准内标储备液(4.15)于 25 mL 容量瓶中,用乙醇(4.2)定容至刻度。该标准储备液在密封容器中－20 ℃～20 ℃下可避光保存 3 个月。

4.18 氮气:纯度大于 99.999%。

5 仪器与设备

5.1 气相色谱仪:配氢火焰离子化检测器。

5.2 分析天平:感量为 0.000 1 g 和 0.01 g。

5.3 机械振荡器。

5.4 0.45 μm 微孔滤膜。

5.5 具塞离心管:10 mL 和 15 mL。

5.6 氮吹仪。

5.7 离心机:3 000 r/min。

6 试液的制备

6.1 标准工作溶液的制备

6.1.1 水基食品模拟物介质标准工作溶液

分别移取 1 mL 标准系列溶液(4.16)于 25 mL 的容量瓶中,用水定容,得到 1,1,1-三甲醇丙烷浓度分别为 0.00 mg/L、0.600 mg/L、1.20 mg/L、3.00 mg/L、6.00 mg/L、12.0 mg/L,1,4-丁二醇浓度为 3.00 mg/L 的标准工作溶液,移取 3 mL 上述溶液于 15 mL 具塞离心管中,加入 1 mL 乙醇(4.2),然后加入碳酸钾(4.6),不断摇荡,直至溶液达到饱和,再加入 1 mL 乙酸乙酯(4.4),振荡 45 min,离心 5 min,静置,分层。将上层有机相转移至 10 mL 具塞离心管中,加入 100 mg 阳离子交换树脂(4.8),充分振荡 1 min,将上层溶液转移至 10 mL 具塞离心管中,在 50 ℃水浴中氮气吹干。向具塞离心管内加入 100 μL TMSI 脱水嘧啶衍生试剂(4.5),100 ℃保持 30 min,冷却后加入 400 μL 正戊烷(4.3),混匀,再加入 200 μL 的 3%(质量浓度)乙酸溶液,剧烈振荡 2 min,离心 5 min,转移上层正戊烷溶液,过 0.45 μm 滤膜后供气相色谱进样。

采用同样方式,制备 3%(质量浓度)乙酸溶液和 10%(体积分数)乙醇溶液同样浓度系列的 1,1,1-三甲醇丙烷标准工作溶液。

6.1.2 橄榄油模拟物介质标准工作溶液

在 6 个 25 mL 容量瓶中准确称取 25 g 橄榄油,然后加入 1 mL 标准系列溶液(4.16),得到 1,1,1-三甲醇丙烷浓度分别为 0 mg/kg、0.600 mg/kg、1.20 mg/kg、3.00 mg/kg、6.00 mg/kg、12.0 mg/kg 和 1,4-丁二醇浓度为 3.00 mg/kg 的标准工作溶液,称取 10 g 上述橄榄油试液于 50 mL 分液漏斗中,加入 10 mL 正戊烷(4.3)和 5 mL 水,振荡 10 min,静置分层,取下层水相萃取液于 15 mL 具塞离心管中,加入 1 mL 乙醇(4.2),以下按 6.1.1 中“然后加入碳酸钾……”操作。

6.2 食品模拟物试液的制备

6.2.1 总则

食品模拟物试液按 GB/T 23296.1—2009 的要求从迁移试验中获取，在 4 ℃冰箱中避光保存。

6.2.2 水基食品模拟物

6.2.2.1 水

准确移取 1 mL 标准内标稀释液(4.17)于 25 mL 容量瓶中，用从迁移试验中获得的水试液定容至刻度，以下按 6.1.1 中"移取 3 mL 上述溶液……"操作，平行制样两份。

6.2.2.2 3%(质量浓度)乙酸

准确移取 1 mL 标准内标稀释液(4.17)于 25 mL 容量瓶中，用从迁移试验中获得的 3%(质量浓度)乙酸试液定容至刻度。移取 3 mL 定容溶液于 15 mL 具塞离心管中，加入 1 mL 乙醇(4.2)和 1.7 mL 氢氧化钠溶液(4.11)，溶液 pH 在 11～12 之间，以下按 6.1.1 中"然后加入碳酸钾……"操作，平行制样两份。

6.2.2.3 10%(体积分数)乙醇

准确移取 1 mL 标准内标稀释液(4.17)于 25 mL 容量瓶中，用从迁移试验中获得的 10%(体积分数)乙醇试液定容至刻度。移取 3 mL 定容溶液于 15 mL 具塞离心管中，加入 0.55 mL 乙醇(4.2)和 0.45 mL 水，以下按 6.1.1 中"然后加入碳酸钾……"操作，平行制样两份。

6.2.3 橄榄油模拟物

准确称取从迁移试验中获得的 25 g(精确至 0.01 g)橄榄油于 25 mL 容量瓶中，加入 1 mL 标准内标稀释液(4.17)，混匀 5 min。以下按 6.1.2 中"称取 10 g 上述橄榄油试液……"操作，平行制样两份。

6.3 空白试液的制备

按 6.2 的操作处理没有与食品接触材料接触的食品模拟物。

7 测定

7.1 测定条件

a) 色谱柱：涂层为含 5%苯基的聚甲基硅氧烷的石英毛细管柱，柱长 25 m，内径 0.32 mm，膜厚 0.25 μm，或相当者；

b) 程序升温：50 ℃保持 12 min，以 10 ℃/min 速率升至 180 ℃，再以 50 ℃/min 的速率升至 280 ℃；

c) 进样口：进样口温度 290 ℃，不分流进样，1 min 后打开分流阀；

d) 检测器温度：290 ℃；

e) 载气：氮气；

f) 载气流速：1.0 mL/min；

g) 进样量：1 μL。

7.2 绘制标准工作曲线

按 7.1 所列测定条件，对水基食品模拟物介质标准工作溶液或橄榄油介质标准工作溶液(6.1)进行检测。以食品模拟物中 1,1,1-三甲醇丙烷浓度为横坐标，单位以"mg/kg 或 mg/L"表示，以 1,1,1-三甲醇丙烷与内标物 1,4-丁二醇的峰面积比值为纵坐标，绘制标准内标工作曲线。标准曲线的相关系数要求等于或大于 0.996。标准溶液色谱图参见附录 A。

按式(1)计算回归参数：

$$y = a \times x + b \qquad (1)$$

式中：

y——食物模拟物标准工作溶液中 1,1,1-三甲醇丙烷的峰面积与内标物 1,4-丁二醇的峰面积比值；

a——回归曲线的斜率；

x——食物模拟物标准工作溶液中1,1,1-三甲醇丙烷浓度，单位为毫克每升或毫克每千克(mg/L或mg/kg)；

b——回归曲线的截距。

标准曲线的相关系数要求不小于0.996。

7.3 试液测定

对空白试液(6.3)和食品模拟物试液(6.2)依次进样，记录相应峰面积，扣除空白值，根据线性方程计算食品模拟物中1,1,1-三甲醇丙烷浓度，单位以“mg/kg或mg/L”表示。

8 结果计算

8.1 食物模拟物试液中1,1,1-三甲醇丙烷浓度的计算

食物模拟物试液中1,1,1-三甲醇丙烷的浓度 c 按式(2)计算：

$$c=\frac{y-b}{a} \qquad \cdots\cdots(2)$$

式中：

c——食物模拟物试液中1,1,1-三甲醇丙烷的浓度，单位为毫克每升或毫克每千克(mg/L或mg/kg)；

y——食物模拟物试液中1,1,1-三甲醇丙烷的峰面积与内标物1,4-丁二醇的峰面积比值；

b——回归曲线的截距；

a——回归曲线的斜率。

8.2 1,1,1-三甲醇丙烷特定迁移量的转化计算

由8.1得到的食品模拟物试液中1,1,1-三甲醇丙烷浓度，根据迁移试验中所使用的食品模拟物试液的体积与测试试样与食品模拟物接触面积，通过数学换算计算出1,1,1-三甲醇丙烷的特定迁移量，单位以“mg/kg或mg/dm^2”表示。详见GB/T 23296.1—2009的第13章。

计算结果以平行测定值的算术平均值表示，保留3位有效数字。

9 重复性

在重复性条件下获得的两次独立测定结果的绝对差值不得超过算术平均值的10%。

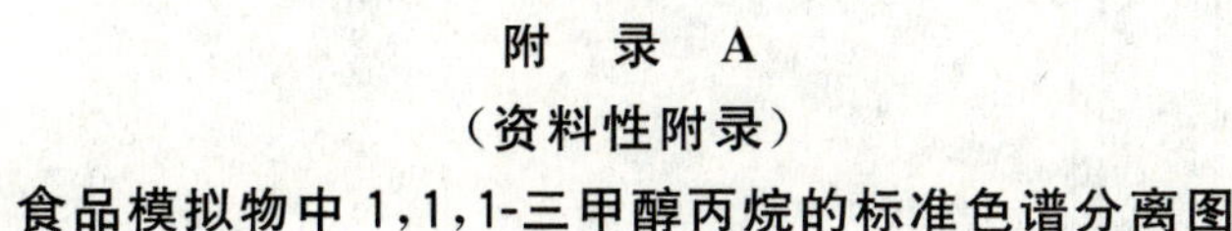

附　录　A
（资料性附录）
食品模拟物中1,1,1-三甲醇丙烷的标准色谱分离图

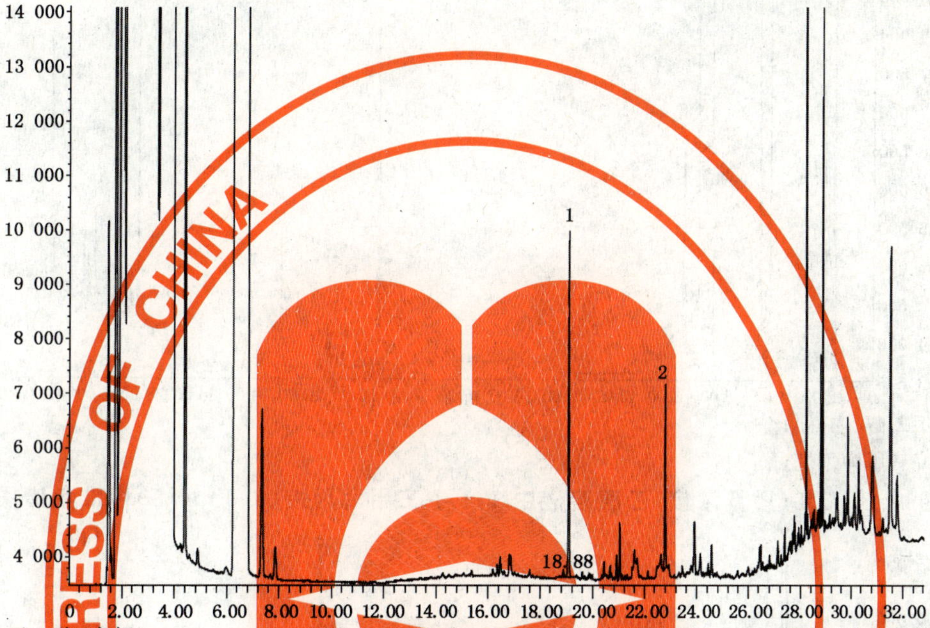

1——1,4-丁二醇(内标)；
2——1,1,1-三甲醇丙烷。

图 A.1　水中的1,1,1-三甲醇丙烷(3.0 mg/L)标准色谱图

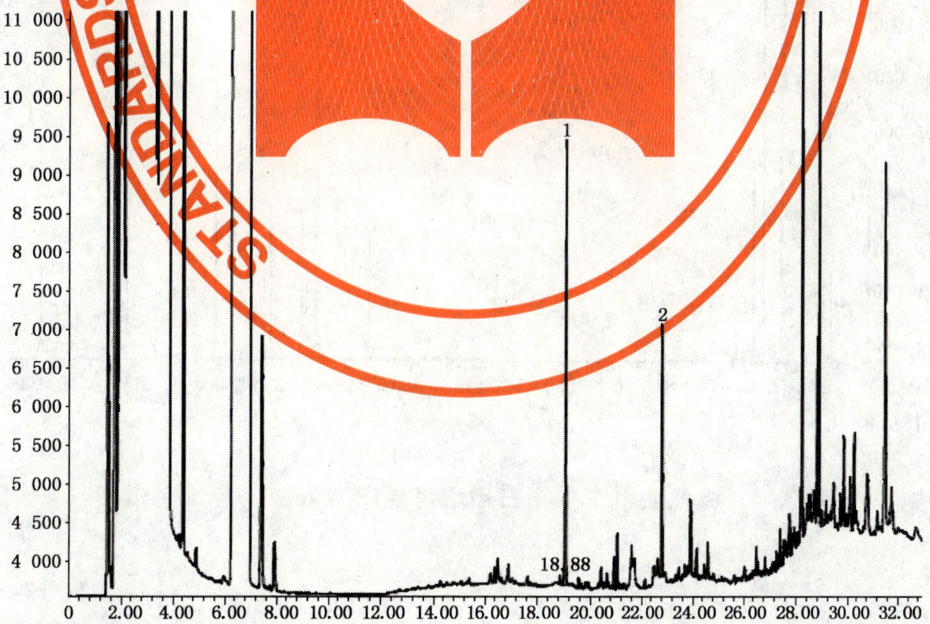

1——1,4-丁二醇(内标)；
2——1,1,1-三甲醇丙烷。

图 A.2　10%(体积分数)乙醇溶液中1,1,1-三甲醇丙烷(3.0 mg/L)标准色谱图

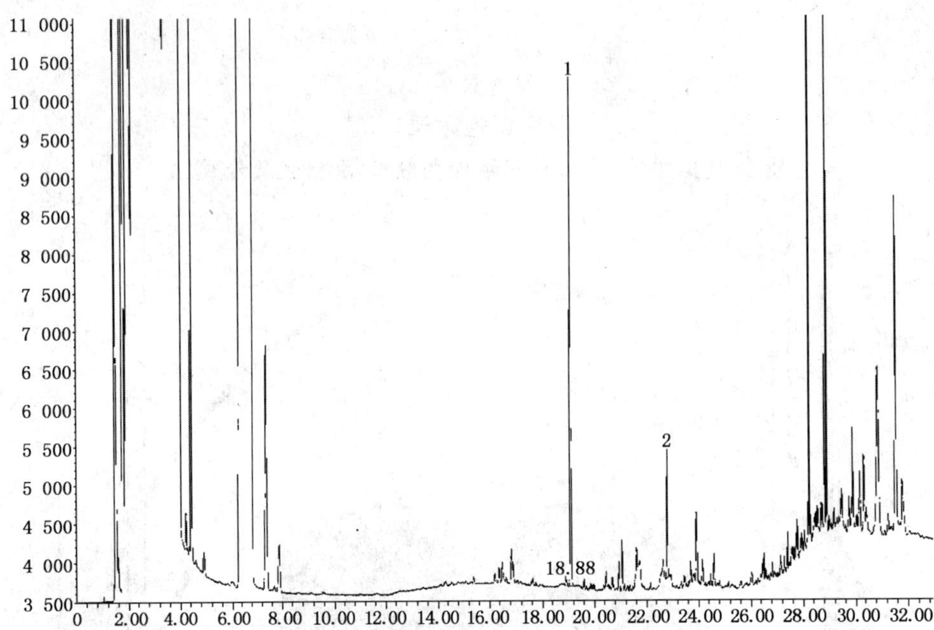

1——1,4-丁二醇(内标);

2——1,1,1-三甲醇丙烷。

图 A.3　3%(质量浓度)乙酸溶液中 1,1,1-三甲醇丙烷(3.0 mg/L)标准色谱图

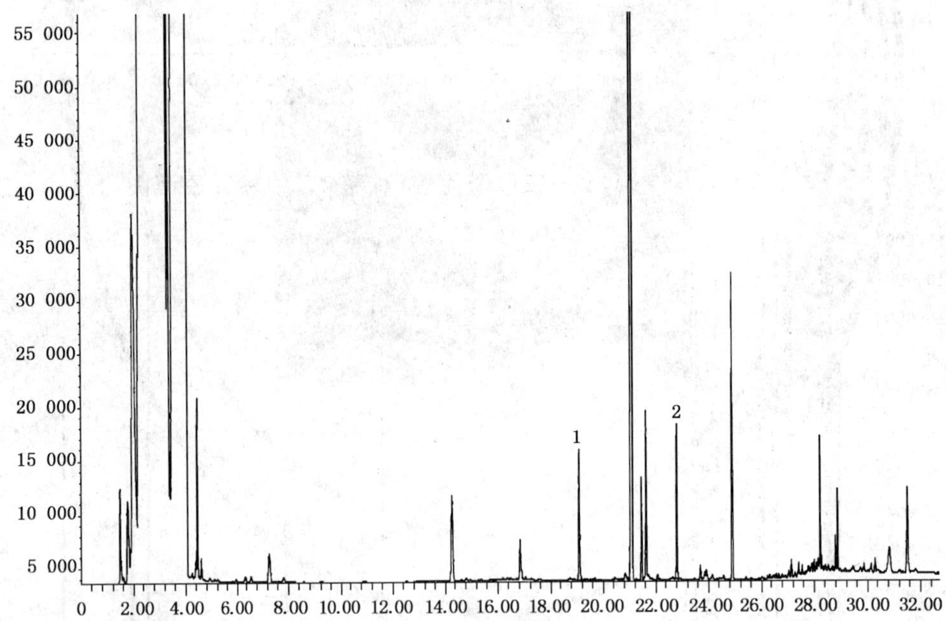

1——1,4-丁二醇(内标);

2——1,1,1-三甲醇丙烷。

图 A.4　橄榄油中 1,1,1-三甲醇丙烷(3.0 mg/L)标准色谱图

ICS 67.250
C 53

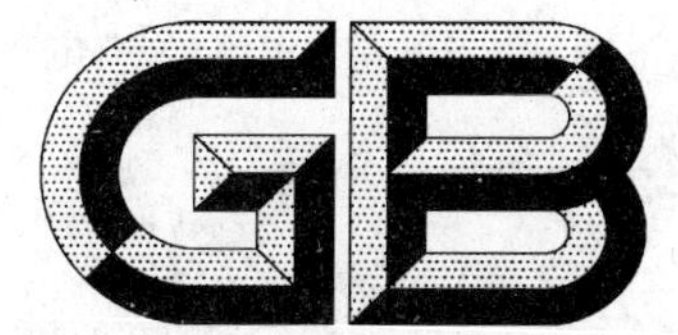

中华人民共和国国家标准

GB/T 23296.24—2009

食品接触材料　高分子材料 食品模拟物中1,2-苯二酚、1,3-苯二酚、1,4-苯二酚、4,4'-二羟二苯甲酮、4,4'-二羟联苯的测定　高效液相色谱法

Food contact materials—Polymer—Determination of 1,2-dihydroxybenzene, 1,3-dihydroxybenzene, 1,4-dihydroxybenzene, 4,4'-dihydroxybenzophenone and 4,4'-dihydroxybiphenyl in food simulants—High performance liquid chromatography

2009-04-27 发布　　2009-09-01 实施

中华人民共和国国家质量监督检验检疫总局
中国国家标准化管理委员会　发布

前　言

本标准参照采用欧盟技术规范 CEN/TS 13130-18:2005《食品接触材料及其制品　塑料中受限物质　第18部分:食品模拟物中1,2-苯二酚、1,3-苯二酚、1,4-苯二酚、4,4'-二羟二苯甲酮、4,4'-二羟联苯的测定》(英文版)制定。

本标准的附录A为资料性附录。

本标准由国家认证认可监督管理委员会提出。

本标准由全国进出口食品安全检测标准化技术委员会(SAC/TC 445)归口。

本标准起草单位:国家环保产品质量监督检验中心、中国检验检疫科学研究院、中华人民共和国湖北出入境检验检疫局。

本标准主要起草人:乔炜、郭丽敏、陈志锋、李挥、崔海容、张敬轩、温丽云、孙利、郭坚、范斌、方慧文。

食品接触材料　高分子材料
食品模拟物中1,2-苯二酚、1,3-苯二酚、
1,4-苯二酚、4,4'-二羟二苯甲酮、
4,4'-二羟联苯的测定　高效液相色谱法

1　范围

本标准规定了食品模拟物中1,2-苯二酚、1,3-苯二酚、1,4-苯二酚、4,4'-二羟二苯甲酮和4,4'-二羟联苯的测定方法。

本标准适用于食品模拟物水、3%(质量浓度)乙酸溶液、10%(体积分数)乙醇溶液和异辛烷中1,2-苯二酚、1,3-苯二酚、1,4-苯二酚、4,4'-二羟二苯甲酮和4,4'-二羟联苯含量的测定。

本标准三种水基食品模拟物水、3%(质量浓度)乙酸和10%(体积分数)乙醇中1,2-苯二酚和1,3-苯二酚的检测低限为0.150 mg/L,1,4-苯二酚的检测低限为0.100 mg/L,4,4'-二羟二苯甲酮和4,4'-二羟联苯的检测低限分别为0.200 mg/L和0.250 mg/L,橄榄油模拟物中1,2-苯二酚和1,3-苯二酚的检测低限为0.150 mg/kg,1,4-苯二酚的检测低限为0.100 mg/kg,4,4'-二羟二苯甲酮和4,4'-二羟联苯的检测低限分别为0.200 mg/kg和0.250 mg/kg。

2　规范性引用文件

下列文件中的条款通过本标准的引用而成为本标准的条款。凡是注日期的引用文件,其随后所有的修改单(不包括勘误的内容)或修订版均不适用于本标准,然而,鼓励根据本标准达成协议的各方研究是否可使用这些文件的最新版本。凡是不注日期的引用文件,其最新版本适用于本标准。

GB/T 6682　分析实验室用水规格和试验方法(GB/T 6682—2008,ISO 3696:1987,MOD)

GB/T 23296.1—2009　食品接触材料　塑料中受限物质　塑料中物质向食品及食品模拟物特定迁移试验和含量测定方法以及食品模拟物暴露条件选择的指南

3　原理

食品模拟物中1,2-苯二酚、1,3-苯二酚、1,4-苯二酚、4,4'-二羟二苯甲酮和4,4'-二羟联苯通过高效液相色谱进行分离,采用紫外检测器进行检测。水基食品模拟物直接进样,异辛烷模拟物经水萃取后进样。采用内标法定量。

4　试剂和材料

除另有规定外,水为GB/T 6682规定的一级水,试剂均为分析纯。

4.1　正己烷。

4.2　甲醇:色谱纯。

4.3　乙腈:色谱纯。

4.4　冰乙酸。

4.5　无水乙醇。

4.6　磷酸二氢钠($NaH_2PO_4 \cdot 2H_2O$)。

4.7　1,2-苯二酚标准品[$C_6H_4(OH)_2$,CAS号:120-80-9]:纯度大于或等于99%。

4.8　1,3-苯二酚标准品[$C_6H_4(OH)_2$,CAS号:108-46-3]:纯度大于或等于99%。

4.9 1,4 苯二酚标准品[$C_6H_4(OH)_2$,CAS 号:123-31-9]:纯度大于或等于 99%。

4.10 2-甲基-1,3-苯二酚内标物[$CH_3C_6H_3(OH)_2$,CAS 号:608-25-3]:纯度大于或等于 98%。

4.11 4,4'-二羟二苯甲酮标准品($HOC_6H_4COC_6H_4OH$,CAS 号:611-99-4):纯度大于或等于 99%。

4.12 4,4'-二羟联苯标准品($HOC_6H_4C_6H_4OH$,CAS 号:92-89-6):纯度大于或等于 99%。

4.13 4,4'-亚甲基联苯酚内标物[$CH_2(C_6H_4OH)_2$,CAS 号:620-92-8]:纯度大于或等于 98%。

4.14 3%(质量浓度)乙酸溶液:称取冰乙酸(4.4)15.0 g 用水定容至 500 mL。

4.15 10%(体积分数)乙醇溶液:量取 100.0 mL 无水乙醇(4.5)于 1 000 mL 容量瓶中,用水定容至刻度。

4.16 1,2-苯二酚和 1,4-苯二酚标准储备液(0.5 g/L):称取 50 mg±2 mg(精确到 0.1 mg)1,2-苯二酚(4.7)或 1,4-苯二酚(4.9),用甲醇(4.2)定容至 100 mL,充分混匀。

4.17 1,3-苯二酚标准储备液(0.125 g/L):称取 12.5 mg±2 mg(精确到 0.1 mg)1,3-苯二酚(4.8),用甲醇(4.2)定容至 100 mL,充分混匀。

4.18 2-甲基-1,3-苯二酚标准内标储备液(1g/L):称取 100 mg±2 mg(精确到 0.1 mg)2-甲基-1,3-苯二酚(4.10),用甲醇(4.2)定容至 100 mL,充分混匀。

4.19 4,4'-二羟二苯甲酮或 4,4'-二羟联苯标准储备液(0.5 g/L):称取 4,4'-二羟二苯甲酮(4.11)或 4,4'-二羟联苯(4.12)50 mg±2 mg(精确至 0.1 mg),用甲醇(4.2)定容至 100 mL,充分混匀。

4.20 4,4'-亚甲基联苯酚标准内标储备液(5.0 g/L):称取 500 mg±2 mg(精确至 0.1 mg)4,4'-亚甲基联苯酚(4.13),用甲醇(4.2)定容至 100 mL,充分混匀。

4.21 1,2-苯二酚标准系列工作溶液:准确移取 0 mL、2.0 mL、4.0 mL、8.0 mL、16.0 mL 和 20.0 mL 的 1,2-苯二酚标准储备液(4.16),分别置于 25 mL 容量瓶中,用甲醇(4.2)定容至刻度,充分混匀,得到 1,2-苯二酚浓度分别为 0.0 mg/L、40.0 mg/L、80.0 mg/L、160 mg/L、320 mg/L 和 400 mg/L。

4.22 1,3-苯二酚标准系列工作溶液:准确移取 0 mL、2.0 mL、4.0 mL、8.0 mL、16.0 mL 和 20.0 mL 的 1,3-苯二酚标准储备液(4.17),分别置于 25 mL 容量瓶中,用甲醇(4.2)定容至刻度,充分混匀,得到 1,3-苯二酚浓度分别为 0.0 mg/L、10.0 mg/L、20.0 mg/L、40.0 mg/L、80.0 mg/L 和 100 mg/L。

4.23 1,4-苯二酚标准系列工作溶液:准确移取 10 mL 的 1,4-苯二酚标准储备液(4.16)于 100 mL 容量瓶中,用甲醇(4.2)定容至刻度,充分混匀,得到 1,4-苯二酚浓度为 50 mg/L 的标准稀释液。准确移取上述标准稀释液 0 mL、1.5 mL、5.0 mL、7.5 mL、10.0 mL 和 15.0 mL,分别置于 25 mL 容量瓶中,用甲醇(4.2)稀释至刻度,充分混匀,得到 1,4-苯二酚浓度分别为 0.0 mg/L、3.00 mg/L、10.0 mg/L、15.0 mg/L、20.0 mg/L 和 30.0 mg/L。

4.24 2-甲基-1,3-苯二酚标准内标工作溶液:准确移取 5 mL 的 2-甲基-1,3-苯二酚标准内标储备液(4.18)于 25 mL 容量瓶中,用甲醇(4.2)定容至刻度,充分混匀,得到 2-甲基-1,3-苯二酚浓度为 200 mg/L。

4.25 4,4'-二羟二苯甲酮或 4,4'-二羟联苯和 4,4'-亚甲基联苯酚标准系列工作溶液:准确移取 0 mL、2.0 mL、4.0 mL、8.0 mL、16.0 mL 和 20.0 mL 的 4,4'-二羟二苯甲酮或 4,4'-二羟联苯标准储备液(4.19),分别置于 25 mL 容量瓶中,加入 5.0 mL 的 4,4'-亚甲基联苯酚标准内标储备液(4.20),用甲醇(4.2)定容至刻度,充分混匀,得到 4,4'-二羟二苯甲酮或 4,4'-二羟联苯浓度分别为 0.0 mg/L、40.0 mg/L、80.0 mg/L、160 mg/L、320 mg/L 和 400 mg/L,4,4'-亚甲基联苯酚浓度为 1 000 mg/L。

4.26 4,4'-亚甲基联苯酚标准内标工作溶液:准确移取 5 mL 的 4,4'-亚甲基联苯酚标准内标储备液(4.20)于 25 mL 容量瓶中,用甲醇(4.2)定容至刻度,充分混匀,得到 4,4'-亚甲基联苯酚浓度为 1 000 mg/L。

5 仪器与设备

5.1 高效液相色谱仪:配紫外检测器。

5.2 分析天平:感量为 0.000 1 g 和 0.01 g。

5.3 0.45 μm 微孔滤膜。

5.4 分液漏斗:100 mL。

6 试液的制备

6.1 标准工作溶液的制备

6.1.1 水基食品模拟物介质标准工作溶液

6.1.1.1 1,2-苯二酚、1,3-苯二酚、1,4-苯二酚的标准工作溶液

分别移取 1.0 mL 的 1,2-苯二酚、1,3-苯二酚、1,4-苯二酚和 2-甲基-1,3-苯二酚标准系列工作溶液(4.21、4.22、4.23 和 4.24)于 25 mL 容量瓶中,用水定容,得到混合标准工作溶液,其中 1,2-苯二酚浓度分别为 0 mg/L、1.6 mg/L、3.2 mg/L、6.4 mg/L、12.8 mg/L、16 mg/L;1,3-苯二酚浓度分别为 0 mg/L、0.4 mg/L、0.8 mg/L、1.6 mg/L、3.2 mg/L、4.0 mg/L;1,4-苯二酚浓度分别为 0 mg/L、0.12 mg/L、0.40 mg/L、0.60 mg/L、0.80 mg/L、1.6 mg/L;2-甲基-1,3-苯二酚浓度为 8 mg/L。

采用同样方式,制备 3%(质量浓度)乙酸溶液和 10%(体积分数)乙醇溶液同样浓度系列的标准工作溶液。

6.1.1.2 4,4'-二羟二苯甲酮、4,4'-二羟联苯的标准工作溶液

准确移取 1.0 mL 的 4,4'-二羟二苯甲酮或 4,4'-二羟联苯和 4,4'-亚甲基联苯酚标准工作溶液(4.25)于 25 mL 容量瓶中,用水定容,得到 4,4'-二羟二苯甲酮或 4,4'-二羟联苯浓度为 0 mg/L、1.6 mg/L、3.2 mg/L、6.4 mg/L、12.8 mg/L、16 mg/L 和 4,4'-亚甲基联苯酚内标浓度为 40 mg/L 的标准工作溶液。

采用同样方式,制备 3%(质量浓度)乙酸溶液和 10%(体积分数)乙醇溶液同样浓度系列的 4,4'-二羟二苯甲酮或 4,4'-二羟联苯和 4,4'-亚甲基联苯酚标准工作溶液。

6.1.2 异辛烷模拟物介质标准工作溶液

6.1.2.1 1,2-苯二酚、1,3-苯二酚和 1,4-苯二酚的标准工作溶液

在 6 个烧杯中准确称取 25.0 g(精确至 0.01 g)异辛烷,然后转移至 6 个 100 mL 分液漏斗中,分别加入 1.0 mL 的 1,2-苯二酚、1,3-苯二酚、1,4-苯二酚和 2-甲基-1,3-苯二酚标准系列工作溶液(4.21、4.22、4.23 和 4.24),充分混匀,用 25 mL 正己烷洗涤烧杯,洗涤液并入分液漏斗,然后加入 10 mL 水,摇匀 1 min,静置 5 min,分层,收集水相萃取液,有机相再加入 10 mL 水同法进行再次提取,收集水相萃取液,合并两次水相萃取液于 25 mL 容量瓶中,用水定容至刻度,得到混合标准工作溶液,其中 1,2-苯二酚浓度分别为 0 mg/kg、1.6 mg/kg、3.2 mg/kg、6.4 mg/kg、12.8 mg/kg、16 mg/kg;1,3-苯二酚浓度分别为 0 mg/kg、0.4 mg/kg、0.8 mg/kg、1.6 mg/kg、3.2 mg/kg、4.0 mg/kg;1,4-苯二酚浓度分别为 0 mg/kg、0.12 mg/kg、0.40 mg/kg、0.60 mg/kg、0.80 mg/kg、1.6 mg/kg;2-甲基-1,3-苯二酚内标物浓度为 8 mg/kg。

6.1.2.2 4,4'-二羟二苯甲酮或 4,4'-二羟联苯的标准工作溶液

在 6 个烧杯中准确称取 25 g(精确至 0.01 g)异辛烷,然后转移至 100 mL 分液漏斗中,分别加入 1 mL 标准工作溶液(4.25),混匀,用 25 mL 正己烷洗涤烧杯,洗涤液并入分液漏斗,然后加入 10 mL 水,摇匀 1 min,静置 5 min,分层,收集水相萃取液,有机相再加入 10 mL 流动相[7.1.2b)]同法进行再次提取,收集水相萃取液,合并两次水相萃取液于 25 mL 容量瓶中,用水定容至刻度,得到 4,4'-二羟二苯甲酮或 4,4'-二羟联苯浓度分别为 0.0 mg/kg、1.60 mg/kg、3.20 mg/kg、6.40 mg/kg、12.8 mg/kg、16.0 mg/kg 和 4,4'-亚甲基联苯酚浓度为 40 mg/kg 的标准工作溶液。

6.2 食品模拟物试液的制备

6.2.1 总则

食品模拟物试液按 GB/T 23296.1—2009 的要求从迁移试验中获取,在 4 ℃冰箱中避光保存。

6.2.2 水基食品模拟物

6.2.2.1 用于测定1,2-苯二酚、1,3-苯二酚、1,4-苯二酚的试液

准确移取1 mL的2-甲基-1,3-苯二酚标准内标工作溶液(4.24)于25 mL容量瓶中,用水基食品模拟物试液定容至刻度后,过0.45 μm滤膜后供高效液相色谱进样,平行制样两份。

6.2.2.2 用于测定4,4'-二羟二苯甲酮、4,4'-二羟联苯的试液

使用1 mL的4,4'-亚甲基联苯酚作为标准内标工作溶液(4.26),其他同6.2.2.1。

6.2.3 异辛烷模拟物

6.2.3.1 用于测定1,2-苯二酚、1,3-苯二酚和1,4-苯二酚的试液

准确称取从迁移试验中获得的25 g(精确至0.01 g)异辛烷模拟物于烧杯中,转移至100 mL分液漏斗中,准确加入1 mL标准内标工作溶液(4.24),充分混匀。用25 mL正己烷(4.1)洗涤烧杯,洗涤液并入分液漏斗,然后加入10 mL水,摇匀1 min,静置5 min,分层,收集水相萃取液,有机相再加入10 mL水同法进行再次萃取,收集水相萃取液,合并两次水相萃取液于25 mL容量瓶中,用水定容至刻度,充分混匀,过0.45 μm滤膜后供高效液相色谱进样,平行制样两份。

6.2.3.2 用于测定4,4'-二羟二苯甲酮或4,4'-二羟联苯的试液

准确称取从迁移试验中获得的25 g(精确至0.01 g)异辛烷模拟物于烧杯中,转移至100 mL分液漏斗中,准确加入1 mL标准内标工作溶液(4.26),充分混匀。用25 mL正己烷洗涤烧杯,洗涤液并入分液漏斗,然后加入10 mL水,摇匀1 min,静置5 min,分层,收集水相萃取液,有机相再加入10 mL流动相[7.1.2b)]同法进行再次萃取,收集水相萃取液,合并两次水相萃取液于25 mL容量瓶中,用水定容至刻度,充分混匀,过0.45 μm滤膜后供高效液相色谱进样,平行制样两份。

6.3 空白试液的制备

按6.2的操作处理没有与食品接触材料接触的食品模拟物。

7 测定

7.1 测定条件

7.1.1 1,2-苯二酚、1,3-苯二酚和1,4-苯二酚的测定条件

a) 色谱柱:ODS-C_{18},柱长250 mm,内径4.6 mm,粒径5 μm,或相当者;
b) 流动相:称取7.5 g磷酸二氢钠(4.6)溶于800 mL水中,加入乙腈(4.3)150 mL,用冰乙酸(4.4)调节pH到3.6±0.2(约需冰乙酸5 mL),用水定容至1 L;
c) 流速:1.0 mL/min;
d) 进样量:50 μL;
e) 柱温:30 ℃;
f) 波长:280 nm。

7.1.2 4,4'-二羟二苯甲酮或4,4'-二羟联苯的测定条件

a) 色谱柱:ODS-C_{18},柱长250 mm,内径4.6 mm,粒径5 μm,或相当者;
b) 流动相:甲醇(4.2)-水(55+45);
c) 流速:1.0 mL/min;
d) 进样量:20 μL;
e) 柱温:30 ℃;
f) 波长:280 nm。

7.2 绘制标准工作曲线

按7.1所列测定条件,对水基食品模拟物介质标准工作溶液或异辛烷介质标准工作溶液进行检测。以食品模拟物中1,2-苯二酚、1,3-苯二酚、1,4-苯二酚、4,4'-二羟二苯甲酮、4,4'-二羟联苯浓度为横坐标,单位以“mg/kg或mg/L”表示,以待测物与内标物的峰面积比值为纵坐标,绘制标准工作曲线。标

准曲线的相关系数要求等于或大于0.996。标准溶液色谱图参见附录A。

按式(1)计算回归参数：

$$y = a \times x + b \qquad (1)$$

式中：

y——食物模拟物标准工作溶液中待测物的峰面积与内标物的峰面积比值；

a——回归曲线的斜率；

x——食物模拟物标准工作溶液中待测物浓度，单位为毫克每升或毫克每千克(mg/L 或 mg/kg)；

b——回归曲线的截距。

标准曲线的相关系数要求不小于0.996。

7.3 试液测定

对空白试液(6.3)和食品模拟物试液(6.2)依次进样，记录相应峰面积，扣除空白值，根据线性方程，计算食品模拟物中1,2-苯二酚、1,3-苯二酚、1,4-苯二酚、4,4'-二羟二苯甲酮、4,4'-二羟联苯浓度，单位以"mg/L 或 mg/kg"表示。

8 结果计算

8.1 食品模拟物试液中1,2-苯二酚、1,3-苯二酚、1,4-苯二酚、4,4'-二羟二苯甲酮、4,4'-二羟联苯浓度

食品模拟物试液中1,2-苯二酚、1,3-苯二酚、1,4-苯二酚、4,4'-二羟二苯甲酮、4,4'-二羟联苯浓度 c 按式(2)计算：

$$c = \frac{y - b}{a} \qquad (2)$$

式中：

c——食品模拟物试液中待测物的浓度，单位为毫克每升或毫克每千克(mg/L 或 mg/kg)；

y——食品模拟物试液中待测物的峰面积与内标物的峰面积比值；

b——回归曲线的截距；

a——回归曲线的斜率。

8.2 1,2-苯二酚、1,3-苯二酚、1,4-苯二酚、4,4'-二羟二苯甲酮、4,4'-二羟联苯特定迁移量的转化计算

由8.1得到的食品模拟物试液中待测物浓度，根据迁移试验中所使用的食品模拟物试液的体积与测试样液与食品模拟物接触面积，通过数学换算计算出待测物的特定迁移量，单位以"mg/kg 或 mg/dm^2"表示。详见GB/T 23296.1—2009的第13章。

计算结果以平行测定值的算术平均值表示，保留3位有效数字。

9 重复性

在重复性条件下获得的两次独立测定结果的绝对差值不得超过算术平均值的10%。

附　录　A
（资料性附录）
四种食品模拟物中1,2-苯二酚、1,3-苯二酚、1,4-苯二酚、4,4'-二羟二苯甲酮、4,4'-二羟联苯的标准图谱

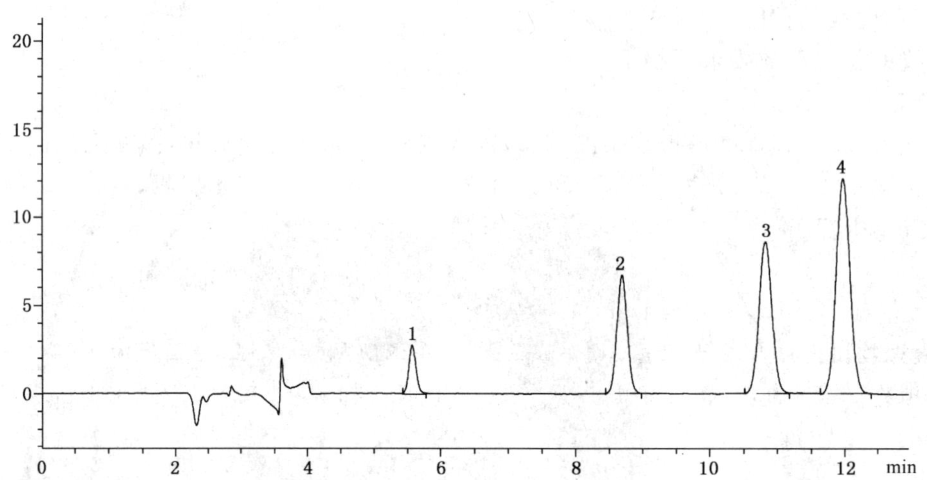

1——1,4-苯二酚；
2——1,3-苯二酚；
3——2-甲基-1,3-苯二酚；
4——1,2-苯二酚。

图 A.1　水中1,2-苯二酚、1,3-苯二酚、1,4-苯二酚和2-甲基-1,3-苯二酚色谱图

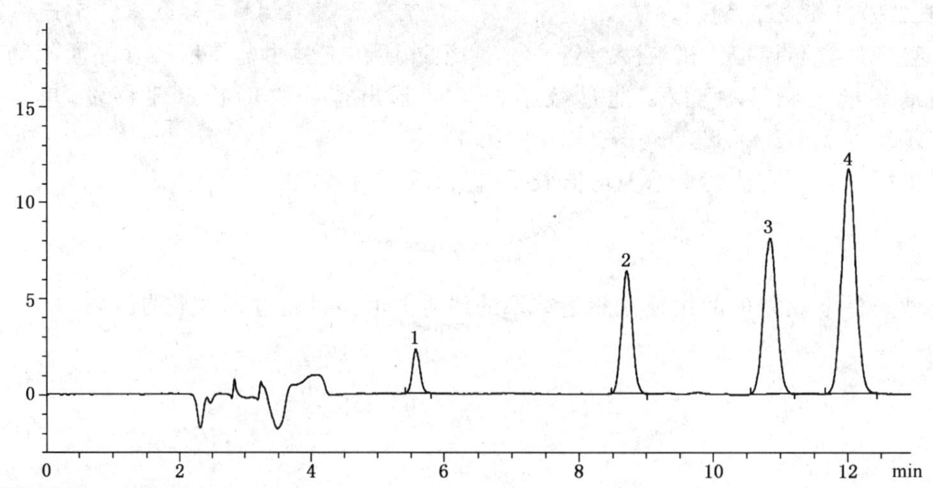

1——1,4-苯二酚；
2——1,3-苯二酚；
3——2-甲基-1,3-苯二酚；
4——1,2-苯二酚。

图 A.2　10%（体积分数）乙醇溶液中1,2-苯二酚、1,3-苯二酚、1,4-苯二酚和2-甲基-1,3-苯二酚的色谱图

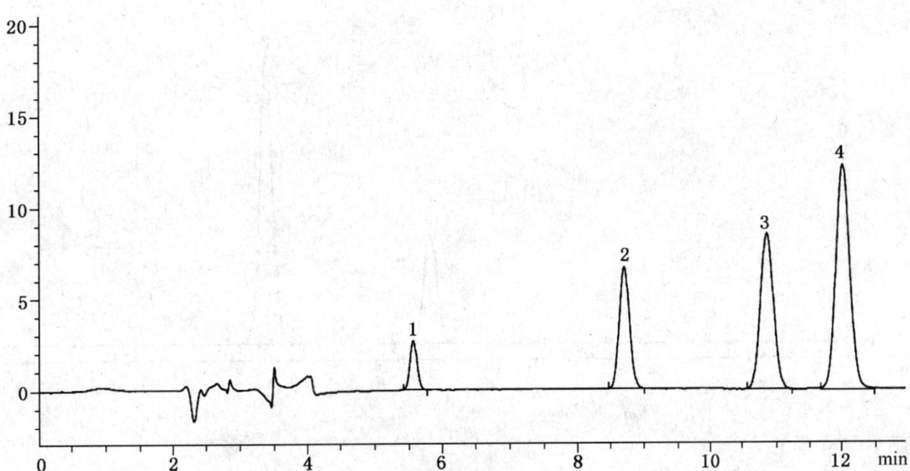

1——1,4-苯二酚；
2——1,3-苯二酚；
3——2-甲基-1,3-苯二酚；
4——1,2-苯二酚。

图 A.3　3%(质量浓度)乙酸溶液中 1,2-苯二酚、1,3-苯二酚、1,4-苯二酚和 2-甲基-1,3-苯二酚色谱图

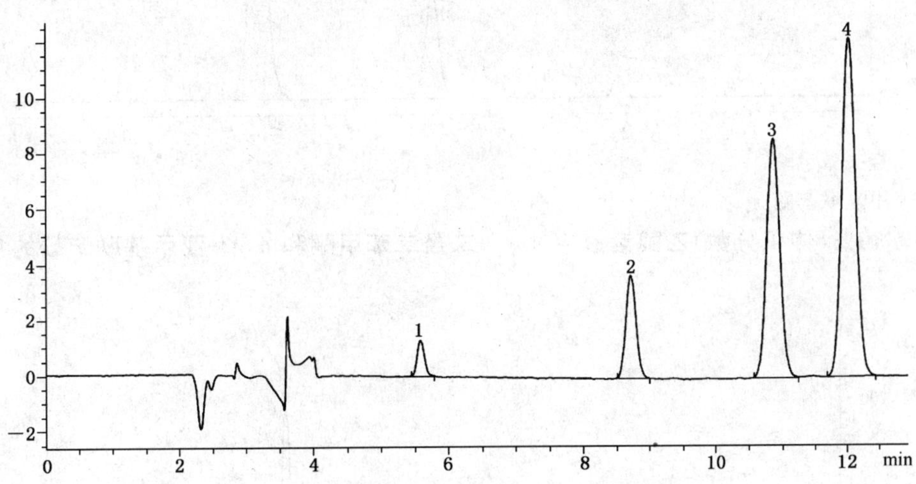

1——1,4-苯二酚；
2——1,3-苯二酚；
3——2-甲基-1,3-苯二酚；
4——1,2-苯二酚。

图 A.4　异辛烷中 1,2-苯二酚、1,3-苯二酚、1,4-苯二酚和 2-甲基-1,3-苯二酚色谱图

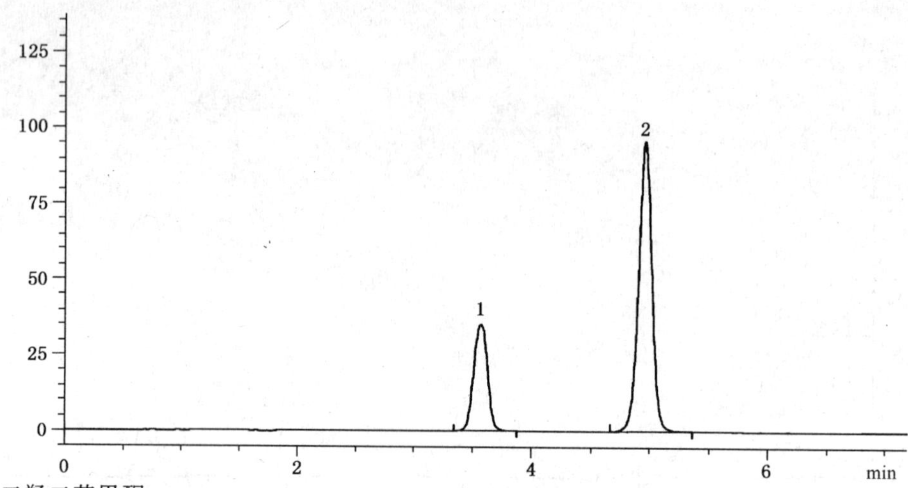

1——4,4'-二羟二苯甲酮；

2——4,4'-亚甲基联苯酚。

图 A.5　水中4,4'-二羟二苯甲酮和4,4'-亚甲基联苯酚的色谱图

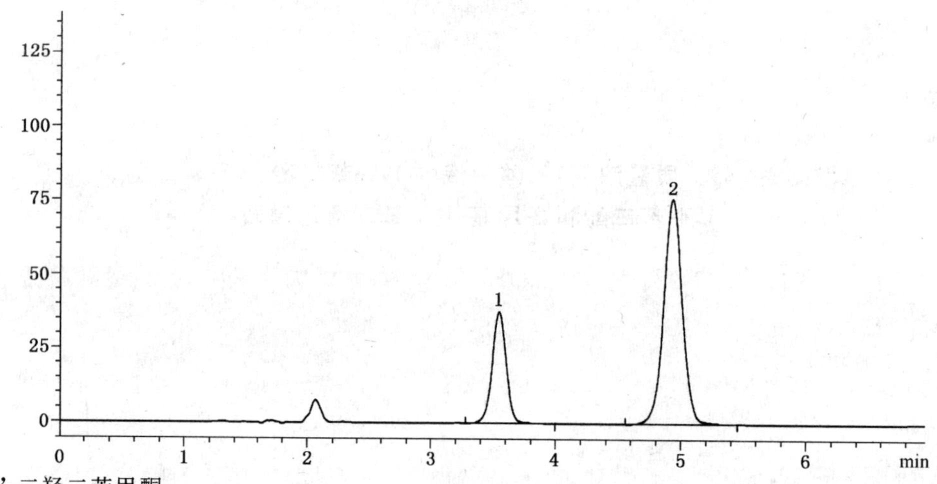

1——4,4'-二羟二苯甲酮；

2——4,4'-亚甲基联苯酚。

图 A.6　10%(体积分数)乙醇溶液中4,4'-二羟二苯甲酮和4,4'-亚甲基联苯酚的色谱图

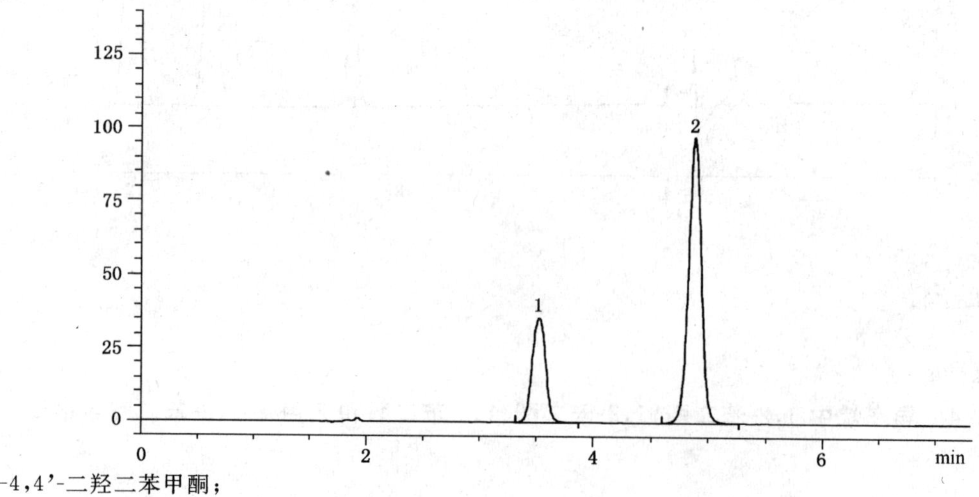

1——4,4'-二羟二苯甲酮；

2——4,4'-亚甲基联苯酚。

图 A.7　3%(质量浓度)乙酸溶液中4,4'-二羟二苯甲酮和4,4'-亚甲基联苯酚的色谱图

1——4,4'-二羟二苯甲酮；

2——4,4'-亚甲基联苯酚。

图 A.8 异辛烷中 4,4'-二羟二苯甲酮和 4,4'-亚甲基联苯酚的色谱图

1——4,4'-二羟联苯；

2——4,4'-亚甲基联苯酚。

图 A.9 水中 4,4'-二羟联苯和 4,4'-亚甲基联苯酚的色谱图

1——4,4'-二羟联苯；

2——4,4'-亚甲基联苯酚。

图 A.10 10%(体积分数)乙醇溶液中 4,4'-二羟联苯和 4,4'-亚甲基联苯酚的色谱图

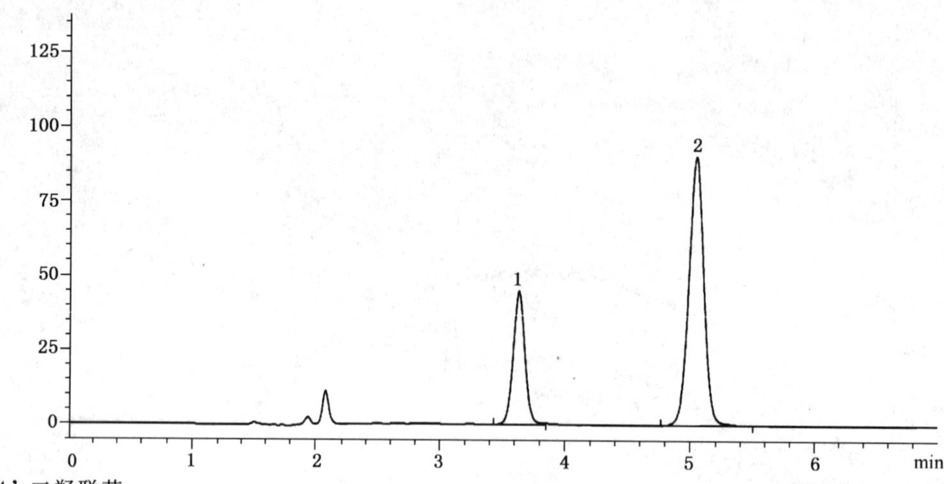

1——4,4'-二羟联苯;

2——4,4'-亚甲基联苯酚。

图 A.11　3%(质量浓度)乙酸溶液中4,4'-二羟联苯和4,4'-亚甲基联苯酚的色谱图

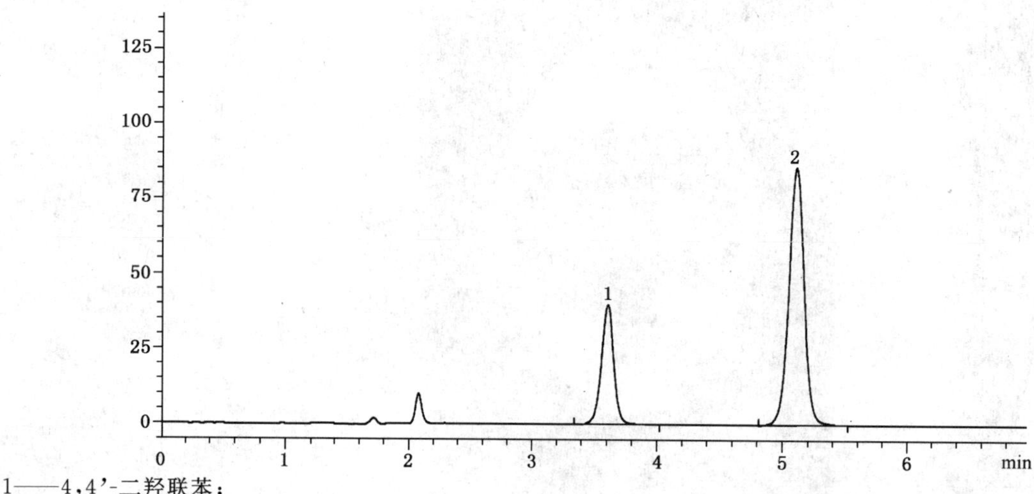

1——4,4'-二羟联苯;

2——4,4'-亚甲基联苯酚。

图 A.12　异辛烷中4,4'-二羟联苯和4,4'-亚甲基联苯酚的色谱图

ICS 67.250
C 53

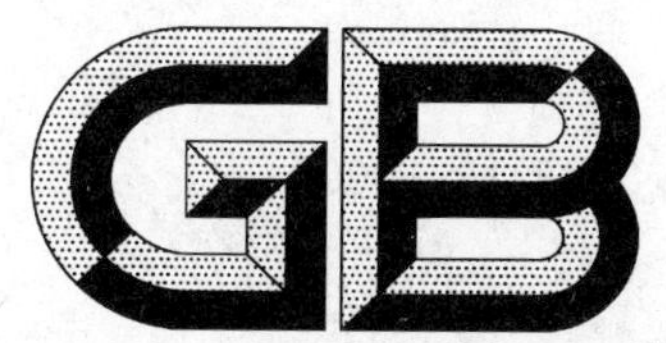

中华人民共和国国家标准

GB/T 23296.25—2009

食品接触材料　高分子材料
食品模拟物中1,3-苯二甲胺的测定
高效液相色谱法

Food contact materials—Polymer—Determination of 1,3-benzenedimethanamine in food simulants—High performance liquid chromatography

2009-04-27 发布　　2009-09-01 实施

中华人民共和国国家质量监督检验检疫总局
中国国家标准化管理委员会　发布

前 言

本标准参照采用欧盟技术规范 CEN/TS 13130-12:2005《食品接触材料及其制品 塑料中受限物质 第12部分:食品模拟物中1,3-苯二甲胺的测定》(英文版)制定。

本标准的附录A为资料性附录。

本标准由国家认证认可监督管理委员会提出。

本标准由全国进出口食品安全检测标准化技术委员会(SAC/TC 445)归口。

本标准起草单位:国家环保产品质量监督检验中心、中华人民共和国湖北出入境检验检疫局、中国检验检疫科学研究院。

本标准主要起草人:李挥、张敬轩、崔海容、范斌、陈志峰、王丽霞、郭坚、王洪涛、孙利、方慧文。

食品接触材料 高分子材料
食品模拟物中1,3-苯二甲胺的测定
高效液相色谱法

1 范围

本标准规定了食品模拟物中1,3-苯二甲胺的测定方法。

本标准适用于四种食品模拟物水、3%(质量浓度)乙酸溶液、10%(体积分数)乙醇溶液和橄榄油中1,3-苯二甲胺含量的测定。

本标准中三种水基食品模拟物水、3%(质量浓度)乙酸和10%(体积分数)乙醇中1,3-苯二甲胺的检测低限为0.010 mg/L,橄榄油模拟物中1,3-苯二甲胺的检测低限为0.010 mg/kg。

2 规范性引用文件

下列文件中的条款通过本标准的引用而成为本标准的条款。凡是注日期的引用文件,其随后所有的修改单(不包括勘误的内容)或修订版均不适用于本标准,然而,鼓励根据本标准达成协议的各方研究是否可使用这些文件的最新版本。凡是不注日期的引用文件,其最新版本适用于本标准。

GB/T 6682 分析实验室用水规格和试验方法(GB/T 6682—2008,ISO 3696:1987,MOD)

GB/T 23296.1—2009 食品接触材料 塑料中受限物质 塑料中物质向食品及食品模拟物特定迁移试验和含量测定方法以及食品模拟物暴露条件选择的指南

3 原理

食品模拟物中1,3-苯二甲胺通过高效液相色谱进行分离,采用荧光检测器进行检测。水基食品模拟物经荧光胺衍生后进样,橄榄油模拟物经3%(质量浓度)乙酸溶液萃取和荧光胺衍生后进样。采用外标法定量。

4 试剂和材料

除另有规定外,水为GB/T 6682规定的一级水,试剂均为分析纯。

4.1 水:用 N_2 饱和。

4.2 甲醇:色谱纯。

4.3 四氢呋喃:色谱纯。

4.4 丙酮。

4.5 庚烷。

4.6 冰乙酸。

4.7 无水乙醇

4.8 荧光胺($C_{17}H_{10}O_4$):纯度大于或等于98%。

4.9 十水四硼酸钠($Na_2B_4O_7 \cdot 10H_2O$)。

4.10 氢氧化钠。

4.11 1,3-苯二甲胺标准品($C_8H_{12}N_2$,CAS号:1477-55-0):纯度大于或等于99%。

4.12 氮气:99.9%。

4.13 3%(质量浓度)乙酸溶液:称取冰乙酸(4.6)15.0 g于500 mL容量瓶中,用水(4.1)定容至刻度。

4.14 四氢呋喃(90%):量取 90 mL 四氢呋喃(4.3)于 100 mL 容量瓶中,用水(4.1)定容至刻度。

4.15 10%(体积分数)乙醇溶液:量取 100 mL 无水乙醇(4.7)于 1 000 mL 容量瓶中,用水(4.1)定容至刻度。

4.16 荧光胺溶液(2 mg/mL):准确称取 10 mg 荧光胺(4.8)于 5 mL 容量瓶中,用丙酮(4.4)定容至刻度。该溶液在 5 ℃可避光保存一周。

4.17 氢氧化钠(5 mol/L):称取 20.0 g 氢氧化钠(4.10)用水定容至 100 mL。

4.18 硼酸缓冲溶液(0.15 mol/L,pH=9.2):称取 14.3 g 十水四硼酸钠(4.9)于 250 mL 的容量瓶中,用水(4.1)定容至刻度。在使用溶液前,如果由于温度下降而导致沉淀则需要重新溶解。

4.19 硼酸缓冲溶液(0.02 mol/L,pH=9.2):称取 7.63 g 十水四硼酸钠(4.9)于 1 L 的容量瓶中,用水(4.1)定容至刻度。

4.20 1,3-苯二甲胺标准储备液(1 000 mg/L):在 N_2 氛围下,称取 100 mg±2 mg(精确到 0.1 mg) 1,3-苯二甲胺(4.11)于 100 mL 的容量瓶中。加水(4.1)定容至刻度,混匀。该溶液在 5 ℃可避光保存 3 个月。

4.21 用于水基食品模拟物的 1,3-苯二甲胺标准工作溶液(2 mg/L):移取 2 mL 的 1,3-苯二甲胺标准储备液(4.20)于 100 mL 容量瓶中,用相应的水基食品模拟物稀释至刻度,得浓度为 20 mg/L 标准工作溶液。移取 10 mL 标准工作溶液于 100 mL 容量瓶中,用相应的水基食品模拟物稀释至刻度,得浓度为 2 mg/L 标准溶液。该溶液在 5 ℃可避光保存 1 个月。

4.22 用于橄榄油模拟物 1,3-苯二甲胺标准工作溶液(2 mg/L):移取 2 mL 的 1,3-苯二甲胺标准储备液(4.20)于 100 mL 容量瓶中,用水(4.1)稀释至刻度,得浓度为 20 mg/L 标准工作溶液。移取 10 mL 的 1,3-苯二甲胺标准工作溶液于 100 mL 容量瓶中,用四氢呋喃(4.14)稀释至刻度,得浓度为 2 mg/L 标准使用溶液。该溶液在 5 ℃下可避光保存 3 个月。

5 仪器与设备

5.1 高效液相色谱仪:配荧光检测器。

5.2 分析天平:感量为 0.000 1 g 和 0.01 g。

5.3 涡旋混匀器。

5.4 机械振荡器。

5.5 微量注射器:1 000 μL、50 μL。

5.6 分液漏斗:125 mL。

5.7 0.45 μm 微孔滤膜。

5.8 玻璃试管:5 mL。

6 试液的制备

6.1 标准工作溶液的制备

6.1.1 水基食品模拟物介质标准工作溶液

6.1.1.1 水和 10%(体积分数)乙醇

分别量取 0 mL、1.0 mL、2.0 mL、3.0 mL、4.0 mL 和 5.0 mL 的 1,3-苯二甲胺标准工作溶液(4.21)于 100 mL 容量瓶中,用水定容至刻度,得到浓度分别为 0.0 mg/L、0.020 mg/L、0.040 mg/L、0.060 mg/L、0.080 mg/L、0.10 mg/L 的标准工作溶液,准确移取上述溶液 2 mL 于 5 mL 试管中,加入 0.4 mL 硼酸缓冲液(4.18),充分混匀。用微量注射器加入 300 μL 荧光胺(4.16)衍生试剂,振荡 1 min,静置 10 min。衍生溶液过 0.45 μm 滤膜后供高效液相色谱进样。

6.1.1.2 3%(质量浓度)乙酸

分别量取 0 mL、1.0 mL、2.0 mL、3.0 mL、4.0 mL 和 5.0 mL 的 1,3-苯二甲胺标准工作溶液

(4.21)于 100 mL 容量瓶中,用水定容至刻度,得到浓度分别为 0.0 mg/L、0.020 mg/L、0.040 mg/L、0.060 mg/L、0.080 mg/L、0.10 mg/L 的标准工作溶液。

准确移取从迁移试验中获得的 10 mL 3%(质量浓度)乙酸模拟物于 25 mL 烧杯中,滴加 5 mol/L 氢氧化钠溶液(4.17),调节 pH 至 9.2,计算所需氢氧化钠溶液的体积,准确至 0.01 mL。

另准确移取从迁移试验中获得的 10 mL 3%(质量浓度)乙酸模拟物于 25 mL 烧杯中,准确加入上述滴加体积的氢氧化钠溶液(4.17),充分混匀(溶液 pH 应在 8.0～9.9 范围内)。以下按 6.1.1.1 中"准确移取上述溶液 2 mL……"操作。

6.1.2 橄榄油模拟物介质标准工作溶液

准确称取 20.0 g(精确至 0.01 g)橄榄油模拟物置于 6 个 125 mL 分液漏斗中,分别加入 0 mL、0.2 mL、0.4 mL、0.6 mL、0.8 mL 和 1.0 mL 的 1,3-苯二甲胺标准工作溶液(4.22),再分别加入 1.0 mL、0.8 mL、0.6 mL、0.4 mL、0.2 mL 和 0 mL 的四氢呋喃(4.14)和 5.0 mL 庚烷(4.5),充分混匀,加入 20 mL 乙酸溶液(4.13),振荡 5 min,静置 15 min,待两相完全分离后,收集水相萃取物。得到浓度分别为 0.0 mg/L、0.020 mg/L、0.040 mg/L、0.060 mg/L、0.080 mg/L、0.10 mg/L 的标准工作溶液,以下按 6.1.1.2 中"准确移取从迁移试验中获得的 10 mL 3%(质量浓度)乙酸模拟物于 25 mL 烧杯中,滴加 5 mol/L 氢氧化钠溶液(4.17)……"操作。

6.2 食品模拟物试液的制备

6.2.1 总则

食品模拟物试液按 GB/T 23296.1—2009 的要求从迁移试验中获取,在 4 ℃冰箱中避光保存。

6.2.2 水基食品模拟物

6.2.2.1 水和 10%(体积分数)乙醇

以下按 6.1.1.1 中"准确移取上述溶液 2 mL……"操作,平行制样两份。

6.2.2.2 3%(质量浓度)乙酸

以下按 6.1.1.2 中"准确移取从迁移试验中获得的 10 mL 3%(质量浓度)乙酸模拟物于 25 mL 烧杯中,滴加 5 mol/L 氢氧化钠溶液(4.17)……"操作,平行制样两份。

6.2.3 橄榄油模拟物

以下按 6.1.2 操作,平行制样两份。

6.3 空白溶液的制备

按 6.2 的操作处理没有与食品接触材料接触的食品模拟物。

7 测定

7.1 测定条件

a) 色谱柱:ODS-C_{18},柱长 150 mm,内径 4.6 mm,粒径 5 μm,或相当者;

b) 流动相:将 180 mL 硼酸缓冲溶液(4.19)、370 mL 水(4.1)和 450 mL 甲醇(4.2)混匀;

c) 流速:1.0 mL/min;

d) 柱温:30 ℃;

e) 荧光检测器:激发波长 394 nm,发射波长 480 nm;

f) 进样量:50 μL。

7.2 绘制标准工作曲线

按 7.1 所列测定条件,对水基食品模拟物介质标准工作溶液(6.1.1)或橄榄油介质标准工作溶液(6.1.2)进行检测。以食品模拟物中 1,3-苯二甲胺浓度为横坐标,单位以"mg/kg 或 mg/L"表示,以 1,3-苯二甲胺峰面积值为纵坐标,绘制标准工作曲线。标准曲线的相关系数要求等于或大于 0.996。标准溶液色谱图参见附录 A。

按式(1)计算回归参数:

$$y = a \times x + b \qquad \cdots\cdots (1)$$

式中：

y——食物模拟物标准工作溶液中1,3-苯二甲胺的峰面积值；

a——回归曲线的斜率；

x——食物模拟物标准工作溶液中1,3-苯二甲胺浓度，单位为毫克每升或毫克每千克(mg/L或mg/kg)；

b——回归曲线的截距。

标准曲线的相关系数要求不小于0.996。

7.3 试液测定

对空白溶液(6.3)和食品模拟物试液(6.2)依次进样，记录相应峰面积，扣除空白值，根据线性方程，计算食品模拟物中1,3-苯二甲胺浓度，单位以"mg/L或mg/kg"表示。

8 结果计算

8.1 食物模拟物试液中1,3-苯二甲胺浓度的计算

食物模拟物试液中1,3-苯二甲胺浓度 c 按式(2)计算：

$$c = \frac{y - b}{a} \qquad \cdots\cdots (2)$$

式中：

c——食物模拟物试液中1,3-苯二甲胺的浓度，单位为毫克每升或毫克每千克(mg/L或mg/kg)；

y——食物模拟物试液中1,3-苯二甲胺的峰面积值；

b——回归曲线的截距；

a——回归曲线的斜率。

8.2 1,3-苯二甲胺特定迁移量的转化计算

由8.1得到的食品模拟物中1,3-苯二甲胺浓度，根据迁移试验中所使用的食品模拟物试液的体积与测试试样与食品模拟物接触面积，通过数学换算计算出1,3-苯二甲胺的特定迁移量，单位以"mg/kg或mg/dm^2"表示。详见GB/T 23296.1—2009的第13章。

计算结果以平行测定值的算术平均值表示，保留3位有效数字。

9 重复性

在重复性条件下获得的两次独立测定结果的绝对差值不得超过算术平均值的10%。

附 录 A
（资料性附录）
四种食品模拟物中 1,3-苯二甲胺标准谱图

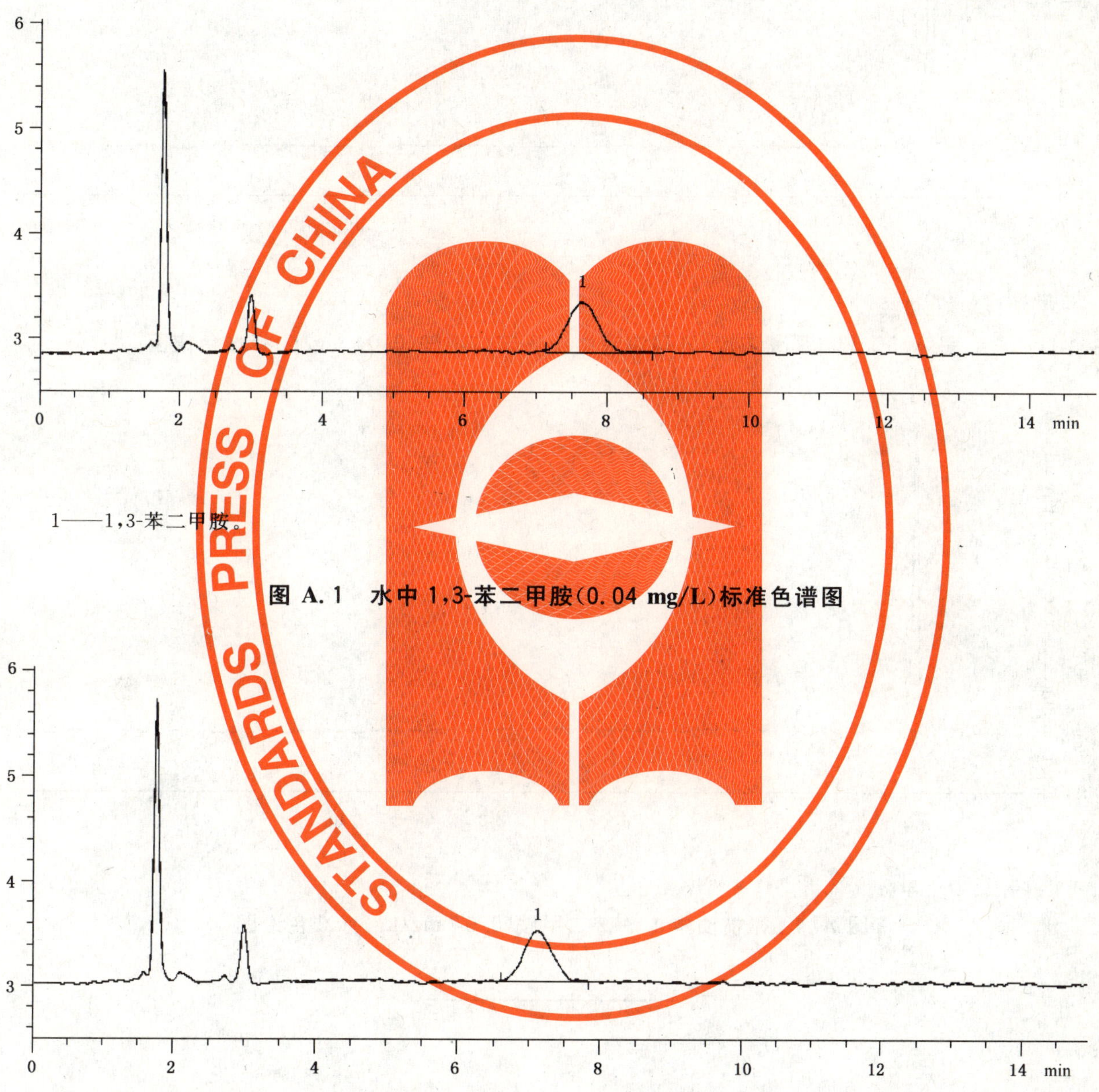

1——1,3-苯二甲胺。

图 A.1 水中 1,3-苯二甲胺(0.04 mg/L)标准色谱图

1——1,3-苯二甲胺。

图 A.2 10%(体积分数)乙醇溶液中 1,3-苯二甲胺(0.04 mg/L)标准色谱图

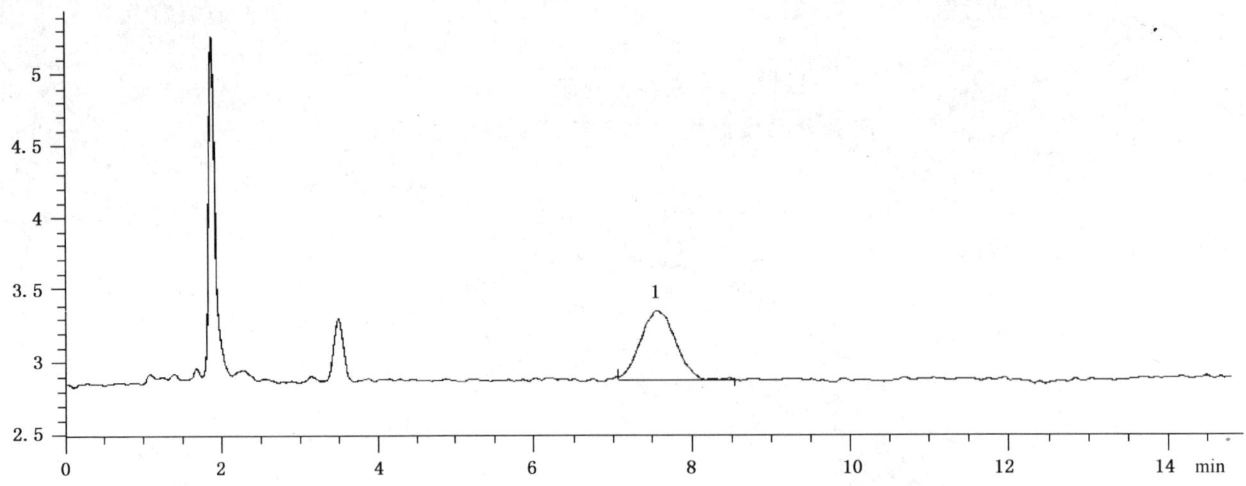

1——1,3-苯二甲胺。

图 A.3　3%(质量浓度)乙酸溶液中1,3-苯二甲胺(0.04 mg/L)标准色谱图

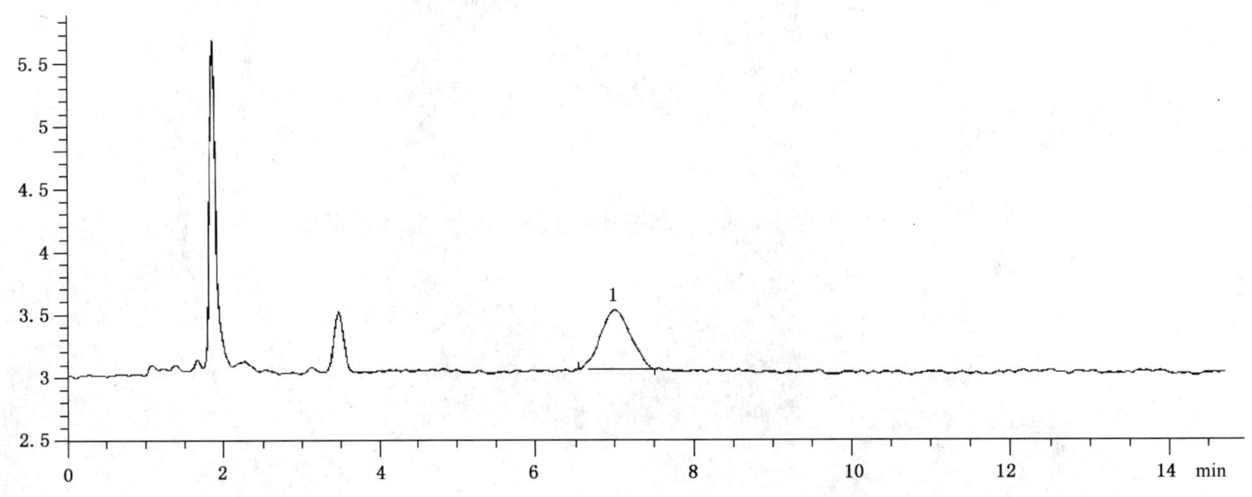

1——1,3-苯二甲胺。

图 A.4　橄榄油中1,3-苯二甲胺(0.04 mg/kg)标准色谱图

ICS 67.250
C 53

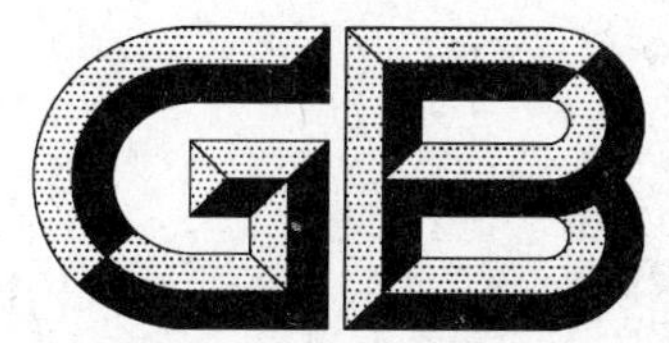

中华人民共和国国家标准

GB/T 23296.26—2009

食品接触材料 高分子材料 食品模拟物中甲醛和六亚甲基四胺的测定 分光光度法

Food contact materials—Polymer—Determination of formaldehyde and hexamethylenetetramine in food simulants—Spectrophotometry

2009-03-31 发布　　2009-09-01 实施

中华人民共和国国家质量监督检验检疫总局
中国国家标准化管理委员会　发布

前　言

本标准的附录A为规范性附录，附录B、附录C为资料性附录。

本标准由国家认证认可监督管理委员会提出。

本标准由全国进出口食品安全检测标准化技术委员会(SAC/TC 445)归口。

本标准起草单位：中华人民共和国宁波出入境检验检疫局检验检疫技术中心、中国检验检疫科学研究院、中华人民共和国上海出入境检验检疫局。

本标准主要起草人：陈少鸿、孙利、朱晓艳、雍炜、刘在美、陈建国、曹国洲、周宇艳、黄姣。

引　言

甲醛(HCHO)及六亚甲基四胺($C_6H_{12}N_4$)都是化工原料，可用于制造与食品接触的塑料材料及制品。甲醛单体和六亚甲基四胺(HMTA)可能残留在制成的产品中，随着制品与食品接触而迁移到食品中。HMTA在一定条件下会分解产生甲醛，其转化的化学反应式如下：

$$C_6H_{12}N_4+6H_2O \rightarrow 6HCHO+4NH_3$$

将HMTA转化为甲醛后，可通过测定甲醛间接测定HMTA的迁移量，本标准中对HMTA迁移量的测定方法即基于此。理论上，当样品中不含残留甲醛单体时，通过测定迁移HMTA转化的甲醛量，再根据上述反应式的数量关系即可得出HMTA迁移量。然而，对第三方实验室而言，往往无法确定实际样品是否仅含甲醛或仅含HMTA，且由于更关注的是甲醛对人体健康的影响，对甲醛或HMTA的迁移限量都是以甲醛和HMTA转化甲醛之和计，故本标准方法中将试样迁移的HMTA转化成甲醛测定后，不再分别计算甲醛和HMTA各自的迁移量。

食品接触材料　高分子材料
食品模拟物中甲醛和六亚甲基四胺
的测定　分光光度法

1　范围

本标准规定了食品模拟物中甲醛和六亚甲基四胺(以甲醛计)的测定方法。

本标准适用于水、3％(质量浓度)乙酸溶液、10％(体积分数)乙醇溶液和橄榄油四种食品模拟物中甲醛和六亚甲基四胺(以甲醛计)的测定。

2　规范性引用文件

下列文件中的条款通过本标准的引用而成为本标准的条款。凡是注日期的引用文件,其随后所有的修改单(不包括勘误的内容)或修订版均不适用于本标准,然而,鼓励根据本标准达成协议的各方研究是否可使用这些文件的最新版本。凡是不注日期的引用文件,其最新版本适用于本标准。

GB/T 602　化学试剂　杂质测定用标准溶液的制备

GB/T 6379.2—2004　测量方法与结果的准确度(正确度与精密度)　第2部分:确定标准测量方法重复性与再现性的基本方法(ISO 5725-2:1994,IDT)

GB/T 6682　分析实验室用水规格和试验方法(GB/T 6682—2008,ISO 3696:1987, MOD)

GB/T 9721　化学试剂　分子吸收分光光度法通则(紫外和可见光部分)

GB/T 23296.1—2009　食品接触材料　塑料中受限物质　塑料中物质向食品及食品模拟物特定迁移试验和含量测定方法以及食品模拟物暴露条件选择的指南

3　术语和定义

GB/T 23296.1—2009　确立的以及下列术语和定义适用于本标准。

3.1

甲醛迁移量　migration of formaldehyde

试样中的残留甲醛单体向食品模拟物中迁移的甲醛量。

3.2

甲醛迁移总量　total migration of formaldehyde

试样中的残留六亚甲基四胺和甲醛单体在食品模拟物中的迁移量,以甲醛计。

3.3

甲醛特定迁移量　specific migration of formaldehyde

按照GB/T 23296.1—2009规定的迁移试验方法和条件,以一定分析方法测定计算得出的试样向拟接触食品迁移的甲醛量。

注:在一定条件下,甲醛特定迁移量可由甲醛迁移量计算得出,也可由甲醛迁移总量计算得出。

方法一　乙酰丙酮比色法

4　方法提要

食品模拟物与试样接触后,试样中残留的甲醛和六亚甲基四胺(HMTA)迁移至模拟物中。

HMTA 在酸性介质中加热转化成甲醛。在乙酸铵存在下，试液中的甲醛与乙酰丙酮反应生成黄色化合物。试液颜色深浅与甲醛浓度成正比。用分光光度计在 410 nm 处测定试液的吸光度，与标准系列比较定量，得出食品模拟物中的甲醛含量。

5 试剂

除非另有说明，在分析中仅使用确认为分析纯的试剂和符合 GB/T 6682 规定的二级以上纯度的水。所有试剂经本方法检测均不得检出甲醛。

5.1 冰乙酸。

5.2 无水乙醇。

5.3 乙酰丙酮(2,4-戊二酮，$C_5H_8O_2$)。

5.4 硫酸(ρ=1.84 g/mL)：优级纯。

5.5 无水乙酸铵。

5.6 正戊烷。

5.7 丙酮溶液(900 mL/L)。

5.8 氢氧化钠溶液(40 g/L)：贮存于塑料瓶中。

5.9 硫酸溶液(30 mL/L)：用硫酸(5.4)配制。

5.10 食品模拟物：包括水基模拟物 A、B、C 和油基模拟物 D，应符合 GB/T 23296.1—2009 的相关规定。

5.10.1 模拟物 A：去离子水。

5.10.2 模拟物 B：3%(质量浓度)乙酸溶液。

5.10.3 模拟物 C：10%(体积分数)乙醇溶液。

5.10.4 模拟物 D：橄榄油，化学纯。

注：符合 GB/T 23296.1—2009 规定的使用条件时，可用其他水基模拟物和诸如葵花籽油、玉米油或合成甘油三酸酯混合物等油基模拟物代替上述食品模拟物。模拟物 B(5.10.2)也可改为 40 mL/L 的乙酸溶液。

5.11 乙酰丙酮溶液：称取 15 g 乙酸铵(5.5)溶于适量水中，移入 100 mL 的容量瓶。加入 40 μL 乙酰丙酮(5.3)和 0.5 mL 乙酸(5.1)，用水定容至刻度。此溶液 pH 值约为 6。0 ℃～4 ℃保存，一周内使用。

5.12 乙酰丙酮空白溶液：除不加乙酰丙酮外按 5.11 配制。

5.13 乙酸溶液(60 mL/L)。

5.14 甲醛标准储备溶液：按 GB/T 602 方法配制，或直接使用标准物质，其质量浓度均为 10.0 mg/mL。0 ℃～4 ℃保存，有效期 12 个月。

5.15 甲醛标准溶液：1 000 μg/mL。准确移取 10.00 mL 甲醛标准储备溶液(5.14)，用水定容至 100 mL，0 ℃～4 ℃保存，有效期 12 个月。

5.16 甲醛标准储备溶液 S：100 μg/mL。准确移取 10.00 mL 甲醛标准溶液(5.15)，用水定容至 100 mL，0 ℃～4 ℃保存，有效期 3 个月。

5.17 甲醛标准储备溶液 Y：100 μg/mL。准确移取 10.0 mL 甲醛标准溶液(5.15)，用丙酮溶液(5.7)定容至 100 mL，0 ℃～4 ℃保存，有效期 3 个月。

5.18 甲醛标准工作溶液 A、B、C：水基模拟物介质，10 μg/mL。准确移取 10.0 mL 甲醛标准储备溶液 S(5.16)，分别用模拟物 A(5.10.1)、模拟物 B(5.10.2)和模拟物 C(5.10.3)定容至 100 mL，现用现配。

注：根据迁移试验(7.2)中使用的模拟物选择相应的标准工作溶液介质，不一定需要配制以上所有介质的标准工作溶液。

6 仪器和设备

6.1 紫外-可见分光光度计：带 10 mm 光程比色皿。仪器的波长准确度、分辨率、吸光度的准确度应符合GB/T 9721的规定。

6.2 水浴：室温至100 ℃，温度控制符合表A.1的要求。

6.3 烘箱：室温至200 ℃，温度控制符合表A.1的要求。

6.4 分液漏斗：250 mL。

6.5 具塞比色管：10 mL(带刻度)。

7 分析步骤

7.1 分析步骤选择

确认样品中不含HMTA时，迁移试验后按7.4步骤操作，7.5步骤不需进行；样品中含HMTA或不能确定时，迁移试验后直接按7.5步骤操作。

注：对样品是否含HMTA的确认基于对样品材料及其生产工艺的了解和生产者、供应商提供的信息。例如，以脲醛树脂为主要原料生产的制品，其加工过程中通常需加入HMTA作为碱性稳定剂。10.1同理。

7.2 迁移试验

根据待测样品的预期用途和使用条件，按GB/T 23296.1—2009规定的迁移试验方法及试验条件，用适当的模拟物(5.10)进行甲醛的迁移试验。由于甲醛具挥发性和水溶性，迁移试验前不应用水清洗样品，如产品使用说明中规定必须清洗，则按规定处理；迁移试验过程中至测定前，应注意密封，以避免迁移至模拟物中的甲醛挥发损失。

7.3 空白试验

除不与待测样品接触外，按7.2及7.4或7.5步骤进行空白试验。

7.4 用于测定甲醛迁移量的模拟物试液的制备

7.4.1 水基模拟物试液的制备

移取5.0 mL经迁移试验(7.2)得到的水基模拟物至比色管(6.5)中，继续按7.7.1处理。

7.4.2 油基模拟物试液的制备

称取20.0±0.2 g迁移试验(7.2)得到的橄榄油或其他油基模拟物于分液漏斗(6.4)中。加入2 mL丙酮溶液(5.7)和40 mL正戊烷(5.6)，混匀，再加入5 mL水。按住漏斗上口塞子，振摇数次，略微打开塞口放气，随即盖紧再次振摇，如此反复数次后，静置。待两相完全分层后，将下层水相通过慢速滤纸放入50 mL容量瓶中。再次加入5 mL水萃取，共萃取四次。萃取完全后，将容量瓶中的水溶液用水定容，充分混匀，由此得到溶液E。移取5.0 mL溶液E至比色管(6.5)中，继续按7.7.1处理。

注：水相与有机相的分离程度会影响最终的萃取效率。通过滤纸排放水相，可使少量随水带出的油基介质得到分离。7.5.2、7.6.2、10.4.2同理。

7.5 用于测定甲醛迁移总量的模拟物试液的制备

7.5.1 水基模拟物试液的制备

移取5.0 mL经迁移试验(7.2)得到的水基模拟物，加入比色管(6.5)中，再加入1.0 mL硫酸溶液(5.9)，混匀。把比色管沉浸于60 ℃水浴中放置30 min，取出冷却至室温后，按住管塞，将比色管反复倒转数次，使气相中的甲醛充分被硫酸溶液吸收，由此得到溶液H。向管中加入2 mL氢氧化钠溶液(5.8)，用水定容至10 mL，由此得到溶液F。移取5.0 mL溶液F至另一比色管(6.5)中，继续按7.7.1处理。

7.5.2 油基模拟物试液的制备

称取20.0±0.2 g迁移试验(7.2)得到的橄榄油或其他油基模拟物于分液漏斗(6.4)中。加入2 mL丙酮溶液(5.7)和40 mL正戊烷(5.6)，混匀，再加入5 mL水。按住漏斗上口塞子，振摇数次，略微打开塞口放气，随即盖紧再次振摇，如此反复数次后，静置。待两相完全分层后，将下层水相通过慢速滤纸放入50 mL容量瓶中。再次加入5 mL水萃取，共萃取四次。萃取完全后，将容量瓶中的水溶液用水定容，充分混匀。吸取5.0 mL水溶液加入10 mL比色管中，用乙酸溶液(5.13)定容至10 mL，混匀。

把比色管沉浸于 80 ℃水浴中放置 30 min,取出冷却至室温后,按住管塞,将比色管反复倒转数次,使气相中的甲醛充分被溶液吸收,由此得到溶液 G。移取 5.0 mL 溶液 G 至另一比色管(6.5)中,继续按 7.7.1 处理。

7.6 标准工作溶液和参比溶液的制备

7.6.1 水基模拟物介质的标准工作溶液系列

取 7 支比色管(6.5),根据迁移试验(7.2)所使用的模拟物种类,按表 1 分别加入甲醛标准工作溶液 A(或 B 或 C)(5.18),用相应的水基模拟物(5.10)定容至 5.0 mL,继续按 7.7.1 处理。

表 1 水基模拟物介质的标准工作溶液系列

甲醛浓度/(μg/mL)	0	1.0	2.0	3.0	4.0	5.0	6.0
甲醛标准工作溶液(5.18)加入量/mL	0	0.5	1.0	1.5	2.0	2.5	3.0
注:为减少浓度测量的相对误差,适宜的吸光度范围为 0.2～0.8。可根据分光光度计的动态线性范围和实际吸光度调整标准工作溶液系列浓度。							

7.6.2 油基模拟物介质的标准工作溶液系列

取 6 支分液漏斗(6.4),分别加入 20±0.2 g 模拟物 D(5.10.4)。按表 2 分别移取甲醛标准储备溶液 Y(5.17)加入漏斗中,混匀。各加入 40 mL 正戊烷(5.6),再加入 5 mL 水。按住漏斗上口塞子,振摇数次,略微打开塞口放气,随即盖紧再次振摇,如此反复数次后,静置。待两相完全分层后,将下层水相通过滤纸放入 50 mL 容量瓶中。再次加入 5 mL 水萃取,共萃取四次。萃取完全后,将容量瓶中的水溶液用水定容(测定甲醛迁移总量时,在定容前加入 1.5 mL 冰乙酸),充分混匀。此标准溶液用于油基模拟物中甲醛特定迁移量的测定,其甲醛浓度以毫克每千克油基模拟物计。分别移取 5.0 mL 水溶液,加入比色管(6.5)中,继续按 7.7.1 处理。

表 2 油基模拟物介质的标准工作溶液系列

甲醛浓度/(mg/kg 油基模拟物)	0	1.5	5.0	10.0	15.0	20.0
甲醛标准储备溶液 Y(5.17)加入量/mL	0	0.3	1.0	2.0	3.0	4.0

7.6.3 水基模拟物介质的参比溶液

移取 5.0 mL 水基模拟物(5.10)(测定甲醛迁移量时)或 7.5.1 步骤中得到的空白溶液 F(测定甲醛迁移总量时)至比色管(6.5)中。继续按 7.7.2 处理。

7.6.4 油基模拟物介质的参比溶液

移取 5.0 mL 经 7.4.2 步骤处理得到的空白溶液 E(测定甲醛迁移量时)或 7.5.2 步骤中得到的空白溶液 G(测定甲醛迁移总量时)至比色管(6.5)中。继续按 7.7.2 处理。

7.7 显色反应

7.7.1 在每支盛有空白溶液、试液或标准溶液的比色管中各加入 5.0 mL 乙酰丙酮溶液(5.11),盖上瓶塞后充分摇匀。将比色管在 40 ℃水浴中放置 30 min,取出在室温下冷却 45 min～60 min,按 7.8 测定。

7.7.2 在盛有参比溶液的比色管中加入 5.0 mL 乙酰丙酮空白溶液(5.12),盖上瓶塞后充分摇匀。将比色管在 40 ℃水浴中放置 30 min,取出在室温下冷却 45 min ～ 60 min,按 7.8 测定。

注:如需要快速检测,可将 7.7.1 和 7.7.2 中的室温冷却方式改为在冰水浴中冷却 2 min。

7.8 测定

7.8.1 测定吸光度

将比色管中溶液装入 10 mm 比色皿,以相应的参比溶液为参比,以 410 nm 波长分别测定标准溶液和试液的吸光度。

7.8.2 绘制校准曲线

以甲醛浓度为横坐标,吸光度为纵坐标,以标准溶液测定结果建立校准曲线。校准曲线应呈直线,对水基模拟物介质,曲线相关系数≥0.999;对油基模拟物介质,曲线相关系数≥0.998。

7.8.3 读出试液浓度

以测得的试液吸光度在校准曲线上读出对应的甲醛浓度 c_f，以每升食品模拟物中甲醛的毫克数计。对油基模拟物介质，甲醛浓度以每千克食品模拟物中甲醛的毫克数计。

注：若试液中甲醛含量超出校准曲线范围，可将 7.4 或 7.5 步骤得到的试液用相应的空白溶液稀释一定倍数 f 后，各取 5.0 mL 加入比色管(6.5)，按 7.7.1 处理后再行测定。

方法二 变色酸比色法

8 方法提要

食品模拟物与试样接触后，试样中残留的甲醛和 HMTA 迁移至模拟物中。HMTA 在酸性介质中加热转化成甲醛。在硫酸存在下，试液中的甲醛与变色酸反应生成紫色化合物。试液颜色深浅与甲醛浓度成正比。用分光光度计在 574 nm 处测定试液的吸光度，与标准系列比较定量，得出食品模拟物中的甲醛含量。

9 试剂

9.1 变色酸：$C_{10}H_8O_8S_2$。

9.2 硫酸溶液(2+1)：用硫酸(5.4)配制。

9.3 变色酸溶液：0.5 g/100 mL。称取 500 mg 变色酸(9.1)，用适量水溶解，移入 100 mL 容量瓶中，用水定容到刻度，摇匀后用慢速滤纸过滤，收集滤液待用。此溶液用时配制。

9.4 甲醛标准溶液：丙酮介质，1 000 μg/mL。准确移取 10.00 mL 甲醛标准储备溶液(5.14)，用丙酮溶液(5.7)定容至 100 mL，0 ℃～4 ℃保存，有效期 12 个月。

9.5 甲醛标准工作溶液 A、B、C：水基模拟物介质，50 μg/mL。准确移取 5.0 mL 甲醛标准溶液(5.15)，分别用模拟物 A(5.10.1)、模拟物 B(5.10.2)和模拟物 C(5.10.3)定容至 100 mL，现用现配。

注：根据迁移试验(7.2)中使用的模拟物选择相应的标准工作溶液介质，不一定需要配制以上所有介质的标准工作溶液。

10 分析步骤

10.1 分析步骤选择

确认样品中不含 HMTA 时，按 10.2 步骤操作，10.3 步骤不需进行；样品中含 HMTA 或不能确定时，按 10.3 步骤操作。

10.2 用于测定甲醛迁移量的模拟物试液的制备

10.2.1 水基模拟物试液的准备

移取 1.0 mL 经迁移试验(7.2)得到的水基模拟物至比色管(6.5)中，继续按 10.5.1 处理。

10.2.2 油基模拟物试液的制备

移取 1.0 mL 7.4.2 步骤中得到的溶液 E 至比色管(6.5)中，继续按 10.5.1 处理。

10.3 用于测定甲醛迁移总量的模拟物试液的制备

10.3.1 水基模拟物试液的制备

将 7.5.1 步骤中得到的溶液 H 用相应的水基模拟物(5.10)定容至 10 mL，混匀后移取 1.0 mL 溶液至另一比色管(6.5)中，继续按 10.5.1 处理。

10.3.2 油基模拟物试液的制备

移取 1.0 mL 7.5.2 步骤中得到的溶液 G 至比色管(6.5)中，继续按 10.5.1 处理。

10.4 标准工作溶液和参比溶液的制备

10.4.1 水基模拟物介质的标准工作溶液系列

取 7 支比色管(6.5)，根据迁移试验(7.2)所使用的模拟物种类，按表 3 分别加入甲醛标准工作溶液 A(或 B 或 C)(5.18 或 9.5)，用相应的水基模拟物(5.10)稀释至 1.0 mL，继续按 10.5.1 处理。

表 3　水基模拟物介质的标准工作溶液系列

甲醛浓度/(μg/mL)	0	2.0	4.0	6.0	8.0	10.0	15.0
甲醛标准工作溶液(5.18)加入量/mL	0	0.20	0.40	0.60	0.80	—	—
甲醛标准工作溶液(9.5)加入量/mL	0	—	—	—	—	0.20	0.30

10.4.2　油基模拟物介质的标准工作溶液系列

取 6 支分液漏斗(6.4),分别加入 20 g±0.2 g 模拟物 D(5.10.4)。按表 4 分别移取甲醛标准溶液(9.4)加入漏斗中,混匀。各加入 40 mL 正戊烷(5.6),再加入 5 mL 水,按住漏斗上口塞子,振摇数次,略微打开塞口放气,随即盖紧再次振摇,如此反复数次后,静置,待两相完全分层后,将下层水相通过慢速滤纸放入 50 mL 容量瓶中;再次用 5 mL 水萃取,共萃取四次。萃取完全后,将容量瓶中的水溶液用水定容,充分混匀。此溶液用于油基模拟物中甲醛特定迁移量的测定,其甲醛浓度以毫克每千克油基模拟物计。分别移取 1.0 mL 水溶液,加入比色管(6.5)中,继续按 10.5.1 处理。

表 4　油基模拟物介质的标准工作溶液系列

甲醛浓度/(mg/kg 油基模拟物)	0	10.0	15.0	20.0	25.0	30.0
甲醛标准溶液(9.4)加入量/mL	0	0.20	0.30	0.40	0.50	0.60

10.4.3　水基模拟物介质的参比溶液

移取 1.0 mL 水基模拟物(5.10)(测定甲醛迁移量时)或 7.5.1 步骤中得到的空白溶液 H(测定甲醛迁移总量时)至比色管(6.5)中,继续按 10.5.2 处理。

10.4.4　油基模拟物介质的参比溶液

移取 1.0 mL 经 7.4.2 步骤处理得到的空白溶液 E(测定甲醛迁移量时)或 7.5.2 步骤中得到的空白溶液 G(测定甲醛迁移总量时)至比色管(6.5)中,继续按 10.5.2 处理。

10.5　显色反应

10.5.1　在每支盛有空白溶液、试液或标准溶液的比色管中各加入 1.0 mL 变色酸溶液(9.3),再缓慢加入 8.0 mL 硫酸溶液(9.2),小心摇动比色管。溶液充分混匀后,将比色管在 90 ℃水浴中放置 20 min 后取出,立即在冰水浴中冷却 2 min,并立即按 10.6.1 测定。

10.5.2　在盛有参比溶液的比色管中加入 1.0 mL 水,再缓慢加入 8.0 mL 硫酸溶液(9.2),小心摇动比色管。溶液充分混匀后,将比色管在 90 ℃水浴中放置 20 min 后取出,在冰水浴中冷却 2 min 后,按 10.6.1 测定。

10.6　测定

10.6.1　测定吸光度

将比色管中的溶液小心沿 10 mm 比色皿内壁缓慢倒入,以相应的参比溶液为参比,以 574 nm 波长分别测定标准溶液和试液的吸光度。

注:高浓度硫酸溶液粘度较大,若将试液快速倒入比色皿,会产生许多不易消除的微小气泡,干扰测定结果。

10.6.2　绘制校准曲线

以甲醛浓度为横坐标,吸光度为纵坐标,以标准溶液测定结果建立校准曲线。校准曲线应呈直线,对水基模拟物介质,曲线相关系数≥0.999;对油基模拟物介质,曲线相关系数≥0.998。

10.6.3　读出试液浓度

以测得的试液吸光度在校准曲线上读出对应的甲醛浓度,对水基模拟物介质以每升食品模拟物中甲醛的毫克数计,对油基模拟物介质以每千克食品模拟物中甲醛的毫克数计。

注:若试液中甲醛含量超出校准曲线范围,可将 10.2 或 10.3 步骤得到的试液用相应的空白溶液稀释一定倍数 f 后,各取 1.0 mL 加入比色管(6.5),按 10.5.1 处理后再行测定。

11　结果计算

11.1　甲醛迁移量的计算

甲醛迁移量以质量浓度 m_f 计,数值以每升食品模拟物中甲醛的毫克数(mg/L)表示,按式(1)计算:

$$m_f = (c_f - c_0) \times f \quad \cdots\cdots(1)$$

式中：

c_f——由校准曲线读出的试液甲醛浓度，单位为毫克每升(mg/L)；

c_0——由校准曲线读出的空白溶液甲醛浓度，单位为毫克每升(mg/L)；

f——稀释倍数。

注：对油基模拟物介质，m_f 和 c_f 均以毫克每千克(mg/kg)表示。

11.2 甲醛迁移总量的计算

甲醛迁移总量以质量浓度 Tm_f 计，数值以每升食品模拟物中甲醛的毫克数(mg/L)表示，按式(2)计算：

$$Tm_f = (c_f - c_0) \times 2 \times f \quad \cdots\cdots(2)$$

式中：

c_f——由校准曲线读出的试液甲醛浓度，单位为毫克每升(mg/L)；

c_0——由校准曲线读出的空白溶液甲醛浓度，单位为毫克每升(mg/L)；

2——步骤 7.5 或 10.3 中的溶液稀释倍数；

f——稀释倍数。

注：对油基模拟物介质，Tm_f 和 c_f 均以毫克每千克(mg/kg)表示。

11.3 甲醛特定迁移量的计算

样品的甲醛特定迁移量以质量分数 Sm_f 计，数值以每千克食品模拟物中甲醛的毫克数(mg/kg)或每平方分米样品与食品模拟物接触的表面积中甲醛的毫克数(mg/dm^2)表示。由 11.1 得出的甲醛迁移量或 11.2 得出的甲醛迁移总量，按照 GB/T 23296.1—2009 第 13 章的规定计算，并取平行试验结果的平均值。

测定结果大于检出限时且小于 1 mg/L(或 1 mg/kg)时，表示至小数点后两位；结果大于 1 mg/L(或 1 mg/kg)时，以三位有效数字表示。

12 方法的测定低限和精密度

12.1 方法的测定低限

以高于空白溶液吸光度值 0.01 的吸光度所对应的浓度值为检出限，以 3 倍检出限为方法测定低限，列于表 5。

表 5 方法的测定低限

模拟物介质	乙酰丙酮比色法	变色酸比色法
水	0.33 mg/L	0.48 mg/L
乙酸(30 g/L)	0.27 mg/L	0.51 mg/L
乙醇(1+9)	0.27 mg/L	0.51 mg/L
橄榄油	1.12 mg/kg	3.39 mg/kg

注：使用的水、试剂和仪器的差异会导致检出限不同。可按本条款所述方式得出实际的检出限和测定低限。

12.2 精密度

在重复性条件下获得的两次独立测定结果的绝对差值不得超过算术平均值的 10%。

按照 GB/T 6379.2—2004 对实验室协同试验结果计算重复性和再现性，参见附录 B。

13 确证与仲裁

当以上方法之一测得的甲醛特定迁移量 Sm_f 超过有关规定的限量时，可用另一方法进行确证。本标准中的方法一和方法二可互为确证方法。

乙酰丙酮比色法为仲裁法。

附 录 A
（规范性附录）
温度控制要求

温度控制要求见表 A.1。

表 A.1 温度和允许误差

温度和允许误差
5 ℃± 1 ℃
20 ℃± 1 ℃
30 ℃± 1 ℃
40 ℃± 1 ℃
50 ℃± 2 ℃
60 ℃± 2 ℃
70 ℃± 2 ℃
80 ℃± 3 ℃
90 ℃± 3 ℃
100 ℃± 3 ℃
121 ℃± 3 ℃
130 ℃± 5 ℃
140 ℃± 5 ℃
150 ℃± 5 ℃
160 ℃± 5 ℃
170 ℃± 5 ℃

附 录 B
（资料性附录）
方法的重复性和再现性

B.1 乙酰丙酮方法的重复性和再现性由9个实验室的协同试验得出。按照GB/T 6379.2—2004的计算结果见表B.1。

表B.1 乙酰丙酮比色法的重复性和再现性

模拟物介质	甲醛迁移量/(mg/L)			甲醛迁移总量/(mg/L)		
	水平	重复性限 r	再现性限 R	水平	重复性限 r	再现性限 R
水	5.12	0.243	0.999	1.50	0.071	1.107
乙酸(30 g/L)	7.01	0.112	1.516	9.93	0.707	2.094
乙醇(1+9)	5.54	0.100	0.933	1.43	0.170	0.474
橄榄油	1.05 (mg/kg)	0.173 (mg/kg)	0.954 (mg/kg)	1.16 (mg/kg)	0.185 (mg/kg)	1.940 (mg/kg)

B.2 变色酸方法的重复性和再现性由8个实验室的协同试验得出。按照GB/T 6379.2—2004对水基模拟物试验的计算结果见表B.2。

表B.2 变色酸比色法的重复性和再现性

模拟物介质	甲醛迁移量/(mg/L)			甲醛迁移总量/(mg/L)		
	水平	重复性限 r	再现性限 R	水平	重复性限 r	再现性限 R
水	5.03	0.146	1.211	1.39	0.156	1.887
乙酸(30 g/L)	7.28	0.159	1.707	10.3	0.434	2.487
乙醇(1+9)	5.69	0.281	0.991	1.27	0.288	1.286

附　录　C
（资料性附录）
甲醛显色产物的紫外吸收光谱图

C.1　乙酰丙酮法显色结果的吸收曲线见图 C.1。

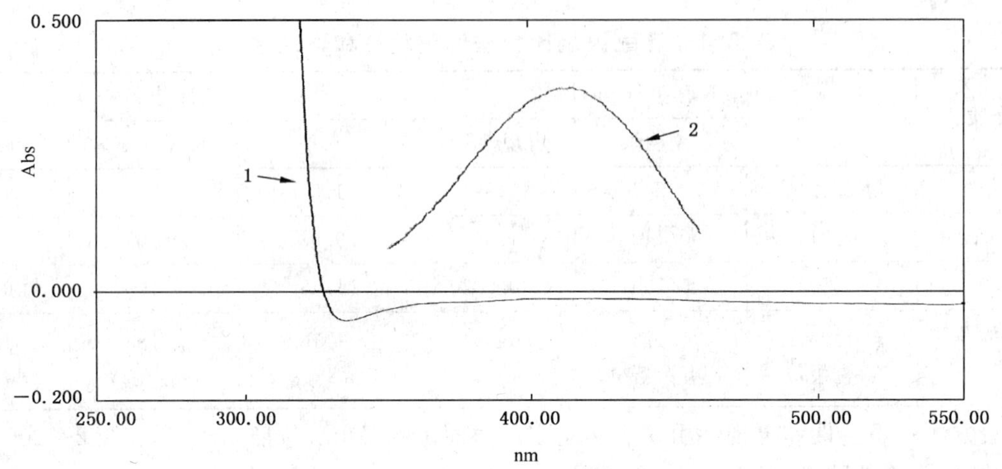

注：曲线 1 为按 7.6.1 制备的空白标准溶液（水介质）显色后的波长扫描结果；曲线 2 为 2 mg/L 甲醛标准水溶液显色后的波长扫描结果。

图 C.1　乙酰丙酮-甲醛显色的紫外吸收光谱图

C.2　变色酸法显色结果的吸收曲线见图 C.2。

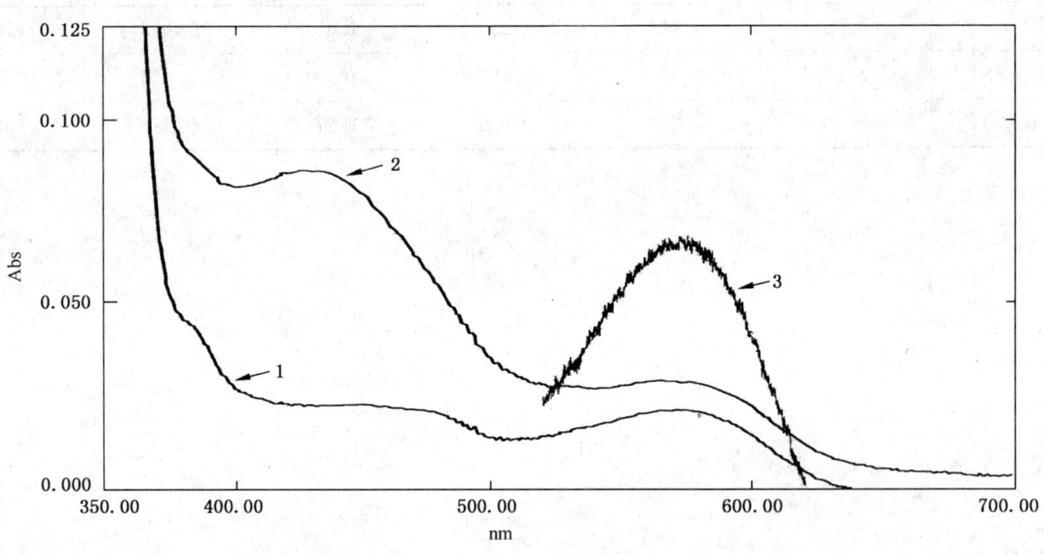

注：曲线 1 为按 10.4.1 制备的空白标准溶液（10％乙醇介质）经显色反应后的波长扫描结果；曲线 2 为空白标准溶液（10％乙醇介质）经显色反应后再放置 24 h 后的波长扫描结果；曲线 3 为 3 mg/L 甲醛标准溶液（10％乙醇介质）的波长扫描结果。

图 C.2　变色酸-甲醛显色的紫外吸收光谱图

参 考 文 献

［1］ ISO 4614:1977 Plastic—Melamine-formaldehyde mouldings—Determination of extractable formaldehyde

［2］ CEN/TS 13130-23:2005 Materials and articles in contact with foodstuffs—Plastics subsdances subject to limitation—Part 23: Determination of formaldehyde and hexamethylenetetramine in food simulants

ICS 47.020.10
U 04

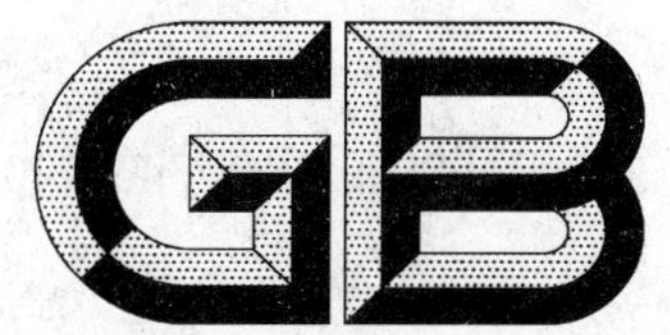

中华人民共和国国家标准

GB/T 23297—2009/ISO 7460:1983

造船　船体型线　几何数据的标识

Shipbuilding—Shiplines—Identification of geometric data

(ISO 7460:1983,IDT)

2009-03-09 发布　　　　2009-11-01 实施

中华人民共和国国家质量监督检验检疫总局
中国国家标准化管理委员会　发布

前　言

本标准等同采用 ISO 7460:1983《造船　船体型线　几何数据的标识》(英文版)。

本标准等同翻译 ISO 7460:1983。

为便于使用,本标准做了下列编辑性修改:

——“本国际标准”一词改为“本标准”;

——删除了国际标准的前言;

——按照汉语习惯对一些适用于国际标准的表述改为适用于我国标准的表述;

——删除了国际标准第 2 章的“注 1)现为草案阶段”。

本标准由中国船舶工业集团公司提出。

本标准由全国海洋船标准化技术委员会船舶基础分技术委员会(SAC/TC 12/SC 3)归口。

本标准起草单位:上海船舶研究设计院。

本标准主要起草人:徐一平、刘梦园、张志军。

造船 船体型线 几何数据的标识

1 范围

本标准规定了不同组织之间信息转换所要求的与船体型线几何图形有关的数据的标识。

用数字方式表达几何形状的方法和所采用的数据格式分别在 ISO 7461:1984 和 GB/T 23304—2009 中规定。

2 规范性引用文件

下列文件中的条款通过本标准的引用而成为本标准的条款。凡是注日期的引用文件,其随后所有的修改单(不包括勘误的内容)或修订版均不适用于本标准,然而,鼓励根据本标准达成协议的各方研究是否可使用这些文件的最新版本。凡是不注日期的引用文件,其最新版本适用于本标准。

GB 3102.1—1993 空间和时间的量和单位(eqv ISO 31-1:1992)

GB/T 23304—2009 造船 船体型线 格式和数据结构(ISO 7838:1984,IDT)

ISO 1000:1992 国际单位制和推荐使用的基本单位组合及某些其他单位

ISO 7461:1984 造船 船体型线 船体几何元素的数字表示

ISO 7462:1985 造船 船舶主要尺度 计算机应用的术语和定义

3 术语和定义

ISO 7462:1985 确立的以及下列术语和定义适用于本标准。

3.1

量纲量 dimensional characteristics

用长度、面积或体积单位或者这些数值的组合所表示的船体几何特性,不依赖于使用的坐标系统或参考肋位。

3.2

型线 lines

a) 位于型表面上,用于辅助定义或描述船体曲面的任意一条空间曲线。

b) 截交船体曲面上的一组平面曲线中任意一条曲线。

船体型线组成的一组曲线,以及本标准规定的其他信息,用来确定船体几何形状达到特定应用程度。

3.3

无量纲系数 non-dimensional characteristics coefficients

由量纲量经过数学公式运算得到的无量纲值。

注:量纲量详见 3.1。

3.4

坐标系统 axis system

几何图形数据参考的固定直角坐标系。

采用右手直角坐标系统,基线为 X 轴,基线与尾垂线交点为坐标原点。其中:

X 轴向船首为正;

Y 轴向左舷为正;

Z 轴向上为正。

角度、旋转和平移的方向应与已建立的数学上的右手坐标系统的规定一致。

采用的基线应予以说明，例如基线通过龙骨板上缘。

如果采用其他坐标系统，或者为了定义船体的一个特殊部分(或附体)需要一个局部参考坐标系统，那么这些坐标系统与上述提到的坐标系统之间的转换关系应予以说明。

4 度量单位

所有输入和输出数据应采用表1列出的国际单位制(SI)表示(见 ISO 1000:1992 和 GB 3102.1—1993)。

表 1

参　数	推荐单位
长度	m
宽度	m
深度	m
吃水	m
甲板梁拱	mm
板厚	mm
型值和其他坐标数据	m 或 mm[a]
体积	m^3
[a] 实际采用的单位应予以说明。建造应用中更多采用毫米(mm)。	

5 型线选择

5.1 型线选择原则

定义船体型表面时对型线的选择取决于应用的程度和每条型线与应用的关系。

具有简单解析式的表面的各个部分，例如平面、圆柱或圆锥应予以说明，并应当给出这些表面部分的限界线。

对于不能以显解析式表示表面的部分应采用足够多的线条来表达，使得表面上任何一点的位置都能够使用标准两次插值方式来确定，以达到能够满足使用要求的精度。

型线相关的定义和术语应符合 ISO 7462:1985 的要求。

5.2 型线表

船体型线一般包括：

a) 龙骨线；

b) 最大面积横剖线；

c) 平边线；

d) 平底线；

e) 预先规定几何形状区域的限界线(例如圆弧形首柱)；

f) 首轮廓和尾轮廓；

g) 横剖线(肋骨线)；

h) 纵剖线；

i) 水线；

j) 甲板边线；

k) 甲板中心线；

l） 梁拱线；

m） 附体(轴壳、舵、挂舵臂等)与型表面相贯线；

n） 舷墙线；

o） 舷边线；

p） 斜剖线；

q） 龙骨半宽线；

r） 嵌接线；

s） 折角线。

5.3 应用范围

应考虑两种应用范围：

a） 设计应用；

b） 建造应用。

5.4 型线分类

5.4.1 5.2 所列的型线分为：

a） 应定义的型线——对于给定的应用范围使用的型线；

b） 选择性的型线——对相应的应用范围可能有用的其他型线。

5.4.2 设计应用中应定义的型线包括：

a） 龙骨线；

b） 最大面积横剖线；

c） 首轮廓和尾轮廓；

d） 各设计站的横剖线；

e） 纵剖线；

f） 水线；

g） 甲板中心线或甲板边线；

h） 折角线。

5.4.3 建造应用中应定义的型线包括：

a） 龙骨线；

b） 最大面积横剖线；

c） 平边线；

d） 平底线；

e） 首轮廓和尾轮廓；

f） 肋骨线；

g） 水线；

h） 甲板中心线；

i） 附体与型表面相贯线；

j） 折角线。

6 附加信息

6.1 应用

对几何数据拟应用的范围应予以说明，例如设计、模型试验、建造。

6.2 船舶尺度

船体型线图应附以船体主尺度和其他关键尺寸的列表。

6.2.1 设计应用时应定义的尺度为：

a) 垂线间长(LPP);

b) 最大型宽(B);

c) 最大型宽在纵向和垂向的位置,对于有平行中体的船舶应说明其范围;

d) 船中处至上甲板的型深(DEP);

e) 船中处和首尾垂线处至设计水线的型吃水(T);

f) 龙骨倾斜角;

g) 舭部圆弧半径(适用时)。

6.2.2 建造应用时应定义的附加数据为:

a) 最大宽度;

b) 船中处至上甲板的最大深度;

c) 最大吃水;

d) 龙骨厚度;

e) 龙骨半宽;

f) 底部升高;

g) 首舷弧;

h) 尾舷弧;

i) 最小舷弧的纵向位置;

j) 舷弧形式(例如抛物线)。

6.3 系数

下列对应于设计吃水和型排水量的系数应予以标识:

a) 方型系数(CB);

b) 最大横剖面系数(CX);

c) 前体棱形系数(CPF);

d) 后体棱形系数(CPA)。

6.4 排水体积

对应设计吃水的型排水体积应予以标识,若包含附体体积应予以说明。

6.5 型表面

对数据涉及到的型表面应予以说明,例如“量至板内缘”。

ICS 47.020.50
U 27

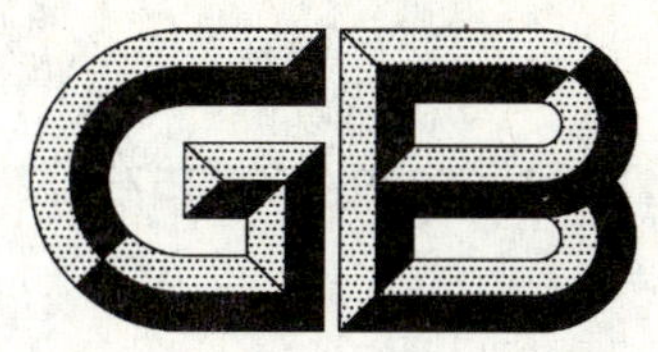

中华人民共和国国家标准

GB/T 23298—2009/ISO 15738:2002

船舶与海上技术 气胀式救生装置用充气系统

Ships and marine technology—
Gas inflation systems for inflatable life-saving appliances

(ISO 15738:2002,IDT)

2009-03-09 发布　　2009-11-01 实施

中华人民共和国国家质量监督检验检疫总局
中国国家标准化管理委员会　发布

前　言

本标准等同采用 ISO 15738:2002《船舶与海上技术　气胀式救生装置用充气系统》(英文版)。

本标准等同翻译 ISO 15738:2002。

为便于使用,本标准作了下列编辑性修改:

——"本国际标准"一词改为"本标准";

——用小数点"."代替作为小数点的逗号",";

——删除国际标准的前言。

本标准由中国船舶工业集团公司提出。

本标准由全国船舶舾装标准化技术委员会救生设备分技术委员会(SAC/TC 129/SC 1)归口。

本标准起草单位:中国船舶工业综合技术经济研究院。

本标准主要起草人:高学峰、王磊。

船舶与海上技术
气胀式救生装置用充气系统

1 范围

本标准规定了符合1974年国际海上人命安全公约(SOLAS 1974)及其修正案、国际救生设备(LSA)规则的气胀式救生装置用充气系统的性能和试验要求。

充气系统包括充气气体、气瓶阀、气瓶触发装置、高压软管、压力释放阀、充气阀、放气阀、止回阀、输送阀。本标准仅包括上述组成中将气瓶中的压缩气体作为充气介质的系统。

本标准不包括气瓶的技术要求,其应满足相关主管部门的要求。本标准适用于救生筏、海上撤离系统和救援设施等救生设备。本标准不适用于气胀式救生衣等个人救生设备。

2 规范性引用文件

下列文件中的条款通过本标准的引用而成为本标准的条款。凡是注日期的引用文件,其随后所有的修改单(不包括勘误的内容)或修订版均不适用于本标准,然而,鼓励根据本标准达成协议的各方研究是否可使用这些文件的最新版本。凡是不注日期的引用文件,其最新版本适用于本标准。

1974年国际海上人命安全公约(SOLAS 1974)及其1996年修正案

IMO MSC.48(66)决议　国际救生设备(LSA)规则

IMO A.689(17)决议及其修正案 IMO MSC.81(70)　救生设备试验和评估建议

3 术语和定义

下列术语和定义适用于本标准。

3.1

经认可的气瓶　approved cylinder

经主管机关认可,符合适用的国家标准或国际标准的气瓶。

4 充气气体

4.1 类型和用量

用于充气的气体应无毒,例如二氧化碳。气体类型与用量应具有足够的充气率,使整个系统能满足其所安装装置的充气性能要求。

4.2 干燥

若使用二氧化碳作为充气气体,其湿度(水气质量比)应不大于$150:10^6$。

5 气瓶阀

5.1 一般要求

5.1.1 气瓶阀应装配安全泄放装置,泄放装置可在压力过大对气瓶造成损坏前排出气体。

5.1.2 应采取措施保护气瓶阀上的螺纹,以防止高压软管和触发装置在储气和输气过程中对其造成损坏。

5.1.3 若铝合金气瓶阀与气瓶不进行电镀隔离,则应对其进行阳极氧化处理,且仅用于铝合金气瓶。

5.1.4 如果不同材质的气瓶与气瓶阀或铝质气瓶与铝合金气瓶阀配合使用时,应经受5.2.9所述的盐水曝露试验。

5.1.5 如果气瓶阀用于二氧化碳，则应使用弯管，以确保气瓶在任意操作位置。弯管开口端应始终浸没在液化气体中。

5.2 试验

5.2.1 安全泄放试验

按气瓶阀生产商提供的使用说明，将气瓶阀上的安全泄放装置装配在经认可的气瓶上，以不大于最大气瓶额定试验压力的工作压力运行。

5.2.2 抗压试验

取6个气瓶阀，对阀体施加28 MPa的压力或最大气瓶额定试验压力之间的最大值，持续60 s。

试验完成后，气瓶阀不应有任何泄露或损坏的痕迹。

5.2.3 温度循环试验

5.2.3.1 取两个气瓶阀，分别装配在容量不大于5 L的经认可的气瓶上，然后以96%∶4%的重量比充入二氧化碳与氮气，称重后交替经受−30 ℃和65 ℃的环境温度。上述交替的半循环过程不必紧密相连，可采取下述步骤：

——在1 d中完成1个历时8 h，温度为65 ℃的半循环；

——将试样由高温室中取出，并在室温下放至次日；

——在1 d中完成1个历时8 h，温度为−30 ℃的半循环；

——将试样由低温室中取出，并在室温下放至次日；

——将上述过程再重复9次。

5.2.3.2 衡准

试验完成后，将气瓶在重新称重前回复至室温。若气体有质量损失，应不大于气体原始质量的2%。

5.2.4 冷充气试验

取两个气瓶阀，分别装配在容量不大于5 L的经认可的气瓶上，1个充入3.17 kg二氧化碳，另1个充入96%∶4%质量比的二氧化碳与氮气，然后将其移入−30 ℃的冷室中历时3 h。

试验完成后，气体应能通过一个具有4个直径为3.3 mm孔的喷嘴，在下述时间内完全持续泄放：

——二氧化碳20 s；

——二氧化碳和氮气14 s。

注：可在试验过程中旋转气瓶，以验证气瓶在各种工作位置下弯管的有效性。

5.2.5 疲劳试验

取两个阀体，在试验室中经受自0～20 MPa的内水压循环33 000次。

试验完成后，对阀体施加28 MPa压力或最大气瓶额定试验压力之间的最大值，历时60 s。阀体应无损坏。

5.2.6 长期泄露试验

取两个气瓶阀，分别装配在容量不大于5 L的经认可的气瓶上，然后以96%∶4%的质量比充入质量不大于3.17 kg的二氧化碳与氮气。

将上述两个试样称重，并贮存在环境温度18 ℃～20 ℃的安全处所，历时18个月。

试验结束后，对两个试样重新称重，每个气瓶的泄气质量不应大于气体原始质量的2%。

5.2.7 撞击试验

取经过长期泄露试验的1个试样，经过充分放气后，从300 mm高度，以45°角跌落在水泥地面上，反复9次。为保证阀体撞击充分，水泥面上应覆盖有硬质纤维板。

使气瓶的跌落角度成90°角，重复上述试验。

试验完成后，将气瓶竖立起来然后推倒，使气瓶阀撞击一个固定在地面上的钢制制动块。制动块高度应不小于气瓶直径的一半。重复上述试验12次。

试验完成后，检查气瓶阀，如有必要可使用探伤装置。除表面损坏外，阀体应无任何缺陷或裂纹。

取1个气瓶阀，装配在质量至少8.165 kg的气瓶上，从1.5 m高度跌落在铝板上3次，使阀体以60°角充分撞击铝板。

移去铝板，在水泥地面上重复上述试验。

试验完成后，将阀体从气瓶上拆下，仔细检查。除表面损坏外，阀体应无任何缺陷或裂纹。

5.2.8 扭合试验

取1个经认可的二氧化碳气瓶，遵循生产商指导将气瓶阀装上并拆下反复6次。

试验完成后，检查阀体螺纹，应无任何剥蚀或损坏。

5.2.9 盐水曝露试验

盐水曝露试验适用于气瓶阀和不同材质的经认可的气瓶，或铝合金气瓶阀和经认可的铝合金气瓶。

遵循气瓶阀生产商指导，将气瓶与阀体完全组装，并部分浸入3%氯化钠溶液中历时18个月，或曝露在温度为35 ℃±3 ℃的盐雾喷洒(5%氯化钠溶液)环境中历时160 h，且无间断。

试验完成后，气体质量降低不应超过2%，气瓶阀与触发装置应能正常使用。

注：本试验应与6.2.4同时进行。

6 气瓶触发装置

6.1 一般要求

触发装置与手缆或操作缆之间的连接应保证在气瓶阀工作前，载荷完全由操作机械装置承担。对于用于气胀式救生筏的触发装置，应采取措施保证气瓶阀开启后，手缆上的载荷被传递到救生筏筏壳的缆孔或筏绳上。

在18 ℃～20 ℃环境温度下、容量不大于5 L、充有3.17 kg二氧化碳的经认可的气瓶的触发装置应能在不大于150 N起动力作用下完全开启，行程不应超过200 mm。

触发装置应由抗腐蚀材料制成。

采用铝合金制成的触发装置应进行阳极氧化处理，并符合5.1.4的要求。

应采用必要措施，防止缆索纠结和对气胀式救生筏筏体的摩擦损坏。

触发装置应密封，以防止水流入。

触发装置的设计应可避免充气式救生筏筏体的摩擦。

6.2 试验

6.2.1 高温起动力试验

取两个触发装置，装配在容量不大于5 L、充有3.17 kg二氧化碳的经认可的气瓶上，并将试样放置在65 ℃的高温室中历时2 h。从高温室中取出后，测量触发装置的起动力。

起动力不应大于150 N。

6.2.2 低温起动力试验

取两个触发装置，装配在容量不大于5 L、充有3.17 kg二氧化碳的经认可的气瓶上，并将试样放置在−30 ℃的低温室中历时2 h。从低温室中取出后，测量触发装置的起动力。

起动力不应大于150 N。

6.2.3 室温起动力试验

取两个触发装置，装配在容量不大于5 L、充有3.17 kg二氧化碳的经认可的气瓶上，并将试样放置在20 ℃±3 ℃的低温室中历时2 h。从低温室中取出后，测量触发装置的起动力。

起动力不应大于150 N。

6.2.4 盐水曝露试验

取两个触发装置，分别装配在一组经认可的气瓶和气瓶阀上，并在18 ℃～20 ℃室温下部分浸入

3%氯化钠溶液中，历时18个月，或曝露在温度为35 ℃±3 ℃的盐雾喷洒(5%氯化钠溶液)环境中历时160 h，且无间断。试验完成后，仔细检查触发装置，操作机械装置应能正常起动。

触发装置上应无过度凹陷或腐蚀，并能继续正常工作。

6.2.5 撞击试验

将触发装置装配在经认可的气瓶阀上，并放置在－30 ℃的低温室中历时2 h。将试样从低温室取出，从2 m高度跌落在覆盖有硬质纤维板的坚实地面上，并保证触发装置下列部位获得充分撞击：

——触发装置头部；

——触发装置边部。

重复上述试验3次。在各次试验间均应将试样重新放入低温室中，使试样温度维持在－30 ℃。

触发装置不应有可见的损坏，并能继续正常工作。

6.2.6 进水试验

取两个触发装置，分别装配在一组经认可的气瓶和气瓶阀上，对试样进行称重，然后浸入4 m水深历时30 min。

将试样从水中取出并称重，试样质量不应因进水而增加。

将触发装置起动，并将气瓶内部物质完全泄放。起动力不应超过150 N。

在泄放完成后，应将触发装置拆装检查。系统内应无进水。

7 高压软管

7.1 一般要求

应用高压软管连接气瓶和多种形式的充气室进口。

软管应以天然橡胶、人造橡胶或其他适宜材料制成，具有一个平滑的开孔和某种形式的抗腐蚀加强构造。

软管应装有一个具有足够强度的端部连接器，以抵受中度的连接过紧。

注：含锌率高于33%的黄铜端部连接器，如果冷压时未经退火，可能会产生"季节性裂纹"，应采取措施加以避免。

如果接头被插入软管底部，其形状应适当，以避免对内部衬套产生损坏，并可提供平缓的气流。

软管外壳应加以适当保护，以避免损坏和磨损。

在18 ℃～20 ℃室温下，软管应具有21 MPa的最小爆裂压力；在－45 ℃温度下，软管应具有4.2 MPa的最小爆裂压力。

软管在－45 ℃～65 ℃温度范围内，应能正常工作。

在－45 ℃温度下，软管应能弯曲180°，形成半径为50 mm的圆，而无裂纹或损坏。

当经受12.5 MPa水压时，软管不应变形或损坏。

应仔细检视每个软管，并由质量检验员标记。

为满足可追溯性，软管外表应标识：

——生产商名称；

——批号。

7.2 试验

7.2.1 用于二氧化碳/氮气系统的软管

7.2.1.1 取3个软管置于18 ℃～20 ℃室温下，并使其经受内水压直至破坏。软管的爆裂压力不应小于21 MPa。

7.2.1.2 取3个软管置于－45 ℃的低温室历时72 h，然后使其立即经受内水压直至破坏。软管的爆裂压力不应小于4.5 MPa。

7.2.1.3 取3个软管，使其经受12.5 MPa的内水压历时60 s。试验期间，仔细检视软管及其端部装置，不应有任何泄露、破坏或变形。

7.2.1.4 取3个经过水压试验的软管，在彻底干燥后，放入－45 ℃的低温室中历时2 h。然后将软管从低温室中移出，并立即将其弯曲180°，形成半径为50 mm的圆，应无裂纹或损坏。试验完成后，使软管回复至室温，然后使其再次经受7.2.1.3的水压试验，以验证软管仍可正常工作。

7.2.1.5 在18 ℃～20 ℃室温下，使软管与其端部连接的接头经受轴向180 kg的载荷，历时60 s。试验完成后，仔细检查软管，不应有任何损坏或与端部连接接头分离。

7.2.1.6 将软管放置在坚固平面上，在软管管口放置1个25 mm宽的长棒，使其与软件开孔成直角。在长棒上施加45 kg的载荷历时60 s。使用流量计在试验前后分别测定流量，以验证软管管口的横截面积无损失。

7.2.2 用于压缩空气/氮气系统的软管

7.2.2.1 软管应经受7.2.1.1～7.2.1.6的各项试验。

7.2.2.2 在18 ℃～20 ℃室温下，取3个软管，使其经受2.5倍于气瓶中空气/氮气工作压力的内部压力，历时60 s。软管不应有任何泄露、变形或损坏。

8 阀

8.1 压力释放阀

8.1.1 压力试验

取至少6个阀进行压力试验。将阀体安放在适宜的试验设备上，缓慢施加气压，直至阀开启。然后，逐渐降低压力直至阀复位。当阀的泄漏率小于0.01 L/h，则视为阀已复位。

记录阀的开启和复位压力，其应在生产商规定的设计参数范围内。

注：压力释放阀开启的压力通常称为阀的“吹气”压力。

8.1.2 跌落试验

取至少6个阀进行跌落试验。将阀从2 m高度跌落至坚固的水泥地面上，反复12次。试验完成后，仔细检查阀体，然后在适宜的试验设备上起动。除微小表面损坏外，阀应无任何损坏，并能继续正常工作。

8.1.3 阀固定试验(需要时)

取至少6个阀进行阀固定试验。将阀体安放在适宜的试验设备上，在法兰上施加1 800 N的拉力，历时3 min。将阀旋转90°，重复上述试验。

试验完成后检查阀，其不应有任何变形或法兰与阀体的分离。

8.1.4 脉动载荷试验

取至少6个阀进行脉动载荷试验。将阀安装在经认可的6人救生筏的一个充气式浮管上。给浮管充气直至阀开启，记录阀的开启压力和复位压力。然后，一个质量不超过75 kg的人反复上下浮管25次。试验完成后，记录浮管中的压力。浮管中的压力降低应不大于阀回复压力的10%。

8.1.5 过压试验

取至少6个阀进行过压试验。将经过8.1.4脉动载荷试验的浮管与阀相连接，将阀堵住，给浮管充气至至少3倍于阀的开启压力(“吹气”压力)。保持压力5 min，然后检查阀。

阀应无损坏，并无任何与浮管分离的迹象。

8.1.6 流量试验

取至少6个阀进行流量试验。使用流量计和适宜的试验设备，在18 ℃～20 ℃室温下，当阀完全开启时，应能以表1所示流量泄放气体。

表 1 流量要求

压力/MPa	流量/(m^3/min)
0.014(14 kN/m^2)	1.30
0.021(21 kN/m^2)	1.85
0.028(28 kN/m^2)	2.45
0.042(42 kN/m^2)	3.40

8.2 充、放气阀

8.2.1 泄放试验

取至少 6 个阀进行泄放试验。将阀体安放在适宜的试验设备上，缓慢施加气压，直至阀开启。阀应被允许复位，并在阀后部施加 0.014 MPa 的气压。阀的泄放流量不应超过 0.01 L/h。

8.2.2 阀固定试验

取至少 6 个阀进行阀固定试验。将阀体安放在适宜的试验设备上，在法兰上施加 1 800 N 的拉力，历时不少于 3 min。将阀旋转 90°，重复上述试验。

试验完成后检视阀，其不应有任何变形或法兰与阀体的分离。

8.2.3 跌落试验

取至少 6 个阀进行跌落试验。将阀从 2 m 高度跌落至坚固的水泥地面上，反复 12 次。试验完成后，仔细检查阀体，然后在适宜的试验设备上起动。除微小表面损坏外，阀应无任何损坏，并能继续正常工作。

8.2.4 流量试验

取至少 6 个阀进行流量试验。使用流量计和适宜的试验设备，在 18 ℃～20 ℃室温下，当阀完全开启时，在 0.014 MPa～0.028 MPa 压力范围内泄放气体流量，应符合生产商指定的设计参数要求。

8.3 止回阀/输送阀

8.3.1 泄放试验

取至少 6 个阀进行泄放试验。将阀体安放在适宜的试验设备上，缓慢施加气压，直至阀开启。阀应被允许复位，并在阀后部施加 0.007 MPa 的气压。阀的泄放流量应不超过 0.01 L/h。然后，在阀后部施加 0.014 MPa 的气压，重复本试验。

8.3.2 阀固定试验

取至少 6 个阀进行阀固定试验。将阀体安放在适宜的试验设备上，在法兰上施加 1 800 N 的拉力，历时不少于 3 min。将阀旋转 90°，重复上述试验。

试验完成后检视阀，其不应有任何变形或法兰与阀体的分离。

8.3.3 跌落试验

取至少 6 个阀进行跌落试验。将阀从 2 m 高度跌落至坚固的水泥地面上，反复 12 次。试验完成后，仔细检查阀体，然后在适宜的试验设备上起动。除微小表面损坏外，阀应无任何损坏，并能继续正常工作。

9 系统适用性的最终确定

符合本标准充气系统的最终适用性建立在对装有本系统的救生设备终端产品进行试验的基础上。系统应满足 IMOA.689(17)决议及其修正案 IMO MSC.81(70)的要求。系统中任何组件的适用性，取决于其与终端产品中其他组件在尺寸、数量、布置方面的关系。除本标准的要求外，希望主管机关能根据国际救生设备(LSA)规则中 1.2 的要求对充气系统材料进行评估。

ICS 47.020.50
U 27

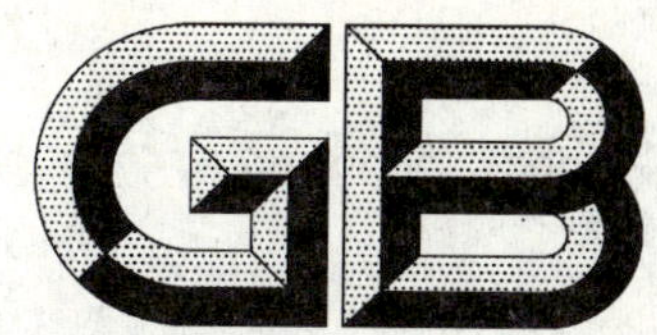

中华人民共和国国家标准

GB/T 23299—2009/ISO 15734:2001

船舶与海上技术　静水压力释放器

Ships and marine technology—Hydrostatic release units

(ISO 15734:2001,IDT)

2009-03-09 发布　　　　2009-11-01 实施

中华人民共和国国家质量监督检验检疫总局
中国国家标准化管理委员会　发布

前　言

本标准等同采用ISO 15734:2001《船舶与海上技术　静水压力释放器》(英文版)。

本标准等同翻译ISO 15734:2001。

为便于使用,本标准作了下列编辑性修改:

——“本国际标准”一词改为“本标准”;

——用小数点“.”代替作为小数点的逗号“,”;

——删除国际标准的前言。

本标准由中国船舶工业集团公司提出。

本标准由全国船舶舾装标准化技术委员会救生设备分技术委员会(SAC/TC 129/SC 1)归口。

本标准起草单位:中国船舶工业综合技术经济研究院。

本标准主要起草人:高学峰、王磊。

船舶与海上技术　静水压力释放器

1　范围

本标准规定了与自由漂浮式救生设备(包括气胀式救生筏和应急无线电示位器,简称 EPIRB)相连接的静水压力释放器(简称释放器,HRU)的性能和试验要求。符合本标准并已为主管部门认可的静水压力释放器,可视为符合 1974 年国际海上人命安全公约和国际海事组织(IMO)救生设备(LSA)规则。

2　规范性引用文件

下列文件中的条款通过本标准的引用而成为本标准的条款。凡是注日期的引用文件,其随后所有的修改单(不包括勘误的内容)或修订版均不适用于本标准,然而,鼓励根据本标准达成协议的各方研究是否可使用这些文件的最新版本。凡是不注日期的引用文件,其最新版本适用于本标准。

ISO 9227:1990　人工空气中腐蚀试验　盐雾试验

3　一般要求

3.1　制造

用于救生艇筏或 EPIRB 中自由漂浮设备的静水压力释放器应符合下列要求:

——应使用适当材料以避免装置失效;在涂层受到损坏可能影响装置性能的部位不应使用金属涂层;

——应具有排水装置,避免静水压力释放器处于正常工作状态时静水腔内积水;

——与手缆装置相连的每个结构件应具有不小于手缆所要求的强度;

——静水压力释放器应便于更换或年度维护;

——材料和构件应耐腐蚀,不受海水、油和清洁剂影响;

——经过－30 ℃～65 ℃的高低温循环后仍能正常工作;

——应能在－1 ℃～30 ℃海水温度范围内正常工作;

——应能在深度不大于 4 m 处自动释放自由漂浮式救生设备;

——在海水冲击下不应过早释放。

3.2　标记

应在产品外表面进行下列永久性标记:

——生产商、类型、序列号;

——生产日期;

——若静水压力释放器对配备的救生筏有容量限制,应标明救生筏最大容量;

——若静水压力释放器为一次性产品,应注明失效期。

3.3　维护记录铭牌

若静水压力释放器需要年度维护,应在其固定标志上作维护记录。

3.4　操作与维护指南

操作与维护指南应以简洁的语言表述,并包含下列信息:

——产品描述;

——安装指南;

——装船维护要求;

——维修要求。

3.5　易断环

3.5.1　材料

与自由漂浮式救生设备中静水压力释放器相连接的易断环应符合下列要求：

——以耐腐蚀材料制成，不受海水、油和清洁剂影响；

——若以绳索制成，绳端应包缝或熔结压紧；

——若以柔性金属线制成，线端应环绕在套管上，并以锁定金属环保护。

3.5.2　强度

与气胀式救生筏的自由漂浮式救生设备中静水压力释放器相连接的易断环应符合下列要求：

——可将手缆拉出救生筏存放容器；

——使救生筏充气系统起作用；

——在 1.8 kN～2.6 kN 的拉力下破断。

4　原型试验

4.1　技术试验

4.1.1　试验顺序

取至少两个静水压力释放器试样进行下列试验；试验过程中不应对组件进行修复或更新：

a)　抗腐蚀试验(4.1.2)；

b)　温度循环试验(4.1.3)；

c)　浸没和人工释放试验(4.1.4)；

d)　强度试验(4.1.5)；

e)　膜片材料耐冷热试验(4.1.6)。

4.1.2　抗腐蚀试验

使静水压力释放器暴露在符合 ISO 9227:1990 要求的盐雾(5%氯化钠溶液)中，保持温度 35 ℃±3 ℃并持续 160 h。经腐蚀试验后释放装置应不影响性能，并在经受下列试验后，仍能正常工作。

4.1.3　温度循环试验

4.1.3.1　静水压力释放器应交替经受－30 ℃和 65 ℃的环境温度。上述交替的半循环过程不必紧密相连，可采取下列步骤：

——在 1 d 中完成 1 个历时 8 h 温度为 65 ℃的半循环；

——将静水压力释放器由高温室中取出，并在室温下放至次日；

——在 1 d 中完成 1 个历时 8 h 温度为－30 ℃的半循环；

——将静水压力释放器由低温室中取出，并在室温下放至次日；

——将上述过程再重复 9 次。

4.1.3.2　上述试验完成后，如果该静水压力释放器设计为人工释放，应能正常人工释放。

4.1.3.3　经历 4.1.3.1 高低温循环试验后，从－30 ℃的存放环境中取出一个静水压力释放器，应能在－1 ℃的海水中正常工作；从 65 ℃的存放环境中取出另一个静水压力释放器，应能在 30 ℃的海水中正常工作。

4.1.4　浸没和人工释放试验

4.1.4.1　将静水压力释放器浸入水中或一注水的压力试验水箱中，通过施加一个等于其设计值的浮力载荷进行试验。该装置应能在 1.5 m～4 m 深度正常释放。试验后，如果该释放器设计为人工释放，应能正常人工释放。试验后将静水压力释放器打开检查，应无明显的腐蚀或退化迹象。

4.1.4.2　将静水压力释放器打开检查时，应无影响性能的腐蚀或剥蚀。

4.1.5 强度试验

每个静水压力释放器，如果作为救生筏手缆系统的组成部分，应能经受至少 10 kN 的载荷历时 30 min。如该装置适用于超过 25 人的救生筏，则该装置应经受至少 15 kN 的载荷。试验完成后，如果该释放器设计为人工释放，应能正常人工释放。

4.1.6 膜片材料耐冷热试验

4.1.6.1 要求

当膜片材料分别经受 4.1.6.2 的耐冷试验和 4.1.6.3 的耐热试验时，两片膜片不应出现可见的裂纹。

4.1.6.2 耐冷

——温度：−30 ℃；

——曝露时间：30 min；

——弯曲试验：以内侧及外侧伸展 180°。

4.1.6.3 耐热

——温度：65 ℃；

——曝露时间：7 d。

4.1.7 耐油、海水和清洁剂试验

4.1.7.1 要求

当经受 4.1.7.2～4.1.7.4 的耐油、海水和清洁剂试验时，两片膜片应无腐蚀及变质迹象。

4.1.7.2 表面抗油

——温度：18 ℃～20 ℃；

——油品类型：ASTM 1 号油或 5 号油，或 ISO 1 号油；

——曝露时间：膜片的每面各 3 h。

4.1.7.3 耐海水

将两片膜片于 18 ℃～20 ℃下，浸没在 5%的氯化钠溶液中历时 7 d。

4.1.7.4 耐清洁剂

将两片膜片于 18 ℃～20 ℃下，浸没在至少三种不同类型的船舶清洁剂溶液中，历时 7 d。

4.2 性能试验

4.2.1 性能试验应利用可能安装静水压力释放器的最大及最小的救生筏或 EPIRB 来进行。如果最大与最小救生筏之间的乘员人数差额超过 25 人，应增加一中间乘员人数的筏来进行。

若为救生筏使用，应将其平放在一个台架上，手缆与静水压力释放器模拟船上方式安装。

若为 EPIRB 使用，应将其与静水压力释放器安装在台架上，并模拟船上方式安装。

在台架上施加足够重量，使救生筏或 EPIRB 浸没水中，将其以下列 a)～d)各种情况浸入水下至少 5 m(见图 1，为简洁仅示出救生筏)：

a) 水平；

b) 静水压力释放器处于上方，倾斜 45°，然后 100°；

c) 静水压力释放器处于下方，倾斜 45°，然后 100°；

d) 垂直。

4.2.2 在所有的情况下，静水压力释放器应在 1.5 m～4 m 之间深度释放救生筏或 EPIRB。

4.3 易断环拉力试验

4.3.1 使用测力计测量安装在救生设备自由漂浮装置上的易断环张力，直至破断。

4.3.2 试验应在至少 5 个易断环上重复进行。

4.3.3 所有易断环应在 1.8 kN～2.6 kN 间破断。

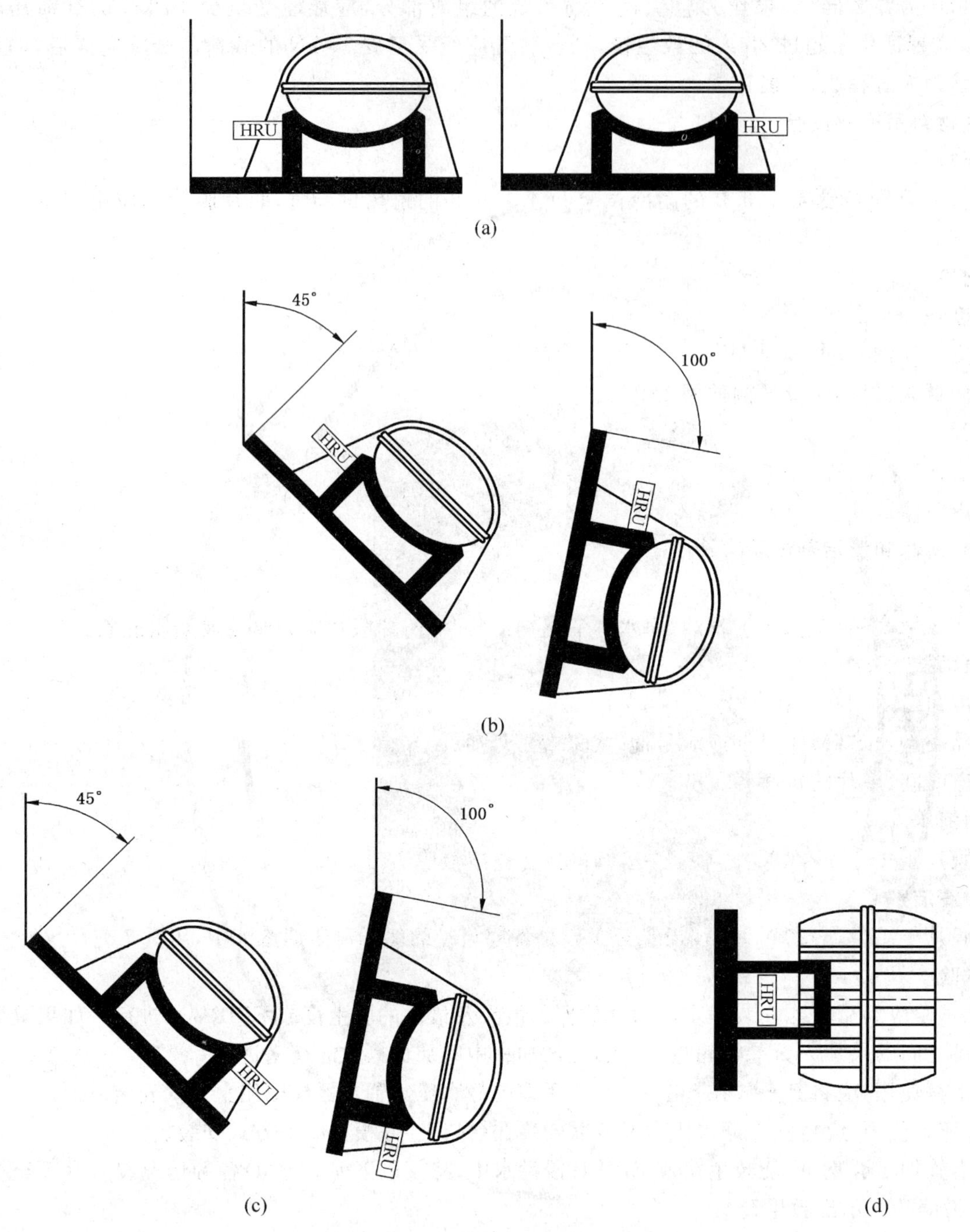

图 1　性能试验

5　出厂试验

5.1　要求

静水压力释放器的出厂试验应依据 5.2 和 5.3 进行，易断环的出厂试验应依据 5.4 进行。

5.2　目视及尺寸检查

每批次装置的随机抽样应按表 1 抽取。抽取的试样应作目视及尺寸检查，应符合已被认可的图纸，可接受的不合格数量如表 1 所示。

表 1　目视及尺寸检查抽样

批次数量/个	抽样数量/个	允许的不合格数量/个
≤15	全部	—
16～25	15	1
26～40	25	
41～110	35	2
111～180	50	
181～300	75	3
301～500	110	2

5.3　浸没试验

5.3.1　可再使用装置

将一批次中的每个可再使用的静水压力释放器浸入水中或一注水的压力试验水箱中，通过施加一个等于其设计值的浮力载荷进行试验。装置应在深度小于 4 m 处自动释放上述载荷。如果装置设计为人工释放，在重新组装后，应能正常人工释放。未通过浸没试验的静水释放装置视为不合格，应从本批次中剔除，但可随下一批次重做浸没试验。

5.3.2　一次性装置

每批次装置的随机抽样应按表 2 抽取。如果要求装置在试验后重新组装，抽取的试样应符合 5.3.1 的要求。如果任一试样不合格，则本批次产品视为不合格。

表 2　一次性装置浸没试验抽样

批次数量/个	抽样数量/个	允许的不合格数量/个
≤15	4	1
16～25	5	
26～40	7	
41～110	10	
111～180	12	
181～300	16	
301～500	20	

5.4　易断环拉力试验

每批次中应随机抽取不少于 5 个易断环，按实船方式安装后利用拉力计测量拉力，直至破断。如果任一个易断环在 1.8 kN～2.6 kN 的设计破断限外破断，则本批次产品视为不合格。

6　安装检查

6.1　应严格遵循生产商要求，将静水压力释放器安装在自由漂浮式救生设备上。

6.2　装置装船后，应符合下列要求：

——静水压力释放器不应永久固定在甲板上，应可拆除以便维修和更换；

——适用于救生筏的易断环应在救生筏自由漂浮后才成为手缆的一部分；

——不使用工具，可释放自由漂浮救生设备。

ICS 47.020.30
U 53

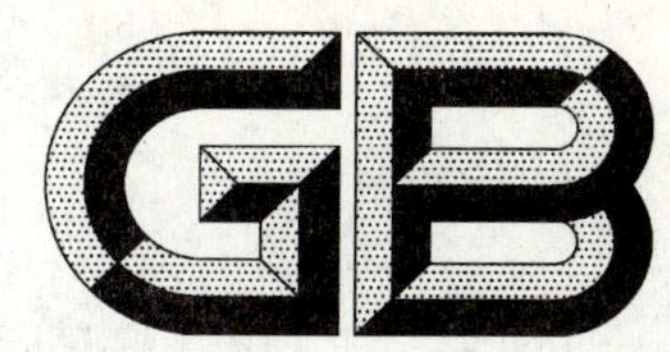

中华人民共和国国家标准

GB/T 23300—2009

平板闸阀

Parallel plane disc gate valves

2009-03-09 发布　　2009-11-01 实施

中华人民共和国国家质量监督检验检疫总局
中国国家标准化管理委员会　发布

前　　言

本标准的附录A为资料性附录。

本标准由中国船舶工业集团公司提出。

本标准由全国船用机械标准化技术委员会管系附件分技术委员会(SAC/TC 137/SC 3)归口。

本标准起草单位:无锡市金羊管道附件有限公司、中国船舶工业综合技术经济研究院、上海外高桥造船有限公司、中交上海航道局有限公司、中国船舶及海洋工程设计研究院。

本标准主要起草人:刘国中、蔡建忠、沈立盛、周建明、陈洁、孙镜明、罗发元、戴小虎、费龙、侯晓明、张伟明、李宁。

平 板 闸 阀

1 范围

本标准规定了法兰连接尺寸按 ISO 7005-1 的平板闸阀(以下简称闸阀)的分类和标记、要求、试验方法、检验规则、标志、包装、运输和贮存。

本标准适用于介质为泥浆、海水、淡水、油等船舶管路用闸阀的设计、制造和验收。

2 规范性引用文件

下列文件中的条款通过本标准的引用而成为本标准的条款。凡是注日期的引用文件,其随后所有的修改单(不包括勘误的内容)或修订版均不适用于本标准,然而,鼓励根据本标准达成协议的各方研究是否可使用这些文件的最新版本。凡是不注日期的引用文件,其最新版本适用于本标准。

GB/T 191 包装储运图示标志(GB/T 191—2008,ISO 780:1997,MOD)

GB/T 600 船舶管路阀件通用技术条件

GB/T 699—1999 优质碳素结构钢

GB/T 700—2006 碳素结构钢(ISO 630:1995,NEQ)

GB/T 1220—2007 不锈钢棒

GB/T 1348—1988 球墨铸铁件

GB/T 2100—2002 一般用途耐蚀钢铸件(eqv ISO 11972:1998)

GB/T 3032 船舶管路附件的标志

GB/T 3280—2007 不锈钢冷轧钢板和钢带

GB/T 6388 运输包装收发货标志

GB/T 13342—2007 船用往复式液压缸通用技术条件

GB/T 17219 生活饮用水输配水设备及防护材料的安全性评价标准

CB/T 3617 管系及其附件特种涂装质量要求

HG/T 3089—2001 燃油用 O 型橡胶密封圈材料

HG/T 3091—2000 橡胶密封件 给、排水管及污水管道用接口密封圈 材料规范(idt ISO 4633:1996)

HG/T 3093—1988 石油基油类输送管道及连接件用橡胶密封制品胶料(eqv ISO 6488:1985)

3 分类和标记

3.1 型式

闸阀分为如下三种型式:

a) S 型——手动平板闸阀;

b) Y 型——液控单油缸平板闸阀;

c) YD 型——液控双油缸平板闸阀。

3.2 基本参数

闸阀的基本参数见表 1。

表 1　闸阀的基本参数

型号	公称压力 PN	设计压力 p/MPa	工作温度 t/℃	公称尺寸 DN/ID/mm
S	10、16	1.0、1.6	−20～80	100～500
Y				250～1 400
YD				600～1 400
Y	25	2.5		250～1 400
YD				600～1 400

3.3　结构和基本尺寸

3.3.1　手动平板闸阀的结构和基本尺寸

3.3.1.1　PN10 手动平板闸阀的结构和基本尺寸见图 1 和表 2。

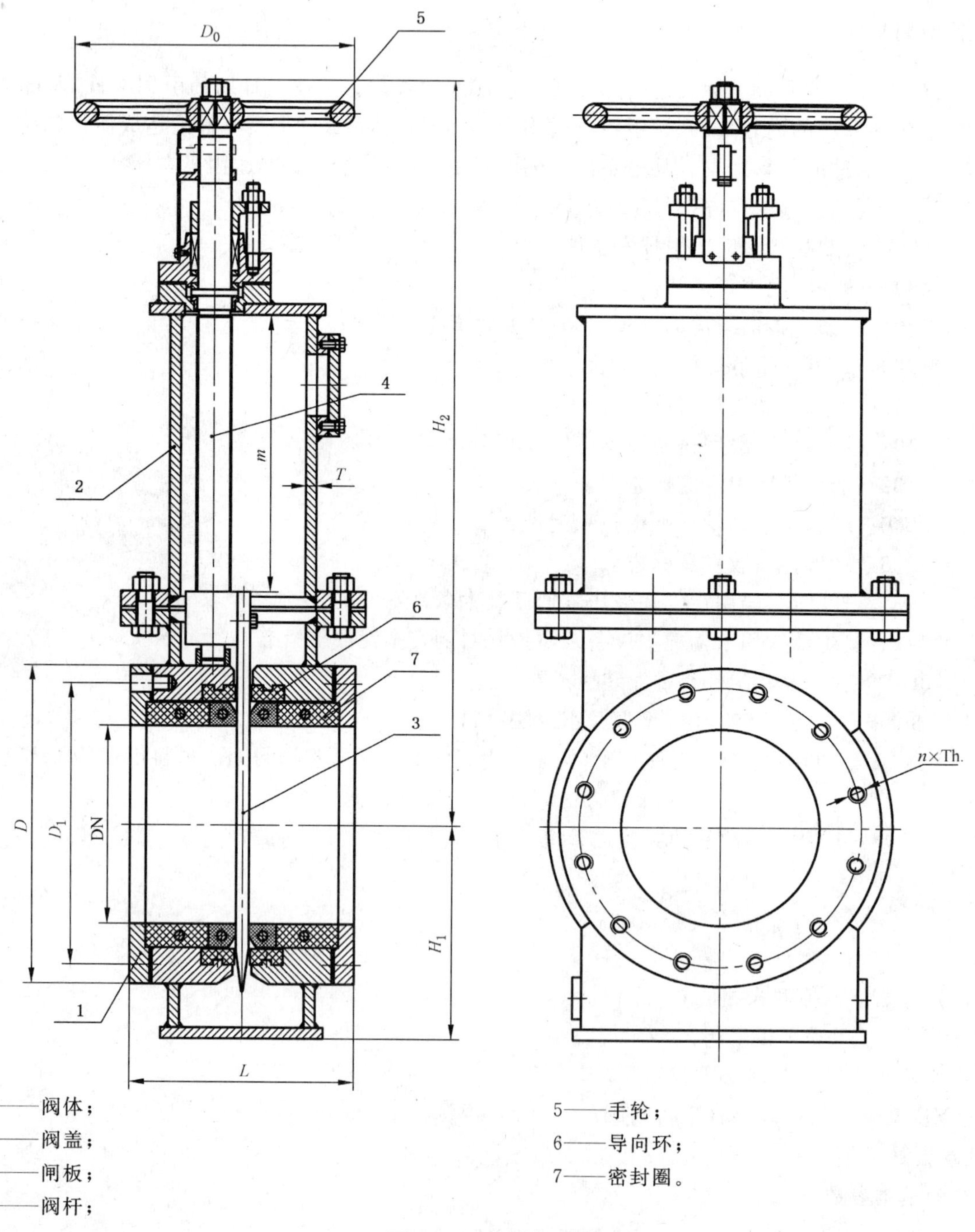

1——阀体；
2——阀盖；
3——闸板；
4——阀杆；
5——手轮；
6——导向环；
7——密封圈。

图 1　手动平板闸阀

表 2　PN10 手动平板闸阀的基本尺寸　　单位为毫米

公称尺寸 DN(*ID*)	结构尺寸				壁厚 *T*	连接尺寸		螺孔		升程 *m*	重量/kg
	H_1	H_2	*L*	D_0		*D*	D_1	*n*/个	Th.		
100	(见公称压力 PN16)										
125											
150											
200	245	800	200	355	12	340	295	8	M20	310	128
250	271	945	210			395	350	12		360	200
300	271	1 000		450		445	400			410	287
350	301	1 115		500		505	460	16		460	359
400	350	1 250	230			565	515		M24	510	498
450	382	1 360		560		615	565	20		560	550
500	434	1 490	258		14	670	620			620	675

3.3.1.2　PN16 手动平板闸阀的结构和基本尺寸见图 1 和表 3。

表 3　PN16 手动平板闸阀的基本尺寸　　单位为毫米

公称尺寸 DN(*ID*)	结构尺寸				壁厚 *T*	连接尺寸		螺孔		升程 *m*	重量/kg
	H_1	H_2	*L*	D_0		*D*	D_1	*n*/个	Th.		
100	165	600	190	280	12	220	180	8	M16	180	45
125	180	650				250	210			205	64
150	198	695	200	315		285	240		M20	235	83
200	245	800		355	14	340	295	12		310	130
250	315	945	212			405	355		M24	360	205
300	315	1 000		450		460	410			410	292
350	330	1 115		500		520	470	16		460	365
400	355	1 250	232			580	525		M27	510	504
450	385	1 360		560		640	585	20		560	560
500	435	1 490	260		16	715	650		M30	620	690

3.3.2　液控单油缸平板闸阀的结构和基本尺寸

3.3.2.1　PN10 液控单油缸平板闸阀的结构和基本尺寸见图 2 和表 4。

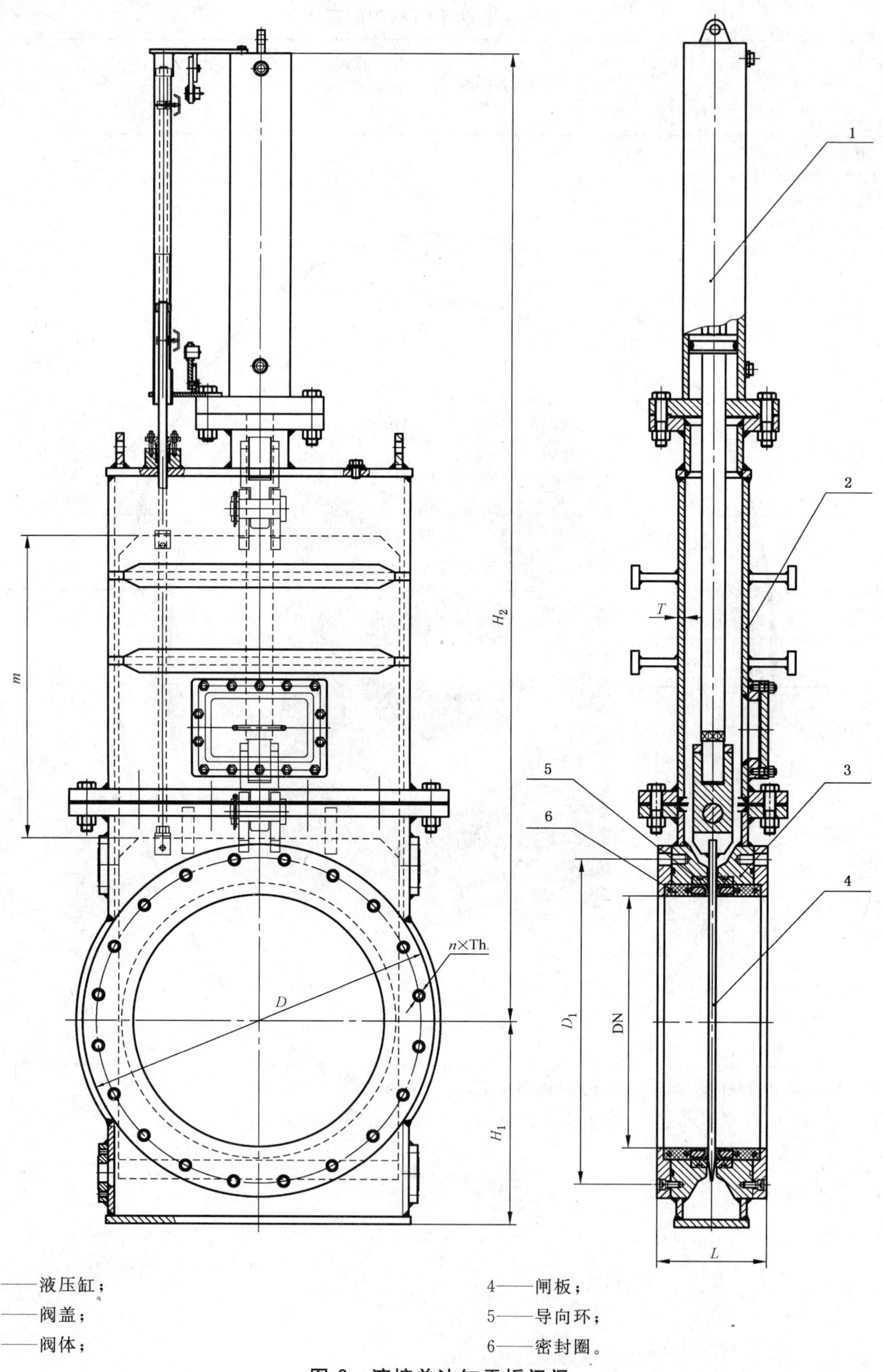

1——液压缸；
2——阀盖；
3——阀体；
4——闸板；
5——导向环；
6——密封圈。

图 2 液控单油缸平板闸阀

表 4　PN10 液控单油缸平板闸阀的基本尺寸

单位为毫米

公称尺寸 DN(*ID*)	结构尺寸			壁厚 *T*	连接尺寸		螺孔		升程 *m*	油缸驱动力/N	重量/kg
	H_1	H_2	*L*		*D*	D_1	*n*/个	Th.			
250	271	1 392			395	350	12		360	42 500	280
300	271	1 392	210		445	400		M20	410	51 000	360
350	301	1 537		12	505	460	16		460	59 500	445
400	350	1 702	230		565	515			510	68 000	547
450	382	1 817			615	565		M24	560	76 500	650
500	434	2 079	258		670	620	20		620	85 000	764
550	445	2 204		14	730	675			670	93 500	890
600	470	2 349	278		780	725		M27	720	102 000	1 026
(650)	500	2 531			835	780			770	110 500	1 185
700	530	2 691	308	16	895	840			845	119 000	1 594
(750)	560	2 814	316		965	900	24		895	127 500	1 730
800	590	2 991	346		1 015	950			965	136 000	1 875
(850)	615	3 185		18	1 080	1 000		M30	1 015	144 500	2 042
900	645	3 365	386		1 115	1 050			1 080	153 000	2 228
(950)	680	3 509	394		1 185	1 105	28		1 130	161 500	2 620
1 000	710	3 680	434		1 230	1 160		M33	1 200	170 000	3 270
(1 100)	780	4 003			1 340	1 270			1 300	187 000	4 117
1 200	840	4 385	474	20	1 455	1 380	32	M36	1 430	204 000	4 632
(1 300)	905	4 756	478		1 575	1 490		M39	1 580	221 000	5 244
1 400	960	5 026			1 675	1 590	36		1 690	238 000	5 980

注：括号内的规格不推荐选用。

3.3.2.2　PN16 液控单油缸平板闸阀的结构和基本尺寸见图 2 和表 5。

表 5　PN16 液控单油缸平板闸阀的基本尺寸

单位为毫米

<table>
<tr><th rowspan="2">公称尺寸 DN(ID)</th><th colspan="3">结构尺寸</th><th rowspan="2">壁厚 T</th><th colspan="2">连接尺寸</th><th colspan="2">螺孔</th><th rowspan="2">升程 m</th><th rowspan="2">油缸驱动力/N</th><th rowspan="2">重量/kg</th></tr>
<tr><th>H_1</th><th>H_2</th><th>L</th><th>D</th><th>D_1</th><th>n/个</th><th>Th.</th></tr>
<tr><td>250</td><td>315</td><td>1 408</td><td rowspan="3">212</td><td rowspan="5">14</td><td>405</td><td>355</td><td rowspan="2">12</td><td rowspan="3">M24</td><td>360</td><td>51 000</td><td>295</td></tr>
<tr><td>300</td><td>315</td><td>1 408</td><td>460</td><td>410</td><td>410</td><td>61 200</td><td>380</td></tr>
<tr><td>350</td><td>330</td><td>1 545</td><td>520</td><td>470</td><td rowspan="2">16</td><td>460</td><td>71 400</td><td>472</td></tr>
<tr><td>400</td><td>355</td><td>1 712</td><td rowspan="2">232</td><td>580</td><td>525</td><td rowspan="2">M27</td><td>510</td><td>81 600</td><td>576</td></tr>
<tr><td>450</td><td>385</td><td>1 831</td><td>640</td><td>585</td><td rowspan="4">20</td><td>560</td><td>91 800</td><td>684</td></tr>
<tr><td>500</td><td>435</td><td>2 093</td><td rowspan="2">260</td><td rowspan="4">16</td><td>715</td><td>650</td><td>M30</td><td>620</td><td>102 000</td><td>805</td></tr>
<tr><td>550</td><td>456</td><td>2 216</td><td>775</td><td>710</td><td rowspan="5">M33</td><td>670</td><td>112 200</td><td>935</td></tr>
<tr><td>600</td><td>496</td><td>2 366</td><td rowspan="2">280</td><td>840</td><td>770</td><td>720</td><td>122 400</td><td>1 080</td></tr>
<tr><td>(650)</td><td>526</td><td>2 533</td><td>860</td><td>790</td><td rowspan="5">24</td><td>780</td><td>132 600</td><td>1 248</td></tr>
<tr><td>700</td><td>550</td><td>2 699</td><td>310</td><td rowspan="2">18</td><td>910</td><td>840</td><td>845</td><td>142 800</td><td>1 678</td></tr>
<tr><td>(750)</td><td>590</td><td>2 825</td><td>318</td><td>970</td><td>900</td><td>895</td><td>153 000</td><td>1 822</td></tr>
<tr><td>800</td><td>625</td><td>2 996</td><td rowspan="2">348</td><td rowspan="4">20</td><td>1 025</td><td>950</td><td rowspan="4">M36</td><td>965</td><td>163 200</td><td>1 974</td></tr>
<tr><td>(850)</td><td>650</td><td>3 185</td><td>1 080</td><td>1 000</td><td>1 015</td><td>173 400</td><td>2 150</td></tr>
<tr><td>900</td><td>690</td><td>3 370</td><td>388</td><td>1 125</td><td>1 050</td><td rowspan="3">28</td><td>1 080</td><td>183 600</td><td>2 346</td></tr>
<tr><td>(950)</td><td>721</td><td>3 502</td><td>394</td><td>1 905</td><td>1 105</td><td>1 130</td><td>193 800</td><td>2 755</td></tr>
<tr><td>1 000</td><td>775</td><td>3 685</td><td rowspan="2">436</td><td rowspan="5">25</td><td>1 255</td><td>1 170</td><td rowspan="2">M39</td><td>1 200</td><td>204 000</td><td>3 557</td></tr>
<tr><td>(1 100)</td><td>805</td><td>4 014</td><td>1 355</td><td>1 270</td><td rowspan="3">32</td><td>1 300</td><td>224 400</td><td>4 334</td></tr>
<tr><td>1 200</td><td>875</td><td>4 369</td><td>476</td><td>1 485</td><td>1 390</td><td rowspan="3">M45</td><td>1 430</td><td>244 800</td><td>4 876</td></tr>
<tr><td>(1 300)</td><td>910</td><td>4 773</td><td rowspan="2">480</td><td>1 585</td><td>1 490</td><td>1 580</td><td>265 200</td><td>5 518</td></tr>
<tr><td>1 400</td><td>965</td><td>5 049</td><td>1 685</td><td>1 590</td><td>36</td><td>1 690</td><td>285 600</td><td>6 295</td></tr>
<tr><td colspan="12">注：括号内的规格不推荐选用。</td></tr>
</table>

3.3.2.3 PN25 液控单油缸平板闸阀的结构和基本尺寸见图 2 和表 6。

表 6 PN25 液控单油缸平板闸阀的基本尺寸

单位为毫米

公称尺寸 DN(*ID*)	结构尺寸			壁厚 *T*	连接尺寸		螺孔		升程 *m*	油缸驱动力/N	重量/kg
	H_1	H_2	*L*		*D*	D_1	*n*/个	Th.			
250	350	1 425	347	16	425	370	12	M27	360	59 500	413
300	350	1 425			485	430	16		410	71 400	532
350	370	1 568			555	490		M30	460	83 300	660
400	380	1 728	387		620	550		M33	510	95 200	806
450	405	1 851			670	600	20		560	107 100	957
500	440	2 114	435	18	730	660			620	119 000	1 127
550	460	2 237			785	710		M36	670	130 900	1 300
600	500	2 379	475		845	770			720	142 800	1 512
(650)	525	2 550	487		895	820	24		780	154 700	1 728
700	555	2 706	536	20	960	875		M39	845	166 600	1 984
(750)	590	2 823			1 020	935			895	178 500	2 438
800	625	2 994	598	25	1 085	990		M45	965	190 400	3 060
(850)	660	3 193			1 130	1 040			1 015	202 300	3 402
900	695	3 363	679		1 185	1 090	28		1 080	214 200	3 930
(950)	710	3 509	723		1 230	1 140			1 130	226 100	4 380
1 000	750	3 692	748	28	1 320	1 210		M52	1 200	238 000	5 190
(1 100)	850	4 031			1 420	1 310	32		1 300	261 800	5 774
1 200	880	4 371	819	30	1 530	1 420			1 430	285 600	7 176
(1 300)	965	4 771			1 645	1 530		M56	1 580	309 400	9 005
1 400	1 025	5 049			1 755	1 640	36		1 690	333 200	10 100

注：括号内的规格不推荐选用。

3.3.3 液控双油缸平板闸阀的结构和基本尺寸

3.3.3.1 PN10 液控双油缸平板闸阀的结构和尺寸见图 3 和表 7。

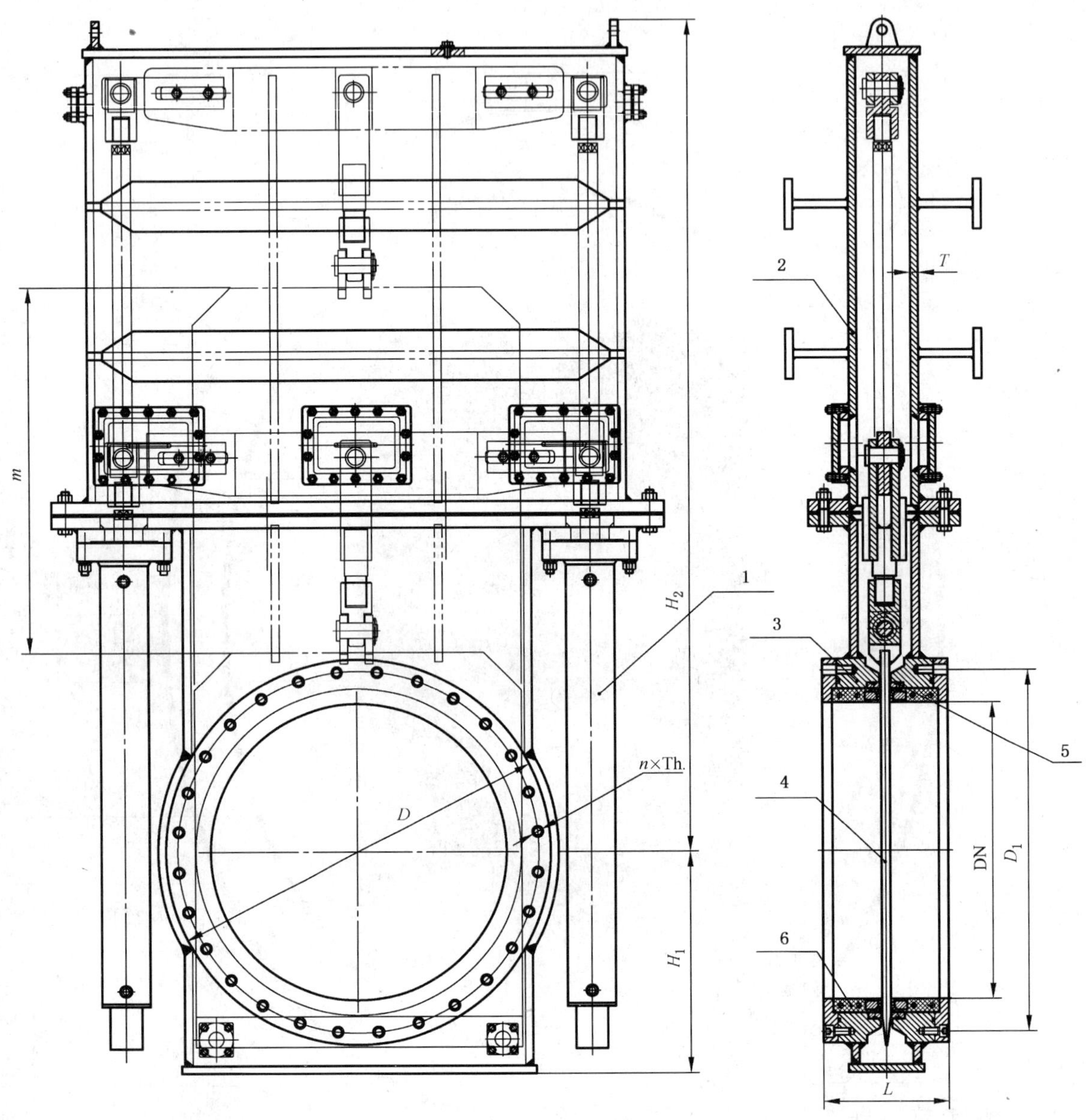

1——液压缸；

2——阀盖；

3——阀体；

4——闸板；

5——导向环；

6——密封圈。

图 3 液控双油缸平板闸阀

表 7 PN10 液控双油缸平板闸阀的基本尺寸

单位为毫米

公称尺寸 DN(*ID*)	结构尺寸			壁厚 *T*	连接尺寸		螺孔		升程 *m*	油缸驱动力/N	重量/kg
	H_1	H_2	*L*		*D*	D_1	*n*/个	Th.			
600	470	1 628	278	14	780	725	20	M27	720	102 000	1 539
(650)	500	1 670			835	780	24		770	110 500	1 896
700	530	1 846	308	16	895	840			845	119 000	2 550
(750)	560	1 920	316		965	900		M30	895	127 500	2 768
800	590	2 026	346	18	1 015	950			965	136 000	3 000
(850)	615	2 170			1 080	1 000			1 015	144 500	3 470
900	645	2 285	386		1 115	1 050	28		1 080	153 000	4 000
(950)	680	2 378	394		1 185	1 105			1 130	161 500	3 930
1 000	710	2 480	434	20	1 230	1 160		M33	1 200	170 000	4 905
(1 100)	780	2 700			1 340	1 270	32		1 300	187 000	6 175
1 200	840	2 950	474		1 455	1 380		M36	1 430	204 000	6 948
(1 300)	905	3 175	478		1 575	1 490		M39	1 580	221 000	7 866
1 400	960	3 330			1 675	1 590	36		1 690	238 000	8 970
注：括号内的规格不推荐选用。											

3.3.3.2 PN16 液控双油缸平板闸阀的结构和尺寸见图 3 和表 8。

表 8 PN16 液控双油缸平板闸阀的基本尺寸

单位为毫米

公称尺寸 DN(*ID*)	结构尺寸			壁厚 *T*	连接尺寸		螺孔		升程 *m*	油缸驱动力/N	重量/kg
	H_1	H_2	*L*		*D*	D_1	*n*/个	Th.			
600	496	1 645	280	16	840	770	20	M33	720	122 400	1 620
(650)	526	1 750			860	790	24		780	132 600	1 872
700	550	1 850	310	18	910	840			845	142 800	2 517
(750)	590	1 930	318		970	900			895	153 000	2 733
800	625	2 030	348	20	1 025	950		M36	965	163 200	2 961
(850)	650	2 170			1 080	1 000	28		1 015	173 400	3 225
900	690	2 290	388		1 125	1 050			1 080	183 600	4 300
(950)	721	2 370	394		1 230	1 105			1 130	193 800	4 750
1 000	775	2 485	436	25	1 255	1 170		M39	1 200	204 000	5 336
(1 100)	805	2 710			1 355	1 270	32		1 300	224 400	6 501
1 200	875	240	476		1 485	1 390		M45	1 430	244 800	7 314
(1 300)	910	3 190	480		1 585	1 490			1 580	265 200	8 277
1 400	965	3 360			1 685	1 590	36		1 690	285 600	9 443
注：括号内的规格不推荐选用。											

3.3.3.3 PN25 液控双油缸平板闸阀的结构和尺寸见图 3 和表 9。

表 9 PN25 液控双油缸平板闸阀的基本尺寸

单位为毫米

<table>
<tr><th rowspan="2">公称尺寸
DN(ID)</th><th colspan="3">结构尺寸</th><th rowspan="2">壁厚 T</th><th colspan="2">连接尺寸</th><th colspan="2">螺孔</th><th rowspan="2">升程 m</th><th rowspan="2">油缸驱动力/N</th><th rowspan="2">重量/kg</th></tr>
<tr><th>H_1</th><th>H_2</th><th>L</th><th>D</th><th>D_1</th><th>n/个</th><th>Th.</th></tr>
<tr><td>600</td><td>500</td><td>1 660</td><td>475</td><td rowspan="2">18</td><td>845</td><td>770</td><td>20</td><td rowspan="2">M36</td><td>720</td><td>142 800</td><td>2 268</td></tr>
<tr><td>(650)</td><td>525</td><td>1 770</td><td>487</td><td>895</td><td>820</td><td rowspan="5">24</td><td>780</td><td>154 700</td><td>2 592</td></tr>
<tr><td>700</td><td>555</td><td>1 860</td><td>536</td><td rowspan="2">20</td><td>960</td><td>875</td><td rowspan="2">M39</td><td>845</td><td>166 600</td><td>2 976</td></tr>
<tr><td>(750)</td><td>590</td><td>1 928</td><td>535</td><td>1 020</td><td>935</td><td>895</td><td>178 500</td><td>3 657</td></tr>
<tr><td>800</td><td>625</td><td>2 030</td><td rowspan="2">598</td><td rowspan="4">25</td><td>1 085</td><td>990</td><td rowspan="4">M45</td><td>965</td><td>190 400</td><td>4 590</td></tr>
<tr><td>(850)</td><td>660</td><td>2 178</td><td>1 130</td><td>1 040</td><td>1 015</td><td>202 300</td><td>5 103</td></tr>
<tr><td>900</td><td>695</td><td>2 280</td><td>679</td><td>1 185</td><td>1 090</td><td rowspan="2">28</td><td>1 080</td><td>214 200</td><td>5 895</td></tr>
<tr><td>(950)</td><td>710</td><td>2 380</td><td>723</td><td>1 230</td><td>1 140</td><td>1 130</td><td>226 100</td><td>6 570</td></tr>
<tr><td>1 000</td><td>750</td><td>2 490</td><td>748</td><td rowspan="2">28</td><td>1 320</td><td>1 210</td><td>28</td><td rowspan="3">M52</td><td>1 200</td><td>238 000</td><td>7 785</td></tr>
<tr><td>(1 100)</td><td>850</td><td>2 730</td><td>747</td><td>1 420</td><td>1 310</td><td rowspan="3">32</td><td>1 300</td><td>261 800</td><td>8 661</td></tr>
<tr><td>1 200</td><td>880</td><td>2 940</td><td rowspan="3">819</td><td rowspan="3">30</td><td>1 530</td><td>1 420</td><td>1 430</td><td>285 600</td><td>10 764</td></tr>
<tr><td>(1 300)</td><td>965</td><td>3 190</td><td>1 645</td><td>1 530</td><td rowspan="2">M56</td><td>1 580</td><td>309 400</td><td>13 508</td></tr>
<tr><td>1 400</td><td>1 025</td><td>3 360</td><td>1 755</td><td>1 640</td><td>36</td><td>1 690</td><td>333 200</td><td>15 150</td></tr>
<tr><td colspan="12">注：括号内的规格不推荐选用。</td></tr>
</table>

3.4 标记

3.4.1 产品标记

闸阀的产品标记由产品型号、压力、规格和材料代号组成。

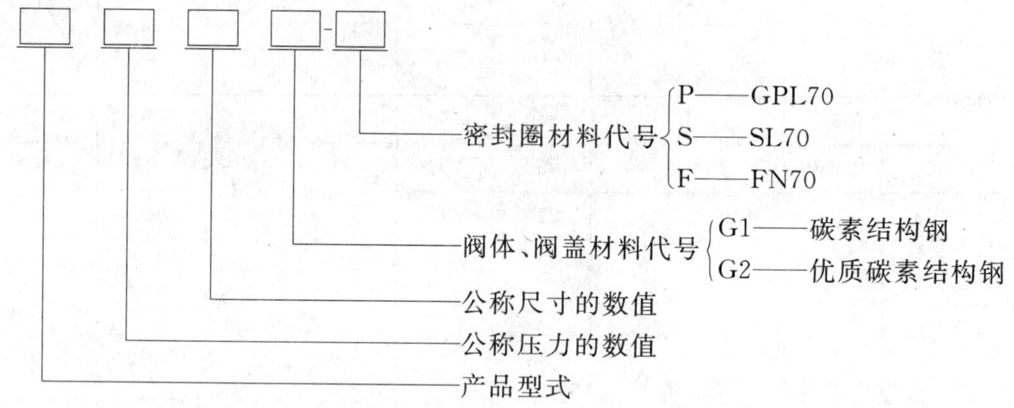

3.4.2 标记示例

示例 1：

公称压力为 PN16，公称尺寸为 DN300，阀体、阀盖材料为普通碳素结构钢，密封圈材料为 GPL70 的手动平板闸阀标记为：

闸阀　　GB/T 23300—2009 S16300G1-P

示例 2：

公称压力为 PN25，公称尺寸为 DN1100，阀体、阀盖材料为普通碳素结构钢，密封圈材料为 SL70 的液控单油缸平板闸阀标记为：

闸阀　　GB/T 23300—2009 Y251100G1-S

示例 3：

公称压力为 PN10，公称尺寸为 DN800，阀体、阀盖材料为优质碳素结构钢，密封圈材料为 FN70 的液控双油缸平板闸阀标记为：

闸阀　　GB/T 23300—2009 YD10800G2-F

4 要求

4.1 材料

4.1.1 闸阀主要金属零件材料见表 10，选用原则参见附录 A。

表 10 主要金属零件材料

零件名称	材料		
	名称	牌号	标准号
阀体、阀盖	碳素结构钢	Q235	GB/T 700—2006
	优质碳素结构钢	15Mn	GB/T 699—1999
闸板	不锈钢	06Cr19Ni10、022Cr17Ni12Mo2	GB/T 3280—2007
		ZG06Cr12Ni4(QT1)	GB/T 2100—2002
阀杆	不锈钢	20Cr13	GB/T 1220—2007
手轮	球墨铸铁	QT400-18	GB/T 1348—1988

4.1.2 闸阀用密封圈橡胶材料见表 11，选用原则参见附录 A。

表 11 密封圈用橡胶材料

名称	胶料代号	标准号	适用介质
橡胶	GPL70	HG/T 3091—2000	泥浆、海水、淡水、饮用水、生活污水
	SL70	HG/T 3093—1988	原油
	FN70	HG/T 3089—2001	燃油

4.2 外观

闸阀表面不应有裂纹、结疤、分层等缺陷，也不应有擦伤、沟槽或碰撞形成大于壁厚负偏差的明显凹陷。

4.3 液压缸

液控闸阀的液压缸应符合 GB/T 13342—2007 的要求。

4.4 焊接

阀体、阀盖用钢板焊接并消除焊接应力，焊缝应平整连续，焊缝的宽度应不小于阀体的壁厚。

4.5 尺寸及公差

4.5.1 阀体、阀盖的壁厚公差为$^{+3}_{-1}$ mm。

4.5.2 闸阀的其他尺寸要求按 GB/T 600 的规定。

4.6 表面防护

4.6.1 用于海水等腐蚀介质的碳钢阀体、阀盖表面应进行涂环氧等特种涂装处理，其质量要求参照 CB/T 3617 中的有关规定。

4.6.2 用于其他介质的阀体、阀盖表面应涂防锈漆，涂层厚度应不小于 150 μm，表面不应有流挂、起泡等缺陷。

4.7 强度

阀体和阀盖应能承受 1.5 倍的设计压力，持压 5 min，不发生渗漏和塑性变形。

4.8 密封性

4.8.1 关闭状态

关闭闸板，闸应能承受1.1倍的设计压力，闸板与密封圈之间不应有可见渗漏。

4.8.2 开启状态

打开闸板，闸阀应能在设计压力下，阀体内腔密封圈与密封圈之间不应有可见渗漏。

4.9 卫生

用于输送生活饮用水的闸阀的材质卫生要求应按GB/T 17219的规定。

5 试验方法

5.1 材料

检查闸阀所用材料的质量证明书。结果应符合4.1.1和4.1.2的要求。

5.2 外观

闸阀的外观在日光或灯光照明下用目测法检验。结果符合4.2的要求。

5.3 液压缸

液控闸阀液压缸按GB/T 13342—2007表6进行检验。结果应符合4.3的要求。

5.4 焊接

在日光或灯光照明下用目测检查焊缝表面并用通用量具测量焊缝的宽度。结果应符合4.4的要求。

5.5 尺寸及公差

用精度符合规定极限偏差要求的通用量具检查闸阀尺寸及公差。结果应符合3.3和4.5的要求。

5.6 表面防护

目测检查闸阀表面的涂装质量，涂层厚度用测厚仪检验。结果应符合4.6的要求。

5.7 强度

将闸阀安装在试验台上并封闭进出端，转动手轮或启动液压装置将闸板开启1/3高度，试验压力为1.5倍的设计压力，持压5 min，试验介质为自来水，试验用压力表的精度应不低于1.5级，表的最大量程为1.5倍～3倍的试验压力，检查阀体和阀盖。结果应符合4.7的要求。

5.8 密封性

5.8.1 将闸阀安装在试验台上，试验介质为自来水，试验用压力表的精度应不低于1.5级，压力表的最大量程为1.5倍～3倍的试验压力。关闭闸板，从一端进行施压，试验压力为1.1倍的设计压力，持压2 min，检查闸板与密封圈之间泄漏情况。结果应符合4.8.1的要求。

5.8.2 打开闸板，从一端进行施压，并密封另一端，试验压力为设计压力，持压2 min，检查阀体内腔密封圈与密封圈之间的泄漏情况。结果应符合4.8.2的要求。

5.9 卫生

闸阀卫生要求的试验按GB/T 17219的规定进行。其结果应符合4.9的要求。

6 检验规则

6.1 检验分类

闸阀的检验分为型式检验和出厂检验。

6.2 型式检验

6.2.1 检验时机

闸阀有下列情况之一时，应进行型式检验：

a) 新产品首次投产或定型；

b) 生产工艺发生重大变化，足以影响产品性能或质量；

c) 质量检验部门提出要求。

6.2.2 检验项目和顺序

闸阀的型式检验项目和顺序见表12。

表12 闸阀的检验项目和顺序

序号	检验项目	型式检验	出厂检验	要求章条号	试验方法章条号
1	材料	●	●	4.1.1,4.1.2	5.1
2	外观	●	●	4.2	5.2
3	液压缸	●	—	4.3	5.3
4	焊接	●	○	4.4	5.4
5	尺寸及公差	●	●	4.5	5.5
6	表面防护	●	○	4.6	5.6
7	强度试验	●	●	4.7	5.7
8	密封性试验	●	●	4.8	5.8
9	卫生	●	—	4.9	5.9
注:●为必检项目;○为协商检验项目;—为不检项目。					

6.2.3 检验样品数量

闸阀的型式检验样品数量为不同规格的三个。

6.2.4 判定规则

闸阀所有样品全部检验项目符合要求,判为型式检验合格。若材料检验不符合要求,则判定闸阀型式检验不合格。若有其他不符合要求的项目,应加倍取样对该不合格项及以后项目进行复验,若复验合格,则判闸阀型式检验合格,若复验仍有不符合要求的项目,则判闸阀型式检验不合格。

6.3 出厂检验

6.3.1 检验项目和顺序

闸阀的出厂检验项目和顺序见表12。

6.3.2 检验数量

金属材料以一次进货为一批,密封圈用橡胶材料以一次进货为一批,按批次检验,其他检验应逐个产品进行。

6.3.3 判定规则

全部检验项目符合要求的闸阀判定出厂检验合格;若材料不符合要求,则判该批闸阀出厂检验不合格;其他项目的检验,若有不符合要求的闸阀,允许返修后进行复检。若复验符合要求,则判该闸阀出厂检验合格;若复验仍不符合要求,则判该闸阀不合格。

7 标志

7.1 闸阀应安装有永久固定、耐腐蚀的铭牌,铭牌应注明:制造厂名、产品名称、型号、标准号、产品编号、出厂日期、认证机构的标识等。

7.2 闸阀的包装标志应符合 GB/T 191 和 GB/T 6388 中的有关要求。

7.3 闸阀的标志符合 GB/T 3032 的要求。

8 包装、运输和贮存

8.1 包装时闸阀应处于开启状态,外表清洁;法兰密封面应采取保护措施,防止碰撞。

8.2 包装箱内应有产品合格证、安装使用说明书和装箱清单;装箱清单应说明下列内容:

a) 产品名称;

b) 产品规格；

c) 公称压力；

d) 每箱数量；

e) 产品合格证和合格证书号码。

8.3 包装成箱的产品，在运输过程中应防潮。

8.4 出厂前和安装前，闸阀不应与地面直接接触，应贮存在无腐蚀性气体的干燥和干净的环境里，避免杂乱堆放。

附 录 A
（资料性附录）
闸阀的材料选用原则

A.1 闸阀材料选用原则见表 A.1。

表 A.1 闸阀的材料选用原则

型式	公称尺寸 DN	公称压力 PN	适用介质	材料		
				阀体、阀盖	闸板	密封圈
S	100～500	10、16	泥浆、海水、淡水、饮用水、生活污水	Q235、15Mn	022Cr17Ni12Mo2	GPL70
			原油		06Cr19Ni10	SL70
			燃油			FN70
Y、YD	250～500		泥浆、海水、淡水、饮用水、生活污水		022Cr17Ni12Mo2	GPL70
			原油		06Cr19Ni10	SL70
			燃油			FN70
		25	泥浆、海水、淡水、饮用水、生活污水		ZG06Cr12Ni4(QT1)	GPL70
			原油		06Cr19Ni10	SL70
			燃油			FN70
	550～1 400	10、16、25	泥浆、海水、淡水、饮用水、生活污水		ZG06Cr12Ni4(QT1)	GPL70
			原油			SL70
			燃油			FN70

参 考 文 献

[1] ISO 7005-1 金属法兰 第1部分:钢法兰.

ICS 77.150.10
J 31

中华人民共和国国家标准

GB/T 23301—2009

汽车车轮用铸造铝合金

Casting aluminum alloy for automobile wheels

2009-03-05 发布　　　　2009-09-01 实施

中华人民共和国国家质量监督检验检疫总局
中国国家标准化管理委员会　发布

前　言

本标准由中国钢铁工业协会提出。

本标准由全国铸造标准化技术委员会归口。

本标准起草单位：浙江万丰奥威汽轮股份有限公司、河北立中有色金属集团有限公司、保定市立中车轮制造有限公司。

本标准主要起草人：臧立根、陈玖新、童胜坤、于国良、葛素静、毛秋仙、王园园。

本标准为首次制定。

汽车车轮用铸造铝合金

1 范围

本标准规定了汽车车轮(以下简称“车轮”)用铸造铝合金的技术要求与检验规则。

本标准适用于车轮金属型铸造用铸造铝合金。摩托车车轮用的铸造铝合金也可参照本标准使用。

2 规范性引用文件

下列文件中的条款通过本标准的引用而成为本标准的条款。凡是注日期的引用文件,其随后所有修改单(不包括勘误内容)或修订版均不适用于本标准,然而,鼓励根据本标准达成协议的各方研究是否可使用这些文件的最新版本。凡是不注日期的引用文件,其最新版本适用于本标准。

GB/T 228 金属材料 室温拉伸试验方法(GB/T 228—2002,eqv ISO 6892:1998)

GB/T 231.1 金属布氏硬度试验 第1部分:试验方法(GB/T 231.1—2002,eqv ISO 6506-1:1999)

GB/T 1173 铸造铝合金

GB/T 7999 铝及铝合金光电直读发射光谱分析方法

GB/T 8063 铸造有色金属及其合金牌号表示方法

GB/T 8170 数值修约规则与极限数值的表示和判定

GB/T 20975.3 铝及铝合金化学分析方法 第3部分:铜含量的测定(GB/T 20975.3—2008,ISO 3980:1997,MOD;ISO 796:1973,IDT;ISO 795:1976,IDT)

GB/T 20975.4 铝及铝合金化学分析方法 第4部分:铁含量的测定 邻二氮杂菲分光光度法(GB/T 20975.4—2008,ISO 793:1973,MOD)

GB/T 20975.5 铝及铝合金化学分析方法 第5部分:硅含量的测定(GB/T 20975.5—2008,ISO 808:1973、ISO 797:1973,MOD)

GB/T 20975.7 铝及铝合金化学分析方法 第7部分:锰含量的测定 高碘酸钾分光光度法(GB/T 20975.7—2008,ISO 886:1973,MOD)

GB/T 20975.8 铝及铝合金化学分析方法 第8部分:锌含量的测定(GB/T 20975.8—2008,ISO 1784:1976、ISO 5194:1981,MOD)

GB/T 20975.10 铝及铝合金化学分析方法 第10部分:锡含量的测定

GB/T 20975.11 铝及铝合金化学分析方法 第11部分:铅含量的测定 火焰原子吸收光谱法(GB/T 20975.11—2008,ISO 4192:1981,MOD)

GB/T 20975.12 铝及铝合金化学分析方法 第12部分:钛含量的测定(GB/T 20975.12—2008,ISO 6827:1981,MOD;ISO 118:1987,IDT)

GB/T 20975.14 铝及铝合金化学分析方法 第14部分:镍含量的测定(GB/T 20975.14—2008,ISO 3979:1977、ISO 3981:1977,MOD)

GB/T 20975.16 铝及铝合金化学分析方法 第16部分:镁含量的测定(GB/T 20975.16—2008,ISO 2297:1973、ISO 3256:1977,MOD)

GB/T 20975.17 铝及铝合金化学分析方法 第17部分:锶含量的测定 火焰原子吸收光谱法

GB/T 20975.18 铝及铝合金化学分析方法 第18部分:铬含量的测定(GB/T 20975.18—2008,ISO 3978:1976、ISO 4193:1981,MOD)

GB/T 20975.21 铝及铝合金化学分析方法 第21部分:钙含量的测定 火焰原子吸收光谱法

JB/T 7946.3 铸造铝合金金相 铸造铝合金针孔

3 要求

3.1 车轮用铸造铝合金的牌号

车轮用铸造铝合金的牌号表示方法按 GB/T 8063 的规定执行。

3.2 车轮用铸造铝合金的代号

3.2.1 车轮用铸造铝合金的代号按以下方法表示：

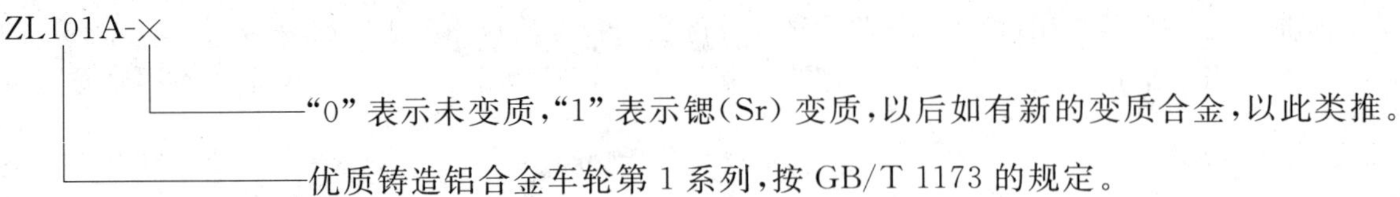

3.2.2 车轮用铸造铝合金的代号示例：

ZL101A-0 表示未变质的优质铸造铝合金第 1 系列。

ZL101A-1 表示锶变质的优质铸造铝合金第 1 系列。

3.3 合金状态代号

F 表示铸态；

T6 表示固溶处理＋淬火＋人工时效。

3.4 车轮用铸造铝合金的化学成分

3.4.1 车轮用铸造铝合金的化学成分见表 1，杂质含量见表 2。

3.4.2 成分分析数值的判定，采用修约比较法，数值修约按 GB/T 8170 有关规定执行，修约数位应与表 1 及表 2 中所列极限值数位一致。

3.5 车轮用铸造铝合金的变质处理

3.5.1 通常情况下，车轮用铸造铝合金采用锶变质处理。

3.5.2 在不降低合金工艺性能且合金力学性能不低于锶变质合金的前提下，允许采用其他变质剂和其他变质方法进行变质处理。

3.6 车轮用铸造铝合金力学性能

3.6.1 车轮用铸造铝合金的力学性能见表 3。

3.6.2 车轮用铸造铝合金的力学性能采用金属型单铸试样检验其力学性能，试样直径为 ϕ12±0.5 mm，标距为直径的 5 倍，试样及其浇冒口系统如图 1 所示。

3.6.3 经供需双方协商后，车轮用铸造铝合金力学性能试样还可从同炉铸件上切取本体试样检验，如试样从本体上取样，取样位置及试样尺寸如图 2 所示，指定部位的抗拉强度和伸长率要求见表 3。

3.6.4 当设计部门或用户要求车轮本体试样的力学性能高于表 3 中的要求时，应与供方协商确定。

3.7 车轮用铸造铝合金锭还应满足以下规定

3.7.1 铸锭表面应整洁，不允许有霉斑及外来夹杂物，但允许有轻微的夹渣及修整痕迹，或因浇注收缩而引起的轻微裂纹存在。

3.7.2 铸锭断口组织应致密，不允许有熔渣及夹杂物。

3.7.3 铸锭针孔度(不包括疏松和缩孔)不大于 JB/T 7946.3 规定的二级。

3.8 热处理

车轮用铸造铝合金的热处理按 T6 进行。

4 检验规则

4.1 化学成分

4.1.1 在一个熔炼炉批次中，合金浇注开始前，应先浇注化学成分分析试样并进行测定，待化学成分合格后再进行浇注。当浇注持续时间超过 4 h 时，在第二个 4 h 开始时另浇注化学成分试样，以此类推。

当全部合金浇注完之后，也要进行一次化学成分试样检验，确保最后浇注的铸件化学成分合格。化学成分分析试样也可直接取自铸件。

4.1.2 一个熔炼炉批次合金，化学成分试样首次送检一个，如符合3.4的规定，则该炉批次合金化学成分合格，如不符合3.4的规定，再次送检两个试样，如这两个试样都合格，则该炉批次合金化学成分合格，否则不合格。

4.1.3 车轮用铸造铝合金化学成分按GB/T 7999或GB/T 20975.3～20975.5、GB/T 20975.7～20975.8、GB/T 20975.10～20975.12、GB/T 20975.14、GB/T 20975.16～20975.18、GB/T 20975.21进行检验，在保证分析精度的条件下，允许使用其他方法检验。

4.2 力学性能

4.2.1 力学性能的单铸试样及切取铸件本体试样应符合3.6.2、3.6.3的相应规定。

4.2.2 在一个熔炼炉次中，在全部铸件浇注持续时间一半时浇注力学性能试样。亦允许全部铸件浇注之后浇注力学性能试样。当浇注试样超过8 h时，在第二个8 h以内中间另浇注力学性能试样送检，依此类推。

4.2.3 一个熔炼炉批次合金，铸态力学性能试样首次送检一根，测定其力学性能，如符合3.6规定，则该炉合金力学性能合格，如不符合3.6规定，再次取两根试样重新送检，如两根试样都合格，则该炉批次合金铸态力学性能合格，否则不合格。

4.2.4 一个熔炼炉批次合金热处理状态力学性能试样送检方法按4.2.3进行。当不合格时，允许重复热处理及检验，但重复热处理一般不超过两次。

4.2.5 单铸力学性能试样的热处理必须与同一批次浇注的铸件采用同一热处理工艺进行。

4.2.6 单铸力学性能试样采用车削除去铸皮的试样，送检试样直径为10±0.1 mm，标距直径为试样直径的5倍。

4.2.7 当目测发现单铸力学性能试样存在铸造缺陷时，或由于试验本身问题造成检验结果不合格时，可以不计入检验次数中，此时应更换试样重新送检。

4.2.8 硬度试块取样，可取自单铸力学性能试样夹持端。在车轮本体上取样时，取样部位如图2所示。

4.2.9 当由于硬度不合格而重复热处理时，除检验硬度外，还应按原要求检验单铸试样或切取试样的抗拉强度和伸长率。

4.2.10 拉伸试验按GB/T 228执行。

4.2.11 硬度检验按GB/T 231.1执行。

表1 车轮用铸造铝合金化学成分

序号	合金牌号	合金代号	合金状态	主要合金元素/%				
				Si	Mg	Ti	Sr	Al
1	AlSi7MgTi	ZL101A-0	F	6.5～7.5	0.25～0.45	0.08～0.20	—	余量
2	AlSi7MgTiSr	ZL101A-1	F	6.5～7.5	0.25～0.45	0.08～0.20	0.015～0.030	余量
3	AlSi7MgTiSr	ZL101A-1	T6	6.5～7.5	0.25～0.40	0.08～0.20	0.004～0.020	余量

表2 车轮用铸造铝合金杂质允许含量

序号	合金牌号	合金代号	杂质含量/%(不大于)											
			Fe	Cu	Zn	Mn	Ni	Sn	Ca	Pb	P	Cr	其他	
													单个	总和
1	AlSi7MgTi	ZL101A-0	0.12	0.02	0.05	0.05	0.02	0.01	0.003	0.01	0.005	0.05	0.05	0.15
2	AlSi7MgTiSr	ZL101A-1	0.12	0.02	0.05	0.05	0.02	0.01	0.003	0.01	0.005	0.05	0.05	0.15
3	AlSi7MgTiSr	ZL101A-1	0.15	0.02	0.05	0.05	0.02	0.01	0.003	0.01	0.005	0.05	0.05	0.15

表 3　车轮用铸造铝合金力学性能

序号	合金牌号	合金代号	合金状态	力学性能/(不小于)			
				屈服强度 $R_{p0.2}$/MPa	抗拉强度 R_m/MPa	伸长率 δ/%	布氏硬度/HBW (5/250/30)
单铸试棒							
1	AlSi7MgTi	ZL101A-0	F	80	150	2	50
2	AlSi7MgTiSr	ZL101A-1	F	80	150	2	50
3	AlSi7MgTiSr	ZL101A-1	T6	160	260	7	70
在车轮上指定部位取样							
4	AlSi7MgTiSr	ZL101A-1	T6	140	220	7	70

单位为毫米

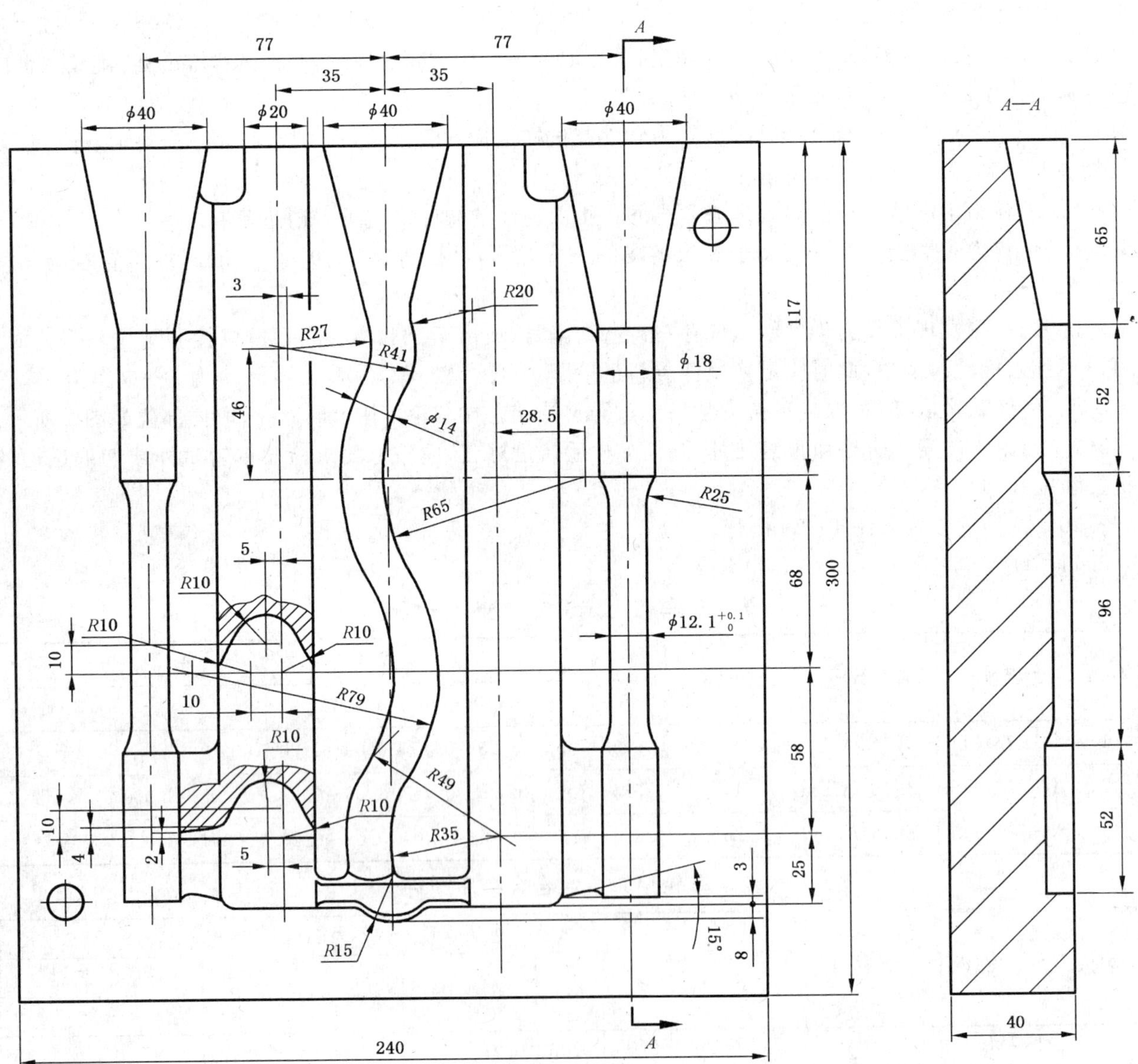

图 1　单铸试样及其浇冒口系统

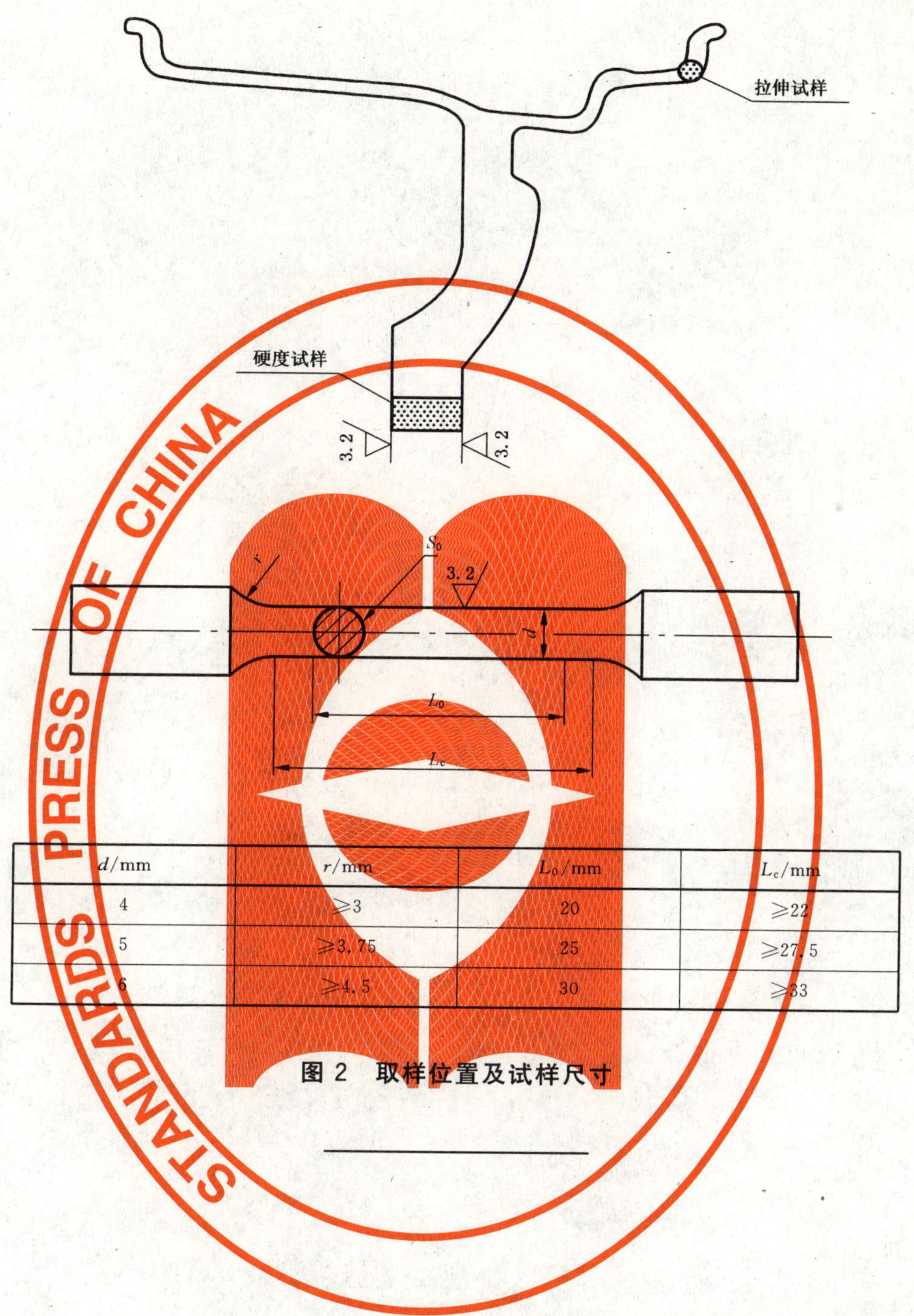

d/mm	r/mm	L_0/mm	L_c/mm
4	≥3	20	≥22
5	≥3.75	25	≥27.5
6	≥4.5	30	≥33

图 2 取样位置及试样尺寸

ICS 47.020.50
U 27

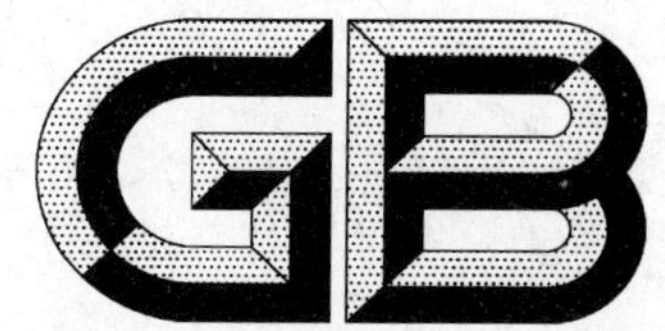

中华人民共和国国家标准

GB/T 23302—2009/ISO 17339:2002

船舶与海上技术 救生艇筏和救助艇用海锚

Ships and marine technology—
Sea anchors for survival craft and rescue boats

(ISO 17339:2002,IDT)

2009-03-09 发布 2009-11-01 实施

中华人民共和国国家质量监督检验检疫总局
中国国家标准化管理委员会 发布

前　言

本标准等同采用国际标准 ISO 17339:2002《船舶与海上技术　救生艇筏和救助艇用海锚》(英文版)。

本标准等同翻译 ISO 17339:2002。

为便于使用,本标准作了下列编辑性修改:

——“本国际标准”一词改为“本标准”;

——按汉语习惯将一些国际标准的表述改为适用于我国标准的表述;

——用小数点“.”代替作为小数点的逗号“,”;

——删除国际标准的前言。

本标准由中国船舶工业集团公司提出。

本标准由全国船舶舾装标准化技术委员会救生设备分技术委员会(SAC/TC 129/SC 1)归口。

本标准起草单位:中国船舶工业综合技术经济研究院。

本标准主要起草人:高学峰。

船舶与海上技术
救生艇筏和救助艇用海锚

1 范围

本标准规定了满足国际救生设备(LSA)规则的救生艇筏(救生艇和救生筏)和救助艇用海锚(简称海锚)的设计、性能和型式试验要求。

2 规范性引用文件

下列文件中的条款通过本标准的引用而成为本标准的条款。凡是注日期的引用文件,其随后所有的修改单(不包括勘误的内容)或修订版均不适用于本标准,然而,鼓励根据本标准达成协议的各方研究是否可使用这些文件的最新版本。凡是不注日期的引用文件,其最新版本适用于本标准。

IMO MSC.48(66)决议　国际救生设备(LSA)规则

3 术语和定义

下列术语和定义适用于本标准。

3.1

海锚　sea anchor

用于稳定水上艇筏体运动并减少风动漂流的装置。

4 设计与性能

4.1　海锚一般为锥形或截锥形,见图1和表1。亦可采用满足本标准所有性能要求的其他形式。海锚若按照5.2方法进行检验,则应达到表2的最小拉力值。

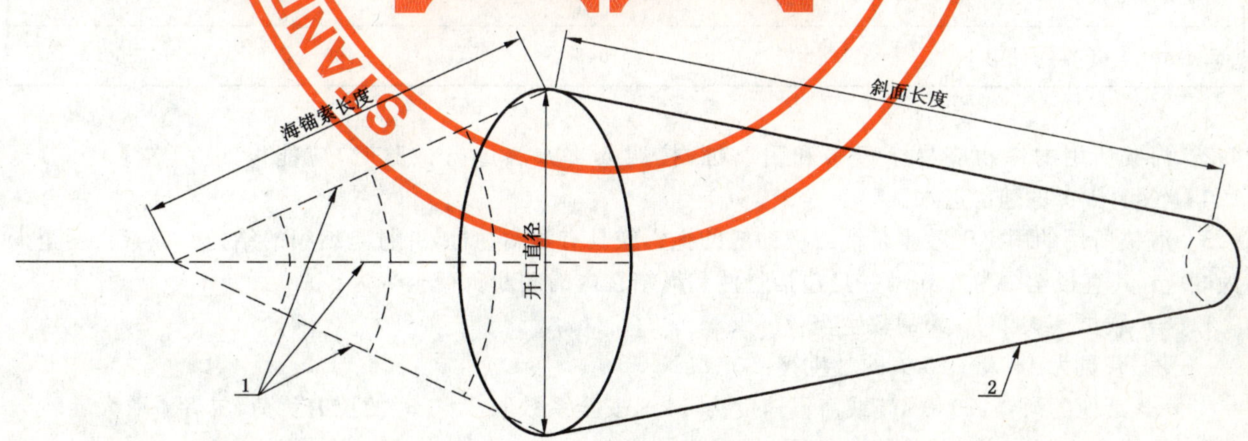

1——海锚索;
2——海锚本体。

图1　海锚几何尺寸图(典型)

表1 设计标准(典型)

单位为毫米

艇 筏	海 锚		最小海锚索长度
	最小开口直径	最小斜面长度	
载员不大于10人的救生筏	400	600	600
载员为11人~25人的救生筏	500	670	670
载员为26人~75人的救生筏 长度不大于6 m的救生艇和救助艇	600	780	780
载员为76人~150人的救生筏 长度大于6 m且不大于9 m的救生艇和救助艇	700	920	920
长度大于9 m的救生艇	800	1 050	1 050

表2 各类型和规格艇筏所需的拉力

单位为牛顿

艇 筏	在指定的速度下所需的最小拉力		
	1.5 kn	3 kn	6 kn
载员不大于10人的救生筏	135	350	900
载员为11人~25人的救生筏	210	545	1 400
载员为26人~75人的救生筏 长度不大于6 m的救生艇和救助艇	303	785	2 000
载员为76人~150人的救生筏 长度大于6 m且不大于9 m的救生艇和救助艇	410	1 070	2 750
长度大于9 m的救生艇	540	1 400	3 600

4.2 海锚所用的织物应易于透水和耐腐蚀,按照5.4方法进行试验时,应能以100 L/(s·m^2)~120 L/(s·m^2)的速度透水。

4.3 海锚所用的固定于救生艇筏或救助艇的拖索应具有耐腐蚀性,并且是编织的结构。拖索长度至少为30 m,其直径至少为8 mm,并且包括附件和绳结在内的破断负荷至少为:

——载员不大于10人的救生筏:7.5 kN;

——载员为11人~25人的救生筏:10.0 kN;

——其他的海锚:10.0 kN或海锚速度为6 kn、安全系数取3:1时的拉力负荷,二者中取大者。

4.4 海锚索应可防止海锚自身的摇摆、翻滚。

4.5 海锚以6 kn的速度在水中拖行时应保持稳定。

4.6 海锚从包装中打开时,应能立刻展开并保持展开状态。

4.7 海锚口应用耐腐蚀环加强,且无论在何种包装形状下打开都可以保持环形。

5 型式试验

5.1 展开

包装状态下的海锚(带有全部长度的索具)扔入诸如游泳池的水中或从码头扔到海水中,海锚口应立即打开并保持展开状态。

5.2 拖行

5.2.1 完全展开的海锚以1 kn~6 kn的速度拖行不少于500 m的距离。海锚在整个拖行试验中都应进行观察并记录在表中,海锚不应露出水面,完成试验后应对海锚及附件进行检验,不应有任何磨损和破坏的迹象。

5.2.2 张力检测器(例如载荷测力器或弹簧秤)安装在拖索上,海锚再次被拖行不少于500 m的距离,并记录在速度为1.5 kn、3 kn和6 kn时的张力。如果是环形运动的,应记录每个方向上的张力及每个方向。拖索中的拉力应满足表2的数值。

5.2.3 张力检测器(例如载荷测力器或弹簧秤)安装在拖索上,海锚以6 kn的速度拖行至少20 s或者直到获得稳定的拉力读数位置的时间,取其中较长的时间。测量到的拖索中的拉力应不少于表2中数值。然后关闭艇的动力。20 s后动力重新开启,直到海锚再次以6 kn的速度拖行或者是直到获得稳定的拉力读数位置的时间,取其中较长的时间。在第二次和后面的试验循环中,测量到的拖索中的拉力应不少于表2中数值。整个过程应持续到20个循环结束。在这20个循环结束后,对海锚进行检验,海锚索不应缠绕且海锚不应内外翻转。

5.3 强度

为了证明海锚及连接海锚索和拖索的附件的强度,海锚应按照表3所给出的载荷在内部均匀加载。海锚由至少2 m长的拖索吊起,时间至少6 h。完成后,对海锚、海锚索以及所有附件进行仔细的检验,不应有任何可见的破损迹象。

表3 由艇筏尺寸确定的强度试验

单位为牛顿

指定尺寸艇筏的海锚	强度试验载荷
载员不大于10人的救生筏	900
载员为11人~25人的救生筏	1 400
载员为26人~75人的救生筏	2 000
长度不大于6 m的救生艇和救助艇	
载员为76人~150人的救生筏	2 750
长度大于6 m且不大于9 m的救生艇和救助艇	
长度大于9 m的救生艇	3 600

5.4 透水性

应检验海锚材料的透水性。将材料系在图2所示的内径为50 mm的管子的开口端,水以0.24 L/s的速度加到仪器当中,试验时间不少于10 s,记录流速的平均值,并使用不同的试样重复进行5次。精度应达到±10%。

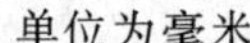

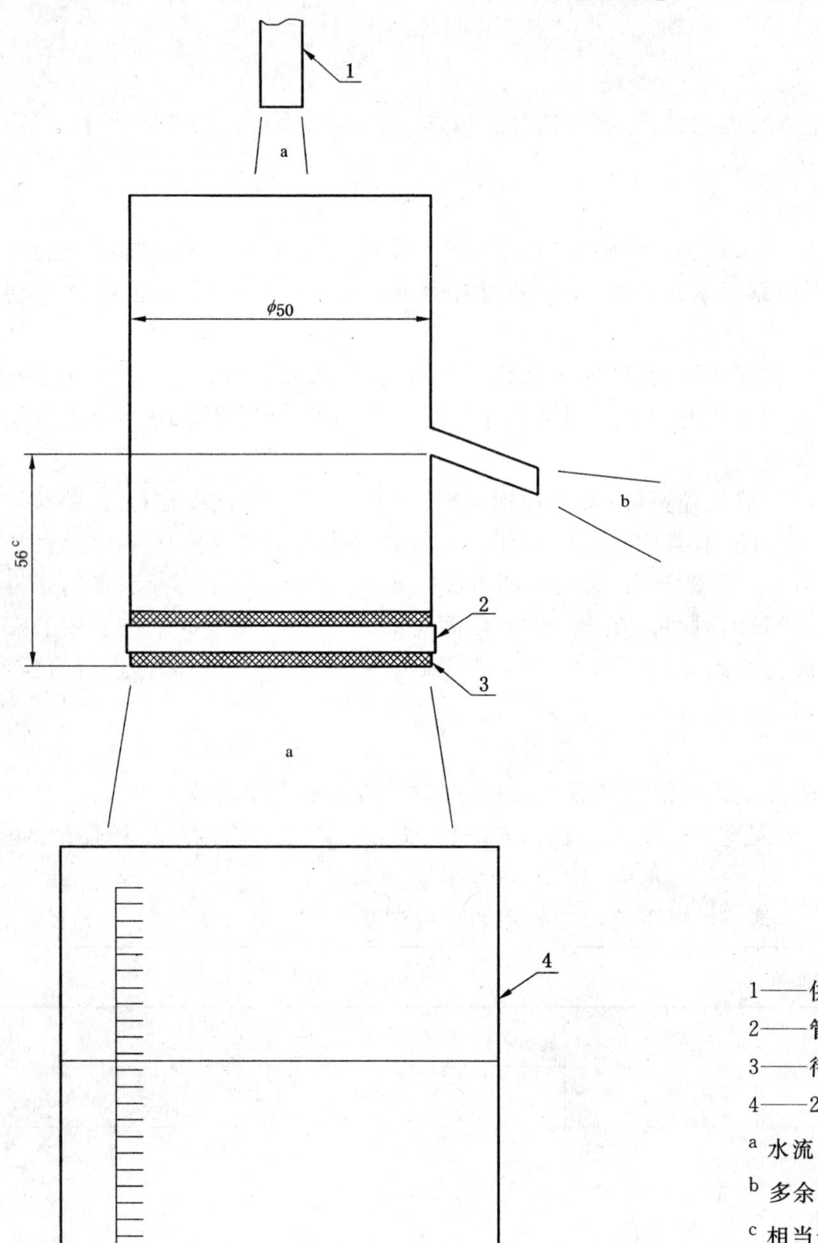

1——供水管；

2——管夹子；

3——待检材料；

4——2.2 L 校管容器。

a 水流；

b 多余水泄放；

c 相当于 2 kn 速度的水压头。

图 2 海锚材料透水性试验装置

ICS 47.020.50
U 27

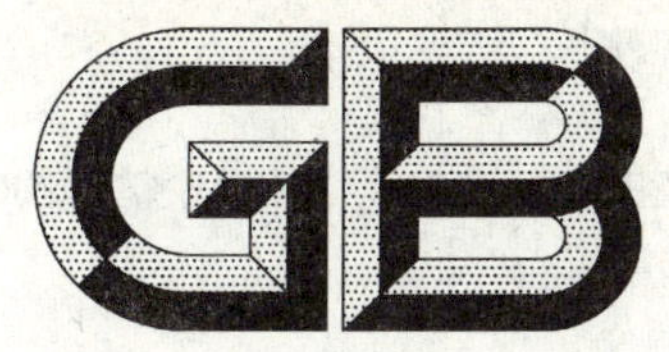

中华人民共和国国家标准

GB/T 23303—2009/ISO 15372:2000

船舶与海上技术　充气式救助艇充气腔用胶布

Ships and marine technology—Inflatable rescue boats—Coated fabrics for inflatable chambers

(ISO 15372:2000,IDT)

2009-03-09 发布　　2009-11-01 实施

中华人民共和国国家质量监督检验检疫总局
中国国家标准化管理委员会　发布

前　言

本标准等同采用国际标准 ISO 15372:2000《船舶与海上技术　充气式救助艇　充气腔用胶布》(英文版)。

本标准等同翻译 ISO 15372:2000。

为便于使用,本标准做了下列编辑性修改:

——“本国际标准”一词改为“本标准”;

——按汉语习惯将一些国际标准的表述改为适用于我国标准的表述;

——用小数点“.”代替作为小数点的逗号“,”;

——删除国际标准的目录、前言和引言。

本标准由中国船舶工业集团公司提出。

本标准由全国船舶舾装标准化技术委员会救生设备分技术委员会(SAC/TC 129/SC 1)归口。

本标准起草单位:中国船舶工业综合技术经济研究院。

本标准主要起草人:高学峰。

船舶与海上技术　充气式救助艇充气腔用胶布

1　范围

本标准规定了满足1974年国际海上人命安全公约(SOLAS 1974)及其修正案、国际救生设备(LSA)规则(IMO MSC.48(66)决议)第1章的1.2和第5章、IMO A.689(17)决议及其修正案的充气式救助艇充气腔用胶布的最低要求及试验方法。胶布由基布的单面或双面上涂覆人工合成弹性或塑性化合物制成。

除了SOLAS对于充气式救助艇所用胶布的要求以外，还应满足ISO 6185:1982《船舶与海上技术　充气式艇　增强弹性或塑性材料艇的要求》。

2　规范性引用文件

下列文件中的条款通过本标准的引用而成为本标准的条款。凡是注日期的引用文件，其随后所有的修改单(不包括勘误的内容)或修订版均不适用于本标准，然而，鼓励根据本标准达成协议的各方研究是否可使用这些文件的最新版本。凡是不注日期的引用文件，其最新版本适用于本标准。

GB/T 12586—2003　橡胶或塑料涂覆织物　耐屈挠破坏性的测定(ISO 7854:1995,IDT)

GB/T 16422.2—1999　塑料实验室光源暴露试验方法　第2部分:氙弧灯(idt ISO 4892-2:1994)

GB/T 18426—2001　橡胶或塑料涂覆织物　低温弯曲试验(idt ISO 4675:1990)

ISO 1421:1998　橡胶或塑料胶布　破断点拉伸强度和延伸率的测定

ISO 1817:1999　硫化橡胶　耐液体作用的测定

ISO 2286-2:1998　橡胶或塑料胶布　滚扎特性测定　第2部分:单位面积质量的测定方法、单位面积漆质量的测定方法、单位面积布基质量的测定方法

ISO 2411:2000　橡胶或塑料胶布　涂层黏着力的测定

ISO 3011:1997　橡胶或塑料胶布　静态条件下抗臭氧能力的测定

ISO 4674:1977　橡胶或塑料胶布　抗剪切能力的测定

ISO 4892-4:1994　塑料　实验室光源暴露试验方法　第4部分:开焰碳弧灯

ISO 5470:1980　橡胶或塑料胶布　耐磨性的测定

ISO 5978:1990　橡胶或塑料胶布　耐粘连性的测定

1974年国际海上人命安全公约(SOLAS 1974)及其1996年修正案

IMO MSC.48(66)决议　国际救生设备(LSA)规则

IMO A.689(17)决议　救生设备试验

3　一般要求

3.1　胶布

3.1.1　当按照第6章所规定的试验过程进行胶布的型式检验时，救助艇充气腔结构所用的胶布应符合表1所给出的性能要求。

3.1.2　胶布的型式认可试验仅针对特定的颜色或颜色范围。

3.2　基布

基布应具有固有的抗腐蚀性。

注：棉布不能认为具有抗腐蚀性。

3.3 涂层材料

涂层材料应是人造合成弹性或塑性化合物，并使对应的胶布符合表1中的性能要求。

3.4 粘合和焊接

胶布应适于充气式救助艇的制造，并使用与胶布制造厂手段一致的技术进行粘合和(或)焊接。

救助艇制造厂应与检验者就特殊胶布的特殊制作技术进行协商。

表1 性能要求

特性	性能要求	试验方法
拉伸强度	不少于3.5 kN/50 mm(宽度)	6.2.1
延伸率	破断处延伸率不大于35%	6.2.1
剪切强度 方法6.2.2.1 方法6.2.2.2	 不少于140 N 不少于1 500 N	6.2.2
耐老化性能	不变黏、不变脆、无裂纹或其他退化现象； 老化后的拉伸强度应不小于老化前拉伸强度的90%； 老化前后的尺寸变化应不大于2%	6.2.3
接缝强度	在拉伸试验中，破断所发生的载荷应不小于在拉伸试验中记录的强度的85%，但不小于3.5 kN/50 mm(宽度)	6.2.4
耐油	不发黏或其他退化现象	6.2.5
耐寒	在5倍放大下应无可见裂纹	6.2.6
涂层黏着	不少于50 N/25 mm(宽度)	6.2.7
挠曲裂纹	在200 000个循环后应无裂纹或退化现象	6.2.8
气密性	5 min后应无泡沫	6.2.9
耐臭氧	在5倍放大下应无可见裂纹	6.2.10
耐海水	无剥落或褪色； 在拉伸试验中，破断所发生的载荷应不小于在拉伸试验中记录的强度的85%，但不少于3.5 kN/50 mm(宽度)	6.2.11
耐水解(仅对热塑料敷层胶布)	漆的粘合和焊接强度在曝晒后应不小于曝晒前的70%； 当服从于耐粘连试验时，不应提起100 g的重量。 折叠后，不应有可见的裂纹、褶皱分离、变脆、变黏	6.2.12
耐粘连	耐粘连率不大于2	6.2.13
耐紫外线	曝晒之后，大量涂层的一面朝外，搁置在直径3.2 mm的心轴上，当弯曲时不应有裂纹。曝晒后的拉伸强度应不小于曝晒前的90%	6.2.14
耐磨损	经过试验样品夹持仪器的500次旋转，应无裸露的基布，磨损应不超过0.7 mg/r	6.2.15
单位面积质量	制造厂规格书的要求	6.2.16

4 胶布检验

4.1 常规检验

制造救助艇充气腔所用的胶布应定期检查下列性能：

——拉伸强度和延伸率；

——剪切强度；

——耐老化性；

——耐油性；

——耐寒性；

——涂层黏着性；

——气密性；

——单位面积的质量。

4.2 其他检验

表1中的其余检验项目应以较小的频率进行。

4.3 检验频率

检验的最小频率应由特定材料规格书的要求确定。

5 标志

胶布应以制造厂名和生产批量数的方式来进行标志。

6 认可试验

6.1 试验一般条件

6.1.1 标准试验环境

试验环境温度应保持在(20±2)℃，相对湿度为(65±5)%。试验期间的温度、湿度和气压应予以记录。

6.1.2 试样条件

若可行，试样在试验前应进行硫化处理，时间应不少于24 h，且不超过3个月，并且试验前在标准环境中保持至少24 h。

6.1.3 试样

试验所需数量的试样应从胶布上远离边缘和末端的有效宽度上获取，并且方向与经线和纬线平行。

6.2 试验过程

6.2.1 拉伸试验

6.2.1.1 本试验用来确定断裂时的拉伸强度和延伸率。试验应按照ISO 1421:1998规定的方法进行，该方法应使用干的试样，所用设备为定常速度横切设备(CRT)。

6.2.1.2 试样拉力试验的拉伸速度为(100±10)mm/min。

6.2.2 剪切试验

剪切试验有两种试验方法，定常速度横切方法(6.2.2.1)或破坏试验方法(6.2.2.2)，由主管部门决定。

6.2.2.1 定常速度横切方法

6.2.2.1.1 定常速度试验应按照ISO 4674:1977中规定的方法A——定常速度剪切的方法进行。

6.2.2.1.2 将5个试样平行于经线剪开、5个试样平行于纬线剪开。试样为ISO 4674:1977中的方法A2的裤子形状：长(225±0.5)mm、宽(75±0.5)mm、沿纵向位于宽度的中间开长80 mm的裂缝。

6.2.2.1.3 把试样对称的夹在夹具上，每个夹爪夹1个舌头，没有剪切的试样端保持自由状态。应确保每个夹紧嘴固定在夹具上，使剪切力开始的方向平行于施加剪切力的方向。

6.2.2.1.4 在经线方向和纬线方向上，试验以(100±10)mm/min的拉伸速度进行，直到破断点。

6.2.2.1.5 记录试验结果，该结果为经线方向、纬线方向各5个样品分别的算术平均值。

6.2.2.2 破坏试验方法

6.2.2.2.1 仪器

破坏试验的仪器为认可的强度试验机，除了下列情况外，应符合ISO 1421:1998的第5章要求：

——使用横切方法的定常速度，夹爪分离的速度应不大于(70±10)mm/min；

——在使用范围内任何区间的指示载荷应达到的精确值为1%以内。

6.2.2.2.2 **试验样本**

从样品上剪下6个矩形试样，每个试样的宽度为(75±0.5)mm，长度为300 mm～400 mm，其中3个试样的长度方向平行于经线方向，另3个试样的长度方向平行于纬线方向。在全宽和全长上分隔试样的横切纤维。每个试样沿长度的垂直方向在中间作12.5 mm的剪口。

6.2.2.2.3 **试验过程**

6.2.2.2.3.1 将试样准确、均匀地夹在夹具里，保证夹具间距200 mm，并使试样的长度方向在拉伸方向上，并按照6.2.2.2.1操作仪器。

6.2.2.2.3.2 当施加载荷时，试样在向外的剪切力的作用下从距离两端各12.5 mm的地方断裂，对于两层布的情况，将两层布分开。记录布被拉断时的最大剪切强度，计算3个试样试验结果的平均值，测量断裂处的最大延伸率，用原始长度为20 mm的百分数表达试验结果。

6.2.3 **老化试验**

老化试验包括3个各自独立的试验：尺寸稳定性试验(见6.2.3.3.1)、折叠试验(见6.2.3.3.2)和拉伸强度试验(见6.2.3.3.3)。

6.2.3.1 **试验样本**

6.2.3.1.1 尺寸稳定性试验和折叠试验中，从样品上剪下4个尺寸不小于100 mm的矩形试样。

6.2.3.1.2 拉伸强度试验中，按照6.2.1的强度试验要求，共剪下12个试样，其中3个干条件下的经线方向试样、3个湿条件下的经线方向试样、3个干条件下的纬线方向试样、3个湿条件下的纬线方向试样。

6.2.3.2 **试样老化**

6.2.3.2.1 将一半的试样在(70±1)℃的条件下自由的悬挂在烤箱中，历时7 d。

6.2.3.2.2 将剩余的一半试样悬挂在宽松的密闭容器中的水的上方，温度为(70±1)℃，历时7 d。

6.2.3.3 **试验过程**

6.2.3.3.1 **尺寸稳定性试验**

在老化试验前、后测量试样的全尺寸，记录经线方向和纬线方向尺寸变化的百分数。

6.2.3.3.2 **折叠试验**

6.2.3.3.2.1 将试样取出在室温下保持15 min，然后在平行和垂直边缘的两个方向上连续的折叠试样，以减少显露面积到相对于原面积的1/4。展开并沿着相同的折痕但是相反的方向再次折叠试样。

6.2.3.3.2.2 每个试样折叠之后，用擦干的拇指和其余手指沿着折痕按压。

6.2.3.3.2.3 检查试样是否有裂纹、分层、变黏和变脆。

6.2.3.3.3 **拉伸强度试验**

拉伸强度试验按照6.2.1中规定的流程进行。

6.2.4 **接缝试验**

6.2.4.1 接缝试验的试样宽50 mm、长300 mm，中间有贯穿的接缝。典型的接缝反映了胶布制造厂对被试验的接缝结构的建议。取5个试样，每个试样的试验接缝都应平行于经线和纬线。接缝的制造工艺应与用于救助艇的胶布接缝的制造工艺相同。

6.2.4.2 应进行6.2.1中规定的拉伸试验，以确定破断力。试验在6.2.3.2规定的在(70±1)℃温度下老化试验后的7 d之后进行。

6.2.5 **耐油试验**

6.2.5.1 蝶形试样的直径至少为70 mm。所需的典型仪器见图1，仪器包括基板和柱形腔，柱形腔通过蝶形螺母安装在螺栓上，将试样密封固定。应在基板上开直径约为30 mm的孔以检验与液体不接触的布表面。在试验过程中,腔的顶部由封闭栓封闭。

单位为毫米

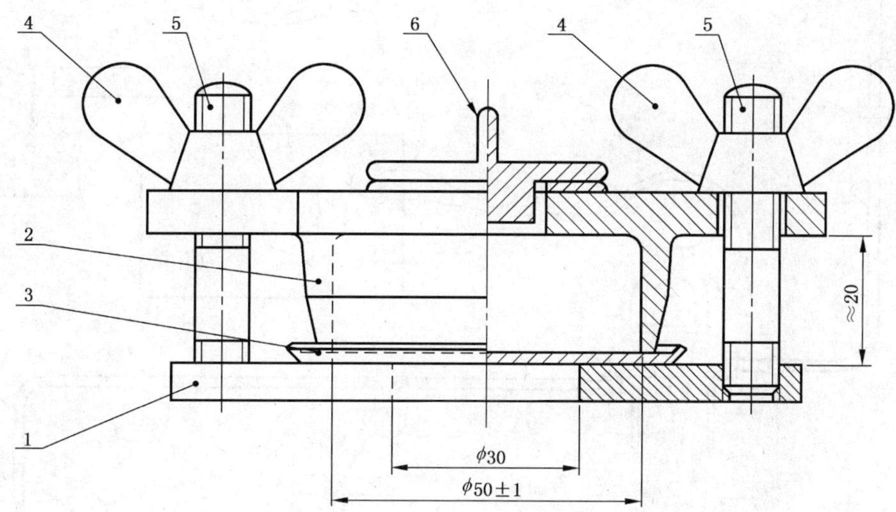

1——基板;

2——柱形腔;

3——试验样本;

4——蝶形螺母;

5——螺栓;

6——封闭栓。

图 1 仅单面有液体的试验仪器

6.2.5.2 试样条件:试验前试样在认可的条件下保持至少 3 h,温度为(20±2)℃。

6.2.5.3 将试样放在图 1 所示的仪器中,向仪器的腔中填注试验液体,深度约 20 mm,并装上封闭栓。将仪器置于所需的温度(70±2)℃,液体接触时间为 22 h。

6.2.5.4 接触时间结束后,移走试验液体,放开试样。从试样的表面去除剩余液体,用过滤纸或不沉积的软麻布纺织品吸走。反复折叠试样,使表面压在一起,检查是否有黏着物的迹象。将试样打开,手指擦过表面不应有污迹。

标准试验油液为 ISO 1817:1999 规定的 No. 1 油。

6.2.6 耐寒试验

6.2.6.1 耐寒试验按 GB/T 18426—2001 规定的方法进行。

6.2.6.2 试样保持在 $-30_{-5}^{\ 0}$ ℃的温度下 1 h。

6.2.7 涂层黏着试验

涂层和基布之间的黏着试验按照 ISO 2411:2000 规定的方法进行。

6.2.8 挠曲裂纹

当试样达到外表面暴露在 2%的盐水、(20±2)℃的温度中 7 d 的条件后,按 GB/T 12586—2003 规定的方法进行试验。弯折 200 000 次后,在 2 倍的放大镜下应无裂缝及层间剥离。

6.2.9 气密试验

注:气密试验可选用两个方法:氢气试验(6.2.9.1)或空气-扭曲空隙度试验(6.2.9.2)。

6.2.9.1 氢气试验

6.2.9.1.1 仪器

氢气试验仪器应包括剑桥布测试仪器或相当的仪器,与其他组件的组合见图 2。

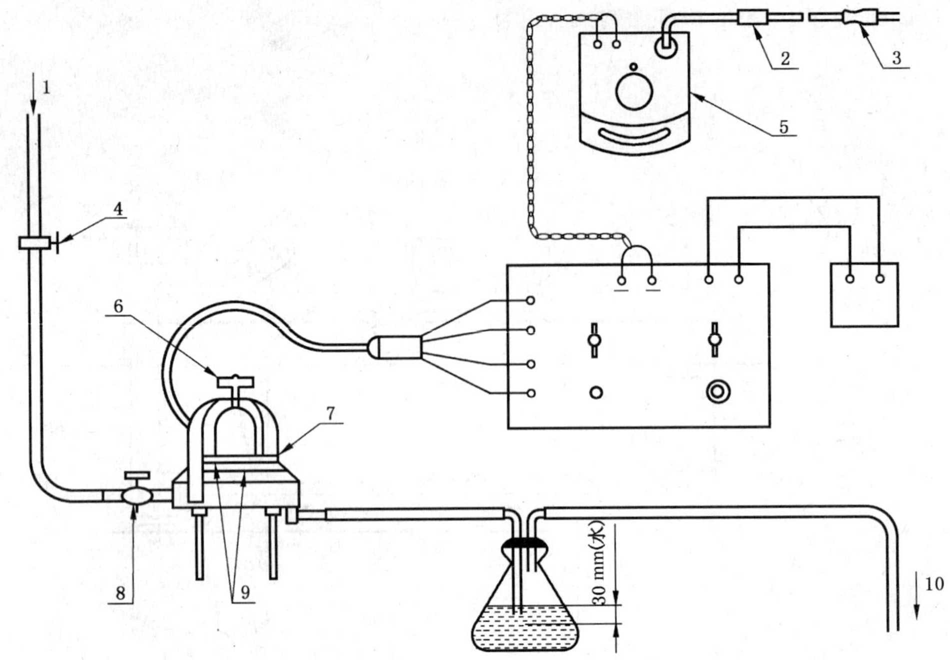

1——氢气输入；

2——开关；

3——来源；

4——规则氢气流的管形夹具；

5——检流计；

6——夹具旋钮；

7——板打开凸轮；

8——输入关闭龙头；

9——试验板；

10——废流管。

图 2 气密试验装置(氢气试验)

6.2.9.1.2 试样准备

将直径为 150 mm 的试样用蜡将表面和边缘密封，留出中心直径约 120 mm 的无蜡区域。

6.2.9.1.3 试验步骤

6.2.9.1.3.1 调整仪器达到初始平衡状态，同时使操作进入相对于时间的初始绘图曲线的直线部分。将试样在试验板中间夹紧，开启氢气流，允许其在平衡阶段的过程中连续。

6.2.9.1.3.2 在检流计穿过零点的时间作为实际试验的开始。允许检流计在规定阶段产生偏差而不需进一步调平，在规定阶段结束时，直接从检流计上读取渗透性。

6.2.9.1.4 报告

渗透性以每 24 h 的每立方米的氢气的升数来表示，取 3 个试样试验结果的算术平均数。

6.2.9.2 空气-扭曲空隙度试验

6.2.9.2.1 仪器

空气-扭曲空隙度试验的仪器包括：

——2 根直径 20 mm、长 500 mm 的心轴；

——图 3 所示的仪器，其中件 1 为用于夹具的带沟槽边的基板，基板上带有空气输入和压力测量连接的方式。件 2 为带沟槽具有足够深度的垫夹具圈，以此来允许用水来浸没试样。试样布在夹具圈和基板之间用 G 型夹具密闭夹紧。可选择的夹紧方案为垫夹具圈和基板上带 8 个等距的凸耳，凸耳上可钻孔穿螺栓。

单位为毫米

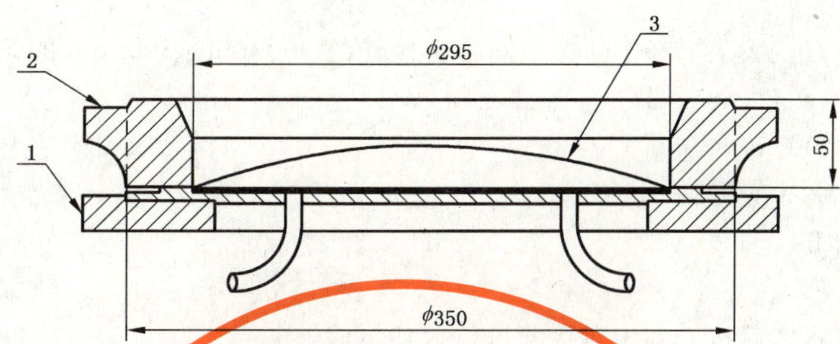

1——带沟槽边的基板；

2——带沟槽垫夹具圈；

3——胶布试样。

图3 气密试验装置(空气-扭曲空隙度试验)

6.2.9.2.2 试验样本

从样品上剪下1块400 mm×440 mm的试样，外表面均匀涂抹上滑石粉。

6.2.9.2.3 试验步骤

6.2.9.2.3.1 沿经线方向将试样滚绕在心轴上，抹滑石粉的一面朝向心轴。

6.2.9.2.3.2 将线、带或绳呈螺旋形绕在滚绕起来的试样上并暂时保持在该位置。抽出心轴，然后用合适的夹具夹持试样每端45 mm的位置，使得夹具之间留出350 mm的距离。最好夹具是一对带有波浪形剖面的由螺栓和蝶形螺母锁紧并带有中心轮轴的，并在中心轮轴上有一个孔，用于上附件的支撑和下部重量的悬挂。

6.2.9.2.3.3 去除缠绕，垂直悬挂试样，使得一端不能旋转。

6.2.9.2.3.4 在下面的夹具处，对单层或双层布上施加230 N的载荷，对3层布施加360 N的载荷，保持1 min后，旋转可移动的夹具4圈，速度约为每圈5 s。允许在相同的速度下布滚回复，用手检查速度，在和前面相同的速度下，在相反的方向上转动4圈。

6.2.9.2.3.5 再一次在相同的速度下布滚回复，去掉载荷，从夹具上放下胶布，用手将其展平。

6.2.9.2.3.6 从相同的样品上，剪下直径350 mm的圆盘形试样，将胶布外围浸入到融化的蜡中，用蜡将表面和边缘蜡封，并保留中心直径约为290 mm的无蜡区域。

注：3份凡士林油和1份蜂蜡的混合是合适的。

6.2.9.2.3.7 当蜡制备后，夹住试样，外表面在最上面，稳固的固定于图3所示的仪器中。

6.2.9.2.3.8 在胶布底下施加并保持27.5 kN/m² 的气压，或者其他的特定方式。

6.2.9.2.3.9 压力稳定后经过不少于10 min且不多于15 min的时间后，用水冲胶布，使得胶布膨胀的顶部可以浸没约13 mm。保持1 min，然后用软刷均匀的刷表面，去除粘附的气泡。

6.2.9.2.3.10 记录零时，然后记录接下来的5 min时间里在水面破裂的气泡的数量。如果试样的某个单独位置上存在漏洞，则忽略该结果，在同一块样品上取2个试样重复试验并记录情况。

6.2.9.2.4 报告

以5 min内在水面破裂的气泡数量来报告透气性。

6.2.10 耐臭氧试验

耐臭氧试验应按照ISO 3011:1997规定的方法进行，暴露预定的胶布的一面(或两面)于空气中。3个试样在下列条件下进行试验：

——臭氧浓度(体积百万分比)：(50±5)×10⁻⁶%；

——温度：(30±2)℃；

——试验时间：72 h；

——心轴直径:材料厚度的5倍。

6.2.11 **耐海水试验**

6.2.11.1 将1个按照6.2.4.1制作的在中间带有接缝的300 mm×300 mm的试样,在下列条件的人造海水中试验:

——温度:(70±1)℃;

——含盐量:3.3%~3.8%;

——试验时间:4 h;

——深度:完全浸入。

6.2.11.2 试样在暴露之后按6.2.1对接缝进行拉伸试验。

6.2.12 **耐水解(仅对热塑性的敷层胶布)**

6.2.12.1 在93 ℃条件下将胶布在封闭容器内的水的上方储存12周后,胶布试样应在80 ℃下干燥1 h,然后在温度20 ℃、相对湿度65%的条件下保持24 h。

6.2.12.2 涂层黏着试样按6.2.7制备并试验。焊接试样应按6.2.4制备并试验。粘连试验按6.2.13进行。

6.2.12.3 将2个(100±2)mm的试样从保存的材料上剪下。试样按照6.2.3.3.2的方法进行折叠,并检验是否有裂纹、分层、变脆和变黏。

6.2.13 **耐粘连**

除加载时间周期应为24 h外,试样的准备和试验步骤应符合ISO 5978:1990的要求。

6.2.14 **耐紫外线**

耐紫外线试验可使用碳弧试验方法(6.2.14.1)或者氙弧试验方法(6.2.14.2)。性能要求与试验的特定条件下个体试样的特性有关。由于碳弧的光谱与氙弧的光谱不同,在对两种试验方法的结果说明时应给出提示。

6.2.14.1 **碳弧试验**

6.2.14.1.1 碳弧试验按ISO 4892-4:1994规定的方法进行。将满足条件的试样暴露于没有"Corex D"过滤器的碳弧光源下100 h。碳棒为包铜的阳光弧型,上面的一对为No.22,下面的一对为No.13,或者等价的方式。仅将预定的胶布一面暴露于试验仪器中的碳弧,并操作仪器使试样暴露于淋水,使试样在有光、无淋水条件下连续102 min和有光、有淋水条件下的18 min的循环。黑色平板温度应为(79±5)℃。

6.2.14.1.2 暴露后按6.2.1的过程进行拉伸强度试验。

6.2.14.1.3 暴露过的试样应进行弯曲,较厚漆层的一面朝外,绕直径3.2 mm的心轴缠绕,检验是否有裂纹。

6.2.14.2 **氙弧试验**

6.2.14.2.1 氙弧试验按照GB/T 16422.2—1999规定的方法进行。将试样暴露于表2中所示的条件下,在150 h的暴露时间内使用可控制发光水冷氙弧仪器。仅将预定的胶布一面暴露于试验仪器中的氙弧。

表2 氙弧试验条件

暴露条件	暗周期(1 h)	光周期(2 h)
自动发光(Q/B滤光器)	无	波长340 nm时0.55 W/m^2
黑色平板温度	(38±2)℃	(70±2)℃
干球温度计温度	(38±2)℃	(47±2)℃
相对湿度	(95±5)%	(50±5)%
调节水温	(40±4)℃	(45±4)℃
淋水	试样前后60 min	40 min:无 20 min:试验前面 60 min:无

6.2.14.2.2　暴露后按6.2.1的过程进行拉伸强度试验。

6.2.14.2.3　将暴露过的试样进行弯曲，较厚漆层的一面朝外，绕直径3.2 mm的心轴缠绕，检验是否有裂纹。

6.2.15　耐磨损

试样的准备和试验过程按ISO 5470:1980规定的要求进行，使用S-35钨的碳化物摩擦轮，垂直的载荷为每轮1 000 g。每一个试样应经受试样夹具500转的耐磨损试验。

6.2.16　单位面积质量

单位面积胶布质量的测定按照ISO 2286-2:1998规定的方法进行。

ICS 47.020.10
U 04

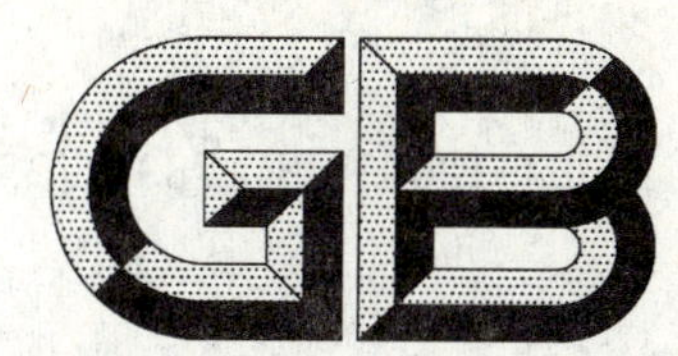

中华人民共和国国家标准

GB/T 23304—2009/ISO 7838:1984

造船　船体型线　格式和数据结构

Shipbuilding—Shiplines—Formats and data organization

(ISO 7838:1984,IDT)

2009-03-09 发布　　2009-11-01 实施

中华人民共和国国家质量监督检验检疫总局
中国国家标准化管理委员会　发布

前　言

本标准等同采用ISO 7838:1984《造船　船体型线　格式和数据结构》(英文版)。

本标准等同翻译ISO 7838:1984。

为便于使用,本标准做了下列编辑性修改:

——“本国际标准”一词改为“本标准”;

——用顿号“、”代替作为分述的逗号“,”;

——删除国际标准的前言。

本标准由中国船舶工业集团公司提出。

本标准由全国海洋船标准化技术委员会船舶基础分技术委员会(SAC/TC 12/SC 3)归口。

本标准主要起草单位:中国船舶工业综合技术经济研究院。

本标准主要起草人:苗宏仁、程楠。

造船　船体型线　格式和数据结构

1　范围

本标准规定的格式和数据结构适用于不同的船体定义系统之间几何信息的交换。

2　规范性引用文件

下列文件中的条款通过本标准的引用而成为本标准的条款。凡是注日期的引用文件，其随后所有的修改单(不包括勘误的内容)或修订版均不适用于本标准，然而，鼓励根据本标准达成协议的各方研究是否可使用这些文件的最新版本。凡是不注日期的引用文件，其最新版本适用于本标准。

ISO 7461:1984　造船　船体型线　船体几何元素的数字表示

3　术语和定义

ISO 7461 中确立的术语和定义适用于本标准。

4　连续文件结构

4.1　第一数据块

文件的第一数据块由一个记录组成，该记录包含：

a)　文件名，不超过 24 个字符；

b)　最大块长度，大小为一个字长的整型数，单位为字。

4.2　后续数据块

4.2.1　内容

后续数据块存放型线几何信息。每一数据块包含四个记录，存放一条船体型线的全部数据：

a)　一条记录为型线的标识符；

b)　另外三条记录为该型线在三个正交平面上的投影。

4.2.2　数据块形式

4.2.2.1　记录 1

IDENT:型线标识符，由 1～8 个字母数字组成。

L:型线类型参数(整型量)，取下列数值：

——$L=1$，为二维曲线；

——$L=2$，为非正交平面内的三维曲线；

——$L=3$，为任意三维曲线。

4.2.2.2　记录 2

C:投影平面的特征值(整型量)。

S:定义二维曲线的正交平面至坐标系统原点的距离，单位为毫米(实型量)，

当 $L=2$ 或 $L=3$ 时，$S=0$；

N:型线投影线的点数(整型量)。

$\left.\begin{matrix}P(1)\\V(1)\end{matrix}\right\}$第一点坐标值，单位为毫米(实型量)。

$\left.\begin{matrix}PS(1)\\VS(1)\end{matrix}\right\}$不用其定义几何型线；

$\left.\begin{matrix}P(2)\\V(2)\end{matrix}\right\}$第二点坐标值，单位为毫米(实型量)；

$\left.\begin{matrix}PS(2)\\VS(2)\end{matrix}\right\}$第一段圆弧的圆心坐标值，单位为毫米(实型量)；

……

$\left.\begin{matrix}P(N)\\V(N)\end{matrix}\right\}$第 N 点坐标值，单位为毫米(实型量)；

$\left.\begin{matrix}PS(N)\\VS(N)\end{matrix}\right\}$第($N-1$)段圆弧的圆心坐标值，单位为毫米(实型量)。

4.2.2.3 记录3和记录4

记录3和记录4的形式与记录2相似。

4.2.2.4 说明

一个记录的长度为[$4\times(N+3)$]字。

当 $L=1$ 时，数据块内的记录3、记录4仍存在，但无意义。

投影面的特征值取下列数值：

——$C=1$，为 XY 平面；

——$C=2$，为 XZ 平面；

——$C=3$，为 YZ 平面。

上述符号中，点的 P 坐标对应第一坐标轴，V 坐标对应第二坐标轴。

4.3 最后一个数据块

文件中的最后一个数据块由一个记录组成，包括：

a) END OF FILE；

b) 文件名，不超过24个字符；

c) 文件所含块数(整型量)。

5 文件在逻辑上存取

文件在逻辑上的存取可以通过写或读过程5.1和5.2实现。

注：过程名不是标准的。

5.1 向文件写入一个记录

PUTLIN(IDENT、L、C、S、N、P、V、PS、VS)

其中：

——IDENT 为字符串；

——L 为整型量；

——C 为整型量；

——S 为实型量；

——N 为整型量；

——P、V、PS、VS 为实型数组。

所有参数均为输入参数，其含义见第4章。

5.2 从文件中检索一个记录

GETLIN(IDENT、L、C、S、N、P、V、PS、VS)

其中：

——IDENT 和 C 为输入参数；

——L、S、N、P、PS、VS 均为输出参数。

6 投影表示法的允许偏差

每一条型线的投影线所含段数一般是不同的。

不在主平面上的一条曲线，可以由它的两条投影线来生成。由一对投影线生成的一条线与另一对投影线生成的同一条线在任意点上的允许偏差不应大于1 mm。

ICS 47.020.10
U 04

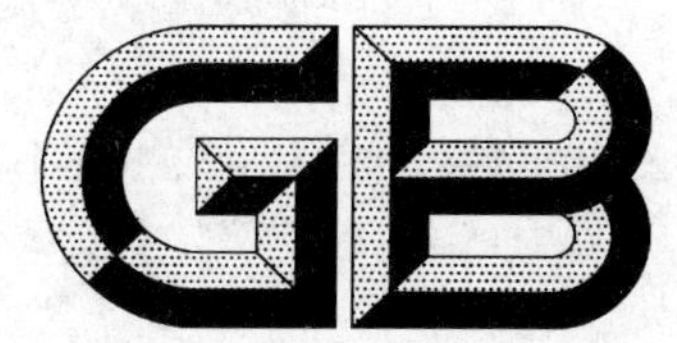

中华人民共和国国家标准

GB/T 23305.1—2009/ISO 9203-1:1989

造船　船体结构单元的拓扑
第1部分:单元的位置

Shipbuilding—Topology of ship hull structure elements—
Part 1:Location of elements

(ISO 9203-1:1989,IDT)

2009-03-09 发布　　　　2009-11-01 实施

中华人民共和国国家质量监督检验检疫总局
中国国家标准化管理委员会　发布

前　言

GB/T 23305《造船　船体结构单元的拓扑》分为三个部分：

——第1部分：单元的位置；

——第2部分：单元的描述；

——第3部分：单元间的关系。

本部分为GB/T 23305的第1部分。

本部分等同采用ISO 9203-1:1989《造船　船体结构单元的拓扑　第1部分：单元的位置》(英文版)。

本部分等同翻译ISO 9203-1:1989。

为便于使用，本部分做了下列编辑性修改：

——“本国际标准”一词改为“本部分”；

——用顿号“、”代替作为分述的逗号“，”；

——删除国际标准的前言。

本部分由中国船舶工业集团公司提出。

本部分由全国海洋船标准化技术委员会船舶基础分技术委员会(SAC/TC 12/SC 3)归口。

本部分主要起草单位：中国船舶工业综合技术经济研究院。

本部分主要起草人：苗宏仁、程楠、刘卫平、张美玲。

造船　船体结构单元的拓扑
第1部分:单元的位置

1　范围

GB/T 23305 由三个部分组成,规定了船体结构单元的拓扑,它使各单元及其布置的信息,能够方便而准确地传递。

GB/T 23305 的本部分规定了船体结构单元的位置。

2　规范性引用文件

下列文件中的条款通过 GB/T 23305 的本部分的引用而成为本部分的条款。凡是注日期的引用文件,其随后所有的修改单(不包括勘误的内容)或修订版均不适用于本部分,然而,鼓励根据本部分达成协议的各方研究是否可使用这些文件的最新版本。凡是不注日期的引用文件,其最新版本适用于本部分。

GB/T 23304　造船　船体型线　格式和数据结构(GB/T 23304—2009,ISO 7838:1984,IDT)

3　船体结构单元的位置

3.1　结构单元

船体结构单元分为下列4组:

a)　外板(见3.3);

b)　其他板单元,如:舱壁板、甲板、肋板、双层底板(见3.4);

c)　主要结构梁,如:强肋骨、强桁材(见3.5);

d)　扶强材(见3.5)。

3.2　边界线文件

对于以数值表示的板单元、主要结构梁和扶强材的连接线以及板限界线等边界线文件,应以标准船体型线格式存储,标准船体型线格式见 GB/T 23304。

3.3　外板

外板在整个船体中视为一个单元,用一个标识符表示。

3.4　其他板单元

应以下列信息确定内部板单元的位置:

a)　单元标识符(最多12个字符);

b)　平面定义符(平面方程式系数 A、B、C、D 均为实型量)或非平面指示符;

c)　对称码(T=关于中心线对称且在两舷上,S=右舷,P=左舷,C=位于或穿过中心线);

d)　边界线数目,n;

e)　对 n 条边界线中的每条边界线:

——边界单元标识符和连接线标识符(若所定义的单元或边界单元为非平面),或

——板限界线标识符;

f)　单元厚度指向码(U=上,D=下,F=前,A=后,S=右舷,P=左舷,H=对称划分的厚度)。

3.5 主要结构梁和扶强材

应以下列信息确定主要结构梁或扶强材的位置：

a) 单元标识符；

b) 单元类型码(R=轧制型材，W=焊接型材)；

c) 平面定义；

d) 支撑单元标识符；

e) 连接线标识符(若支撑单元为非平面)；

f) 连接面板指向码(U=上，D=下，F=前，A=后，S=右舷，P=左舷)；

g) 腹板厚度指向码[同3.4f)]；

h) 非连接面板指向码[同3.5f)]；

i) 对每根梁或扶强材的每一端：

——在连接线的一个端点的坐标，或

——边界单元标识符。

ICS 47.020.10
U 04

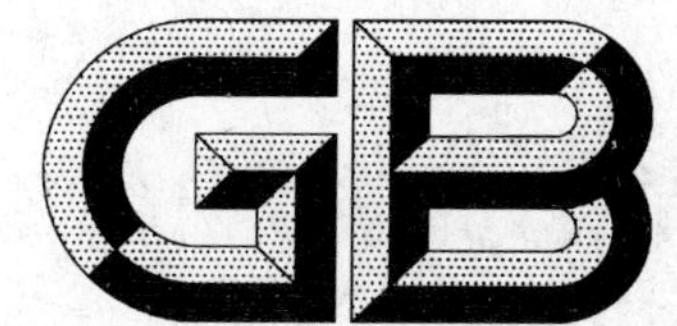

中华人民共和国国家标准

GB/T 23305.2—2009/ISO 9203-2:1989

造船　船体结构单元的拓扑
第2部分：单元的描述

Shipbuilding—Topology of ship hull structure elements—Part 2: Description of elements

(ISO 9203-2:1989, IDT)

2009-03-09 发布　　2009-11-01 实施

中华人民共和国国家质量监督检验检疫总局
中国国家标准化管理委员会　发布

前言

GB/T 23305《造船　船体结构单元的拓扑》分为三个部分：

——第 1 部分：单元的位置；

——第 2 部分：单元的描述；

——第 3 部分：单元间的关系。

本部分为 GB/T 23305 的第 2 部分。

本部分等同采用 ISO 9203-2:1989《造船　船体结构单元的拓扑　第 2 部分：单元的描述》(英文版)。

本部分等同翻译 ISO 9203-2:1989。

为便于使用，本部分做了下列编辑性修改：

——"本国际标准"一词改为"本部分"；

——用顿号"、"代替作为分述的逗号"，"；

——删除国际标准的前言。

本部分由中国船舶工业集团公司提出。

本部分由全国海洋船标准化技术委员会船舶基础分技术委员会(SAC/TC 12/SC 3)归口。

本部分主要起草单位：中国船舶工业综合技术经济研究院。

本部分主要起草人：苗宏仁、程楠、刘卫平、张美玲。

造船　船体结构单元的拓扑
第2部分:单元的描述

1　范围

GB/T 23305 由三个部分组成,规定了船体结构单元的拓扑,它使各单元及其布置的信息,能够方便而准确地传递。

GB/T 23305 的本部分规定了船体结构单元的描述。

2　规范性引用文件

下列文件中的条款通过 GB/T 23305 的本部分的引用而成为本部分的条款。凡是注日期的引用文件,其随后所有的修改单(不包括勘误的内容)或修订版均不适用于本部分,然而,鼓励根据本部分达成协议的各方研究是否可使用这些文件的最新版本。凡是不注日期的引用文件,其最新版本适用于本部分。

GB/T 23304　造船　船体型线　格式和数据结构(GB/T 23304—2009,ISO 7838:1984,IDT)

GB/T 23305.1　造船　船体结构单元的拓扑　第1部分:单元的位置(GB/T 23305.1—2009,ISO 9203-1:1989,IDT)

ISO 8193:1984　造船　外板信息

3　船体结构单元的描述

3.1　结构单元

结构单元的描述取决于单元的位置,对单元位置的规定见 GB/T 23305.1。

3.2　腹板内部型线文件

以数值表示的腹板内部型线文件(包含焊接型材的腹板内廓线)应以标准船体型线数据格式存储,标准船体型线格式见 GB/T 23304。

3.3　对接焊缝线文件

以数值表示的对接焊缝线文件包含除外板以外的板单元中的对接焊缝,应以标准船体型线数据格式存储,标准船体型线格式见 GB/T 23304。

3.4　外板

外板信息见 ISO 8193。

3.5　其他板单元

其他板单元的描述包含下列信息:

a)　单元标识符。

b)　单元内的板数,n_p。

c)　单元内的孔数,n_a。

d)　对 n_p 块板中的每块板:

1)　板标识符。

2)　材料码。

3)　板厚,单位为毫米(mm)。

4)　板边数,n_m。

5） 对 n_m 个边中每个边：

——按 GB/T 23305.1 规定的边界标识符；

——对接焊缝线标识符。

e） 对 n_a 个孔中的每一个孔：

1） 孔标识符；

2） 对称码(T=关于中心线对称且在两舷上，S=右舷，P=左舷，C=位于中心线)；

3） 用参数表示孔的编目符(形状、尺寸、位置)。

3.6 轧制型材梁和扶强材

对于轧制型材单元，应以下列信息进行描述：

a） 单元标识符。

b） 剖面码。

c） 材料码。

d） 单元中的孔数，n_a。

e） 对 n_a 个孔中的每一个孔：

1） 孔标识符；

2） 对称码[同 3.5 e)2)]；

3） 用参数表示孔的编目符[同 3.5 e)3)]。

f） 单元中的对接焊缝数，n_b。

g） 对 n_b 个对接焊缝数中的每个焊缝：

1） 对接焊缝标识符；

2） 对称码[同 3.5 e)2)]；

3） 单元连接线上一点的坐标(假设对接焊缝垂直于连接线)。

h） 对单元的每一端点，用规定连接类型的参数表示的编目符。

3.7 焊接型材

对于焊接型材，应以下列信息进行描述：

a） 腹板标识符。

b） 腹板内部型线标识符。

c） 腹板材料码。

d） 腹板厚度，单位为毫米(mm)。

e） 腹板上对接焊缝数，n_b。

f） 对 n_b 个对接焊缝数中的每个焊缝：

1） 对接焊缝标识符；

2） 对称码[同 3.5 e)2)]；

3） 单元连接线上一点的坐标(假设对接焊缝垂直于连接线)。

g） 面板材料码。

h） 面板厚度，单位为毫米(mm)。

i） 面板上对接焊缝数，n_b。

j） 对 n_b 个对接焊缝数中的每个焊缝：

1） 对接焊缝标识符；

2） 对称码[同 3.5 e)2)]；

3） 腹板内部型线上一点的坐标(假设面板对接焊缝垂直于腹板内部型线)。

k） 腹板上孔的数目，n_a。

l） 对 n_a 个孔中的每一个孔：

1) 孔标识符;

2) 对称码[同 3.5 e)2)];

3) 用参数表示孔的编目符[同 3.5 e)3)]。

m) 对每根焊接型材,用规定连接类型的参数表示的编目符。

4 单元上的孔

4.1 本部分所涉及的孔包括人孔、减轻孔、电缆和管道贯穿孔以及边缘切口和扇形孔等,每个孔与一个单元相关联。

4.2 当孔和端点的编目已超过本部分的范围时,若有必要,应在所涉及的组织之间达成协议。

ICS 47.020.10
U 04

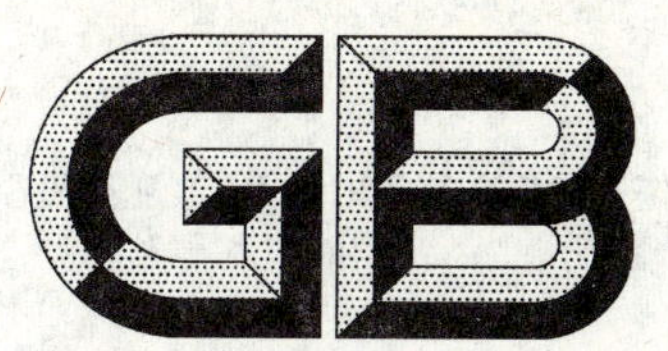

中华人民共和国国家标准

GB/T 23305.3—2009/ISO 9203-3:1989

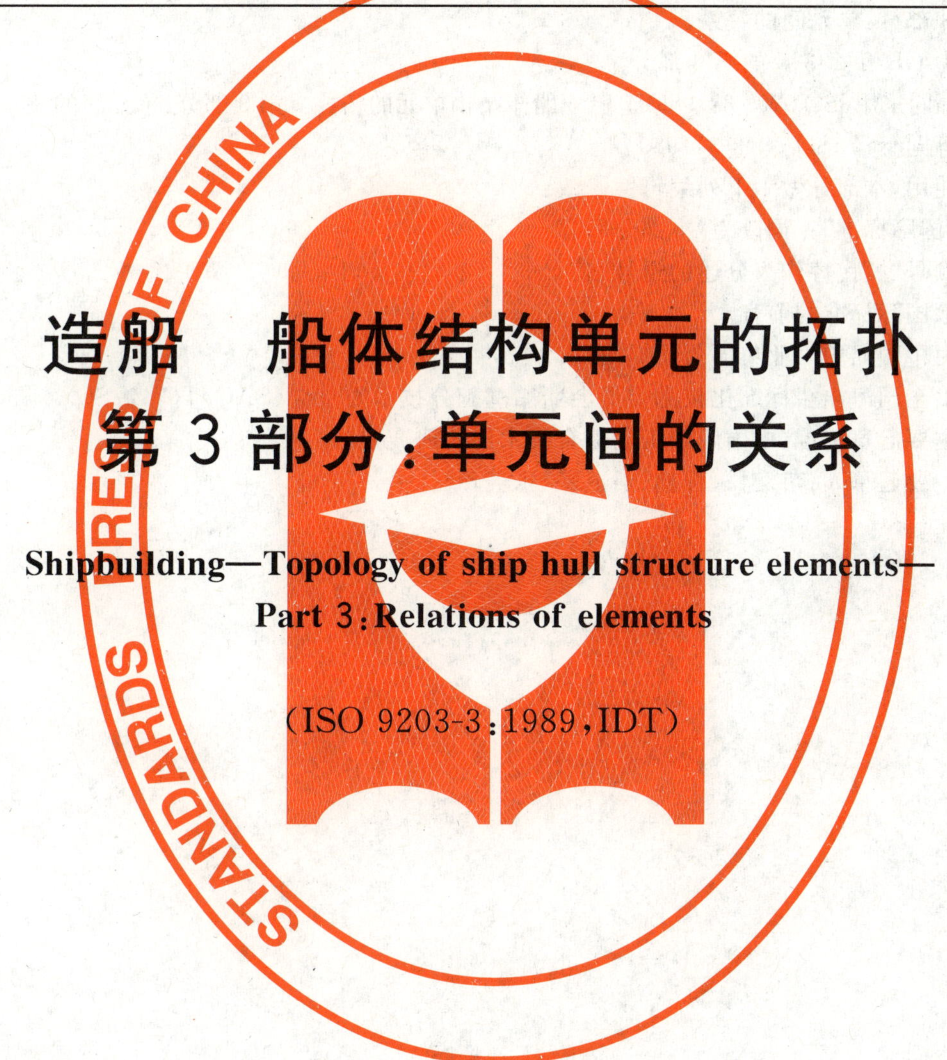

造船 船体结构单元的拓扑 第3部分:单元间的关系

Shipbuilding—Topology of ship hull structure elements—Part 3:Relations of elements

(ISO 9203-3:1989,IDT)

2009-03-09 发布 2009-11-01 实施

中华人民共和国国家质量监督检验检疫总局
中国国家标准化管理委员会 发布

前　言

GB/T 23305《造船　船体结构单元的拓扑》分为三个部分：

——第1部分：单元的位置；

——第2部分：单元的描述；

——第3部分：单元间的关系。

本部分为GB/T 23305的第3部分。

本部分等同采用ISO 9203-3:1989《造船　船体结构单元的拓扑　第3部分：单元间的关系》(英文版)。

本部分等同翻译ISO 9203-3:1989。

为便于使用，本部分做了下列编辑性修改：

——“本国际标准”一词改为“本部分”；

——用顿号“、”代替作为分述的逗号“，”；

——删除国际标准的前言。

本部分由中国船舶工业集团公司提出。

本部分由全国海洋船标准化技术委员会船舶基础分技术委员会(SAC/TC 12/SC 3)归口。

本部分主要起草单位：中国船舶工业综合技术经济研究院。

本部分主要起草人：苗宏仁、程楠、刘卫平、张美玲。

造船　船体结构单元的拓扑 第3部分:单元间的关系

1　范围

GB/T 23305由三个部分组成,规定了船体结构单元的拓扑,它使各单元及其布置的信息能够方便而准确地传递。

GB/T 23305的本部分规定了一个船体结构单元与另一个单元间的关系。

2　规范性引用文件

下列文件中的条款通过GB/T 23305的本部分的引用而成为本部分的条款。凡是注日期的引用文件,其随后所有的修改单(不包括勘误的内容)或修订版均不适用于本部分,然而,鼓励根据本部分达成协议的各方研究是否可使用这些文件的最新版本。凡是不注日期的引用文件,其最新版本适用于本部分。

GB/T 23305.1　造船　船体结构单元的拓扑　第1部分:单元的位置(GB/T 23305.1—2009,ISO 9203-1:1989,IDT)

GB/T 23305.2　造船　船体结构单元的拓扑　第2部分:单元的描述(GB/T 23305.2—2009,ISO 9203-2:1989,IDT)

3　船体结构单元间的关系

3.1　结构单元

本部分规定结构单元的关系,其位置和描述分别见GB/T 23305.1和GB/T 23305.2。

3.2　贯穿关系

贯穿关系表现为由被穿单元上的切口和附加连接单元(如肘板、垫板和封焊)构成的一种结构节点。

对于贯穿关系,应以下列信息进行描述:

a)　被穿单元标识符;

b)　贯穿单元标识符;

c)　对称码(T=关于中心线对称且在两舷上,S=右舷,P=左舷,C=位于中心线);

d)　定义节点类型和细节变量的参数表示的结构节点编目符。

3.3　交叉关系

交叉关系表现为一个单元(连续单元)与另一个单元(被分割单元)交叉并破坏其连续性的一种结构节点。附加连接单元也可以是节点的一个部分,如肘板或棱形板。

对于交叉关系,应以下列信息进行描述:

a)　连续单元标识符;

b)　被分割单元标识符;

c)　关系对称码;

d)　定义节点类型和细节变量的参数表示的结构节点编目符。

3.4　限制

当贯穿节点和相交节点的编目已超出本部分的范围时,若有必要,应在所涉及的组织之间达成协议。

ICS 29.260.20
K 25

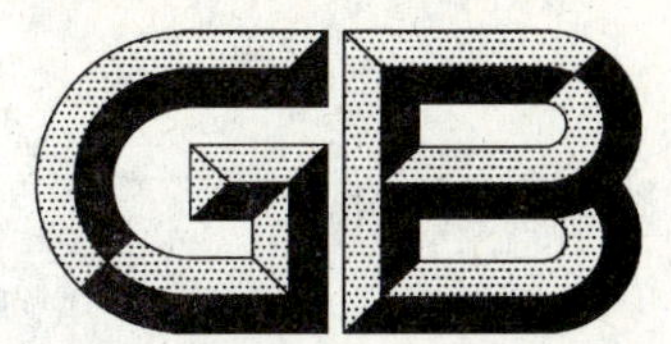

中华人民共和国国家标准

GB/T 23306—2009

燃油加油机用隔爆型三相异步电动机（机座号63～100）技术条件

Specifications for flameproof three-phase asynchronous motors for use on dispensers (frame size 63 to 100)

2009-03-19 发布　　　　2009-12-01 实施

中华人民共和国国家质量监督检验检疫总局
中国国家标准化管理委员会　发布

前　言

本标准由中国电器工业协会提出。

本标准由全国防爆电气设备标准化技术委员会防爆电机分技术委员会归口。

本标准负责起草单位：南阳防爆电气研究所。

本标准参加起草单位：国家防爆电气产品质量监督检验中心、河南省电气防爆安全重点实验室、南阳防爆集团微特电机有限公司、沈阳大明电机有限公司。

本标准主要起草人：程雅茹、李梅兰、张刚、王军、田壮、宗树林、侯彦东、张强。

燃油加油机用隔爆型三相异步电动机（机座号63～100）技术条件

1 范围

本标准规定了燃油加油机用隔爆型三相异步电动机的型式、基本参数与尺寸、技术要求、试验方法与检验规则以及标志、包装的要求。

本标准适用于燃油加油机用隔爆型三相异步电动机(机座号63～100)(以下简称电动机)。

2 规范性引用文件

下列文件中的条款通过本标准的引用而成为本标准的条款。凡是注日期的引用文件，其随后所有的修改单(不包括勘误的内容)或修订版均不适用于本标准，然而，鼓励根据本标准达成协议的各方研究是否可使用这些文件的最新版本。凡是不注日期的引用文件，其最新版本适用于本标准。

GB/T 191 包装储运图示标志(GB/T 191—2008,ISO 780:1997,MOD)

GB 755 旋转电机 定额和性能(GB 755—2008,IEC 60034-1:2004,IDT)

GB/T 755.2 旋转电机(牵引电机除外)确定损耗和效率的试验方法(GB/T 755.2—2003,IEC 60034-2:1997,IDT)

GB/T 997 旋转电机结构型式、安装型式及接线盒位置的分类(IM代码)(GB/T 997—2008,IEC 60034-7:2001,IDT)

GB/T 1032 三相异步电动机试验方法

GB/T 1993 旋转电机冷却方法(GB/T 1993—1993,idt IEC 60034-6:1991)

GB/T 2423.1 电工电子产品环境试验 第2部分:试验方法 试验A:低温(GB/T 2423.1—2008,IEC 60068-2-1:2007,IDT)

GB/T 2423.2 电工电子产品环境试验 第2部分:试验方法 试验B:高温(GB/T 2423.2—2008,IEC 60068-2-2:2007,IDT)

GB/T 2423.4 电工电子产品环境试验 第2部分:试验方法 试验Db:交变湿热(12 h+12 h循环)(GB/T 2423.4—2008,IEC 60068-2-30:2005,IDT)

GB 3836.1 爆炸性气体环境用电气设备 第1部分:通用要求(GB 3836.1—2000,eqv IEC 60079-0:1998)

GB 3836.2 爆炸性气体环境用电气设备 第2部分:隔爆型“d”(GB 3836.2—2000,eqv IEC 60079-1:1990)

GB/T 4772.1 旋转电机尺寸和输出功率等级 第1部分:机座号56～400凸缘号55～1080(GB/T 4772.1—1999,idt IEC 60072-1:1991)

GB/T 4942.1 旋转电机整体结构的防护等级(IP代码)分级(GB/T 4942.1—2006,IEC 60034-5:1991,IDT)

GB 10068 轴中心高为56 mm及以上电机的机械振动 振动的测量、评定及限值(GB 10068—2008,IEC 60034-14:2007,IDT)

GB/T 10069.1 旋转电机噪声测定方法及限值 第1部分:旋转电机噪声测定方法(GB/T 10069.1—2006,ISO 1680:1999,MOD)

GB 14711—2006　中小型旋转电机安全要求

GB 17930　车用汽油

GB 18351—2004　车用乙醇汽油

JB/T 8680—1998　Y2 系列(IP54)三相异步电动机技术条件

JB/T 9615.1　交流低压电机散嵌绕组匝间绝缘试验方法

EN 13617.1:2004　加油机认证

3　型式、基本参数与尺寸

3.1　电动机应按 GB 3836.2 的规定制成隔爆型，其防爆等级低于ⅡA 类 T3 组(见 GB 3836.1)。

3.2　电动机外壳的防护等级最低为 IP54 (见 GB 4942.1)。

3.3　电动机的冷却方法为 IC411(见 GB/T 1993)。

3.4　电动机的结构及安装型式为 IMB3(见 GB/T 997)。

3.5　电动机的定额是以连续工作制(S1)为基准的连续定额。

3.6　电动机的额定频率为 50 Hz，额定电压为 380 V。

3.7　电动机应按下列额定功率制造：

120 W，180 W，250 W，370 W，550 W，750 W，1 100 W，1 500 W，2 200 W，3 000 W。

3.8　电动机的机座号与转速及功率的对应关系按表 1 的规定。

表 1

机座号	同步转速 r/min		
	3 000	1 500	1 000
	功率 W		
63M1	180	120	—
63M2	250	180	
71M1	370	250	180
71M2	550	370	250
80M1	750	550	370
80M2	1 100	750	550
90S	1 500	1 100	750
90L	2 200	1 500	1 100
100L1	3 000	2 200	1 500
100L2		3 000	

3.9　电动机尺寸及公差

3.9.1　电动机的安装尺寸及公差应符合表 2 和表 3 的规定，外形尺寸不大于表 2 和表 3 的规定，尺寸符号见图 1 和图 2。根据用户要求，图 2 中引出线也可设置在电动机侧面。

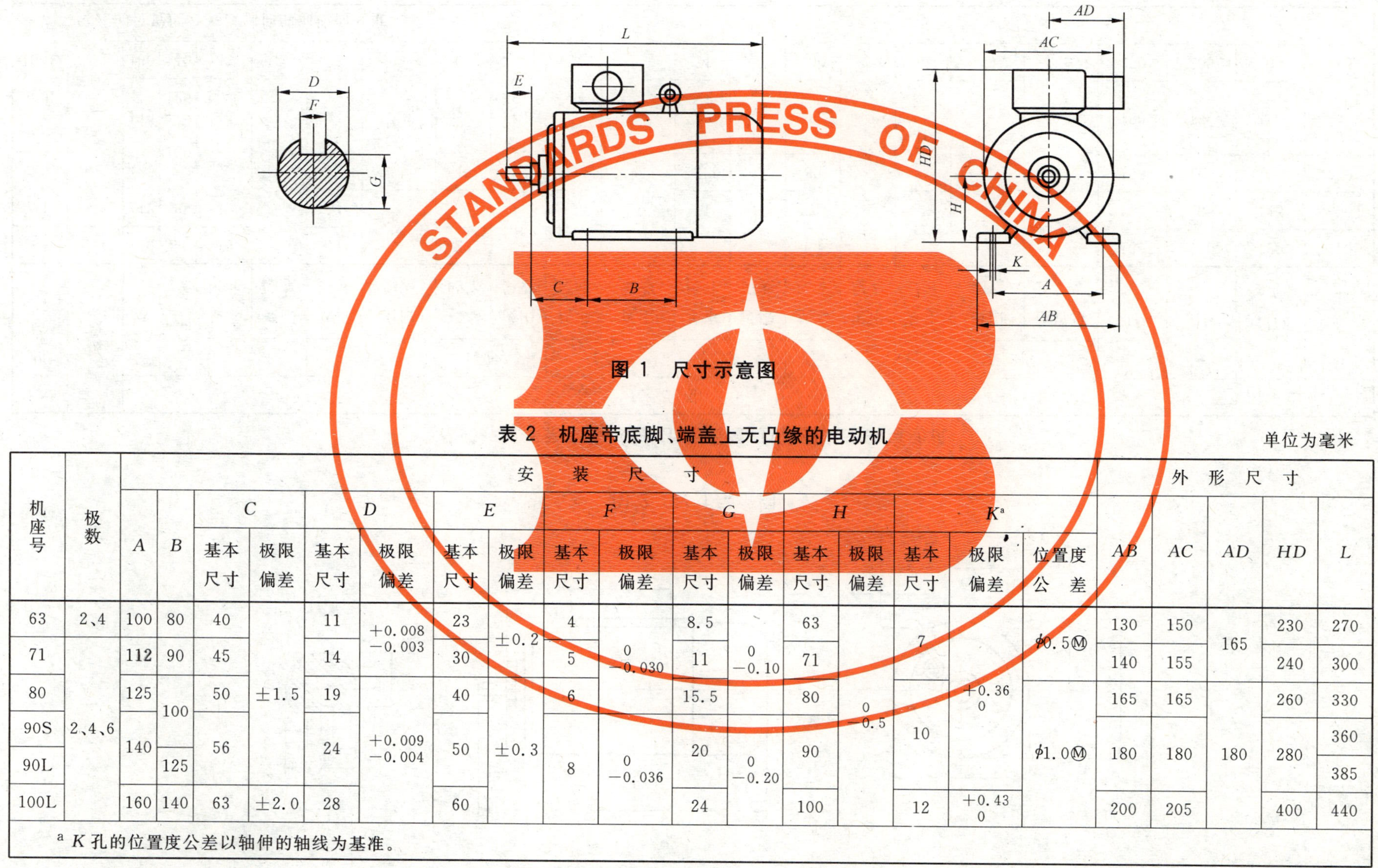

图 1 尺寸示意图

表 2 机座带底脚、端盖上无凸缘的电动机

单位为毫米

<table>
<tr><th rowspan="3">机座号</th><th rowspan="3">极数</th><th colspan="17">安装尺寸</th><th colspan="5">外形尺寸</th></tr>
<tr><th rowspan="2">A</th><th rowspan="2">B</th><th colspan="2">C</th><th colspan="2">D</th><th colspan="2">E</th><th colspan="2">F</th><th colspan="2">G</th><th colspan="2">H</th><th colspan="3">K[a]</th><th rowspan="2">AB</th><th rowspan="2">AC</th><th rowspan="2">AD</th><th rowspan="2">HD</th><th rowspan="2">L</th></tr>
<tr><th>基本尺寸</th><th>极限偏差</th><th>基本尺寸</th><th>极限偏差</th><th>基本尺寸</th><th>极限偏差</th><th>基本尺寸</th><th>极限偏差</th><th>基本尺寸</th><th>极限偏差</th><th>基本尺寸</th><th>极限偏差</th><th>基本尺寸</th><th>极限偏差</th><th>位置度公差</th></tr>
<tr><td>63</td><td>2、4</td><td>100</td><td>80</td><td>40</td><td rowspan="5">±1.5</td><td>11</td><td rowspan="2">+0.008
−0.003</td><td>23</td><td rowspan="2">±0.2</td><td>4</td><td rowspan="3">0
−0.030</td><td>8.5</td><td rowspan="3">0
−0.10</td><td>63</td><td rowspan="6">0
−0.5</td><td rowspan="2">7</td><td rowspan="5">+0.36
0</td><td rowspan="2">φ0.5Ⓜ</td><td>130</td><td>150</td><td rowspan="2">165</td><td>230</td><td>270</td></tr>
<tr><td>71</td><td rowspan="5">2、4、6</td><td>112</td><td>90</td><td>45</td><td>14</td><td>30</td><td>5</td><td>11</td><td>71</td><td>140</td><td>155</td><td>240</td><td>300</td></tr>
<tr><td>80</td><td>125</td><td rowspan="2">100</td><td>50</td><td>19</td><td rowspan="4">+0.009
−0.004</td><td>40</td><td rowspan="4">±0.3</td><td>6</td><td>15.5</td><td>80</td><td rowspan="3">10</td><td rowspan="4">φ1.0Ⓜ</td><td>165</td><td>165</td><td rowspan="4">180</td><td>260</td><td>330</td></tr>
<tr><td>90S</td><td rowspan="2">140</td><td rowspan="2">56</td><td rowspan="2">24</td><td rowspan="2">50</td><td rowspan="3">8</td><td rowspan="3">0
−0.036</td><td rowspan="2">20</td><td rowspan="3">0
−0.20</td><td rowspan="2">90</td><td rowspan="2">180</td><td rowspan="2">180</td><td rowspan="2">280</td><td>360</td></tr>
<tr><td>90L</td><td>125</td><td>385</td></tr>
<tr><td>100L</td><td>160</td><td>140</td><td>63</td><td>±2.0</td><td>28</td><td>60</td><td>24</td><td>100</td><td>12</td><td>+0.43
0</td><td>200</td><td>205</td><td>400</td><td>440</td></tr>
</table>

[a] K 孔的位置度公差以轴伸的轴线为基准。

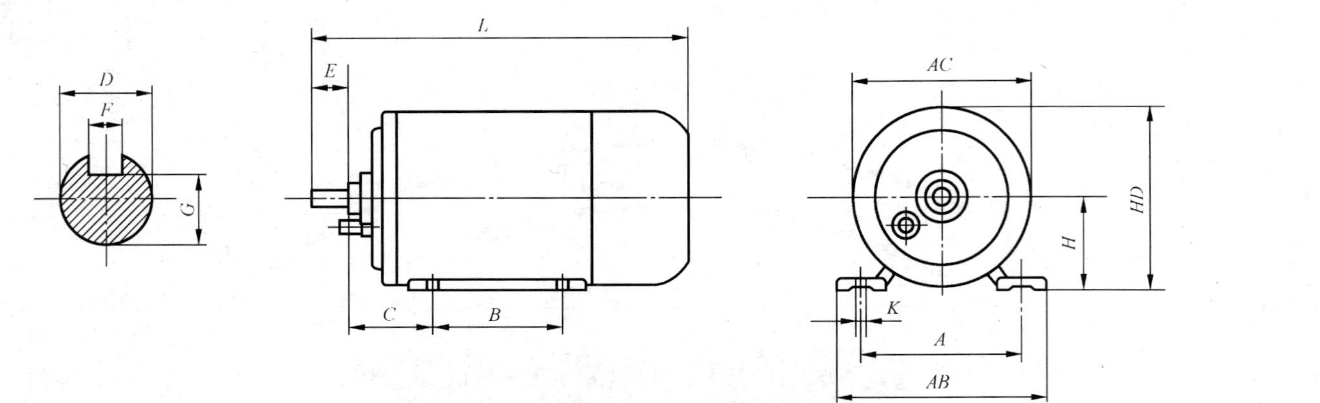

图 2　尺寸示意图

表 3　机座带底脚、端盖上无凸缘、直接引入式的电动机

单位为毫米

机座号	极数	安装尺寸																	外形尺寸			
		A	B	C		D		E		F		G		H		K^a			AB	AC	HD	L
				基本尺寸	极限偏差	基本尺寸	极限偏差	基本尺寸	极限偏差	基本尺寸	极限偏差	基本尺寸	极限偏差	基本尺寸	极限偏差	基本尺寸	极限偏差	位置度公差				
63	2、4	100	80	40		11	+0.008 −0.003	23	±0.2	4		8.5		63		7		ϕ0.5Ⓜ	130	150	130	270
71		112	90	45		14		30		5	0 −0.030	11	0 −0.10	71					140	155	145	300
80		125	100	50	±1.5	19		40		6		15.5		80	0 −0.5	10	+0.36 0		165	165	165	330
90S	2、4、6	140		56		24	+0.009 −0.004	50	±0.3			20		90				ϕ1.0Ⓜ	180	180	180	360
90L			125							8	0 −0.036		0 −0.20									385
100L		160	140	63	±2.0	28		60				24		100		12	+0.43 0		200	205	205	440

[a] K 孔的位置度公差以轴伸的轴线为基准。

3.9.2 电动机轴伸键的尺寸及公差应符合表4的规定

表4

单位为毫米

轴伸直径 D	键　宽	键　高
11	$4_{-0.030}^{0}$	$4_{-0.030}^{0}$
14	$5_{-0.030}^{0}$	$5_{-0.030}^{0}$
19	$6_{-0.030}^{0}$	$6_{-0.030}^{0}$
24	$8_{-0.036}^{0}$	$7_{-0.090}^{0}$
28		

3.9.3 轴伸长度一半处的径向圆跳动公差应符合表5的规定。

表5

单位为毫米

轴伸直径 D	圆跳动公差
$10<D\leqslant18$	0.035
$18<D\leqslant30$	0.040

3.9.4 电动机轴线对底脚支承面的平行度公差为0.4 mm。

3.9.5 电动机的底脚支承面的平面度公差应符合表6的规定。

表6

单位为毫米

AB或BB中的最大尺寸	平面度公差
$100<AB\ (BB)\leqslant160$	0.12
$160<AB\ (BB)\leqslant250$	0.15

3.9.6 电动机的轴伸键槽对轴线的对称度公差应符合表7的规定。

表7

单位为毫米

键槽宽 F	对称度公差
$3<F\leqslant6$	0.018
$6<F\leqslant10$	0.022

4 技术要求

4.1 电动机应符合本标准的要求，并按照经规定程序批准的图样及文件制造，电机外壳材料可采用较高强度的灰铸铁或铝合金。

4.2 在下列海拔和环境空气温度以及环境空气相对湿度条件下，电动机应能额定运行。

4.2.1 海拔不超过1 000 m。

4.2.2 环境空气最高温度随季节变化，但不超过55 ℃。

如电动机指定在海拔超过1 000 m或环境空气最高温度高于或低于40 ℃的条件下使用时，应按GB 755的规定。

4.2.3 最低环境空气温度为−25 ℃。

4.2.4 环境相对湿度不大于95%。

4.3 电动机运行期间，电源电压和频率与额定值的偏差应按 GB 755 的规定。当电源电压的最大偏差不超过额定电压的−15%～+10%时，电动机应能正常运行。

4.4 电动机在功率、电压及频率为额定时，其效率和功率因数的保证值应符合表 8 的规定。效率由间接损耗分析法确定，杂散损耗按额定输入功率的 0.5%计算，非额定点杂散损耗按电流二次方折算。在计算中，效率值取 4 位有效位数，功率因数值取三位有效位数。电动机的效率计算应换算到电阻基准温度 B 级 95 ℃时进行(见 GB/T 755.2)。

表 8

<table>
<tr><th rowspan="3">功率
W</th><th colspan="6">同步转速
r/min</th></tr>
<tr><th>3 000</th><th>1 500</th><th>1 000</th><th>3 000</th><th>1 500</th><th>1 000</th></tr>
<tr><th colspan="3">效率 η
%</th><th colspan="3">功率因数 $\cos\varphi$</th></tr>
<tr><td>120</td><td>—</td><td>58.0</td><td>—</td><td>—</td><td>0.72</td><td>—</td></tr>
<tr><td>180</td><td>66.0</td><td>63.0</td><td>62.0</td><td>0.80</td><td>0.73</td><td>0.66</td></tr>
<tr><td>250</td><td>68.0</td><td>66.0</td><td rowspan="2">63.0</td><td rowspan="2">0.81</td><td>0.74</td><td>0.68</td></tr>
<tr><td>370</td><td>70.0</td><td>69.0</td><td rowspan="2">0.75</td><td>0.70</td></tr>
<tr><td>550</td><td>73.0</td><td>71.0</td><td>66.0</td><td rowspan="2">0.83</td><td rowspan="2">0.72</td></tr>
<tr><td>750</td><td>75.0</td><td>73.0</td><td>69.0</td><td rowspan="2">0.77</td></tr>
<tr><td>1 100</td><td>78.0</td><td>76.2</td><td>73.0</td><td rowspan="2">0.84</td><td>0.73</td></tr>
<tr><td>1 500</td><td>79.0</td><td>78.5</td><td>76.0</td><td>0.79</td><td>0.76</td></tr>
<tr><td>2 200</td><td>81.0</td><td>81.0</td><td rowspan="2">—</td><td>0.85</td><td>0.81</td><td rowspan="2">—</td></tr>
<tr><td>3 000</td><td>83.0</td><td>82.6</td><td>0.88</td><td>0.82</td></tr>
</table>

4.5 在额定电压下，电动机堵转转矩对额定转矩之比的保证值，应不低于表 9 的规定。

表 9

<table>
<tr><th rowspan="3">功率
W</th><th colspan="3">同步转速
r/min</th></tr>
<tr><th>3 000</th><th>1 500</th><th>1 000</th></tr>
<tr><th colspan="3">堵转转矩/额定转矩</th></tr>
<tr><td>120</td><td>—</td><td rowspan="10">2.3</td><td>—</td></tr>
<tr><td>180</td><td rowspan="3">2.2</td><td rowspan="4">1.9</td></tr>
<tr><td>250</td></tr>
<tr><td>370</td></tr>
<tr><td>550</td><td rowspan="6">2.3</td></tr>
<tr><td>750</td><td rowspan="3">2.1</td></tr>
<tr><td>1 100</td></tr>
<tr><td>1 500</td></tr>
<tr><td>2 200</td><td rowspan="2">—</td></tr>
<tr><td>3 000</td></tr>
</table>

4.6 在额定电压下，电动机起动过程中最小转矩对额定转矩之比的保证值应不低于表10的规定。

表 10

<table>
<tr><th rowspan="3">功率
W</th><th colspan="3">同步转速
r/min</th></tr>
<tr><th>3 000</th><th>1 500</th><th>1 000</th></tr>
<tr><th colspan="3">最小转矩/额定转矩</th></tr>
<tr><td>120</td><td>—</td><td rowspan="5">1.7</td><td>—</td></tr>
<tr><td>180</td><td rowspan="4">1.6</td><td rowspan="5">1.5</td></tr>
<tr><td>250</td></tr>
<tr><td>370</td></tr>
<tr><td>550</td></tr>
<tr><td>750</td><td rowspan="3">1.5</td><td rowspan="3">1.6</td></tr>
<tr><td>1 100</td><td rowspan="2">1.3</td></tr>
<tr><td>1 500</td></tr>
<tr><td>2 200</td><td rowspan="2">1.4</td><td rowspan="2">1.5</td><td rowspan="2">—</td></tr>
<tr><td>3 000</td></tr>
</table>

4.7 在额定电压下，电动机最大转矩对额定转矩之比的保证值应不低于表11的规定。

表 11

<table>
<tr><th rowspan="3">功率
W</th><th colspan="3">同步转速
r/min</th></tr>
<tr><th>3 000</th><th>1 500</th><th>1 000</th></tr>
<tr><th colspan="3">最大转矩/额定转矩</th></tr>
<tr><td>120</td><td>—</td><td rowspan="4">2.2</td><td>—</td></tr>
<tr><td>180</td><td rowspan="9">2.3</td><td rowspan="7">2.1</td></tr>
<tr><td>250</td></tr>
<tr><td>370</td></tr>
<tr><td>550</td><td rowspan="6">2.3</td></tr>
<tr><td>750</td></tr>
<tr><td>1 100</td></tr>
<tr><td>1 500</td></tr>
<tr><td>2 200</td><td rowspan="2">—</td></tr>
<tr><td>3 000</td></tr>
</table>

4.8 在额定电压下，电动机堵转电流对额定电流之比的保证值应不大于表12的规定。其额定电流值应按额定功率、额定电压及效率和功率因数的保证值(不计及容差)求得。

表 12

<table>
<tr><th rowspan="3">功率
W</th><th colspan="3">同步转速
r/min</th></tr>
<tr><th>3 000</th><th>1 500</th><th>1 000</th></tr>
<tr><th colspan="3">堵转电流/额定电流</th></tr>
<tr><td>120</td><td>—</td><td rowspan="4">4.0</td><td>—</td></tr>
<tr><td>180</td><td rowspan="2">5.0</td><td rowspan="4">4.0</td></tr>
<tr><td>250</td></tr>
<tr><td>370</td><td rowspan="2">5.5</td></tr>
<tr><td>550</td><td>6.3</td></tr>
<tr><td>750</td><td>6.8</td><td>6.5</td><td>5.8</td></tr>
<tr><td>1 100</td><td>7.3</td><td>6.6</td><td>5.9</td></tr>
<tr><td>1 500</td><td>7.6</td><td>6.9</td><td rowspan="2">6.0</td></tr>
<tr><td>2 200</td><td>7.8</td><td>7.5</td></tr>
<tr><td>3 000</td><td>8.1</td><td>7.6</td><td>6.2</td></tr>
</table>

4.9 电动机电气性能保证值的容差应符合表 13 的规定。对 4.5～4.8 的数值修约间隔规定为 0.01。

表 13

<table>
<tr><th>序号</th><th>电气性能名称</th><th>容　　差</th></tr>
<tr><td>1</td><td>效率 η</td><td>$-15\%(1-\eta)$</td></tr>
<tr><td>2</td><td>功率因数 $\cos\varphi$</td><td>$-(1-\cos\varphi)/6$，最小绝对值 0.02，最大绝对值 0.07</td></tr>
<tr><td>3</td><td>堵转转矩倍数</td><td>保证值的$^{+25}_{-15}$%（经协议可超过+25%）</td></tr>
<tr><td>4</td><td>最小转矩倍数</td><td>保证值的−15%</td></tr>
<tr><td>5</td><td>最大转矩倍数</td><td>保证值的−10%，但计及容差后，转矩值不小于额定转矩的 1.6 倍或 1.5 倍</td></tr>
<tr><td>6</td><td>堵转电流倍数</td><td>保证值的+20%</td></tr>
<tr><td>7</td><td>转差率（在满载和工作温度下）
额定功率在 1 kW 以下
额定功率在 1 kW 及以上</td><td>
转差率保证值的±30%
转差率保证值的±20%</td></tr>
<tr><td colspan="3">注：转差率保证值＝（同步转速－额定转速（铭牌值））/同步转速。</td></tr>
</table>

4.10 电动机定子绕组温升和最高表面温度。

4.10.1 电动机采用 F 级绝缘，当海拔和环境空气温度符合 4.2 的规定时，电动机定子绕组温升（电阻法）按 75 K 考核，其数值修约间隔为 1。

如试验地点的海拔或环境空气温度与 4.2 的规定不同时，温升限值应按 GB 755 的规定进行修正。

4.10.2 用电阻法测量绕组温度时，应在温升试验结束就尽快使电动机停转。电动机断电后应在 30 s 内测得第一点读数，则以此读数计算得到的温升不需外推至断电瞬间。如不能在 30 s 内测得第一点读数，则应按 GB 755 的规定。

4.10.3 电动机外壳最高表面温度（温度计法）在规定允许最不利的工作条件下，应不超过 130 ℃。

4.10.4 电动机轴承的允许温度（温度计法）应不超过 95 ℃。

4.11 电动机在热态和在逐渐增加转矩的情况下，应能承受 4.7 所规定的最大转矩值（计及容差），历时

15 s 短时过转矩试验而无转速突变、停转及发生有害变形。此时，电压和频率应维持在额定值。

4.12 电动机应能承受 1.5 倍额定电流，历时不少于 2 min 的偶然过电流试验而不损坏。

4.13 电动机在空载情况下，应能承受提高转速至其额定值的 120%，历时 2 min 的超速试验而不发生有害变形。

4.14 电动机定子绕组的绝缘电阻在热态时或温升试验后，应不低于 0.38 MΩ（在实际冷态下不低于 20 MΩ），最大对地泄漏电流应不超过 3.5 mA。

4.15 电动机的定子绕组应能承受历时 1 min 的耐电压试验而不发生击穿，试验电压的频率为 50 Hz，并尽可能为正弦波形交流电压，试验电压的有效值为 1 760 V。在传送带上对大批连续生产的电动机进行检查试验时，允许将试验时间缩短至 1 s，而电压有效值为 2 110 V。

4.16 电动机的定子绕组应能承受匝间冲击耐电压试验而不发生击穿，其试验冲击电压峰值为 2 600 V，波前时间为 0.2 μs（容差 $^{+0.3}_{0}$ μs）。

4.17 电动机的定子绕组在按 GB/T 2423.4 所规定的 40 ℃交变湿热试验方法进行 12 周期试验后，绝缘电阻不低于 1.14 MΩ，并能承受 4.15 所规定的耐电压试验，电压有效值为 1 500 V 而不发生击穿，试验时间为 1 min，且样品的隔爆面应不锈蚀。

4.18 电动机应按 GB/T 2423.1 规定进行耐低温试验。在试验温度下，轴承润滑脂不应凝固，电动机应能正常起动，引出线及塑料、橡胶零件等不应有开裂现象。

4.19 电动机应按 GB/T 2423.2 规定进行耐高温试验。在试验温度下，电动机应能正常运行。

4.20 电动机在空载时测得的振动烈度有效值应不超过表 14 的规定。如无特殊要求，电动机应按 N 级的规定。在测得振动烈度有效值的数值时，振动值修约间隔对 N 级为 0.1，对 R、S 级为 0.01。

表 14

<table>
<tr><td>同步转速 n
r/min</td><td>600～1 800</td><td>>1 800～3 600</td></tr>
<tr><td>振动等级</td><td colspan="2">振动烈度有效值
mm/s</td></tr>
<tr><td>N</td><td colspan="2">1.8</td></tr>
<tr><td>R</td><td>0.71</td><td>1.12</td></tr>
<tr><td>S</td><td>0.45</td><td>0.71</td></tr>
</table>

4.21 电动机在空载时测得的 A 计权声功率级的噪声数值应不超过表 15 的规定，电动机在负载时测得的 A 计权声功率级应符合表 15 和表 16 规定值之和。噪声数值的容差为+3 dB(A)。修约间隔为 1。

表 15

<table>
<tr><td rowspan="3">功率
W</td><td colspan="3">同步转速
r/min</td></tr>
<tr><td>3 000</td><td>1 500</td><td>1 000</td></tr>
<tr><td colspan="3">声功率级
dB(A)</td></tr>
<tr><td>120</td><td>—</td><td rowspan="2">52</td><td>—</td></tr>
<tr><td>180</td><td rowspan="2">61</td><td rowspan="2">52</td></tr>
<tr><td>250</td><td rowspan="2">55</td></tr>
<tr><td>370</td><td>64</td><td>54</td></tr>
</table>

表 15（续）

<table>
<tr><th rowspan="4">功率
W</th><th colspan="3">同步转速
r/min</th></tr>
<tr><th>3 000</th><th>1 500</th><th>1 000</th></tr>
<tr><th colspan="3">声功率级
dB(A)</th></tr>
<tr></tr>
<tr><td>550</td><td>64</td><td rowspan="2">58</td><td>54</td></tr>
<tr><td>750</td><td rowspan="2">67</td><td rowspan="2">57</td></tr>
<tr><td>1 100</td><td rowspan="2">61</td></tr>
<tr><td>1 500</td><td rowspan="2">72</td><td>61</td></tr>
<tr><td>2 200</td><td rowspan="2">64</td><td>65</td></tr>
<tr><td>3 000</td><td>76</td><td>69</td></tr>
</table>

表 16

同步转速 r/min		
3 000	1 500	1 000
声功率级 dB(A)		
2	5	7

4.22　当三相电源平衡时，电动机的三相空载电流中任何一相与三相平均值的偏差应不大于三相平均值的10%。

4.23　电动机在检查试验时，空载与堵转的电流和损耗应在某一数据范围之内，该数据范围应能保证电动机性能符合4.4～4.9的规定。

4.24　电动机有一个圆柱形轴伸，用联轴器传动。

4.25　电动机的引出装置为两种出线方式。一种设有接线盒，接线盒位于电动机的顶部，制成3个接线端子，橡套电缆结构。该种电动机接线盒内应有接地螺栓，并应在接地螺栓的附近设有接地标志，此标志应保证在电动机整个使用时期内不易磨灭。另一种为直接引入式电缆结构，电缆采用实芯引入电缆，其长度应不小于1 m。

4.26　电动机保护接地端子应具有耐腐蚀性。

4.27　电动机引出线应采用符合EN 13617.1:2004中5.3.2.4要求的耐燃油电缆，引出线处密封圈应采用耐燃油橡胶材料制成。

4.28　电动机的金属隔爆面应有防锈措施，如电镀、磷化，涂204-1防锈油等，但不允许涂漆。

4.29　在出线端标志字母顺序与三相电源电压相序方向相同时，从轴伸端视之，电动机应为顺时针方向旋转。

4.30　电动机所用零部件材质，在GB 17930和GB 18351规定溶剂或其蒸汽中均不应产生有害影响。其中引出线处密封圈除应符合GB 3836.1相关要求外，还应按照EN 13617.1:2004中6.1.8进行测试，且不应产生严重损坏。

4.31　电动机除按上述规定外，未规定的有关要求还应符合GB 3836.1和GB 3836.2的规定。

4.32　电动机的安全性能应符合GB 14711的要求。

5 试验方法与检验规则

5.1 电动机应取得防爆检验单位发给的“防爆合格证”。

5.2 每台电动机应经检验合格后才能出厂并应附有产品合格证。

5.3 每台电动机应经过检查试验，检查试验项目包括：

a) 机械检查(根据5.8、5.9的规定)；

b) 定子绕组对机壳及其相互间绝缘电阻的测定(检查试验时可测冷态绝缘电阻，但应保证绝缘电阻不低于4.14的规定)；

c) 定子绕组在实际冷态下直流电阻的测定；

d) 耐电压试验；

e) 匝间绝缘试验；

f) 空载电流和损耗的测定。型式试验时应量取空载特性曲线；

g) 堵转电流和损耗的测定。型式试验时应量取堵转特性曲线；

h) 噪声的测定(按5.10的规定)；

i) 振动的测定(按5.10的规定)；

j) 旋转方向检查。

5.4 除5.3的规定外，电动机及其零部件的检查试验项目还应包括图样中按GB 3836.2规定的检验项目。

5.5 凡属下列情况之一者，应进行型式试验。

a) 经鉴定定型后制造厂第一次试制或小批试制生产时；

b) 电动机设计或者工艺上的变更足以引起某些特性和参数发生变化时；

c) 当检查试验结果和以前进行的型式试验结果发生不可允许的偏差时；

d) 成批生产的电动机定期的抽试，每年抽试一次，当需要抽试的数量过多时，抽试时间可适当延长，但至少每两年抽试一次；

e) 长期停产后，恢复生产时。

5.6 电动机的型式试验项目包括：

a) 检查试验的全部项目；

b) 温升和轴承温度的测定；

c) 效率、功率因数的测定；

d) 短时过转矩试验；

e) 最大转矩的测定；

f) 起动过程中最小转矩的测定；

g) 超速试验；

h) 电动机最高表面温度的测定；

i) 最大对地泄漏电流的测定。

5.7 凡属下列情况之一者，必须按GB 3836.2的规定进行图样及文件审查和防爆性能试验。

a) 未取得“防爆合格证”的产品；

b) 已取得“防爆合格证”的产品，当局部更改涉及防爆性能的有关规定时，更改部分的图纸，文件及说明，应送原检验单位重新审查；

c) 检查单位需对已发给“防爆合格证”的产品进行复查时；

d) “防爆合格证”有效期满时。

5.8 电动机的机械检查项目包括：

a) 转动检查：电动机运转时，平稳轻快、无停滞现象；

b) 外观检查:电动机的装配完整正确,电动机表面油漆干燥完整、均匀、无污损、破坏、裂痕等现象;

c) 安装尺寸、外形尺寸及键的尺寸检查:安装尺寸及外形尺寸符合 3.9.1 的规定,键尺寸符合 3.9.2 的规定;

d) 圆跳动、底脚支承面的平行度和平面度及键槽对称度的检查:圆跳动符合 3.9.3 的规定;底脚支承面的平行度和平面度分别符合 3.9.4 和 3.9.5 的规定;键槽对称度符合 3.9.6 的规定。底脚支承面的平面度和键槽对称度在零件上进行检查。

5.9 本标准 5.8 的 a)和 b)必须每台检查,5.3 的 h)和 i)及 5.8 的 c)和 d)可以进行抽查,抽查办法由制造厂制定。

5.10 本标准 5.3[其中 e)、h)和 i)除外]和 5.6[其中 h)和 i)除外]所规定的各项试验,其试验方法按 GB/T 1032 进行。5.3 的 e)按 JB/T 9615.1 进行。5.3 的 h)按 GB/T 10069.1 进行,负载噪声测定方法按 JB/T 8680.1—1998 附录 A 进行。5.3 的 i)按 GB 10068 进行。5.6 的 h)按 GB 3836.1 进行,5.6 的 i)按 GB 14711 进行。5.8 的 c)和 d)按 GB/T 4772.1 进行。

5.11 电动机的外壳防护性能试验、40 ℃交变湿热试验、高低温性能试验,可在产品结构定型或当结构和工艺有较大改变时进行。外壳防护等级的试验方法按 GB/T 4942.1 进行。试验时电动机应处于正常状态,其隔爆面上应涂防锈油。高温试验方法按 GB/T 2423.2 进行。试验温度为 55 ℃,运行时间为 2 h。低温试验方法按 GB/T 2423.1 进行。试验温度为 −25 ℃,持续时间为 2 h。40 ℃交变湿热试验方法按 GB/T 2423.4 进行。

6 标志、包装

6.1 铭牌材料及铭牌上数据的刻划方法应保证其字迹在电动机整个使用期内不易磨灭。

6.2 铭牌应固定在电动机机座的上半部,应标明的项目如下:

a) 制造厂名;

b) 电动机名称(燃油加油机用隔爆型三相异步电动机);

c) 标准编号;

d) 电动机型号;

e) 防爆标志(允许另作标牌);

f) 外壳防护等级;

g) 额定功率,单位为 kW;

h) 额定频率,单位为 Hz;

i) 额定电流,单位为 A;

j) 额定电压,单位为 V;

k) 额定功率因数($\cos\varphi$);

l) 额定转速,单位为 r/min;

m) 绝缘等级;

n) 接线方法;

o) 环境温度附加标记(当环境温度超出 −20 ℃~+40 ℃时);

p) 制造厂出品年、月及出品编号;

q) 质量,单位为 kg;

r) 防爆合格证编号(允许另作标牌);

s) 属于生产许可证制度管理产品,按国家许可证相关法律法规执行。

6.3 电动机应在明显处标有清晰的永久性凸纹或凹纹防爆标志。

6.4 电动机定子绕组的出线端及在接线盒内的接线装置处均有 U、V、W 标志,并应保证其字迹在电动机使用期内不易磨灭。

6.5 电动机的轴伸平键应绑扎在轴上，轴伸及平键表面加防锈及保护措施。

6.6 电动机的包装应能保证在正常的储运条件下，自发货之日起的1年时间内不致因包装不善而导致受潮和损坏。

6.7 包装箱外壁的文字和标志应清楚整齐，内容如下：

a) 发货站及制造厂名；

b) 收货站及收货单位名称；

c) 电动机型号和出厂编号；

d) 电动机的净重及连同包装箱的毛重；

e) 包装箱的尺寸；

f) 在包装箱外的适当位置应标有“小心轻放”、“怕湿”等字样，其图形应符合GB/T 191的规定。

ICS 29.120.30
K 30

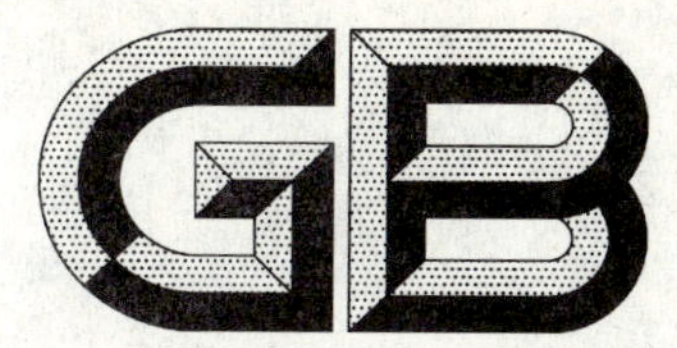

中华人民共和国国家标准

GB/T 23307—2009

家用和类似用途地面插座

Floor socket-outlets for household and similar purposes

2009-03-19 发布　　　　2009-12-01 实施

中华人民共和国国家质量监督检验检疫总局
中国国家标准化管理委员会　发布

前　言

本标准与GB 2099.1—2008《家用和类似用途插头插座　第1部分:通用要求》配合使用。

本标准由中国电器工业协会提出。

本标准由全国电器附件标准化技术委员会(SAC/TC 67)归口。

本标准起草单位:杭州鸿雁电器有限公司、浙江正泰建筑电器有限公司、浙江恒泰电工有限公司、中国电器科学研究院、惠州雷士光电科技有限公司、广东松本电工电器有限公司、松下电工信息仪器(上海)有限公司、浙江锦豪电器有限公司。

本标准主要起草人:单朝兰、刘新春、乐志斌、罗怀平、周贻朋、何均匀、张文捷、汪凤琴、陈毅杰、叶志荣、李立新、李晓犇。

家用和类似用途地面插座

1 范围

本标准规定了户内使用的、仅用于交流电、额定电压在 50 V 以上但不超过 440 V、额定电流不超过 32 A 的家用和类似用途的地面插座的要求。

对于装有无螺纹端子的地面插座，额定电流最大仅限为 16 A。

本标准不适用于工业用地面插座。

符合本标准要求的地面插座适合在通常不超过 35 ℃、偶尔会达到 40 ℃的环境温度中使用。

在特殊条件的场所，如船上、车辆上和可能发生爆炸等危险场所，可能要求特殊的结构。

2 规范性引用文件

下列文件中的条款通过本标准的引用而成为本标准的条款。凡是注日期的引用文件，其随后所有的修改单(不包括勘误的内容)或修订版均不适用于本标准，然而，鼓励根据本标准达成协议的各方研究是否可使用这些文件的最新版本。凡是不注日期的引用文件，其最新版本适用于本标准。

GB 2099.1—2008 家用和类似用途插头插座通用要求 第 1 部分：通用要求(IEC 60884-1:2006, MOD)

GB/T 2423.17—2008 电工电子产品环境试验 第 2 部分：试验方法 试验 Ka：盐雾(IEC 68-2-11:1981,IDT)

GB 4208—2008 外壳防护等级(IP 代码)(IEC 529:2001,IDT)

GB/T 6461—2002 金属基体上金属和其他无机覆盖层 经腐蚀试验后的试样和试件的评级(idt ISO 10289:1999)

GB 17466.23—2008 家用和类似用途固定式电气装置的电器附件安装盒和外壳 第 23 部分：地面安装盒和外壳的特殊要求(IEC 60670-23:2006,IDT)

3 术语和定义

GB 2099.1—2008 的本章做下述变动后适用。

增加下述术语和定义：

3.1

地面插座 floor socket-outlet

安装在地面或类似场所、用于与固定布线连接的插座。

3.2

功能模块 function module

地面插座中用于实现特定功能的模块。

3.3

模块固定式地面插座 floor socket-outlet with module fixed

正常使用过程中，功能模块不活动的地面插座。

3.4

模块活动式地面插座 floor socket-outlet with active module

正常使用过程中，功能模块活动的地面插座。

3.5

预埋式地面插座　floor socket-outlet with mounting box installed under floor in advance

与之配套使用的安装盒预埋于基础地面的地面插座。

3.6

架空式地面插座　floor socket-outlet with overhead mounting box

与之配套使用的安装盒安装在基础地面与地板之间的架空空间的地面插座。

3.7

弹开式地面插座　floor socket-outlet with bouding lid

使用过程中,通过特定装置、盖能自动弹开的地面插座。

3.8

旋转式地面插座　floor socket-outlet with revolving lid

盖通过旋转可以打开的地面插座。

3.9

翻盖式地面插座　floor socket-outlet with turned lid

盖可以拉开或推开的地面插座。

3.10

脱离式地面插座　floor socket-outlet with separable lid

使用过程中,盖可以脱离的地面插座。

3.11

不可脱离式地面插座　floor socket-outlet with nonseparable lid

使用过程中,盖不可以脱离的地面插座。

4　一般要求

地面插座在设计和结构上应能保证:在正常使用时,性能可靠,对使用者或周围环境没有本标准意义范围内的危险。

是否合格,通过全部有关的要求和规定的试验来检查。

地面插座安装盒是否合格,应通过 GB 17466.23 全部有关的要求和规定的试验来检查。

5　试验概述

5.1　应进行试验以检验符合本标准规定的要求。

要进行下列试验:

——对每一个电器附件的有代表性试样应进行型式试验;

——适用时对每一个按照本标准制造的电器附件应进行常规试验。

按本标准进行的试验是型式试验。

5.2　除非另有规定,否则试样按交货状态,并在正常使用的条件下进行试验。

必须有安装盒才构成完整外壳的地面插座,应与其安装盒一起进行试验。

5.3　除非另有说明,否则试验应按各条款的顺序在 15 ℃～35 ℃的环境温度下进行。

在有怀疑时,试验应在(20±5)℃的环境温度下进行。

如有中性线,则中性线作为一个极来处理。

5.4　用 3 个试样进行所有的有关试验。

12.3.11 的试验,要求送交附加插座的试样带有无螺纹端子的总个数至少为 5 个。

12.3.12 的试验,需要送交 3 个附加插座试样,每个试样要对一个夹紧元件进行试验。

对于第 20 章和第 21 章的试验可能需要附加试样。

第 24 章的试验可能需要 3 个附加试样。

第 28 章的试验可能需要 3 个附加试样。

注：试验所需试样数量一览表由附录 A 给出。

5.5 需送交试样做全部相关项目的试验，如果所有试验都符合，则满足标准要求。

如果一个试样因为装配或制造缺陷在一项试验中不合格，该项试验及可能对其试验结果有影响的前一项（或数项）试验应进行复试，复试及后面的试验应采用另一组全套试样并按照要求的顺序进行，所有试样复试时均应合格。

注：申请者可在按 5.4 规定的数目送交试样的同时，送交附加试样，以备万一有试样不合格时需要。这样，试验站无需等申请者再次提出要求，即可对附加试样进行试验，并只有再一次出现不合格项目时才判为不合格。如果不同时送交附加试样，则只要有试样不合格即判为不合格。

6 额定值

GB 2099.1—2008 的本章适用。

7 分类

7.1 按安装后外露在地面部分的材料分类：

——金属材质地面插座，如：铜合金、铝合金、锌合金、不锈钢材质等；

——塑料材质地面插座；

——其他材质地面插座；

——混合材质地面插座，如外露件既有金属部件、又有塑料部件等。

7.2 按正常使用过程中功能模块活动与否分类：

——模块固定式地面插座；

——模块活动式地面插座。

7.3 按盖的打开方式分类：

——弹开式地面插座；

——旋转式地面插座；

——翻盖式地面插座；

——其他类地面插座。

7.4 按盖是否可脱离分类：

——脱离式地面插座；

——不可脱离式地面插座。

7.5 按安装方式分类：

——预埋式地面插座；

——架空式地面插座。

7.6 按安装地面的处理方法分类：

——预定安装于承受干处理的地面的地面插座；

——预定安装于承受湿处理的地面的、且低于 IPX 4 等级的地面插座；

——预定安装于承受湿处理的地面的、不低于 IPX 4 等级的地面插座。

8 标志

GB 2099.1—2008 的本章除 8.4 外都适用。

9 尺寸的检查

GB 2099.1—2008 的本章除 9.3 外都适用。

10 防触电保护

GB 2099.1—2008 的本章除 10.4 外都适用。

11 接地措施

GB 2099.1—2008 的本章适用。

12 端子和端头

GB 2099.1—2008 的本章做下述变动后适用。

12.3.1 第二段改为：

对于前一种类型的端子，地面插座内部用于端子与端子之间连接的、线丝与硬的连接件经过熔焊、压接或等效方法连接的软的铜导线组件可视作硬的铜导线，但使用时与端子连接时的夹紧应作用在硬的连接件上，不能作用于熔焊区。对于后一种类型的端子，必须先用硬导线试验，然后再用软导线重复试验。

13 固定式插座的结构

GB 2099.1—2008 的本章做下述变动后适用。

增加如下内容：

13.1 地面插座在结构上应做到与安装盒的连接可靠、便于安装。

是否合格，通过观察检查。

13.2 地面插座在结构上应保证外部强电部分的接线能可靠固定，在使用过程中不会活动。

是否合格，通过观察检查。

13.3 地面插座的盖应有足够的机械强度。

是否合格，通过进行 24.1.2、24.2 的试验检查。

13.4 地面插座盖的开启结构应可靠、灵活。

是否合格，通过观察和进行第 21 章的试验检查。

13.5 脱离式地面插座的结构应做到可脱离的盖必须借助工具才能打开。

是否合格，通过观察和进行手动试验检查。

13.6 地面插座外露在地面或地板上的零部件之间的结合面、与地面或地板结合的零部件在结合面上都必须有密封圈，密封圈应牢牢固定，而且，不得因正常使用时出现的任何机械的或热的应力而移位。

是否合格，通过观察检查。

注：具体的试验检查，正在考虑之中。

13.7 地面插座中用于自锁的零部件应有足够的机械强度。

是否合格，通过进行 24.1.3 的试验检查。

13.8 安装于承受湿处理的地面的、且低于 IPX 4 等级的地面插座应突起超出地面不少于 19 mm。

是否合格，通过测量来检查。

14 插头和移动式插座的结构

GB 2099.1—2008 的本章不适用。

15 联锁插座

GB 2099.1—2008 的本章适用。

16 耐老化、由外壳提供的防护和防潮

GB 2099.1—2008 的本章做下述变动后适用。

16.2 GB 2099.1—2008 中该节内容改为：

16.2 由外壳提供的防护

外壳应能提供符合电器附件标志的 IP 等级的防护。包括防危险部件的进入的防护、防由于固体物进入有害影响的防护和防水进入的有害影响的防护。

是否合格，通过 16.2.1 和 16.2.2 试验进行检查。

16.2.1 防危险部件进入和防由于固体物进入有害影响的防护

地面插座和它的外壳应提供防危险部件进入和防由于固体物进入有害影响的防护等级。

将地面插座按正常使用要求安装在水平表面上。地面插座按制造商的说明书要求安装在适当的安装盒里。

外壳的螺钉要用表 6 中规定力矩的 2/3 来旋紧。

不用工具即可拆掉的部件要拆掉。

如果电器附件已成功地通过本试验，然后对这些单一电器附件的组合视为通过本试验。

16.2.1.1 防危险部件进入的防护

进行 GB 4208 规定的相关试验(参见第 10 章)。

16.2.1.2 防由于固体物进入而产生有害影响的防护

地面插座应有不低于 IP 20 的防护等级。

是否合格，通过进行 GB 4208 规定的相关试验检查。

16.2.2 防有害进水

地面插座要在无插头插合、盖处于闭合状态下试验。

外壳的螺钉要用表 6 规定力矩的 2/3 来旋紧。

不用工具即可拆掉的部件要拆掉。

16.2.2.1 预定安装于承受湿处理的、且低于 IPX 4 等级的地面插座的防有害进水

对预定安装于承受湿处理的、且低于 IPX4 等级的地面插座，在以如下方式安装时，应按 GB 4208—2008 的 IPX 4 防护等级的要求进行试验：

地面插座应按制造商使用说明水平安装于不渗透的材料的表面。安装表面应从地面安装盒镶嵌表面四周向各方向上延伸出 50 mm。所有高于地面水平线 19 mm 的地面插座的结合点允许用防渗透的胶布或者其他合适的防渗透材料掩盖。

16.2.2.2 预定安装于承受湿处理的、且不低于 IPX4 等级的地面插座的防有害进水

对预定安装于承受湿处理的地面、且不低于 IPX4 等级的地面插座，在以如下方式安装时，应按 GB 4208—2008 的 IPX 4 防护等级的要求进行试验：

地面插座应按制造商使用说明水平安装于不渗透的材料的表面。安装表面应从地面安装盒镶嵌表面四周向各方向上延伸出 50 mm。

17 绝缘电阻和电气强度

GB 2099.1—2008 的本章做下述变动后适用。

17.1.2 GB 2099.1—2008 的本条内容不适用。

17.2 GB 2099.1—2008 中该节内容改为：

17.2 在 17.1 所规定的部件之间，施加基本上是正弦波形的、频率为 50 Hz 的电压 1 min。

试验电压应为如下：

——对额定电压 130 V 及以下的电器附件，对所有连接在一起的极与本体之间试验电压为

1 500 V，其他部件之间试验电压为 1 250 V；

——对额定电压 130 V 以上的电器附件，对所有连接在一起的极与本体之间试验电压为 3 000 V，其它部件之间试验电压为 2 000 V。

开始时，施加的电压应不大于规定值的一半，然后，迅速地提高到规定值。

试验期间，不得出现闪络或击穿现象。

注 1：试验所用的高压变压器在设计上必须做到：当把输出电压调到相应的试验电压后使输出端子短路时，输出电流至少为 200 mA。

注 2：在输出电流小于 100 mA 时，过电流继电器不得动作。

注 3：应注意，所施加的试验电压的方均根值应在±3%的范围内。

注 4：不会引起电压降的辉光放电可忽略不计。

18 接地触头的工作

GB 2099.1—2008 的本章适用。

19 温升

GB 2099.1—2008 的本章适用。

20 分断容量

GB 2099.1—2008 的本章适用。

21 正常操作

GB 2099.1—2008 的本章做下述变动后适用。

在最后一段前增加：

带盖的地面插座，按正常使用过程开启、闭合盖 5 000 次(10 000 个行程)。

试验过程中，不得出现不能正常开闭的情况。

试验之后，试样不得出现：

——影响今后使用的磨损；

——密封圈或隔层等的劣化；

——电气或机械连接的松脱；

——影响正常使用的机械损坏。

最后一段改为：

在本章的试验之后，进行 11.5、13.2 和第 23 章的试验。

22 拔出插头所需的力

GB 2099.1—2008 的本章适用。

23 软缆及其连接

GB 2099.1—2008 的本章改为：

模块活动式地面插座中用于内部接线的活动导线应采用绝缘软线。

该软线应有足够的长度，以使连接点处不会出现过度的应力损伤。

对必须连接到只允许连接硬的铜导线的端子上时，该软线应与硬的连接件经过熔焊、压接或等效方法连接处理后接入端子。软线与硬的连接件的连接处应有绝缘护套。

是否合格，在紧接着第 21 章的试验之后通过如下的试验和观察来检查：

——在有第 21 章规定的试验电流流过每个触头和相应的软线时，它们之间的电压降不得超过 10 mV；

——护套(如有)不得与软线本体分离；

——软线的绝缘不得出现磨损的迹象；

——软线的断线丝不得刺穿绝缘而外露；

——软线端部如采用夹紧件，则夹紧件不得与软线松脱或破损。

24 机械强度

GB 2099.1—2008 的本章做下述变动后适用。

第一段和第二段改为：

地面插座应有足够的机械强度，能经受得住安装及使用过程中产生的机械应力。

是否合格，通过如下规定的 24.1、24.2 中合适的试验检查。

24.1～24.7、24.9～24.13、24.19 的内容不适用。

增加下列内容：

24.1 使地面插座经受如下的压缩试验。

24.1.1 将地面插座放置在水平表面上。

模拟地面水平放置。

将地面插座水平放置在模拟地面上。

注 1：模拟地面及支架应有足够的强度，在试验过程中不应出现影响试验结果的变形或损坏，可选用钢板或者木板等材料。

注 2：模拟地面应按地面插座的使用说明书的规定开孔以放置地面插座。

24.1.2 使试样经受图 1 所示的试验装置所进行的压缩试验。

地面插座的盖闭合，正方体钢块放置在试样的盖的中间位置上，对正方体钢块施加压力。

试样在 30 s 内均匀增加负荷达到 1 000 N，并保持 1 min。

将正方体钢块依次放置在盖边缘的四个最不利点，重复上述试验。

试验之后：

——盖不得出现影响正常使用的变形或损坏；

——用于保持盖在正常位置的零部件不得出现影响正常使用的变形或损坏。

24.1.3 对有自锁结构的地面插座，使试样经受图 2 所示装置所进行的压缩试验。

地面插座的盖按正常使用开启，将钢板水平搁置在盖上，对钢板施加压力。

注 1：钢板的表面应大于钢板与盖的接触面。

注 2：钢板应有足够强度，在试验过程中不应出现影响试验结果的变形或损坏。

试样在 30 s 内均匀加荷达到 320 N，保持负荷 1 min。

试验之中，盖不能出现自动关闭的情况。

试验之后，地面插座不得出现影响正常使用的变形或损坏。

24.2 使地面插座经受如下的冲击试验。

在盖闭合时，使试样经受图 3 所示的试验装置所进行的冲击试验。

让落锤自 300 mm 的高度跌落，该落锤的质量为 2 000 g ± 4 g。

落锤冲击点应均匀分布。

进行冲击的方法如下：

——对中心处进行一次冲击，在试样整体水平移动后，在中心点与盖的边缘之间的最不利点各冲击一次；

——对用于开启盖的零部件的中心点处各冲击一次。

注：对采用按压机构开启盖的地面插座，对按压机构处不进行冲击。

试验之中，盖不能出现自动开启的情况。

试验之后，地面插座不能出现影响正常使用的变形或损坏。

25 耐热

GB 2099.1—2008 的本章适用。

26 螺钉、载流部件及其连接

GB 2099.1—2008 的本章适用。

27 爬电距离、电气间隙和通过密封胶的距离

GB 2099.1—2008 的本章适用。

28 绝缘材料的耐非正常热、耐燃和耐电痕化

GB 2099.1—2008 的本章适用。

29 防锈性能

GB 2099.1—2008 的本章改为：

29.1 非外露部件的防锈性能

地面插座正常使用时不外露铁质部件，均应妥为保护，以防生锈。

是否合格，通过如下试验检查：

将待试部件用合适的脱脂剂，以除掉所有的油脂。

然后，将部件浸入(20±5)℃、氯化铵含量为10%的水溶液中达10 min。

将试样上的液滴甩掉，但不擦干，然后，将试样放进装有温度为(20±5)℃的饱和水气的盒子中达10 min。

试样在(100±5)℃的加热箱内烘10 min后，试样表面不得出现锈迹。

注1：锐边上的锈迹或可擦掉的淡黄色锈膜均可忽略不计。

注2：对小弹簧之类及会受到磨损的不易触及部件，有一层油脂，即足以防锈。对这类部件，只有在对油脂层的功效有怀疑时，才进行试验，而且试验前不去除油脂。

29.2 外露部件的防锈性能

地面插座正常使用时外露金属部件，均应妥为保护，以防生锈。

是否合格，通过如下的试验及评级来判断：

按GB/T 2423.17试验，连续雾化的试验持续时间为24 h、试验样品按正常使用时盖闭合状态水平放置。

试验后按GB/T 6461进行保护评级：

——盖闭合状态下的外露金属部件的正面保护级别不得低于9级、侧边及背部的保护级别不得低于8级；

——盖开启后才外露的金属部件的保护级别不得低于8级。

30 带有绝缘护套的插销的附加试验

GB 2099.1—2008 的本章不适用。

单位为毫米

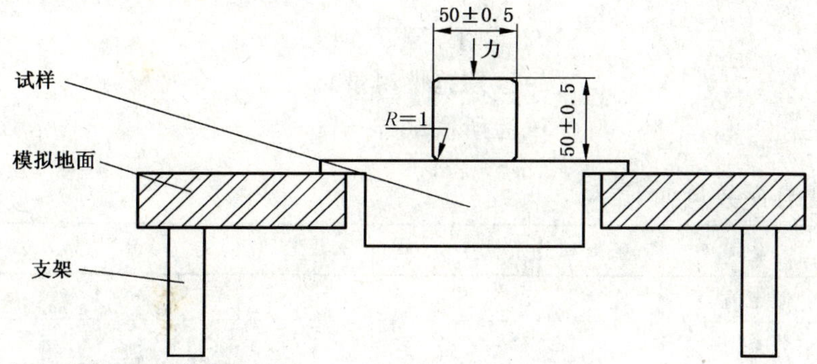

注：模拟地面的材料为木板，允许为其他材料。

图 1　24.1.2 的压缩试验示意图

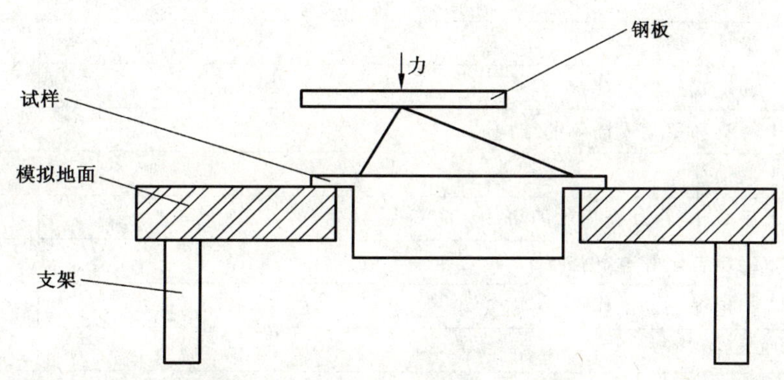

注：模拟地面的材料为木板，允许为其他材料。

图 2　24.1.3 的压缩试验示意图

单位为毫米

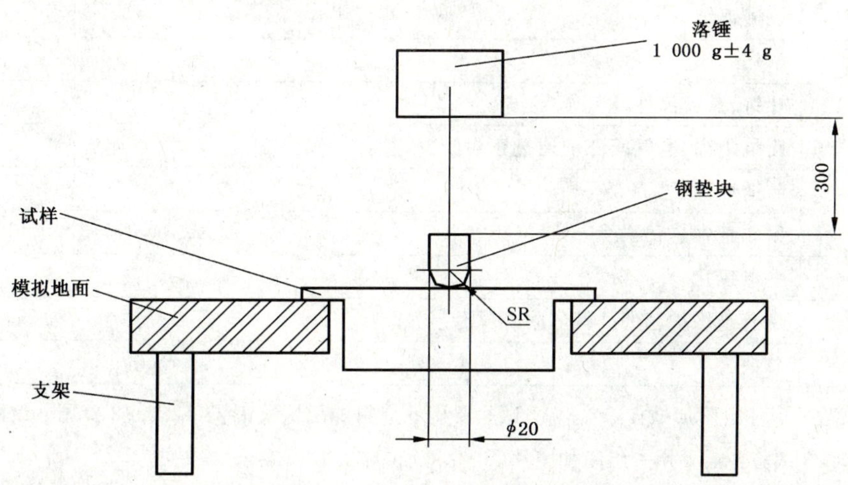

注：模拟地面的材料为木板，允许为其他材料。

图 3　24.2 的冲击试验示意图

附　录　A
（规范性附录）
试验所需试样一览表

按 5.4 试验所需样品数量如下：

条款和分条款		试样数量
6	额定值	A
7	分类	A
8	标志	A
9	尺寸的检查	ABC
10	防触电保护	ABC
11	接地措施	ABC
12	端子和端头	ABC[a]
13	固定式插座的结构	ABC[b]
14	插头和移动式插座的结构	—
15	联锁插座	ABC
16	耐老化、由外壳提供的防护和防潮	ABC
17	绝缘电阻和电气强度	ABC
18	接地触头的工作	ABC
19	温升	ABC
20	分断容量	ABC
21	正常操作	ABC
22	拔出插头所需的力	ABC
23	软缆及其连接	ABC
24	机械强度	ABC[c,d]
25	耐热	ABC
26	螺钉、载流部件及其连接	ABC
27	爬电距离、电气间隙和通过密封胶的距离	ABC
29	防锈性能	ABC
28.1	耐非正常热和耐燃	DEF
28.2	耐电痕化	DEF[e]
30	带有绝缘护套的插销的附加试验	—
	总数	6

[a] 12.3.10 试验要用一组附加试样，12.3.11 试验要用 5 个附加无螺纹端子，12.3.12 要用一组附加样品。

[b] 13.22 和 13.23 试验各需要用一组附加膜片。

[c] 带保护门插座 24.8 试验需要一组附加试样。

[d] 24.1 和 24.2 的试验可能需要一组附加试样。

[e] 可能要用一组附加试样。

ICS 29.060.10
K 11

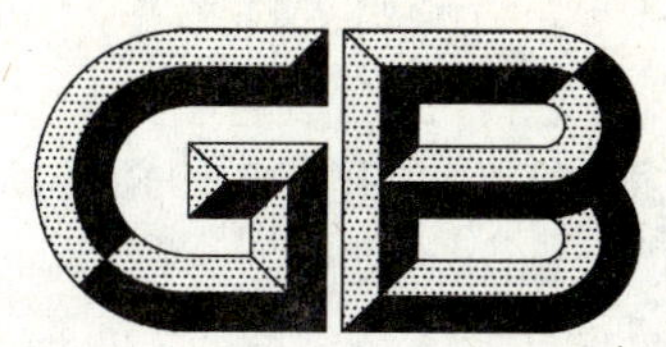

中华人民共和国国家标准

GB/T 23308—2009/IEC 60104：1987

架空绞线用铝-镁-硅系合金圆线

Aluminium-magnesium-silicon alloy wire for overhead line conductors

（IEC 60104：1987，IDT）

2009-03-19 发布　　2009-12-01 实施

中华人民共和国国家质量监督检验检疫总局
中国国家标准化管理委员会　发布

前　言

本标准等同采用 IEC 60104—1987《架空绞线用铝-镁-硅系合金圆线》(英文版)。

本标准与 IEC 60104—1987 的主要差异如下：

——按照汉语习惯对一些编排格式进行了修改；

——删除了国际标准的前言；

——调整国际标准的前言中的“规范性引用文件”为 1.2；

——将直径范围从 4.50 mm 调整到 4.80 mm；

——增加了附录 A 架空绞线用铝-镁-硅系合金圆线产品的型号表示方法。

本标准的附录 A 为资料性附录。

本标准由中国电器工业协会提出。

本标准由全国电线电缆标准化技术委员会(SAC/TC 213)归口。

本标准负责起草单位:上海电缆研究所。

本标准参加起草单位:杭州电缆有限公司、武汉电缆集团有限公司、上海中天铝线有限公司、广东雄力双利电缆有限公司、新会三新电工器材有限公司、上海亚龙工业股份有限公司。

本标准主要起草人:李文浩、刘斌。

架空绞线用铝-镁-硅系合金圆线

1 范围及规范性引用文件

1.1 范围

本标准适用于具有不同机械性能和电气性能的两种型号的铝-镁-硅系合金圆线，用于生产架空输电用绞线。并规定了直径范围为1.50 mm～4.80 mm的铝-镁-硅系合金圆线的机械性能和电气性能。

这两种型号分别为LHA1型和LHA2型[1)]。

产品表示方法参见附录A。

1.2 规范性引用文件

下列文件中的条款通过本标准的引用而成为本标准的条款。凡是注日期的引用文件，其随后所有的修改单(不包括勘误的内容)或修订版均不适用于本标准，然而，鼓励根据本部分达成协议的各方研究是否可使用这些文件的最新版本。凡是不注日期的引用文件，其最新版本适用于本标准。

GB/T 3048.2—2007　电线电缆电性能试验方法　第2部分：金属导体材料电阻率试验(IEC 60648:1974,MOD)

GB/T 4909.3　裸电线试验方法　第3部分：拉力试验

GB/T 4909.7　裸电线试验方法　第7部分：卷绕试验

IEC 60028:1925　铜电阻国际标准

2 铝-镁-硅系合金圆线的计算参数

计算时，应使用符合本标准的铝-镁-硅系合金圆线的数值如表1所示。

表1　铝-镁-硅系合金圆线的计算参数

	LHA1	LHA2
20 ℃时的电阻率，最大值/(nΩ·m)	32.840[a]	32.530[b]
20 ℃时的密度/(g/cm^3)	2.703	2.703
线膨胀系数(1/℃)	23×10^{-6}	23×10^{-6}
20 ℃时的电阻温度系数 (1/℃)	0.003 6	0.003 6
a 相当于52.5%IACS(参见IEC 60028:1925)。 b 相当于53.0%IACS。		

3 材料

合金圆线应由热处理的铝-镁-硅合金材料制成，其成分应分别与LHA1型和LHA2型规定的机械和电气性能相适应。

4 表面质量

合金圆线表面应光洁，不应有如裂纹、毛刺、开裂、夹杂等与良好的商品不相称的任何缺陷。

5 直径和直径公差

合金圆线的标称直径(mm)精确到小数点后两位。每次测量值与标称值之差应不大于表2中的所列数值。

---

1) 对应IEC 60104中规定的A型和B型。

表 2 直径和直径公差

标称直径 d/mm	公 差
$d \leqslant 3.00$	±0.03 mm
$d > 3.00$	±1%

为了检验合金圆线直径是否符合上述要求，直径测量应在同一截面且相互垂直的方向上测量两次。

6 长度和长度误差

每圈或每盘合金圆线的标称长度及其误差应由供需双方协商决定。

7 接头

合金圆线在最后成品拉制前允许有接头。但如果符合下列全部条件，成品合金圆线也可以允许有一个接头：

a) 成品线卷的质量是 500 kg 或以上；

b) 该种成圈合金圆线中的接头不超过 1 个；

c) 含 1 个接头的该种成圈合金圆线的圈数不得超过总圈数的 10%；

d) 当用户要求时，制造方应提供接头强度不低于 130 MPa 的证明。

含有 1 个接头的成圈成品合金线应清楚地做标记。

8 取样

试验用试样应由制造方从任意一批交付的合金圆线中抽取 10% 的单独线段；或者当采用质量保证程序时，取样的比例应由供需双方协商决定。

9 试验地点

除非供需双方另有协议，所有试验均应在制造方完成。

10 机械性能试验

10.1 拉力和伸长率试验

按本标准第 10 章规定的取样方法，从每个试样上截取一个试件，按 GB/T 4909.3 的规定进行拉力试验。拉力试验机夹头的移动速度应不小于 25 mm/min，也不大于 100 mm/min。测量伸长率时试件的标距长度为 250 mm。

抗拉强度和伸长率应不小于表 3 规定的相应数值。

表 3 抗拉强度和伸长率

标称直径 d/mm	LHA1 型		LHA2 型	
	抗拉强度(最小值)/MPa	伸长率(最小值)/%	抗拉强度(最小值)/MPa	伸长率(最小值)/%
$d \leqslant 3.50$	325	3.0	295	3.5
$d > 3.50$	315			

10.2 卷绕试验

按本标准第 10 章规定的取样方法，从每个试样上截取一个试件，按 GB/T 4909.7 的规定进行卷绕试验，以不超过 60 r/min 的速度，在直径与合金圆线直径相同的芯棒上卷绕 8 圈，合金圆线应不断裂。

11 电阻率试验

按本标准第10章规定的取样方法，从每个试样上截取一个试件，按GB/T 3048.2—2007规定的例行试验方法测量其电阻率。LHA1型合金圆线20℃时的电阻率应不大于32.840 nΩ·m，LHA2型合金圆线20℃时的电阻率应不大于32.530 nΩ·m。

12 合格证

制造方应提供合格证，如果用户要求，上面列出试样进行的所有试验的结果。

附　录　A
（资料性附录）
架空绞线用铝-镁-硅系合金圆线产品的表示方法

A.1　产品表示方法

产品用型号、标称直径及本标准号表示，产品型号用以下形式表示。

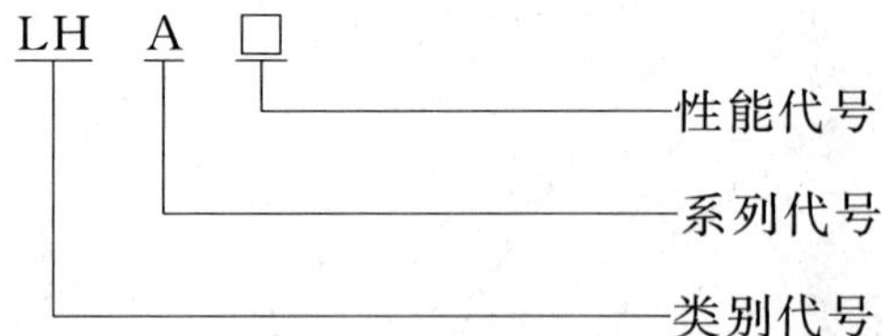

类别代号 LH 代表铝合金；系列代号 A 代表高强度的铝-镁-硅系合金圆线；铝-镁-硅系合金圆线的性能代号以阿拉伯数字表示，分为 1 型和 2 型；

示例：标称直径 2.0 mm 的导电率 52.5% 的架空绞线用高强度铝-镁-硅系合金圆线表示为：LHA1 2.0 mm GB/T 23308—2009。

ICS 29.060.10
K 11

中华人民共和国国家标准

GB/T 23309—2009

电缆屏蔽用铝镁合金线

Aluminium-magnesium alloy wires for shield in cable

2009-03-19 发布 2009-12-01 实施

中华人民共和国国家质量监督检验检疫总局
中国国家标准化管理委员会 发布

前　言

本标准由中国电器工业协会提出。

本标准由全国电线电缆标准化技术委员会(SAC/TC 213)归口。

本标准负责起草单位:杭州银河线缆有限公司、上海电缆研究所。

本标准参加起草单位:安费诺-泰姆斯(常州)通讯设备有限公司、深圳金信诺电缆技术有限公司、珠海汉胜工业有限公司、浙江万马天屹通信线缆有限公司。

本标准主要起草人:谢幸儿、邢海甬、沈建华、徐超、桂宏兵、邹智、张云。

本标准为首次制定。

电缆屏蔽用铝镁合金线

1 范围

本标准规定了电线电缆屏蔽用铝镁合金线的产品分类、规格、性能要求、试验方法、验收规则、标志、标签、包装。

本标准主要适用于电线电缆编织屏蔽层用的铝镁合金线。此外，也可用于机械加强护层用的铝镁合金线。

2 规范性引用文件

下列文件中的条款通过本标准的引用而成为本标准的条款。凡是注日期的引用文件，其随后所有的修改单(不包括勘误的内容)或修订版均不适用于本标准，然而，鼓励根据本标准达成协议的各方研究是否可使用这些文件的最新版本。凡是不注日期的引用文件，其最新版本适用于本标准。

GB/T 3048.2—2007 电线电缆电性能试验方法 第2部分 金属材料电阻率试验(IEC 60498:1974,MOD)

GB/T 3199—2007 铝及铝合金加工产品包装、标志、运输、贮存

GB/T 4909.2 裸电线试验方法 第2部分:尺寸测量

GB/T 4909.3 裸电线试验方法 第3部分:拉力试验

GB/T 20975—2007 铝及铝合金化学分析方法

SJ/T 11365—2006 电子信息产品中有毒有害物质的检测方法

3 术语和定义

下列术语和定义适用于本标准。

3.1

型式试验 type test

T

按一般商业原则，对产品在供货前进行的试验，以证明产品具有良好的性能，能满足规定的适用要求。型式试验的本质是一旦进行这些试验后，不必重复进行。如果改变铝镁合金线的材料或工艺会影响其性能时，则必须重复进行。

3.2

例行试验 routine test

R

在该道生产线末端进行的，要100%进行的检验，这个检验是最后进行的，试验完后就直接进入下道生产线或进行包装出货。

3.3

抽样试验 sample test

S

按规定的抽样频度在产品试样上进行的试验，以证明产品符合设计规范。

3.4

批 lot

在规定数量或检验周期内用同一种材料由同一设备制造的产品作为同批。

4 产品分类

4.1 型号规定

电线电缆屏蔽用铝镁合金线的型号规定为 LHP。

4.2 产品的状态和用途

4.2.1 状态和用途

产品的状态和用途见表 1。

表 1 产品的型号、状态和用途

型　号	状　态	用　途
LHP	Y(硬态)	高速编织机用
	R(软态)	普通编织机用
注：Y 代表硬态，R 代表软态。		

4.2.2 表示方法

产品用型号、状态、标称直径及本标准号表示。产品型号用以下形式表示：

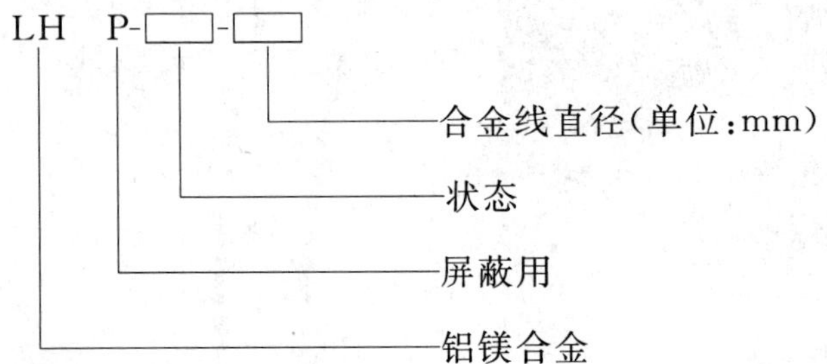

示例：电缆屏蔽用直径为 0.12 mm，状态为 Y、表示为：LHP-Y 0.12 GB/T 23309—2009

5 规格

合金线的规格如表 2 所示，用标称直径表示。根据需要，可供应其他规格的铝镁合金线。

表 2 合金线规格

型号状态	标称直径 mm
LHP-Y	0.10，0.11，0.12，0.13，0.14，0.15，0.16，0.18，0.20，0.22，0.24，0.26
LHP-R	

6 性能要求

6.1 材料

合金线应采用铝镁合金制成，其成分应与 LHP 型铝镁合金线规定的机械、电气性能相适应，其化学成分范围见表 3 规定。为改善机械、加工、耐蚀等性能，可添加适当的化学元素，但也应符合表 3 和表 7 的要求。

表 3 材料化学成分

化学成分/质量分数 %		
主成分		其他成分总和，最大值
Mg	Al	1.5
2.8～3.8	余量	

6.2 表面质量

合金线表面应光滑,不应有裂纹、夹杂、凹陷、腐蚀斑点、油污及超过直径偏差的划伤、毛刺等缺陷。

6.3 直径及允许偏差

合金线直径及允许偏差应符合表4的规定。经双方协议,可供应其他规格和允许偏差的合金线。

表4 合金线直径及允许偏差

标称直径 d mm	偏差 mm
$0.10 \leqslant d \leqslant 0.16$	±0.003
$0.16 < d \leqslant 0.26$	±0.004

6.4 不圆度

合金线的不圆度应不超出直径允许偏差。

6.5 机械性能

合金线的拉断力及伸长率应符合表5规定。经双方协议,可供其他机械性能要求的合金线。

6.6 电性能

合金线20 ℃时的直流电阻应符合表5规定。

计算时,20 ℃时的铝镁合金线物理参数应取下列数值:

密度……………………………………………………………2.66 g/cm³;

电阻温度系数…………………………………………………0.002 0 ℃⁻¹。

表5 机械性能

型号状态	标称直径 mm	拉断力,最小值 N	抗拉强度, 计算值 MPa	断时伸长率, 最小值 %	20 ℃时直流 电阻,最大值 Ω/m	20 ℃时直流 电阻率,计算值 Ω·mm²/m
LHP-Y	0.10	2.36	300	4	6.621	0.052
	0.11	2.85			5.472	
	0.12	3.39			4.598	
	0.13	3.98			3.918	
	0.14	4.62			3.378	
	0.15	5.48			2.943	
	0.16	6.23	310		2.586	
	0.18	7.89			2.043	
	0.20	9.74			1.655	
	0.22	11.78			1.368	
	0.24	14.02			1.149	
	0.26	16.46			0.979	
LHP-R	0.10	1.73	220	7	6.621	
	0.11	2.09			5.472	
	0.12	2.49			4.598	
	0.13	2.92			3.918	
	0.14	3.39			3.378	
	0.15	3.89			2.943	

表 5（续）

型号状态	标称直径 mm	拉断力，最小值 N	抗拉强度， 计算值 MPa	断时伸长率， 最小值 %	20 ℃时直流 电阻，最大值 Ω/m	20 ℃时直流 电阻率，计算值 Ω·mm²/m
LHP-R	0.16	4.62	230	7	2.586	0.052
	0.18	5.85			2.043	
	0.20	7.23			1.655	
	0.22	8.74			1.368	
	0.24	10.40			1.149	
	0.26	12.21			0.979	
注：因本标准中铝镁合金圆线均为细线，所以采用拉断力和直流电阻来考核产品的机械强度和电性能，以简化计算和减少误差。						

6.7 打结拉伸

在合金线试样中间缓慢打一个结。打结后的合金线进行拉伸试验时，所能承受的拉力应符合表 6 规定。

表 6 打结拉伸性能

型　号	打结前后拉断力减少的百分数，最大值 %
LHP-Y	40
LHP-R	30

6.8 环保要求

产品的有毒有害物质含量应符合表 7 规定。

表 7 有毒有害物质含量

有毒有害物质	铅	汞	六价铬	镉
含量，最大值 %	0.1	0.1	0.1	0.01

6.9 交货要求

合金线应成盘交货，每盘线应为一整根，不允许有影响使用的缺陷。每盘线净重应不小于 600 g，净重允许偏差±0.5%。经双方协议，可供应其他净重规格及允许偏差的合金线。

7 试验方法

7.1 材料化学成分

合金线的化学成分试验按照 GB/T 20975—2007 的规定进行。

7.2 表面质量

合金线的表面质量用目视检测。

7.3 直径

合金线的直径试验按照 GB/T 4909.2 的规定进行。

7.4 不圆度

合金线的不圆度试验按照 GB/T 4909.2 的规定进行。

7.5 机械性能

合金线的抗拉强度和伸长率试验按照 GB/T 4909.3 的规定进行。

7.6 电性能

合金线 20 ℃时的直流电阻试验按照 GB/T 3048.2—2007 的规定进行。

7.7 打结拉伸

从同一盘上截取长约 300 mm 的相邻试样两段。一段按照 GB/T 4909.2 的规定进行拉伸试验，所得的拉断力数值为 F_0。另外一段按照图 1 所示方法进行打结后，再按照 GB/T 4909.2 的规定进行拉伸试验，所得的拉断力数值为 F_1。打结前后拉断力减少的百分数 A 按式(1)计算。

$$A = 100 - \frac{F_1}{F_0} \times 100 \qquad (1)$$

式中：

A——结前后合金线拉断力减少的百分数，单位为百分数(%)；

F_0——打结前合金线拉断力，单位为牛顿(N)；

F_1——打结后合金线拉断力，单位为牛顿(N)。

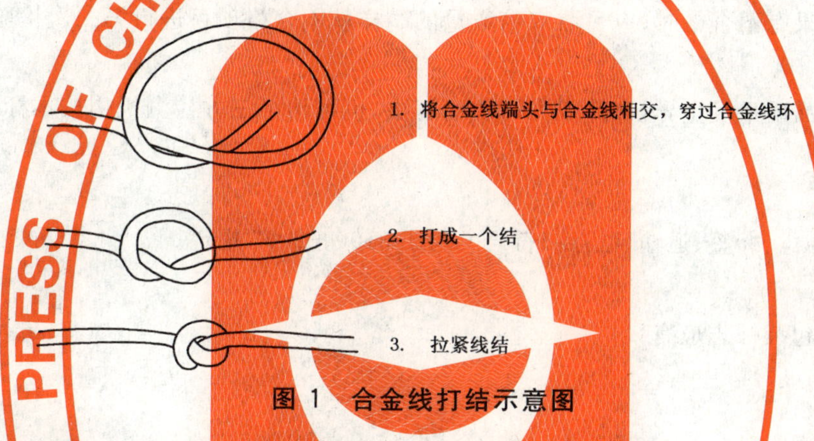

图 1 合金线打结示意图

7.8 环保要求

合金线有毒有害物质含量试验按照 SJ/T 11365—2006 的规定进行。

8 验收规则

8.1 检查与验收

8.1.1 产品应由供方技术监督部门进行检验，保证产品质量符合本标准规定，并填写质量证明书。

8.1.2 需方应对收到的产品按本标准的规定进行复验，如复验结果与本标准及订货合同的规定不符时，应在收到产品之日起 1 个月内向供方提出，由供需双方协商解决。如需仲裁，由供需双方共同在需方进行取样。

8.2 组批

合金线应成批提交检验，每批应由同一牌号、型号和直径的产品组成。

8.3 检验项目

合金线的检验项目应按照表 8 的规定进行。

表 8 检验项目

序 号	试验项目	试验类型	要求的章条号	试验方法
1	材料化学成分[a]	T	6.1	GB/T 20975—2007
2	表面质量	T、R	6.2	目测
3	直径及偏差	T、R	6.3	GB/T 4909.2
4	不圆度	T、R	6.4	GB/T 4909.2

表 8（续）

序　号	试验项目	试验类型	要求的章条号	试验方法
5	拉断力和断时伸长率	T、S	6.5	GB/T 4909.3
6	20 ℃时直流电阻	T、S	6.6	GB/T 3048.2—2007
7	打结拉伸	T、S	6.7	7.7
8	环保要求	T	6.8	SJ/T 11365—2006
[a] 如需方对材料化学成分有要求，可进行抽样试验。				

8.4 取样

抽样检验时，每批产品应按 1％抽样，但不应少于 3 盘，批量大时不应多于 10 盘。

8.5 检验结果的判定

第一次检验结果有不合格时，应另取双倍数量的试样就不合格项目进行第二次检验，如仍有不合格时，应逐盘检查。

供货双方对产品质量发生异议时，双方可协商解决，也可请第三方检测机构按本标准仲裁判定。

9 标志、标签、包装

产品的包装、标志、标签、运输、贮存应符合 GB/T 3199—2007 规定。

9.1 标志

合金线产品外包装标志应有：

a） 产品名称；

b） 型号；

c） 厂名；

d） 生产日期（或批号）；

e） 成盘数量；

f） 纸箱尺寸；

g） 毛重；

h） 执行标准；

i） 运输和贮存中应注意事项的图示标志。

9.2 标签

成盘合金线的盘侧板上应有标签，标签标注内容为：

a） 产品名称；

b） 型号；

c） 规格；

d） 产品标准号；

e） 净重及总重；

f） 生产日期及批号、厂名、厂址。

9.3 包装

绕线塑料盘应干燥和清洁，绕线盘不应有变形并要有一定的刚性。合金线应均匀、整齐地绕在绕线盘上，存放在干燥，无腐蚀气氛的地方。采用外包装箱进行妥善包装，每个包装箱上应有明显的不易脱落的“防潮”、“小心轻放”、“向上”的字样及标志。每件外包装内应附有质量合格证。

9.4 运输

产品搬运时应轻取轻放，运输时应防潮、防破损，严禁产品与化学活性物质及潮湿材料装在同一车厢内运输。

9.5 贮存

产品应防潮贮存，库房应干燥、通风、清洁，无腐蚀性气氛。

ICS 29.060.10
K 12

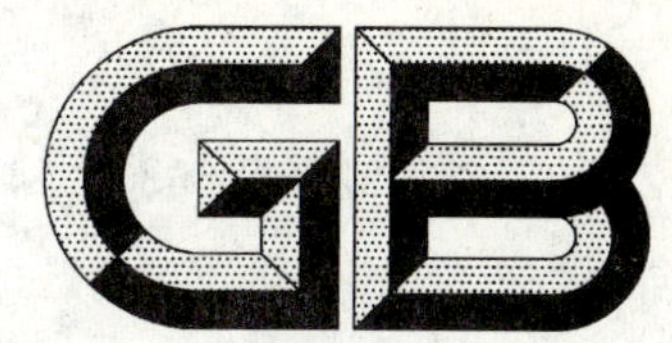

中华人民共和国国家标准

GB/T 23310—2009/IEC 60317-44:1997

240级芳族聚酰亚胺薄膜绕包铜扁线

Aromatic polyimide tape wrapped rectangular copper wire, class 240

(IEC 60317-44:1997, Specifications for particular types of winding wires—Part 44: Aromatic polyimide tape wrapped rectangular copper wire, class 240, IDT)

2009-03-19 发布　　　　2009-12-01 实施

中华人民共和国国家质量监督检验检疫总局
中国国家标准化管理委员会　发布

前　言

本标准等同采用IEC 60317-44:1997《特种绕组线产品标准　第44部分:240级芳族聚酰亚胺薄膜绕包铜扁线》第1版(英文版)。

为便于使用,本标准做了下列编辑性修改:

——删除了IEC 60317-44:1997的前言和引言;

——用小数点"."代替作为小数点的逗号",";

——增加了3.3"外观"和第23章"针孔";

——在第15章中补充了采用扁线试样进行温度指数试验的规定。

本标准在等同采用IEC 60317-44:1997时修正了原文如下编辑性错误:

——将第10章中的"软化击穿"由"不适用"改为"试验要求正在考虑中";

——将第18章中的"热粘合或溶剂粘合"改为"热粘合"。

本标准由中国电器工业协会提出。

本标准由全国电线电缆标准化技术委员会(SAC/TC 213)归口。

本标准负责起草单位:上海电缆研究所。

本标准参加起草单位:上海申茂电磁线厂、江苏豪威富集团有限公司、江苏申港电磁线有限公司、无锡市锡洲电磁线有限公司、四川金瑞电工有限责任公司、沈阳市宏远电磁线有限公司、浙江宏磊铜业股份有限公司、无锡环宇电磁线有限公司、江苏迅达电磁线有限公司、浙江洪波线缆股份有限公司。

本标准主要起草人:陈惠民、王新营、张敬平、宋安、顾新梅、杨勇、徐进法、俞安琼、杨绪清、魏浙强、戴涛、周志云、曹恒泰。

本标准是首次制定。

240 级芳族聚酰亚胺薄膜绕包铜扁线

1 范围

本标准规定了 240 级芳族聚酰亚胺薄膜绕包铜扁线的要求，其中绝缘由一层或两层聚酰亚胺薄膜带组成。

240 级表示热级，它要求最小温度指数为 240，热冲击温度至少为 260 ℃。

注：有些国家，如加拿大、俄罗斯和美国，该产品为 220 级。

薄膜带单面或双面涂覆合适的粘结剂，如全氟乙丙烯。薄膜带绕包后能够通过烧结形成连续、粘结的护套。

特殊的要求可在合同中规定。

对应于温度指数的摄氏温度并不就是推荐的绕组线使用温度，因为这取决于包括所用设备类型在内的很多因素。

本标准适用的导体标称尺寸范围为：

——宽度：最小 2.00 mm，最大 16.00 mm；

——厚度：最小 0.80 mm，最大 5.60 mm。

宽度和厚度的组合以及宽/厚比见 GB/T 7095.1—2008 的规定。

当提及本标准所涉及的产品时，宜给出如下内容：

——GB 编号和(或)IEC 编号；

——导体标称尺寸(宽度×厚度)；

——级。

示例：GB/T 23310—2009　1.00 mm×4.00 mm　A2 级或 IEC 60317-44　4.00 mm×1.00 mm　grade A2

2 规范性引用文件

下列文件中的条款通过本标准的引用而成为本标准的条款。凡是注日期的引用文件，其随后所有的修改单(不包括勘误的内容)或修订版均不适用于本标准，然而，鼓励根据本标准达成协议的各方研究是否可使用这些文件的最新版本。凡是不注日期的引用文件，其最新版本适用于本标准。

GB/T 321—2005　优先数和优先数系(ISO 3:1973,IDT)

GB/T 4074.1—2008　绕组线试验方法　第 1 部分：一般规定(IEC 60851-1:1996,IDT)

GB/T 4074.2—2008　绕组线试验方法　第 2 部分：尺寸测量(IEC 60851-2:1997,IDT)

GB/T 4074.3—2008　绕组线试验方法　第 3 部分：机械性能(IEC 60851-3:1997,IDT)

GB/T 4074.4—2008　绕组线试验方法　第 4 部分：化学性能(IEC 60851-4:2005,IDT)

GB/T 4074.5—2008　绕组线试验方法　第 5 部分：电性能(IEC 60851-5:2004,IDT)

GB/T 4074.6—2008　绕组线试验方法　第 6 部分：热性能(IEC 60851-6:1996,IDT)

GB/T 4074.7—2009　绕组线试验方法　第 7 部分：测定漆包绕组线温度指数的试验方法(IEC 60172:1987,IDT)

GB/T 7095.1—2008　漆包铜扁绕组线　第 1 部分：一般规定(IEC 60317-0-2:2005,IDT)

3 术语和定义、试验方法总则和外观

3.1 术语和定义

下列术语和定义适用于本标准。

3.1.1

热级 class

用温度指数和热冲温度来表示绕组线的热性能。

3.1.2

导体 conductor

去除绝缘后的裸金属线。

3.1.3

包覆层 covering

缠绕、绕包或编织在裸或绝缘导体上的材料。

3.1.4

开裂 crack

绝缘层上的裂口,在规定放大倍数下可看到导体。

3.1.5

级 grade

成品线绝缘厚度范围。

3.1.6

绝缘 insulation

导体表面具有耐电压特定功能的涂层或包覆层。

3.1.7

导体标称尺寸 nominal conductor dimension

符合 GB/T 7095.1—2008 规定的导体规格标称值。

3.1.8

绕组线 winding wire

用于绕组以实现电磁能转换的线。

3.1.9

线 wire

涂覆或包覆绝缘的导体。

3.2 试验方法总则

本标准采用的试验方法见 GB/T 4074.1—2008～GB/T 4074.6—2008 和 GB/T 4074.7—2009。

本标准中章的编号与 GB/T 4074.1—2008～GB/T 4074.6—2008 中各试验方法编号一致。

当本标准与 GB/T 4074.1—2008～GB/T 4074.6—2008 和 GB/T 4074.7—2009 有矛盾时,应以本标准为准。

如果某一试验项目没有规定使用的导体尺寸,则该试验适用于该产品标准包括的全部导体尺寸。

除非另有规定,所有试验应在温度为 15 ℃～35 ℃,相对湿度为 45%～75%的条件下进行。试验前,试样应在上述环境条件下放置足够的时间进行预处理,使试样达到稳定状态。

试验用绕组线从包装上取下时,不应承受张力或不必要的弯曲。每次试验前,宜除去足够的绕组线,以确保试样不包含损坏的线段。

3.3 外观

由供需双方协商规定。

4 尺寸

绝缘尺寸取决于供需双方的协议。本标准中的尺寸可作为形成供需双方协议的指南。

4.1 导体尺寸

见 GB/T 7095.1—2008 中 4.1。

4.2 导体尺寸公差

见 GB/T 7095.1—2008 中 4.2。

4.3 圆角

见 GB/T 7095.1—2008 中 4.3。

4.4 绝缘厚度

最小绝缘厚度应符合表 1 规定。

表 1 最小绝缘厚度

单层薄膜		双层薄膜	
级	最小绝缘厚度 mm	级	最小绝缘厚度 mm
A1	0.100	B1	0.200
A2	0.130	B2	0.260
A3	0.170	B3	0.340
A4	0.210	B4	0.430
A5	0.260	B5	0.510

4.5 最大外形尺寸

最大外形尺寸应不大于 4.2 规定的导体最大尺寸和表 2 规定的最大绝缘厚度之和。

绕包前，铜导体应不含有杂质及其他不相关的物质。

可采用单层或双层薄膜绕包，搭接程度应由供需双方协商确定。

薄膜应通过内层的粘结剂紧密、均匀、不起皱地绕包在导体上。

绕包后，薄膜可通过合适的烧结方式形成粘结的、连续的绝缘层。

表 2 最大绝缘厚度

单层薄膜		双层薄膜	
级	最大绝缘厚度 mm	级	最大绝缘厚度 mm
A1	0.140	B1	0.280
A2	0.180	B2	0.360
A3	0.240	B3	0.480
A4	0.300	B4	0.600
A5	0.340	B5	0.680

示例：标称导体宽度 4.000 mm 和厚度 1.000 mm，A3 级的单层薄膜绕包铜扁线的最大外形尺寸(包括粘结剂)：

宽度：4.050 mm＋0.240 mm＝4.290 mm；

厚度：1.030 mm＋0.240 mm＝1.270 mm。

5 电阻

用 20 ℃时直流电阻来表示聚酰亚胺薄膜绕包铜扁线的电阻，测试方法的准确度应在 0.5%以内。

最大电阻值应不大于由最小导体截面积(根据最小厚度、最小宽度和最大圆角半径得出)和电阻系数 $1/58\ \Omega \cdot mm^2 \cdot m^{-1}$ 计算出来的数值。

测量一次。

6 伸长率

断裂伸长率应符合表 3 的规定。

表 3 伸长率

导体标称厚度 mm		最小伸长率 %
大于	小于或等于	
—	2.500	30
2.500	5.600	33

7 回弹性

最大回弹角应不大于 5.5°。

8 柔韧性和附着性

8.1 圆棒卷绕试验

分别在直径为薄膜绕包线的宽度和厚度四倍的圆棒上，沿薄膜绕包线宽度和厚度方向弯曲，绕包层应不出现开裂或分层。

8.2 附着性试验

将单层薄膜绕包线拉伸 15%或双层薄膜绕包线拉伸 10%，绕包线失去粘附距离应小于导体宽度。

9 热冲击

将单层薄膜绕包线拉伸 15%或双层薄膜绕包线拉伸 10%，最小热冲击温度应为 260 ℃，绕包层应不开裂。

10 软化击穿

试验要求正在考虑中。

11 耐刮试验

不适用。

12 耐溶剂

不适用。

13 击穿电压

五个试样中应至少有四个试样在小于或等于表 4 规定的电压下不发生击穿。

表 4 击穿电压

导体标称厚度 mm		最小击穿电压(方均根值)			
		单层薄膜		双层薄膜	
大于或等于	小于或等于	级	电压 V	级	电压 V
0.800	5.600	A1 A2 A3 A4 A5	1 500 2 000 2 300 2 600 3 000	B1 B2 B3 B4 B5	2 500 3 000 3 500 4 200 5 000

14 绝缘连续性

试验方法及要求可由供需双方协商确定。

15 温度指数

温度指数按 GB/T 4074.7—2009 规定试验。试样可采用规定截面积的聚酰亚胺薄膜绕包铜扁线，也可用标称直径 1.600 mm 的聚酰亚胺薄膜绕包铜圆线。

最小温度指数应为 240,在最低温度下的失效时间应不低于 5 000 h。

16 耐冷冻剂

不适用。

17 直焊性

不适用。

18 热粘合

不适用。

19 介质损耗系数

不适用。

20 耐变压器油

不适用。

21 失重

不适用。

23 针孔

试验要求正在考虑中。

30 包装

包装种类可能影响薄膜绕包线的某种性能,例如回弹性,因此包装的种类(例如交货线盘类型)应由供需双方协商确定。

应将薄膜绕包线均匀紧密地卷绕在交货线盘上或置于容器内。除非供需双方协商同意，交货线盘或容器中均不应有一个以上线段的薄膜绕包线。当多于一个线段时，应由供需双方协商同意在标签上标明和/或在包装上标出线段的长度。

当薄膜绕包线成圈交货时，成圈的尺寸和最大质量应由供需双方协商确定。线圈上任何附加的保护应由供需双方协商确定。

应将标签牢固的粘附在线盘、容器的凸缘上，并且应包括如下内容：

a） 制造厂名和/或商标；

b） 绕包线和绝缘种类；

c） 绕包线净重；

d） 绕包线尺寸和绝缘等级；

e） 制造日期。

ICS 29.060.10
K 12

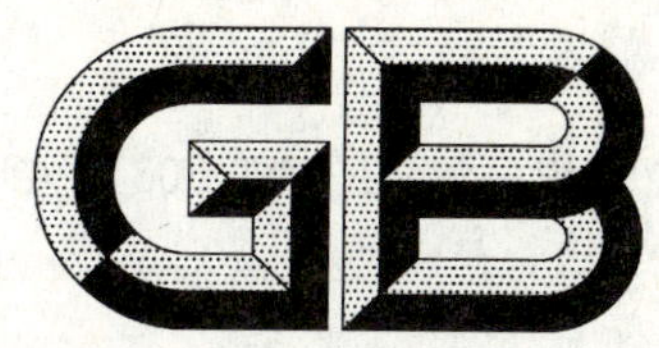

中华人民共和国国家标准

GB/T 23311—2009/IEC 60317-43:1997

240 级芳族聚酰亚胺薄膜绕包铜圆线

Aromatic polyimide tape wrapped round copper wire, class240

(IEC 60317-43:1997, Specifications for particular types of winding wires—Part 43: Aromatic polyimide tape wrapped round copper wire, class240, IDT)

2009-03-19 发布 2009-12-01 实施

中华人民共和国国家质量监督检验检疫总局
中国国家标准化管理委员会 发布

前　言

本标准等同采用 IEC 60317-43:1997《特种绕组线产品标准　第43部分:240级芳族聚酰亚胺薄膜绕包铜圆线》第1.0版(英文版)。

为便于使用,本标准做了下列编辑性修改:

——删除了 IEC 60317-43:1997 的前言和引言;

——用小数点"."代替作为小数点的逗号",";

——增加了3.3"外观"和第23章"针孔";

——取消了第10章软化击穿中的规格限制。

本标准在等同采用 IEC 60317-43:1997 时修正了原文如下编辑性错误:

——将第18章中的"热粘合或溶剂粘合"改为"热粘合"。

本标准的附录A和附录B为资料性附录。

本标准由中国电器工业协会提出。

本标准由全国电线电缆标准化技术委员会(SAC/TC 213)归口。

本标准负责起草单位:上海电缆研究所。

本标准参加起草单位:无锡环宇电磁线有限公司、四川金瑞电工有限责任公司、江苏迅达电磁线有限公司、浙江洪波线缆股份有限公司、浙江宏磊铜业股份有限公司、江苏申港电磁线有限公司、无锡市锡洲电磁线有限公司、上海申茂电磁线厂、江苏豪威富集团有限公司、沈阳市宏远电磁线有限公司。

本标准主要起草人:陈惠民、王新菅、张敬平、戴涛、俞安琼、周志云、曹恒泰、魏浙强、杨勇、徐进法、宋安、顾新梅、杨绪清。

本标准是首次制定。

240 级芳族聚酰亚胺薄膜绕包铜圆线

1 范围

本标准规定了 240 级芳族聚酰亚胺薄膜绕包铜圆线的要求，其中绝缘由一层或两层聚酰亚胺薄膜带组成。

240 级表示热级，它要求最小温度指数为 240，热冲击温度至少为 260 ℃。

注：有些国家，如加拿大、俄罗斯和美国，该产品为 220 级。

薄膜带单面或双面涂覆合适的粘结剂，如全氟乙丙烯。薄膜带绕包后能够通过烧结形成连续、粘结的护套。

特殊的要求可在合同中规定。

对应于温度指数的摄氏温度并不就是推荐的绕组线使用温度，因为这取决于包括所用设备类型在内的很多因素。

本标准适用的导体标称直径范围为：

——最小：1.600 mm；最大：5.000 mm。

导体标称直径见表 1。

当提及本标准所涉及的产品时，宜给出如下内容：

——GB 编号和(或)IEC 编号；

——导体直径；

——级。

示例：GB/T 23311—2009　2.000 mm　A2 级或　IEC 60317-43　2.000 mm grade A2

2 规范性引用文件

下列文件中的条款通过本标准的引用而成为本标准的条款。凡是注日期的引用文件，其随后所有的修改单(不包括勘误的内容)或修订版均不适用于本标准，然而，鼓励根据本标准达成协议的各方研究是否可使用这些文件的最新版本。凡是不注日期的引用文件，其最新版本适用于本标准。

GB/T 321—2005　优先数和优先数系(ISO 3:1973,IDT)

GB/T 4074.1—2008　绕组线试验方法　第 1 部分：一般规定(IEC 60851-1:1996,IDT)

GB/T 4074.2—2008　绕组线试验方法　第 2 部分：尺寸测量(IEC 60851-2:1997,IDT)

GB/T 4074.3—2008　绕组线试验方法　第 3 部分：机械性能(IEC 60851-3:1997,IDT)

GB/T 4074.4—2008　绕组线试验方法　第 4 部分：化学性能(IEC 60851-4:2005,IDT)

GB/T 4074.5—2008　绕组线试验方法　第 5 部分：电性能(IEC 60851-5:2004,IDT)

GB/T 4074.6—2008　绕组线试验方法　第 6 部分：热性能(IEC 60851-6:1996,IDT)

GB/T 4074.7—2009　绕组线试验方法　第 7 部分：测定漆包绕组线温度指数的试验方法(IEC 60172:1987,IDT)

GB/T 6109.1—2008　漆包圆绕组线　第 1 部分：一般规定(IEC 60317-0-1:2005,IDT)

3 术语和定义、试验方法总则和外观

3.1 术语和定义

如下术语和定义适用于本标准。

3.1.1

热级　class

用温度指数和热冲温度来表示的绕包线的热性能。

3.1.2

导体　conductor

去除绝缘后的裸金属线。

3.1.3

包覆层　covering

缠绕、绕包或编织在裸或绝缘导体上的材料。

3.1.4

开裂　crack

绝缘层上的裂口，在规定放大倍数下可看到导体。

3.1.5

级　grade

成品线绝缘厚度范围。

3.1.6

绝缘　insulation

导体表面具有耐电压特定功能的涂层或包覆层。

3.1.7

导体标称尺寸　nominal conductor dimension

符合 GB/T 6109.1—2008 规定的导体尺寸。

3.1.8

绕组线　winding wire

用于绕组以实现电磁能转换的线。

3.1.9

线　wire

涂覆或包覆绝缘的导体。

3.2　试验方法总则

本标准采用的试验方法见 GB/T 4074.1—2008～GB/T 4074.6—2008 和 GB/T 4074.7—2009。本标准中章的编号与 GB/T 4074.1—2008～GB/T 4074.6—2008 各试验编号一致。

当本标准与 GB/T 4074.1—2008～GB/T 4074.6—2008 和 GB/T 4074.7—2009 有矛盾时，应以本标准为准。

如果某一试验项目没有规定使用的导体标称直径，则该试验适用于该产品标准包括的全部导体标称直径。

除非另有规定，所有试验应在温度为 15 ℃～35 ℃，相对湿度为 45%～75%的条件下进行。试验前，试样应在上述环境条件下放置足够的时间进行预处理，使试样达到稳定状态。

试验用绕组线从包装上取下时，不应承受张力或不必要的弯曲。每次试验前，宜除去足够的绕组线，以确保试样不包含损坏的线段。

3.3　外观

由供需双方协商规定。

4　尺寸

绝缘尺寸取决于供需双方的协议。本标准中的尺寸可作为形成供需双方协议的指南。

4.1　导体直径

优选的导体标称直径系列应与 GB/T 321—2005 中的 R40 系列相对应。导体标称直径和公差见表 1。

由于技术原因而需要用到中间尺寸时，用户可从 GB/T 321—2005 的 R40 系列中选择，导体标称直径和公差见附录 A。

导体直径与导体标称直径之差应在表 1 规定的范围内。

表 1 导体直径

导体标称直径 mm	公差 (±) mm	导体标称直径 mm	公差 (±) mm
1.600 1.800 2.000 2.240 2.250 2.800	0.016 0.018 0.020 0.022 0.025 0.028	3.150 3.550 4.000 4.500 5.000	0.032 0.036 0.040 0.045 0.050
注：对于 R40 系列的导体标称直径中间尺寸参见附录 A。			

4.2 导体不圆度

导体任何一点的最大与最小直径的差值应不超出表 1 中第二栏或第四栏的范围。

4.3 最小绝缘厚度

最小绝缘厚度应不小于表 2 中的规定值。

表 2 最小绝缘厚度

单层薄膜		双层薄膜	
级	最小绝缘厚度 mm	级	最小绝缘厚度 mm
A1	0.100	B1	0.200
A2	0.130	B2	0.260
A3	0.170	B3	0.340
A4	0.210	B4	0.430
A5	0.260	B5	0.510

4.4 最大外径

薄膜绕包圆线的最大外径应不大于表 1 中的最大导体直径和表 3 中的最大绝缘厚度之和。

绕包前，铜导体应不含有杂质及其他不相关的物质。

可采用单层或双层薄膜绕包，厚度和搭接程度应由供需双方协商确定。

薄膜应通过内层的粘结剂紧密、均匀、不起皱地绕包在导体上。

绕包后，薄膜可通过合适的烧结方式形成粘结的、连续的绝缘层。

表 3 最大绝缘厚度

单层薄膜		双层薄膜	
级	最大绝缘厚度 mm	级	最大绝缘厚度 mm
A1	0.140	B1	0.280
A2	0.180	B2	0.360
A3	0.240	B3	0.480
A4	0.300	B4	0.600
A5	0.340	B5	0.680

示例：导体标称直径为 2.000 mm A3 级的单层薄膜绕包线(包括粘结剂)的最大外径：

2.020 mm+0.240 mm=2.260 mm

5 电阻

本标准未规定电阻值，在 20 ℃时的标称电阻值参见附录 B。

6 伸长率

断裂伸长率应符合表 4 规定。

表 4 伸长率

导体标称直径 mm		最小伸长率 %
大于	小于或等于	
—	2.500	30
2.500	5.000	33

7 回弹性

7.1 导体标称直径 1.600 mm

试样在直径为 50 mm 卷绕圆棒上用 15 N 张力进行试验，绕包线最大回弹角应不大于下列规定值：

——A 级：28°；

——B 级：30°。

7.2 导体标称直径大于 1.600 mm

绕包线回弹角应不大于 5°。

8 柔韧性和附着性

8.1 圆棒卷绕试验

试样在四倍于导体标称直径的圆棒上卷绕后，绕包层应不出现开裂或分层。

8.2 附着性试验

将单层薄膜绕包线拉伸 15%或双层薄膜绕包线拉伸 10%，绕包线失去附着性距离应小于：

——五倍导体直径（导体标称直径小于或等于 3.000 mm）；

——三倍导体直径（导体标称直径大于 3.000 mm）。

9 热冲击

9.1 导体标称直径 1.600 mm

试样在直径为 5.000 mm 的圆棒上卷绕，并在至少 260 ℃的热冲击温度下试验后，绝缘应不开裂。

9.2 导体标称直径大于 1.600 mm

将单层薄膜绕包线拉伸 15%或双层薄膜绕包线拉伸 10%，在热冲击温度至少为 260 ℃下试验后，绝缘应不开裂。

10 软化击穿

试样在 450 ℃下 2 min 内应不击穿。

11 耐刮试验

不适用。

12 耐溶剂

不适用。

13 击穿电压

五个试样中应至少有四个试样在小于或等于表5规定的电压下不发生击穿。

表5 击穿电压

导体标称直径 mm		最小击穿电压			
		单层薄膜		双层薄膜	
大于或等于	小于或等于	级	电压 V	级	电压 V
1.600	5.000	A1 A2 A3 A4 A5	1 500 2 000 2 300 2 600 3 000	B1 B2 B3 B4 B5	2 500 3 000 3 500 4 200 5 000

14 绝缘连续性

试验方法及要求可由供需双方协商确定。

15 温度指数

用导体标称直径1.600 mm的聚酰亚胺薄膜绕包铜圆线按GB/T 4074.7—2009规定方法进行试验。

最小温度指数应为240，在最低温度下的失效时间应不低于5 000 h。

16 耐冷冻剂

不适用。

17 直焊性

不适用。

18 热粘合

不适用。

19 介质损耗系数

不适用。

20 耐变压器油

不适用。

21 失重

不适用。

23 针孔

试验要求正在考虑中。

30 包装

包装种类可能影响薄膜绕包线的某种性能，例如回弹性。因此包装的种类（例如交货线盘类型）应由供需双方协商确定。

薄膜绕包线应均匀紧密地卷绕在交货线盘上或置于容器内。除非供需双方协商同意，交货线盘或容器中均不应有一个以上线段的薄膜绕包线。当多于一个线段时，应由供需双方协商同意在标签上标明和/或在包装上标出线段的长度。

当薄膜绕包线成圈交货时，成圈的尺寸和最大质量应由供需双方协商确定。线圈上任何附加的保护应由供需双方协商确定。

应将标签牢固地粘附在线盘、容器的凸缘上，并且应包括如下内容：

a） 制造厂名和/或商标；

b） 绕包线和绝缘种类；

c） 绕包线净重；

d） 绕包线标称直径和绝缘等级；

e） 制造日期。

附 录 A
（资料性附录）
导体直径中间尺寸(R40)

表 A.1 中的导体标称直径中间尺寸仅供用户由于技术需要时使用。

表 A.1 导体直径(R40)

导体标称直径 mm	公差 (±) mm
1.700	0.017
1.900	0.019
2.120	0.021
2.360	0.024
2.650	0.027
3.000	0.030
3.350	0.034
3.750	0.038
4.250	0.043
4.750	0.048

附　录　B
（资料性附录）
电　阻

标称电阻数值仅作为资料用，由导体标称直径和标称电阻率 1/58.5 Ω·mm^2·m^{-1}计算得出。

表 B.1　标称电阻

导体标称直径 mm	标称电阻 Ω/m
1.600	0.008 502
1.800	0.006 718
2.000	0.005 441
2.240	0.004 338
2.500	0.003 482
2.800	0.002 776
3.150	0.002 193
3.550	0.001 727
4.000	0.001 360
4.500	0.001 075
5.000	0.000 870 6

ICS 29.060.10
K 12

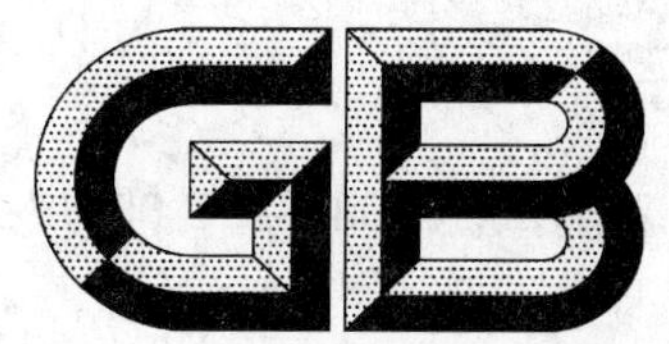

中华人民共和国国家标准

GB/T 23312.1—2009/IEC 60317-0-3:2008

漆包铝圆绕组线 第1部分:一般规定

**Enamelled round aluminium winding wire—
Part 1:General requirements**

(IEC 60317-0-3:2008,Specifications for particular types of winding wires—Part 0-3:General requirements—Enamelled round aluminium wire,IDT)

2009-03-19 发布 2009-12-01 实施

中华人民共和国国家质量监督检验检疫总局
中国国家标准化管理委员会 发布

前　言

GB/T 23312《漆包铝圆绕组线》分为七个部分：

——第1部分：一般规定；

——第2部分：120级缩醛漆包铝圆线；

——第3部分：130级聚酯漆包铝圆线；

——第4部分：155级聚酯漆包铝圆线；

——第5部分：180级聚酯亚胺漆包铝圆线；

——第6部分：180级聚酯或聚酯亚胺/聚酰胺复合漆包铝圆线；

——第7部分：200级聚酯或聚酯亚胺/聚酰胺酰亚胺复合漆包铝圆线。

本部分为GB/T 23312的第1部分。

本部分等同采用IEC 60317-0-3:2008《特种绕组线产品标准　第0-3部分：一般规定　漆包铝圆线》第3.0版(英文版)。

为便于使用，本部分做了下列编辑性修改：

——删除了IEC 60317-0-3:2008的前言；

——用小数点“.”代替作为小数点的逗号“,”；

——增加资料性附录D和资料性附录E。

本部分在等同采用IEC 60317-0-3:2008《特种绕组线产品标准　第0-3部分：一般规定　漆包铝圆线》时修正了原文几处编辑性错误，这些修正如下：

——将8.2中的“拉伸试验(导体标称直径1.000 mm以上)”改为“拉伸试验(导体标称直径1.600 mm以上)”；

——将第18章中的“热粘合和溶剂粘合”改为“热粘合”；

——将表A.2中“内漆层最大厚度”改为“内漆层最小厚度”；

——将B.1中导体最大和最小电阻的计算公式中的“导体标称截面积”分别改为“导体最大截面积”和“导体最小截面积”。

本部分的附录A、附录B、附录C、附录D、附录E为资料性附录。

本部分由中国电器工业协会提出。

本部分由全国电线电缆标准化技术委员会(SAC/TC 213)归口。

本部分起草单位：上海电缆研究所、铜陵精迅特种漆包线有限责任公司、福州大通机电有限公司、佛山威奇电工材料有限公司、天津市津和双金属线材有限公司、诸暨露笑特种线有限公司、无锡巨丰复合线有限公司、格兰仕(中山)电工线材有限公司、黄洋铜业有限公司、浙江长城电子科技集团、浙江宏磊铜业股份有限公司、浙江先登电工器材股份有限公司、浙江洪波线缆股份有限公司、上海裕生特种线材有限公司、江苏徐州盛宝实业有限公司、上海崇明特种电磁线厂。

本部分主要起草人：陈惠民、周俊、刘冰、王慧峰、张春龙、鲁小均、蔡麟、李静康、黄河、姚桂华、魏浙强、孟祥富、曹恒泰、潘烈君、闫亚明、黄晓东、李福。

本部分为首次制定。

漆包铝圆绕组线
第1部分:一般规定

1 范围

GB/T 23312 的本部分规定了自粘性和非自粘性漆包铝圆绕组线的一般要求。

导体标称直径范围见有关产品标准(产品型号及对照表参见附录 D)。

当引用第 2 章提及的 GB/T 23312 中某一个标准的绕组线时,在描述中需给出以下内容:

——GB 编号和(或)IEC 编号;

——导体标称直径,mm;

——漆膜厚度等级。

示例:GB/T 23312.7 0.500 1 级或 IEC 60317-25-0.500 Grade 1

2 规范性引用文件

下列文件中的条款通过 GB/T 23312 的本部分的引用而成为本部分的条款。凡是注日期的引用文件,其随后所有的修改单(不包括勘误的内容)或修订版均不适用于本部分,然而,鼓励根据本部分达成协议的各方研究是否可使用这些文件的最新版本。凡是不注日期的引用文件,其最新版本适用于本部分。

GB/T 321—2005 优先数和优先数系(ISO 3:1973,IDT)

GB/T 4074.1—2008 绕组线试验方法 第 1 部分:一般规定(IEC 60851-1:1996,IDT)

GB/T 4074.2—2008 绕组线试验方法 第 2 部分:尺寸测量(IEC 60851-2:1997,IDT)

GB/T 4074.3—2008 绕组线试验方法 第 3 部分:机械性能(IEC 60851-3:1997,IDT)

GB/T 4074.4—2008 绕组线试验方法 第 4 部分:化学性能(IEC 60851-4:2005,IDT)

GB/T 4074.5—2008 绕组线试验方法 第 5 部分:电性能(IEC 60851-5:2004,IDT)

GB/T 4074.6—2008 绕组线试验方法 第 6 部分:热性能(IEC 60851-6:1996,IDT)

GB/T 4074.7—2009 绕组线试验方法 第 7 部分:测定漆包绕组线温度指数的试验方法(IEC 60172:1987,IDT)

3 定义、试验方法总则和外观

3.1 定义

3.1.1

自粘层 bonding layer

一种涂覆于漆包线的材料,具有使漆包线相互粘合的特定功能。

3.1.2

热级 class

用温度指数和热冲温度来表示的漆包线的热性能。

3.1.3

漆层 coating

用适当方法涂覆于导体或漆包线的一种材料,然后烘干和/或固化。

3.1.4

导体 conductor

除去绝缘后的裸金属线。

3.1.5

开裂 crack

绝缘上的裂口,在规定放大倍数下可看到导体。

3.1.6

双漆层 dual coating

由两种不同材料,即底漆层和表面漆层组成的绝缘。

3.1.7

漆包线 enamelled wire

涂覆固化树脂绝缘的线。

3.1.8

级 grade

漆包线的漆膜厚度范围。

3.1.9

绝缘 insulation

导体上的漆层或绕包层,具有耐电压的特定功能。

3.1.10

导体标称尺寸 nominal conductor dimension

符合 GB/T 23312 规定的导体规格标称值。

3.1.11

正常视力 normal vision

20/20 视力,若必要,用镜片校正。

3.1.12

绕组线 winding wire

用于绕组以实现电磁能转换的线。

3.1.13

线 wire

涂覆或包覆绝缘的导体。

3.2 试验方法总则

本部分所采用的所有试验方法见 GB/T 4074.1～GB/T 4074.6—2008。

本部分中章的编号与 GB/T 4074.1～GB/T 4074.6—2008 中各试验编号一致。

如果试验方法标准与本部分存在矛盾,以本部分为准。

如果某一试验项目(试验项目类别参见附录 E)没有规定使用的导体标称直径,则该试验适用于该产品标准包括的全部导体标称直径。

除非另有规定,所有试验应在温度为 15 ℃～35 ℃、相对湿度为 45%～75%环境下进行。测量前试样应在上述条件下预处理足够时间,使试样达到稳定状态。

被试试样从包装上取下时,不应承受张力或不必要的弯曲。每次试验前,宜除去足够的漆包线以保证试样不夹带任何损坏的漆包线。

3.3 外观

对于卷绕在线盘或线轴上的漆包线,用正常视力检查时,漆膜应光滑、连续、无斑纹、无气泡和杂质。

若供需双方达成一致,标称直径小于 0.10 mm 的漆包线应采用 6 倍～10 倍的放大镜检查。

4 尺寸

4.1 导体直径

导体标称直径的优先尺寸应符合 GB/T 321—2005 中的 R20 数系。实际值及其公差见表 1 和表 2。

当因技术原因需要时,用户选择的导体标称直径中间尺寸应符合 GB/T 321—2005 中的 R40 数系。实际值及其公差参见附录 A。

导体直径与标称直径之差应不超过表 1 或表 2 的规定值。

表 1 非自粘性漆包线尺寸(R20)

导体标称直径 mm	导体公差 ± mm	最小漆膜厚度 mm			最大外径 mm		
		1 级	2 级	3 级	1 级	2 级	3 级
0.250	0.004	0.017	0.032	0.048	0.281	0.297	0.312
0.280	0.004	0.018	0.033	0.050	0.312	0.329	0.345
0.315	0.004	0.019	0.035	0.053	0.349	0.367	0.384
0.355	0.004	0.020	0.038	0.057	0.392	0.411	0.428
0.400	0.005	0.021	0.040	0.060	0.439	0.459	0.478
0.450	0.005	0.022	0.042	0.064	0.491	0.513	0.533
0.500	0.005	0.024	0.045	0.067	0.544	0.566	0.587
0.560	0.006	0.025	0.047	0.071	0.606	0.630	0.653
0.630	0.006	0.027	0.050	0.075	0.679	0.704	0.728
0.710	0.007	0.028	0.053	0.080	0.762	0.789	0.814
0.800	0.008	0.030	0.056	0.085	0.855	0.884	0.911
0.900	0.009	0.032	0.060	0.090	0.959	0.989	1.018
1.000	0.010	0.034	0.063	0.095	1.062	1.094	1.124
1.120	0.011	0.034	0.065	0.098	1.184	1.217	1.248
1.250	0.013	0.035	0.067	0.100	1.316	1.349	1.381
1.400	0.014	0.036	0.069	0.103	1.468	1.502	1.535
1.600	0.016	0.038	0.071	0.107	1.670	1.706	1.740
1.800	0.018	0.039	0.073	0.110	1.872	1.909	1.944
2.000	0.020	0.040	0.075	0.113	2.074	2.112	2.148
2.240	0.022	0.041	0.077	0.116	2.316	2.355	2.392
2.500	0.025	0.042	0.079	0.119	2.578	2.618	2.656
2.800	0.028	0.043	0.081	0.123	2.880	2.922	2.961
3.150	0.032	0.045	0.084	0.127	3.233	3.276	3.316
3.550	0.036	0.046	0.086	0.130	3.635	3.679	3.721
4.000	0.040	0.047	0.089	0.134	4.088	4.133	4.176
4.500	0.045	0.049	0.092	0.138	4.591	4.637	4.681
5.000	0.050	0.050	0.094	0.142	5.093	5.141	5.186

注 1:需要规定最小外径时以最小漆膜厚度来计算。

注 2:对于导体标称直径的中间尺寸,应取下一个较大导体标称直径对应的最小漆膜厚度。

注 3:R40 数系的导体标称直径中间尺寸参见附录 A。

表 2 自粘性漆包线尺寸(R20)

导体标称直径 mm	导体公差 ± mm	内漆层最小厚度 mm		自粘层最小厚度 mm	最大外径 mm	
		1B 级	2B 级		1B 级	2B 级
0.250	0.004	0.017	0.032	0.013	0.300	0.316
0.280	0.004	0.018	0.033	0.013	0.331	0.348
0.315	0.004	0.019	0.035	0.014	0.369	0.387
0.355	0.004	0.020	0.038	0.015	0.413	0.432
0.400	0.005	0.021	0.040	0.016	0.461	0.481
0.450	0.005	0.022	0.042	0.016	0.514	0.536
0.500	0.005	0.024	0.045	0.017	0.568	0.590
0.560	0.006	0.025	0.047	0.017	0.630	0.654
0.630	0.006	0.027	0.050	0.018	0.704	0.729
0.710	0.007	0.028	0.053	0.019	0.788	0.815
0.800	0.008	0.030	0.056	0.020	0.882	0.911
0.900	0.009	0.032	0.060	0.020	0.987	1.017
1.000	0.010	0.034	0.063	0.021	1.091	1.123
1.120	0.011	0.034	0.065	0.022	1.214	1.247
1.250	0.013	0.035	0.067	0.022	1.346	1.379
1.400	0.014	0.036	0.069	0.023	1.499	1.533
1.600	0.016	0.038	0.071	0.023	1.702	1.738
1.800	0.018	0.039	0.073	0.024	1.905	1.942
2.000	0.020	0.040	0.075	0.025	2.108	2.146

注 1:需要规定最小外径时以最小漆膜厚度来计算。

注 2:对于导体标称直径的中间尺寸,应取下一个较大导体标称直径对应的最小漆膜厚度。

注 3:R40 数系的导体标称直径中间尺寸参见附录 A。

4.2 导体不圆度

任一点上最小直径和最大直径之差应不大于表 1 或表 2 第 2 栏的绝对值。

4.3 最小漆膜厚度和最小自粘层厚度

4.3.1 非自粘性漆包线

最小漆膜厚度应不小于表 1 中的规定值。

4.3.2 自粘性漆包线

内漆层和自粘层最小厚度应不小于表 2 中的规定值。

4.4 最大外径

4.4.1 非自粘性漆包线

最大外径应不大于表 1 中的规定值。

4.4.2 自粘性漆包线

最大外径应不大于表 2 中的规定值。

5 电阻

电阻值未规定。

经供需双方协商同意,对于导体标称直径 1.000 mm 及以下的漆包线的电阻可以进行测量。在这种情况下,20 ℃时的电阻应在附录C规定的范围内。

注:标称电阻参见附录C。

6 伸长率

断裂伸长率和抗张强度应不小于表3中的规定值。

表3 伸长率

导体标称直径 mm		最小伸长率 %	最小抗张强度 N/mm²
大于	小于或等于		
—	0.400	10	90
0.400	1.000	12	90
1.000	2.000	15	80
2.000	5.000	15	70

7 回弹性

适用但未规定要求。

8 柔韧性和附着性

8.1 圆棒卷绕试验(导体标称直径 1.600 mm 及以下)

漆包线在按表4规定的圆棒上卷绕后,漆膜应不开裂。

表4 圆棒卷绕

导体标称直径 mm		圆棒直径
大于	小于或等于	
—	1.600	$3d$[a]

[a] d 为漆包线的导体标称直径。

8.2 拉伸试验(导体标称直径 1.600 mm 以上)

将漆包线拉伸15%后,漆膜应不开裂。

8.3 急拉断试验(导体标称直径 1.000 mm 及以下)

漆膜应不开裂或失去附着性。

8.4 剥离试验(导体标称直径 1.000 mm 以上)

适用但未规定要求。

9 热冲击

9.1 导体标称直径 1.600 mm 及以下

漆膜应不开裂。圆棒直径应符合表5的规定。最小热冲击温度见相关产品标准。

表5 热冲击

导体标称直径 mm		圆棒直径
大于	小于或等于	
—	1.600	$3d$[a]

[a] d 为漆包线的导体标称直径。

9.2 导体标称直径 1.600 mm 以上

拉伸 15%的试样经热冲击后，漆膜应不开裂。最小热冲击温度见相关产品标准。

10 软化击穿

见有关产品标准的要求。

11 耐刮

见有关产品标准的要求。

12 耐溶剂

使用标准溶剂处理后，用硬度为"H"的铅笔进行试验，漆层不应被刮破。

13 击穿电压

13.1 一般规定

在室温和高温(当用户要求时)下试验时，漆包线应分别符合 13.2 和 13.3 规定的要求。

高温试验温度见有关产品标准。

13.2 导体标称直径 2.500 mm 及以下

五个试样中至少应有四个在小于或等于表 6 规定的电压下不发生击穿。

表 6 击穿电压

导体标称直径 mm	最小击穿电压(有效值) V					
	1 级和 1B 级		2 级和 2B 级		3 级	
	室温	高温	室温	高温	室温	高温
0.250	2 100	1 600	3 900	2 900	5 500	4 100
0.280	2 200	1 700	4 000	3 000	5 800	4 400
0.315	2 200	1 700	4 100	3 100	6 100	4 600
0.355	2 300	1 700	4 300	3 200	6 400	4 800
0.400	2 300	1 700	4 400	3 300	6 600	5 000
0.450	2 300	1 700	4 400	3 300	6 800	5 100
0.500	2 400	1 800	4 600	3 500	7 000	5 300
0.560	2 500	1 900	4 600	3 500	7 100	5 300
0.630	2 600	2 000	4 800	3 600	7 100	5 300
0.710	2 600	2 000	4 800	3 600	7 200	5 400
0.800	2 600	2 000	4 900	3 700	7 400	5 600
0.900	2 700	2 000	5 000	3 800	7 600	5 700
1.000～2.500	2 700	2 000	5 000	3 800	7 600	5 700
注：对于导体标称直径的中间尺寸，应取下一个较大导体标称直径对应的最小击穿电压数值。						

13.3 导体标称直径 2.500 mm 以上

五个试样中至少应有四个在小于或等于表 7 规定的电压下不发生击穿。

表 7 击穿电压

导体标称直径 mm	最小击穿电压(有效值) V					
	1 级和 1B 级		2 级和 2B 级		3 级	
	室温	高温	室温	高温	室温	高温
2.500 以上	1 300	1 000	2 500	1 900	3 800	2 900

14 漆膜连续性(导体标称直径 1.600 mm 及以下)

每 30 米漆包线的针孔数应不超过表 8 的规定值。

表 8 漆膜连续性

导体标称直径 mm		每 30 m 的针孔数最大值		
大于	小于或等于	1 级和 1B 级	2 级和 2B 级	3 级
—	1.600	25	10	5

15 温度指数

试验应按 GB/T 4074.7—2009 规定在导体标称直径为 1.000 mm,2 级漆膜厚度的未浸渍漆包线试样上进行。

温度指数应不小于有关产品标准的规定值,并且在最低试验温度下的失效时间应不小于 5 000 h。

当用户要求时,制造厂应提供漆包线符合温度指数要求的证明。

注:20 000 h 外推寿命的温度指数只对未浸渍漆包线试样而言,而不是作为绝缘系统的一部分。相对于温度指数的摄氏温度并不就是推荐的漆包线使用温度,因为使用温度与很多因素有关,其中包括有关的设备类型。

16 耐冷冻剂

见有关产品标准的要求。

17 直焊性

不适用。

18 热粘合

见有关产品标准的要求。

19 介质损耗系数

见有关产品标准的要求。

20 耐变压器油

见有关产品标准的要求。

21 失重

见有关产品标准的要求。

23 针孔

试验要求正在考虑中。

30 包装

包装种类可能影响漆包线的某种性能，例如回弹性。因此包装的种类（例如交货线盘类型）应由供需双方协商决定。

漆包线应均匀紧密地卷绕在交货线盘上或置于容器内。除非供需双方协商同意，交货线盘或容器中均不应有一个以上线段的漆包线。当多于一个线段时，应由供需双方协商同意在标签上标明和（或）在包装上标识出线段的长度。

当漆包线成圈交货时，成圈的尺寸和最大质量应由供需双方协商决定。线圈上任何附加的保护也应由供需双方协商决定。

标签应挂在由供需双方协商同意的每个包装单位上，并且应包括下述内容：

a) 制造厂名和（或）商标；

b) 漆包线和漆膜种类，例如产品名称和（或）国家标准编号；

c) 漆包线净重；

d) 漆包线标称直径和漆膜级别；

e) 制造日期。

附 录 A
(资料性附录)
导体标称直径的中间尺寸(R40)

仅因技术原因用户才可选用的导体标称直径的中间尺寸。

A.1 非自粘性漆包线

表 A.1 非自粘性漆包线尺寸(R40)

导体标称直径 mm	导体公差 ± mm	最小漆膜厚度 mm			最大外径 mm		
		1 级	2 级	3 级	1 级	2 级	3 级
0.265	0.004	0.018	0.033	0.050	0.297	0.314	0.330
0.300	0.004	0.019	0.035	0.053	0.334	0.352	0.369
0.335	0.004	0.020	0.038	0.057	0.372	0.391	0.408
0.375	0.005	0.021	0.040	0.060	0.414	0.434	0.453
0.425	0.005	0.022	0.042	0.064	0.466	0.488	0.508
0.475	0.005	0.024	0.045	0.067	0.519	0.541	0.562
0.530	0.006	0.025	0.047	0.071	0.576	0.600	0.623
0.600	0.006	0.027	0.050	0.075	0.649	0.674	0.698
0.670	0.007	0.028	0.053	0.080	0.722	0.749	0.774
0.750	0.008	0.030	0.056	0.085	0.805	0.834	0.861
0.850	0.009	0.032	0.060	0.090	0.909	0.939	0.968
0.950	0.010	0.034	0.063	0.095	1.012	1.044	1.074
1.060	0.011	0.034	0.065	0.098	1.124	1.157	1.188
1.180	0.012	0.035	0.067	0.100	1.246	1.279	1.311
1.320	0.013	0.036	0.069	0.103	1.388	1.422	1.455
1.500	0.015	0.038	0.071	0.107	1.570	1.606	1.640
1.700	0.017	0.039	0.073	0.110	1.772	1.809	1.844
1.900	0.019	0.040	0.075	0.113	1.974	2.012	2.048
2.120	0.021	0.041	0.077	0.116	2.196	2.235	2.272
2.360	0.024	0.042	0.079	0.119	2.438	2.478	2.516
2.650	0.027	0.043	0.081	0.123	2.730	2.772	2.811
3.000	0.030	0.045	0.084	0.127	3.083	3.126	3.166
3.350	0.034	0.046	0.086	0.130	3.435	3.479	3.521
3.750	0.038	0.047	0.089	0.134	3.838	3.883	3.926
4.250	0.043	0.049	0.092	0.138	4.341	4.387	4.431
4.750	0.048	0.050	0.094	0.142	4.843	4.891	4.936
注：需要规定最小外径时以最小漆膜厚度来计算。							

A.2 自粘性漆包线

表 A.2 自粘性漆包线尺寸(R40)

导体标称直径 mm	导体公差 ± mm	内漆层最小厚度 mm		自粘层最小厚度 mm	最大外径 mm	
		1B级	2B级		1B级	2B级
0.265	0.004	0.018	0.033	0.013	0.316	0.333
0.300	0.004	0.019	0.035	0.014	0.354	0.372
0.335	0.004	0.020	0.038	0.015	0.393	0.412
0.375	0.005	0.021	0.040	0.016	0.436	0.456
0.425	0.005	0.022	0.042	0.016	0.489	0.511
0.475	0.005	0.024	0.045	0.017	0.543	0.565
0.530	0.006	0.025	0.047	0.017	0.600	0.624
0.600	0.006	0.027	0.050	0.018	0.674	0.699
0.670	0.007	0.028	0.053	0.019	0.748	0.775
0.750	0.008	0.030	0.056	0.020	0.832	0.861
0.850	0.009	0.032	0.060	0.020	0.937	0.967
0.950	0.010	0.034	0.063	0.021	1.041	1.073
1.060	0.011	0.034	0.065	0.022	1.154	1.187
1.180	0.012	0.035	0.067	0.022	1.276	1.309
1.320	0.013	0.036	0.069	0.023	1.419	1.453
1.500	0.015	0.038	0.071	0.023	1.602	1.638
1.700	0.017	0.039	0.073	0.024	1.805	1.842
1.900	0.019	0.040	0.075	0.025	2.008	2.046

注：需要规定最小外径时以最小漆膜厚度来计算。

附 录 B
（资料性附录）
线性电阻的计算方法

电阻值范围按下述计算：

B.1 导体标称直径 1.000 mm 及以下

电阻的最小值和最大值依据电阻率的最小值和最大值及每个导体直径的相关尺寸公差计算。

线性电阻按下式计算：

$$R_{最小} = \rho_{最小} \times q_{最大}^{-1} (\Omega \cdot m^{-1})$$

$$R_{最大} = \rho_{最大} \times q_{最小}^{-1} (\Omega \cdot m^{-1})$$

式中：

$\rho_{最小} = 1/36.2\ \Omega \cdot mm^2 \cdot m^{-1}$；

$\rho_{最大} = 1/35.5\ \Omega \cdot mm^2 \cdot m^{-1}$；

q 为导体截面积，mm^2。

附 录 C
（资料性附录）
电 阻

下列标称电阻值仅供参考。它们是依据导体标称直径和标称电阻率 1/35.85 $\Omega \cdot mm^2 \cdot m^{-1}$ 计算而得。

对于导体标称直径 1.000 mm 及以下的漆包线，最小和最大电阻值按附录 B 计算而得。

表 C.1 电阻

导体标称直径 mm	电阻 Ω/m			导体标称直径 mm	标称电阻 Ω/m
	最小值	标称值	最大值		
0.250	0.545 2	0.568 3	0.592 7	1.120	0.028 31
0.280	0.436 1	0.453 0	0.470 8	1.250	0.022 73
0.315	0.345 6	0.357 9	0.370 8	1.400	0.018 12
0.355	0.272 9	0.281 8	0.291 1	1.600	0.013 87
0.400	0.214 4	0.222 0	0.229 9	1.800	0.010 96
0.450	0.169 9	0.175 4	0.181 1	2.000	0.008 879
0.500	0.137 9	0.142 1	0.146 4	2.240	0.007 078
0.560	0.109 8	0.113 3	0.116 9	2.500	0.005 683
0.630	0.086 95	0.089 48	0.092 11	2.800	0.004 530
0.710	0.068 42	0.070 45	0.072 57	3.150	0.003 579
0.800	0.053 87	0.055 49	0.057 18	3.550	0.002 818
0.900	0.042 57	0.043 85	0.045 18	4.000	0.002 220
1.000	0.034 48	0.035 52	0.036 59	4.500	0.001 754
				5.000	0.001 421

附　录　D
（资料性附录）
漆包铝圆绕组线型号及对照表

D.1　漆包铝圆绕组线符号和代号

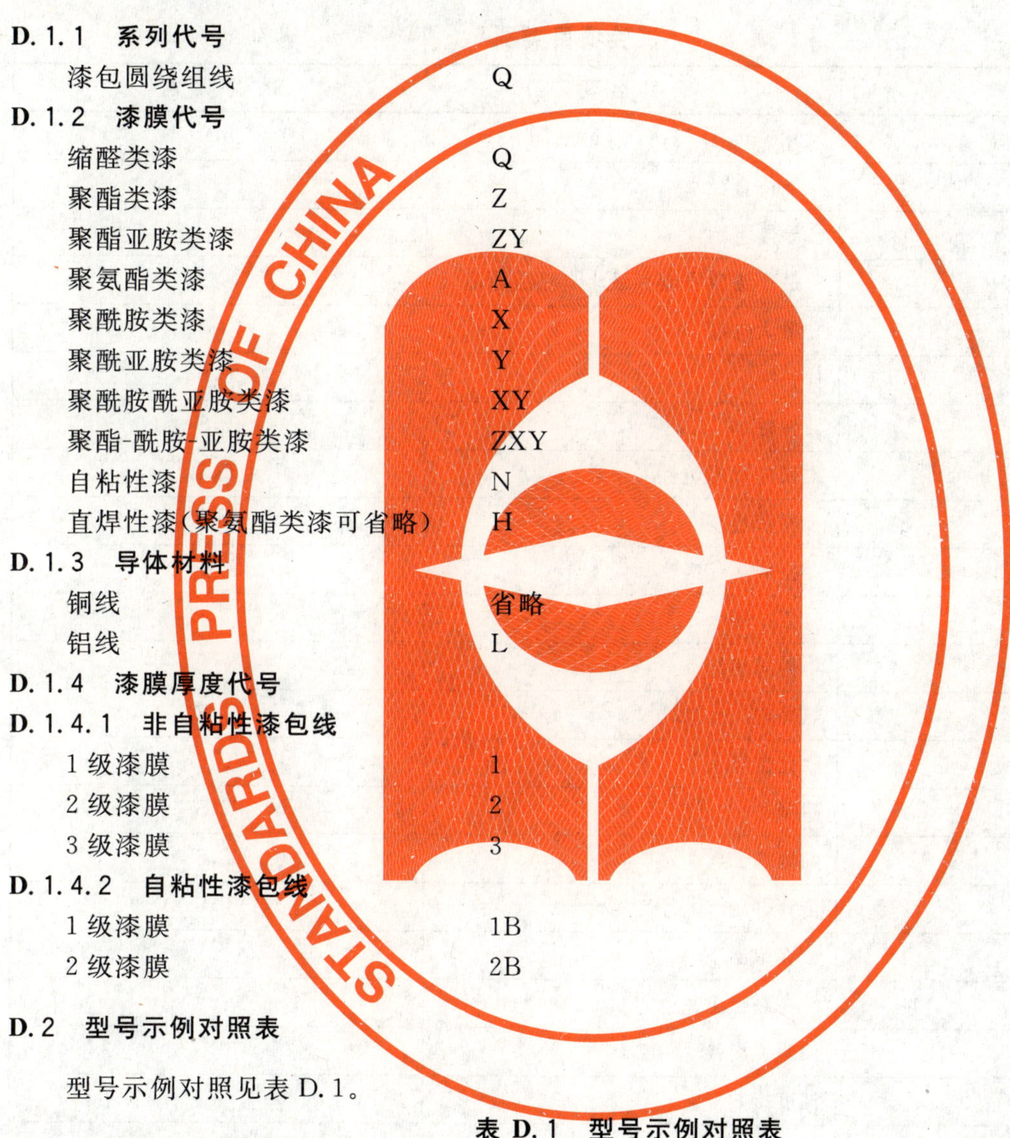

D.1.1　系列代号

漆包圆绕组线	Q

D.1.2　漆膜代号

缩醛类漆	Q
聚酯类漆	Z
聚酯亚胺类漆	ZY
聚氨酯类漆	A
聚酰胺类漆	X
聚酰亚胺类漆	Y
聚酰胺酰亚胺类漆	XY
聚酯-酰胺-亚胺类漆	ZXY
自粘性漆	N
直焊性漆（聚氨酯类漆可省略）	H

D.1.3　导体材料

铜线	省略
铝线	L

D.1.4　漆膜厚度代号

D.1.4.1　非自粘性漆包线

1 级漆膜	1
2 级漆膜	2
3 级漆膜	3

D.1.4.2　自粘性漆包线

1 级漆膜	1B
2 级漆膜	2B

D.2　型号示例对照表

型号示例对照见表 D.1。

表 D.1　型号示例对照表

GB/T 23312—2009 型号	IEC 代号
QQL-2/120　0.500　GB/T 23312.2	—
QZL-2/130　0.500　GB/T 23312.3	—
QZL-2/155　0.500　GB/T 23312.4	—
QZYL-2/180　0.500　GB/T 23312.5	IEC 60317-15-0.500　Grade 2
Q(ZY/X) L-2/180　0.500　GB/T 23312.6 Q(Z/X) L-2/180　0.500　GB/T 23312.6	—
Q(Z/XY) L-2/200　0.500　GB/T 23312.7 Q(ZY/XY) L-2/200　0.500　GB/T 23312.7	IEC 60317-25-0.500　Grade 2

附 录 E
（资料性附录）
试验项目类别

GB/T 23312 采用的试验项目类别为型式试验(T)、抽样试验(S)和例行试验(R)，其定义参见GB/T 4074.1—2008 的规定。详见表 E.1。

表 E.1 试验项目类别

序号	项目名称	试验类别
1	尺寸	T,S
1.1	导体直径	
1.2	导体不圆度	
1.3	最小漆膜厚度和最小自粘层厚度	
1.4	最大外径	
2	伸长率	T,S
3	回弹性	T,S
4	柔韧性和附着性	T,S
4.1	圆棒卷绕	
4.2	拉伸	
4.3	急拉断	
4.4	剥离扭绞	
5	热冲击	T,S
6	软化击穿	T,S
7	耐刮	T,S
8	耐溶剂	T,S
9	击穿电压	T,S
9.1	在室温下	
9.2	在高温下	
10	漆膜连续性	T,S
11	温度指数	T
12	耐冷冻剂	T,S
13	热粘合	T,S
14	介质损耗系数	T
17	耐变压器油	T,S
18	失重	T,S
19	针孔	T,S
20	包装	R

ICS 29.060.10
K 12

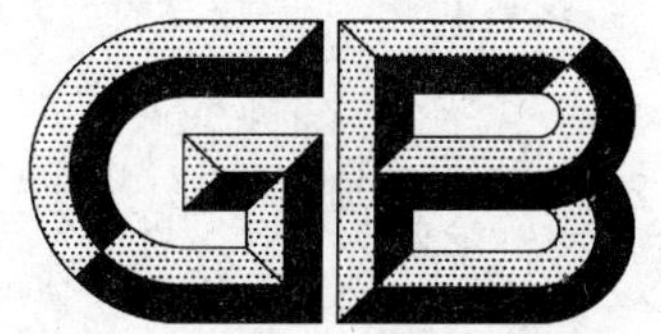

中华人民共和国国家标准

GB/T 23312.2—2009

漆包铝圆绕组线 第2部分：120级缩醛漆包铝圆线

**Enamelled round aluminium winding wire—
Part 2：Polyvinyl acetal enamelled round aluminium wire，class 120**

2009-03-19 发布　　2009-12-01 实施

中华人民共和国国家质量监督检验检疫总局
中国国家标准化管理委员会　发布

前　言

GB/T 23312《漆包铝圆绕组线》分为七个部分：

——第 1 部分：一般规定；

——第 2 部分：120 级缩醛漆包铝圆线；

——第 3 部分：130 级聚酯漆包铝圆线；

——第 4 部分：155 级聚酯漆包铝圆线；

——第 5 部分：180 级聚酯亚胺漆包铝圆线；

——第 6 部分：180 级聚酯或聚酯亚胺/聚酰胺复合漆包铝圆线；

——第 7 部分：200 级聚酯或聚酯亚胺/聚酰胺酰亚胺复合漆包铝圆线。

本部分为 GB/T 23312 的第 2 部分。

本部分由中国电器工业协会提出。

本部分由全国电线电缆标准化技术委员会(SAC/TC 213)归口。

本部分起草单位：上海电缆研究所、上海裕生特种线材有限公司、上海崇明特种电磁线厂、浙江宏磊铜业股份有限公司、江苏徐州盛宝实业有限公司、黄洋铜业有限公司、天津市津和双金属线材有限公司、浙江洪波线缆股份有限公司、浙江先登电工器材股份有限公司、浙江长城电子科技集团、格兰仕(中山)电工线材有限公司、无锡巨丰复合线有限公司、诸暨露笑特种线有限公司、佛山威奇电工材料有限公司、福州大通机电有限公司、铜陵精迅特种漆包线有限责任公司。

本部分主要起草人：李福、潘烈君、黄晓东、魏浙强、闫亚明、黄河、张春龙、曹恒泰、孟祥富、姚桂华、李静康、蔡麟、鲁小均、王慧峰、刘冰、沈学军、陈惠民。

本部分为首次制定。

漆包铝圆绕组线 第2部分:120级缩醛漆包铝圆线

1 范围

GB/T 23312的本部分规定了以聚乙烯醇缩醛树脂为基的单一漆层120级漆包铝圆线的一般要求。如能保留原树脂的化学特性并满足对漆包线规定的所有要求,则该树脂可以改性。

注:改性树脂是一种经过化学变化的,或者含有一种或多种添加剂以提高其某种性能或使用特性的树脂。

120级表示热级,要求最小温度指数为120,热冲击温度至少为155 ℃。

对应于温度指数的摄氏温度并不就是推荐的漆包线使用温度,因为这取决于包括所用设备类型在内的许多因素。

本部分规定的导体标称直径范围为:

——1级:0.400 mm及以上1.600 mm及以下;

——2级:0.400 mm及以上5.000 mm及以下。

导体标称直径见GB/T 23312.1—2009中第4章。

2 规范性引用文件

下列文件中的条款通过GB/T 23312的本部分的引用而成为本部分的条款。凡是注日期的引用文件,其随后所有的修改单(不包括勘误的内容)或修订版均不适用于本部分,然而,鼓励根据本部分达成协议的各方研究是否可使用这些文件的最新版本。凡是不注日期的引用文件,其最新版本适用于本部分。

GB/T 23312.1—2009 漆包铝圆绕组线 第1部分:一般规定(IEC 60317-0-3:2008,Specifications for particular types of winding wires—Part 0-3:General requirements—Enamelled round aluminium wire,IDT)

3 定义、试验方法总则和外观

3.1 定义、试验方法总则

定义和试验方法总则见GB/T 23312.1—2009中第3章。

若GB/T 23312.1—2009与本部分有矛盾,以本部分为准。

3.2 外观

见GB/T 23312.1—2009中第3章。

4 尺寸

见GB/T 23312.1—2009中第4章。

5 电阻

见GB/T 23312.1—2009中第5章。

6 伸长率

见GB/T 23312.1—2009中第6章。

7 回弹性

见 GB/T 23312.1—2009 中第 7 章。

8 柔韧性和附着性

见 GB/T 23312.1—2009 中第 8 章。圆棒卷绕试验的圆棒直径应为 2 d。

9 热冲击

见 GB/T 23312.1—2009 中第 9 章。最小热冲击温度应为 155 ℃。

10 软化击穿

试验要求正在考虑中。

11 耐刮(导体标称直径 2.500 mm 及以下)

漆包线耐刮性能应符合表 1 规定。

表 1 耐刮

导体标称直径 mm	1 级		2 级	
	最小平均 刮破力 N	每次试验中 最小刮破力 N	最小平均 刮破力 N	每次试验中 最小刮破力 N
0.400	2.05	1.75	3.25	2.75
0.450	2.20	1.75	3.50	2.95
0.500	2.35	2.00	3.75	3.20
0.560	2.50	2.15	4.00	3.40
0.630	2.70	2.30	4.30	3.65
0.710	2.85	2.45	4.60	3.90
0.800	3.05	2.60	4.95	4.20
0.900	3.30	2.80	5.30	4.50
1.000	3.55	3.00	5.65	4.80
1.120	3.80	3.25	6.05	5.10
1.250	4.10	3.50	6.45	5.50
1.400	4.40	3.75	6.95	5.90
1.600	4.75	4.00	7.45	6.30
1.800	—	—	8.00	6.75
2.000	—	—	8.50	7.20
2.240	—	—	9.10	7.70
2.500	—	—	9.70	8.20
注：对于导体标称直径的中间尺寸，应取下一个较大导体标称直径的数值。				

12 耐溶剂

见 GB/T 23312.1—2009 中第 12 章。

13 击穿电压

见 GB/T 23312.1—2009 中第 13 章。高温试验温度应为 120 ℃。

14 漆膜连续性

见 GB/T 23312.1—2009 中第 14 章。

15 温度指数

见 GB/T 23312.1—2009 中第 15 章。最小温度指数应为 120。

16 耐冷冻剂

不适用。

17 直焊性

不适用。

18 热粘合

不适用。

19 介质损耗系数

不适用。

20 耐变压器油

适用但未规定要求。

21 失重

不适用。

23 针孔

不适用。

30 包装

见 GB/T 23312.1—2009 中第 30 章。

ICS 29.060.10
K 12

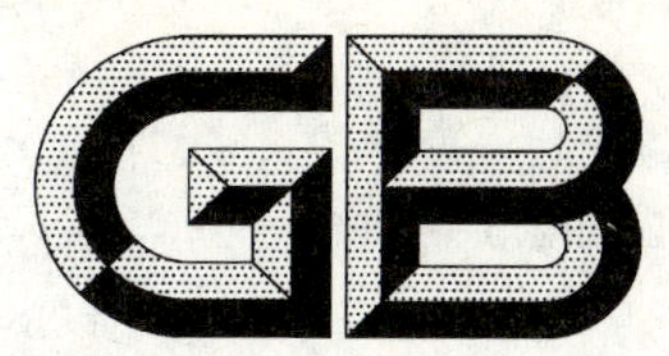

中华人民共和国国家标准

GB/T 23312.3—2009

漆包铝圆绕组线 第3部分:130级聚酯漆包铝圆线

Enamelled round aluminium winding wire—
Part 3: Polyester enamelled round aluminium wire, class 130

2009-03-19 发布　　　　2009-12-01 实施

中华人民共和国国家质量监督检验检疫总局
中国国家标准化管理委员会　发布

前 言

GB/T 23312《漆包铝圆绕组线》分为七个部分：

——第1部分：一般规定；

——第2部分：120级缩醛漆包铝圆线；

——第3部分：130级聚酯漆包铝圆线；

——第4部分：155级聚酯漆包铝圆线；

——第5部分：180级聚酯亚胺漆包铝圆线；

——第6部分：180级聚酯或聚酯亚胺/聚酰胺复合漆包铝圆线；

——第7部分：200级聚酯或聚酯亚胺/聚酰胺酰亚胺复合漆包铝圆线。

本部分为GB/T 23312的第3部分。

本部分由中国电器工业协会提出。

本部分由全国电线电缆标准化技术委员会(SAC/TC 213)归口。

本部分起草单位：上海电缆研究所、格兰仕(中山)电工线材有限公司、黄洋铜业有限公司、浙江长城电子科技集团、浙江洪波线缆股份有限公司、浙江先登电工器材股份有限公司、江苏徐州盛宝实业有限公司、铜陵精迅特种漆包线有限责任公司、福州大通机电有限公司、佛山威奇电工材料有限公司、诸暨露笑特种线有限公司、无锡巨丰复合线有限公司、天津市津和双金属线材有限公司、浙江宏磊铜业股份有限公司、上海崇明特种电磁线厂、上海裕生特种线材有限公司。

本部分主要起草人：陈惠民、李静康、黄河、姚桂华、曹恒泰、孟祥富、闫亚明、周俊、刘冰、王慧峰、鲁小均、蔡麟、张春龙、魏浙强、黄晓东、潘烈君、李福。

本部分为首次制定。

漆包铝圆绕组线
第3部分:130级聚酯漆包铝圆线

1 范围

GB/T 23312的本部分规定了以聚酯树脂为基的单一漆层130级漆包铝圆线的一般要求。如能保留原树脂的化学特性并满足对漆包线规定的所有要求,则该树脂可以改性。

注:改性树脂是一种经过化学变化的,或者含有一种或多种添加剂以提高其某种性能或使用特性的树脂。

130级表示热级,要求最小温度指数为130,热冲击温度至少为155 ℃。

对应于温度指数的摄氏温度并不就是推荐的漆包线使用温度,因为这取决于包括所用设备类型在内的许多因素。

本部分规定的导体标称直径范围为:

——1级:0.400 mm及以上1.600 mm及以下;

——2级:0.400 mm及以上5.000 mm及以下。

导体标称直径见GB/T 23312.1—2009中第4章。

2 规范性引用文件

下列文件中的条款通过GB/T 23312的本部分的引用而成为本部分的条款。凡是注日期的引用文件,其随后所有的修改单(不包括勘误的内容)或修订版均不适用于本部分,然而,鼓励根据本部分达成协议的各方研究是否可使用这些文件的最新版本。凡是不注日期的引用文件,其最新版本适用于本部分。

GB/T 23312.1—2009　漆包铝圆绕组线　第1部分:一般规定(IEC 60317-0-3:2008,Specifications for particular types of winding wires—Part 0-3:General requirements-Enamelled round aluminium wire,IDT)

3 定义、试验方法总则和外观

3.1 定义、试验方法总则

定义和试验方法总则见GB/T 23312.1—2009中第3章。

如果GB/T 23312.1—2009与本部分有矛盾,以本部分为准。

3.2 外观

见GB/T 23312.1—2009中第3章。

4 尺寸

见GB/T 23312.1—2009中第4章。

5 电阻

见GB/T 23312.1—2009中第5章。

6 伸长率

见GB/T 23312.1—2009中第6章。

7 回弹性

见 GB/T 23312.1—2009 中第 7 章。

8 柔韧性和附着性

见 GB/T 23312.1—2009 中第 8 章。

9 热冲击

见 GB/T 23312.1—2009 中第 9 章。最小热冲击温度应为 155 ℃。

10 软化击穿

试验要求正在考虑中。

11 耐刮(导体标称直径 2.500 mm 及以下)

漆包线耐刮性能应符合表 1 规定。

表 1 耐刮

导体标称直径 mm	1 级		2 级	
	最小平均 刮破力 N	每次试验中 最小刮破力 N	最小平均 刮破力 N	每次试验中 最小刮破力 N
0.400	1.95	1.65	3.15	2.65
0.450	2.10	1.75	3.40	2.85
0.500	2.25	1.90	3.60	3.05
0.560	2.40	2.05	3.85	3.25
0.630	2.55	2.20	4.15	3.50
0.710	2.75	2.35	4.45	3.75
0.800	2.95	2.50	4.75	4.05
0.900	3.15	2.70	5.10	4.30
1.000	3.40	2.90	5.45	4.60
1.120	3.70	3.10	5.80	4.90
1.250	3.95	3.35	6.25	5.25
1.400	4.25	3.60	6.65	5.45
1.600	4.60	3.90	7.15	5.85
1.800	—	—	7.70	6.50
2.000	—	—	8.20	6.95
2.240	—	—	8.75	7.40
2.500	—	—	9.30	7.90
注：对于导体标称直径的中间尺寸,应取下一个较大导体标称直径的数值。				

12 耐溶剂

见 GB/T 23312.1—2009 中第 12 章。

13 击穿电压

见 GB/T 23312.1—2009 中第 13 章。高温试验温度应为 130 ℃。

14 漆膜连续性

见 GB/T 23312.1—2009 中第 14 章。

15 温度指数

见 GB/T 23312.1—2009 中第 15 章。最小温度指数应为 130。

16 耐冷冻剂

不适用。

17 直焊性

不适用。

18 热粘合

不适用。

19 介质损耗系数

不适用。

20 耐变压器油

适用但未规定要求。

21 失重

不适用。

23 针孔

不适用。

30 包装

见 GB/T 23312.1—2009 中第 30 章。

ICS 29.060.10
K 12

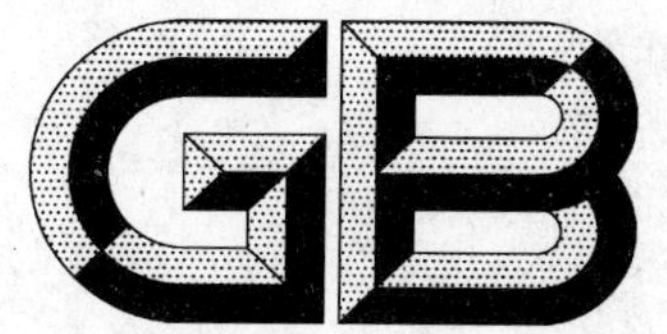

中华人民共和国国家标准

GB/T 23312.4—2009

漆包铝圆绕组线 第4部分:155级聚酯漆包铝圆线

Enamelled round aluminium winding wire—
Part 4: Polyester enamelled round aluminium wire, class 155

2009-03-19 发布

2009-12-01 实施

中华人民共和国国家质量监督检验检疫总局
中国国家标准化管理委员会 发布

前　言

GB/T 23312《漆包铝圆绕组线》分为七个部分：

——第1部分：一般规定；

——第2部分：120级缩醛漆包铝圆线；

——第3部分：130级聚酯漆包铝圆线；

——第4部分：155级聚酯漆包铝圆线；

——第5部分：180级聚酯亚胺漆包铝圆线；

——第6部分：180级聚酯或聚酯亚胺/聚酰胺复合漆包铝圆线；

——第7部分：200级聚酯或聚酯亚胺/聚酰胺酰亚胺复合漆包铝圆线。

本部分为GB/T 23312的第4部分。

本部分由中国电器工业协会提出。

本部分由全国电线电缆标准化技术委员会(SAC/TC 213)归口。

本部分起草单位：上海电缆研究所、诸暨露笑特种线有限公司、浙江洪波线缆股份有限公司、浙江先登电工器材股份有限公司、浙江宏磊铜业股份有限公司、浙江长城电子科技集团、上海崇明特种电磁线厂、上海裕生特种线材有限公司、天津市津和双金属线材有限公司、无锡巨丰复合线有限公司、佛山威奇电工材料有限公司、福州大通机电有限公司、铜陵精迅特种漆包线有限责任公司、江苏徐州盛宝实业有限公司、黄洋铜业有限公司、格兰仕(中山)电工线材有限公司。

本部分主要起草人：李福、鲁小均、曹恒泰、孟祥富、魏浙强、姚桂华、黄晓东、潘烈君、张春龙、蔡麟、王慧峰、刘冰、沈学军、闫亚明、黄河、李静康、陈惠民。

本部分为首次制定。

漆包铝圆绕组线
第4部分：155级聚酯漆包铝圆线

1 范围

GB/T 23312的本部分规定了以聚酯树脂为基的单一漆层155级漆包铝圆线的一般要求。如能保留原树脂的化学特性并满足对漆包线规定的所有要求，则该树脂可以改性。

注：改性树脂是一种经过化学变化的，或者含有一种或多种添加剂以提高其某种性能或使用特性的树脂。

155级表示热级，要求最小温度指数为155，热冲击温度至少为175 ℃。

对应于温度指数的摄氏温度并不就是推荐的漆包线使用温度，因为这取决于包括所用设备类型在内的许多因素。

本部分规定的导体标称直径范围为：

——1级：0.400 mm及以上1.600 mm及以下；

——2级：0.400 mm及以上5.000 mm及以下。

导体标称直径见GB/T 23312.1—2009中第4章。

2 规范性引用文件

下列文件中的条款通过GB/T 23312的本部分的引用而成为本部分的条款。凡是注日期的引用文件，其随后所有的修改单(不包括勘误的内容)或修订版均不适用于本部分，然而，鼓励根据本部分达成协议的各方研究是否可使用这些文件的最新版本。凡是不注日期的引用文件，其最新版本适用于本部分。

GB/T 23312.1—2009 漆包铝圆绕组线 第1部分：一般规定(IEC 60317-0-3:2008, Specifications for particular types of winding wires—Part 0-3: General requirements—Enamelled round aluminium wire, IDT)

3 定义、试验方法总则和外观

3.1 定义、试验方法总则

定义和试验方法总则见GB/T 23312.1—2009中第3章。

如果GB/T 23312.1—2009与本部分有矛盾，以本部分为准。

3.2 外观

见GB/T 23312.1—2009中第3章。

4 尺寸

见GB/T 23312.1—2009中第4章。

5 电阻

见GB/T 23312.1—2009中第5章。

6 伸长率

见GB/T 23312.1—2009中第6章。

7 回弹性

见 GB/T 23312.1—2009 中第 7 章。

8 柔韧性和附着性

见 GB/T 23312.1—2009 中第 8 章。

9 热冲击

见 GB/T 23312.1—2009 中第 9 章。最小热冲击温度应为 175 ℃。

10 软化击穿

试验要求正在考虑中。

11 耐刮(导体标称直径 2.500 mm 及以下)

漆包线耐刮性能应符合表 1 规定。

表 1 耐刮

导体标称直径 mm	1 级		2 级	
	最小平均 刮破力 N	每次试验中 最小刮破力 N	最小平均 刮破力 N	每次试验中 最小刮破力 N
0.400	1.95	1.65	3.15	2.65
0.450	2.10	1.75	3.40	2.85
0.500	2.25	1.90	3.60	3.05
0.560	2.40	2.05	3.85	3.25
0.630	2.55	2.20	4.15	3.50
0.710	2.75	2.35	4.45	3.75
0.800	2.95	2.50	4.75	4.05
0.900	3.15	2.70	5.10	4.30
1.000	3.40	2.90	5.45	4.60
1.120	3.70	3.10	5.80	4.90
1.250	3.95	3.35	6.25	5.25
1.400	4.25	3.60	6.65	5.45
1.600	4.60	3.90	7.15	5.85
1.800	—	—	7.70	6.50
2.000	—	—	8.20	6.95
2.240	—	—	8.75	7.40
2.500	—	—	9.30	7.90
注:对于导体标称直径的中间尺寸,应取下一个较大导体标称直径的数值。				

12 耐溶剂

见 GB/T 23312.1—2009 中第 12 章。

13 击穿电压

见 GB/T 23312.1—2009 中第 13 章。高温试验温度应为 155 ℃。

14 漆膜连续性

见 GB/T 23312.1—2009 中第 14 章。

15 温度指数

见 GB/T 23312.1—2009 中第 15 章。最小温度指数应为 155。

16 耐冷冻剂

不适用。

17 直焊性

不适用。

18 热粘合

不适用。

19 介质损耗系数

不适用。

20 耐变压器油

适用但未规定要求。

21 失重

不适用。

23 针孔

见 GB/T 23312.1—2009 中第 23 章。

30 包装

见 GB/T 23312.1—2009 中第 30 章。

ICS 29.060.10
K 12

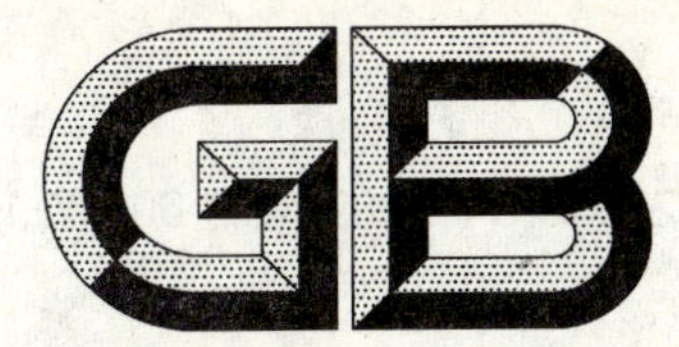

中华人民共和国国家标准

GB/T 23312.5—2009/IEC 60317-15:2004

漆包铝圆绕组线 第5部分：180级聚酯亚胺漆包铝圆线

Enamelled round aluminium winding wire—
Part 5: Polyesterimide enamelled round aluminium wire, class 180

(IEC 60317-15:2004, Specifications for particular types of winding wires—Part 15: Polyesterimide enamelled round aluminium wire, class 180, IDT)

2009-03-19 发布　　2009-12-01 实施

中华人民共和国国家质量监督检验检疫总局
中国国家标准化管理委员会　发布

前　言

GB/T 23312《漆包铝圆绕组线》分为七个部分：

——第1部分：一般规定；

——第2部分：120级缩醛漆包铝圆线；

——第3部分：130级聚酯漆包铝圆线；

——第4部分：155级聚酯漆包铝圆线；

——第5部分：180级聚酯亚胺漆包铝圆线；

——第6部分：180级聚酯或聚酯亚胺/聚酰胺复合漆包铝圆线；

——第7部分：200级聚酯或聚酯亚胺/聚酰胺酰亚胺复合漆包铝圆线。

本部分为GB/T 23312的第5部分。

本部分等同采用IEC 60317-15:2004《特种绕组线产品标准　第15部分：180级聚酯亚胺漆包铝圆线》第3.0版本(英文版)。

为便于使用，本部分做了下列编辑性修改：

——删除了国际标准的前言和引言；

——用小数点“.”代替作为小数点的逗号“,”。

本部分在等同采用IEC 60317-15:2004《特种绕组线产品标准　第15部分：180级聚酯亚胺漆包铝圆线》时修正了原文几处编辑性错误，这些修正如下：

——将第10章中的“软化击穿”由“不适用”改为“试验要求正在考虑中”；

——将第18章中的“热粘合和溶剂粘合”改为“热粘合”。

本部分由中国电器工业协会提出。

本部分由全国电线电缆标准化技术委员会(SAC/TC 213)归口。

本部分起草单位：上海电缆研究所、无锡巨丰复合线有限公司、江苏徐州盛宝实业有限公司、黄洋铜业有限公司、佛山威奇电工材料有限公司、上海裕生特种线材有限公司、福州大通机电有限公司、格兰仕(中山)电工线材有限公司、铜陵精迅特种漆包线有限责任公司、天津市津和双金属线材有限公司、上海崇明特种电磁线厂、浙江长城电子科技集团、浙江宏磊铜业股份有限公司、浙江先登电工器材股份有限公司、浙江洪波线缆股份有限公司、诸暨露笑特种线有限公司。

本部分主要起草人：李福、蔡麟、闫亚明、黄河、王慧峰、潘烈君、刘冰、李静康、周俊、张春龙、黄晓东、姚桂华、魏浙强、孟祥富、曹恒泰、鲁小均、陈惠民。

本部分为首次制定。

漆包铝圆绕组线 第5部分:180级聚酯亚胺漆包铝圆线

1 范围

GB/T 23312的本部分规定了以聚酯亚胺树脂为基的单一漆层180级漆包铝圆线的一般要求。如能保留原树脂的化学特性并满足对漆包线规定的所有要求,则该树脂可以改性。

注:改性树脂是一种经过化学变化的,或者含有一种或多种添加剂以提高其某种性能或使用特性的树脂。

180级表示热级,要求最小温度指数为180,热冲击温度至少为200 ℃。

对应于温度指数的摄氏温度并不就是推荐的漆包线使用温度,因为这取决于包括所用设备类型在内的许多因素。

本部分规定的导体标称直径范围为:

——1级:0.400 mm及以上1.600 mm及以下;

——2级:0.400 mm及以上5.000 mm及以下。

导体标称直径见GB/T 23312.1—2009中第4章。

2 规范性引用文件

下列文件中的条款通过GB/T 23312的本部分的引用而成为本部分的条款。凡是注日期的引用文件,其随后所有的修改单(不包括勘误的内容)或修订版均不适用于本部分,然而,鼓励根据本部分达成协议的各方研究是否可使用这些文件的最新版本。凡是不注日期的引用文件,其最新版本适用于本部分。

GB/T 23312.1—2009 漆包铝圆绕组线 第1部分:一般规定(IEC 60317-0-3:2008,Specifications for particular types of winding wires—Part 0-3:General requirements—Enamelled round aluminium wire,IDT)

3 定义、试验方法总则和外观

3.1 定义、试验方法总则

定义和试验方法总则见GB/T 23312.1—2009中第3章。

如果GB/T 23312.1—2009与本部分有矛盾,以本部分为准。

3.2 外观

见GB/T 23312.1—2009中第3章。

4 尺寸

见GB/T 23312.1—2009中第4章。

5 电阻

见GB/T 23312.1—2009中第5章。

6 伸长率

见GB/T 23312.1—2009中第6章。

7 回弹性

不适用。

8 柔韧性和附着性

见 GB/T 23312.1—2009 中第 8 章。

9 热冲击

见 GB/T 23312.1—2009 中第 9 章。最小热冲击温度应为 200 ℃。

10 软化击穿

试验要求正在考虑中。

11 耐刮(导体标称直径 2.500 mm 及以下)

漆包线耐刮性能应符合表 1 规定。

表 1 耐刮

导体标称直径 mm	1 级		2 级	
	最小平均 刮破力 N	每次试验中 最小刮破力 N	最小平均 刮破力 N	每次试验中 最小刮破力 N
0.400	1.95	1.65	3.15	2.65
0.450	2.10	1.75	3.40	2.85
0.500	2.25	1.90	3.60	3.05
0.560	2.40	2.05	3.85	3.25
0.630	2.55	2.20	4.15	3.50
0.710	2.75	2.35	4.45	3.75
0.800	2.95	2.50	4.75	4.05
0.900	3.15	2.70	5.10	4.30
1.000	3.40	2.90	5.45	4.60
1.120	3.70	3.10	5.80	4.90
1.250	3.95	3.35	6.25	5.25
1.400	4.25	3.60	6.65	5.45
1.600	4.60	3.90	7.15	5.85
1.800	—	—	7.70	6.50
2.000	—	—	8.20	6.95
2.240	—	—	8.75	7.40
2.500	—	—	9.30	7.90
注:对于导体标称直径的中间尺寸,应取下一个较大导体标称直径的数值。				

12 耐溶剂

见 GB/T 23312.1—2009 中第 12 章。

13 击穿电压

见GB/T 23312.1—2009 中第 13 章。高温试验温度应为 180 ℃。

14 漆膜连续性

见 GB/T 23312.1—2009 中第 14 章。

15 温度指数

见 GB/T 23312.1—2009 中第 15 章。最小温度指数应为 180。

16 耐冷冻剂

不适用。

17 直焊性

不适用。

18 热粘合

不适用。

19 介质损耗系数

不适用。

20 耐变压器油

适用但未规定要求。

21 失重

不适用。

23 针孔

见 GB/T 23312.1—2009 中第 23 章。

30 包装

见 GB/T 23312.1—2009 中第 30 章。

ICS 29.060.10
K 12

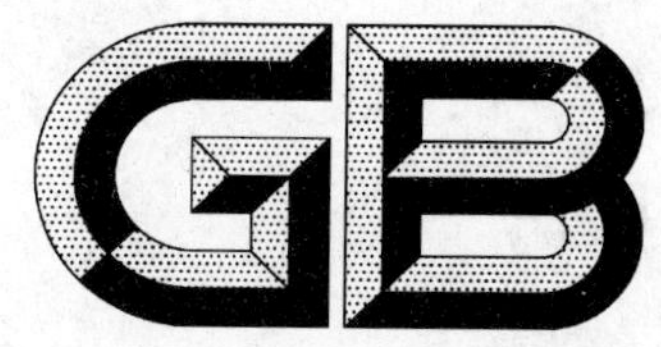

中华人民共和国国家标准

GB/T 23312.6—2009

漆包铝圆绕组线
第6部分:180级聚酯或聚酯亚胺/聚酰胺复合漆包铝圆线

Enamelled round aluminium winding wire—
Part 6:Polyester or polyesterimide overcoated with polyamide enamelled round aluminium wire, class 180

2009-03-19 发布　　　　2009-12-01 实施

中华人民共和国国家质量监督检验检疫总局
中国国家标准化管理委员会　发布

前　言

GB/T 23312《漆包铝圆绕组线》分为七个部分：

——第1部分：一般规定；

——第2部分：120级缩醛漆包铝圆线；

——第3部分：130级聚酯漆包铝圆线；

——第4部分：155级聚酯漆包铝圆线；

——第5部分：180级聚酯亚胺漆包铝圆线；

——第6部分：180级聚酯或聚酯亚胺/聚酰胺复合漆包铝圆线；

——第7部分：200级聚酯或聚酯亚胺/聚酰胺酰亚胺复合漆包铝圆线。

本部分为GB/T 23312的第6部分。

本部分由中国电器工业协会提出。

本部分由全国电线电缆标准化技术委员会(SAC/TC 213)归口。

本部分起草单位：上海电缆研究所、福州大通机电有限公司、浙江宏磊铜业股份有限公司、浙江长城电子科技集团、浙江洪波线缆股份有限公司、浙江先登电工器材股份有限公司、格兰仕(中山)电工线材有限公司、诸暨露笑特种线有限公司、上海崇明特种电磁线厂、天津市津和双金属线材有限公司、铜陵精迅特种漆包线有限责任公司、上海裕生特种线材有限公司、佛山威奇电工材料有限公司、黄洋铜业有限公司、无锡巨丰复合线有限公司、江苏徐州盛宝实业有限公司。

本部分主要起草人：陈惠民、刘冰、魏浙强、姚桂华、曹恒泰、孟祥富、李静康、鲁小均、黄晓东、张春龙、周俊、潘烈君、王慧峰、黄河、蔡麟、闫亚明、李福。

本部分为首次制定。

漆包铝圆绕组线 第6部分:180级聚酯或聚酯亚胺/聚酰胺复合漆包铝圆线

1 范围

GB/T 23312的本部分规定了双漆层的180级漆包铝圆线的要求。底漆层以聚酯或聚酯亚胺树脂为基,如能保留原树脂的化学特性并满足对漆包线规定的所有要求,则该树脂可以改性。面漆层是以聚酰胺树脂为基。

注:改性树脂是一种经过化学变化的,或者含有一种或多种添加剂以提高其某种性能或使用特性的树脂。

180级表示热级,要求最小温度指数为180,热冲击温度至少为200 ℃。

对应于温度指数的摄氏温度并不就是推荐的漆包线使用温度,因为这取决于包括所用设备类型在内的许多因素。

本部分规定的导体标称直径范围为:

——1级:0.250 mm及以上3.150 mm及以下;

——2级:0.400 mm及以上5.000 mm及以下。

导体标称直径见GB/T 23312.1—2009中第4章。

2 规范性引用文件

下列文件中的条款通过GB/T 23312的本部分的引用而成为本部分的条款。凡是注日期的引用文件,其随后所有的修改单(不包括勘误的内容)或修订版均不适用于本部分,然而,鼓励根据本部分达成协议的各方研究是否可使用这些文件的最新版本。凡是不注日期的引用文件,其最新版本适用于本部分。

GB/T 23312.1—2009 漆包铝圆绕组线 第1部分:一般规定(IEC 60317-0-3:2008, Specifications for particular types of winding wires—Part 0-3:General requirements—Enamelled round aluminium wire, IDT)

3 定义、试验方法总则和外观

3.1 定义、试验方法总则

定义和试验方法总则见GB/T 23312.1—2009中第3章。

如果GB/T 23312.1—2009与本部分有矛盾,以本部分为准。

3.2 外观

见GB/T 23312.1—2009中第3章。

4 尺寸

见GB/T 23312.1—2009中第4章。

5 电阻

见GB/T 23312.1—2009中第5章。

6 伸长率

见 GB/T 23312.1—2009 中第 6 章。

7 回弹性

适用但未规定要求。

8 柔韧性和附着性

见 GB/T 23312.1—2009 中第 8 章。

9 热冲击

见 GB/T 23312.1—2009 中第 9 章。最小热冲击温度应为 200 ℃。

10 软化击穿

在 265 ℃温度下 2 min 内应不击穿。

11 耐刮(导体标称直径 2.500 mm 及以下)

漆包线耐刮性能应符合表 1 规定。

表 1 耐刮

导体标称直径 mm	1 级		2 级	
	最小平均 刮破力 N	每次试验中 最小刮破力 N	最小平均 刮破力 N	每次试验中 最小刮破力 N
0.250	1.45	1.25	—	—
0.280	1.55	1.30	—	—
0.315	1.70	1.40	—	—
0.355	1.80	1.55	—	—
0.400	1.95	1.65	3.15	2.65
0.450	2.10	1.75	3.40	2.85
0.500	2.25	1.90	3.60	3.05
0.560	2.40	2.05	3.85	3.25
0.630	2.55	2.20	4.15	3.50
0.710	2.75	2.35	4.45	3.75
0.800	2.95	2.50	4.75	4.05
0.900	3.15	2.70	5.10	4.30
1.000	3.40	2.90	5.45	4.60
1.120	3.70	3.10	5.80	4.90
1.250	3.95	3.35	6.25	5.25
1.400	4.25	3.60	6.65	5.45
1.600	4.60	3.90	7.15	5.85
1.800	5.00	4.20	7.70	6.50
2.000	5.30	4.50	8.20	6.95
2.240	5.70	4.80	8.75	7.40
2.500	6.10	5.15	9.30	7.90
注：对于导体标称直径的中间尺寸，应取下一个较大导体标称直径的数值。				

12 耐溶剂

见 GB/T 23312.1—2009 中第 12 章。

13 击穿电压

当在室温和 180 ℃(当用户要求时)下试验时,漆包线应分别符合 13.1 和 13.2 规定的要求。

13.1 导体标称直径 2.500 mm 及以下

五个试样中应至少有四个在小于或等于表 2 规定的电压下不发生击穿。

表 2 击穿电压

导体标称直径 mm	最小击穿电压(有效值) V			
	1 级		2 级	
	室温	180 ℃	室温	180 ℃
0.250	1 900	1 400	—	—
0.280	2 000	1 500	—	—
0.315	2 000	1 500	—	—
0.355	2 100	1 600	—	—
0.400	2 100	1 600	4 000	3 000
0.450	2 100	1 600	4 000	3 000
0.500	2 200	1 700	4 100	3 100
0.560	2 200	1 700	4 100	3 100
0.630	2 300	1 700	4 300	3 200
0.710	2 300	1 700	4 300	3 200
0.800	2 300	1 700	4 400	3 300
0.900	2 400	1 800	4 500	3 400
1.000～2.500	2 400	1 800	4 500	3 400
注:对于导体标称直径的中间尺寸,应取下一个较大导体标称直径的数值。				

13.2 导体标称直径 2.500 mm 以上

五个试样中应至少有四个在小于或等于表 3 规定的电压下不发生击穿。

表 3 击穿电压

导体标称直径 mm	最小击穿电压(有效值) V			
	1 级		2 级	
	室温	180 ℃	室温	180 ℃
2.500 以上	1 200	900	2 200	1 700

14 漆膜连续性

见 GB/T 23312.1—2009 中第 14 章。

15 温度指数

见 GB/T 23312.1—2009 中第 15 章。最小温度指数应为 180。

16 耐冷冻剂

不适用。

17 直焊性

不适用。

18 热粘合

不适用。

19 介质损耗系数

不适用。

20 耐变压器油

不适用。

21 失重

不适用。

23 针孔

见 GB/T 23312.1—2009 中第 23 章。

30 包装

见 GB/T 23312.1—2009 中第 30 章。

ICS 29.060.10
K 12

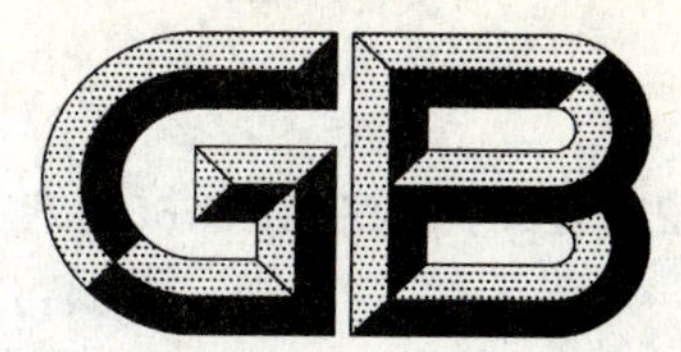

中华人民共和国国家标准

GB/T 23312.7—2009/IEC 60317-25:1997

漆包铝圆绕组线 第7部分:200级聚酯或聚酯亚胺/聚酰胺酰亚胺复合漆包铝圆线

Enamelled round aluminium winding wire—
Part 7: Polyester or polyesterimide overcoated with polyamide-imide enamelled round aluminium wire, class 200

(IEC 60317-25:1997, Specifications for particular types of winding wires—Part 25: Polyester or polyesterimide overcoated with polyamide-imide enamelled round aluminium wire, class 200, IDT)

2009-03-19 发布　　2009-12-01 实施

中华人民共和国国家质量监督检验检疫总局
中国国家标准化管理委员会　发布

前　言

GB/T 23312《漆包铝圆绕组线》分为七个部分：

——第1部分：一般规定；

——第2部分：120级缩醛漆包铝圆线；

——第3部分：130级聚酯漆包铝圆线；

——第4部分：155级聚酯漆包铝圆线；

——第5部分：180级聚酯亚胺漆包铝圆线；

——第6部分：180级聚酯或聚酯亚胺/聚酰胺复合漆包铝圆线；

——第7部分：200级聚酯或聚酯亚胺/聚酰胺酰亚胺复合漆包铝圆线。

本部分为GB/T 23312的第7部分。

本部分等同采用IEC 60317-25:1997《特种绕组线产品标准　第25部分：200级聚酯或聚酯亚胺/聚酰胺酰亚胺复合漆包铝圆线》第2.2版本(英文版)。

为便于使用，本部分做了下列编辑性修改：

——删除了国际标准的前言和引言；

——用小数点“.”代替作为小数点的逗号“,”；

——增加了3.2“外观”；

——增加了第23章“针孔”试验。

本部分在等同采用IEC 60317-25:1997《特种绕组线产品标准　第25部分：200级聚酯或聚酯亚胺/聚酰胺酰亚胺复合漆包铝圆线》时修正了原文几处编辑性错误，这些修正如下：

——将第18章中“热粘合和溶剂粘合”改为“热粘合”。

本部分由中国电器工业协会提出。

本部分由全国电线电缆标准化技术委员会(SAC/TC 213)归口。

本部分起草单位：上海电缆研究所、铜陵精迅特种漆包线有限责任公司、佛山威奇电工材料有限公司、格兰仕(中山)电工线材有限公司、无锡巨丰复合线有限公司、诸暨露笑特种线有限公司、上海裕生特种线材有限公司、江苏徐州盛宝实业有限公司、黄洋铜业有限公司、天津市津和双金属线材有限公司、上海崇明特种电磁线厂、浙江先登电工器材股份有限公司、浙江洪波线缆股份有限公司、浙江长城电子科技集团、浙江宏磊铜业股份有限公司、福州大通机电有限公司。

本部分主要起草人：陈惠民、沈学军、王慧峰、李静康、蔡麟、鲁小均、潘烈君、闫亚明、黄河、张春龙、黄晓东、孟祥富、曹恒泰、姚桂华、魏浙强、刘冰、李福。

本部分为首次制定。

漆包铝圆绕组线 第7部分:200级聚酯或聚酯亚胺/聚酰胺酰亚胺复合漆包铝圆线

1 范围

GB/T 23312的本部分规定了双漆层的200级漆包铝圆线的要求。底漆层以聚酯或聚酯亚胺树脂为基,如能保留原树脂的化学特性并满足对漆包线规定的所有要求,则该树脂可以改性。面漆层是以聚酰胺酰亚胺树脂为基。

注:改性树脂是一种经过化学变化的,或者含有一种或多种添加剂以提高其某种性能或使用特性的树脂。

200级表示热级,要求最小温度指数为200,热冲击温度至少为220℃。

对应于温度指数的摄氏温度并不就是推荐的漆包线使用温度,因为这取决于包括所用设备类型在内的许多因素。

本部分规定的导体标称直径范围为:

——1级:0.400 mm及以上3.150 mm及以下;

——2级:0.400 mm及以上5.000 mm及以下。

导体标称直径见GB/T 23312.1—2009中第4章。

2 规范性引用文件

下列文件中的条款通过GB/T 23312的本部分的引用而成为本部分的条款。凡是注日期的引用文件,其随后所有的修改单(不包括勘误的内容)或修订版均不适用于本部分,然而,鼓励根据本部分达成协议的各方研究是否可使用这些文件的最新版本。凡是不注日期的引用文件,其最新版本适用于本部分。

GB/T 23312.1—2009 漆包铝圆绕组线 第1部分:一般规定(IEC 60317-0-3:2004, Specifications for particular types of winding wires—Part 0-3:General requirements—Enamelled round aluminium wire,IDT)

3 定义、试验方法总则和外观

3.1 定义、试验方法总则

定义和试验方法总则见GB/T 23312.1—2009中第3章。

如果GB/T 23312.1—2009与本部分有矛盾,以本部分为准。

3.2 外观

见GB/T 23312.1—2009中第3章。

4 尺寸

见GB/T 23312.1—2009中第4章。

5 电阻

见GB/T 23312.1—2009中第5章。

6 伸长率

见GB/T 23312.1—2009中第6章。

7 回弹性

适用但未规定要求。

8 柔韧性和附着性

见 GB/T 23312.1—2009 中第 8 章。

9 热冲击

见 GB/T 23312.1—2009 中第 9 章。最小热冲击温度应为 220 ℃。

10 软化击穿

在 320 ℃温度下 2 min 内应不击穿。

11 耐刮(导体标称直径 2.500 mm 及以下)

漆包线耐刮性能应符合表 1 规定。

表 1 耐刮

导体标称直径 mm	1级		2级	
	最小平均 刮破力 N	每次试验 中最小刮破力 N	最小平均 刮破力 N	每次试验 中最小刮破力 N
0.400	1.95	1.65	3.15	2.65
0.450	2.10	1.75	3.40	2.85
0.500	2.25	1.90	3.60	3.05
0.560	2.40	2.05	3.85	3.25
0.630	2.55	2.20	4.15	3.50
0.710	2.75	2.35	4.45	3.75
0.800	2.95	2.50	4.75	4.05
0.900	3.15	2.70	5.10	4.30
1.000	3.40	2.90	5.45	4.60
1.120	3.70	3.10	5.80	4.90
1.250	3.95	3.35	6.25	5.25
1.400	4.25	3.60	6.65	5.45
1.600	4.60	3.90	7.15	5.85
1.800	5.00	4.20	7.70	6.50
2.000	5.30	4.50	8.20	6.95
2.240	5.70	4.80	8.75	7.40
2.500	6.10	5.15	9.30	7.90
注：对于导体标称直径的中间尺寸，应取下一个较大导体标称直径的数值。				

12 耐溶剂

见 GB/T 23312.1—2009 中第 12 章。

13 击穿电压

见 GB/T 23312.1—2009 中第 13 章。高温试验温度应为 200 ℃。

14 漆膜连续性

见 GB/T 23312.1—2009 中第 14 章。

15 温度指数

见 GB/T 23312.1—2009 中第 15 章。最小温度指数应为 200。

16 耐冷冻剂

萃取物的百分比应不超过 0.5%。最小击穿电压应为规定值的 75%。

17 直焊性

不适用。

18 热粘合

不适用。

19 介质损耗系数

不适用。

20 耐变压器油

适用但未规定要求。

21 失重

不适用。

23 针孔

见 GB/T 23312.1—2009 中第 23 章。

30 包装

见 GB/T 23312.1—2009 中第 30 章。

ICS 29.020
J 09

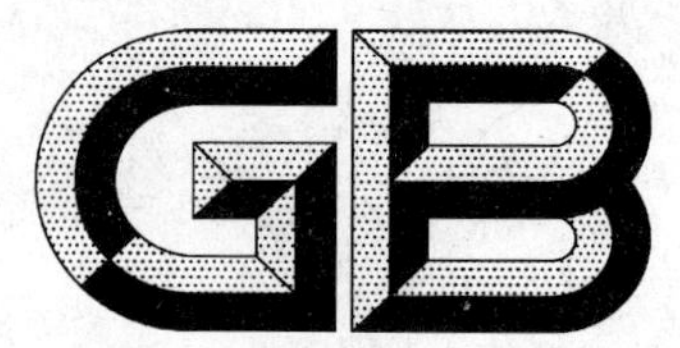

中华人民共和国国家标准

GB 23313—2009

工业机械电气设备
电磁兼容　发射限值

Electrical equipment of industrial machines—Electromagnetic compatibility—Emission limits

2009-03-19 发布　　2010-02-01 实施

中华人民共和国国家质量监督检验检疫总局
中国国家标准化管理委员会　发布

前　言

本标准全部技术内容为强制性。

本标准由中国机械工业联合会提出。

本标准由全国工业机械电气系统标准化技术委员会(SAC/TC 231)归口。

本标准主要起草单位:北京机床研究所、北京凯恩帝数控技术有限公司、北京和利时电机技术有限公司、广州数控设备有限公司、国家机床质量监督检验中心、浙江凯达机床集团有限公司。

本标准主要起草人:黄祖广、杨洪丽、王健、张玉洁、赵钦志、何宇军。

引　言

本标准的制定参照了 GB 5226.1—2002/IEC 60204-1:2000《机械安全　机械电气设备　第1部分:通用技术条件》、GB 17799.4—2001《电磁兼容　通用标准　工业环境中的发射标准》、GB 5226.4—2005/IEC 60204-31:2001《机械安全　机械电气设备　第31部分:缝纫机械、单元和缝制系统的特殊安全和 EMC 要求》等标准。

本标准提出了工业机械的电气、电子设备及控制系统的发射限值及测试要求。

本标准为工业机械电气、电子设备及控制系统的通用发射标准,当这些设备已有产品或产品类发射限值标准时,则应优先采用这些标准。

工业机械电气设备
电磁兼容　发射限值

1　范围

本标准规定了工业机械电气、电子设备及控制系统(以下可简称“设备”)的电磁兼容发射限值。

本标准适用的工业机械电气、电子设备及控制系统或电气(电子设备)及控制系统的部件,其额定供电电压不超过 AC 1 000 V 或 DC 1 500 V,额定频率不超过 200 Hz。

已有相关的专用产品或产品类电磁兼容(EMC)发射标准的,产品标准或产品类标准在各方面将优先于本标准。

本标准规定的电磁发射限值及测量方法反映了基本的电磁兼容性要求,经过选择能保证在工业场所正常工作的设备所产生的电磁骚扰不会妨碍其他设备正常工作。

本标准对所考虑的每种端口都规定了试验要求。

注 1:当设备在距离无线电或电视接收机接收天线 30 m 内使用时,本标准规定限值可能无法充分保护它们免受干扰。

注 2:在特殊情况下,例如有高灵敏度装置在附近使用时,为避免对其产生干扰,可能需对设备采用附加的衰减措施,以便进一步把电磁发射减小到比规定限值更低的水平。

2　规范性引用文件

下列文件中的条款通过本标准的引用而成为本标准的条款。凡是注日期的引用文件,其随后所有的修改单(不包括勘误的内容)或修订版均不适用于本标准,然而,鼓励根据本标准达成协议的各方研究是否可使用这些文件的最新版本。凡是不注日期的引用文件,其最新版本适用于本标准。

GB/T 4365—2003　电工术语　电磁兼容(IEC 60050(161):1990,IDT)

GB 4343.1—2003　电磁兼容　家用电器、电动工具和类似器具的要求　第 1 部分:发射(CISPR 14-1:2000+A1,IDT)

GB 4824　工业、科学和医疗(ISM)射频设备　电磁骚扰特性　限值和测量方法(GB 4824—2004,CISPR 11:2003,IDT)

GB 9254—2008　信息技术设备的无线电骚扰限值和测量方法(CISPR 22:2006,IDT)

GB 17799.3—2001　电磁兼容　通用标准　居住、商业和轻工业环境中的发射标准(idt CISPR/IEC 61000-6-3:1996)

3　术语及定义

GB/T 4365—2003、GB 4824 确立的以及下列术语和定义适用于本标准。

3.1

端口　port

设备与外部电磁环境的特定界面(见图 1)。

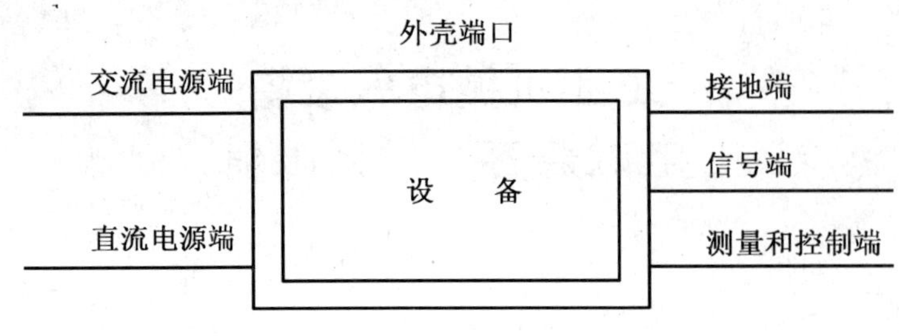

图 1 端口举例

3.2

外壳端口 enclosure port

设备的物理边界，电磁场可以通过其来辐射或侵入。

4 测量条件

除非基本标准另有规定，否则应在设备规定的工作条件下，以及能产生最大电磁发射的工作状态下对设备进行测量。

注 1：使用"基本标准"一词是因为缺乏更准确的词汇。所引用的标准(GB 4343.1—2003，GB 4824，GB 9254—2008 和 GB 17799.3—2001 等)只是有关电磁兼容的单独的某一个设备类标准。对"基本标准"的引用仅限于那些说明该标准的发射限值、测量方法和测量布置的部分。

应按照基本标准的要求，改变受试设备的布置和工作状态，力求使受试设备的发射达到最大。

如果被测设备是系统的一部分，或者和辅助设备相连接，测量时受试设备需配置最少的辅助设备，以便按类似 GB 9254—2008 所述的规定来使用端口。

测量期间受试设备的布置和工作状态都应正确地记录在检验报告中。

如果设备有许多类似的端口或一些端口有许多类似的连接体，那么应选择足够数量的端口和连接体来模拟实际工作状态，以保证覆盖所有不同类型的端口。

5 产品文件

5.1 供方应提供的产品文件

除非设备符合 GB 17799.3—2001 的规定，否则供方应以书面警告形式明示本设备不适用于居住、商业和轻工业环境。

如果为符合本标准要求而采取的专门措施，例如使用屏蔽电缆或专用电缆，则供方应以书面形式明示。

5.2 应买方或用户要求可提供的文件

与受试设备相连的且符合本标准发射限值要求的辅助设备清单。

6 适用性

应按表 1 规定，对设备所具有的相关端口进行测量。

可根据具体设备的电气特性和用途来确定哪些测量是不适当和不必要的，在这种情况下，要在检验报告中记录不进行这些测量的原因。

7 发射限值

本标准所涉及设备的发射限值是按端口逐一给出的。

每种骚扰类型的测量都应在完全确定的和可复现的条件下进行。测量方法和测量布置的说明，应参照表 1 中引述的基本标准的有关内容。

本标准不再赘述基本标准的内容。在此只给出了实际应用时需要修改或补充的内容。

表 1 发射限值

端口	频段/MHz	限值	基本标准	适用范围	备注
外壳	30～230	30 dB(μV/m) 准峰值，测量距离 30 m	GB 4824	见注 1	如果满足 GB 4824 的规定，可以在 10 m 距离测量，但限值要增加 10 dB
	230～1 000	37 dB(μV/m) 准峰值，测量距离 30 m			
交流电源	0.15～0.50	79 dB(μV) 准峰值 66 dB(μV) 平均值	GB 4824	见注 2 见注 3	
	0.50～5	73 dB(μV) 准峰值 60 dB(μV) 平均值			
	5～30	73 dB(μV) 准峰值 60 dB(μV) 平均值			

注 1：本标准不包括现场测量。

注 2：脉冲噪声(喀呖声)小于 5 次/min 将不考虑其限值，对于经常大于 30 次/min 的喀呖声采用所列限值，而对于 5 次/min～30 次/min 的喀呖声，所列限值允许放宽 20 lg(30/N)dB，(N 指每分钟喀呖声频率)。划分喀呖声的准则可见 GB 4343.1—2003。

注 3：仅适用于额定电压低于有效值 AC 1 000 V 以下的设备。

ICS 61.020
Y 76

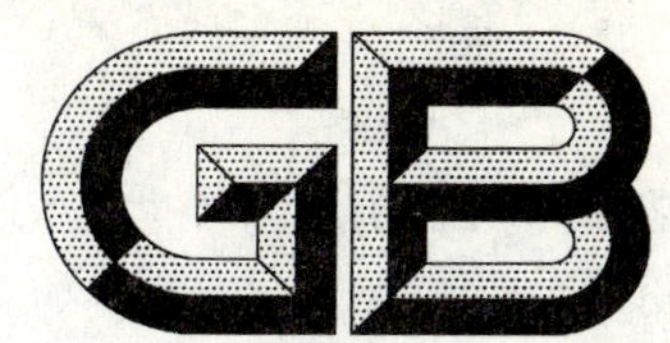

中华人民共和国国家标准

GB/T 23314—2009

领带

Neckties

2009-03-19 发布　　　　2010-01-01 实施

中华人民共和国国家质量监督检验检疫总局
中国国家标准化管理委员会　发布

前　言

本标准参考了美国试验与材料协会标准 ASTM D 3785—2002《领带和围巾用机织物的标准性能规范》。

本标准的附录 A 为规范性附录。

本标准由中国纺织工业协会提出。

本标准由全国服装标准化技术委员会(SAC/TC 219)归口。

本标准由全国服装标准化技术委员会负责解释。

本标准主要起草单位:上海市服装研究所、嵊州市产品质量监督检验所、中国服装协会服饰专业委员会、浙江巴贝领带有限公司、浙江好运来数码纺织股份有限公司、浙江雅士林领带服饰有限公司、浙江加佳领带服装有限公司、麦地郎集团有限公司、浙江佳友领呔有限公司、宁波艾利特服饰有限公司。

本标准主要起草人:周谢东、俞昊雁、许鉴、钱丰、金耀、胡士良、范茂林、韦小华、袁孝炳、邢承林、韦钧千。

领　　带

1 范围

本标准规定了领带的要求、检测方法、检验分类规则以及标志、包装、运输和贮存等技术特征。

本标准适用于以纺织机织物为主要面料生产的领带。

2 规范性引用文件

下列文件中的条款通过本标准的引用而成为本标准的条款。凡是注日期的引用文件，其随后所有的修改单(不包括勘误的内容)或修订版均不适合于本标准，然而，鼓励根据本标准达成协议的各方研究是否可使用这些文件的最新版本。凡是不注日期的引用文件，其最新版本适用于本标准。

GB/T 250　纺织品　色牢度试验　评定变色用灰色样卡

GB/T 251　纺织品　色牢度试验　评定沾色用灰色样卡

GB/T 2910　纺织品　二组分纤维混纺产品定量化学分析方法

GB/T 2911　纺织品　三组分纤维混纺产品定量化学分析方法

GB/T 2912.1　纺织品　甲醛的测定　第1部分:游离水解的甲醛(水萃取法)

GB/T 3920　纺织品　色牢度试验　耐摩擦色牢度

GB/T 3921　纺织品　色牢度试验　耐皂洗色牢度

GB/T 3922　纺织品耐汗渍色牢度试验方法

GB/T 4841.3　染料染色标准深度色卡 2/1、1/3、1/6、1/12、1/25

GB 5296.4　消费品使用说明　纺织品和服装使用说明

GB/T 5711　纺织品　色牢度试验　耐干洗色牢度

GB/T 5713　纺织品　色牢度试验　耐水色牢度

GB/T 6152　纺织品　色牢度试验　耐热压色牢度

GB/T 7573　纺织品　水萃取液 pH 值的测定

GB/T 8427　纺织品　色牢度试验　耐人造光色牢度:氙弧

GB/T 8629　纺织品　试验用家庭洗涤和干燥程序

GB/T 17592　纺织品　禁用偶氮染料的测定

GB 18401　国家纺织产品基本安全技术规范

GB/T 19981.2　纺织品　织物和服装的专业维护、干洗和湿洗　第2部分:使用过氯乙烯干洗和整烫时性能试验的程序

FZ/T 01026　四组分纤维混纺产品定量化学分析方法

FZ/T 01053　纺织品　纤维含量的标识

FZ/T 01057(所有部分)　纺织纤维鉴别试验方法

FZ/T 80002　服装标志、包装、运输和贮存

FZ/T 80004　服装成品出厂检验规则

3 术语和定义

下列术语和定义适用于本标准。

3.1

直条形领带 necktie of vertical bar type

成品呈直条形,没有形成领带结的领带,见图 1a)。

3.2

定型形领带 necktie of shaped tie

成品上已形成固定形状领带结的领带,见图 1b)、图 1c)。

3.3

小带 petty band

定型形领带中,小头尖角点与拉链尾端缝接处之间的部位,见图 1c)。

3.4

颈带 neckband

定型形领带中,用于佩带领带于颈部的部位,见图 1b)。

3.5

保险扣 buckle

定型形领带中,在颈带过度拉紧时脱开以消除可能产生的危险的部件,见图 1b)。

3.6

藏线 concealed seam

位于领带带体内,作为领带缝线缓冲松紧的线段。

3.7

拉脱力 pulling-out force

保险扣受结合反向拉力时,导致脱开所需要的最大拉力。

4 要求

4.1 使用说明

4.1.1 成品使用说明按 GB 5296.4 和 GB 18401 的规定执行。

4.1.2 成品规格标注为全长×大头宽,单位为厘米。

4.2 规格

4.2.1 成品规格可根据需要自行设计。

4.2.2 直条形领带,见图 1a)。

4.2.3 定型形领带,见图 1b)(正面)、图 1c)(背面)。

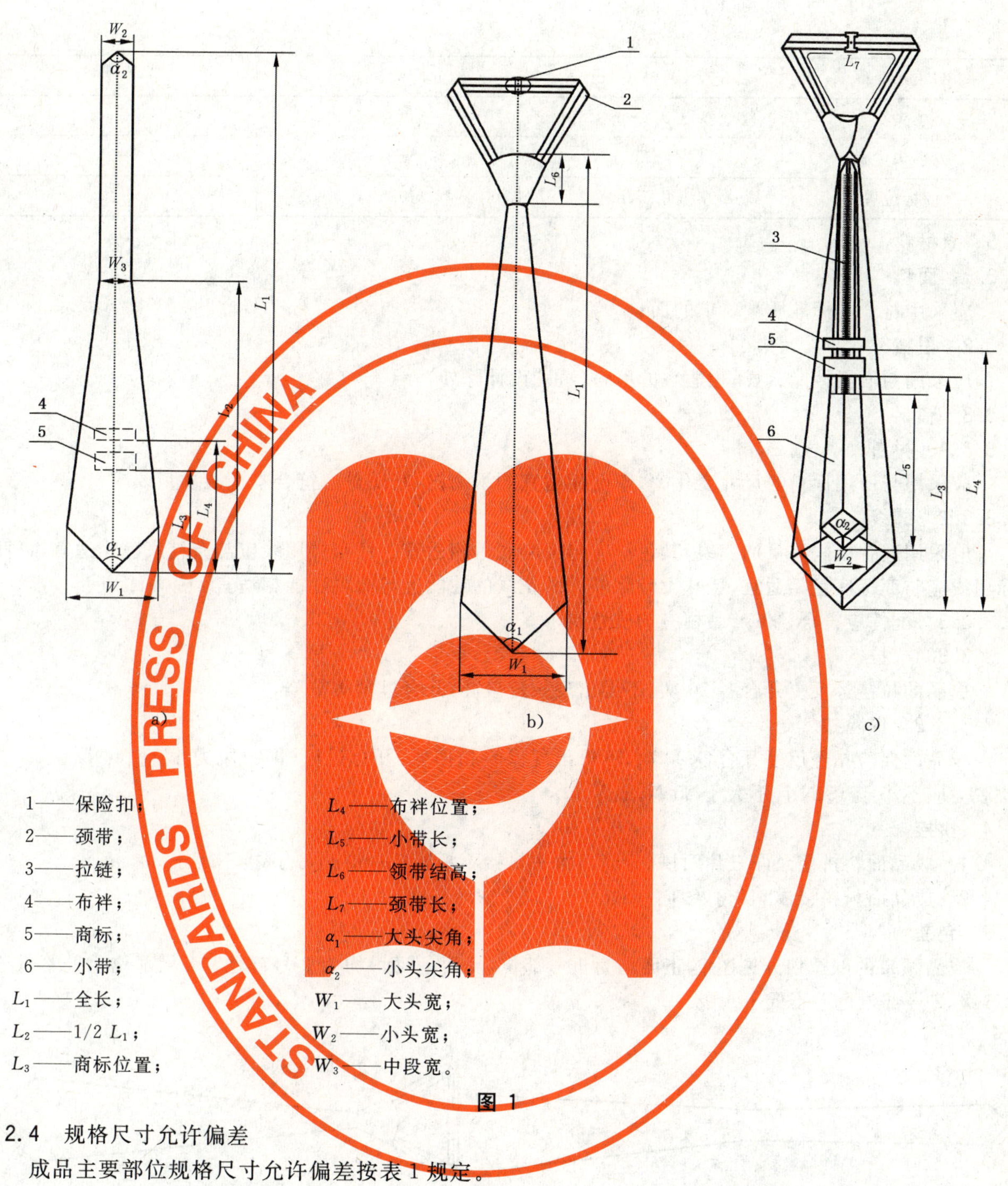

1——保险扣；
2——颈带；
3——拉链；
4——布袢；
5——商标；
6——小带；
L_1——全长；
L_2——$1/2\ L_1$；
L_3——商标位置；
L_4——布袢位置；
L_5——小带长；
L_6——领带结高；
L_7——颈带长；
α_1——大头尖角；
α_2——小头尖角；
W_1——大头宽；
W_2——小头宽；
W_3——中段宽。

图 1

4.2.4 规格尺寸允许偏差

成品主要部位规格尺寸允许偏差按表 1 规定。

表 1

部位名称	全长≥100 cm	全长<100 cm	备注
全长	±2.0 cm	±1.0 cm	—
小带长	±0.5 cm		直条形领带不考核
颈带长	±1.0 cm		直条形领带不考核
领带结高	±0.2 cm		直条形领带不考核
大头宽	±0.2 cm	±0.2 cm	—
中段宽	±0.2 cm	±0.2 cm	定型形领带不考核

表 1（续）

部位名称	全长≥100 cm	全长<100 cm	备　　注
小头宽	±0.2 cm	±0.2 cm	—
大小头尖角	±2°	±2°	—
商标位置	±0.5 cm	±0.5 cm	—

4.3 原材料

4.3.1 面料

应采用符合本标准质量要求的面料。

4.3.2 里料

应采用与面料性能、色泽相适宜的里料(特殊设计除外)。

4.3.3 辅料

4.3.3.1 衬布

应采用与所用面料的尺寸变化率、厚度相适宜的织物衬,其质量应符合本标准质量要求。

4.3.3.2 缝线

应采用适合面料质量的缝线,其色泽应与面料底色相适宜。订布袢用线应与布袢底色相适宜,订商标用线应与商标底色相适宜,特殊设计除外。绣花线的性能应与面料性能相适宜。

4.3.3.3 配件应符合领带产品相应的质量要求。

4.3.3.3.1 拉链

成品的拉链经反复开合各 20 次,不得出现拉链破肚,开合过紧等缺陷。

4.3.3.3.2 保险扣

成品的保险扣经反复开合各 20 次,不得出现保险扣损坏、开合过松(即拉脱力小于 15 N)等缺陷;拉脱力应不小于 15 N 且不大于 25 N。

4.4 拼接

4.4.1 成品面料拼接允许三片两拼(分缝),大头拼接不短于 70 cm,小头拼接不短于 30 cm。

4.4.2 成品面料拼接成 45°角,纱向一致。

4.5 色差

成品领带的部位划分见图 2,正面均为 1 号部位,反面(背面)均为 2 号部位。1 号部位色差不低于 4-5 级,2 号部位色差不低于 4 级。

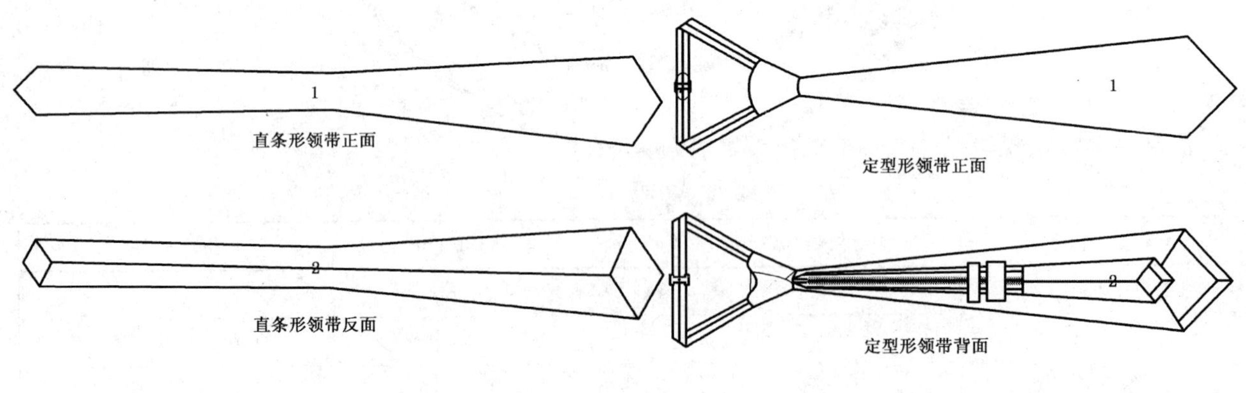

图 2

4.6 外观疵点

各部位外观疵点允许存在程度按表 2 规定。未列入本标准的疵点,按其形态并参照表 2 相似疵点执行。

表 2

疵 点 名 称	各部位允许存在程度	
	1号部位	2号部位
经向疵点、纬向疵点	不允许	2.0 cm 及以下
纬档	不允许	3.0 cm 及以下
破损性疵点	不允许	不允许
污渍、油渍或印花疵	不允许	不大于 0.2 cm^2(不明显)
注 1：各部位只允许一处允许存在程度内的疵点。 注 2：疵点尺寸按疵点形态的最大方向量计。		

4.7 外观质量

4.7.1 成品手感柔软、表面光洁，无抽丝、勾丝，花型清晰。

4.7.2 成品两边顺直，平服，无链形。

4.7.3 大头尖角、小头尖角为直角封角，翻正挑挺不露针迹。坐止口左右宽窄一致。大、小头直角边左右对称，左右长短误差不大于 0.2 cm。

4.7.4 针距密度：平缝针每 3 cm 不少于 10 针，手工针每 4 cm 不少于 4 针。

4.7.5 图案构图完整、整体不偏位。图案应清晰、端正，偏离规定位置不大于 0.2 cm。

4.7.6 拼接处分缝平服、无松紧、无跳针、无漏针。

4.7.7 缝线左右居中，且缝线末尾应留 15 cm 以上的藏线。

4.7.8 拼接缝和后中缝的缝份不低于 0.8 cm。

4.7.9 绣花完整。绣花针迹整齐、流畅，不漏印记。

4.7.10 成品整洁，无油、污渍，无线头。

4.7.11 熨烫平挺，无极光、无死裥、无水花。

4.7.12 商标左右居中，不歪斜。耐久性标签缝制牢固。

4.7.13 布袢端正、不弯拧，左右居中，不歪斜。

4.8 洗涤后外观质量

成品经洗涤(包括水洗、干洗)后不允许出现明显扭曲和变形。

4.9 理化性能

成品的理化性能要求按表 3 规定。

表 3

序号	项 目			计量单位	技术要求			备 注
					优等品	一等品	合格品	
1	耐水色牢度	≥	变色	级	4	3-4	3	—
			沾色		4	3-4	3	
2	耐汗渍色牢度	≥	变色	级	4	3-4	3	—
			沾色		4	3-4	3	
3	耐干摩擦色牢度		≥	级	4	3-4	3	—
4	耐热压色牢度	≥	变色	级	4	3-4	3	—
			沾色		4	3-4	3	
5	耐洗色牢度	≥	变色	级	4	3-4	3-4	使用说明上标注不可水洗产品不考核
			沾色		4	3-4	3	

表 3（续）

<table>
<tr><th rowspan="2">序号</th><th rowspan="2" colspan="2">项　目</th><th rowspan="2">计量单位</th><th colspan="3">技术要求</th><th rowspan="2">备　注</th></tr>
<tr><th>优等品</th><th>一等品</th><th>合格品</th></tr>
<tr><td rowspan="2">6</td><td rowspan="2">耐干洗色牢度　≥</td><td>变色</td><td rowspan="2">级</td><td>4</td><td>4</td><td>3-4</td><td rowspan="2">使用说明上标注不可干洗产品不考核</td></tr>
<tr><td>沾色</td><td>4</td><td>3-4</td><td>3</td></tr>
<tr><td>7</td><td>耐光色牢度　≥</td><td>变色</td><td>级</td><td>4</td><td>3-4</td><td>3</td><td>浅色产品可降低半级</td></tr>
<tr><td>8</td><td colspan="2">甲醛含量</td><td>mg/kg</td><td colspan="3">符合 GB 18401 规定</td><td>—</td></tr>
<tr><td>9</td><td colspan="2">pH 值</td><td>—</td><td colspan="3">符合 GB 18401 规定</td><td>—</td></tr>
<tr><td>10</td><td colspan="2">异味</td><td>—</td><td colspan="3">符合 GB 18401 规定</td><td>—</td></tr>
<tr><td>11</td><td colspan="2">可分解芳香胺染料</td><td>mg/kg</td><td colspan="3">符合 GB 18401 规定</td><td>—</td></tr>
<tr><td>12</td><td colspan="2">纤维含量偏差</td><td>%</td><td colspan="3">符合 FZ/T 01053 规定</td><td>—</td></tr>
<tr><td colspan="8">按 GB/T 4841.3 规定，颜色大于 1/12 染料染色标准深度色卡为深色，颜色不大于 1/12 染料染色标准深度为浅色。
注 1：成品中面料全项考核，里料考核序号为 1、2、3、8、9、10、11、12 的项目，衬布考核序号为 8、9、10、12 的项目，拉链考核序号为 3、5 的项目。
注 2：成品的理化性能评等按表中最低一项的结果判定。</td></tr>
</table>

5　检测方法

5.1　检验工具

5.1.1　钢直尺和钢卷尺。

5.1.2　量角器。

5.1.3　评定变色用灰色样卡（GB/T 250）。

5.1.4　评定沾色用灰色样卡（GB/T 251）。

5.1.5　1/12 染料染色标准深度色卡（GB/T 4841.3）。

5.2　成品规格的测定

5.2.1　成品主要部位规格按 4.2 规定。

5.2.2　成品主要部位规格的测量方法按图 1 和表 4 规定，允许偏差按表 1 规定。

表 4

部位名称	测量方法	
	直条形领带	定型形领带
全长	领带自然摊平，测量大头尖角点至小头尖角点的距离。	领带自然摊平，测量大头尖角点至领结顶端的距离。
小带长	—	领带自然摊平，测量小头尖角点至拉链缝接处的垂直距离。
颈带长	—	拉开拉链，测量颈带周长。
领结高	—	测量领结顶端至末端的中心距离。
大头宽	测量大头直角三角形的斜边长。	测量大头直角三角形的斜边长。
中段宽	测量领带对折处的宽度。	—
小头宽	测量小头直角三角形的斜边长。	测量小头直角三角形的斜边长。
大小头尖角	分别测量大小头两直角在领带带体形成的最大角度。	分别测量大小头两直角在领带带体形成的最大角度。
商标位置	测量大头尖角点至商标下口的垂直距离。	测量大头尖角点至商标下口的垂直距离。

5.3 拉链的测定

在批量样本中随机抽取三条成品，手工测试。打开拉链自锁装置，拉开拉链时拉住颈带的两端，拉合拉链时拉住成品小带，反复开合各 20 次，开合时手应在拉链方向上用力，开合过程中如出现停顿则视为开合过紧，如出现拉链不能开合则视为拉链破肚。三条成品测试结果均符合 4.3.3.3.1 规定，则合格；若有一条不符合，则在样本中再随机抽取一条测试，测试结果符合则该项目合格，反之该项目不合格；若有两条及以上不符合，则该项目不合格。

5.4 保险扣的测定

在批量样本中随机抽取三条成品测试。先做保险扣的开合试验，手工测试。用手反复开合保险扣各 20 次，有弹簧片的保险扣，在开合时应按压保险扣的弹簧片，如扣体有任何部分脱落，则判保险扣损坏。扣合试验后的样品再进行成品拉脱力测试，测试方法按附录 A。三条成品测试结果均符合 4.3.3.3.2规定，则合格；若有一条不符合，则在样本中再随机抽取一条测试，测试结果符合则该项目合格，反之该项目不合格；若有两条及以上不符合，则该项目不合格。

5.5 成品拼接的测定

成品拼接按 4.4 规定，分别测量大、小头尖角点至领带拼接缝斜线中心点的距离。

5.6 色差的测定

测定色差程度时，被测部位应纱向一致，采用北空光照射，或用 600 lx 及以上的等效光源。入射光与被测物约成 45°角，观察方向与被测物大致垂直，距离 60 cm 目测，并按 4.5 规定，与 GB/T 250 样卡对比。

5.7 外观疵点的测定

成品各部位外观疵点允许存在程度按 4.6 规定。

5.8 外观质量的测定

外观质量的测定按 4.7 规定。平缝针的针距密度的测定，在成品上任取 3 cm 进行测量。手工针的针距密度的测定，在成品上任取 4 cm 进行测量。

5.9 成品洗涤后外观质量的测定

在批量样本中随机抽取一条成品测试，按照产品明示的洗涤方法，或水洗产品按 GB/T 8629 规定采用洗涤程序仿手洗，干燥方法采用 A 法，干洗产品按 GB/T 19981.2 规定，干洗程序按敏感材料测试。整烫后外观质量按 4.8 规定对照表 5 判定缺陷。

5.10 理化性能测定

5.10.1 耐水色牢度的测定按 GB/T 5713 规定。

5.10.2 耐汗渍色牢度的测定按 GB/T 3922 规定。

5.10.3 耐摩擦色牢度的测定按 GB/T 3920 规定，仅测试领带长度方向。

5.10.4 耐热压色牢度的测定按 GB/T 6152 规定。采用潮压法，试验温度为(150±2)℃。

5.10.5 耐洗色牢度的测定按 GB/T 3921 规定，其中纯合成纤维丝织物(除锦纶外)按 C 法规定，其他丝织物按 A 法规定。

5.10.6 耐干洗色牢度的测定按 GB/T 5711 规定。

5.10.7 耐光色牢度的测定按 GB/T 8427 方法 3 规定。

5.10.8 甲醛含量的测定按 GB/T 2912.1 规定。

5.10.9 pH 值的测定按 GB/T 7573 规定。

5.10.10 异味的测定按 GB 18401 规定。

5.10.11 可分解芳香胺染料的测定按 GB/T 17592 规定。

5.10.12 成品所用原料的纤维含量的测定按 GB/T 2910、GB/T 2911、FZ/T 01026、FZ/T 01057 等规定。

6 检验分类规则

6.1 检验分类

成品检验分为出厂检验和型式检验。

6.1.1 出厂检验按第4章规定，4.8和4.9除外。

6.1.2 型式检验按第4章规定。

6.2 质量等级和缺陷划分规则

6.2.1 质量等级划分

成品质量等级划分以缺陷是否存在及其轻重程度为依据。抽样样本中的单条产品以缺陷的数量及其轻重程度划分等级，批等级以抽样样本中单条产品的品等数量划分。

6.2.2 缺陷划分

单条产品不符合本标准所规定的技术要求，即构成缺陷。

按照产品不符合标准和对产品的使用性能、外观的影响程度，缺陷分成三类：

a) 严重缺陷

严重降低产品的使用性能或严重影响产品外观的缺陷，称为严重缺陷。

b) 重缺陷

不严重降低产品的使用性能和不严重影响产品外观，但较严重不符合标准要求的缺陷，称为重缺陷。

c) 轻缺陷

不符合标准要求，但对产品的使用性能和外观影响较小的缺陷，称为轻缺陷。

6.2.3 质量缺陷判定依据

质量缺陷判定按表5规定。

表5

项 目	序号	轻 缺 陷	重 缺 陷	严 重 缺 陷
使用说明	1	商标不端正，明显歪斜；钉商标线与商标底色不适宜。	使用说明内容不准确。	使用说明内容缺项。
规格	2	大、小头直角不端正，角度偏差超过本标准规定1°，不大于2°；长度方向(L)规格超过本标准规定指标50%以内；宽度方向(W)规格超过本标准规定指标100%以内。	大、小头直角歪斜，角度偏差超过本标准规定2°，不大于4°；长度方向(L)规格超过本标准规定指标50%以上，100%以内；宽度方向(W)规格超过本标准规定指标100%及以上。	大小头直角严重歪斜，角度偏差超过本标准规定4°；长度方向(L)规格超过本标准规定指标100%及以上。
原材料	3	大小头里料色调与面料不适宜；配件有质量问题，但不影响使用。	衬布发硬，与主面料严重不相配；配件有质量问题，影响使用。	配件有质量问题，不能使用(拉链、保险扣不符合本标准规定)。
图案	4	图案轻微倾斜；标记图案位置偏离规定位置超过本标准规定0.2 cm及以内。	图案明显缺色；明显顺向不一致；标记图案位置偏离规定位置超过本标准规定0.2 cm以上，0.5 cm及以内。	标记图案位置偏离规定位置超过本标准规定0.5 cm以上。
拼接角度	5	超过本标准规定5°以上，10°及以内。	超过本标准规定10°以上，15°及以内。	超过本标准规定15°以上。

表 5（续）

项　目	序号	轻　缺　陷	重　缺　陷	严　重　缺　陷
色差	6	表面部位色差低于本标准规定半级。	表面部位色差低于本标准规定半级以上。	—
疵点	7	2 号部位超过本标准规定。	1 号部位超过本标准规定。	—
针距密度	8	平缝针低于本标准规定 2 针及以内。	平缝针低于本标准规定 2 针以上；手工针低于本标准规定 1 针。	手工针低于本标准规定 1 针以上。
外观质量	9	熨烫不平服；有极光。	轻微烫黄、烫变色。	变质；残破。
	10	表面轻度污渍。	有明显污渍。	—
	11	表面不紧贴内衬而引起的起泡、有链形。	1 号部位严重起泡。	整条领带有链形。
	12	边线不对称或不顺直。	边线严重不对称；边线明显不顺直。	—
	13	横向花纹偏离水平线大于 0.3 cm，不大于 0.5 cm；斜向花纹与大头直角边成平行线，偏差大于 0.3 cm，不大于 0.5 cm；竖向花纹 1 号部位偏离中心线不大于 0.5 cm。	横向花纹偏离水平线大于 0.5 cm，不大于 1 cm；斜向花纹与大头直角边成平行线，偏差大于 0.5 cm，不大于 1 cm；竖向花纹 1 号部位偏离中心线不大于 1 cm。	横向花纹偏离水平线大于 1 cm；斜向花纹与大头直角边成平行线，偏差大于 1 cm；竖向花纹 1 号部位偏离中心线大于 1 cm。
	14	大、小头直角边左右不对称，两直角边左右长短误差大于 0.2 cm；坐止口宽狭、针迹漏出。	大、小头直角边左右严重不对称，两直角边左右长短误差大于 0.4 cm；坐止口倒止口、针迹严重外露。	—
	15	布袢歪斜；订布袢用线与布袢底色色泽不适宜。	布袢弯拧、不平直。	—
	16	中缝弯曲不挺直。	中缝明显弯曲不对称；针迹外露；缝份低于本标准规定 0.2 cm及以内。	中缝线断裂；面料裂开；缝份低于本标准规定 0.2 cm 以上。
	17	绣花针迹不整齐；轻度漏印迹；花型轻微变形。	绣花不完整；严重漏印迹；花型变形较严重。	—

注 1：以上各缺陷按序号逐项累计计算。
注 2：未涉及的缺陷可根据缺陷划分规则，参照相似缺陷酌情判定。
注 3：丢工为重缺陷，缺件为严重缺陷。

6.3　抽样规定

抽样数量按产品批量：

200 条及以下抽验 10 条。

200 条以上至 500 条抽验 20 条。

500 条以上至 1 000 条抽验 50 条。

1 000 条以上抽验 100 条。

理化性能测试抽样根据试验需要，一般不少于 3 条。

6.4 判定规则

6.4.1 单条(样本)判定

优等品:严重缺陷数=0	重缺陷数=0	轻缺陷数≤2
一等品:严重缺陷数=0	重缺陷数=0	轻缺陷数≤4
合格品:严重缺陷数=0	重缺陷数=0	轻缺陷数≤6 或
严重缺陷数=0	重缺陷数≤1	轻缺陷数≤3

6.4.2 批量判定

优等品批:样本中的优等品数≥90%,一等品、合格品数≤10%(不含不合格品),各项理化性能指标测试均达到优等品要求。

一等品批:样本中的一等品以上产品数≥90%,合格品数≤10%(不含不合格品),各项理化性能指标测试均达到一等品要求。

合格品批:样本中的合格品以上的产品数≥90%,不合格品数≤10%(不含严重缺陷的不合格品),各项理化性能指标测试均达到合格品要求。

当外观缝制质量判定与理化性能判定不一致时,执行低等级判定。

6.5 检验结果判定

6.5.1 成品出厂检验规则按 FZ/T 80004 规定。

6.5.2 型式检验按 6.3 规定抽样,样本批量判定结果符合 6.4 规定,则判定批量产品为合格,样本批量判定不符合 6.4 规定,则判定批量产品不合格。

6.6 复验规定

如果交收双方对首次检验结果判定有异议时,可进行一次复验。复验时抽验数量为 6.3 规定数量的二倍,复验结果按 6.4 和 6.5 规定判定,以一次复验结果为最终判定结果。

7 标志、包装、运输和贮存

成品的标志、包装、运输和贮存按 FZ/T 80002 执行。

附 录 A
（规范性附录）
成品保险扣拉脱力试验方法

A.1 原理

在保险扣扣合反方向上进行的拉伸试验过程中，保险扣被拉脱时记录的最大力。

A.2 设备

织物强力机上、下夹钳距离 200 mm，恒定伸长速率为 20 mm/min，无张力夹持。

A.3 试验环境

调湿和试验用标准大气，温度(20±2)℃，相对湿度(65±4)%。

A.4 试样要求与准备

A.4.1 取样尺寸：扣上保险扣，以保险扣为中心，左右各取 12 cm，其直向中心线应与扣迹垂直。

A.4.2 试样数量：3 条。

A.5 试验步骤

A.5.1 设定隔距长度

将强力机的两个夹钳分开至 200 mm，两个夹钳边缘应相互平行且垂直于移动方向。

A.5.2 设定拉伸速度

将强力机的拉伸速度设定为 20 mm/min。

A.5.3 夹持试样

将保险扣扣合的试样固定在夹钳中间，使扣缝与夹钳边缘相互平行，并使保险扣位于隔距长度中心位置。

A.5.4 测定

开启试验仪，拉伸试样至保险扣脱开，记录保险扣拉脱力。

A.6 试验结果

3 条试样试验结果均不小于 15 N 且不大于 25 N，则保险扣的拉脱力项目合格；出现 1 条试样试验结果不符合，再在样本中随机抽取 1 条样品试验，符合的则该项目合格，反之则不合格。3 条试样中有 2 条及以上试样试验结果小于 15 N 或大于 25 N，则保险扣的拉脱力项目不合格。

ICS 59.080
W 58

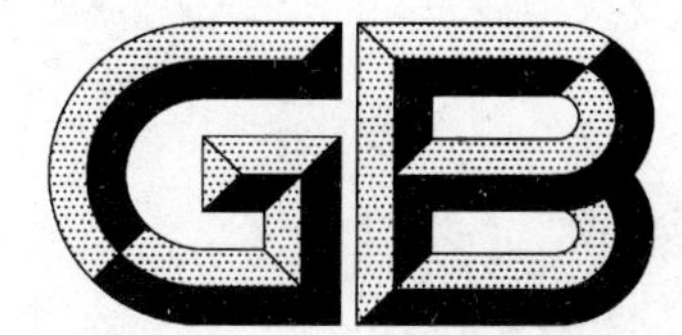

中华人民共和国国家标准

GB/T 23315—2009

粘　扣　带

Touch and close fasteners

2009-03-19 发布　　2010-01-01 实施

中华人民共和国国家质量监督检验检疫总局
中国国家标准化管理委员会　发布

前　言

本标准由中国纺织工业协会提出。

本标准由全国纺织品标准化技术委员会(SAC/TC 209)归口。

本标准主要起草单位:晋江市德盛制衣织带有限公司、福建省标准化研究所、厦门德盛泰织造科技有限公司。

本标准协作单位:福建省晋江市技术监督情报所、杭州三信织造有限公司、无锡百和织造股份有限公司、浙江百和织造有限公司。

本标准主要起草人:颜达加、林臻毅、刘钢、林碧成、林炬焕、林炬山、林聪宝、谭万昌、林国春。

粘 扣 带

1 范围

本标准规定了粘扣带产品的术语和定义、要求、试验方法、检验规则及标志、包装、运输和贮存。

本标准适用于以锦纶、涤纶等合成纤维材料制成的，钩面和圈面不同带的机织粘扣带产品。特殊用途的粘扣带可参照执行。

2 规范性引用文件

下列文件中的条款通过本标准的引用而成为本标准的条款。凡是注日期的引用文件，其随后所有的修改单(不包括勘误的内容)或修订版均不适用于本标准，然而，鼓励根据本标准达成协议的各方研究是否可使用这些文件的最新版本。凡是不注日期的引用文件，其最新版本适用于本标准。

GB/T 2828.1 计数抽样检验程序 第1部分：按接收质量限(AQL)检索的逐批检验抽样计划(ISO 2859-1:1999,IDT)

GB/T 3920 纺织品 色牢度试验 耐摩擦色牢度(ISO 105-X12:2001,MOD)

GB/T 3921 纺织品 色牢度试验 耐皂洗色牢度(ISO 105-C10:2006,MOD)

3 术语和定义

下列术语和定义适用于本标准。

3.1

粘扣带 touch and close fasteners

以锦纶、涤纶等合成纤维材料制成的机织织带，由钩面带和圈面带组成，可自由粘合和分离。

3.2

有效宽度 effective width

垂直于粘扣带长度方向，不包括基边的尺寸。

3.3

有效闭合区域 effective area of a closure

钩面带和圈面带粘合后形成的重叠区域。

3.4

有效长度 effective length

有效闭合区域在粘扣带长度方向的尺寸。

3.5

剪切强度 longitudinal shear strength

在规定的试验条件下，将粘扣带有效闭合区域沿其长度方向以恒定速度拉伸，使钩面带和圈面带平行分开每单位面积所需的最大力。

3.6

剥离强度 peel strength

在规定的试验条件下，将粘扣带有效闭合区域从开口一端剥离分开每单位有效宽度所需的力。

4 产品分类

按粘扣带抗疲劳性能的不同分为：普通型和加强型。

5 要求

5.1 内在质量

内在质量应符合表1的规定。

表1 内在质量要求

项目				要求	
				加强型	普通型
剪切强度/(N/cm²)			≥	11.0	7.5
剥离强度/(N/cm)			≥	2.0	1.6
抗疲劳性能（离合1 000次后）	剪切强度/(N/cm²)		≥	9.0	6.6
	剥离强度/(N/cm)		≥	1.8	1.4
抗疲劳性能（离合3 000次后）	剪切强度/(N/cm²)		≥	7.0	—
	剥离强度/(N/cm)		≥	1.6	—
色牢度/级	耐摩擦	干摩擦	≥	4	3-4
		湿摩擦	≥	3-4	3
	耐洗（变色、沾色）		≥	3-4	

5.2 外观质量

外观质量应符合表2的规定。

表2 外观质量要求

项目	要求
平整度	钩面带：钩子排列整齐，钩型基本完好，厚薄一致，无明显凹凸不平
	圈面带：毛面均匀，厚薄一致，无明显凹凸不平
清洁度	无明显污渍，允许少量胶水痕迹
色泽	色泽统一均匀，无明显色差、色花，允许有轻微条纹

5.3 尺寸允差

尺寸允差应符合表3的规定。

表3 尺寸允差要求

项目		允差
长度		−1%
宽度（含配套）	$W_0 < 30$ mm	±1.5 mm
	30 mm $\leqslant W_0 < 60$ mm	±2 mm
	60 mm $\leqslant W_0 < 100$ mm	+3 mm −2.5 mm
	$W_0 \geqslant 100$ mm	±3%
注：W_0 为标称宽度。		

6 试验方法

6.1 剪切强度

6.1.1 仪器设备

CRE 型拉力试验机，精确度：0.01 N。拉力试验专用滚筒重量为 3.3 kg。

6.1.2 试样制备

6.1.2.1 从 1 副粘扣带中裁取长度为(100±5)mm，有效宽度为 20 mm(宽度<20 mm，以实际有效宽度为准)的 4 组试样，每组试样包含 1 段钩面带和 1 段圈面带。

6.1.2.2 将钩面带钩面朝上放在平台上，圈面带毛面朝下放在钩面带上，使钩面带和圈面带两端错开，沿长边方向轻轻压合，并使其有效长度为 50 mm(见图 1)。

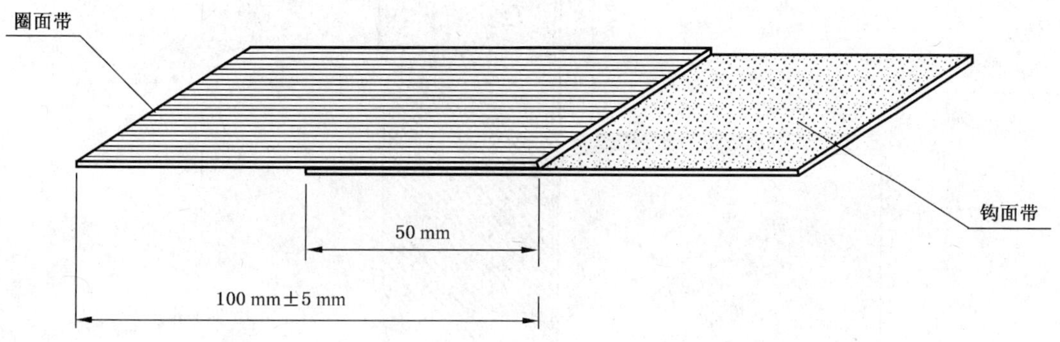

图 1 剪切强度测定试样

6.1.2.3 用拉力试验专用滚筒以大约 200 mm/s 的速度沿长度方向滚过试样，再反向滚动，然后将试样翻面，以防止试样弯曲。

6.1.2.4 滚筒应覆盖试样的整个宽度，其重力中心应与试样中心线基本重合。不得对滚筒施加额外向下的力，应使试样在标准压力下粘合。

6.1.2.5 重复 6.1.2.3 的步骤，使滚筒在试样上来回滚动共计 10 次，待测。

6.1.3 测试步骤

设定拉力试验机的夹持距离为 75 mm，拉伸速度为(100±10)mm/min。将制备好的试样夹在上下夹持器上，其有效闭合区域位于上下夹持器的中间。拉伸试样直至其有效闭合区域完全脱离，最大力值为剪切力。

6.1.4 计算

剪切强度按式(1)计算，结果保留一位小数：

$$S=\frac{F_S\times 100}{L\times W} \qquad (1)$$

式中：

S——剪切强度，单位为牛顿每平方厘米(N/cm^2)；

F_S——4 组试样剪切力的平均值，单位为牛顿(N)；

L——有效长度，单位为毫米(mm)；

W——有效宽度，单位为毫米(mm)。

6.2 剥离强度

6.2.1 仪器设备

同 6.1.1。

6.2.2 试样制备

同 6.1.2,但在粘合时将钩面带和圈面带的一端对齐,再轻轻压合,并使其有效长度为 50 mm(见图 2)。

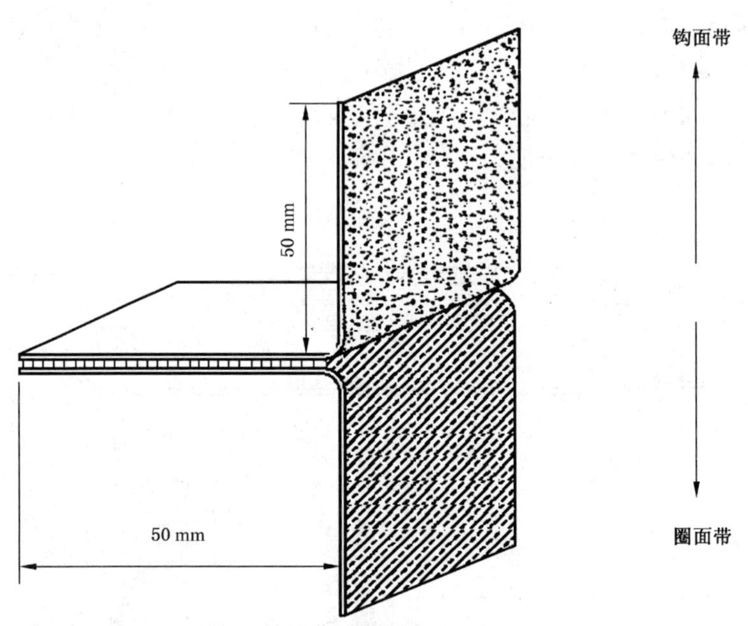

图 2 剥离强度测定试样

6.2.3 测试步骤

设定拉力试验机的夹持距离为 75 mm,拉伸速度为(50±5)mm/min,将制备好的试样剥离开的两端分别夹在上下夹持器上,并使其有效闭合区域位于上下夹持器的中间。拉伸试样直至有效闭合区域完全分离。拉力峰值的平均值为剥离力。

6.2.4 计算

剥离强度按式(2)计算,结果保留一位小数:

$$P = \frac{F_P \times 10}{W} \qquad \cdots\cdots\cdots\cdots (2)$$

式中:

P——剥离强度,单位为牛顿每厘米(N/cm);

F_P——4 组试样剥离力的平均值,单位为牛顿(N);

W——有效宽度,单位为毫米(mm)。

6.3 抗疲劳性能

6.3.1 试验装置

试验装置如图 3。两个宽度至少为 70 mm 的圆形滚轮,一个直径为(160±0.5)mm,另一个直径为(162.5±0.5)mm,每个滚轮在其宽度方向上有一长度为(55±2)mm 的切槽,用来固定试样。两个滚轮相互挨靠安装,且轴线相互平行。小直径滚轮的旋转速度为(60±5)r/min,每(30±5)s 反转。大直径滚轮通过试样与小直径滚轮的物理接触受到驱动,从而带动其自然旋转。两个滚轮对试样每毫米有效宽度施加(1.0±0.1)N 的力。不计旋转方向,记录小直径滚轮旋转总转数。

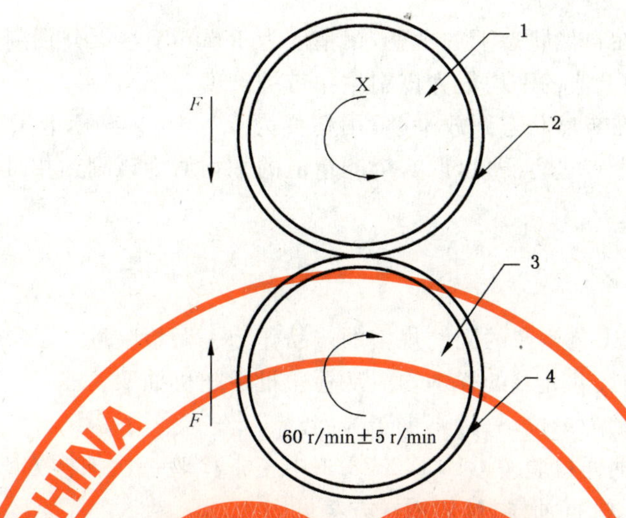

1——从动轮(直径 162.5 mm±0.5 mm);

2——钩面带;

3——主动轮(直径 160 mm±0.5 mm);

4——圈面带;

F——两轮之间的力[=1 N×有效宽度(mm)];

X——滚轮。

图 3 粘扣带疲劳试验装置

6.3.2 试样制备

6.3.2.1 从1副粘扣带上裁切出长度为(540±10)mm,宽度不超过切槽长度的2组试样,每组试样包含1段钩面带和1段圈面带。

6.3.2.2 在每段钩面带和圈面带上分别标记长度为(100±5)mm 的4块区域,并在每块区域的一端标记"1",另一端标记"2"。

6.3.3 测试步骤

6.3.3.1 任取1组试样,将标记好的圈面带环绕贴合在小滚轮上,毛面背对滚轮,钩面带环绕贴合在大滚轮上,钩面背对滚轮,使试样与滚轮平行并吻合,确保滚轮在旋转后试样能在整个有效宽度上粘合。

6.3.3.2 调整计数器,运行试验装置,使试样离合1 000次或3 000次后,取下试样。

6.3.3.3 沿标记线将试样剪成4段,按照6.1的方法测定4组试样的剪切强度,取4组测定结果的算术平均值为该副粘扣带离合1 000次或3 000次后的剪切强度。

6.3.3.4 取第2组试样,按6.3.3.1~6.3.3.2的步骤重复操作一次,取下试样。

6.3.3.5 沿标记线将试样剪成4段,按照6.2的方法测定4组试样的剥离强度,取4组测定结果的算术平均值为该副粘扣带离合1 000次或3 000次后的剥离强度。

6.3.4 计算

离合1 000次或3 000次后的剪切强度和剥离强度分别按式(1)和式(2)计算。

6.4 耐摩擦色牢度

按 GB/T 3920 规定的方法进行测定。

6.5 耐洗色牢度

按 GB/T 3921 规定的方法进行测定。

6.6 外观质量

采用正常北向自然光或600 lx 及以上的等效光源,入射光与样品表面约成45°,观察方向大致垂直于样品表面,目测距离约为60 cm,用目测及手感检查样品的外观质量。

6.7 尺寸允差

6.7.1 长度:取1副粘扣带,在自然状态下放平整,用精度为1 mm钢卷尺分别测量钩面带和圈面带的长度,重复操作3次,取6个测量值的平均值为该副粘扣带的长度。

6.7.2 宽度:取1副粘扣带,在自然状态下放平整,用精度为0.05 mm游标卡尺分别测量钩面带和圈面带的宽度,每条织带任取3个点进行测量,取6个测量值的平均值为该副粘扣带的宽度。

7 检验规则

7.1 抽样

7.1.1 同一批原料、同一生产工艺生产的同一规格的产品作为一个检验批。

7.1.2 内在质量、外观质量和尺寸允差的样本均应从检验批中随机抽取。

7.1.3 内在质量检验抽样以批为单位,每批不少于3副。

7.1.4 外观质量和尺寸允差抽样检验按GB/T 2828.1中正常检验一次抽样方案和一般检验水平Ⅰ,接收质量限(AQL)为2.5规定进行抽样,具体抽样方案见表4。

表4 外观质量和尺寸允差检验抽样规定

单位为副

批量范围 N	样本大小 n	接收数 Ac	拒收数 Re
≤25	3	0	1
26～50	5	0	1
51～90	5	0	1
91～150	8	0	1
151～280	13	1	2
≥281	20	1	2

7.1.5 监督抽样、质量仲裁、合同协议等对抽样方案另有规定的,按相关规定执行。

7.2 判定

7.2.1 内在质量的判定

如果所有样本的剪切强度、剥离强度、抗疲劳性能、色牢度均合格,则该批产品内在质量合格。如有不合格项,则重新抽样,对不合格项进行复检,复检结果如仍有不合格项,则该批产品不合格。

7.2.2 外观质量的判定

如果所有样本的外观质量合格,或不合格样本数不超过表4的接收数Ac,则判该批产品外观质量合格。如果不合格样本数达到表4的拒收数Re,则判该批产品不合格。

7.2.3 尺寸允差的判定

如果所有样本的尺寸允差合格,或不合格样本数不超过表4的接收数Ac,则判该批产品尺寸允差合格。如果不合格样本数达到表4的拒收数Re,则判该批产品不合格。

7.2.4 结果评定

如果7.2.1、7.2.2和7.2.3均合格,则该批产品合格。

8 标志、包装、运输和贮存

8.1 标志

不同批号、品种、规格的产品应分开包装,并有区别标志,外包装应分别标明货号、产品类别及材质、规格(长度×宽度)、颜色、数量、厂名、厂址、生产日期、产品执行标准号等。

8.2 包装

产品根据用户要求采用盘装、散装或裁切成用户接受的长度成捆包装。

8.3 运输和贮存

产品包装件运输时,应防潮、防破损、防污染。产品应贮存在干燥、通风和清洁的场所。

9 其他要求

供需双方另有需求,可按合同或协议执行。

ICS 61.020
Y 75

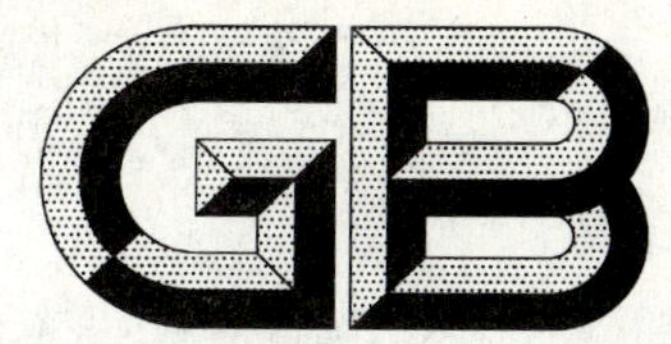

中华人民共和国国家标准

GB/T 23316—2009

工作服 防静电性能的要求及试验方法

Anti-static requirement and test methods of working clothing

2009-03-19 发布 2010-01-01 实施

中华人民共和国国家质量监督检验检疫总局
中国国家标准化管理委员会 发布

前　言

本标准修改采用日本工业标准 JIST 8118:2001《防静电工作服》(日文版)。

本标准与 JIST 8118:2001 的主要差异如下:

——修改了标准名称;

——修改了标准的范围;

——规范性引用文件中引用了与所引用的日本标准相对应的国家标准,并增加了规范性引用文件 GB/T 15557《服装术语》;

——删除了 5.5;

——修改了 6.2.1 洗涤方法;

——修改了 6.3 摩擦装置和带电电荷量测定装置中法拉第筒的部分规格尺寸;

——删除了第 8 章;

——修改了标示内容。

本标准由中国纺织工业协会提出。

本标准由全国服装标准化技术委员会(SAC/TC 219)归口。

本标准由全国服装标准化技术委员会负责解释。

本标准主要起草单位:上海市服装研究所、深圳市计量质量检测研究院。

本标准主要起草人:许鉴、杨志敏、何玉兰、聂雅渊、邓海英、陈锦萍、王宏明。

工作服　防静电性能的要求及试验方法

1　范围

本标准规定了防静电工作服(以下简称防静电服)防静电性能要求及试验方法。

本标准适用于以加入导电纤维的防静电机织物为主要面料制成的防静电服。

2　规范性引用文件

下列文件中的条款通过本标准的引用而成为本标准的条款。凡是注日期的引用文件,其随后所有的修改单(不包括勘误的内容)或修订版均不适用于本标准,然而,鼓励根据本标准达成协议的各方研究是否可使用这些文件的最新版本。凡是不注日期的引用文件,其最新版本适用于本标准。

GB/T 4219.1　工业用硬聚氯乙烯(PVC-U)管道系统　第1部分:管材

GB 4385　防静电鞋、导电鞋　技术要求

GB 12014—1989　防静电工作服

GB/T 15557　服装术语

3　术语和定义

GB/T 15557 确立的以及下列术语和定义适用于本标准。

3.1

防静电织物　anti-static fabric

基本等间隔或均匀地加入导电性纤维的织物。

3.2

导电纤维　conductive fibre

全部或部分使用金属或碳等导电性物质制成的具有防静电性能的纤维。

3.3

带防静电里料的服装　garment with antistatic lining

为防止静电,在服装的面料和里料都使用防静电织物的服装。

3.4

摩擦布　rubbing fabric

用于防静电性能试验中摩擦使用的锦纶布料和腈纶布料。

4　要求

按第6章试验的结果,单件成品上的带电电荷量应在0.6 μC以下。

5　原材料与服装设计

5.1　面料使用防静电织物,按第7章试验的结果,其带电电荷量应在7 $\mu C/m^2$ 以下。

5.2　没有里料的防静电服装的面料,全部使用防静电织物。但在必要时使用了没有防静电性能的织物用于加固、口袋等时,其面积不应超过防静电服的表面或里面露出面积的20%。

5.3　有里料的防静电服装(有填充物的防寒服等),其面料和里料都使用防静电的织物,通常不使用里起毛的面料(毛皮)。但在必要时使用了没有防静电性能的织物用于领子、袖口的场合,其面积不应超过防静电服的面料或里料露出面积的20%。

5.4 不宜使用金属附件(钮扣、拉链等)。若使用金属附件时,应设计成在穿着状态(钮扣、拉链拉合时)时不直接露出服装外面的款式。

6 成衣的试验

6.1 试样

上衣、下装、连衣裤、防寒服等的成品需1件。

6.2 前处理

试样和摩擦布的前处理按如下方法。

6.2.1 洗涤

试样和摩擦布的洗涤按GB 12014—1989附录B规定执行。

注1:若感觉该洗涤处理方法有掉色的,不使用该方法。

注2:洗涤剂一般具有抗静电性能,应注意漂洗干净。

6.2.2 调湿

包括对试样和摩擦布的调湿。洗涤处理后的试样在(60±10)℃温度下干燥1 h后,置于6.4规定的条件下进行24 h以上的调湿。模拟试样的穿着状态(钮扣、拉链拉合时)放入聚乙烯的袋子中密封。

6.3 试验仪器

6.3.1 摩擦装置

采用回转式滚筒摩擦机,并满足表1要求的或具有相同性能的装置。

表1 摩擦装置的主要规格

<table>
<tr><th>项目</th><th>规格</th><th>项目</th><th>规格</th></tr>
<tr><td>滚筒内径/cm</td><td>65±5</td><td>滚筒的叶片数</td><td>2片以上</td></tr>
<tr><td>滚筒深度(纵深)/cm</td><td>40±5</td><td>风量/(m³/min)</td><td>2以上</td></tr>
<tr><td>滚筒口直径/cm</td><td>30±5</td><td>吸气</td><td>在抽取试验环境的空气的吸气口周边的金属部分不能暴露</td></tr>
<tr><td>滚筒的转速/(r/min)</td><td>46以上</td><td rowspan="2">其他</td><td rowspan="2"></td></tr>
<tr><td>滚筒内衬面料</td><td>摩擦布</td></tr>
<tr><td colspan="4">注1:摩擦布为100%锦纶布料或腈纶布料,(250±30)g/m²,织物组织为机织平纹布。
注2:当摩擦布起毛起球等外表上发生变化,或认为测定结果有异常时,需要更换。</td></tr>
</table>

6.3.2 带电电荷量测定装置

采用法拉第筒与电容器和静电电位计连接起来的装置,见图1。法拉第筒规格如表2所示。

注:从法拉第筒的开口部分起30 cm以内筒边不应有曲率半径小于5 mm的变形。

表2 法拉第筒的规格

<table>
<tr><th>部位</th><th>规格/cm</th><th>备注</th></tr>
<tr><td>a</td><td>40及以上</td><td rowspan="2">b−a≥10 cm</td></tr>
<tr><td>b</td><td>50及以上</td></tr>
<tr><td>c</td><td>75以上</td><td rowspan="2">外容器和内容器的上端相差5 cm以上</td></tr>
<tr><td>d</td><td>85以上</td></tr>
<tr><td colspan="3">注:部位a、b、c、d参见图1中的标注。</td></tr>
</table>

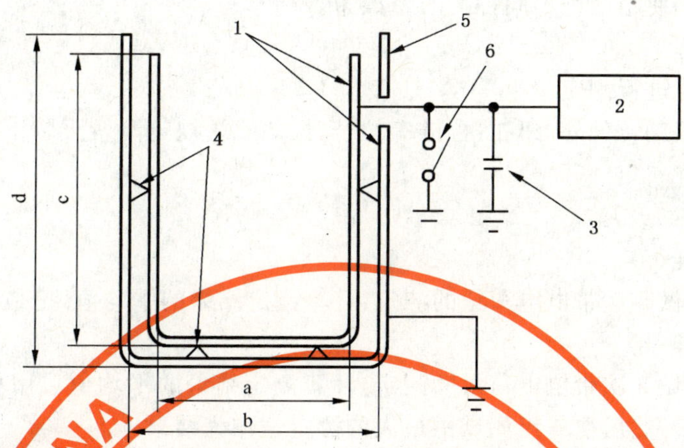

1——法拉第筒(壁厚为0.5 mm的金属双层圆筒);

2——静电电位计(输入阻抗1×10^{12} Ω以上);

3——电容器(聚苯乙烯电容器等的容量是0.1 μF±0.5%,对阻抗的影响1×10^{11} Ω以上);

4——绝缘体(绝缘电阻1×10^{11} Ω以上聚四氟乙烯等);

5——涤纶粘胶带等绝缘包皮布;

6——开关(打开时的绝缘电阻为1×10^{11} Ω以上)或接地棒。

图1　带电电荷量测定装置

6.4　试验条件

试验室的温湿度条件:温度(20±5)℃,相对湿度(40±5)%。

6.5　试验方法

6.5.1　没有里料的试样

6.5.1.1　首先空转摩擦装置,使滚筒内的温度为(60±10)℃。温度在运转中用温度计(热电偶等)确认。

6.5.1.2　滚筒内自放电式除电器等除电后,将试样在模拟穿着状态下以同样的方式除电,保持原样放入摩擦装置,按表3所列的条件运转摩擦装置。若摩擦中有钮扣掉落的情况,应将那个部分缝合,重新再试。

表3　摩擦装置的运转条件

项　目	条　件	项　目	条　件
运转时间 滚筒内温度	15 min (60±10)℃	其他	滚筒内保持清洁

6.5.1.3　将带电电荷量测定装置的开关接通,再断开开关。操作人员带上绝缘的聚乙烯薄膜材料制成的薄膜手套,并迅速用双手取出试样,然后投入法拉第筒中。操作中应保证试样尽量不与摩擦布发生摩擦,也不与手套发生摩擦,且保证试样距离人体及其他物品30 cm以上。此时,操作人员应穿上防静电服和防静电鞋,且防静电地板处于接地状态。

6.5.1.4　读取电位计的指示值V(V),按式(1)计算试样带电电荷量Q(C)。

$$Q = CV \qquad \cdots\cdots(1)$$

式中:

C——电容器的静电容量,单位为法(F),$C=0.1\times10^{-6}$ F。

V的有效数字保留3位,Q的有效数字精确到3位。

6.5.1.5　按6.5.1.2至6.5.1.4的规定重复进行5次。如有明显的操作错误,舍弃错误数据,重新再试直到取得5次有效数据。同时,记录操作时发生错误的原因。

6.5.1.6 以上操作分别使用两种不同种类的摩擦布。

6.5.2 **带有里料的试样**

6.5.2.1 按6.5.1规定进行测定。

6.5.2.2 将试样的里面翻转朝外,钮扣、拉链等拉合,按6.5.1规定测量服装里料翻转朝外状态的试样带电电荷量。

6.6 测定值的计算

6.6.1 **没有里料的试样**

用两种摩擦布分别做5次带电电荷量的测定,计算测定结果的平均值,把最大的测定值作为结果。

6.6.2 **带有里料的试样**

用两种摩擦布分别做5次带电电荷量的测定,计算测定结果的平均值。用相同方法求得将试样里料朝外状态下的平均值。然后取4组测试中最大的测定值作为结果。

注:求得的平均值取2位有效数字。

7 防静电织物的试验

7.1 试样以及摩擦布的准备

在距布边1/10幅宽、布端1 m以上的部位取样。

7.1.1 **试样**

取300 mm×400 mm的样品,经向和纬向或直向和横向分别3块,共计6块。

7.1.2 **摩擦布**

取用于摩擦棒500 mm×440 mm和垫板450 mm×400 mm的布,长边沿直向。

注1:制取试样和摩擦布时,应带上白色手套,以免造成样品污染。

注2:在1份试样(6块)中,应使用未使用过的摩擦布。

7.2 前处理

7.2.1 **洗涤**

试样和摩擦布的洗涤方法按6.2.1规定进行。

7.2.2 **试样的准备**

在洗涤后已干燥的样品上裁取250 mm×350 mm试样。将试样正面向上,把较长的一边折向另一边,在长260 mm处,用双面胶带粘合或缝合,如图2所示。

单位为毫米

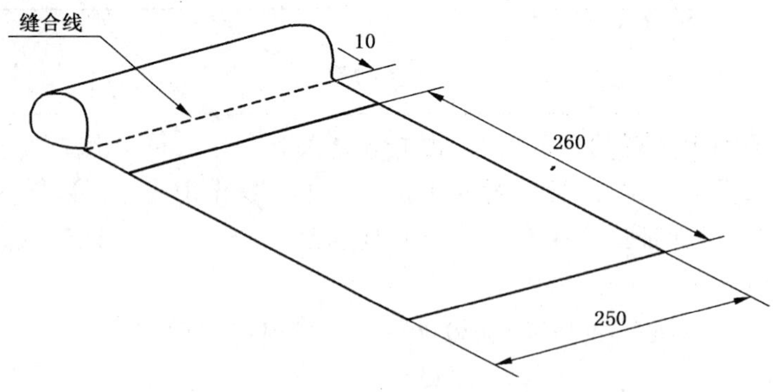

图2 试样

7.2.3 **调湿**

试样以及洗涤干燥后的摩擦布,置于6.4规定条件下进行24 h以上的调湿,然后直接放入聚乙烯的口袋中密封。

7.3 仪器

7.3.1 带电电荷量测定装置

与6.3.2相同。

7.3.2 摩擦装置

7.3.2.1 摩擦棒

长约400 mm的硬质聚氯乙烯管(按GB/T 4219.1规定),以摩擦布的长边方向为卷绕方向,向棒上缠绕五圈,制成摩擦棒。应将摩擦布的两端拉紧塞入管内,固定在摩擦棒上。

7.3.2.2 垫板

如图3所示,沿直向方向,在大小320 mm×300 mm,厚度为3 mm的金属板垫板的两端,用绝缘物作防电晕放电处理。将摩擦布从四个方向向内卷曲并用粘胶带固定。

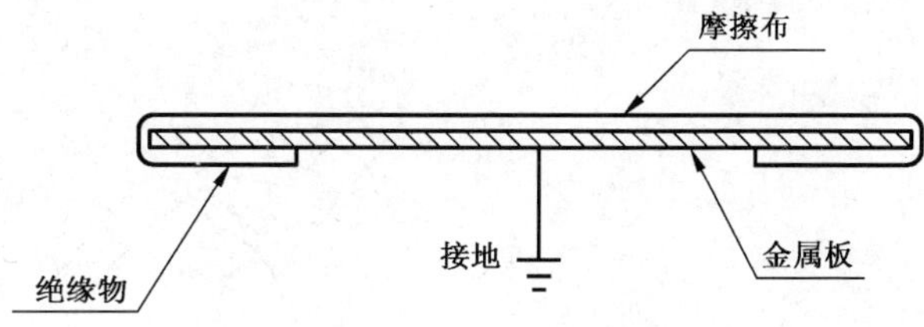

图3 垫板

7.3.2.3 垫台

垫台如图4所示。

单位为毫米

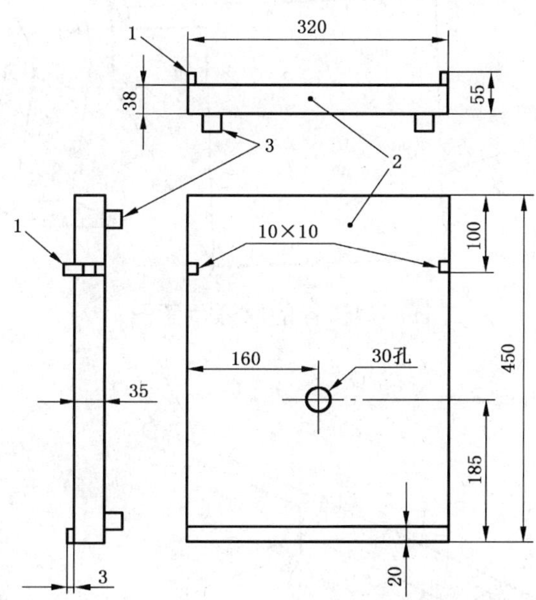

1——固定垫板装置;

2——垫台;

3——将垫台固定在摩擦台上的装置。

图4 垫台

7.3.2.4 绝缘棒

用有机玻璃或丙烯棒材质制成,直径约20 mm,长约500 mm。

7.4 试验条件

试验室的温湿度条件:温度(20±2)℃,相对湿度(30±3)%。

7.5 试验步骤

7.5.1 将绝缘棒插入试样上缝好的套内，试样、垫板及摩擦棒都使用自放电式除电器除电后，放置在平坦的垫板上。

注：由于褶皱会影响测试结果，样品放置于板上时，注意勿使其产生褶皱。

7.5.2 双手握住摩擦棒的两端，如图5所示，将身体的一部分重量均匀地压在上面，每秒1次使摩擦棒作直线往复运动，连续摩擦5次(每摩擦一次时，摩擦棒稍微转动一下位置)。摩擦完后，先将带电电荷量测定装置的开关接通，再断开开关，立刻拿起绝缘棒的一端，如图6所示，试样不能滑出垫板。使绝缘棒在上方提起试样保持平行地由垫板上揭离，约在1 s内迅速将绝缘棒和试样投入法拉第筒中。保证试样距人体及其他物体30 cm以上。此时，操作人员应穿着防静电服和防静电鞋，防静电地板处于接地状态。

注：在摩擦样品的过程中摩擦棒不得滚动。

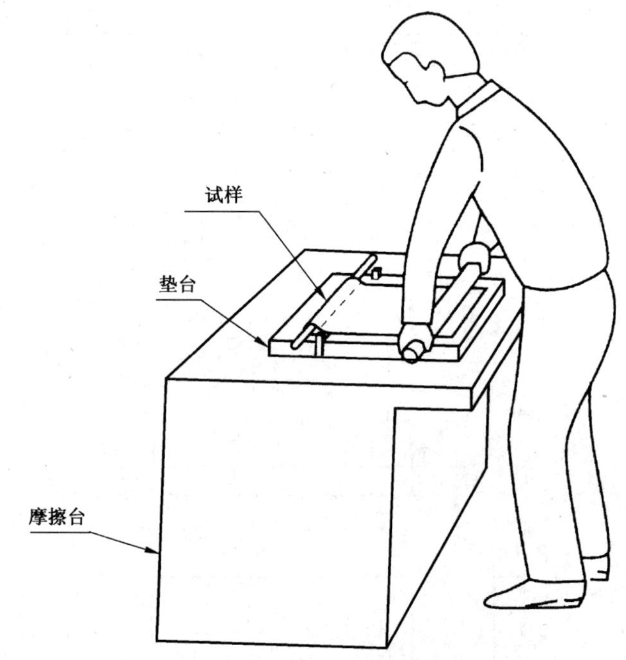

图5 试样的摩擦示意图

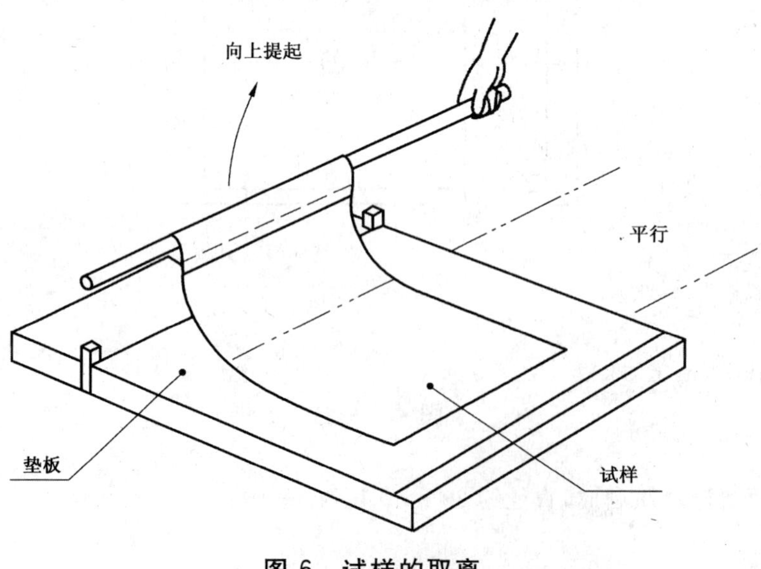

图6 试样的取离

7.5.3 读取电位计的指示值 V(V),按式(2)计算单位面积的带电电荷量。

$$\sigma = CV/A \quad \cdots\cdots(2)$$

式中:

σ——单位面积的带电电荷量,单位为微库每平方米($\mu C/m^2$);

C——电容器的静电容量,单位为法(F),$C=0.1\times10^{-6}$ F;

V——电位计读数,单位为伏(V);

A——试样的摩擦面积,单位为平方米(m^2),$A=0.25\times0.25\ m^2$。

V 的有效数字保留 3 位,σ 的有效数字精确到 3 位。

7.5.4 按 7.5.1 至 7.5.3 规定重复进行 5 次。

7.5.5 以上的操作用 6 块试样进行,并用两种摩擦布分别进行相同的操作。

7.6 测定值的计算

分别用两种摩擦布、6 块试样做 5 次带电电荷量的测定,计算测定结果的平均值,以 12 个结果值中最大值作为测定结果。平均值保留 2 位有效数字。

8 标示

应在耐久性标签上标注以下内容:

a) 防静电;

d) 产品维护方法。

9 注意事项

使用防静电服应注意以下事项:

9.1 GB 4385 规定的防静电鞋和防静电地板一起使用。

9.2 正确穿着防静电服。

9.3 现场如存在可燃性物质等危险品,不得脱下防静电服。

9.4 金属皮带扣等不得露出。

9.5 避免大面积受损伤的洗涤。

9.6 衣服面料如有断开、损伤的情况,应立刻更换。

ICS 61.020
Y 75

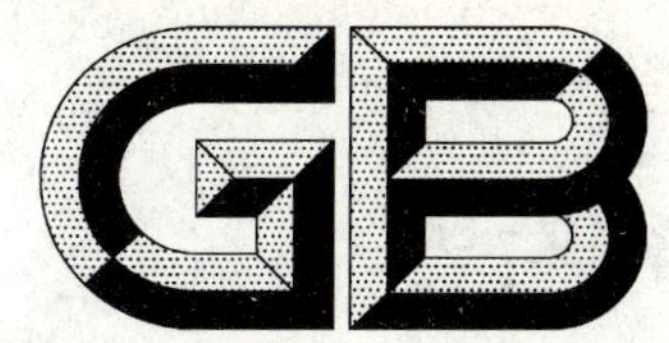

中华人民共和国国家标准

GB/T 23317—2009

涂层服装抗湿技术要求

Specification for clothing made from coated fabrics for protection against wet weather

2009-03-19 发布　　2010-01-01 实施

中华人民共和国国家质量监督检验检疫总局
中国国家标准化管理委员会　发布

前　言

本标准修改采用英国标准 BS 6408:1983《涂层服装抗湿技术要求》(英文版)。

本标准与 BS 6408:1983 的主要差异如下:

——将原标准中的规范性引用文件修改为对应的我国国家标准或行业标准;

——删除了“蝙蝠袖”的术语及定义;

——删除了第 3 章,将其对抗湿涂层面料的性能要求直接引用作为本标准的 5.1 条;

——增加了 4.6 条;

——修改了接缝抗渗水性的最小要求;

——删除了原标准第 6 章的规格和第 7 章的标志;

——删除了原标准的附录 B《接缝强力的测试方法:修改采用 BS 2576》,其测试方法引用 GB/T 13773.1;

——增加了附录 B、附录 C 和附录 D。

本标准的附录 B、附录 C 和附录 D 为规范性附录,附录 A 为资料性附录。

本标准由中国纺织工业协会提出。

本标准由全国服装标准化技术委员会(SAC/TC 219)归口。

本标准由全国服装标准化技术委员会负责解释。

本标准主要起草单位:上海市服装研究所、上海天祥质量技术服务有限公司。

本标准主要起草人:李金秀、朱雯喆、聂雅渊、许鉴、韩冀彭、施琴、王宏明。

涂层服装抗湿技术要求

1 范围

本标准规定了涂层服装的材料、设计生产和抗湿性能的技术要求。

本标准适用于外套、茄克衫、工作服、外裤、连身服和防水帽等服装。

2 规范性引用文件

下列文件中的条款通过本标准的引用而成为本标准的条款。凡是注日期的引用文件，其随后所有的修改单(不包括勘误的内容)或修订版均不适用于本标准，然而，鼓励根据本标准达成协议的各方研究是否可使用这些文件的最新版本。凡是不注日期的引用文件，其最新版本适用于本标准。

GB/T 3917.4 纺织品 织物撕破性能 第4部分:舌形试样(双缝)撕破强力的测定

GB/T 4745 纺织织物 表面抗湿性测定 沾水试验

GB/T 13773.1 纺织品 织物及其制品的接缝拉伸性能 第1部分:条样法接缝强力的测定

GB/T 15557 服装术语

GB/T 19976 纺织品 顶破强力的测定 钢球法

FZ/T 01004 涂层织物 抗渗水性的测定

FZ/T 01052 涂层织物 抗扭曲弯挠性能的测定

FZ/T 80007.1 使用粘合衬服装剥离强力测定方法

QB/T 2171 金属拉链

QB/T 2172 注塑拉链

QB/T 2173 尼龙拉链

3 术语和定义

GB/T 15557 确立的术语和定义适用于本标准。

4 服装类型与设计、生产要求

4.1 外套和茄克衫

4.1.1 外套和茄克衫应采用单排扣，且能贴紧颈部。服装上的接缝及服装与部件之间的接缝应符合5.2的规定。

4.1.2 门襟设计应防止水直接渗入服装内部。如果采用拉链作门襟，则应符合 QB/T 2171、QB/T 2172、QB/T 2173 的规定。

4.1.3 衣领应采用与衣身相同的面料。翻领领高至少为 7 cm，立领领高至少为 4 cm。

4.1.4 底边固紧，至少翻折 5 mm。

4.1.5 如有口袋，应符合 5.3 的规定。

4.1.6 应提供吊袢并符合 5.4 的规定。

4.1.7 帽子可与衣身分离或永久固定于衣身上，最小尺寸应满足下列要求：

a) 沿一侧肩部领缝经过帽顶至另一侧肩部领缝的尺寸为 70 cm；

b) 在眼睛水平位置处，绕头的后部，两帽边的距离为 48 cm。

4.2 工作服

4.2.1 工作服不设计前门襟，且领口能贴紧颈部。服装上的接缝及服装与部件之间的接缝应符合 5.2 的规定。

4.2.2　工作服的设计应符合 4.1.3 至 4.1.7 的规定。

4.3　外裤

4.3.1　腰部收紧的裤子，应在裤腰处设计松紧带或拉绳；腰部不收紧的裤子，应设计成背带式或工装裤。服装上的接缝及服装与部件之间的接缝应符合 5.2 的规定。

4.3.2　应提供吊袢并符合 5.4 的规定。

4.4　连身服

4.4.1　连身服应包覆人体，包括踝关节、颈部和腕关节。前门襟长度至少为 65 cm。服装上的接缝及服装与部件之间的接缝应符合 5.2 的规定。

4.4.2　连身服的设计应符合 4.1.3 至 4.1.7 的规定。

4.5　防水帽

防水帽应带有系在下巴处的带子，帽檐由两片面料在前中心和后中心缝合而成。

4.6　特殊设计

其他可供选择的特殊设计参见附录 A。

5　性能要求及试验方法

5.1　面料

5.1.1　扭曲弯挠 9 000 次处理后抗渗水性最小值为 10 000 Pa 的水压，扭曲弯挠试验按 FZ/T 01052 执行；渗水性试验按 FZ/T 01004 执行，其中水压上升的速率为 1 000 Pa/min。

5.1.2　顶破强力不小于 150 N，试验按 GB/T 19976 执行，其中钢球直径为 25 mm。

5.1.3　撕裂强力不小于 10 N，试验按 GB/T 3917.4 执行。

5.1.4　涂层粘附强度(湿态)不小于 7 N/cm，试验按附录 B 执行。

5.1.5　沾水性不小于 4 级，试验按 GB/T 4745 执行。

5.2　接缝

5.2.1　接缝强力不小于 150 N，试验按 GB/T 13773.1 执行。

5.2.2　贴缝的剥离强力不小于 5 N/cm，试验按 FZ/T 80007.1 执行，按部位取样。

5.2.3　接缝的抗渗水性最小值为 20 000 Pa 的水压，试验按 FZ/T 01004 执行，水压上升的速率为 1 000 Pa/min。

5.3　口袋

口袋的附着强力不小于 100 N，试验按附录 C 执行。

5.4　吊袢

吊袢强力不小于 100 N，试验按附录 D 执行。

附 录 A
（资料性附录）
可供选择的特殊设计

A.1 主体门襟

除了只用到主体门襟，有时需要用到第二门襟或第三门襟。图 A.1 表示的是一个主体门襟与各门襟的一种可能组合形式。

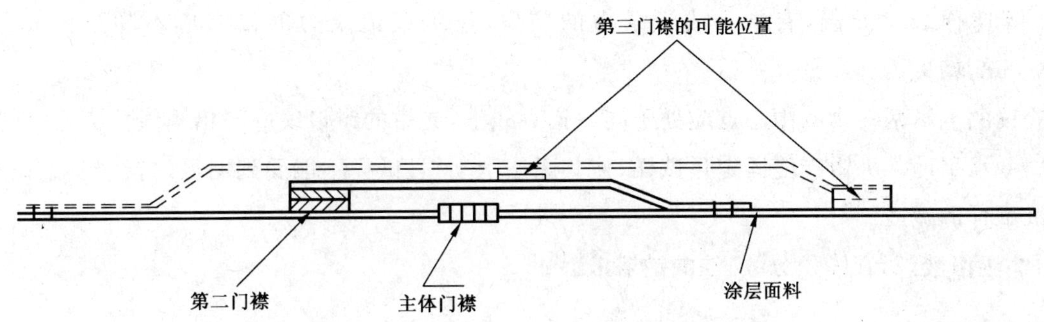

图 A.1 主体门襟与各门襟的一种可能组合形式的部面图

A.2 帽子

如果服装带有帽子，则帽子可与衣身分离或永久附于衣身上（见 4.1.7）。

A.3 防风袖口

防风袖口可以是双层的、有松紧的或具有其他可调节的功能。

A.4 脚口

为了把鞋口盖住，可对脚口宽度作些调整。

附 录 B
（规范性附录）
涂层粘附强度（湿态）试验方法

B.1 原理

在湿态下，测试涂层与基布分离所需的力。

B.2 设备和材料

B.2.1 等速伸长试验仪，有指示或记录力的装置，指示或记录力的误差应不超过±1%；速率为100 mm/min，精度为±10%。

试验仪的上下两夹钳的中心点应处于同一铅垂线上，夹钳的钳口线应与铅垂线垂直，其夹持线与试样处于同一水平面。夹钳应能固定住试样，使其无法滑动，且试样不能受到明显的损伤。夹钳宽度不能小于测试试样的宽度。

B.2.2 润湿溶液，2%（体积分数）油酸钠溶液。

B.3 测试试样的准备

B.3.1 测试试样的数量

试样宽度不小于75 mm，长度不小于200 mm，长度方向沿着涂层面料的经向。厚涂层（见B.3.2）的测试准备5块试样。薄涂层（见B.3.3）的测试准备10块试样做成5块复合的试样。

B.3.2 厚涂层

当涂料层的强力超过分开基布和涂料层的力时，准备5块试样，沿着试样长度方向剥离涂料层。剥离出足够的长度以满足75 mm的隔距要求。把试样修剪为50 mm的宽度，同时避免基布长度方向纱线的损伤（如图B.1所示）。

单位为毫米

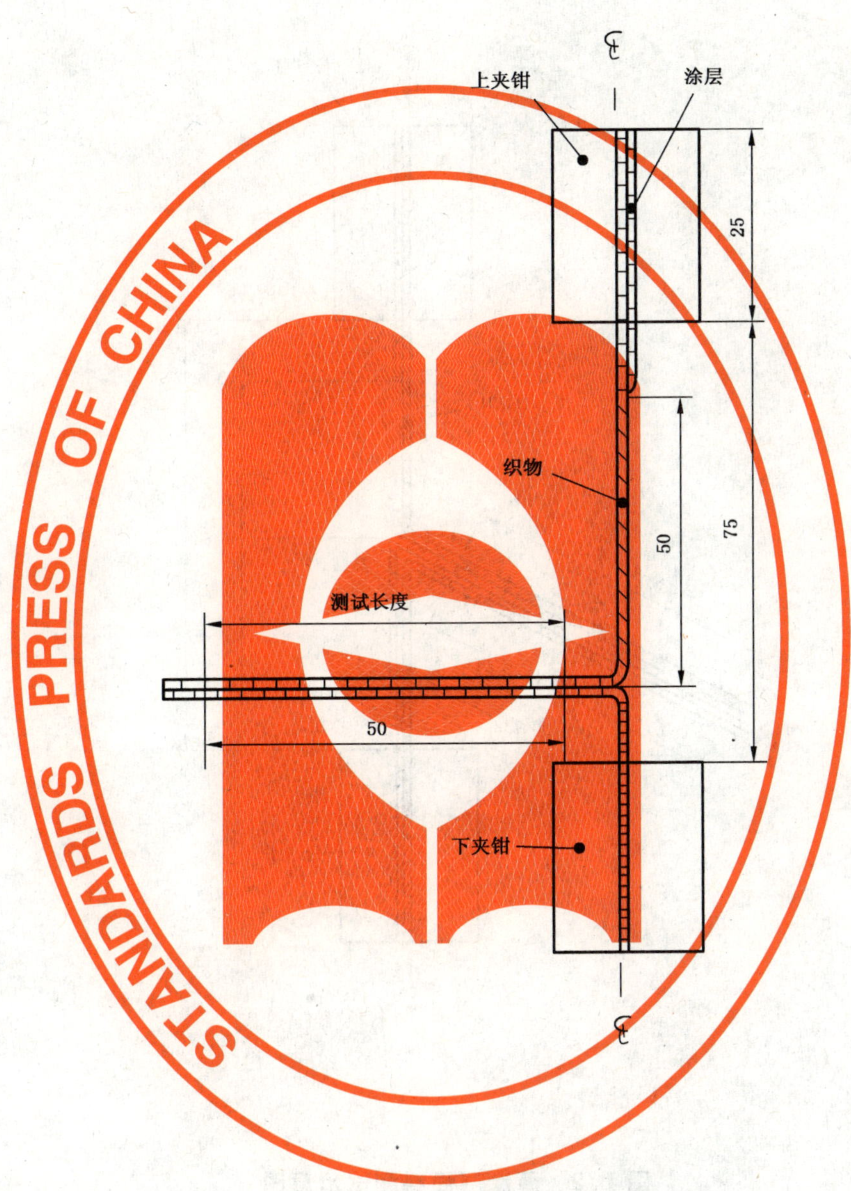

图 B.1 厚涂层面料测试示意图

B.3.3 薄涂层

当涂料层的强力不够使之从基布上连续剥离，但涂料层能明显和基布分开时，可用两块相同材质的试样涂层面对涂层面放在一起，使用合适的粘合剂粘合起来（如图 B.2 所示）。

注：选择的粘合剂一定不能导致涂料层不能复原的溶胀，也不能影响涂料层和基布的粘合强力。

单位为毫米

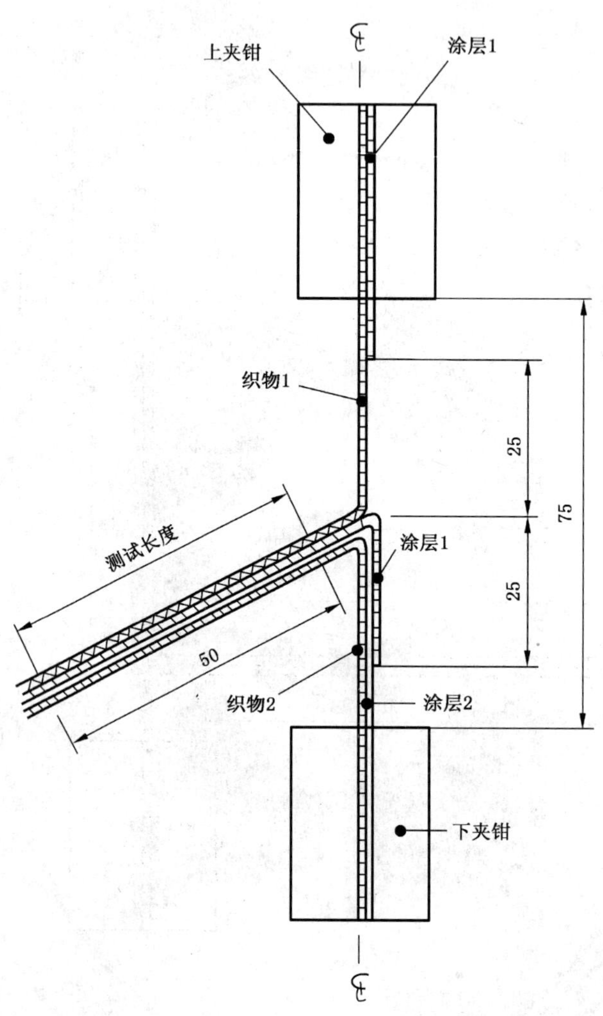

图 B.2 薄涂层面料测试示意图

B.3.4 试样的润湿

将按 B.3.2 或 B.3.3 准备好的试样放入 B.2.2 规定的溶液中至少润湿 30 min,溶液温度为(20±2)℃。

B.4 试验步骤

把试样从溶液里取出,不需晾干,立即把试样夹持在试验仪上(见 B.2.1),应避免试样明显的松弛或拉伸,如图 B.1 或 B.2 所示。试验仪以 100 mm/min 的速度运动,当试样分离至 50 mm 时,停止试验,得到涂层与基布分离的作用力的波动曲线。记录每块试样的粘附强度的最大值。计算 5 次测试结果的平均值,作为湿态下的粘附强度,单位为牛每厘米(N/cm),结果保留一位小数。

附 录 C
（规范性附录）
口袋附着强力的试验方法

C.1 原理

口袋从衣身上脱离时所承受的最大力。

C.2 设备

C.2.1 等速伸长试验仪

具有指示或记录加于试样使其拉伸至断裂的最大力的装置；指示或记录断裂力的误差应不超过±1%；速率为 100 mm/min，精度为±10%，夹钳宽度为 25 mm。

如果使用数据采集电路或软件获得力的数值，数据采集的频率不小于 8 次/s。

C.2.2 金属板

如图 C.1 所示。

单位为毫米

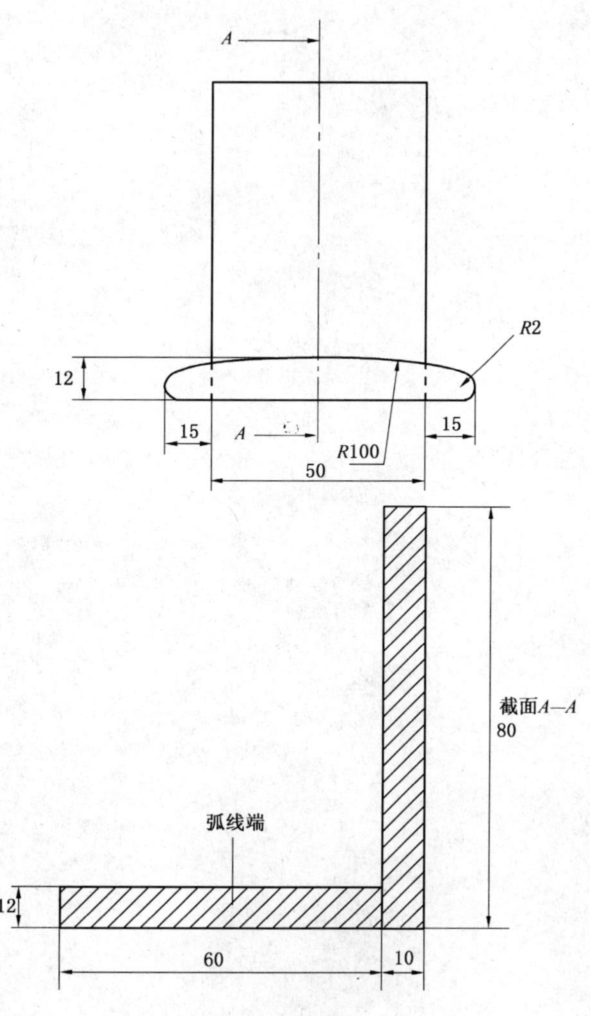

图 C.1 金属板

C.3 试验步骤

从衣身上取两块包含口袋的试样，宽为 25 cm，长为 35 cm，袋口处于试样的中心。在温度为(20±2)℃，相对湿度为(65±5)%的标准大气下调湿试样至少 16 h。

袋口夹持在强力仪的移动夹钳上，把有弧线的金属板一端插入口袋里，金属板另一端夹持在强力仪另一夹钳上，隔距长度为 100 mm，强力仪以 100 mm/min 的速度运动。

记录口袋脱离衣身时的力，报告平均值，以牛顿(N)为单位。100 N 及以下，修约至 1 N；大于100 N 且小于 1 000 N，修约至 10 N；1 000 N 及以上，修约至 100 N。

附　录　D
（规范性附录）
吊袢强力的试验方法

D.1　原理

测试吊袢被拉伸至破损时的力。

D.2　设备

D.2.1　等速伸长试验仪

具有指示或记录加于试样使其拉伸至断裂的最大力的装置；指示或记录断裂力的误差应不超过±1%；速率为 100 mm/min，精度为±10%，夹钳宽度为 25 mm。

如果使用数据采集电路或软件获得力的数值，数据采集的频率不小于 8 次/s。

D.2.2　水平棒

配一根直径为 7 mm 的水平棒，以便放置吊袢。

D.3　试验步骤

从衣身上取一块含有吊袢的试样，试样大小为 15 cm×13 cm。在温度为(20±2)℃，相对湿度为(65±5)%的标准大气下调湿试样至少 16 h。

吊袢套在装在移动夹钳的水平棒上，没有吊袢的试样一端夹持在强力仪的另一夹钳(如图 D.1 所示)，隔距长度为 100 mm，强力仪以 100 mm/min 的速度运动。

记录并报告吊袢破损时的力，以牛顿(N)为单位。100 N 及以下，修约至 1 N；大于 100 N 且小于 1 000 N，修约至 10 N；1 000 N 及以上，修约至 100 N。

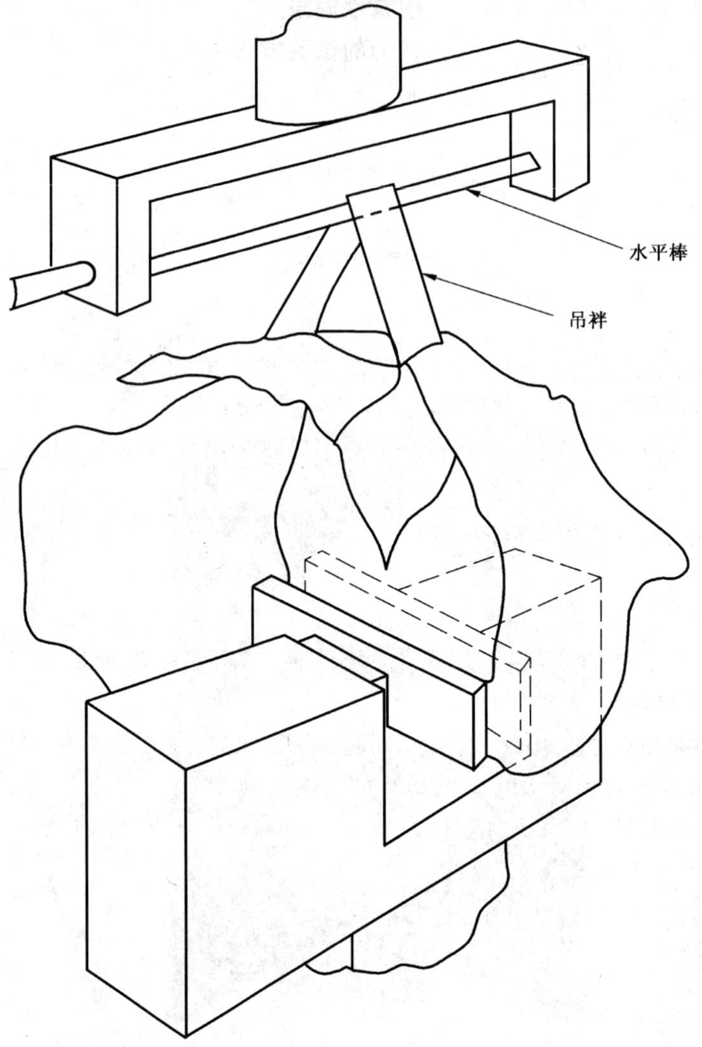

图 D.1 吊袢测试示意图

ICS 59.080.30
W 04

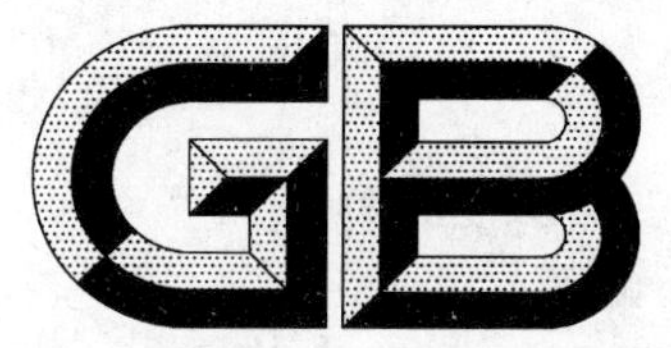

中华人民共和国国家标准

GB/T 23318—2009

纺织品　刺破强力的测定

Textiles—Determination of resistance to puncture

2009-03-19 发布　　2010-01-01 实施

中华人民共和国国家质量监督检验检疫总局
中国国家标准化管理委员会　发布

前　言

本标准由中国纺织工业协会提出。

本标准由全国纺织品标准化技术委员会基础标准分会(SAC/TC 209/SC 1)归口。

本标准主要起草单位:国家纺织制品质量监督检验中心。

本标准主要起草人:姜慧霞。

纺织品　刺破强力的测定

1　范围

本标准规定了采用带有尖角的顶杆测定织物刺破强力的方法，顶杆的规格包括三种，可以根据需要选择其中的一种。

本标准适用于机织物、针织物、非织造布以及各类复合材料。

本标准不适用于网眼织物、具有较大孔隙的织物以及弹性较大的织物。

2　规范性引用文件

下列文件中的条款通过本标准的引用而成为本标准的条款。凡是注日期的引用文件，其随后所有的修改单（不包括勘误的内容）或修订版均不适用于本标准，然而，鼓励根据本标准达成协议的各方研究是否可使用这些文件的最新版本。凡是不注日期的引用文件，其最新版本适用于本标准。

GB/T 6529　纺织品　调湿和试验用标准大气（GB/T 6529—2008，ISO 139:2005，MOD）

3　术语和定义

下列术语和定义适用于本标准。

3.1

刺破强力　puncture strength

顶杆顶压试样直至破裂的过程中测得的最大力。

4　原理

将试样固定在夹持器内，规定尺寸的顶杆以恒定的速度垂直于试样表面顶向试样，使试样变形直至刺破，记录刺破强力。

5　仪器

5.1　等速伸长型试验机（CRE），应满足下列要求：

——自动记录刺破过程的力-位移曲线；

——测力误差≤2%；

——动程不小于 100 mm；

——(500±10)mm/min 的恒定位移速率。

5.2　顶杆

由洛氏硬度不低于 HRC35 的不锈钢制成，分 A、B、C 三种规格。顶杆 A 的示意图见图 1，顶杆 B 的示意图见图 2，顶杆 C 的示意图见图 3。

定期在显微镜下观察顶杆是否被损坏，保证其尺寸不变。

5.3　夹持器

夹持试样的装置，由两个厚度至少为 6.5 mm 的环形夹具和底座组成，夹持器内径为(10±0.05)mm，测试过程中应保证试样不滑移或破损，示意图见图 4。夹持器底座的高度应大于 25 mm，具有较好的支撑能力和稳定性。

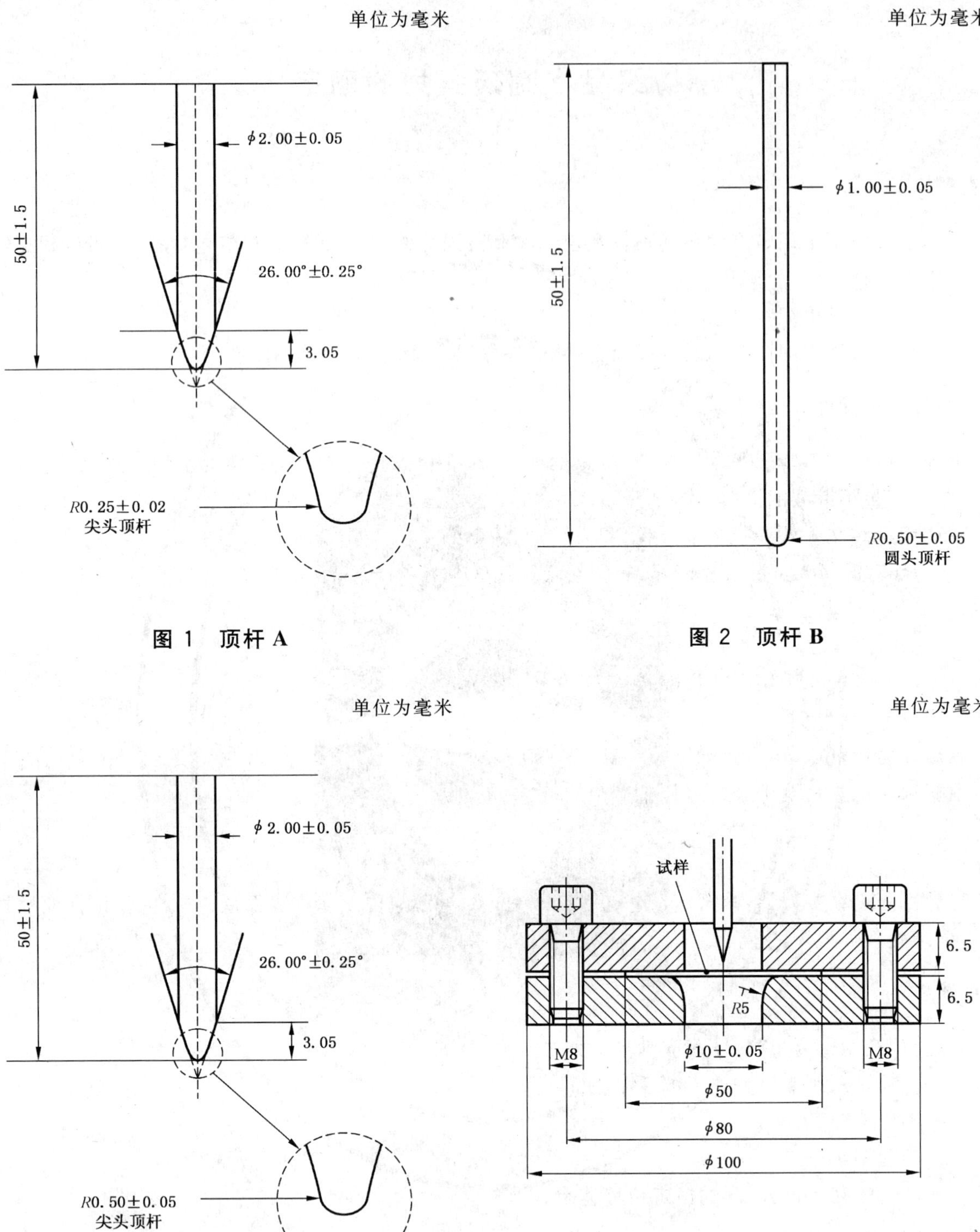

图 1 顶杆 A

图 2 顶杆 B

图 3 顶杆 C

图 4 夹持器

6 试样

试样应具有代表性，试验区域应避免折叠、折皱，并避开布边。试样的直径为 50 mm，测试数量为 4 块，如果试验结果的不匀率较大可以增加试样数量。

7 调湿

按照 GB/T 6529 的规定对试样进行调湿。

8 试验步骤

8.1 根据需要选择合适的顶杆。将顶杆及夹持器底座安装到试验机上，保证环形夹持器的中心在顶杆的轴心线上。

8.2 设定试验机的速度为(500±10)mm/min。

8.3 将试样正面朝向顶杆，夹持在夹持器上，保证试样平整、无折皱。将夹好试样的环形夹持器放到试验机上。

8.4 启动仪器，直至试样被刺破，记录其最大值作为该试样的刺破强力，以牛顿(N)为单位。

如果顶杆与试样接触后行程达到 20 mm 时试样仍未刺破，则停止试验，在试验报告中说明此现象。

8.5 对其他试样重复上述试验。

9 结果的计算

计算 4 块试样刺破强力的平均值，以牛顿(N)为单位，修约至 0.5 N。

如果需要，计算刺破强力的变异系数，修约至 0.1%。

10 试验报告

试验报告应包括以下内容：

a) 试验是按照本标准进行的；

b) 试样的描述；

c) 测试中选用的顶杆；

d) 试验用标准大气；

e) 试样刺破强力的平均值；

f) 如果需要，刺破强力的变异系数(*CV*)；

g) 偏离本标准的任何细节。

ICS 59.080.30
W 04

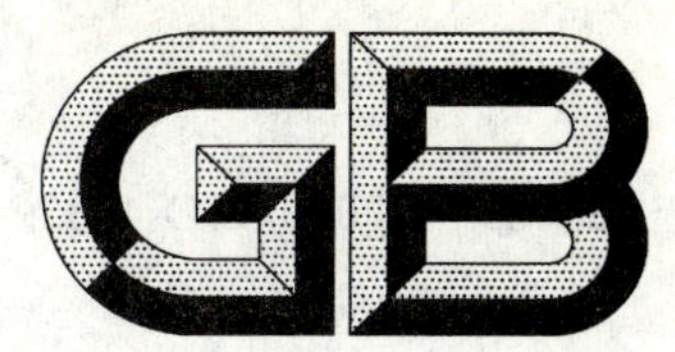

中华人民共和国国家标准

GB/T 23319.1—2009/ISO 16322-1:2005

纺织品　洗涤后扭斜的测定
第1部分:针织服装纵行扭斜的变化

Textiles—Determination of spirality after laundering—
Part 1:Percentage of wale spirality change in knitted garments

(ISO 16322-1:2005,IDT)

2009-03-19 发布　　2010-01-01 实施

中华人民共和国国家质量监督检验检疫总局
中国国家标准化管理委员会　发布

前　言

GB/T 23319《纺织品　洗涤后扭斜的测定》分为以下三个部分：

——第1部分：针织服装纵行扭斜的变化；

——第2部分：机织物和针织物；

——第3部分：机织服装和针织服装。

本部分为GB/T 23319的第1部分。

本部分等同采用ISO 16322-1:2005《纺织品　洗涤后扭斜的测定　第1部分：针织服装纵行扭斜的变化率》(英文版)。

本部分与ISO 16322-1:2005相比有如下差异：

——规范性引用文件中引用了与ISO标准技术内容一致我国标准；

——删除了国际标准的前言；

——修改8.9中重复试验步骤为8.1～8.5；

——增加了第9章的注。

本部分由中国纺织工业协会提出。

本部分由全国纺织品标准化技术委员会基础标准分会(SAC/TC 209/SC 1)归口。

本部分起草单位：杭州市质量技术监督检测院、国家纺织制品质量监督检检中心、中纺标(北京)检验认证中心有限公司。

本部分主要起草人：王敏君、戴宏翔、顾红烽、王欢。

纺织品　洗涤后扭斜的测定
第1部分:针织服装纵行扭斜的变化

1　范围

GB/T 23319 的本部分规定了在针织机上成形的纬编平针针织服装洗涤后扭斜变化率的测试方法。

由不同的方法得到的试验结果也许不具有可比性。

通过测量针织服装洗涤前和洗涤后的扭斜角计算扭斜的变化。

2　规范性引用文件

下列文件中的条款通过 GB/T 23319 的本部分的引用而成为本部分的条款。凡是注日期的引用文件,其随后所有的修改单(不包括勘误的内容)或修订版均不适用于本部分,然而,鼓励根据本部分达成协议的各方研究是否可使用这些文件的最新版本。凡是不注日期的引用文件,其最新版本(包括修订版)适用于本部分。

GB/T 5708　纺织品　针织物　术语(GB/T 5708—2001,eqv ISO 8388:1998)

GB/T 6529　纺织品　调湿和试验用标准大气(GB/T 6529—2008,ISO 139:2005,MOD)

GB/T 8629　纺织品　试验用家庭洗涤和干燥程序(GB/T 8629—2001,eqv ISO 6330:2000)

FZ/T 70003　针织　基础术语

3　术语和定义

GB/T 5708 和 FZ/T 70003 确立的以及下列术语和定义适用于 GB/T 23319 的本部分。

3.1

纵行扭斜　wale spirality

针织织物的线圈纵行绕着筒状针织物中心轴旋转形成的扭曲。

4　原理

在针织服装底边施加一定的张力,使其底边上沿成一直线,分别量取洗涤前后线圈纵行与底边上沿垂直线之间的角度,根据两个测试结果计算出扭斜角的变化。

5　仪器

5.1　金属直尺,长度不小于 200 mm,分度值为 1 mm。

5.2　透明塑料量角器,刻度从 0°到 180°,分度值为 1°。

5.3　两个压块,每个质量为(1±0.01)kg,面积约为 20 cm^2。

5.4　脱水机,例如家用的旋转式脱水机。

5.5　全自动洗衣机,按 GB/T 8629 规定。

6　调湿

测试前,按照 GB/T 6529 规定,将样品在试验用标准大气中调湿试样至少 4 h。

7 试样

试样由针织服装的主体部分组成。

8 试验步骤

8.1 将服装铺在一平整的台面上，测试面朝上。

8.2 如有必要，将一压块放在服装底边的一端，拉住底边的另一端，使底边上沿线条成一直线，同时底边上的线圈纵行与该直线成为直角，将另一块压块放在底边的另一端，使底边保持平直。

8.3 在每一个三分之一宽度中间处，将直尺平行于服装主体的线圈纵行放置，选择一排线圈纵行，并在该纵行和底边的交织点，使直尺和线圈纵行成一直线。固定此点并旋转直尺，在距离底边上沿(200±1)mm处通过同一线圈纵行。

8.4 固定直尺，将量角器放置在直尺上，其底线与下摆上沿对齐，量取直尺边线和量角器底边之间的角度(见图1)。

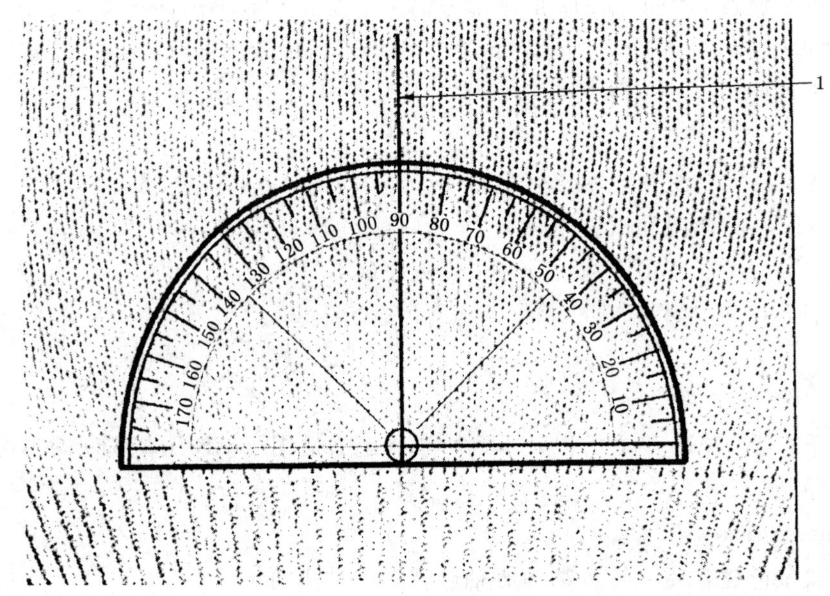

1——线圈纵行。

注：洗前测量，第9章公式中 $\alpha=90°$。

图1 洗前测量示意图

8.5 分别在针织服装的前片和后片，三处不同的地方进行测量，共得出六次测试结果。

8.6 用下面的其中一种方法洗涤成衣，使其完全浸透。

8.6.1 只可干洗类产品：在冷水中浸泡30 min，然后脱水1 min。

8.6.2 手洗类产品：依照GB/T 8629模拟手洗1次。

8.6.3 机洗类产品：按照7A洗涤程序洗涤1次，或者经双方协商，按GB/T 8629选择其他适当的洗涤程序。

8.7 在室温环境或温度不超过60 ℃的烘箱里平摊干燥服装。

8.8 干燥后将服装铺在一平整光滑的台面上，除去明显的皱折，按照第6章对服装进行调湿。

8.9 按8.1～8.5描述测量洗涤后扭斜角(见图2)。

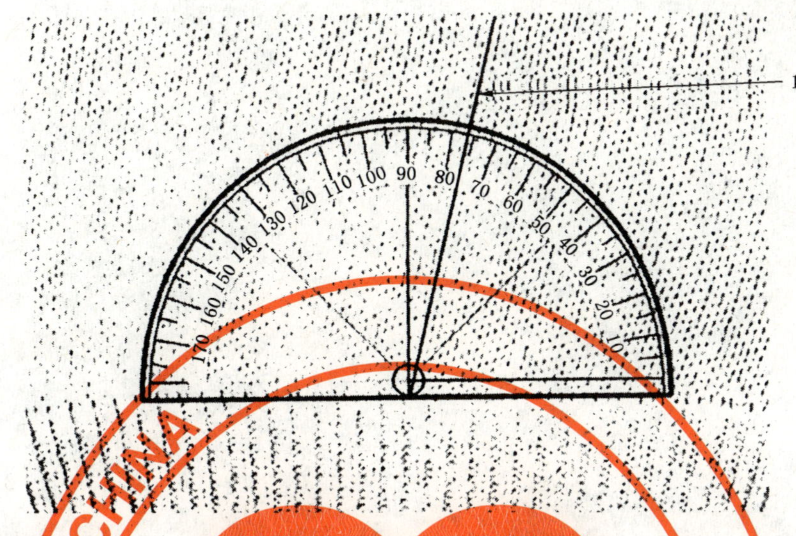

1——线圈纵行。

注：洗后测量，第9章公式中 $\beta=76°$。

图2 洗后测量示意图

9 结果计算

计算每件服装洗前和洗后各六次扭斜角测试值的算术平均值，修约到整数位。

按式(1)计算出线圈纵行扭斜角的变化率。

$$S=\frac{\alpha-\beta}{\alpha}\times 100\% \qquad (1)$$

式中：

S——洗后扭斜角的变化率，%；

α——洗前线圈纵行扭斜角平均值，用度(°)表示(如图1所示)；

β——洗后线圈纵行扭斜角平均值，用度(°)表示(如图2所示)。

注：如果前后片扭斜角差异较大时，分别计算。

10 试验报告

试验报告应包括以下内容：

a) GB/T 23319的本部分的编号，即GB/T 23319.1—2009；

b) 试样的描述；

c) 洗前服装线圈纵行扭斜角平均值；

d) 洗后服装线圈纵行扭斜角平均值；

e) 洗后服装线圈纵行扭斜角变化率；

f) 洗涤方法；

g) 试验日期；

h) 任何偏离本部分的细节。

ICS 59.080.30
W 04

中华人民共和国国家标准

GB/T 23319.2—2009/ISO 16322-2:2005

纺织品　洗涤后扭斜的测定
第2部分:机织物和针织物

Textiles—Determination of spirality after laundering—
Part 2:Woven and knitted fabrics

(ISO 16322-2:2005,IDT)

2009-03-19 发布　　2010-01-01 实施

中华人民共和国国家质量监督检验检疫总局
中国国家标准化管理委员会　发布

前　言

GB/T 23319《纺织品　洗涤后扭斜的测定》分为三个部分：

——第1部分：针织服装纵行扭斜的变化；

——第2部分：机织物和针织物；

——第3部分：机织服装和针织服装。

本部分为GB/T 23319的第2部分。

本部分使用翻译法等同采用ISO 16322-2:2005《纺织品　洗涤后扭斜的测定　第2部分：机织物和针织物》(英文版)。本部分与ISO 16322-2:2005相比有如下编辑性修改：

——删除了国际标准的前言；

——规范性引用文件中由我国标准代替了国际标准；

——对ISO 16322-2中织物尺寸标记有误处进行了更正，将5.7和7.2.1的织物标记尺寸更正为(650×380)mm，将5.7和7.3.1的织物标记尺寸更正为(580×510)mm；

——7.1.2中前两段文字合并为一段；

——7.3.1中补充了试样数量的规定；

——9.2.1.2中第二段与第三段合并为一段；

——图5中A′B应与直线YZ垂直，原ISO 16322-2图形标记错误，对其进行了修正。

本部分由中国纺织工业协会提出。

本部分由全国纺织品标准化技术委员会基础标准分会(SAC/TC 209/SC 1)归口。

本部分起草单位：中纺标(北京)检验认证中心有限公司、国家纺织制品质量监督检验中心。

本部分主要起草人：王欢。

纺织品　洗涤后扭斜的测定
第2部分：机织物和针织物

1　范围

GB/T 23319 的本部分规定了测量机织物和针织物洗涤后扭斜的三种方法(对角线标记法，倒 T 形标记法，模拟服装标记法)。

由不同的方法得到的试验结果也许不具有可比性。

本部分适用于测量织物洗涤后的扭斜，而不是针对测量织物制造时形成的扭斜。

注：一些织物结构，如粗斜纹棉布在生产过程中有意形成扭斜。针织圆机生产的织物可能会形成固有的非垂直状的条纹排列。

2　规范性引用文件

下列文件中的条款通过 GB/T 23319 的本部分的引用而成为本部分的条款。凡是注日期的引用文件，其随后所有的修改单(不包括勘误的内容)或修订版均不适用于本部分，然而，鼓励根据本部分达成协议的各方研究是否可使用这些文件的最新版本。凡是不注日期的引用文件，其最新版本适用于本部分。

GB/T 6529　纺织品　调湿和试验用标准大气(GB/T 6529—2008，ISO 139:2005，MOD)

GB/T 8629　纺织品　试验用家庭洗涤和干燥程序(GB/T 8629—2001，eqv ISO 6300:2000)

3　术语和定义

下列术语和定义适用于 GB/T 23319 的本部分。

3.1

扭斜　spirality

纺织品中的纬纱或针织横列与织物布边或服装侧边的垂线产生角度偏移的织物状态。

4　原理

按照规定程序对试样进行剪裁、准备、标记以及洗涤，以毫米为单位测量其扭斜值，以对标记长度或偏移角度的百分率作为测定结果。

5　仪器

5.1　自动洗衣机，按 GB/T 8629 中规定，洗衣机种类协商确定。

5.2　自动烘干机，按 GB/T 8629 中规定，经协商确定。

5.3　钢尺，长度至少为 500 mm，分度值为 1 mm。

5.4　调湿架。

5.5　缝纫机。

5.6　丁字尺，长度至少为 500 mm。

5.7　标记模板，尺寸为(380×380)mm，(580×510)mm和(650×380)mm。

6　调湿

在裁剪、缝合及测量织物试样之前，按照 GB/T 6529 规定在试验用标准大气中调湿织物或服装样品至少 4 h。

7 试样准备和标记方法

7.1 方法 A——对角线标记法

7.1.1 试样准备

在织物样品的合适位置准备三个试样。沿着织物布边或管状织物折线剪裁三个 380 mm×380 mm 的不包括相同经纬(纵横)纱线的单层织物试样。

7.1.2 对角线标记

在距试样各边 65 mm 处标记两条 250 mm 平行于长度方向的基准线,两条 250 mm 平行于宽度方向的基准线,形成一个正方形。

从左下角开始,按顺时针方向标记四个顶角 A、B、C 和 D(见图 1)。

7.2 方法 B——倒 T 形标记法

7.2.1 试样准备

这种标记方法尤其适合窄幅织物。

剪裁三块 650 mm×380 mm 的试样,试样的长度方向平行于样品的布边。如果样品是管状针织物,试样的长度方向应平行于样品的折边。

7.2.2 倒 T 形标记

平行于宽度方向,距试样底边 75 mm 处画一直线 YZ。

在 YZ 的中点处标记基准点 A。

使用丁字尺在 A 点上方垂直 YZ 且与 A 点相距 500 mm 处标记 B 点(见图 4)。

7.3 方法 C——模拟服装标记法

7.3.1 试样准备

将织物对折,使其布边重合。

在对折的织物上放置一个 580 mm×510 mm 的模板,其长度方向平行于布边。

裁剪三个尺寸为 580 mm×510 mm 的双层织物试样。

注:试样的长度方向也许不与织物经向或纵行一致,试样的宽度方向也不一定必须与织物纬向或横列一致。但是,试样长度方向一般是与织物布边方向一致的。

7.3.2 模拟服装标记

整理试样,使其正面排列整齐并且各边对齐。

沿每条长边和其中任一短边缝制一条线迹,线迹距邻近布边的距离为 12 mm。将缝线迹翻向里面,形成一个模拟服装样片的开口袋子或枕套形的试样。

缝合开口边。

沿缝合的边缘测量并记录每个试样上 AB 和 CD 的长度(见图 6)。

8 洗涤

8.1 洗涤程序

根据 GB/T 8629 选择洗涤程序,与采用该织物制作的服装标签中的维护方法一致。

8.2 洗涤循环

根据有关方的协商,确定洗涤循环的次数。

8.3 洗后调湿

洗涤完成后,按照 GB/T 6529 调湿试样。

9 结果计算

9.1 总则

将试样放在平滑的台面上并去除主要褶皱。

9.2 计算方法

9.2.1 方法A——对角线标记法

9.2.1.1 常规计算

洗涤后，测量并记录AC和BD的长度，修约至最接近的1 mm。(见图2)

按照式(1)计算每个试样的扭斜率X(%)，修约至最接近的0.1%。

$$X=\left[2\times\frac{(AC-BD)}{(AC+BD)}\right]\times 100 \qquad \cdots\cdots(1)$$

式中：

AC——试样上从A点到C点的对角线长度，单位为毫米(mm)；

BD——试样上从B点到D点的对角线长度，单位为毫米(mm)。

计算并记录测试试样的平均扭斜率(%)。

注：该公式假设试样洗涤后两条对角线保持垂直不变。实际上，洗涤过程中由于织物收缩，两条对角线不会一直保持垂直。因此，由该公式计算得到的结果只是实际扭斜率的近似值。

9.2.1.2 可选性计算

一种可选的计算方法是将AD向两端延长(见图1)。

将丁字尺的一直角边沿AD放置，另一直角边分别经B点、C点作垂线，与AD的交点分别标记为A′与D′(见图3)。

测量并记录AA′、DD′、AB和CD的长度，修约至最接近的1 mm。

按照式(2)计算每个试样的扭斜率X(%)，修约至最接近的0.1%。

$$X=\frac{(AA'+DD')}{(AB+CD)}\times 100 \qquad \cdots\cdots(2)$$

计算并记录测试试样的平均扭斜率(%)。

如果需要，修约至最接近1 mm的扭斜距离AA′或DD′的平均长度，可以同扭斜率一起给出报告。

9.2.2 方法B——倒T形标记法

试样洗涤后，将丁字尺的一直角边沿YZ放置，另一直角边经B点作垂线，与YZ的交点标记为A′(见图5)。

测量并记录AA′和AB的长度，修约至最接近的1 mm。

按照式(3)计算每个试样的扭斜率X(%)，修约至最接近的0.1%。

$$X=\left(\frac{AA'}{AB}\right)\times 100 \qquad \cdots\cdots(3)$$

计算并记录测试试样的平均扭斜率。如果需要，修约至最接近1 mm的扭斜距离AA′的平均长度，可以同扭斜率一起给出报告。

9.2.3 方法C——模拟服装标记法

洗涤后，测量并记录AA′、DD′、AB和CD的长度，修约至最接近的1 mm。(见图7)

按照式(4)计算每个试样的扭斜率X(%)，修约至最接近的0.1%。

$$X=\frac{(AA'+DD')}{(AB+CD)}\times 100 \qquad \cdots\cdots(4)$$

计算并记录测试试样的平均扭斜率(%)。

如果需要，修约至最接近1 mm的扭斜距离AA′或DD′的平均长度，可以同扭斜率一起给出报告。

10 试验报告

试验报告应包括以下内容：

a) GB/T 23319 的本部分的编号，即 GB/T 23319.2—2009；

b) 样品的详细信息；

c) 平均扭斜率(%)或扭斜距离(mm)；

d) 使用的标记方法；

e) 使用的洗涤程序与洗衣机种类；

f) 洗涤循环次数。

单位为毫米

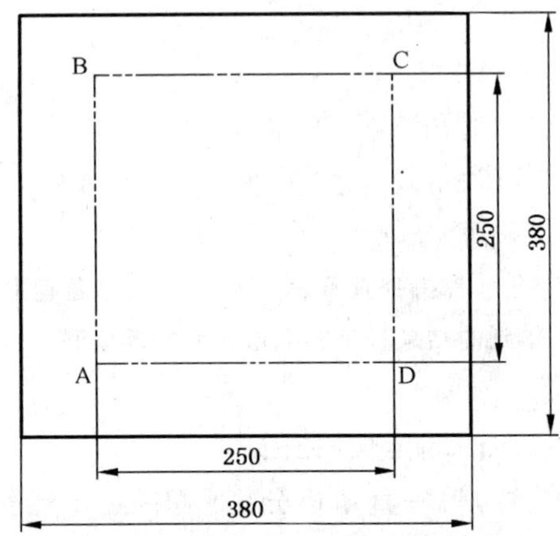

图 1 洗涤前对角线标记的织物试样

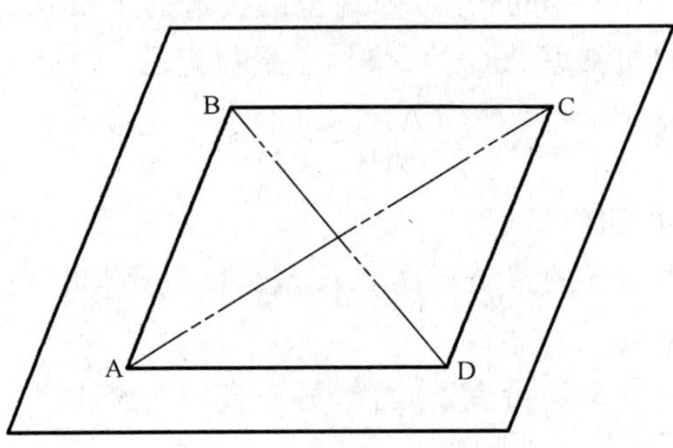

注：图中扭斜方向仅为举例展示，实际上扭斜可为任意方向。

图 2 洗涤后对角线标记的织物试样

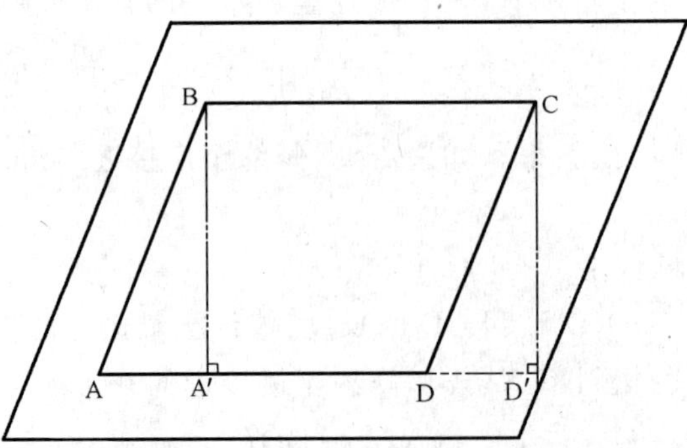

注：图中扭斜方向仅为举例展示，实际上扭斜可为任意方向。

图 3 应用可选性计算方法洗涤后对角线标记的织物试样

单位为毫米

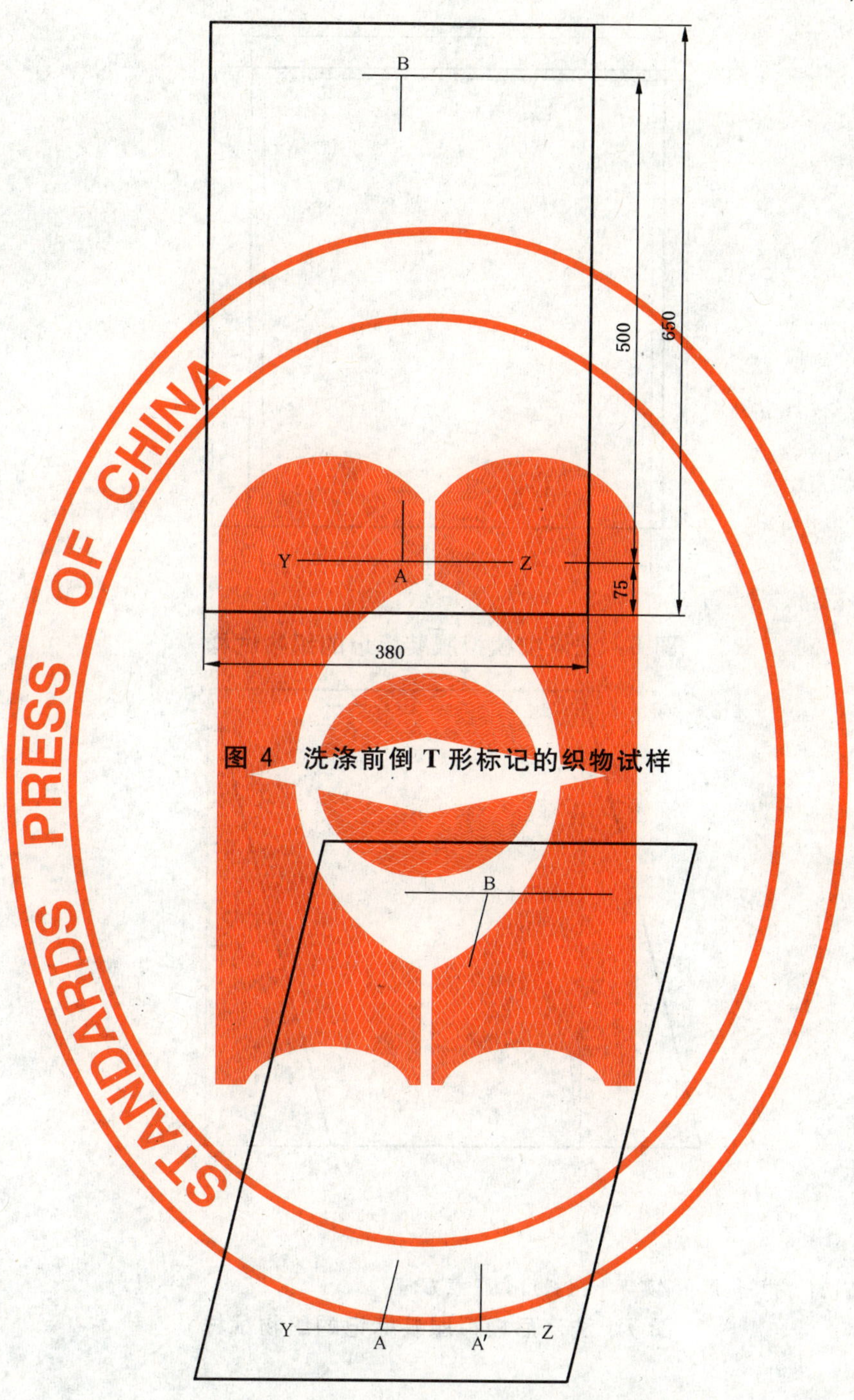

图 4　洗涤前倒 T 形标记的织物试样

图 5　洗涤后倒 T 形标记的织物试样

单位为毫米

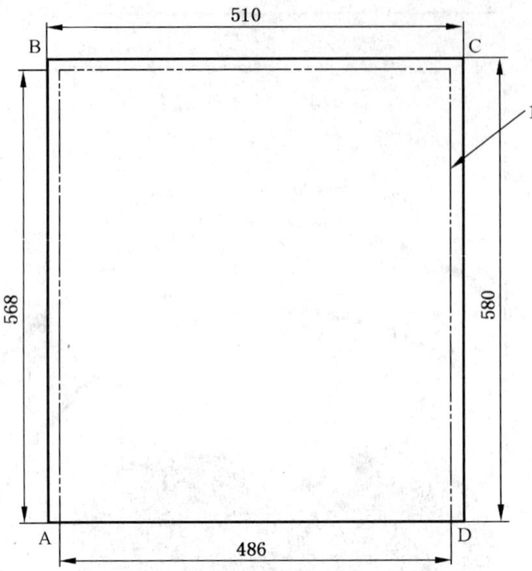

1——叠边缝线迹。

图 6　洗涤前模拟服装标记的织物试样

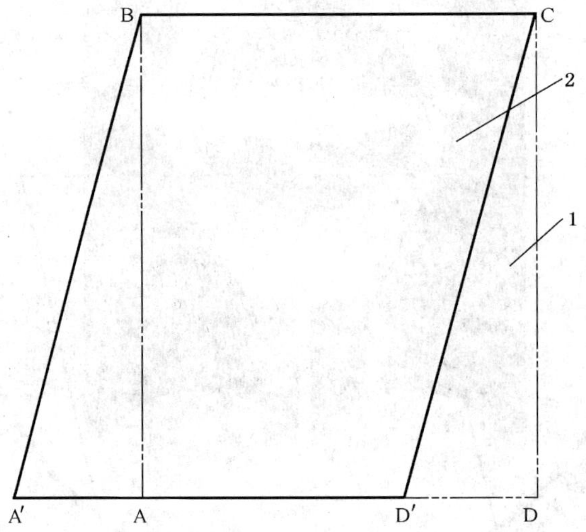

1——原始试样；

2——洗涤后试样。

注：图中扭斜方向仅为举例展示，实际上扭斜可为任意方向。

图 7　洗涤后模拟服装标记的织物试样

ICS 59.080.30
W 04

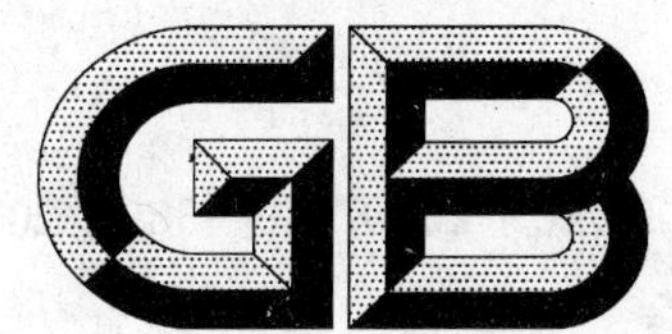

中华人民共和国国家标准

GB/T 23320—2009/ISO 18696:2006

纺织品　抗吸水性的测定 翻转吸收法

Textiles—Determination of resistance to water absorption—Tumble-jar absorption test

（ISO 18696:2006,IDT）

2009-03-19 发布　　2010-01-01 实施

中华人民共和国国家质量监督检验检疫总局
中国国家标准化管理委员会 发布

前　言

本标准等同采用 ISO 18696:2006《纺织品　抗吸水性的测定　翻转吸收法》。

本标准等同翻译了 ISO 18696:2006，并对 ISO 18696:2006 做了如下编辑性修改：

——删除了国际标准的前言及参考文献；

——规范性引用文件中的国际标准替换为相应的国家标准；

——将试验仪器外观照片改为仪器示意图；

——增加了 6.1 的注。

本标准由中国纺织工业协会提出。

本标准由全国纺织品标准化技术委员会基础标准分会(SAC/TC 209/SC 1)归口。

本标准主要起草单位:国家纺织制品质量监督检验中心。

本标准主要起草人:姜慧霞。

纺织品　抗吸水性的测定
翻转吸收法

1　范围

本标准规定了采用翻转吸收法测定织物抗吸水性的方法。本标准适用于经过或未经过防水整理或拒水整理的所有织物，尤其适用于测定织物经整理后的防水效果，因为该方法中织物承受的动态条件与实际使用情况类似。

本方法用来测定织物的抗吸水性，也可用来预测服装在实际使用中可能产生的增重量。本方法最适用于在潮湿环境下长时间使用的服用织物。

本方法不能用于预测织物的防雨水渗透能力，因为方法中测量的是织物所吸入的水分量而非渗透过的水分量。

2　规范性引用文件

下列文件中的条款通过本标准的引用而成为本标准的条款。凡是注日期的引用文件，其随后所有的修改单(不包括勘误的内容)或修订版均不适用于本标准，然而，鼓励根据本标准达成协议的各方研究是否可使用这些文件的最新版本。凡是不注日期的引用文件，其最新版本适用于本标准。

GB/T 6529　纺织品　调湿和试验用标准大气(GB/T 6529—2008，ISO 139:2005，MOD)

3　术语和定义

下列术语和定义适用于本标准。

3.1

吸水性　absorbency

材料的微孔及空隙中吸入并保留液体(通常指水)的性能。

3.2

拒水性　water repellency

纤维、纱线或织物抵抗润湿的性能。

4　原理

试样称量后在水中翻转一定的时间，取出并除去多余的水分后再次称量。用质量增加的百分比来表征织物的吸水性或抗润湿性。

5　安全预防措施

试验人员应遵循良好的试验室操作规范，在实验室内要佩戴安全眼镜。

这些措施仅是一个信息，措施是附属于试验程序的。本标准并未指出所有可能的安全问题，在对本标准的材料进行操作时，使用者有责任采取适当的安全和健康措施。

6　仪器和材料

6.1　动态吸水测试仪

采用直径为(145±10)mm，长为(300±5)mm的机械旋转桶，由玻璃、瓷器或者抗腐蚀金属制成，滚筒能够绕其中心以(55±2)r/min 的速度不停旋转(仪器示意图见图 1)。

注:如果能够得到相同的试验结果,可以使用其他等效试验仪。

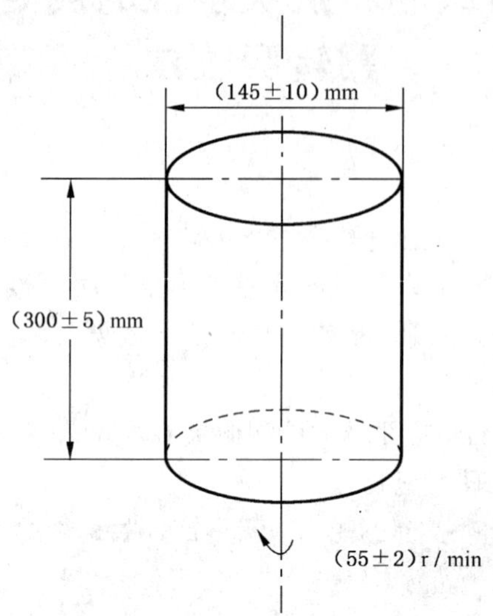

图 1 吸水性测试仪示意图

6.2 轧水装置(电机驱动)

施加在织物表面的压力通过砝码或者操纵杆装置控制,施加的总压力(砝码或者操纵杆装置和压辊的总重)保持在(27±0.5)kg。

6.3 天平

精度为 0.1 g。

6.4 白色吸水纸

厚度约为 0.7 mm,单位面积质量为(385±4.5)g/m^2,吸水率为(200±30)%。

6.5 蒸馏水。

6.6 塑料容器

容积大约为 3.8 L,或者容积相同、可重复使用的防漏型塑料袋。

7 调湿

在测试之前,依照 GB/T 6529 的规定对试样和吸水纸至少调湿 4 h。如果经协商采用的调湿及试验大气与 GB/T 6529 有所不同,应该在试验报告中加以说明。

8 试样准备过程

每个样品要测试两组试样。

8.1 每组试样包括 5 块,每块试样的尺寸为(20×20)cm。剪取时,试样一边应与样品纵向成 45°角。

8.2 去掉边角处松散的纱线,并在这些位置涂抹胶水以防止纱线继续松散并缠绕。

8.3 在各组试样上做好标记,便于区分。

9 步骤

9.1 清除测试仪滚筒罐内的杂质,尤其是皂液、清洗剂以及润湿剂。

9.2 将每组试样的五块试样一起放在天平上称重(形成一个试样组),精确至 0.1 g。

9.3 向测试仪中倒入 2 L 水温为(27±1)℃的蒸馏水,将两组试样同时放入仪器,旋转 20 min。

9.4 取出一组试样中的一片,将试样一边平行于轧水装置的压辊,以 2.5 cm/s 的速度通过压辊。然后,将试样夹在两块未用过的吸水纸中间并再次通过压辊。将吸水纸夹着的试样放置一边,对同组试样剩下的四块重复以上操作。最后，去掉吸水纸，将同组的五块试样一起放到称过净重的塑料容器或密封盒里，盖好容器盖，与试样一起称量，精确至 0.1 g。吸水后试样的质量不应该超过调湿后质量的两倍。

9.5 对第二组试样重复 9.4 的操作。

10 结果计算与表示

10.1 按照式(1)计算每组试样的吸水量，以百分率表示，精确至 0.1%。

$$A_w = \frac{(m_w - m_c)}{m_c} \times 100 \qquad \cdots\cdots(1)$$

式中：

A_w——吸水量，%；

m_w——试样吸水后的质量，单位为克(g)；

m_c——试样调湿后的质量，单位为克(g)。

10.2 用两组试样吸水量的平均值表示织物的吸水量。

11 试验报告

试验报告应包括下列内容：

a) 说明试验是按照本标准进行的；
b) 样品的描述；
c) 试样的数量；
d) 调湿和试验用大气；
e) 任何偏离本标准的细节；
f) 测试结果；
g) 测试日期。

ICS 59.080.30
W 04

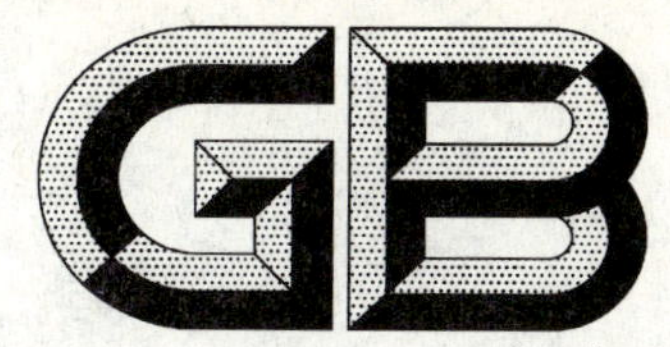

中华人民共和国国家标准

GB/T 23321—2009

纺织品　防水性　水平喷射淋雨试验

Textiles—Water resistance—Rain tests: exposure to a horizontal water spray

(ISO 22958:2005, Textiles—Water resistance—Rain tests: exposure to a horizontal water spray, MOD)

2009-03-19 发布　　　　2010-01-01 实施

中华人民共和国国家质量监督检验检疫总局
中国国家标准化管理委员会　发布

前　言

本标准修改采用 ISO 22958:2005《纺织品　防水性　水平喷射淋雨试验》(英文版)。

本标准与 ISO 22958:2005 相比有如下差异：

——删除了国际标准的前言；

——规范性引用文件中由我国标准代替了国际标准；

——增加了 6.1 和 6.2 的注；

——6.3 中水温由(27±1)℃修改为(27±2)℃；

——删除了国际标准的图 1,原来的图 2 和图 3 调整为图 1 和图 2。

本标准由中国纺织工业协会提出。

本标准由全国纺织品标准化技术委员会基础标准分会(SAC/TC 209/SC 1)归口。

本标准起草单位:中纺标(北京)检验认证中心有限公司、国家纺织制品质量监督检验中心。

本标准主要起草人:王欢。

纺织品　防水性　水平喷射淋雨试验

1　范围

本标准规定了测定织物抵抗一定冲击强度喷淋水渗透性的方法，通过测量织物抵抗喷淋水的渗透性来预测其抗雨水的渗透性能。本方法也可在不同冲击强度的喷淋水作用下对织物进行测试，并绘制完整的织物抗渗透性曲线。

本标准适用于各种经过及未经过防水(或拒水)后整理的纺织织物，特别适用于具有较强防水性能的织物。

2　规范性引用文件

下列文件中的条款通过本标准的引用而成为本标准的条款。凡是注日期的引用文件，其随后所有的修改单(不包括勘误的内容)或修订版均不适用于本标准，然而，鼓励根据本标准达成协议的各方研究是否可使用这些文件的最新版本。凡是不注日期的引用文件，其最新版本适用于本标准。

GB/T 6529　纺织品　调湿和试验用标准大气(GB/T 6529—2008，ISO 139:2005，MOD)

3　术语和定义

下列术语和定义适用于本标准。

3.1

防水性　water resistance

织物抵抗被水润湿和渗透的性能。

4　原理

将背面附有吸水纸(质量已知)的试样在规定条件下用水喷淋 5 min，然后重新称量吸水纸的质量，通过吸水纸质量的增加来测定试验过程中渗过试样的水的质量。

5　安全防范

试验人员应遵循实验室安全操作规范，并在实验室区域佩戴安全防护眼镜。

注：安全防范只是起到提醒试验人员的目的，并未指出所有可能的安全问题。使用者有责任采取适当的安全和健康措施。

6　仪器

6.1　淋雨试验仪(见图 1 和图 2)，典型压力水头的量程是从 610 mm 到 1 830 mm。

注：如果能够得到相同的试验结果，可以使用其他等效试验仪。

单位为毫米(标注的除外)

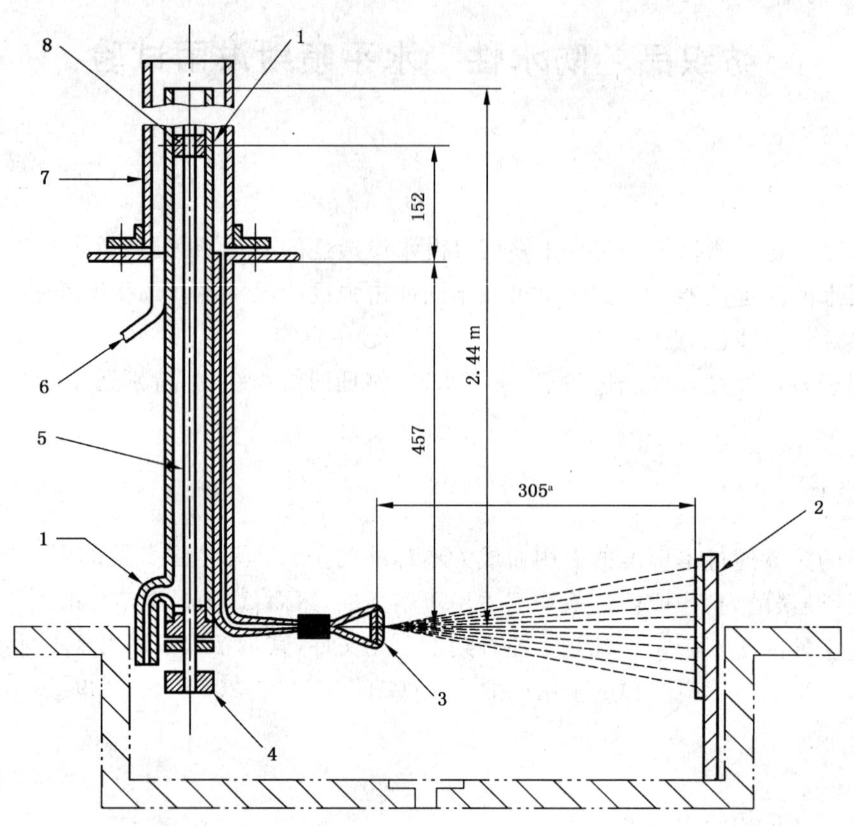

a) 侧面图

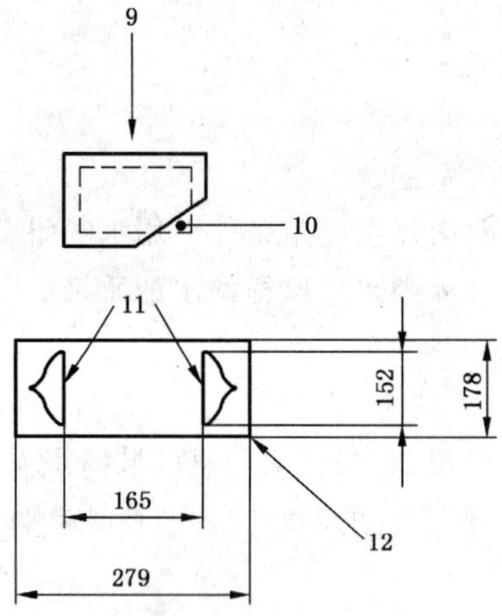

b) 试样夹持器

1——过流水；

2——试样夹持器；

3——直径 55.56 mm 的喷嘴，有 13 个直径(0.99±0.013)mm 的小孔；

4——阀门控制器；

5——铜质阀杆；

6——进水口；

7——耐热玻璃管；

8——0.6 m 处的阀门；

9——试样，尺寸为(200×200)mm；

10——吸水纸，尺寸为(150×150)mm；

11——弹簧夹(2 个)，长度为 152 mm；

12——塑料板或绝缘纤维板。

[a] 喷嘴到试样的距离。

图 1　淋雨试验仪结构图

单位为毫米

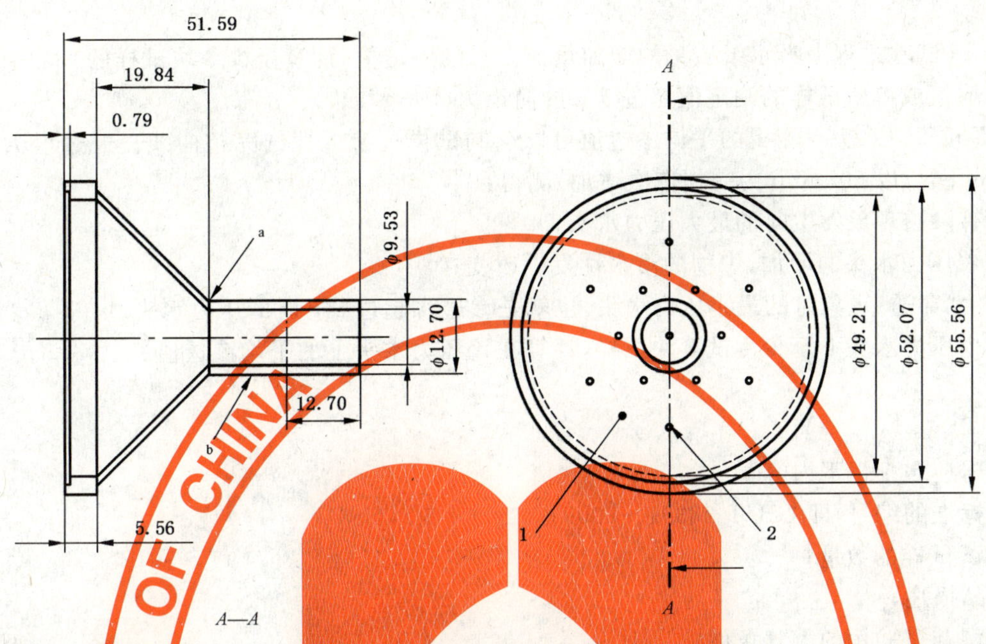

1——厚度为 0.79 mm、中间有一个小孔的圆盘，圆盘上直径为 18.26 mm 的圆周上有 6 个小孔，直径为 32.54 mm 的圆周上也有 6 个小孔，圆盘固定在试验仪上。

2——13 个小孔，电镀后直径为(0.99±0.013)mm。

后整理：阳极氧化。

材料：铝。

[a] 此处直径为 12.78 mm。

[b] 圆锥形。

图 2 喷嘴结构

6.2 白色吸水纸，厚度约为 0.7 mm，质量约为(385±4.5)g/m²，吸收量为(200±30)%。

注：如果能够得到相同的试验结果，可以使用其他等效产品。

6.3 试验用水，温度为(27±2)℃或(20±2)℃，水的硬度和 pH 值应记录在试验报告里。

6.4 天平，精度为 0.1 g。

7 试样

从测试织物上裁取至少 3 块试样，每块试样的尺寸约为(200×200)mm。按照 GB/T 6529 中规定调湿试样和吸水纸至少 4 h。经相关方同意，调湿也可以在一般大气环境中进行。

8 步骤

8.1 将吸水纸贴合在试样背面，夹持在试样夹持器上，吸水纸的尺寸为(150×150)mm，并经过称量，称量精度为 0.1 g。试样夹持器固定在垂直的刚性支架上，使试样位于正对喷口面且距喷口面 305 mm 的位置。

8.2 在规定的压力水头下，将试验用水定向的对着试样持续水平喷淋 5 min。

注：通常情况下，根据测试产品的种类协商确定一个压力水头。但是，如 9.2 中描述，可以应用不同的压力水头来获得织物完整的抗渗透性曲线。

8.3 喷淋结束后，小心地取下吸水纸并立即称量，精确到 0.1 g。

8.4 试样数量在很大程度上依据想要得到的试验结果的精度而定，但在任何情况下试样的数量都不应少于 3 块。

9 结果计算

9.1 以5 min试验过程中吸水纸质量的增加量作为水的渗透值,计算至少3块试样的平均值。试样的测试结果平均值或单个试样的测定值超过5 g的简记为“5+g”或“>5 g”。

9.2 根据不同压力水头下测得的平均渗透值可以绘制试样抗渗透性的完整曲线。通过增大压力水头值(从610 mm起,以305 mm为一档依次增加)测得:

a) 没有渗透现象发生时的最大压力水头;

b) 随着压力水头的增加,织物的渗水性发生改变;

c) 发生“穿透”现象时的最小压力水头,也就是渗透水超过5 g时的压力水头。

在每一个压力水头下至少测试3块试样,计算在该压力水头下的平均渗透值。

10 试验报告

试验报告应包括以下内容:

a) 本标准的编号,即GB/T 23391—2009;

b) 测试试样的数量;

c) 样品描述;

d) 调湿与试验用的大气条件;

e) 试验用水的温度、硬度和pH值;

f) 任何偏离本标准的细节;

g) 试验结果。

ICS 59.080.01
W 04

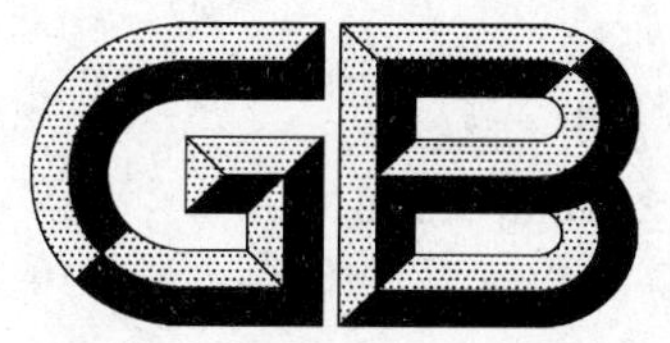

中华人民共和国国家标准

GB/T 23322—2009

纺织品　表面活性剂的测定　烷基酚聚氧乙烯醚

Textiles—Determination of surfactant—Alkylphenol ethoxylates

2009-03-19 发布　　2010-01-01 实施

中华人民共和国国家质量监督检验检疫总局
中国国家标准化管理委员会　发布

前　言

本标准的附录 A、附录 B 和附录 C 为资料性附录。

本标准由中国纺织工业协会提出。

本标准由全国纺织品标准化技术委员会基础标准分会(SAC/TC 209/SC 1)归口。

本标准起草单位:中华人民共和国浙江出入境检验检疫局、浙江理工大学、国家纺织制品质量监督检验中心、中华人民共和国深圳出入境检验检疫局。

本标准主要起草人:陈笑梅、吕春华、陈海相、刘海山、朱缨、张伟亚、赵珊红。

纺织品　表面活性剂的测定
烷基酚聚氧乙烯醚

警告——使用本标准的人员应有正规实验室工作的实践经验。本标准并未指出所有可能的安全问题。使用者有责任采取适当的安全和健康措施，并保证符合国家有关法规规定的条件。

1　范围

本标准规定了纺织品中烷基酚聚氧乙烯醚（AP*n*EO，*n*＝2～16）的反相高效液相色谱（反相 HPLC）筛选方法、正相高效液相色谱（正相 HPLC）检测方法和液相色谱-串联质谱（LC-MS/MS）检测方法。

本标准适用于各类纺织产品。

注：AP*n*EO 的分子结构通式为：$R\text{-}C_6H_4\text{-}(OC_2H_4)_nOH$。本标准中 AP*n*EO 是指常用的辛基酚聚氧乙烯醚［OP*n*EO，$C_8H_{17}\text{-}C_6H_4\text{-}(OC_2H_4)_nOH$］和壬基酚聚氧乙烯醚［NP*n*EO，$C_9H_{19}\text{-}C_6H_4\text{-}(OC_2H_4)_nOH$］。

2　原理

甲醇作为提取溶剂，用索氏抽提法提取试样中的AP*n*EO，提取液经浓缩和净化后，用配有荧光检测器的高效液相色谱仪测定，或用液相色谱-串联质谱测定，外标法定量。

3　试剂和标准溶液

除另有规定外，本方法所用试剂均为分析纯，水为去离子水。

3.1　甲醇（HPLC 级）。

3.2　乙腈（HPLC 级）。

3.3　正己烷（HPLC 级）。

3.4　异丙醇（HPLC 级）。

3.5　二氯甲烷。

3.6　甲醇-水溶液：准确量取 300 mL 甲醇和 200 mL 水，混匀后备用。

3.7　甲醇-二氯甲烷溶液：准确量取 100 mL 甲醇和 400 mL 二氯甲烷，混匀后备用。

3.8　辛基酚聚氧乙烯醚标准品：OP*n*EO，平均聚合度 *n*＝9，优级纯。

3.9　壬基酚聚氧乙烯醚标准品：NP*n*EO，平均聚合度 *n*＝9，纯度≥99％。

3.10　烷基酚聚氧乙烯醚标准储备液：分别准确称取适量 OP*n*EO（3.8）和 NP*n*EO（3.9），用异丙醇配制成浓度为 10 mg/mL 的单组分标准储备液。

3.11　反相 HPLC 和 LC-MS/MS 分析标准工作液：分别移取 OP*n*EO 和 NP*n*EO 标准储备液（3.10）适量体积，置于同一容量瓶中，用甲醇稀释，配制成所需浓度的混合标准工作液。

3.12　正相 HPLC 分析标准工作液：分别移取 OP*n*EO 和 NP*n*EO 标准储备液（3.10）适量体积，用异丙醇稀释，配制成所需浓度的单组分标准工作液。

注：标准溶液在 4 ℃以下避光保存。标准储备液有效期为 12 个月，标准工作溶液有效期为 3 个月。

4　仪器和材料

4.1　高效液相色谱仪：配荧光检测器。

4.2　液相色谱串联质谱仪。

4.3　索氏提取装置：虹吸管，体积 100 mL。

4.4　旋转蒸发器。

4.5 固相萃取装置。

4.6 固相萃取柱：Oasis HLB，60 mg，3 mL，或相当者。使用前依次用 2 mL 甲醇、4 mL 水活化。

4.7 有机相过滤膜：0.45 μm。

5 分析步骤

5.1 试样的制备和提纯

取代表性试样，剪成约 5 mm×5 mm 的碎片，混匀。称取 1 g 试样（精确至 0.01 g），置于索氏提取装置中，加入 150 mL 甲醇到接收瓶中，抽提 3 h，每秒流速 1～2 滴。用旋转蒸发器将提取液浓缩至干。准确加入 2.0 mL 甲醇或异丙醇溶解残渣。用 0.45 μm 滤膜将样液过滤至小样品瓶中，供仪器分析用。

当试样（如蚕丝类）中杂质干扰测试结果时，可采用以下净化方法。用 10 mL 甲醇-水溶液（3.6）溶解上述浓缩瓶中的残渣，全部转移至固相萃取柱（4.6）中，控制流速为 1 mL/min～2 mL/min。减压抽干 10 min，用 5 mL 甲醇-二氯甲烷溶液（3.7）洗脱，收集洗脱液。将洗脱液用氮气吹干，准确加入 2.0 mL甲醇或异丙醇溶解残渣。用 0.45 μm 滤膜将样液过滤至小样品瓶中，供仪器分析用。

注：正相 HPLC 分析时，建议用异丙醇溶解残渣。

5.2 反相高效液相色谱筛选法

由于测试结果取决于所使用的仪器，因此不可能给出色谱分析的普遍参数。采用下列参数已被证明对测试是合适的。

5.2.1 反相 HPLC 分析条件

a) 色谱柱：C_{18}反相柱，5.0 μm，4.6 mm×250 mm，或相当者；

b) 色谱柱温度：35 ℃；

c) 流动相：甲醇-水-乙腈（81＋13＋6，体积比）；

d) 荧光检测器激发波长 230 nm，发射波长 296 nm；

e) 流速：1.0 mL/min；

f) 进样量：10 μL。

5.2.2 反相 HPLC 测定

根据样液中 AP*n*EO 含量，选择浓度相近的标准工作溶液（3.11）。对标准工作溶液和样液等体积穿插进样测定。标准工作溶液和样液中 AP*n*EO 的响应值均应在仪器检测的线性范围内。在上述色谱条件下，AP*n*EO 的保留时间和液相色谱图参见附录 A。当样液的色谱峰保留时间与标准工作溶液一致时，待测物需要用正相 HPLC 法或 LC-MS/MS 法进一步分析确证。

5.2.3 计算

按式（1）计算试样中 AP*n*EO 的含量。

$$X = \frac{A \times c_s \times V}{A_s \times m} \qquad \cdots\cdots(1)$$

式中：

X——试样中 OP*n*EO 或 NP*n*EO 的含量，单位为毫克每千克（mg/kg）；

A——样液中 OP*n*EO 或 NP*n*EO 的色谱峰面积；

c_s——标准工作溶液中 OP*n*EO 或 NP*n*EO 的浓度，单位为毫克每升（mg/L）；

V——样液最终定容体积，单位为毫升（mL）；

A_s——标准工作溶液中 OP*n*EO 或 NP*n*EO 的色谱峰面积；

m——样液所代表试样的质量，单位为克（g）。

5.3 正相高效液相色谱法

由于测试结果取决于所使用的仪器，因此不可能给出色谱分析的普遍参数。采用下列参数已被证明对测试是合适的。

5.3.1 **正相 HPLC 分析条件**

a) 色谱柱：Agilent 氨基柱，5.0 μm，4.6 mm×250 mm，或相当者；

b) 色谱柱温度：30 ℃；

c) 荧光检测器激发波长 230 nm，发射波长 296 nm；

d) 流速：1.0 mL/min；

e) 进样体积：20 μL；

f) 流动相：流动相 A：正己烷-异丙醇(90+10，体积比)，流动相 B：异丙醇-水(90+10，体积比)；

g) 梯度淋洗程序：见表 1。

表 1 正相 HPLC 梯度淋洗程序

时间/min	流动相 A/%	流动相 B/%
0	100	0
20	70	30
30	70	30
40	40	60
45	40	60
50	100	0
55	100	0

5.3.2 **正相 HPLC 测定**

根据样液中 AP*n*EO 含量，选择浓度相近的标准工作溶液(3.12)。对标准工作溶液和样液等体积穿插进样测定。标准工作溶液和样液中 AP*n*EO 的响应值均应在仪器检测的线性范围内。在上述色谱条件下，AP*n*EO 的保留时间和液相色谱图参见附录 B。

5.3.3 **计算**

按式(2)、式(3)和式(4)计算试样中 AP*n*EO 的含量。

$$X = \sum X_n \qquad \cdots\cdots (2)$$

$$X_n = \frac{A_n \times c_{ns} \times V}{A_{ns} \times m} \qquad \cdots\cdots (3)$$

$$c_{ns} = \frac{A_{ns} \times M_{ns} \times c_s}{\sum(A_{ns} \times M_{ns})} \qquad \cdots\cdots (4)$$

式中：

X——试样中各聚合度 n(n=2～16)的 OP*n*EO 或 NP*n*EO 含量总和，单位为毫克每千克(mg/kg)；

X_n——试样中聚合度为 n 的 OP*n*EO 或 NP*n*EO 的含量，单位为毫克每千克(mg/kg)；

A_n——样液中聚合度为 n 的 OP*n*EO 或 NP*n*EO 的峰面积；

c_{ns}——标准工作溶液中聚合度为 n 的 OP*n*EO 或 NP*n*EO 的浓度，单位为毫克每升(mg/L)；

V——样液最终定容体积，单位为毫升(mL)；

A_{ns}——标准工作溶液中聚合度为 n 的 OP*n*EO 或 NP*n*EO 的峰面积；

m——样液所代表试样的质量，单位为克(g)；

M_{ns}——聚合度为 n 的 OP*n*EO 或 NP*n*EO 的相对分子质量；

c_s——标准工作溶液中 OP*n*EO 或 NP*n*EO 的浓度，单位为毫克每升(mg/L)。

5.4 **液相色谱-串联质谱法**

由于测试结果取决于所使用的仪器，因此不可能给出色谱分析的普遍参数。采用下列参数已被证明对测试是合适的。

5.4.1 LC-MS/MS 分析条件

a) 色谱柱：C_{18}柱，5.0 μm，4.6 mm×150 mm，或相当者；

b) 流动相：梯度洗脱条件见表 2；

表 2 LC-MS/MS 梯度淋洗条件

时间/min	水/%	甲醇/%
0.00	80	20
2.00	20	80
4.00	20	80
4.10	80	20
8.00	80	20

c) 流速：0.6 mL/min；

d) 进样量：5 μL；

e) 离子源：电喷雾离子源；

f) 扫描极性：采用正离子扫描；

g) 扫描方式：多反应监测(MRM)；

h) 雾化气、碰撞气均为高纯氮气。

使用前应调节各参数使质谱灵敏度达到检测要求，监测离子对等分析条件参见附录 C。

5.4.2 LC-MS/MS 测定

根据样液中 AP*n*EO 含量，选择浓度相近的标准工作溶液(3.11)。对标准工作溶液和样液等体积穿插进样测定。标准工作溶液和样液中 AP*n*EO 的响应值均应在仪器检测的线性范围内。在上述分析条件下，AP*n*EO 的保留时间参见附录 C。

5.4.3 LC-MS/MS 定性和定量

按照 LC-MS/MS 条件测定样品和标准工作溶液，如果检测的质量色谱峰保留时间与标准品一致，定量测定时采用标准曲线法。定性时应当与浓度相当标准工作溶液的相对丰度一致，相对丰度允许偏差不超过表 3 规定的范围，则可判断样品中存在对应的被测物。

表 3 定性确证时相对离子丰度的最大允许偏差

相对离子丰度	＞50%	＞20%至 50%	＞10%至 20%	≤10%
允许的相对偏差	±20%	±25%	±30%	±50%

5.4.4 计算

按式(2)和式(3)计算试样中 AP*n*EO 的含量。由正相 HPLC 法(5.3.3)计算标准工作溶液中聚合度为 *n* 的 OP*n*EO 或 NP*n*EO 的浓度。

6 方法的测定低限、回收率和精密度

6.1 测定低限

反相 HPLC 和 LC-MS/MS 对试样中 AP*n*EO 的测定低限为 1.0 mg/kg；

正相 HPLC 对试样中 AP*n*EO 的测定低限为 10 mg/kg。

6.2 回收率

AP*n*EO 的回收率范围为 90%～110%。

6.3 精密度

在同一实验室，由同一操作者使用相同的设备、按相同的测试方法，连续对同一被测对象进行独立的测试，所获得的两次独立测试结果的相对标准偏差不大于 10%。以大于这两个测定值的算术平均值

的 10%的情况不超过 5%为前提。

7 试验报告

试验报告至少应给出下述内容：

a) 样品来源及描述；

b) 采用的测试方法；

c) 测试结果；

d) 任何偏离本标准的细节；

e) 试验日期。

附 录 A
（资料性附录）
烷基酚聚氧乙烯醚标准品的反相 HPLC 参考保留时间和色谱图

表 A.1 烷基酚聚氧乙烯醚标准品的反相 HPLC 法参考保留时间

序　　号	中文名称	样品名称	参考保留时间/min
1	辛基酚聚氧乙烯醚	OP*n*EO	9.018
2	壬基酚聚氧乙烯醚	NP*n*EO	11.807

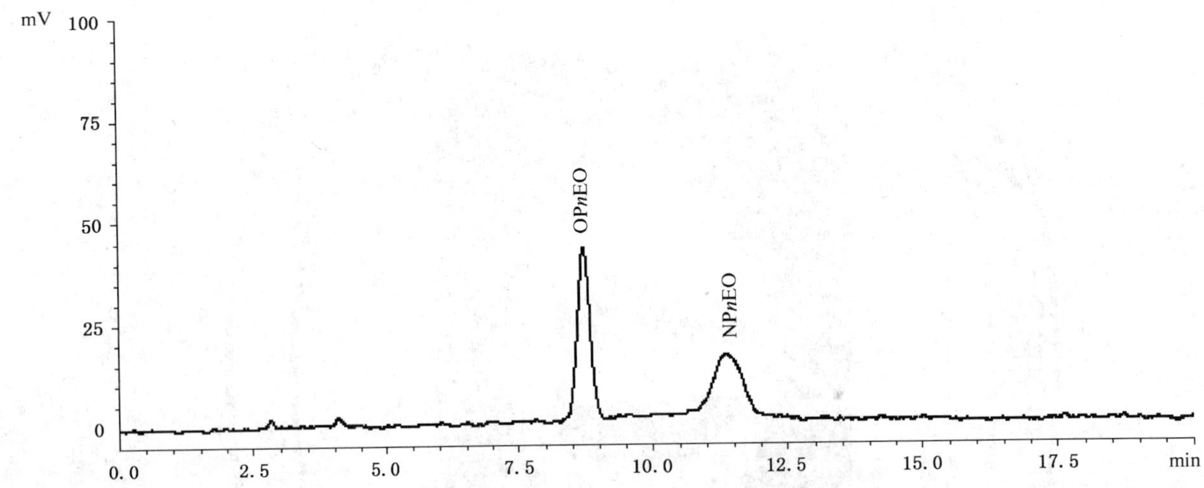

图 A.1 烷基酚聚氧乙烯醚标准品的反相 HPLC 色谱图

附 录 B
（资料性附录）
烷基酚聚氧乙烯醚标准品的正相 HPLC 参考保留时间和色谱图

表 B.1 烷基酚聚氧乙烯醚标准品的正相 HPLC 参考保留时间

OP*n*EO			NP*n*EO		
出峰序号	样品名称	参考保留时间/min	出峰序号	样品名称	参考保留时间/min
1	OP2EO	7.711	1	NP2EO	7.628
2	OP3EO	10.610	2	NP3EO	10.478
3	OP4EO	15.261	3	NP4EO	14.831
4	OP5EO	17.595	4	NP5EO	17.577
5	OP6EO	20.525	5	NP6EO	20.440
6	OP7EO	22.616	6	NP7EO	22.393
7	OP8EO	24.473	7	NP8EO	24.186
8	OP9EO	26.393	8	NP9EO	26.039
9	OP10EO	28.358	9	NP10EO	27.961
10	OP11EO	30.362	10	NP11EO	29.869
11	OP12EO	32.758	11	NP12EO	31.847
12	OP13EO	37.219	12	NP13EO	36.490
13	OP14EO	40.265	13	NP14EO	39.816
14	OP15EO	43.341	14	NP15EO	42.938
15	OP16EO	46.480	15	NP16EO	46.247

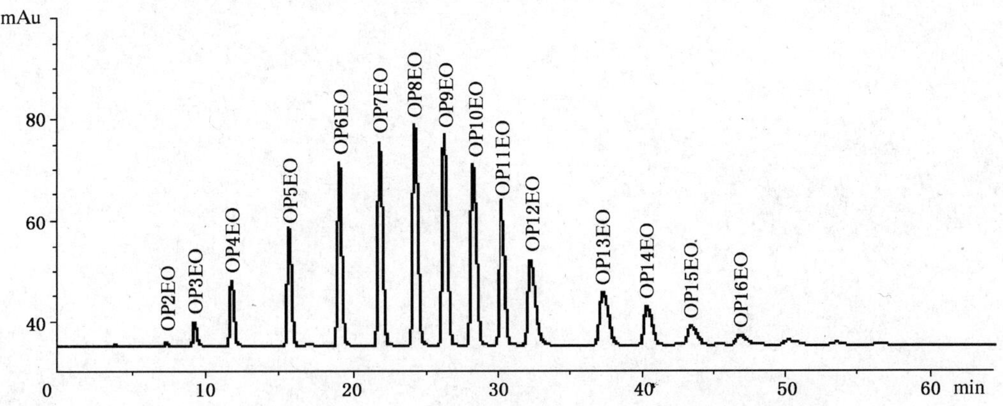

图 B.1 辛基酚聚氧乙烯醚标准品的正相 HPLC 色谱图

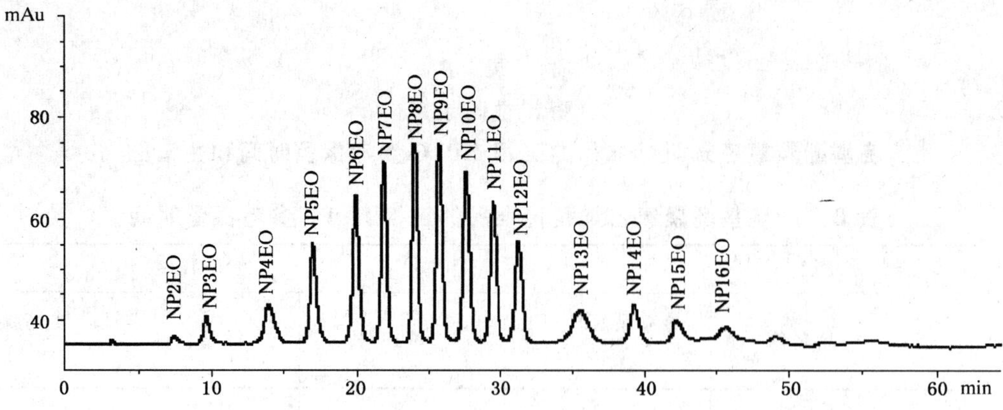

图 B.2 壬基酚聚氧乙烯醚标准品的正相 HPLC 色谱图

附 录 C
（资料性附录）
API 4000 LC-MS/MS 系统电喷雾离子源参考条件

监测离子对及电压参数：

a) 气帘气压力(CUR)：172.4 kPa(25 psi)；

b) 雾化气压力(GS1)：289.6 kPa(42 psi)；

c) 辅助气流速(GS2)：310.3 kPa(45 psi)；

d) 离子源温度(TEM)：540 ℃；

e) 碰撞气(CAD)：41.4 kPa(6 psi)；

f) 离子对、电喷雾电压(IS)、去簇电压(DP)、碰撞气能量(CE)及碰撞室出口电压(CXP)见表 C.1。

表 C.1 待测物保留时间、定性离子对、定量离子对、电喷雾电压(IS)、去簇电压(DP)、碰撞气能量(CE)及碰撞室出口电压(CXP)

待测物	保留时间/min	定性和定量离子对 *m/z*	电喷雾电压(IS)/V	去簇电压(DP)/V	碰撞气能量(CE)/V	碰撞室出口电压(CXP)/V
OP2EO	3.7	312.2/183.5*	5 500	50	19	10
		312.2/113.3	5 500	50	22	10
OP3EO	3.7	356.0/227.3*	5 500	50	18	10
		356.0/165.5	5 500	50	26	10
OP4EO	3.7	400.5/383.5*	5 500	70	23	10
		400.5/271.5	5 500	70	34	10
OP5EO	3.7	444.6/427.5	5 500	74	24	10
		444.6/315.4*	5 500	74	28	10
OP6EO	3.7	488.6/471.4*	5 500	90	27	10
		488.6/359.4	5 500	90	39	10
OP7EO	3.7	532.5/515.6*	5 500	95	29	10
		532.5/133.4	5 500	95	41	10
OP8EO	3.7	576.6/559.5*	5 500	100	29	10
		576.5/447.4	5 500	100	43	10
OP9EO	3.7	620.7/603.4*	5 500	110	30	10
		620.7/277.2	5 500	110	44	10
OP10EO	3.7	664.6/647.5*	5 500	110	31	10
		664.6/277.2	5 500	110	45	10
OP11EO	3.6	708.7/691.5*	5 500	110	33	10
		708.7/277.2	5 500	110	48	10

表 C.1(续)

待测物	保留时间/min	定性和定量离子对 m/z	电喷雾电压(IS)/V	去簇电压(DP)/V	碰撞气能量(CE)/V	碰撞室出口电压(CXP)/V
OP12EO	3.4	752.8/735.6*	5 500	115	34	10
		752.8/277.2	5 500	115	50	10
OP13EO	3.4	796.8/779.6*	5 500	120	33	10
		796.8/277.2	5 500	120	50	10
OP14EO	3.3	840.8/823.6*	5 500	110	33	10
		840.8/277.2	5 500	110	48	10
OP15EO	3.3	884.8/867.6	5 500	115	34	10
		884.8/277.2*	5 500	115	50	10
OP16EO	3.3	929.0/911.7	5 500	120	33	10
		929.0/277.2*	5 500	120	50	10
NP2EO	4.2	326.3/183.0*	5 500	48	15	10
		326.3/127.3	5 500	48	18	10
NP3EO	4.2	370.3/353.3	5 500	57	12	10
		370.3/227.1*	5 500	57	17	10
NP4EO	4.1	414.4/397.4*	5 500	60	15	10
		414.4/271.6	5 500	60	22	10
NP5EO	4.1	458.5/441.3*	5 500	60	19	10
		458.5/315.4	5 500	60	25	10
NP6EO	4.1	502.5/485.6*	5 500	70	20	10
		502.5/359.4	5 500	70	25	10
NP7EO	4.1	546.5/529.5*	5 500	70	24	10
		546.5/291.5	5 500	70	32	10
NP8EO	4.1	590.6/573.5*	5 500	80	25	10
		590.6/291.5	5 500	80	35	10
NP9EO	4.1	634.8/617.6*	5 500	90	25	10
		634.8/291.5	5 500	90	35	10
NP10EO	4.1	678.5/661.5*	5 500	90	27	10
		678.5/291.5	5 500	90	39	10
NP11EO	4.1	722.6/705.7*	5 500	90	28	10
		722.6/291.5	5 500	90	40	10
NP12EO	4.1	766.9/335.3	5 500	100	34	10
		766.9/291.5*	5 500	100	42	10

表 C.1（续）

待测物	保留时间/min	定性和定量离子对 m/z	电喷雾电压(IS)/V	去簇电压(DP)/V	碰撞气能量(CE)/V	碰撞室出口电压(CXP)/V
NP13EO	4.1	810.8/793.4*	5 500	100	30	10
		810.8/291.5	5 500	100	45	10
NP14EO	4.1	854.8/837.5*	5 500	100	32	10
		854.8/291.2	5 500	100	47	10
NP15EO	4.1	898.8/881.6*	5 500	110	33	10
		898.8/291.2	5 500	110	49	10
NP16EO	4.1	942.9/925.5*	5 500	110	35	10
		942.9/291.2	5 500	110	50	10
注：带“*”为定量离子对。						

注：附录C所列参数是在API 4000质谱仪完成的，此处列出试验用仪器型号仅是为了提供参考，并不涉及商业目的，鼓励标准使用者尝试不同厂家和型号的仪器。

ICS 59.080.01
W 04

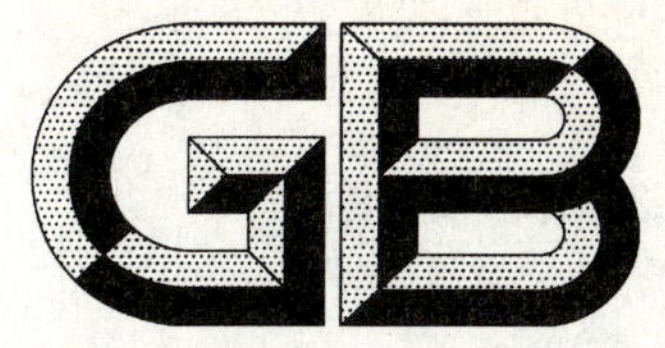

中华人民共和国国家标准

GB/T 23323—2009

纺织品　表面活性剂的测定　乙二胺四乙酸盐和二乙烯三胺五乙酸盐

Textiles—Determination of surfactant—Ethylene diamine tetra acetate and diethylene triamine penta acetate

2009-03-19 发布　　　　2010-01-01 实施

中华人民共和国国家质量监督检验检疫总局
中国国家标准化管理委员会　发布

前　言

本标准的附录 A、附录 B 为资料性附录。

本标准由中国纺织工业协会提出。

本标准由全国纺织品标准化技术委员会基础标准分会(SAC/TC 209/SC 1)归口。

本标准起草单位:中华人民共和国江苏出入境检验检疫局、纺织工业标准化研究所。

本标准主要起草人:蔡建和、徐鑫华、丁友超、吴丽娜、曹锡忠、吴浩、王晓萍、杨锦富。

纺织品　表面活性剂的测定
乙二胺四乙酸盐和二乙烯三胺五乙酸盐

警告：使用本标准的人员应有正规实验室工作的实践经验。本标准并未指出所有可能的安全问题。使用者有责任采取适当的安全和健康措施，并保证符合国家有关法规规定的条件。

1　范围

本标准规定了采用液相色谱-串联质谱仪(LC-MS/MS)和高效液相色谱仪(HPLC/DAD)测定纺织产品中乙二胺四乙酸及其盐类(EDTA)和二乙烯三胺五乙酸及其盐类(DTPA)残留量的方法。

本标准适用于各类纺织产品。

2　规范性引用文件

下列文件中的条款通过本标准的引用而成为本标准的条款。凡是注日期的引用文件，其随后所有的修改单(不包括勘误的内容)或修订版均不适用于本标准，然而，鼓励根据本标准达成协议的各方研究是否可使用这些文件的最新版本。凡是不注日期的引用文件，其最新版本适用于本标准。

GB/T 6682　分析实验室用水规格和试验方法(GB/T 6682—2008，ISO 3696：1987，MOD)

3　原理

试样经碱性溶液超声提取，在酸性条件下与三价铁络合后，用液相色谱-串联质谱仪或高效液相色谱仪进行定性、定量测定。在液相色谱分离中，用阳离子对试剂改善络合物的色谱保留。

4　试剂

除非另有说明，在分析中所用试剂均为分析纯和 GB/T 6682 规定的三级水。

4.1　乙腈(HPLC 级)。

4.2　冰乙酸。

4.3　乙酸铵。

4.4　四丁基乙酸铵。

4.5　四丁基溴化铵。

4.6　乙二胺四乙酸(CAS 号：60-00-4)：纯度≥99%。

4.7　二乙烯三胺五乙酸(CAS 号：67-43-6)：纯度≥99%。

4.8　三氯化铁溶液(500 mg/L)：称取 0.5 g 三氯化铁，用水溶解并稀释至 1 000 mL。

4.9　盐酸溶液：体积分数为 0.5 %。移取 0.5 mL 37%的浓盐酸加水稀释至 100 mL。

4.10　氢氧化钠溶液(0.4 g/L)：称取 0.4 g 氢氧化钠，用水溶解并稀释至 1 000 mL。

4.11　阳离子对试剂Ⅰ：称取 0.603 g 四丁基乙酸铵(4.4)，用水溶解，置于 1 000 mL 容量瓶中，用水定容至刻度，摇匀。用冰乙酸(4.2)调溶液 pH 值至 4.0±0.2。

4.12　阳离子对试剂Ⅱ：称取 0.645 g 四丁基溴化铵(4.5)和 2.31 g 乙酸铵(4.3)于 1 000 mL 容量瓶中，用水溶解并定容至刻度，摇匀。用冰乙酸(4.2)调溶液 pH 值至 4.0±0.2。

4.13　标准储备溶液(500 mg/L)：准确称取 0.125 0 g EDTA 和 DTPA 各一份，分别用氢氧化钠溶液(4.10)溶解，并定容到 250 mL。

注：该溶液贮存于 0 ℃～4 ℃的环境中，有效期为 6 个月。

4.14 混合标准工作溶液：分别准确移取适量的 EDTA 和 DTPA 标准储备溶液(4.13)，用氢氧化钠溶液(4.10)稀释，配置成所需浓度的系列标准溶液。

注：浓度为 0.2 mg/L 和 2 mg/L 的混合标准工作溶液贮存于 0 ℃～4 ℃的环境中，有效期为 1 个月。

5 仪器和材料

5.1 液相色谱-串联四极杆质谱仪(LC-MS/MS)，配有电喷雾离子源(ESI)。

5.2 高效液相色谱仪，配有二极管阵列检测器(HPLC/DAD)。

5.3 可控温的超声波浴：工作频率为 40 kHz，70 ℃时控温精度为±5 ℃。

5.4 提取器：管状，具密闭塞，约 50 mL，由硬质玻璃制成。

5.5 水相过滤膜：0.45 μm。

6 分析步骤

6.1 样品前处理

6.1.1 样品提取

取有代表性样品，剪成约 5 mm×5 mm 的碎片，混匀。称取上述试样 1.0 g，精确至 0.01 g，置于提取器(5.4)中，准确加入 20 mL 氢氧化钠溶液(4.10)，旋紧盖子。将提取器置于(70±5)℃的超声波浴(5.3)中提取(30±5)min 后，冷却至室温。

6.1.2 试样溶液络合

准确移取 5 mL 提取液于 10 mL 容量瓶中，加入 2 mL 三氯化铁溶液(4.8)和 1 mL 盐酸溶液(4.9)，用水定容至 10 mL 后，置于黑暗中络合反应至少 16 h。络合反应后用水相滤膜(5.5)过滤，供 HPLC/DAD 分析，或再稀释到合适的浓度供 LC-MS/MS 分析。

注：络合反应时合适的 pH 值范围为 2.5～3.5。

6.1.3 标准工作溶液络合

准确移取 5 mL 不同浓度的系列混合标准工作溶液(4.14)至 10 mL 容量瓶中，按 6.1.2 规定的方法络合并过滤，用于 LC-MS/MS 和 HPLC/DAD 测定。

6.2 LC-MS/MS 分析方法

6.2.1 LC-MS/MS 法分析条件

由于测试结果取决于所使用的仪器，因此不可能给出色谱分析的普遍参数。采用下列参数已被证明对测试是合适的。

a) 色谱柱：Thermo Hypersil GOLD C_{18}，5 μm，2.1 mm×100 mm 或相当者；

b) 流速：0.3 mL/min；

c) 柱温：30 ℃；

d) 进样量：20 μL；

e) 流动相 A：乙腈(4.1)，流动相 B：阳离子对试剂 Ⅰ(4.11)；

f) 梯度洗脱程序：见表 1；

表 1 梯度洗脱程序

时间/min	流动相 A/%	流动相 B/%
0	5	95
4	5	95
4.5	95	5
8	95	5
8.5	5	95
10	5	95

g) 离子源：电喷雾离子化电离源(ESI)，负离子监测；

h) 扫描方式：选择反应监测，选择离子对见表2。

表2 EDTA和DTPA的检测离子对

测定物质	母离子 m/z	子离子 m/z
EDTA	343.9	211.9 255.9 299.9[a]
DTPA	445.0	240.9 313.0[a] 357.0
注：[a]表示定量离子。		

6.2.2 LC-MS/MS 定性、定量分析

络合后的标准工作溶液(6.1.3)和试样溶液(6.1.2)在设定的LC-MS/MS条件下分别进样、测定。标准工作溶液和试样溶液响应值均应在仪器检测的线性范围内。通过比较试样溶液与标准工作溶液中被测组分色谱峰的保留时间以及质谱中三个子离子的相对丰度比值进行定性分析。以系列标准工作溶液的浓度为横坐标，以EDTA或DTPA的峰面积为纵坐标，绘制标准工作曲线。根据试样溶液中被测组分的峰面积，在标准工作曲线上求得试样溶液中EDTA或DTPA浓度。

注：采用上述分析条件时，Fe(Ⅲ)-EDTA和Fe(Ⅲ)-DTPA的LC-MS/MS离子流色谱图和质谱图参见附录A。

6.3 HPLC/DAD 分析方法

6.3.1 HPLC/DAD 法分析条件

由于测试结果取决于所使用的仪器，因此不可能给出色谱分析的普遍参数。采用下列参数已被证明对测试是合适的。

a) 色谱柱：Zorbax XDB-C_{18}，5 μm，4.6 mm×150 mm或相当者；

b) 流速：1.0 mL/min；

c) 柱温：30 ℃；

d) 进样量：20 μL；

e) 流动相A：乙腈(4.1)，流动相B：阳离子对试剂Ⅱ(4.12)；

f) 等度洗脱程序：20%的流动相A(4.1)和80%的流动相B(4.12)等度洗脱10 min；

g) 检测波长范围：200 nm～700 nm；

h) 定量波长：254 nm。

6.3.2 HPLC/DAD 定性、定量分析

络合后的标准工作溶液(6.1.3)和试样溶液(6.1.2)在HPLC/DAD设定条件下分别进样。通过比较试样溶液与标准工作溶液中被测组分色谱峰的保留时间和紫外光谱进行定性分析。以系列标准工作溶液的浓度为横坐标，以EDTA或DTPA的峰面积为纵坐标，绘制标准工作曲线。根据试样溶液中被测组分的峰面积，在标准工作曲线上求得试样溶液中EDTA或DTPA浓度。

注：采用上述分析条件时，Fe(Ⅲ)-EDTA和Fe(Ⅲ)-DTPA的HPLC色谱图和光谱图参见附录B。

6.4 空白试验

除不加入试样外，其他均按上述步骤进行。

7 结果计算和表示

7.1 结果计算

按式(1)分别计算样品中EDTA和DTPA的含量，结果应扣除空白值。

$$X = \frac{A \times c \times V \times F}{A_s \times m} \quad \cdots\cdots\cdots (1)$$

式中：

X——试样中 EDTA 或 DTPA 的含量，单位为毫克每千克(mg/kg)；

A——试样溶液中被测组分的色谱峰面积；

c——标准工作溶液中被测组分的浓度，单位为毫克每升(mg/L)；

V——提取溶液体积，单位为毫升(mL)；

F——稀释因子；

A_s——标准工作溶液中被测组分的色谱峰面积；

m——试样质量，单位为克(g)。

7.2 结果表示

试验结果以 EDTA 和 DTPA 的浓度(mg/kg)表示，计算结果表示到个位数。低于测定低限(8.1)时，试验结果为“未检出”。

8 测定低限、回收率和精密度

8.1 方法的测定低限

LC-MS/MS 分析方法的测定低限为 5 mg/kg。

HPLC/DAD 分析方法的测定低限为 50 mg/kg。

8.2 回收率

本方法的回收率为 80%～120%。

8.3 精密度

在同一实验室，由同一操作者使用相同的设备，按相同的测试方法，并在短时间内对同一被测对象进行独立的测试，获得的两次独立测试结果的相对标准偏差不大于 10%。以大于这两个测定值的算术平均值的 10%的情况不超过 5%为前提。

9 试验报告

试验报告至少应给出下述内容：

a) 使用的标准；

b) 样品来源及描述；

c) 采用的定量方法；

d) 测试结果；

e) 任何偏离本标准的细节；

f) 试验日期。

附 录 A
（资料性附录）
Fe（Ⅲ）-EDTA 和 Fe（Ⅲ）-DTPA 的 LC-MS/MS 分析的离子流色谱图和质谱图

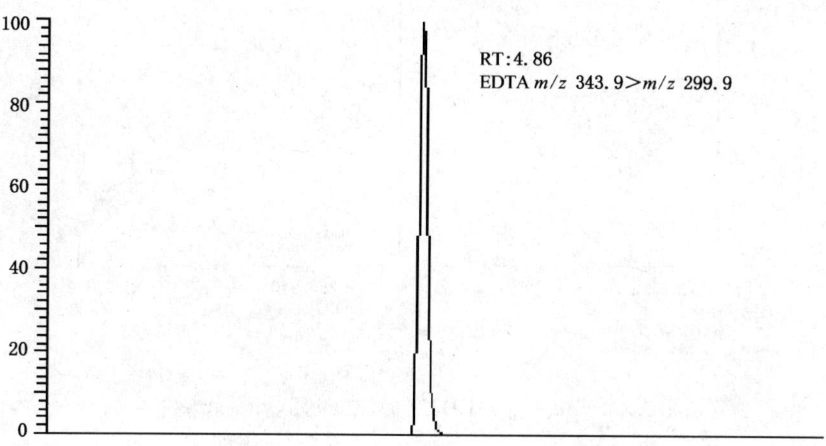

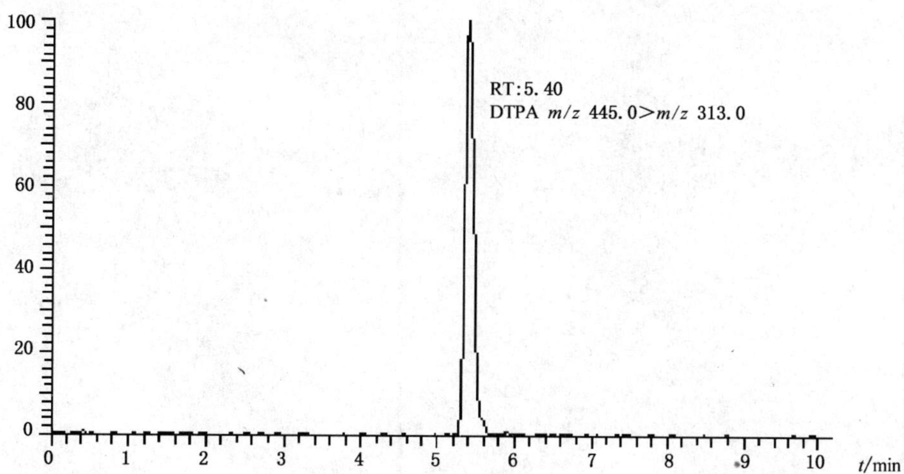

图 A.1 Fe（Ⅲ）-EDTA 和 Fe（Ⅲ）-DTPA 的 LC-MS/MS 分析的离子流色谱图

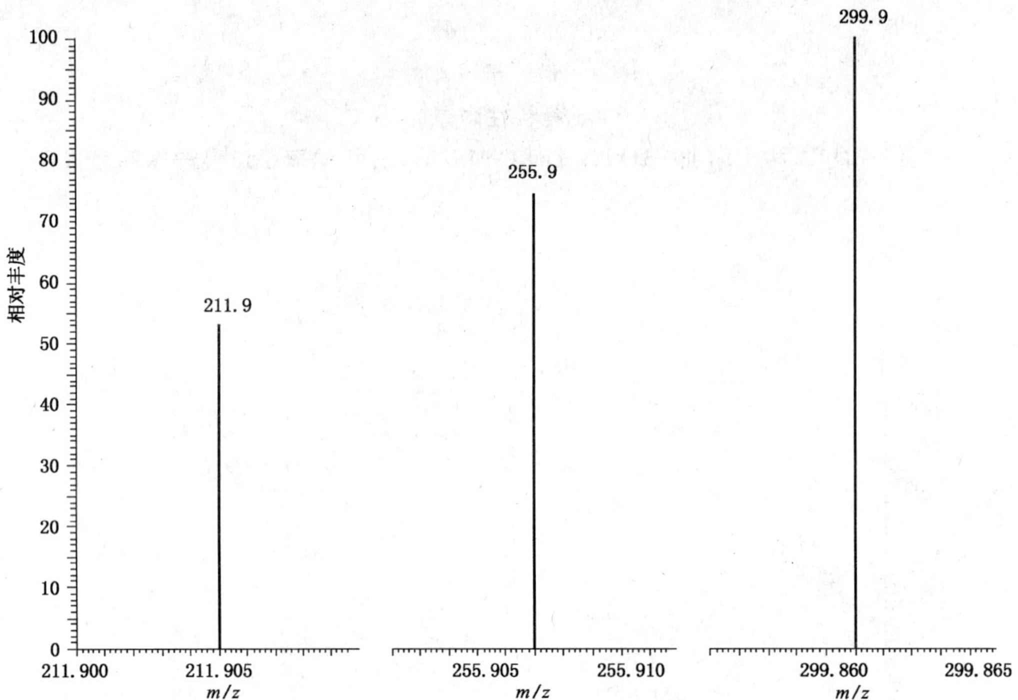

图 A.2　Fe(Ⅲ)-EDTA 的二级质谱碎片图

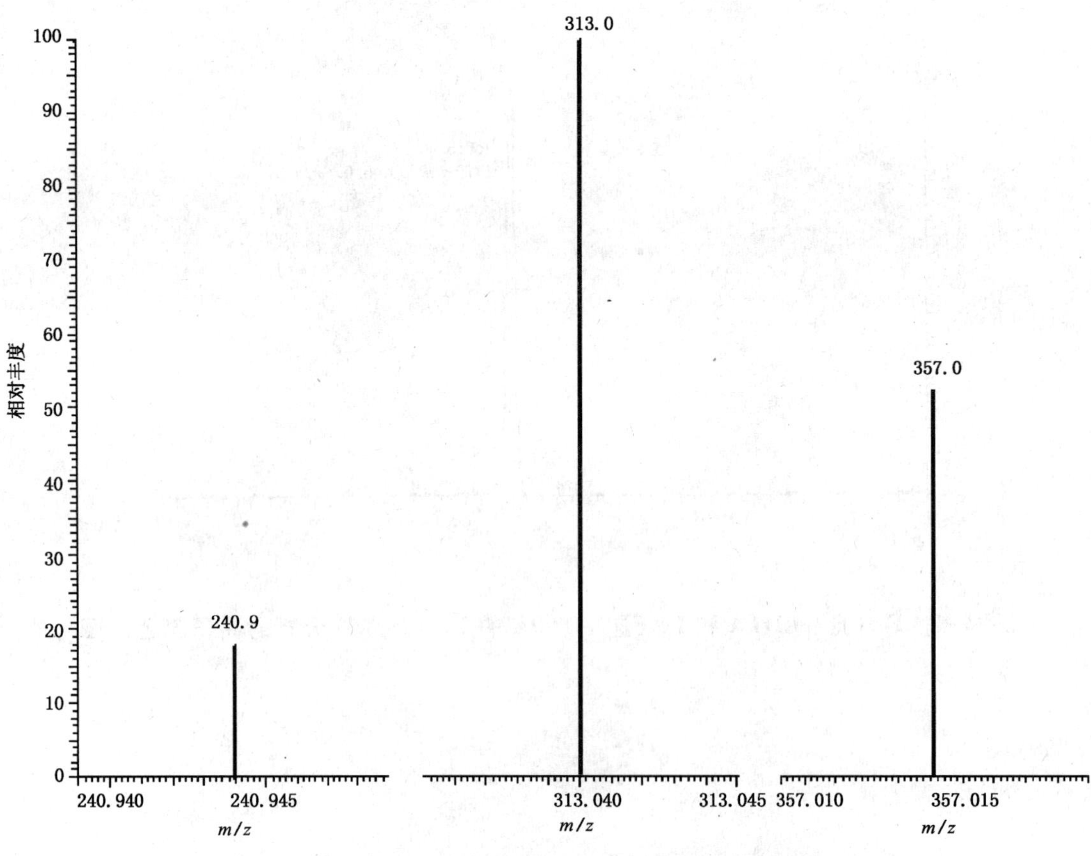

图 A.3　Fe(Ⅲ)-DTPA 的二级质谱碎片图

附　录　B
（资料性附录）
Fe(Ⅲ)-EDTA 和 Fe(Ⅲ)-DTPA 液相分离色谱图及其光谱图

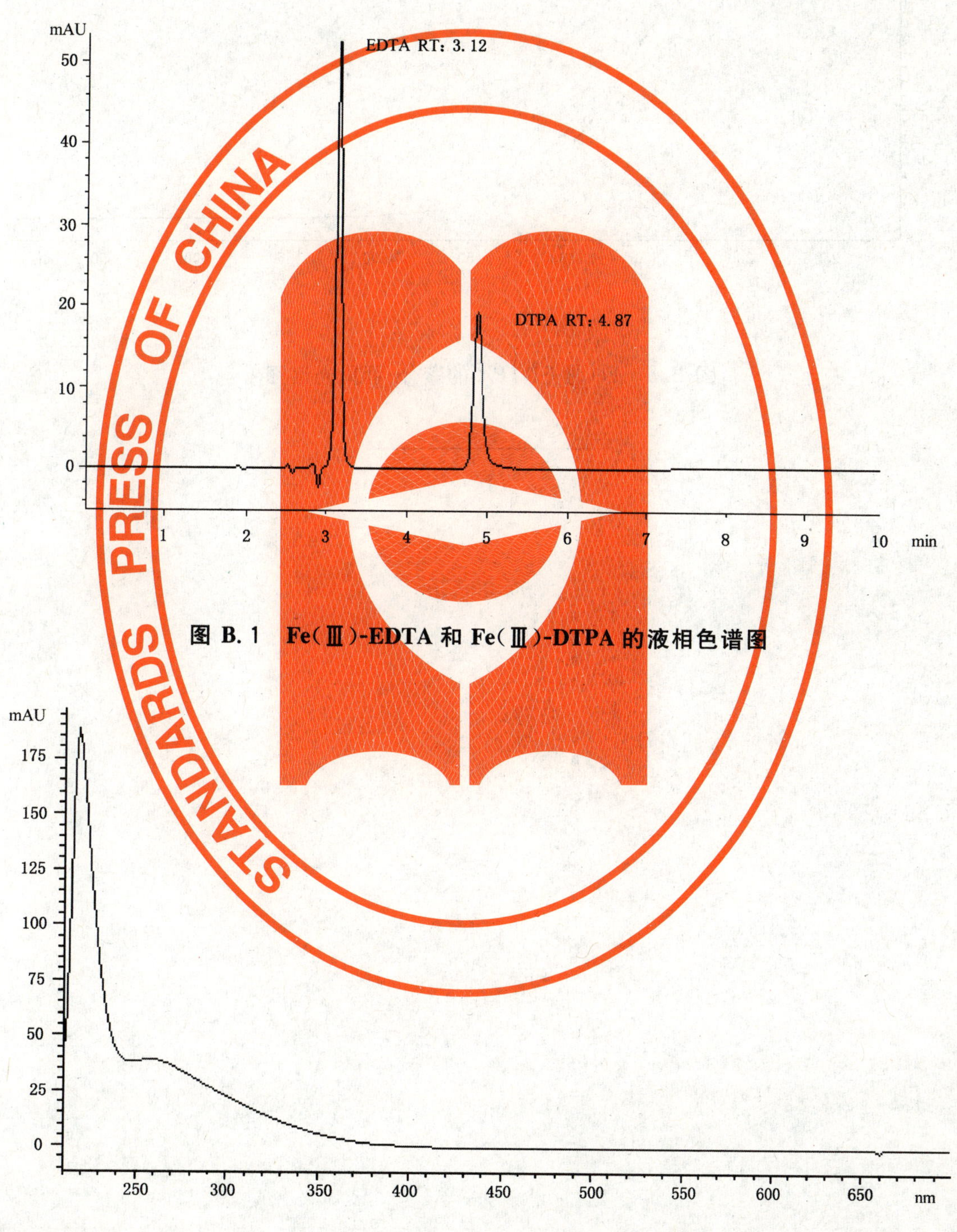

图 B.1　Fe(Ⅲ)-EDTA 和 Fe(Ⅲ)-DTPA 的液相色谱图

图 B.2　Fe(Ⅲ)-EDTA 的紫外-可见光谱图

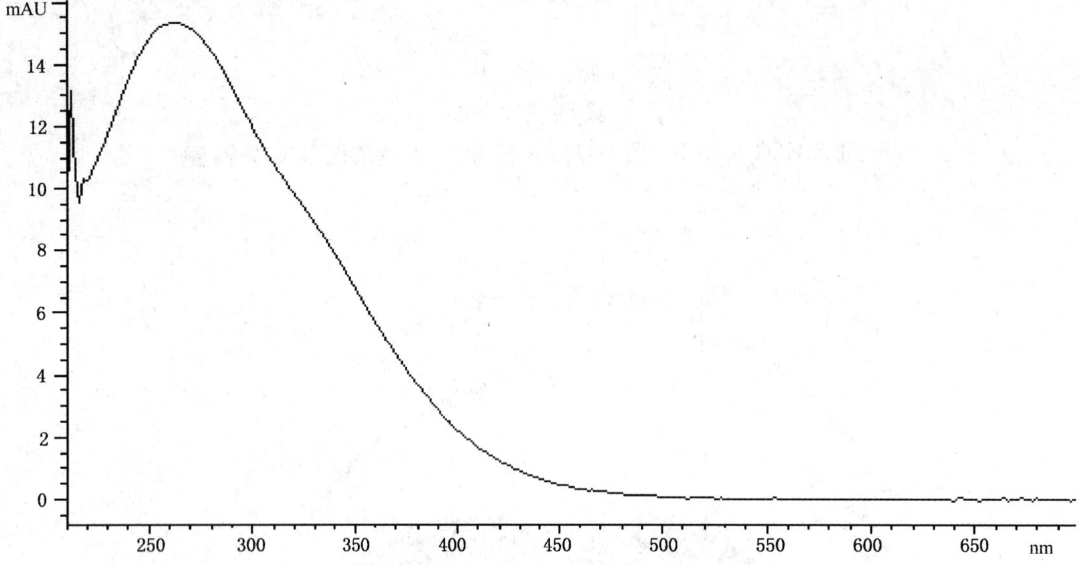

图 B.3 Fe(Ⅲ)-DTPA 的紫外-可见光谱图

ICS 59.080.01
W 04

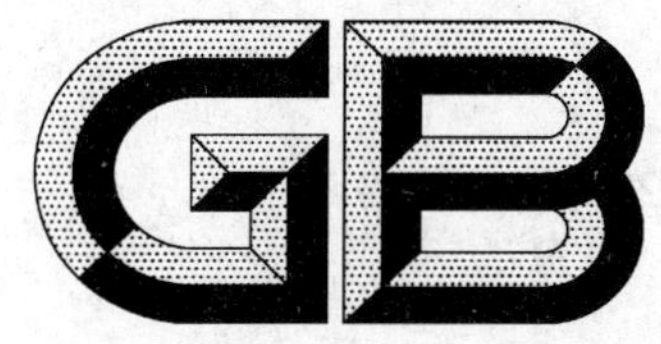

中华人民共和国国家标准

GB/T 23324—2009

纺织品　表面活性剂的测定
二硬脂基二甲基氯化铵

**Textiles—Determination of surfactant—
Distearyl dimethyl ammonium chloride**

2009-03-19 发布　　　　2010-01-01 实施

中华人民共和国国家质量监督检验检疫总局
中国国家标准化管理委员会　发布

前　言

本标准的附录 A 为资料性附录。

本标准由中国纺织工业协会提出。

本标准由全国纺织品标准化技术委员会基础标准分会(SAC/TC 209/SC 1)归口。

本标准起草单位:中华人民共和国江苏出入境检验检疫局、纺织工业标准化研究所。

本标准主要起草人:吴丽娜、蔡建和、丁友超、周静珠、徐鑫华、周绍强、杨安南、宫菡菡。

纺织品　表面活性剂的测定　二硬脂基二甲基氯化铵

警告：使用本标准人员应有正规实验室工作的实践经验。本标准并未指出所有可能的安全问题。使用者有责任采取适当的安全和健康措施，并保证符合国家有关法规规定的条件。

1　范围

本标准规定了采用液相色谱-串联质谱仪(LC-MS/MS)测定纺织产品中二硬脂基二甲基氯化铵(DSDMAC)残留量的方法。

注：DSDMAC通常由碳链长度为十八和十六的烷基二甲基氯化铵混合物组成，即含有双十八烷基二甲基氯化铵、双十六烷基二甲基氯化铵以及十六烷基十八烷基二甲基氯化铵。

本标准适用于各类纺织产品。

2　规范性引用文件

下列文件中的条款通过本标准的引用而成为本标准的条款。凡是注日期的引用文件，其随后所有的修改单(不包括勘误的内容)或修订版均不适用于本标准，然而，鼓励根据本标准达成协议的各方研究是否可使用这些文件的最新版本。凡是不注日期的引用文件，其最新版本适用于本标准。

GB/T 6682　分析实验室用水规格和试验方法(GB/T 6682—2008，ISO 3696:1987，MOD)

3　原理

试样经甲醇超声提取后，以双十八烷基二甲基氯化铵、双十六烷基二甲基氯化铵以及十六烷基十八烷基二甲基氯化铵为目标分析物，用液相色谱-串联质谱仪(LC-MS/MS)进行定性、定量测定。

4　试剂

除非另有说明，在分析中所用试剂均为分析纯和GB/T 6682规定的三级水。

4.1　甲醇(HPLC级)。

4.2　冰乙酸。

4.3　DSDMAC(CAS号：107-64-2)：纯度≥97%。

4.4　乙酸溶液(0.05%)：准确移取0.5 mL冰乙酸(4.2)加水稀释至1 000 mL。

4.5　标准储备溶液(500 mg/L)：称取0.125 0 g DSDMAC，用甲醇溶解，转移置250 mL容量瓶中，用甲醇定容至刻度，摇匀。

注：该溶液保存在0 ℃～4 ℃的环境中，有效期为1个月。

4.6　标准工作溶液：准确吸取标准储备液(4.5)，用甲醇逐级稀释，配置成浓度为100 μg/L、200 μg/L、400 μg/L、600 μg/L和800 μg/L系列标准工作溶液。

注：该溶液保存在0 ℃～4 ℃的环境中，有效期为1个月。

5　仪器和材料

5.1　液相色谱-串联四极杆质谱仪(LC-MS/MS)，配有电喷雾离子源(ESI)。

5.2　可控温的超声波浴：工作频率为40 kHz，70 ℃时控温精度为±5 ℃。

5.3　有机膜过滤头：0.45 μm。

5.4　提取器：管状，具密闭塞，约50 mL，由硬质玻璃制成。

6 分析步骤

6.1 试样溶液制备

取有代表性样品，剪成约 5 mm×5 mm 的碎片，混合。称取上述试样 1.0 g，精确至 0.01 g，置于提取器(5.4)中，准确加入 20 mL 甲醇(4.1)，加塞密闭。将提取器置于(70±5)℃的超声波浴(5.2)中提取(30±5)min 后，冷却至室温。提取液用有机膜过滤头(5.3)注射过滤后，根据需要用甲醇(4.1)进一步稀释，供 LC-MS/MS 测定用。

6.2 分析方法

6.2.1 分析条件

由于测试结果取决于所使用的仪器，因此不可能给出色谱分析的普遍参数。采用下列参数已被证明对测试是合适的。

a) 色谱柱：APS-2 Hypersil，5 μm，2.1 mm×100 mm 或相当者；
b) 流速：0.4 mL/min；
c) 柱温：30 ℃；
d) 进样量：10 μL；
e) 流动相 A：乙酸溶液 (4.4)，流动相 B：甲醇(4.1)；
f) 梯度洗脱程序：见表 1；

表 1 LC-MS/MS 梯度洗脱程序

时间/min	流动相 A/%	流动相 B/%
0	75	25
3.0	75	25
3.5	2	98
7	2	98
7.5	75	25
10	75	25

g) 离子源：电喷雾离子化电离源(ESI)，正离子监测；
h) 扫描方式：选择反应监测；
i) 选择离子对：双十八烷基二甲基氯化铵、十六烷基十八烷基二甲基氯化铵和双十六烷基二甲基氯化铵这三种组分的一级质谱母离子分别为：m/z 550.7、m/z 522.7 和 m/z 494.7，对应的二级质谱定量离子分别为：m/z 298.0、m/z 298.0 和 m/z 269.9。

6.2.2 定性、定量分析

标准工作溶液(4.6)和试样溶液(6.1)在设定的 LC-MS/MS 条件下(6.2.1)分别进样、测定。通过选择二级质谱的特定离子对，比较试样溶液与标样工作溶液色谱峰的保留时间进行定性。通过比较试样溶液与标准工作溶液在定量离子对通道下的色谱峰面积进行定量分析，以外标法定量。标准工作溶液和试样溶液的响应值均应在仪器检测的线性范围内。

注：采用上述分析条件时，DSDMAC 标样的离子流色谱图参见附录 A。

6.3 空白试验

除不加入试样外，其他均按上述步骤进行。

7 结果计算和表示

7.1 结果计算

按式(1)计算样品中双十八烷基二甲基氯化铵、双十六烷基二甲基氯化铵以及十六烷基十八烷基二甲基氯化铵的总含量，即为 DSDMAC 的含量，结果应扣除空白值。

$$X = \frac{A \times c \times V \times F}{A_s \times m} \quad \cdots\cdots (1)$$

式中：

X——试样中 DSDMAC 含量，单位为毫克每千克(mg/kg)；

A——试样溶液中被测物的色谱峰面积之和；

c——标准工作溶液中 DSDMAC 的浓度，单位为毫克每升(mg/L)；

V——提取液体积，单位为毫升(mL)；

F——稀释因子；

A_s——标准工作溶液中被测物的色谱峰面积之和；

m——试样质量，单位为克(g)。

7.2 结果表示

试验结果以 DSDMAC 的浓度(mg/kg)表示，计算结果表示到个位数。低于测定低限(8.1)时，试验结果表示为“未检出”。

8 测定低限、回收率和精密度

8.1 方法的测定低限

本方法的测定低限为 2 mg/kg。

8.2 回收率

本方法的回收率为 80%～120%。

8.3 精密度

在同一实验室，由同一操作者使用相同的设备、按相同的测试方法，并在短时间内对同一被测对象进行独立的测试，获得的两次独立测试结果的相对标准偏差不大于 10%。以大于这两个测定值的算术平均值的 10%的情况不超过 5%为前提。

9 试验报告

试验报告至少应给出下述内容：

a) 使用的标准；

b) 样品来源及描述；

c) 测试结果；

d) 任何偏离本标准的细节；

e) 试验日期。

附 录 A
（资料性附录）
DSDMAC 的 LC-MS/MS 分析的离子流色谱图

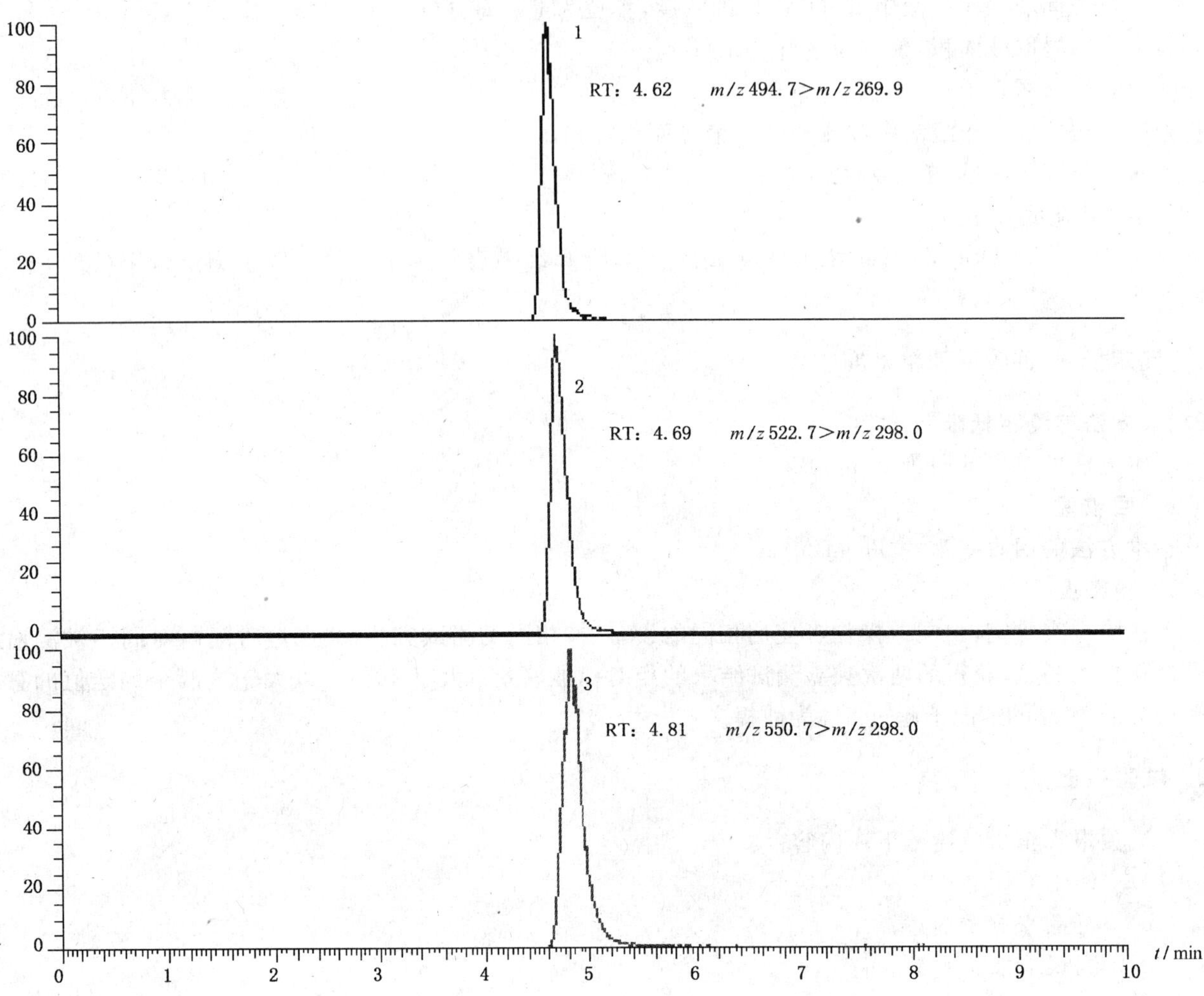

1——双十六烷基二甲基氯化铵；
2——十六烷基十八烷基二甲基氯化铵；
3——双十八烷基二甲基氯化铵。

图 A.1 DSDMAC 的离子流色谱图

ICS 59.080.01
W 04

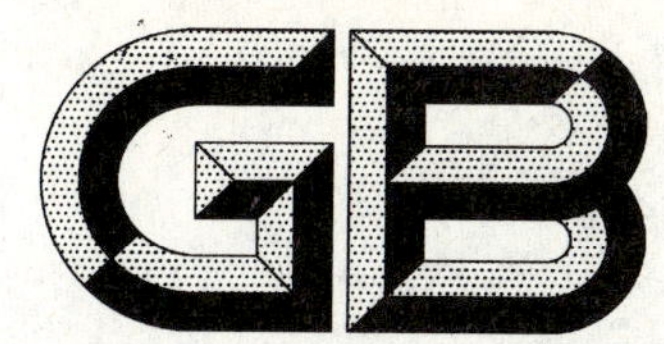

中华人民共和国国家标准

GB/T 23325—2009

纺织品　表面活性剂的测定 线性烷基苯磺酸盐

Textiles—Determination of surfactant—Linear alkylbenzene sulfonates

2009-03-19 发布　　2010-01-01 实施

中华人民共和国国家质量监督检验检疫总局
中国国家标准化管理委员会　发布

前言

本标准的附录 A 为规范性附录，附录 B 为资料性附录。

本标准由中国纺织工业协会提出。

本标准由全国纺织品标准化技术委员会基础标准分会(SAC/TC 209/SC 1)归口。

本标准起草单位：中华人民共和国江苏出入境检验检疫局、纺织工业标准化研究所。

本标准主要起草人：徐鑫华、蔡建和、吴浩、吴丽娜、钱凯、周静珠、宫菡菡、杨素英。

纺织品　表面活性剂的测定
线性烷基苯磺酸盐

警告：使用本标准的人员应有正规实验室工作的实践经验。本标准并未指出所有可能的安全问题。使用者有责任采取适当的安全和健康措施，并保证符合国家有关法规规定的条件。

1　范围

本标准规定了采用液相色谱-串联质谱仪(LC-MS/MS)测定纺织产品中十碳、十一碳、十二碳、十三碳、十四碳等五种线性烷基苯磺酸盐(LAS)残留量的方法。

注：LAS是指结构为 $R\text{-}C_6H_4\text{-}SO_3^-$(其中 R 为直链烷基)的一系列烷基苯磺酸盐。常用的线性烷基苯磺酸盐为十碳(C_{10})、十一碳(C_{11})、十二碳(C_{12})、十三碳(C_{13})、十四碳(C_{14})等线性烷基苯磺酸钠(见附录 A)。

本标准适用于各类纺织产品。

2　规范性引用文件

下列文件中的条款通过本标准的引用而成为本标准的条款。凡是注日期的引用文件，其随后所有的修改单(不包括勘误的内容)或修订版均不适用于本标准，然而，鼓励根据本标准达成协议的各方研究是否可使用这些文件的最新版本。凡是不注日期的引用文件，其最新版本适用于本标准。

GB/T 6682　分析实验室用水规格和试验方法(GB/T 6682—2008，ISO 3696:1987，MOD)

3　原理

试样经甲醇超声提取后，以十二烷基苯磺酸钠标准物为基准，用液相色谱-串联质谱仪进行定性、定量测定。

4　试剂

除非另有说明，在分析中所用试剂均为分析纯和 GB/T 6682 规定的三级水。

4.1　甲醇(HPLC 级)。

4.2　乙酸铵。

4.3　十二烷基苯磺酸钠标准物(CAS 号：25155-30-0)：纯度≥80%，为 C_{10}～C_{14} 等线性烷基苯磺酸钠的混合物，平均碳链数为 12。

4.4　乙酸铵溶液：称取 0.385 g 乙酸铵(4.2)，用水溶解并定容至 1 000 mL。

4.5　标准储备溶液(500 mg/L)：准确称取一定量的十二烷基苯磺酸钠标准物(4.3)，溶于甲醇(4.1)，定容并混匀。

注：标准储备溶液配制时应将所用标准物的纯度折算成 100%后称取。该溶液保存在 0 ℃～4 ℃的环境中，有效期为 6 个月。

4.6　标准工作溶液：准确吸取标准储备液(4.5)，用甲醇(4.1)逐级稀释，准确配制成浓度为 0.1 mg/L、0.5 mg/L、1.0 mg/L、2.0 mg/L、5.0 mg/L 的系列标准工作溶液。

注：该溶液保存在 0 ℃～4 ℃的环境中，有效期为 1 个月。

5　仪器和材料

5.1　液相色谱-串联四极杆质谱仪(LC-MS/MS)，配有电喷雾离子源(ESI)。

5.2　可控温的超声波浴：工作频率为 40 kHz，70 ℃时控温精度为±5 ℃。

5.3 提取器：管状，具密闭塞，约 50 mL，由硬质玻璃制成。

5.4 有机膜过滤头：0.45 μm。

6 分析步骤

6.1 试样溶液制备

取有代表性样品，剪成约 5 mm×5 mm 的碎片，混合。称取上述试样 1.0 g，精确至 0.01 g，置于提取器(5.3)中，准确加入 20 mL 甲醇(4.1)，加塞密闭。将提取器置于(70±5)℃的超声波浴(5.2)中提取(30±5)min 后，冷却至室温。提取液用有机膜过滤头(5.4)注射过滤后，根据需要用甲醇(4.1)进一步稀释，供 LC-MS/MS 进样分析。

6.2 分析方法

6.2.1 分析条件

由于测试结果取决于所使用的仪器，因此不可能给出色谱分析的普遍参数。采用下列参数已被证明对测试是合适的。

a) 色谱柱：Thermo Hypersil GOLD C_{18}，5 μm，2.1 mm×100 mm 或相当者；

b) 流速：0.3 mL/min；

c) 柱温：30 ℃；

d) 进样量：10 μL；

e) 流动相 A：乙酸铵溶液(4.4)，流动相 B：甲醇(4.1)；

f) 梯度洗脱程序：见表 1；

表 1 梯度洗脱程序

时间/min	流动相 A/%	流动相 B/%
0	95	5
3	95	5
3.5	20	80
7	5	95
7.5	95	5
10	95	5

g) 离子源：电喷雾离子化电离源(ESI)，负离子监测；

h) 扫描方式：选择反应监测，选择离子对见表 2。

表 2 不同碳数 LAS 的检测离子对

测定物质	母离子 m/z	子离子 m/z
十烷基苯磺酸钠	297.0	182.8
十一烷基苯磺酸钠	311.0	182.8
十二烷基苯磺酸钠	325.0	182.8
十三烷基苯磺酸钠	339.0	182.8
十四烷基苯磺酸钠	352.9	182.8

6.2.2 定性、定量分析

标准工作溶液(4.6)和试样溶液(6.1)在设定的 LC-MS/MS 条件下(6.2.1)分别进样、测定。标准工作溶液和试样溶液响应值均应在仪器检测的线性范围内。通过选择两级质谱的特定离子对(表 2)，比较试样溶液与标准工作溶液中色谱峰的保留时间，定性确认 $R\text{-}C_6H_4\text{-}SO_3Na$($R=C_{10}\sim C_{14}$)。以系列标准工作溶液的浓度为横坐标，以 R-$C_6H_4$-$SO_3Na$(R=$C_{10}$～$C_{14}$)的峰面积之和为纵坐标，绘制标准工作曲线。根据试样溶液中被测组分的峰面积之和，在标准工作曲线上求得试样溶液中总的 R-C_6H_4-SO_3Na(R=C_{10}～C_{14})浓度。

注：采用上述分析条件时，十二烷基苯磺酸钠标准物的 LC-MS/MS 离子流色谱图参见附录 B。

6.3 空白试验

除不加入试样外，其他均按上述步骤进行。

7 结果计算和表示

7.1 结果计算

按式(1)计算样品中 LAS 的含量，结果应扣除空白值。

$$X = \frac{A \times c \times V \times F}{A_s \times m} \quad \cdots\cdots(1)$$

式中：

X——试样中 LAS 含量，单位为毫克每千克(mg/kg)；

A——样品测试溶液中 R-C_6H_4-SO_3Na(R=C_{10}～C_{14})的色谱峰面积之和；

c——标准工作溶液的浓度，单位为毫克每升(mg/L)；

V——提取溶液体积，单位为毫升(mL)；

F——稀释因子；

A_s——标准工作溶液中 R-C_6H_4-SO_3Na(R=C_{10}～C_{14})的色谱峰面积之和；

m——试样质量，单位为克(g)。

7.2 结果表示

试验结果以试样中五种线性烷基苯磺酸化合钠的总含量(mg/kg)表示，计算结果表示到个位数。低于测定低限时(8.1)时，试验结果为“未检出”。

8 测定低限和精密度

8.1 方法的测定低限

本方法的测定低限为 2 mg/kg。

8.2 回收率

本方法的回收率为 80%～120%。

8.3 精密度

在同一实验室，由同一操作者使用相同的设备、按相同的测试方法，并在短时间内对同一被测对象进行独立的测试，获得的两次独立测试结果的相对标准偏差不大于 10%。以大于这两个测定值的算术平均值的 10%的情况不超过 5%为前提。

9 试验报告

试验报告至少应给出下述内容：

a) 使用的标准；

b) 样品来源及描述；

c) 测试结果；

d) 任何偏离本标准的细节；

e) 试验日期。

附 录 A
（规范性附录）
常用的线性烷基苯磺酸钠

表 A.1 常用的线性烷基苯磺酸钠

序 号	名 称	化学分子式
1	十烷基苯磺酸钠	$C_{16}H_{25}SO_3Na$
2	十一烷基苯磺酸钠	$C_{17}H_{27}SO_3Na$
3	十二烷基苯磺酸钠	$C_{18}H_{29}SO_3Na$
4	十三烷基苯磺酸钠	$C_{19}H_{31}SO_3Na$
5	十四烷基苯磺酸钠	$C_{20}H_{33}SO_3Na$

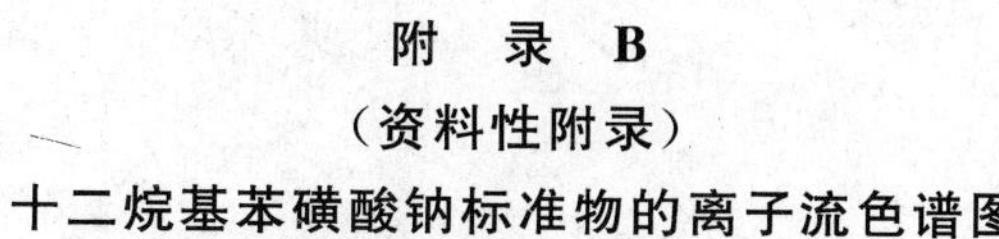

附 录 B
（资料性附录）
十二烷基苯磺酸钠标准物的离子流色谱图

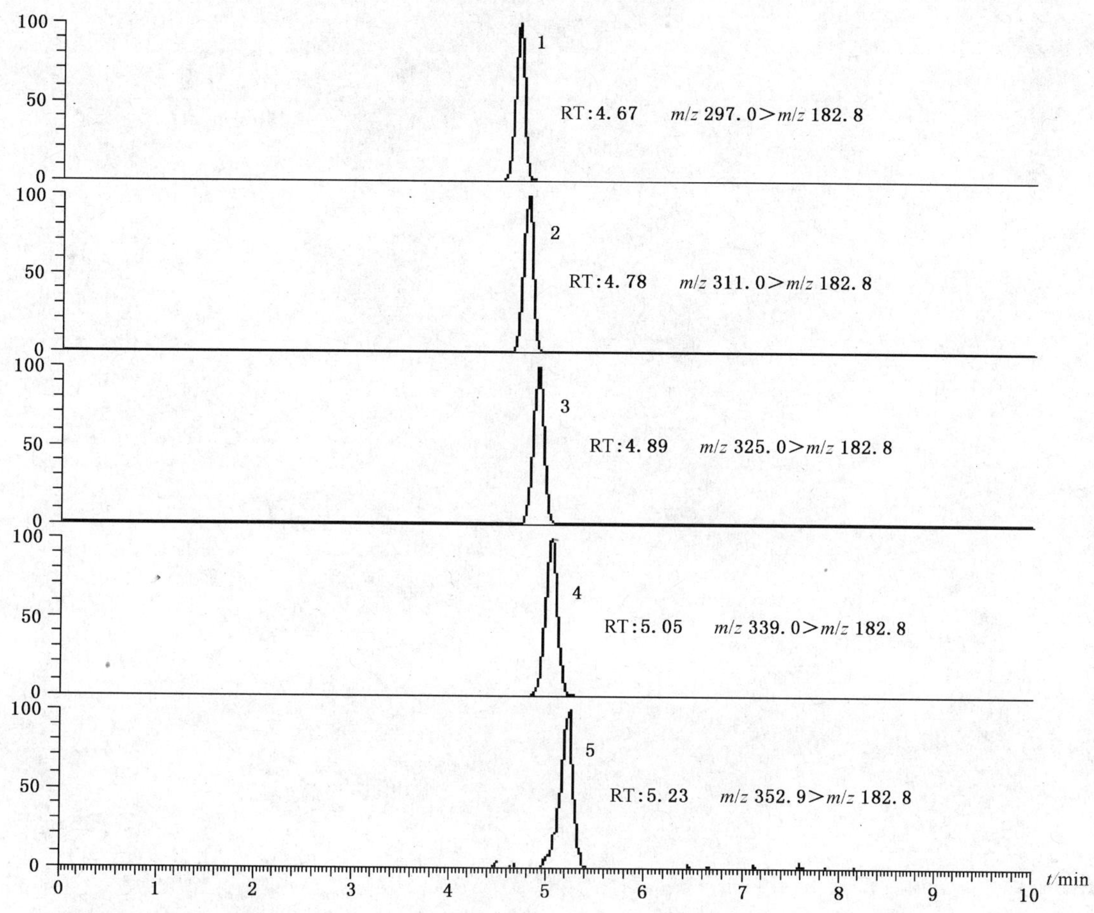

1——十烷基苯磺酸钠；
2——十一烷基苯磺酸钠；
3——十二烷基苯磺酸钠；
4——十三烷基苯磺酸钠；
5——十四烷基苯磺酸钠。

图 B.1 十二烷基苯磺酸钠标准物的 LC-MS/MS 离子流色谱图

ICS 59.080.30
W 13

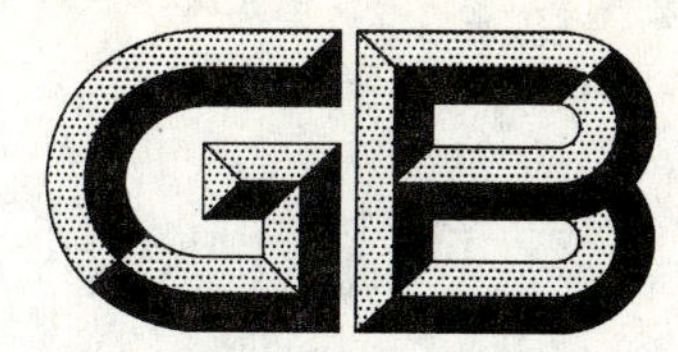

中华人民共和国国家标准

GB/T 23326—2009

不锈钢纤维与棉涤混纺电磁波屏蔽本色布

Stainless steel fibers and cotton-polyester blended grey fabric with electromagnetic shielding performance

2009-03-19 发布　　　　2010-01-01 实施

中华人民共和国国家质量监督检验检疫总局
中国国家标准化管理委员会　发布

前　言

本标准的附录A、附录B是规范性附录,附录C是资料性附录。

本标准由中国纺织工业协会提出。

本标准由全国纺织品标准化技术委员会归口。

本标准起草单位:无锡纺织工业协会、无锡贝斯特纺织新材料有限公司、江苏天圣达集团有限公司。

本标准主要起草人:王纪立、王可虎、金永良、唐鹤泰。

不锈钢纤维与棉涤混纺电磁波屏蔽本色布

1 范围

本标准规定了不锈钢纤维与棉涤混纺电磁波屏蔽本色布的产品分类、要求、布面疵点的评分、试验方法、检验规则、标志和包装。

本标准适用于不锈钢纤维分别与棉、涤纶或棉涤混纺的民用电磁波屏蔽本色布。

2 规范性引用文件

下列文件中的条款通过本标准的引用而成为本标准的条款。凡是注日期的引用文件，其随后所有的修改单(不包括勘误的内容)或修订版均不适用于本标准，然而，鼓励根据本标准达成协议的各方研究是否可使用这些文件的最新版本。凡是不注日期的引用文件，其最新版本适用于本标准。

GB/T 3923.1 纺织品 织物拉伸性能 第1部分:断裂强力和断裂伸长率的测定 条样法

GB/T 4668 机织物密度的测定

GB/T 4666 纺织品 织物长度和幅宽的测定

FZ/T 10006 棉及化纤纯纺、混纺本色布棉结杂质疵点格率检验

SJ 20524 材料屏蔽效能的测量方法

3 分类

不锈钢纤维与棉涤混纺电磁波屏蔽本色布分为棉不锈钢纤维混纺电磁波屏蔽本色布、棉涤不锈钢纤维混纺电磁波屏蔽本色布、涤不锈钢纤维混纺电磁波屏蔽本色布三类。各类产品品种、规格，根据用户需要由生产部门制定。

4 要求

4.1 内在质量

内在质量按表1规定。

表1 内在质量要求

项目		要求		
		优等品	一等品	合格品
织物组织		符合设计要求	符合设计要求	符合设计要求
幅宽偏差/%		+1.5 −1.0	+1.5 −1.0	+2.0 −1.5
密度偏差/%	经密	−1.5	−1.5	超过−1.5
	纬密	−1.0	−1.0	超过−1.0
断裂强力/N ≥		250	230	210
屏蔽效能值(屏蔽率) (电磁波频率0.01 MHz～3 000 MHz)		≥20 dB(屏蔽率99%)		
棉结杂质疵点格率、棉结疵点格率		见表2		
注：当幅宽偏差超过1.0%时，经密允许偏差范围为−2.0%。				

表 2 棉结杂质疵点格率、棉结疵点格率要求

织物分类		棉含量在50%及以上						棉含量在50%以下					
		棉结杂质疵点格率/% 不大于			棉结疵点格率/% 不大于			棉结杂质疵点格率/% 不大于			棉结疵点格率/% 不大于		
		优等	一等	合格	优等	一等	合格	优等	一等	合格	优等	一等	合格
精梳织物		18	23	32	4	12	18	15	20	28	3	10	14
普梳织物	细织物	20	28	40	6	14	20	20	26	36	5	12	17
	中粗织物	25	32	45	8	16	22	23	31	43	7	14	20
	粗织物	29	37	52	9	20	28	27	36	50	8	19	27
	全线或半线织物	21	29	41	6	15	21	20	27	38	5	14	20

注 1：不锈钢纤维与棉涤混纺电磁波屏蔽本色布按经、纬纱平均线密度分类。细织物：10 tex～20 tex(60^s～29^s)；中粗织物：21 tex～32 tex(28^s～18^s)；粗织物：32 tex 以上(18^s 以下)。

注 2：经、纬纱平均线密度 $=\frac{\text{经纱线密度}+\text{纬纱线密度}}{2}$

注 3：涤纶与不锈钢纤维混纺产品不考核棉结杂质疵点格率、棉结疵点格率。

4.2 外观质量

4.2.1 布面疵点评分限度见表 3。

表 3 布面疵点评分限度

布面疵点评分限度/(平均分/m^2)		
优 等 品	一 等 品	合 格 品
0.30	0.40	0.70

4.2.2 每匹布允许总评分按式(1)计算，超过总评分数为降等品。

$$A = a \cdot L \cdot W \tag{1}$$

式中：

A——每匹允许总评分，单位为分每匹(分/匹)；

a——每平方米允许评分数，单位为分每平方米(分/m^2)；

L——匹长，单位为米每匹(m/匹)；

W——幅宽，单位为米(m)。

4.2.3 1 m 内严重疵点评 4 分为降等品。

4.2.4 每百平方米内不允许有超过 3 个不可修织的评 4 分的疵点。

4.3 评等规定

织物组织、幅宽、布面疵点按匹评等，密度、断裂强力、棉结杂质疵点格率、棉结疵点格率、屏蔽效能值(屏蔽率)按批评等；其中屏蔽效能值(屏蔽率)达不到要求时，以等外品处理，其他项目以最低一项定等。

5 布面疵点评分

5.1 布面疵点的检验

5.1.1 检验时布面上的照度为 400 lx±100 lx。

5.1.2 布面疵点评分以布的正面为准，平纹织物和山形斜纹织物，以交班印一面为正面，斜纹织物中纱织物以左斜 (↖)为正面，线织物以右斜 (↗)为正面。

5.1.3 检验时，应将布平放在工作台上，检验人员站在工作台旁，以能清楚看出的为明显疵点。

5.2 布面疵点的评分

各类布面疵点的具体内容和疵点名称的说明见附录A和附录B。布面疵点的评分规定见表4。

表4 布面疵点的评分规定

疵点分类		评分数			
		1	2	3	4
经向明显疵点条		8 cm及以下	8 cm以上～16 cm	16 cm以上～50 cm	50 cm以上～100 cm
纬向明显疵点条		8 cm及以下	8 cm以上～16 cm	16 cm以上～50 cm	50 cm以上
横档		—	—	半幅及以下	半幅以上
严重疵点	根数评分	—	—	3根	4根及以上
	长度评分	—	—	1 cm以下	1 cm及以上

注1：严重疵点在根数和长度评分矛盾时，从严评分。

注2：不影响后道质量的横档疵点评分，由供需双方协定。

5.3 1 m中累计评分

1 m中累计评分最多评4分。

5.4 疵点评分的说明

5.4.1 下列疵点的评分起点和规定

5.4.1.1 块状疵点按经、纬向最大长度量计，从严评分。

5.4.1.2 边组织及距边1 cm的疵点(包括边组织)不评分，但毛边、拖纱、猫耳朵、凹边、烂边、绞边不良、豁边、深油锈疵及评4分的破洞、跳花要评分，如疵点延伸在距边1 cm外时应加合评分。无梭织造布布边，绞边的毛须伸出长度规定为0.3 cm～0.8 cm。边组织有特殊要求的则按要求评分。

5.4.1.3 布面拖纱长1 cm以上每根评2分，布边拖纱长2 cm以上的每根评1分(一进一出作一根计)。

5.4.1.4 0.3 cm以下杂物每个评1分，0.3 cm及以上杂物和金属杂物(包括瓷器)评4分(测量杂物粗度)。

5.4.2 加工坯中疵点的评分

5.4.2.1 水渍、污渍、不影响组织的浆斑不评分。

5.4.2.2 漂白坯中的双经、筘路、筘穿错、密路、拆痕、云织减半评分。

5.4.2.3 印花坯中的星跳、密路、条干不匀减半评分，双经、筘路、筘穿错、长条影、浅油疵、云织、轻微针路、煤灰纱、花经、花纬不评分。

5.4.2.4 深色坯油疵、油花纱、煤炭纱、不褪色色疵不洗不评分。

5.4.2.5 加工坯距布头5 cm内的疵点不评分(但六大疵点应开剪)。

5.4.3 对疵点处理的规定

5.4.3.1 0.5 cm以上的豁边，1 cm及以上的破洞、烂边、稀弄，不对接轧梭，2 cm以上的跳花疵点等六大疵点应剪去。

5.4.3.2 金属杂物织入，应剔除。

5.4.3.3 凡能修好的疵点应修好后出厂。

5.4.4 假开剪和拼件的规定

按供需双方协议规定执行。

6 试验方法

6.1 断裂强力测定按GB/T 3923.1执行。

6.2 长度和幅宽测定按 GB/T 4666 执行。

6.3 密度测定按 GB/T 4668 执行。

6.4 棉结杂质检验按 FZ/T 10006 执行。

6.5 屏蔽效能值(屏蔽率)的检测按 SJ 20524 执行。

7 检验规则

7.1 以同一品种规格的交货批作为一批。

7.2 内在质量检验数量,每批随机取样不少于三块。检验结果以全部抽验样品合格作为全批合格。如有检验结果不合格,可对该不合格项重新进行检验一次,以最终检验结果为准。

7.3 外观质量检验数量为该批产品的 5%～10%,但不少于 500 m。检验结果与原定等不符合数量在 5%及以内,判全批产品合格。不符合品等数量超过 5%,全批产品判为不合格。

注:附录 C 给出了企业内部的检验规定,供参考。

8 包装和标志

8.1 产品包装方式由供需双方协定。

8.2 包装质量应符合产品防护要求,不易破损,防潮、防污,便于搬运。

8.3 包装应标明品种规格、原料成分、幅宽、长度、品等、执行标准、生产日期、生产企业名称和地址。

9 其他

用户对产品有特殊要求者,可由供需双方另订协议。

附　录　A
（规范性附录）
各类布面疵点的具体内容

A.1　经向明显疵点

竹节、粗经、错线密度、综穿错、筘路、筘穿错、多股经、双经、并线松紧、松经、紧经、吊经、经缩波纹、断经、断疵、沉纱、星跳、跳纱、棉球、结头、边撑疵、拖纱、修正不良、错纤维、油渍、油经、锈经、锈渍、不褪色色经、不褪色色渍、水渍、污渍、浆斑、布开花、油花纱、猫耳朵、凹边、烂边、花经、长条影、极光、针路、磨痕、绞边不良。

A.2　纬向明显疵点

错纬(包括粗、细、紧、松)、条干不匀、脱纬、纬缩、毛边、云织、杂物织入、花纬、油纬、锈纬、不褪色色纬、煤灰纱、双纬、百脚。

A.3　横档

拆痕、稀纬、密路、开车经缩(印)。

A.4　严重疵点

破洞、豁边、跳花、稀弄、经缩浪纹(三楞起算)、并列 3 根吊经、松经(包括隔开 1 根～2 根好纱的)、不对接轧梭、烂边、金属杂物织入、影响组织的浆斑、霉斑、损伤布底的修正不良、经向 8 cm 内整幅中满 10 个结头或边撑疵。

A.5　经向疵点及纬向疵点中，有些疵点是这两类共同性的，如竹节、跳纱等，在分类中只列入经向疵点一类，如在纬向出现时，应按纬向疵点评分。

A.6　如在布面上出现上述未包括的疵点，按相似疵点评分。

附 录 B
（规范性附录）
疵点名称的说明

B.1 破洞:2 根及以上经纬纱共断或单断经、纬纱(包括隔开 1 根～2 根好纱的),经纬纱起圈高出布面 0.3 cm 反面形似破洞。

B.2 豁边:边组织内 3 根及以上经、纬纱共断或单断经纱(包括隔开 1 根～2 根好纱)。双边纱 2 根作 1 根计,3 根及以上的有 1 根算 l 根。

B.3 跳花:3 根及以上的经、纬纱相互脱离组织,包括隔开一个完全组织。

B.4 烂边:边组织内单断纬纱,一处断 3 根的。

B.5 修正不良:布面被刮起毛,起皱不平,经、纬纱交叉不匀或只修不整。

B.6 霉斑:受潮后布面出现霉点(斑)。

B.7 毛边:由于边剪作用不良或其他原因,使纬纱不正常被带入织物内(包括距边 5 cm 以下的双纬和脱纬)。

B.8 结头:影响后工序质量的结头。

B.9 纬缩:纬纱扭结织入布内或起圈现于布面(包括经纱起圈纬缩)。

B.10 边撑疵:边撑或刺毛辊使织物中纱线起毛或轧断。

B.11 棉球:织造中纱线受摩擦后使纤维呈球状。

B.12 竹节:纱线上短片段的粗节。

B.13 星跳:1 根经纱或纬纱跳过 2 根～4 根形成星点状的。

B.14 跳纱:1 根～2 根经纱或纬纱跳过 5 根及以上的。

B.15 断疵:经纱断头纱尾织入布内。

B.16 拖纱:拖在布面或布边上未剪去的纱头。

B.17 杂物:飞花、回丝、油花、皮质、木质、金属(包括瓷器)等杂物织入。

B.18 断经:织物内经纱断缺。

B.19 沉纱:由于提综不良,造成经纱浮在布面。

B.20 综穿错:没有按工艺要求穿综,而造成布面组织错乱。

B.21 错纤维:异纤维纱线织入。

B.22 粗经:直径偏粗长 5 cm 及以上的经纱织入布内。

B.23 吊经:部分经纱在织物中张力过大。

B.24 紧经:部分经纱张力过紧或捻度过大。

B.25 松经:部分经纱张力松弛织入布内。

B.26 并线松紧:单纱加捻为股线时张力不匀。

B.27 双经:单纱(线)织物中有 2 根经纱并列织入。

B.28 筘路:织物经向呈现条状稀密不匀。

B.29 筘穿错:没有按工艺要求穿筘,造成布面上经纱排列不匀。

B.30 针路:由于点啄式断纬自停装置不良,造成经向密集的针痕。

B.31 经缩:部分经纱受意外张力后松弛,使织物表面呈现块状或条状的起伏不平。

B.32 拆痕:拆布后布面上留下的起毛痕迹和布面揩浆抹水。

B.33 双纬:单纬织物一梭口内有 2 根纬纱织入布内。

B.34 脱纬:一梭口内有 3 根及以上的纬纱织入布内(包括连续双纬及长 5 cm 的纬缩)。

B.35 煤灰纱:由于空气中的煤灰污染的纱(单层检验为准,对照深色油卡)。

B.36 密路：纬密多于工艺标准规定。

B.37 稀纬：纬密少于工艺标准规定。

B.38 条干不匀：叠起来看前后都能与正常纱线明显划分得开的较差的纬纱条干。

B.39 云织：纬纱密度稀密相间呈规律性的段稀段密。

B.40 错纬：直径偏粗、偏细长 5 cm 及以上的纬纱、紧捻、松捻纱织入布内。

B.41 花纬：由于配棉成分变化或陈旧的纬纱，使布面色泽不同，且有 1～2 个分界线。

B.42 花经：由于配棉成分变化，使布面色泽不同。

B.43 百脚：斜纹或缎纹织物一个完全组织内缺 1 根～2 根纬纱(包括多头百脚)。

B.44 水渍：织物沾水后留下的痕迹。

B.45 污渍：织物沾污后留下的痕迹。

B.46 磨痕：布面经向形成一直条的痕迹。

B.47 浆斑：浆块附着布面影响织物组织。

B.48 布开花：异纤维或色纤维混入纱线中织入布内。

B.49 宽、狭幅：幅宽度上下偏差超过标准规定。

B.50 凹边：凹进布边 0.5 cm 及以上。

B.51 猫耳朵：凸出布边 0.5 cm 及以上。

B.52 绞边不良：因绞边装置不良或绞边纱张力不匀，造成 2 根及以上绞边纱不交织或交织不良。

附　录　C
（资料性附录）
检验规定

C.1　分批规定

C.1.1　以同一品种整理车间的一班或一昼夜三班的生产入库数量为一批，以一昼夜三班为一批的，如逢单班时，则并入邻近一批计算；两班生产的，则以两班为一批。

C.1.2　如一昼夜三班入库数量不满300匹时，可累计满300匹为一批，但一周累计仍不满300匹时，则必须以每周为一批（品种翻改时不受此限）。

C.1.3　分批定时点一经确定，不得在取样后加以变更。

C.1.4　不锈钢纤维与棉涤混纺电磁波屏蔽本色布屏蔽效能值以每个合同中相同的织物组织规格、原材料、生产工艺为一大批，测量一次。

C.2　不锈钢纤维与棉涤混纺电磁波屏蔽本色布物理指标、棉结杂质和棉结分批检验，按批评等。

C.3　物理指标、棉结杂质和棉结检验以一次检验结果为评等依据。

C.4　经纬密度因个别机台的筘号或纬密牙轮用错，造成经、纬密度不符合规格的，该个别机台所生产的布匹，如确能划分清楚的，可将这部分布匹剔除出来作降等处理，但该批布仍应重新取样检验定等。如划不清楚并超过允许公差范围的，应全批降等。

C.5　检验周期

物理指标、棉结杂质每批检验一次，质量稳定时，也可延长检验周期，但每周至少检验一次。如遇原料及工艺变动较大或物理指标及棉结杂质降等时，应立即进行逐批检验，直至连续三批合格后，方可恢复原定检验周期。

C.6　取样数量

检验布样在每批棉本色布经整理后、成包前的布匹中随机取样，取样数量不少于总匹数的0.5%，最少不得少于3匹。

C.7　检验方法

C.7.1　不锈钢纤维与棉涤混纺电磁波屏蔽本色布长度检验

采取折叠好的布匹，每1折为1 m，先量折幅，然后数折数，并用钢板尺测量其余不足1 m的实际长度，精确至0.01 m（以检验者指定的一边为准），不足0.01 m的不计。

不锈钢纤维与棉涤混纺电磁波屏蔽本色布长度按式（C.1）计算：

$$L = l_1 \times a + l_2 \qquad \text{(C.1)}$$

式中：

L——每段不锈钢纤维与棉涤混纺电磁波屏蔽本色布的匹长或段长，单位为米（m）；

l_1——实际折幅长度，单位为米（m）；

a——折数；

l_2——不足1 m的实际长度，单位为米（m）。

折幅长度的测量应将布平摊在平台上进行，用钢板尺在距布的头尾各5 m范围内，均匀地测量5个折幅（联匹布加倍）的上下二页（距边5 cm～10 cm），以测得的10个数字的算术平均值，作为该匹布的实际折幅长度，测量精确至0.1 cm，平均数字计算精确至0.01 cm，修约至0.1 cm 。

C.7.2　不锈钢纤维与棉涤混纺电磁波屏蔽本色布幅宽检验

不锈钢纤维与棉涤混纺电磁波屏蔽本色布幅宽检验应按匹检验，采用折叠好的布匹，将布平摊在平台上，用钢板尺均匀测量5处，但距布的头尾不小于2 m，并以测得数字的算术平均值作为该匹布的幅宽平均数，计算精确至0.01 cm，修约至0.1 cm。

C.7.3 不锈钢纤维与棉涤混纺电磁波屏蔽本色布密度检验

不锈钢纤维与棉涤混纺电磁波屏蔽本色布密度检验应按批检验,检验密度一般用移动式织物密度镜在布匹(距布的头尾不少于5 m)的中间部位进行。当织物密度在100根以下时应检验10 cm内的经纱或纬纱根数。织物密度在100根及以上时可检验5 cm内的经纱或纬纱根数,将结果乘2即得所测织物密度。检验经密必须在每匹的全幅上同一纬向不同位置检验5处(其中2处应在距离布边3 cm处),检验纬密必须在每匹不同的五个位置。幅宽在110 cm及以下的不锈钢纤维与棉涤混纺电磁波屏蔽本色布可每匹查经密3处、纬密4处,然后分别求出算术平均数。点数经纱或纬纱根数时,须精确至0.5根,经纬密的点数起讫点均以2根纱线间空隙的中间为标准,终点位于最后1根纱线上,不足0.25根的不计,0.25根~0.75根作0.5根计,0.75根以上作1根计。密度计算精确至0.01根,修约至0.1根。在测定经密时,必须同时在该处测定布幅,记录数字精确至0.1 cm。

C.8 长度、幅宽、经纬向密度必须保证成包后符合标准规定。

ICS 59.040
W 13

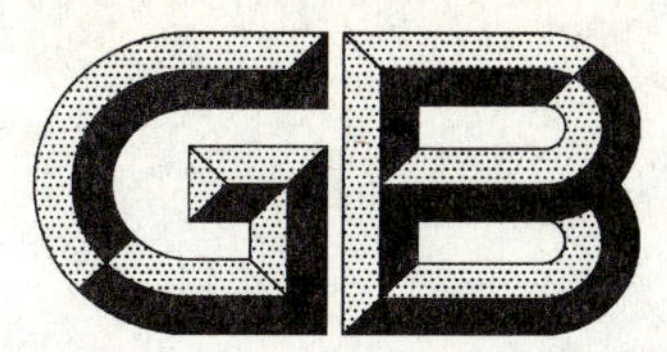

中华人民共和国国家标准

GB/T 23327—2009

机织热熔粘合衬

Woven fusible interlinings

2009-03-19 发布　　　　2010-01-01 实施

中华人民共和国国家质量监督检验检疫总局
中国国家标准化管理委员会　发布

前　言

本标准的附录A、附录B、附录C和附录D是规范性附录。

本标准由中国纺织工业协会提出。

本标准由全国纺织品标准化技术委员会棉纺织印染分技术委员会归口(SAC/TC 209/SC 2)。

本标准主要起草单位:宁波宜科科技实业股份有限公司、上海市纺织工业技术监督所、上海市服装研究所。

本标准主要起草人:马镜跃、贺美娣、许鉴、陈菊芳、钟定龙、董亚芳、邵天乐、王憬义。

机织热熔粘合衬

1 范围

本标准规定了机织热熔粘合衬的定义、产品分类、技术要求、试验方法、检验规则、包装及标志。

本标准适用于鉴定服装用的棉、化纤长丝、化纤纯纺及混纺机织物的各类本白、半漂、漂白和什色热熔粘合衬的质量。

本标准也适用于鉴定针织物热熔粘合衬的质量。

2 规范性引用文件

下列文件中的条款通过本标准的引用而成为本标准的条款。凡是注日期的引用文件，其随后所有的修改单(不包括勘误的内容)或修订版均不适用于本标准，然而，鼓励根据本标准达成协议的各方研究是否可使用这些文件的最新版本。凡是不注日期的引用文件，其最新版本适用于本标准。

GB/T 250 纺织品 色牢度试验 评定变色用灰色样卡

GB/T 4456 包装用聚乙烯吹塑薄膜

GB/T 4667 机织物幅宽的测定

GB/T 4669 纺织品 机织物 单位长度质量和单位面积质量的测定

GB/T 6529 纺织品 调湿和试验用标准大气

GB/T 6543 运输包装用单瓦楞纸箱和双瓦楞纸箱

GB/T 8629—2001 纺织品 试验用家庭洗涤和干燥程序

GB/T 8946 塑料编织袋

GB/T 14801 机织物与针织物纬斜和弓纬试验方法

GB 18401 国家纺织产品基本安全技术规范

FZ/T 01075—2000 服装衬布外观质量局部性疵点结辫和放尺规定

FZ/T 01085—2000 热熔粘合衬布剥离强力测试方法

FZ/T 10005 棉及化纤纯纺、混纺印染布检验规则

FZ/T 80007.3 使用粘合衬服装耐干洗测试方法

3 术语和定义

下列术语和定义适用于本标准。

3.1

衬衣衬 shirt interlining

用于衬衣领子、袖口及门襟等部位的粘合衬。

3.2

外衣衬 outerwear interlining

用于外衣前身、挂面、下摆、领子、袋盖、袖窿及袖口等部位的粘合衬。

3.3

裘皮衬 leather interlining

用于皮革、裘皮、人造革等服装的粘合衬。

3.4

丝绸衬　silk interlining

用于丝绸及仿丝绸服装的粘合衬。

4　产品分类

热熔粘合衬的产品，按服装应用、基布纤维原料、基布类别等进行分类。

5　要求

5.1　技术要求项目

技术要求分为内在质量和外观质量两个方面。内在质量包括单位面积质量、剥离强力、干热尺寸变化率、水洗尺寸变化率、粘合后洗涤外观变化、粘合后热熔胶渗胶、安全性能。外观质量包括纬斜、布面疵点(局部性疵点和散布性疵点)、每卷允许段数和段长。

5.2　内在质量

5.2.1　单位面积质量

单位面积质量允许偏差率技术要求见表1。

表1　单位面积质量允许偏差率　　%

粘合衬类别	单位面积质量允许偏差率 ≥		
	优等品	一　等　品	合格品
衬衣衬、外衣衬、丝绸衬、裘皮衬	−5	−7	−8

5.2.2　剥离强力

剥离强力技术要求见表2。

表2　剥离强力技术要求　　单位为牛顿

粘合衬类别		剥离强力 ≥	
		洗涤前	洗涤后
衬衣衬	纯棉、化纤纯纺及混纺机织物	15	12
	化纤长丝机织物	12	10
	化纤长丝针织物	8	6
外衣衬	纯棉、化纤纯纺及混纺机织物或针织物	10	8
	化纤长丝机织物	10	8
	化纤长丝针织物	6	4
丝绸衬		6	4
裘皮衬		8	—

5.2.3　干热尺寸变化率

干热尺寸变化率技术要求见表3。

表 3　干热尺寸变化率技术要求

%

粘合衬类别		干热尺寸变化率	
		经向	纬向
衬衣衬	纯　棉	－1.0～＋0.5	－1.0～＋0.5
	化纤纯纺及混纺	－1.5～＋0.5	
	化纤长丝		
外衣衬	纯　棉	－1.0～＋0.5	
	化纤纯纺及混纺	－1.5～＋0.5	
	化纤长丝		
丝绸衬		－1.5～＋0.5	
注：裘皮衬由供需双方协议商定。			

5.2.4　**水洗尺寸变化率**

水洗尺寸变化率技术要求见表 4。

表 4　水洗尺寸变化率技术要求

%

粘合衬类别		水洗尺寸变化率					
		经　向			纬　向		
		优等品	一等品	合格品	优等品	一等品	合格品
衬衣衬	纯　棉	－1.0～＋0.5	－1.5～＋0.5	－2.0～＋0.5	－1.0～＋0.5	－1.5～＋0.5	－2.0～＋0.5
	化纤纯纺及混纺						
	化纤长丝	－1.5～＋0.5	－2.0～＋0.5	－2.5～＋0.5	－1.0～＋0.5	－1.5～＋0.5	－2.0～＋0.5
外衣衬	纯　棉	－2.5～＋0.5			－2.0～＋0.5		
	化纤纯纺及混纺						
	化纤长丝	－2.0～＋0.5			－1.5～＋0.5		
丝　绸　衬		－2.0～＋0.5			－1.5～＋0.5		
注 1：衬衣衬和外衣衬中的纯棉、化纤纯纺及混纺为粘合衬水洗尺寸变化率，衬衣衬和外衣衬中的化纤长丝类、丝绸衬为粘合衬与面料粘合后水洗尺寸变化率。 注 2：裘皮衬由供需双方协议商定。							

5.2.5　**粘合后洗涤外观变化**

洗涤后外观变化技术要求见表 5。

表 5　粘合后洗涤外观变化技术要求

单位为级

粘合衬类别		粘合后洗涤外观等级变化 ≥					
		水　洗			干　洗		
		优等品	一等品	合格品	优等品	一等品	合格品
衬衣衬		4	4	3	—	—	—
外衣衬	干洗型	—	—	—	4	4	3
	耐洗型	4	4	3	4	4	3
	耐高温水洗型	4	4	3	4	4	3

表 5（续）

单位为级

粘合衬类别		粘合后洗涤外观等级变化 ≥					
		水洗			干洗		
		优等品	一等品	合格品	优等品	一等品	合格品
丝绸衬	干洗型	—	—	—	4	4	3
	耐洗型	4	4	3	4	4	3
	耐高温水洗型	4	4	3	4	4	3
注 1：裘皮衬由供需双方协议商定。 注 2：各种机织热熔粘合衬不同，所选用的试验条件不同。如用户有特殊需要，可另订协议。							

5.2.6 **粘合后热熔胶渗胶**

分正面渗胶和背面渗胶，按附录 A 规定执行。正面渗胶不允许，背面渗胶以不影响服装加工及使用为原则，由供需双方协议商定。

5.2.7 **安全性能**

安全性能技术要求按 GB 18401 执行。

5.3 **外观质量**

5.3.1 局部性疵点结辫和放尺规定按 FZ/T 01075 规定执行。

5.3.2 散布性疵点、局部性疵点技术要求见表 7。

5.3.3 纬斜、段数和段长技术要求见表 7。

5.3.4 明显的松、紧边、轧皱等影响布面不能平摊的，优等品、一等品不允许存在。

5.3.5 粘合衬的反面有明显通匹疵点时，需顺降一个等级。

5.4 **分等规定**

5.4.1 **分等原则**

5.4.1.1 各种机织热熔粘合衬以 100 m 为一卷，内在质量按批评等，外观质量按卷评等。

5.4.1.2 在同一批粘合衬内，内在质量按最低等级评等。

5.4.1.3 在同一卷粘合衬内，外观质量按严重一项等级评等。

5.4.1.4 各种机织热熔粘合衬质量等级分为优等品、一等品、合格品，低于合格品为不合格品。产品最终等级由内在质量的等级与外观质量的等级综合评定，按其中最低等级评定。

5.4.2 **评等规定**

5.4.2.1 内在质量各项技术要求评等规定见表 6。

表 6 内在质量各项技术要求评定规定

项目	优等品	一等品	合格品
单位面积质量允许偏差率	符合表 1 规定		
剥离强力	符合表 2 规定	符合表 2 规定	低于表 2 规定
干热尺寸变化率	符合表 3 规定	符合表 3 规定	低于表 3 规定
水洗尺寸变化率	符合表 4 规定		
粘合后水洗外观变化	符合表 5 规定		
粘合后干洗外观变化	符合表 5 规定		
粘合后热熔胶渗胶	符合 5.2.6 规定		
安全性能	符合 GB 18401 规定		

5.4.2.2 外观质量各项技术要求评等规定见表7。

表7 外观质量各项技术要求评定规定

<table>
<tr><th colspan="3">项目</th><th>优等品</th><th>一等品</th><th>合格品</th></tr>
<tr><td colspan="3">纬斜/%</td><td>衬衣衬4及以下
外衣衬6及以下</td><td>7及以下</td><td>8及以下</td></tr>
<tr><td rowspan="3">局部性疵点
(结辫或标记)/
(个/100 m)</td><td colspan="2">幅宽<100 cm</td><td>衬衣衬10
外衣衬12</td><td>16</td><td>20</td></tr>
<tr><td colspan="2">幅宽100 cm～130 cm</td><td>衬衣衬14
外衣衬16</td><td>20</td><td>30</td></tr>
<tr><td colspan="2">幅宽>130 cm</td><td>18</td><td>22</td><td>32</td></tr>
<tr><td rowspan="9">散布性疵点</td><td rowspan="3">幅宽偏差/
cm</td><td>幅宽<100 cm</td><td>+2.0
−1.0</td><td>+2.0
−1.0</td><td>+3.0
−1.0</td></tr>
<tr><td>幅宽100 cm～130 cm</td><td>+2.5
−1.5</td><td>+2.5
−1.5</td><td>+3.5
−1.5</td></tr>
<tr><td>幅宽>130 cm</td><td>+3.0
−2.0</td><td>+3.0
−2.0</td><td>+4.0
−2.0</td></tr>
<tr><td rowspan="4">色差/级
≥</td><td>同类布样</td><td>3</td><td>3</td><td>2</td></tr>
<tr><td>参考样</td><td>2-3</td><td>2-3</td><td>1-2</td></tr>
<tr><td>箱内卷与卷</td><td>4</td><td>3-4</td><td>2-3</td></tr>
<tr><td>箱与箱</td><td>3-4</td><td>3</td><td>2</td></tr>
<tr><td rowspan="2">边疵偏差/
cm</td><td>幅宽≤100 cm</td><td>1.0及以内</td><td>1.5及以内</td><td>2.0及以内</td></tr>
<tr><td>幅宽>100 cm</td><td>1.5及以内</td><td>2.0及以内</td><td>2.5及以内</td></tr>
<tr><td colspan="3">每卷允许段数、段长</td><td>一剪二段
每段不低于10 m</td><td>二剪三段
每段不低于5 m</td><td>三剪四段
每段不低于5 m</td></tr>
</table>

6 试验方法

6.1 幅宽按GB/T 4667执行。

6.2 单位面积质量按GB/T 4669执行，偏差率计算见式(1)。

$$单位面积质量偏差率=\frac{G_1-G_0}{G_0}\times 100\% \qquad \cdots\cdots(1)$$

式中：

G_1——单位面积质量实测值，单位为克每平方米(g/m^2)；

G_0——单位面积质量标称值，单位为克每平方米(g/m^2)。

单位面积质量标称值由供需双方协议商定。

6.3 剥离强力

6.3.1 组合试样制作方法按附录B执行。

6.3.2 测试程序按FZ/T 01085—2000执行。

6.4 干热尺寸变化率按附录C执行。

6.5 水洗尺寸变化率

6.5.1 衬衣衬中的纯棉与化纤纯纺及混纺类粘合衬按GB/T 8629—2001中程序2A洗涤一次，化纤长丝类粘合衬按附录D执行。

6.5.2 外衣衬中的纯棉与化纤纯纺及混纺类粘合衬按GB/T 8629—2001中程序5A洗涤一次，化纤长丝类粘合衬按附录D执行。

6.5.3 丝绸衬按附录D执行。

6.6 粘合后水洗外观及尺寸变化率按附录D执行。

6.7 粘合后干洗外观及尺寸变化率

6.7.1 试样准备按第D.4章执行,结果评定按第D.6章执行。

6.7.2 干洗试验设备、试剂、操作程序按FZ/T 80007.3执行。

6.7.3 外衣衬干洗次数:干洗型粘合衬应洗涤五次;耐洗型粘合衬应洗涤三次;耐高温水洗型粘合衬应洗涤三次。

6.7.4 丝绸衬干洗次数:干洗型粘合衬应洗涤五次;耐洗型粘合衬应洗涤三次;耐高温水洗型粘合衬应洗涤三次。

6.8 粘合后热熔胶渗胶按附录A执行。

6.9 色差按GB/T 250执行。

6.10 纬斜按GB/T 14801执行。

6.11 外观质量检验方法按FZ/T 01075—2000执行。

7 检验规则

产品检验规则按FZ/T 10005执行。

8 标志与包装

8.1 标志

8.1.1 每卷成品应放入产品使用说明。使用说明中应包含制造者的名称和地址、产品名称和型号、产品色泽、生产日期、批号、卷装数量、产品的参考压烫条件、产品标准编号、产品质量等级、产品质量检验合格证明。

8.1.2 在外包装的两个侧面上,应印刷制造者的名称和地址、产品名称,在两个端面上,应印刷产品型号、产品色泽、生产日期、批号、包装数量、重量或体积、产品质量等级。印刷字体采用黑色,字号应大小适宜,字迹应清楚牢固。

8.2 包装

8.2.1 成品采用中心加硬纸芯平幅卷装,每卷长度为100 m,外面用厚度不低于0.04 mm聚乙烯薄膜包装,聚乙烯薄膜的质量要求应符合GB/T 4456规定。

8.2.2 外包装材料为白色塑料编织袋或瓦楞纸箱。

8.2.3 塑料编织袋的质量要求应符合GB/T 8946规定,编织袋缝制应牢固,搭接处不小于50 mm,针码不低于1针/20 mm,首尾回针打结,编织袋外面用塑料打包带打包加固。

8.2.4 瓦楞纸箱的质量要求应符合GB/T 6543规定,纸箱外面用锦纶胶带封口,塑料打包带打包加固。

8.2.5 每包的包装数量及特殊包装形式由供需双方协议商定。

附 录 A
（规范性附录）
粘合衬压烫粘合后热熔胶渗胶性能测试方法

A.1 范围

本附录规定了粘合衬与面料粘合后热熔胶渗胶性能的测试方法。

A.2 原理

用连续式压烫机或平板式压烫机压烫试样，测试粘合衬在适宜的温度、压力和时间作用下的热熔胶渗胶性能。

A.3 设备与用具

A.3.1 连续式压烫机和平板式压烫机，见附录B中第B.3章。
A.3.2 直尺：精度1 mm。
A.3.3 测温计或测温纸，精度1 ℃～5 ℃。
A.3.4 裁缝剪刀。
A.3.5 标准面料。
A.3.6 经熔压不影响试验结果的薄型绵纸，要求绵纸具有一定强力，纸张厚度在0.1 mm以下。

A.4 试样准备

A.4.1 在每块全幅粘合衬样品上，裁取矩形长条试样三块，长150 mm±2 mm，宽50 mm±1 mm，试样长度方向平行于粘合衬的经向，试样宽度方向平行于粘合衬的纬向。
A.4.2 每块试样应从距布边10 cm、距布端1 m以上的不同位置剪取。
A.4.3 试样上不应有明显布面疵点及漏粉、涂层不匀等影响粘合加工的疵点存在。
A.4.4 标准面料应符合附录B中第B.4章规定。裁取标准面料三块，尺寸略大于粘合衬试样，经纬向与粘合衬试样一致。
A.4.5 裁取薄型绵纸三块，尺寸与标准面料一样。
A.4.6 将裁取的粘合衬试样、标准面料和薄型绵纸置于GB/T 6529规定的标准状态下放置4 h。

A.5 操作方法

A.5.1 外衣衬和丝绸衬采用连续式压烫机压烫组合试样，衬衣衬采用平板式压烫机压烫组合试样，裘皮衬由供需双方协议商定。
A.5.2 根据不同衬布及不同标准面料调节压烫条件（参考压烫条件见附录B中B.6.4），直至达到最佳压烫效果，也可由供需双方协议商定。
A.5.3 将压烫机调节至选定的压烫条件，并用测温计或测温纸测定压烫机实际温度。
A.5.4 使用连续式压烫机压烫试样
A.5.4.1 正面渗胶：将标准面料放在准备台上，覆上粘合衬试样（涂层的一面朝下），再将薄型绵纸平放在标准面料的下面，然后将该组合好的试样放到压烫机输送胶带上，进入加热区加热及经轧辊加压后，组合试样从压烫机后面出来，稍经冷却后小心取下，在GB/T 6529规定的标准大气中放置4 h后进行测试。
A.5.4.2 背面渗胶：将标准面料放在准备台上，覆上粘合衬试样（涂层的一面朝下），再将薄型绵纸平放在粘合衬试样的上面(即平放在粘合衬试样的背面上),然后将该组合好的试样放到压烫机输送胶带上,进入加热区加热及经轧辊加压后,组合试样从压烫机后面出来,稍经冷却后小心取下,在GB/T 6529规定的标准大气中放置 4 h 后进行测试。

A.5.5 使用平板式压烫机压烫试样

A.5.5.1 正面渗胶:将粘合衬试样(涂层一面朝上)放在压烫机的下压板中,覆上标准面料,再将薄型绵纸平放在标准面料的上面,压烫后稍经冷却,轻轻取下组合试样,在 GB/T 6529 规定的标准大气中放置 4 h 后进行测试。

A.5.5.2 背面渗胶:将粘合衬试样(涂层一面朝上)放在压烫机的下压板中,覆上标准面料,再将薄型绵纸平放在粘合衬试样的下面(即平放在粘合衬试样的背面),压烫后稍经冷却,轻轻取下组合试样,在 GB/T 6529 规定的标准大气中放置 4 h 后进行测试。

A.6 结果评定

A.6.1 正面渗胶评定

竖向拿起压烫后的组合试样,薄型绵纸脱离标准面料即为不渗胶。反之,即为渗胶。

A.6.2 背面渗胶评定

竖向拿起压烫后的组合试样,薄型绵纸脱离粘合衬试样的背面即为不渗胶。反之,即为渗胶,渗胶程度可在剥离强力仪上进行测试。

附 录 B
（规范性附录）
组合试样制作方法

B.1 范围

本附录规定了在测试干热尺寸变化、剥离强力和水洗或干洗外观及尺寸变化时组合试样的制作方法。

B.2 原理

在合适的标准面料上，覆盖上粘合衬，置于压烫机中，在一定温度、压力和时间条件下压烫，使热熔粘合衬与面料粘合在一起。

B.3 仪器设备与用具

B.3.1 连续式压烫机

由上下加热器、输送胶带和上下轧辊等组成。加热器温度可在 0 ℃～200 ℃之间调节，温度精度在 1 ℃～5 ℃，输送胶带速度可调节，当上下轧辊压紧时，能施加一个均匀一致的压力，压力可调节，精度 0.2 kg/cm^2。

B.3.2 平板式压烫机

由上面一块平面热金属板和下面一个平面底床组成。平面热金属板的温度，可在 0 ℃～200 ℃之间调节，温度精度在 1 ℃～5 ℃，当上下压板压紧时，能施加一个均匀一致的压力。

B.3.3 合适的标记打印装置。

B.3.4 合适的面料。

B.3.5 测温计或测温纸，精度 1 ℃～5 ℃。

B.3.6 直尺，精度 1 mm。

B.3.7 裁缝剪刀。

B.3.8 经熔压不影响试验结果的矩形中孔薄型纸片，纸片厚度在 0.1 mm 以下，内孔尺寸：长 150 mm±2 mm，宽 50 mm±1 mm，外径尺寸：长约 200 mm，宽约 70 mm。

B.4 标准面料的规定

B.4.1 衬衣衬粘合用标准面料

纤维含量为 T/C(65/35)、纱线线密度为 13 tex/13 tex、织物密度为 433 根/10 cm×299 根/10 cm 的漂白或浅色细布，水洗尺寸变化率按 GB/T 8629—2001 程序 2A 测试，经纬向不大于 1%，干热尺寸变化按附录 C 测试，经纬向不大于 1%。

B.4.2 外衣衬粘合用标准面料

纯毛、毛涤和化纤平纹织物，单位面积质量 180 g/m^2 左右，水洗尺寸变化率按 GB/T 8629—2001 程序 5A 测试，经纬向不大于 1%，干热尺寸变化率按附录 C 测试，经纬向不大于 1%。制作时根据粘合衬使用范围选择面料。

B.4.3 丝绸衬粘合用标准面料

涤纶仿真丝平纹织物，单位面积 100 g/m^2 以内，水洗尺寸变化率按 GB/T 8629—2001 程序 5A 测试，经纬向不大于 1%，干热尺寸变化率按附录 C 测试，经纬向不大于 1%。

B.4.4 裘皮衬粘合用标准面料

由供需双方协议商定。

B.4.5 将剪取的面料置于 GB/T 6529 规定的标准状态下放置 4h。

B.5 粘合衬试样准备

B.5.1 试样应从距布边 0.1 m、距布端 1 m 以上剪取。

B.5.2 试样上不应有明显布面疵点及漏粉、涂层不匀等影响粘合加工的疵点存在。

B.5.3 将剪取的面料置于 GB/T 6529 规定的标准状态下放置 4 h。

B.6 制作方法

B.6.1 用于洗涤后的外观及尺寸变化测定的组合试样尺寸及数量

B.6.1.1 在每块全幅粘合衬样品上，裁取一块试样，尺寸约为 300 mm×300 mm。

B.6.1.2 裁取标准面料一块，尺寸略大于粘合衬试样。

B.6.2 用于剥离强力测定的组合试样尺寸及数量

B.6.2.1 在每块全幅粘合衬样品上，裁取矩形长条试样 10 块，长约 200 mm，宽约 70 mm，试样长度方向平行于粘合衬的经向，试样宽度方向平行于粘合衬的纬向。

B.6.2.2 裁取标准面料 10 块，尺寸略大于粘合衬试样，经纬向与粘合衬试样一致。

B.6.2.3 其中 5 块组合试样用于测定洗涤前剥离强力，其余 5 块组合试样用于测定洗涤后剥离强力。

B.6.3 外衣衬和丝绸衬采用连续式压烫机制作组合试样，衬衣衬采用平板式压烫机制作组合试样，裘皮衬由供需双方协议商定。

B.6.4 参考压烫条件

衬衣衬：温度 160 ℃～170 ℃　压力 0.2 MPa～0.4 MPa　时间 15 s～18 s

外衣衬：温度 120 ℃～150 ℃　压力 0.1 MPa～0.3 MPa　时间 15 s～18 s

丝绸衬：温度 110 ℃～130 ℃　压力 0.1 MPa～0.3 MPa　时间 10 s～15 s

裘皮衬：温度 120 ℃～150 ℃　压力 0.1 MPa～0.3 MPa　时间 15 s～18 s

B.6.5 根据不同衬布及不同标准面料调节压烫条件，直至达到最佳压烫效果，也可由供需双方协议商定。

B.6.6 将压烫机调节至选定的压烫条件，并用测温计或测温纸测定压烫机实际温度。

B.6.7 使用连续式压烫机压烫试样

B.6.7.1 将标准面料放在准备台上，覆上粘合衬试样(涂层的一面朝下)，试样与标准面料经纬向应一致。然后将该组合好的试样放到压烫机输送胶带上，进入加热区加热及经轧辊加压后，组合试样从压烫机后面出来，稍经冷却后小心取下，在 GB/T 6529 规定的标准大气中放置 4 h，即可供各种试验用。

B.6.7.2 压烫用于剥离强力测定的组合试样时，在粘合衬试样与标准面料之间应平放上矩形中孔薄型纸片。

B.6.8 使用平板式压烫机压烫试样

B.6.8.1 将粘合衬试样(涂层一面朝上)放在压烫机下压板中，覆上合适的标准面料，压烫后，稍经冷却轻轻取下组合试样，在 GB/T 6529 规定的标准大气中放置 4 h，即可供各种试验用。

B.6.8.2 压烫用于剥离强力测定的组合试样时，在粘合衬试样与标准面料之间应平放上矩形中孔薄型纸片。

B.6.9 仲裁试验时，按争议双方确定的压烫机类型及最佳压烫条件进行压烫、冷却。

附 录 C
（规范性附录）
干热尺寸变化率的测定

C.1 范围

本附录规定了粘合衬经干热处理后尺寸变化率的测定方法。

C.2 原理

用连续式压烫机或平板式压烫机压烫试样，测试在适宜的温度、压力和时间作用下受热变化的程度。

C.3 设备与用具

见 B.3。

C.4 试样准备

C.4.1 在每块全幅粘合衬样品上，裁取一块试样，尺寸约为 300 mm×300 mm。

C.4.2 试样应从距布边 0.1 m、距布端 1 m 以上部位剪取。

C.4.3 试样上不应有明显布面疵点及漏粉、涂层不匀等影响粘合加工的疵点存在。

C.4.4 标准面料按 B.4 规定，尺寸略大于粘合衬试样。

C.4.5 将剪取的粘合衬试样和标准面料置于 GB/T 6529 规定的标准状态下放置 4 h。

C.5 操作方法

C.5.1 用合适的打印装置在粘合衬试样未涂层的一面，沿经纬向各打上三组 250 mm 间距的标记。各组标记应离试样布边 25 mm 左右，每组间隔约 100 mm。测量经、纬向各三组标记间的距离，精确至 0.5 mm，分别取平均值。

C.5.2 压烫机类型和压烫操作方法按 B.6 执行。

C.5.3 对每块压烫后在标准大气中平衡 4 h 的组合试样，分别测量经、纬向各三对标记间的距离。测量精确至 0.5 mm，分别取平均值。

C.6 结果计算

C.6.1 按式（C.1）计算粘合衬试样的干热尺寸变化率。

$$\text{干热尺寸变化率} = \frac{L_1 - L_0}{L_0} \times 100\% \qquad \text{(C.1)}$$

式中：

L_1——试验后的平均距离，单位为毫米（mm）；

L_0——试验前的平均距离，单位为毫米（mm）。

C.6.2 干热尺寸变化率计算结果修约到 0.1%。

附 录 D
（规范性附录）
组合试样水洗后的外观及尺寸变化的测定

D.1 范围

本附录规定了粘合衬与面料粘合后的组合试样经水洗后外观变化评定和尺寸变化率的测定方法。

D.2 原理

组合试样在含有洗涤剂的一定温度水溶液中，经水洗后，用标准样照评定试样的外观变化等级，测定组合试样的尺寸稳定性。

D.3 设备与用具

D.3.1 连续式压烫机和平板式压烫机，见第B.3章。

D.3.2 全自动缩水率试验机，符合GB/T 8629—2001标准。

D.3.3 恒温烘箱：60 ℃±2 ℃。

D.3.4 直尺：精度1 mm。

D.3.5 测温计或测温纸，精度1 ℃～5 ℃。

D.3.6 裁缝剪刀。

D.3.7 标准洗涤剂。

D.3.8 标准样照。

D.3.9 标准面料。

D.3.10 合适的标记打印装置。

D.4 试样准备

D.4.1 标准面料按第B.4章。

D.4.2 粘合衬试样准备按第B.5章，同一块衬布上，取一块试样。

D.4.3 组合试样制作方法按第B.6章。

D.4.4 稀薄衬布及容易钩丝的衬布，也可用里子绸覆盖在组合试样的衬布一面，四周用包缝机缝合。

D.5 操作方法

D.5.1 组合试样水洗后尺寸变化率

D.5.1.1 在已放置平衡的组合试样的粘合衬一面，用合适的打印装置沿经纬向各打上三组250 mm间距的标记。各组标记应离试样布边25 mm左右，每组间隔约100 mm。

D.5.1.2 测量经、纬向各三组标记间的距离，精确至0.5 mm，分别取平均值。

D.5.1.3 衬衣衬按GB/T 8629—2001程序2A(60 ℃±3 ℃)洗涤一次。

D.5.1.4 外衣衬和丝绸衬按GB/T 8629—2001程序5A(40 ℃±3 ℃)洗涤一次。

D.5.1.5 干燥方法可根据组合试样的纤维性质采用GB/T 8629—2001程序C(摊平晾干)或程序F(烘箱干燥)。出现争议时，以程序C(摊平晾干)为准。

D.5.1.6 干燥后的组合试样在GB/T 6529规定的标准大气中放置4 h。

D.5.2 组合试样水洗后外观变化

D.5.2.1 衬衣衬按GB/T 8629—2001程序2A(60 ℃±3 ℃)洗涤三次。

D.5.2.2 外衣衬中的耐洗型粘合衬按 GB/T 8629—2001 程序 5A(40 ℃±3 ℃)洗涤三次，耐高温水洗型粘合衬按 GB/T 8629—2001 程序 1A(92 ℃±3 ℃)洗涤一次。

D.5.2.3 丝绸衬中的耐洗型粘合衬按 GB/T 8629—2001 程序 7A(40 ℃±3 ℃)洗涤三次，耐高温水洗型粘合衬按 GB/T 8629—2001 程序 2A(60 ℃±3 ℃)洗涤一次。

D.5.2.4 干燥方法可根据组合试样的纤维性质采用 GB/T 8629—2001 程序 C(摊平晾干)或程序 F(烘箱干燥)。出现争议时，以程序 C(摊平晾干)为准。

D.5.2.5 干燥后的组合试样在 GB/T 6529 规定的标准大气中放置 4 h。

D.6 结果评定

D.6.1 组合试样水洗尺寸变化率测定

D.6.1.1 对每块水洗后在标准大气中平衡 4 h 的组合试样，测量经、纬向各三组标记间距离，精确至 0.5 mm，分别取平均值。

D.6.1.2 按式(D.1)计算组合试样水洗尺寸变化率。

$$组合试样水洗尺寸变化率 = \frac{L_1 - L_0}{L_0} \times 100\% \qquad \cdots\cdots\cdots\cdots(D.1)$$

式中：

L_1——试验后的平均距离，单位为毫米(mm)；

L_0——试验前的平均距离，单位为毫米(mm)。

组合试样水洗尺寸变化率计算结果修约到 0.1%。

D.6.2 外观变化评定

将标准样照与水洗后的组合试样放在同一平面上，并按同一经纬向排列，在标准光源箱的 D_{65} 光源照明条件下，对比标准样照，作出组合试样外观变化等级的评定。

检16